CAX 创新梦工场系列丛书

UG NX 7.5 完全自学手册

博创设计坊　组　编

钟日铭　等编著

机 械 工 业 出 版 社

UG NX（SIEMENS NX）系列软件是功能强大的全方位产品开发软件，其在业界享有极高的声誉，拥有众多的忠实用户。本书以 UG NX 7.5 中文版软件为操作基础，结合典型范例循序渐进地介绍了该软件的功能和实战应用知识。本书知识全面、实用，共分 9 章，内容包括：UG NX 7.5 入门简介及基本操作、草图、空间曲线与基准特征、创建实体特征、特征操作及编辑、曲面建模、装配设计、工程图设计、GC 工具箱应用与同步建模。

本书图文并茂、结构清晰、重点突出、实例典型、应用性强，是一本很好的从入门到精通类的完全实战自学手册，适合从事机械设计、工业设计、模具设计、产品造型与结构设计等工作的专业技术人员阅读。本书还可供 UG NX 7 系列（含 NX 7.0 和 NX 7.5）培训班及大、中专院校作为专业 UG NX 培训教材使用。

图书在版编目（CIP）数据

UG NX 7.5 完全自学手册 / 钟日铭等编著. —北京：机械工业出版社，2010.11（2024.1 重印）
（CAX 创新梦工场系列丛书）
ISBN 978-7-111-32379-2

Ⅰ. ①U… Ⅱ. ①钟… Ⅲ. ①计算机辅助设计-应用软件，UG NX 7.5-手册 Ⅳ. ①TP391.72-62

中国版本图书馆 CIP 数据核字（2010）第 212523 号

机械工业出版社（北京市百万庄大街 22 号 邮政编码 100037）
策划编辑：吴鸣飞
责任编辑：吴鸣飞 张淑谦
责任印制：郜 敏

北京富资园科技发展有限公司印刷

2024 年 1 月第 1 版 • 第 14 次印刷
184mm×260mm • 26.5 印张 • 654 千字
标准书号：ISBN 978-7-111-32379-2
ISBN 978-7-89451-755-5（光盘）
定价：79.00 元（含 1DVD）

电话服务
客服电话：010-88361066
010-88379833
010-68326294

网络服务
机 工 官 网：www.cmpbook.com
机 工 官 博：weibo.com/cmp1952
金 书 网：www.golden-book.com
机工教育服务网：www.cmpedu.com

前 言

UG NX（SIEMENS NX）是新一代数字化产品开发系统，其系列软件被广泛应用于机械设计与制造、模具、家电、玩具、电子、汽车、造船和工业造型等行业。

目前市面上关于 UG NX 系列的图书很多，但读者要想在众多的图书中挑选一本适合自己的实用性强的学习用书却很不容易。有不少读者具有这样的困惑：学习了 UG NX 很长时间后，却似乎感觉还没有入门，不能够将它有效地应用到实际的设计工作中。造成这种困惑的一个重要原因是：在学习 UG NX 时，过多地注重了软件的功能，而忽略了实战操作的锻炼和设计经验的积累等。事实上，对于一本好的 UG NX 教程，除了要介绍基本的软件功能之外，还要结合典型实例和设计经验来介绍应用知识与使用技巧等，同时还要兼顾设计思路和实战性。鉴于此，笔者根据多年的一线设计经验，编写了这本结合软件功能和实际应用的 UG NX 完全自学手册。

本书以 UG NX 7.5 为操作蓝本，以软件应用为主线，结合软件功能，全面、深入、细致地通过实战范例来辅助介绍 UG NX 7.5 的功能和用法。由于 UG NX 7.5 同属于 UG NX 7 系列，因此本书也适合使用 UG NX 7.0 的读者学习使用，但有些功能是 UG NX 7.0 中没有的，有些命令工具也稍有不同，这需要使用 UG NX 7.0 的读者注意。

1. 本书内容及知识结构

本书共分 9 章，每一章的主要内容说明如下。

第 1 章介绍的内容是 UG NX 7.5 入门简介及基本操作，具体包括 UG NX 产品简介、操作界面、文件管理基本操作、系统基本参数设置、视图布局设置、工作图层设置和基本操作等。

第 2 章重点介绍的内容有草图工作平面、创建基准点和草图点、草图基本曲线绘制、草图编辑与操作、草图几何约束、草图尺寸约束和草图综合范例。

第 3 章重点介绍空间曲线和基准特征的实用知识。

第 4 章首先介绍实体建模入门概述，接着介绍如何创建体素特征，如何创建扫掠特征和基本成形设计特征，最后介绍特征建模综合范例。

第 5 章重点介绍特征操作及编辑的基础与应用知识，具体包括细节特征、布尔运算、抽壳、关联复制、特征编辑。

第 6 章重点介绍曲面建模的知识，具体包括曲面基础概述、依据点创建曲面、由曲线创建曲面、曲面的其他创建方法、编辑曲面、曲面加厚和其他几个曲面实用功能等。在本章的最后，还专门介绍了一个关于曲面综合设计的应用范例。

第 7 章结合典型范例来介绍装配设计，主要内容包括装配设计基础、装配配对设计、组件应用、检查简单干涉与装配间隙、爆炸视图、装配序列基础与应用等，最后还将介绍一个装配综合应用范例。

第 8 章介绍的主要内容包括切换到工程制图模块、工程制图参数预设置、工程图的基本管理操作、插入视图、编辑视图、修改剖面线、图样标注与注释、零件工程图综合实战范例。

第 9 章介绍 GC 工具箱和同步建模的应用基础知识。

2．本书特点及阅读注意事项

本书结构严谨，实例丰富，重点突出，步骤详尽，应用性强，兼顾设计思路和设计技巧，是一本很好的 UG NX 7（适用于 NX 7.5 和 NX 7.0）实战学习手册或完全自学手册。

为相关章节和知识点精选实战范例，帮助解决工程设计中的实际问题，能够快速地引导读者步入专业设计工程师的行业。

在阅读本书时，配合书中实例进行上机操作，学习效果更佳。

本书配一张光盘，内含各章的一些参考模型文件和精选的操作视频文件（AVI 视频格式），以辅助学习。

3．光盘使用说明

书中应用范例的参考模型文件均放在光盘根目录下的“配套范例文件\CH#”文件夹（# 代表着各章号）里。

提供的操作视频文件位于光盘根目录下的“操作视频”文件夹里。操作视频文件采用 AVI 格式，可以在大多数的播放器中播放，如可以在 Windows Media Player、暴风影音等较新版本的播放器中播放。在播放时，可以调整显示器的分辨率以获得较佳的效果。

本随书光盘仅供学习之用，请勿擅自将其用于其他商业活动。

4．技术支持及答疑

欢迎读者通过电子邮箱等联系方式提出技术咨询或者批评指正。如果在阅读本书时遇到什么问题，可以通过 E-mail 来联系。作者的电子邮箱为 sunsheep79@163.com，另外，也可以通过用于技术支持的 QQ（617126205）联系并进行技术答疑与交流。对于提出的问题，作者会尽快答复。

为了更好地与读者沟通，分享行业资讯，展示精品好书与推介新书，特意建立了免费的互动博客——博创设计坊（http://broaddesign.blog.sohu.com）。

本书主要由钟日铭编著，肖秋连、钟观龙、庞祖英、钟日梅、钟春雄、刘晓云、陈忠钰、沈婷、钟周寿、陈引、赵玉华、肖秋引、黄后标、劳国红、黄忠清、黄观秀、肖志勇、邹思文、黄瑞珍、肖宝玉、肖世鹏也参与了本书部分章节的编写。

书中如有疏漏之处，请广大读者和同行不吝赐教。

天道酬勤，熟能生巧，以此与读者共勉。

钟日铭

目 录

前言

第 1 章 UG NX 7.5 入门简介及基本操作 ······1

1.1 UG NX 产品简介 ······1

1.2 UG NX 7.5 操作界面 ······2

1.3 文件管理基本操作 ······5

1.3.1 新建文件 ······5

1.3.2 打开文件 ······7

1.3.3 保存操作 ······7

1.3.4 关闭文件 ······7

1.3.5 文件导入与导出 ······8

1.4 系统基本参数设置 ······9

1.4.1 对象首选项设置 ······9

1.4.2 用户界面首选项设置 ······10

1.4.3 选择首选项设置 ······11

1.4.4 背景首选项设置 ······11

1.4.5 可视化首选项与可视化性能首选项设置 ······12

1.5 视图布局设置 ······13

1.5.1 新建视图布局 ······15

1.5.2 替换布局中的视图 ······16

1.5.3 删除视图布局 ······16

1.6 工作图层设置 ······17

1.6.1 图层设置 ······17

1.6.2 移动至图层 ······18

1.6.3 设置视图可见性 ······18

1.7 基本操作 ······19

1.7.1 视图操作 ······19

1.7.2 选择对象操作 ······21

1.8 入门综合实战演练 ······21

1.9 本章小结 ······24

1.10 思考练习 ······24

第 2 章 草图 ······25

2.1 草图工作平面 ······25

2.1.1 草图平面简介 ······25

2.1.2 在平面上 ······26

2.1.3 在轨迹上 ······28

2.1.4 重新附着草图 ······29

2.2 创建基准点和草图点 ······30

2.3 草图基本曲线绘制 ······31

2.3.1 绘制轮廓线 ······31

2.3.2 绘制直线 ······32

2.3.3 绘制圆 ······32

2.3.4 绘制圆弧 ······33

2.3.5 绘制矩形 ······33

2.3.6 绘制圆角 ······34

2.3.7 绘制倒斜角 ······35

2.3.8 绘制多边形 ······35

2.3.9 绘制椭圆 ······36

2.3.10 绘制艺术样条与拟合样条 ······37

2.3.11 绘制二次曲线 ······39

2.4 草图编辑与操作 ······40

2.4.1 偏置曲线 ······40

2.4.2 阵列曲线 ······42

2.4.3 镜像曲线 ······44

2.4.4 交点和现有曲线 ······45

2.4.5 快速修剪 ······46

2.4.6 快速延伸 ······47

2.4.7 制作拐角 ······47

2.4.8 编辑曲线参数 ······48

2.5 草图几何约束 ······48

2.5.1 手动添加几何约束 ······49

2.5.2 自动约束 ······50

2.5.3 自动判断约束/尺寸及其创建 ······50

2.5.4 备选解 ······51

2.6 草图尺寸约束 ······52

2.6.1 自动判断尺寸 ······52

2.6.2 水平尺寸和竖直尺寸 ······54

2.6.3 平行尺寸和垂直尺寸…………54
2.6.4 角度尺寸…………54
2.6.5 直径尺寸和半径尺寸…………54
2.6.6 周长尺寸…………55
2.6.7 连续自动标注尺寸…………55
2.7 定向视图到草图和定向视图到模型…………56
2.8 草图综合实战演练…………56
2.9 本章小结…………63
2.10 思考练习…………64
第 3 章 空间曲线与基准特征…………65
3.1 基本曲线绘制…………65
3.1.1 绘制直线…………65
3.1.2 绘制圆弧/圆…………66
3.1.3 使用“直线和圆弧”命令集…………67
3.1.4 绘制螺旋线…………69
3.1.5 绘制艺术样条…………70
3.2 来自曲线集的曲线…………71
3.2.1 桥接…………71
3.2.2 连结…………73
3.2.3 投影…………73
3.3 来自体的曲线…………74
3.3.1 求交曲线…………74
3.3.2 截面曲线…………75
3.3.3 抽取虚拟曲线…………77
3.4 曲线编辑…………78
3.5 创建基准特征…………80
3.5.1 基准平面…………80
3.5.2 基准轴…………80
3.5.3 基准 CSYS…………81
3.5.4 基准平面栅格…………82
3.5.5 点与点集…………83
3.6 本章小结…………85
3.7 思考练习…………85
第 4 章 创建实体特征…………86
4.1 实体建模入门概述…………86
4.2 创建设计特征中的体素特征…………88
4.2.1 创建长方体…………88
4.2.2 创建圆柱体…………89
4.2.3 创建圆锥体/圆台…………89
4.2.4 创建球体…………91
4.3 创建扫掠特征…………91
4.3.1 扫掠…………92
4.3.2 沿引导线扫掠…………93
4.3.3 变化的扫掠…………95
4.3.4 管道…………99
4.4 基本成形设计特征…………100
4.4.1 创建拉伸特征…………100
4.4.2 创建回转特征…………103
4.4.3 创建孔特征…………105
4.4.4 创建凸台…………111
4.4.5 创建腔体…………112
4.4.6 创建垫块…………116
4.4.7 创建螺纹…………118
4.4.8 创建凸起特征…………120
4.5 实体特征建模综合实战范例…………122
4.6 本章小结…………132
4.7 思考练习…………133
第 5 章 特征操作及编辑…………134
5.1 细节特征…………134
5.1.1 倒斜角…………134
5.1.2 边倒圆…………136
5.1.3 面倒圆…………139
5.1.4 拔模…………141
5.1.5 其他细节特征…………143
5.2 布尔运算…………144
5.2.1 求和…………144
5.2.2 求差…………145
5.2.3 求交…………146
5.3 抽壳…………146
5.4 关联复制…………148
5.4.1 抽取体…………149
5.4.2 复合曲线…………150
5.4.3 实例特征…………151
5.4.4 镜像特征…………157

5.4.5　镜像体……158
5.4.6　生成实例几何特征……159
5.5　特征编辑……162
5.5.1　编辑特征尺寸……163
5.5.2　编辑位置……164
5.5.3　特征移动……165
5.5.4　替换特征……166
5.5.5　替换为独立草图……167
5.5.6　由表达式抑制……167
5.5.7　编辑实体密度……167
5.5.8　特征回放……168
5.5.9　编辑特征参数……169
5.5.10　可回滚编辑……170
5.5.11　特征重排序……170
5.5.12　特征抑制与取消抑制……171
5.6　本章综合实战范例……172
5.7　本章小结……188
5.8　思考练习……188
第 6 章　曲面建模……190
6.1　曲面基础概述……190
6.1.1　曲面的基本概念及分类……190
6.1.2　初识曲面工具……191
6.2　依据点创建曲面……193
6.2.1　通过点……193
6.2.2　从极点……195
6.2.3　从点云……196
6.2.4　快速造面……198
6.3　由曲线创建曲面……199
6.3.1　艺术曲面……199
6.3.2　通过曲线组……201
6.3.3　通过曲线网格……204
6.3.4　通过扫掠创建曲面……206
6.3.5　剖切曲面……211
6.3.6　N 边曲面……213
6.4　曲面的其他创建方法……215
6.4.1　规律延伸……216
6.4.2　轮廓线弯边……218
6.4.3　偏置曲面……220
6.4.4　可变偏置……221
6.4.5　偏置面……223
6.4.6　修剪的片体……224
6.4.7　修剪与延伸……225
6.4.8　分割面……228
6.5　编辑曲面……228
6.5.1　移动定义点……229
6.5.2　移动极点……230
6.5.3　匹配边……231
6.5.4　使曲面变形……232
6.5.5　变换曲面……233
6.5.6　扩大……234
6.5.7　等参数修剪/分割……235
6.5.8　边界……237
6.5.9　整修面……240
6.5.10　更改边……242
6.5.11　更改阶次……243
6.5.12　更改刚度……244
6.5.13　法向反向……244
6.5.14　光顺极点……245
6.5.15　编辑曲面的其他工具命令……246
6.6　曲面加厚……246
6.7　其他几个曲面实用功能……247
6.7.1　四点曲面……247
6.7.2　整体突变……248
6.7.3　缝合与取消缝合……250
6.8　曲面综合实战范例……251
6.9　本章小结……262
6.10　思考练习……262
第 7 章　装配设计……264
7.1　装配设计基础……264
7.1.1　新建装配文件与装配界面简介……264
7.1.2　装配术语……268
7.1.3　装配方法概述……268
7.2　使用配对条件……270
7.2.1　“接触对齐”约束……271
7.2.2　“中心”约束……272
7.2.3　“胶合”约束……273

7.2.4 “角度”约束 ······273
7.2.5 “同心”约束 ······273
7.2.6 “距离”约束 ······273
7.2.7 “平行”约束 ······274
7.2.8 “垂直”约束 ······274
7.2.9 “固定”约束 ······275
7.2.10 “拟合”约束 ······275
7.3 使用装配导航器 ······276
7.4 组件应用 ······277
7.4.1 新建组件 ······277
7.4.2 添加组件 ······277
7.4.3 镜像装配 ······279
7.4.4 创建组件阵列 ······282
7.4.5 编辑组件阵列 ······287
7.4.6 移动组件 ······288
7.4.7 替换组件 ······290
7.4.8 装配约束 ······291
7.4.9 新建父对象 ······292
7.4.10 显示自由度 ······292
7.4.11 显示和隐藏约束 ······293
7.4.12 工作部件与显示部件设置 ······294
7.5 检查简单干涉与装配间隙 ······294
7.5.1 简单干涉 ······295
7.5.2 分析装配间隙 ······296
7.6 爆炸视图 ······297
7.6.1 创建爆炸图 ······298
7.6.2 编辑爆炸图 ······298
7.6.3 创建自动爆炸组件 ······299
7.6.4 取消爆炸组件 ······300
7.6.5 删除爆炸图 ······300
7.6.6 切换爆炸图 ······300
7.6.7 创建追踪线 ······301
7.6.8 隐藏和显示视图中的组件 ······302
7.6.9 装配爆炸图的显示和隐藏 ······302
7.7 装配序列基础与应用 ······303
7.8 产品装配实战范例 ······306
7.8.1 零件设计 ······307
7.8.2 装配设计 ······308
7.8.3 检查装配间隙 ······315
7.8.4 利用工作截面检查产品结构 ······316
7.9 本章小结 ······318
7.10 思考练习 ······318
第 8 章 工程图设计 ······319
8.1 工程制图模块切换 ······319
8.2 工程制图参数预设置 ······320
8.2.1 制图首选项设置 ······320
8.2.2 注释设置 ······321
8.2.3 截面线设置 ······322
8.2.4 视图参数设置 ······323
8.2.5 视图标签参数设置 ······323
8.3 工程图的基本管理操作 ······324
8.3.1 新建图样页 ······324
8.3.2 打开图样页 ······326
8.3.3 显示图样页 ······326
8.3.4 删除图样页 ······326
8.3.5 编辑图样页 ······326
8.4 插入视图 ······327
8.4.1 基本视图 ······327
8.4.2 投影视图 ······329
8.4.3 局部放大图 ······331
8.4.4 剖视图 ······332
8.4.5 半剖视图 ······334
8.4.6 旋转剖视图 ······335
8.4.7 局部剖视图 ······337
8.4.8 断开视图 ······339
8.4.9 标准视图 ······342
8.4.10 图纸视图 ······342
8.5 编辑视图基础 ······344
8.5.1 移动/复制视图 ······344
8.5.2 对齐视图 ······345
8.5.3 视图边界 ······346
8.5.4 更新视图 ······348
8.6 修改剖面线 ······349
8.7 图样标注/注释 ······350

8.7.1 尺寸标注 ……350
8.7.2 插入中心线 ……359
8.7.3 文本注释 ……360
8.7.4 插入表面粗糙度符号 ……361
8.7.5 插入其他符号 ……362
8.7.6 形位公差标注 ……363
8.7.7 创建装配明细表 ……365
8.7.8 表格注释 ……365
8.8 制图编辑进阶 ……367
8.8.1 在视图中剖切 ……367
8.8.2 编辑剖切线 ……367
8.8.3 隐藏或显示视图中的组件 ……368
8.8.4 视图相关编辑 ……369
8.8.5 制图编辑其他知识 ……370
8.9 零件工程图综合实战范例 ……371
8.9.1 建立零件的三维模型 ……371
8.9.2 建立工程视图 ……378
8.10 本章小结 ……388
8.11 思考练习 ……388
第 9 章 GC 工具箱应用与同步建模 ……390
9.1 GC 工具箱概述 ……390
9.2 齿轮建模 ……391
9.2.1 柱齿轮建模 ……391
9.2.2 锥齿轮建模 ……395
9.2.3 格林森锥齿轮建模 ……396
9.2.4 奥林康锥齿轮建模 ……397
9.2.5 格林森准双曲线齿轮建模 ……401
9.2.6 奥林康准双曲线齿轮建模 ……402
9.3 同步建模概述 ……403
9.4 综合实战进阶范例 ……405
9.5 本章小结 ……412
9.6 思考练习 ……412

第 1 章 UG NX 7.5 入门简介及基本操作

本章导读：

UG NX（SIEMENS NX）是新一代数字化产品开发系统。本章主要介绍UG NX 产品简介、UG NX 7.5 操作界面、文件管理基本操作、系统基本参数设置、视图布局设置、工作图层设置和基本操作等。

1.1 UG NX 产品简介

SIEMENS PLM Software 的旗舰数字化产品开发解决方案 NX 系列软件性能优良、集成度高，功能涵盖了产品的整个开发和制造等过程。NX 建立在为客户提供优秀的解决方案的成功经验基础之上，这些解决方案可以全面地改善设计过程的效率，削减成本，并缩短进入市场的时间。NX 的独特之处是其知识管理基础，工程专业人员可以使用其来推动革新以创建出更大的利润，还可以管理生产和系统性能知识，并根据已知准则来确认每一设计决策。利用 NX 建模功能，工业设计师能够迅速地建立和改进复杂的产品形状，并且使用先进的渲染和可视化工具来最大限度地满足设计概念的审美要求。

UG NX 包括众多的设计应用模块，具有高性能的机械设计和制图功能，为制造设计提供了高性能和灵活性以满足客户设计任何复杂产品的需要；UG NX 还具有钣金模块、专业的管路和线路设计系统、专用塑料件设计模块和其他行业设计所需的专业应用程序；UG NX 允许制造商以数字化的方式仿真、确认和优化产品及其开发过程，这样可以有效地改善产品质量，同时大大降低设计成本以及对变更周期的依赖。

另外，UG NX 产品开发解决方案支持制造商所需的一些工具，可用于管理过程并与扩展的企业共享产品信息。UG NX 与 SIEMENS PLM 其他解决方案的完整套件无缝结合，实现了在可控环境下协同设计、管理产品数据、转换数据等。

UG NX 系列软件应用广泛，尤其在高端工程领域。大部分飞机发动机和汽车发动机都采用 UG NX 进行设计。其主要大客户包括通用汽车、通用电气、福特、波音麦道、洛克希德、劳斯莱斯、普惠发动机、日产和克莱斯勒等。在高端工程领域与 CATIA、Pro/ENGINEER 并驾齐驱。

UG NX 软件的较新版本有 NX 7.0 和 NX 7.5。新版本引入了 HD3D（三维精确描述）功能，即提供了一个开放的直观的可视化环境，这将有助于充分发掘 PLM 信息的价值，并显著提升其制定卓有成效的产品决策的能力。新版本的同步建模技术得到了进一步增强，提高了各类产品的开发速度，扩展了 NX 无与伦比的与第三方 CAD 应用数据有效协同工作的能力。所谓的同步建模技术是 SIEMENS PLM Software 推出的用于提高计算机辅助设计、制造及仿真分析（CAD/CAM/CAE）效率的技术。

其中，NX 7.5 解决方案基于创新决策支持构架 HD PLM 技术，它为工程师们提供了理想的工作环境，不仅帮助他们成功地完成设计任务，并以直观的方式提供信息，而且能够验证决策以全面提升产品开发效率，主要体现在如下几个方面。

- 设计开发效率：NX 7.5 以其独特的三维精确描述（HD3D）技术及强大的全新设计工具实现了 CAD 效率的革新，确实能够提升设计人员的效率，加速设计过程，减低成本并改进决策。
- 仿真分析效率：NX 7.5 通过在建模、模拟、自动化与测试关联性方面整合一流的几何工具和强大的分析技术，实现了模拟与设计的同步、更迅速的设计分析迭代、更出色的产品优化和更快捷的交付速度，重新定义了 CAE 生产效率。
- 加工制造效率：NX 7.5 以全新工具提升生成效率，包括推出两套新的加工解决方案（为用户提供了特定的编程任务环境），为零件制造赋予了全新的意义。NX 涡轮叶片加工用于编程加工形状复杂的叶盘和叶轮，在确保一流品质的同时还可将加工时间缩短一半；数控测量编程可以自动利用直观的产品与制造信息（PMI）模型数据。

在 NX 7.5 中还集成了为中国制造业用户量身定制的本地化软件工具包——NX GC 工具箱。NX GC 工具箱旨在满足中国用户对 NX 的特殊需求，包括标准化的 GB 环境。此外，NX GC 工具箱还含有质量检查工具（如模型检查、二维图检查和装配检查等）、属性工具和齿轮设计工具等。使用 NX GC 工具箱可以帮助设计人员在进行产品设计时大大提高标准化程度和工作效率。

本书以 NX 7.5 为操作蓝本进行介绍，本书基本上也适合使用 NX 7.0 版本的读者参考使用（NX 7.5 和 NX 7.0 可以被看做是同属于 NX 7 的子系列）。

1.2 UG NX 7.5 操作界面

以 Windows XP 系统为例，要启动 UG NX 7.5，需要在电脑视窗左下角单击“开始”按钮，接着从打开的菜单中选择“程序”|“UGS NX 7.5”|“NX 7.5”命令，系统弹出如图 1-1 所示的 NX 7.5 启动界面。

该启动界面片刻后消失，此时系统打开 NX 7.5 的初始操作界面（也称初始运行界面），如图 1-2 所示。在初始操作界面的窗口中，可以查看一些基本概念、交互说明或开始使用信息等，这对初学者是很有帮助的。在初始操作界面中，将鼠标指针移至窗口中的左部要查看的选项处（这些选项包括“应用模块”、“角色”、“定制”、“视图操作”、“全屏显示”、“选择”、“对话框”、“命令流”、“导航器”、“部件”、“模块”和“帮助”），则在窗口中的右部区域会显示所指选项的介绍信息。

图 1-1　NX 7.5 启动界面

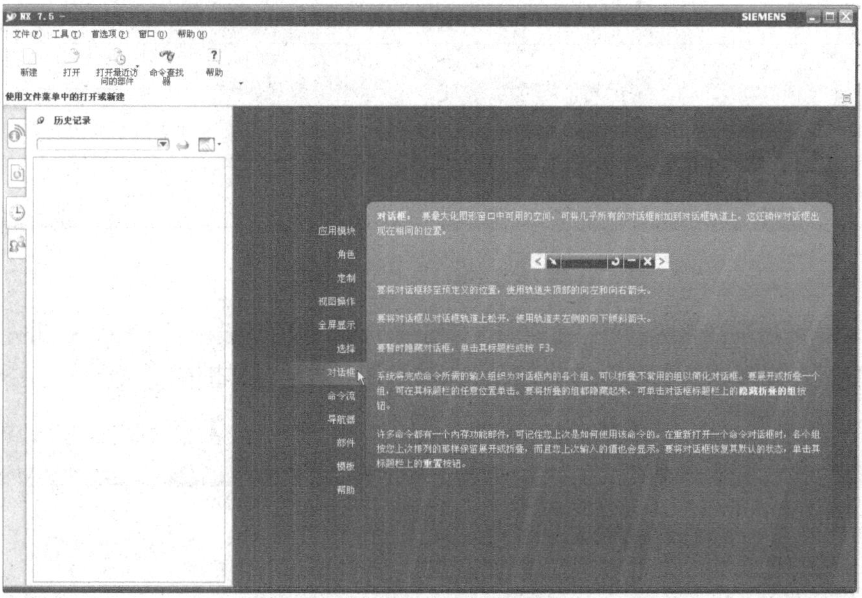

图 1-2　NX 7.5 初始操作界面

若在菜单栏中选择“文件”|“新建”命令，或者在工具栏中单击“新建”按钮，则打开“新建”对话框，从中指定所需的模块和文件名称等，单击“确定”按钮，从而进入主操作界面。图 1-3 所示为从事建模设计的一个主操作界面，该主操作界面主要由标题栏、菜

单栏、工具栏、状态栏、资源板和绘图区域等部分组成。其中资源板包括一个资源条和相应的显示列表框，资源条上的选项工具包括“装配导航器”、“部件导航器”、“重用库”、“HD3D 工具”、“Internet Explorer”、“历史记录”、“系统材料”、“Process Studio”、“加工向导”、“角色”和“系统可视化场景”。在资源板的资源条上单击相应的图标命令，即可将相应的资源信息显示在资源板列表框中。另外，在资源板的历史记录中可以快速地找到近期打开过的文件模型。

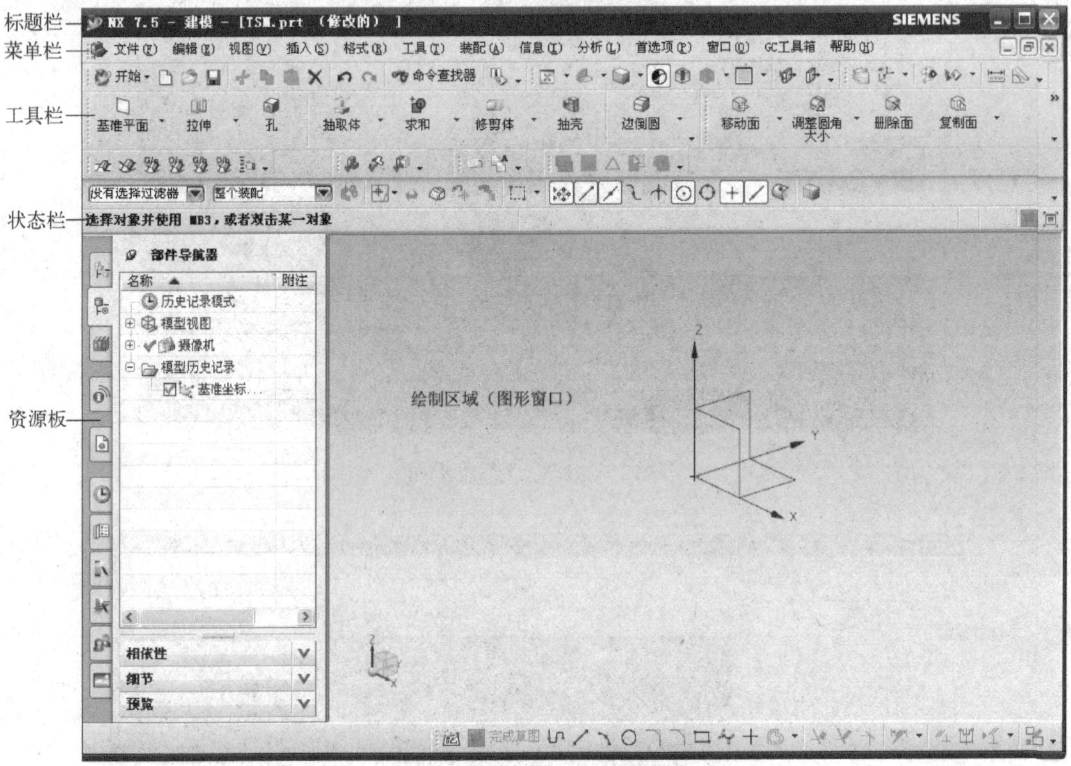

图 1-3　NX 7.5 主操作界面

状态栏包括提示行和状态行，如图 1-4 所示。提示行用于显示当前操作的相关信息，如提示操作的具体步骤，并引导用户来选择；状态行用于显示操作的执行情况。

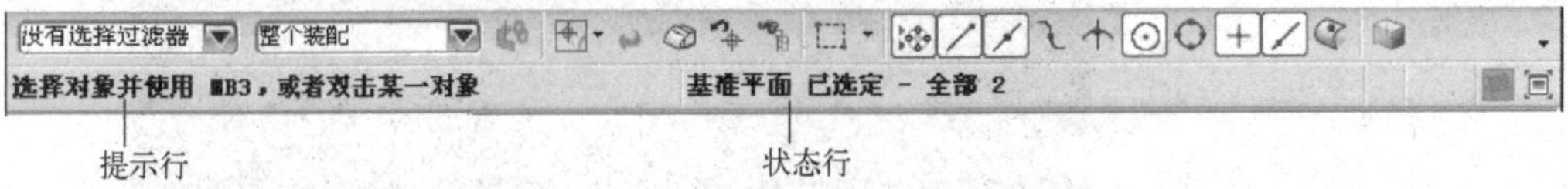

图 1-4　状态栏

修改一个文件后，若要退出 UG NX 7.5 系统，则在菜单栏中选择“文件”|“退出”命令，或者直接在屏幕右上角单击“关闭”按钮，系统弹出如图 1-5 所示的“退出”对话框，用户可以在“退出”对话框中单击相应的按钮来保存文件并退出 UG NX 7.5 系统，或者不保存文件直接退出 UG NX 7.5 系统。单击“取消”按钮则取消退出 UG NX 7.5 系统的命令操作。

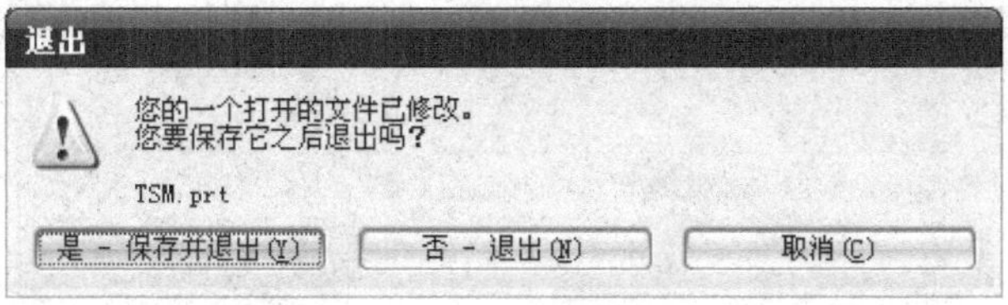

图 1-5 “退出”对话框

1.3 文件管理基本操作

在 UG NX 7.5 中，文件管理基本操作的命令位于菜单栏的“文件”菜单中，如图 1-6 所示。下面介绍常用的文件管理基本操作，包括新建文件、打开文件、保存文件、关闭文件、文件导入与导出等。

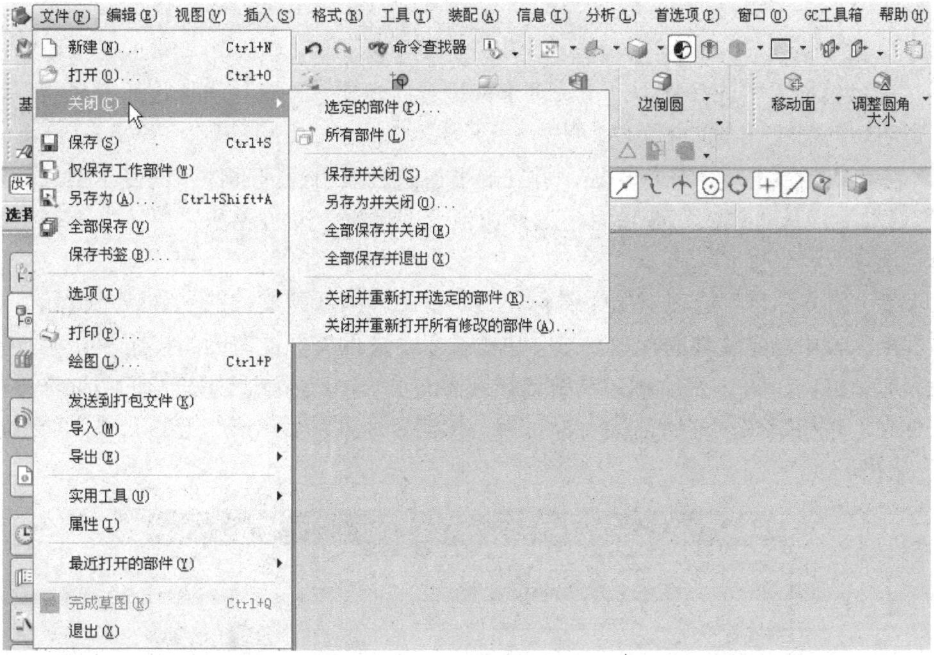

图 1-6 NX 7.5 的“文件”菜单

1.3.1 新建文件

“文件”菜单中的“新建”命令用于新建一个指定类型的文件，其对应的工具按钮为“新建”按钮。下面以一个范例介绍新建文件的一般操作步骤。

❶ 在菜单栏中选择“文件”|“新建”命令，或者在工具栏中单击“新建”按钮，打开如图 1-7 所示的“新建”对话框。该对话框具有 5 个选项卡，分别用于创建关于模型（部件）设计、图样设计、仿真、加工和检查方面的文件。

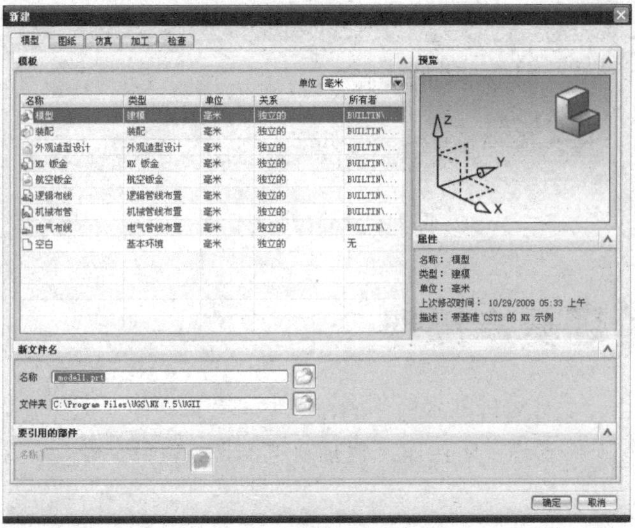

图 1-7 “新建”对话框

用户可以根据需要选择其中一个选项卡来设置新建文件，在这里以选用“模型”选项卡为例，说明如何创建一个部件文件。

2 在状态栏中出现“选择模板，并在必要时选择要引用的部件”的提示信息。切换到“模型”选项卡，从“模板”选项组中选择所需要的模板，并可以从“单位”下拉列表框中选择单位选项。

3 在“新文件名”选项组的“名称”文本框中输入新建文件的名称或接受默认名称。在“文件夹”框中指定文件的存放目录。单击位于“文件夹”框右侧的按钮，则打开“选择目录”对话框，如图 1-8 所示，从中选择所需的目录，或者在选定目录的情况下单击“创建新文件夹”按钮来创建所需的目标目录，指定目标目录后单击“选择目录”对话框中的“确定”按钮。

图 1-8 “选择目录”对话框

4 在“新建”对话框中设置好相关的内容后，单击“确定”按钮。

1.3.2 打开文件

要打开一个已经创建好的文件，可在菜单栏中选择“文件”|“打开”命令，或者在工具栏中单击“打开”按钮，系统弹出如图 1-9 所示的“打开”对话框，利用该对话框设定所需的文件类型，选择要打开的文件，并可设置预览选定的文件以及设置是否加载设定内容等，若单击“打开”对话框中的“选项”按钮，则可利用弹出的如图 1-10 所示的一个对话框来设置装配加载选项。从指定目录范围中选择要打开的文件后，单击“OK”按钮即可。

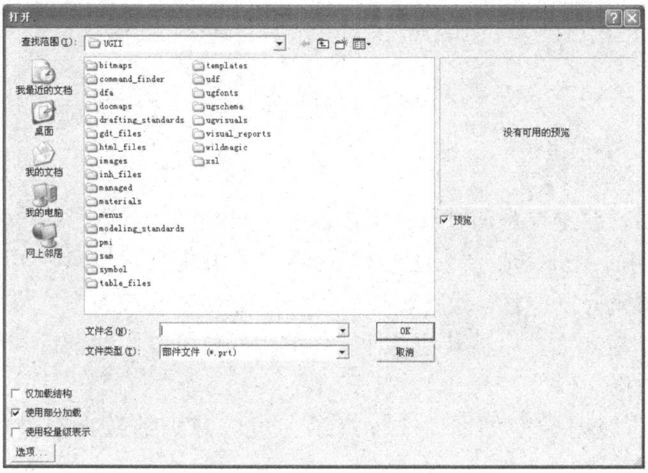

图 1-9 “打开”对话框

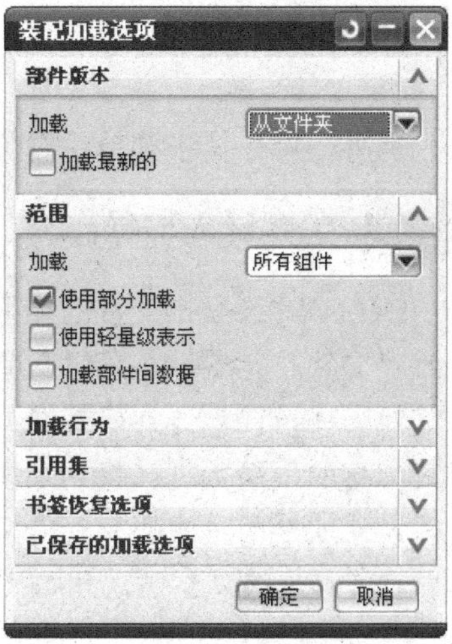

图 1-10 “装配加载选项”对话框

1.3.3 保存操作

在菜单栏的“文件”菜单中提供了多种保存操作命令，包括“保存”、“仅保存工作部件”、“另存为”、“全部保存”和“保存书签”命令，这些命令的功能含义如表 1-1 所示。

表 1-1 “保存操作”命令的功能含义

序 号	保存操作命令	功 能 含 义
1	“保存”	保存工作部件和任何已经修改的组件
2	“仅保存工作部件”	仅将工作部件保存起来
3	“另存为”	使用其他名称保存此工作部件
4	“全部保存”	保存所有已修改的部件和所有的顶级装配部件
5	“保存书签”	在书签文件中保存装配关联，包括组件可见性、加载选项和组件组

1.3.4 关闭文件

在菜单栏的“文件”菜单中具有一个“关闭”级联菜单，如图 1-11 所示，其中提供用于不同方式关闭文件的命令。用户可以根据实际情况选用一种关闭命令。例如，从菜单栏中选择“文件”|“关闭”|“保存并关闭”命令，可保存并关闭工作部件。

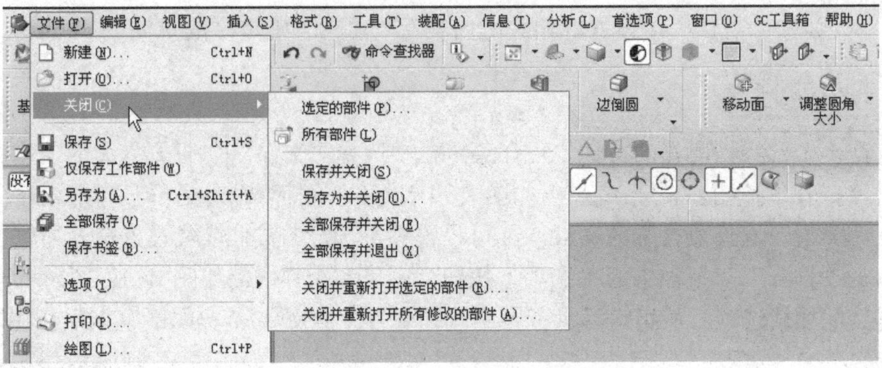

图 1-11 “文件”|“关闭”级联菜单

另外，单击位于菜单栏右侧的“关闭”按钮☒，亦可关闭当前活动工作部件。

1.3.5 文件导入与导出

UG NX 7.5 数据交换的类型很多，这主要是通过选择菜单栏中“文件”|“导入”级联菜单或“文件”|“导出”级联菜单中的命令来完成的。通过 UG NX 7.5 数据交换接口，可以与其他一些设计软件共享数据，以便充分发挥各自设计软件的优势。在 UG NX 7.5 中，可以将其自身的模型数据转换为多种数据格式文件以被其他设计软件调用，也可以读取来自其他一些设计软件所生成的特定类型的数据文件。

在 UG NX 7.5 中，可以导入的数据类型如图 1-12a 所示，可以导出的数据类型如图 1-12b 所示。

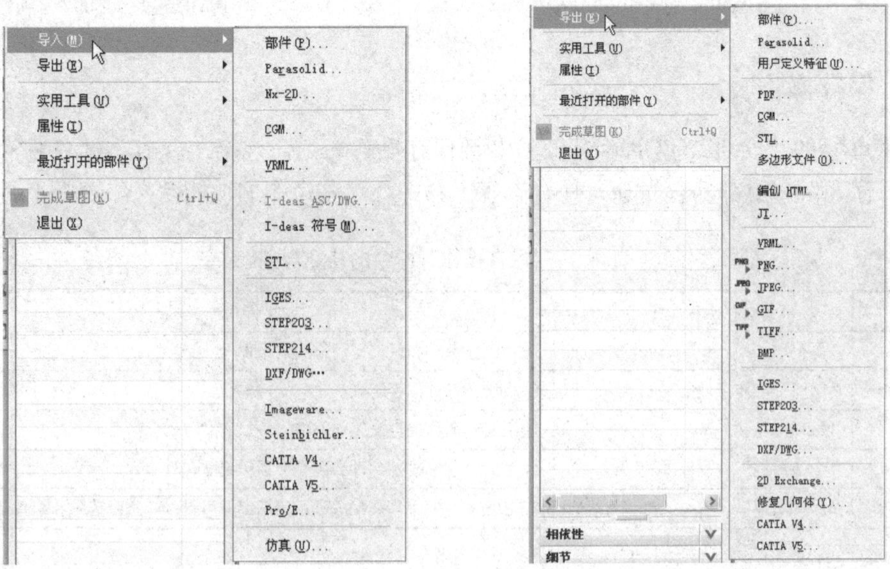

a) b)

图 1-12 文件导入与导出的菜单命令

a) 可导入的数据类型 b) 可导出的数据类型

1.4 系统基本参数设置

用户可以根据自己的喜好和设计团队的需要修改系统默认的一些基本参数设置，如对象参数、用户界面参数、图形窗口的背景特性、可视化参数、可视化性能参数、选择首选项等。下面有选择性地介绍一些改变系统参数设置的方法，而其他的系统参数首选项设置方法也类似。

1.4.1 对象首选项设置

要设置对象首选项（如图层、颜色和线型等），则在菜单栏中选择“首选项”|“对象”命令，打开“对象首选项”对话框，该对话框具有“常规”选项卡和“分析”选项卡，如图 1-13 所示。

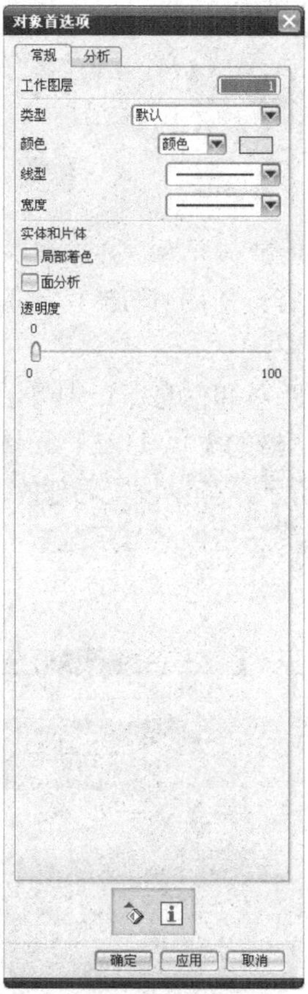

a)

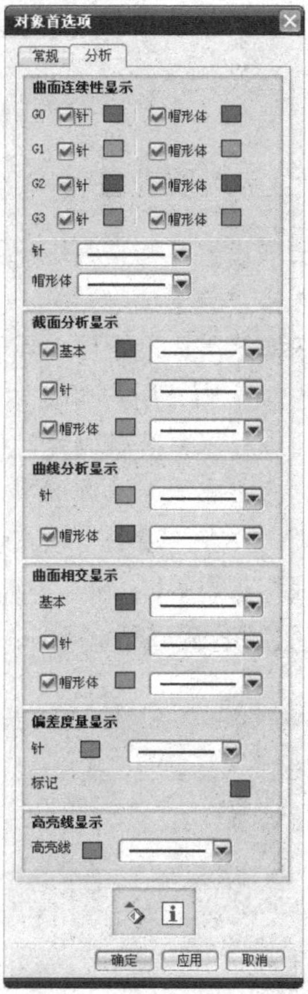

b)

图 1-13 “对象首选项”对话框

a) “常规”选项卡 b) “分析”选项卡

在“常规”选项卡中，用户可以设置工作图层、对象类型、对象颜色、线型和线宽，还可以设置是否对实体和片体进行局部着色、面分析，另外还可设置对象的特定透明度参数。

切换到“分析”选项卡，可以设置曲面连续性显示参数、截面分析显示参数、曲线分析显示参数、曲面相交显示参数、偏差度量显示参数和高亮线显示参数等。其中，单击相关的颜色按钮，系统将弹出如图 1-14 所示的“颜色”对话框，利用该对话框选择所需要的一种颜色，然后单击“确定”按钮。

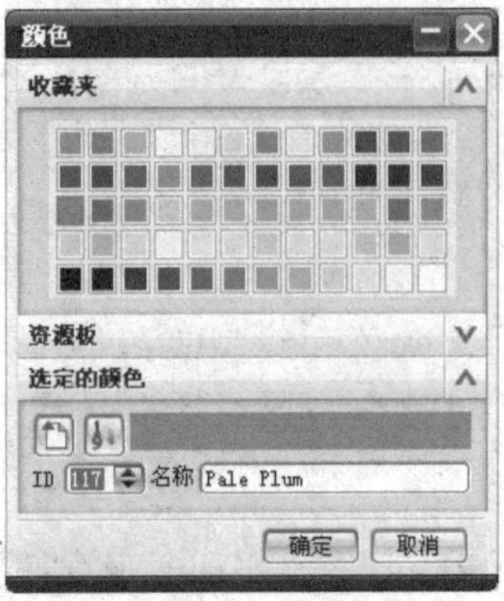

图 1-14 “颜色”对话框

1.4.2 用户界面首选项设置

用户界面首选项设置是指设置用户界面和操作记录录制行为，并加载用户工具。

在菜单栏中选择“首选项” | “用户界面”命令，打开如图 1-15 所示的“用户界面首选项”对话框，系统提示用户设置用户界面首选项。

在“常规”选项卡中，用户可以设置对话框、跟踪条和信息窗口中显示的小数位数，设置是否在信息窗口中显示系统精确度，指定 Web 浏览器的主页 URL，设置是否在跟踪条中跟踪光标位置等。在“布局”选项卡中，如图 1-16 所示，可以设置局部的 Windows 风格选项（“NX（推荐）”、“NX 带系统字体”和“系统主题”）、资源条显示位置、页自动飞出与否以及退出时是否保存布局等。

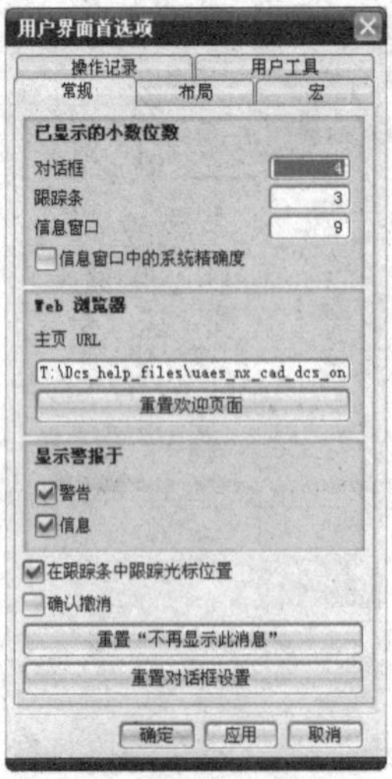

图 1-15 “用户界面首选项”对话框

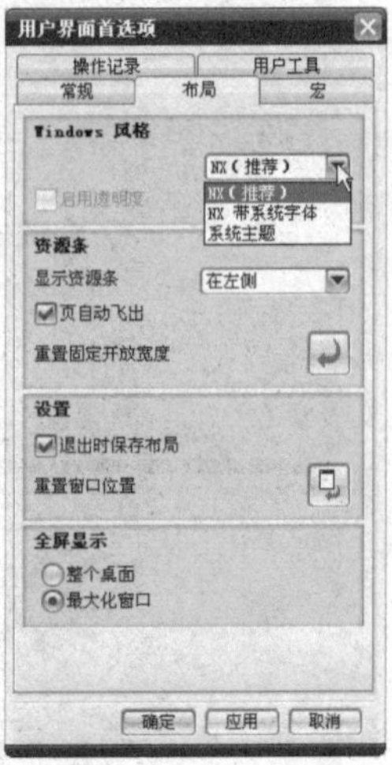

图 1-16 “布局”选项卡

另外，利用“用户界面首选项”对话框的其他选项卡还能够设置宏首选项（录制和回放选项）、操作记录首选项和用户工具首选项。

1.4.3 选择首选项设置

可以设置对象选择行为，如高亮显示、快速拾取延迟以及选择半径大小。

在菜单栏中选择“首选项”|“选择”命令，打开如图 1-17 所示的“选择首选项”对话框。利用该对话框可以设置多选时的鼠标手势和选择规则，可以设置高亮显示选项，可以设置是否启动延迟时快速拾取及其延迟时间，可以设置选择半径大小、成链公差和方法选项。

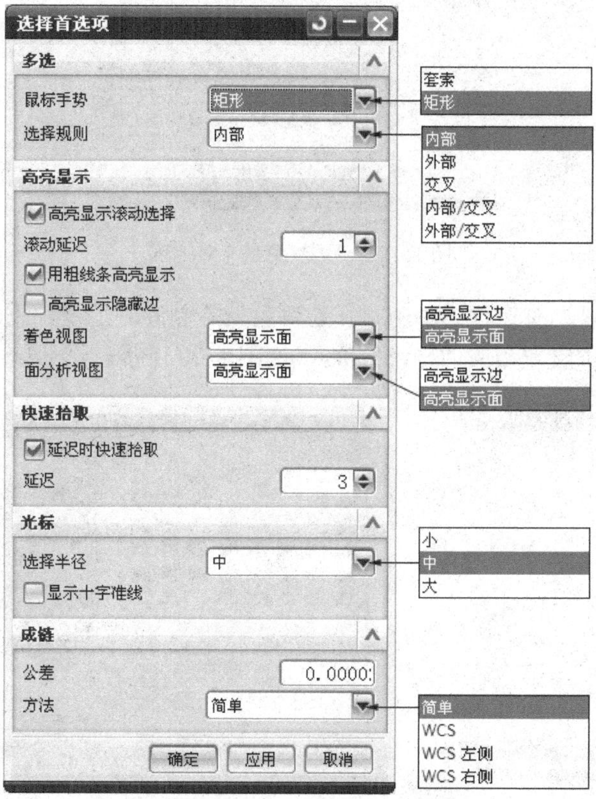

图 1-17 “选择首选项”对话框

1.4.4 背景首选项设置

允许设置图形窗口背景特性，如颜色和渐变效果，其方法是在菜单栏中选择“首选项”|“背景”命令，打开如图 1-18 所示的“编辑背景”对话框，接着在该对话框中进行相关设置即可。

例如，假设要将渐变效果的绘图窗口背景更改为单一白色的背景，那么可以按照以下的步骤进行设置操作。

1 在菜单栏中选择“首选项”|“背景”命令，打开“编辑背景”对话框。

❷ 在“着色视图”选项组中选择“普通”单选按钮，在“线框视图”选项组中也选择“普通”单选按钮，如图 1-19 所示。

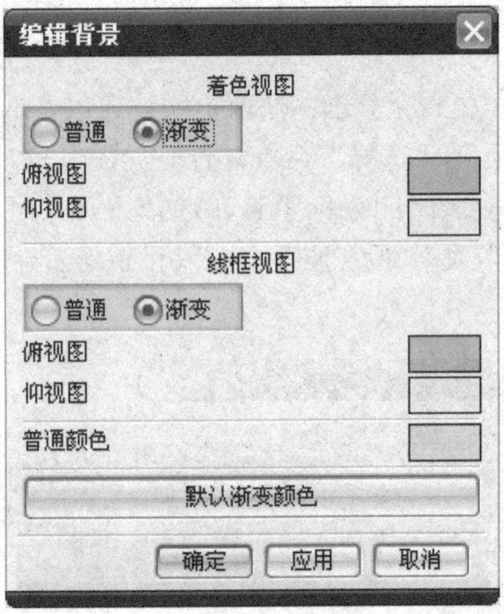

图 1-18 “编辑背景”对话框

❸ 在“编辑背景”对话框中单击“普通颜色”右侧的颜色框，系统弹出“颜色”对话框，从中选择白色（或设置相应的颜色参数），如图 1-20 所示，然后单击“确定”按钮。

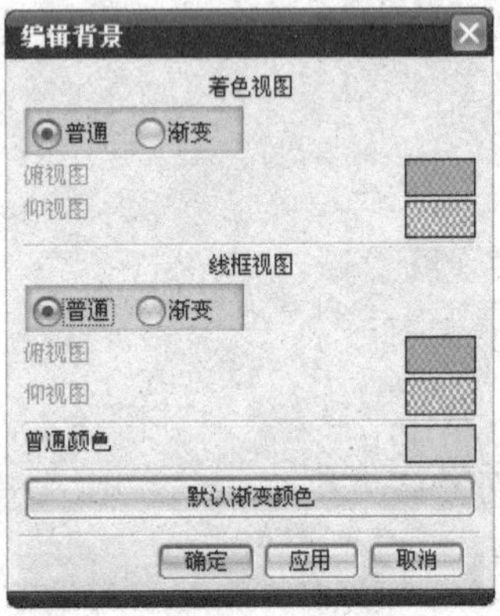

图 1-19 编辑背景操作

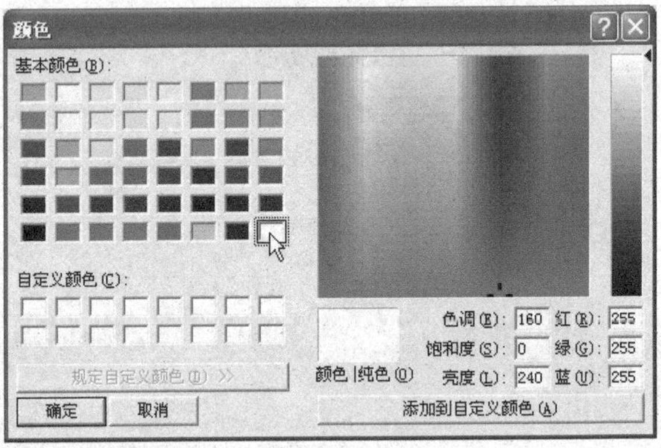

图 1-20 “颜色”对话框

❹ 在“编辑背景”对话框中单击“确定”按钮或“应用”按钮，从而将绘图窗口的背景颜色设置为单一白色。

1.4.5 可视化首选项与可视化性能首选项设置

“首选项”菜单中的“可视化”命令用于设置图形窗口的可视化特性，如部件渲染样式、选择和取消着重颜色以及直线反锯齿等。在菜单栏中选择“首选项”|“可视化”命令，打开如图 1-21 所示的“可视化首选项”对话框，该对话框具有“名称/边界”、“直线”、“特殊效果”、“视图/屏幕”、“手柄”、“视觉”、“小平面化”和“颜色”这些选项卡标签，单击不同的标签便可以切换到不同的选项卡，然后设置相关的可视化参数即可。

可视化首选项设置与可视化性能首选项设置是不同的，这需要初学者认真了解。后者用于设置可以影响图形性能的显示行为。要进行可视化性能首选项设置，则在菜单栏中选择“首选项”|“可视化性能”命令，系统弹出如图 1-22 所示的“可视化性能首选项”对话框，该对话框具有两个选项卡。“一般图形”选项卡用于为一般图形设置可视化性能参数，包括会话设置（具体包含指定视图动画速度，确定“禁用透明度”、“禁用平面透明度”、“忽略背面”、“禁用直线反锯齿”、“禁用全景反锯齿”、“保留分析数据”这些选项的状态，设置如何修复意外的显示问题，设定着色视图和艺术外观视图参数等）和部件设置；“大模型”选项卡则用于设置大模型的显示性能。

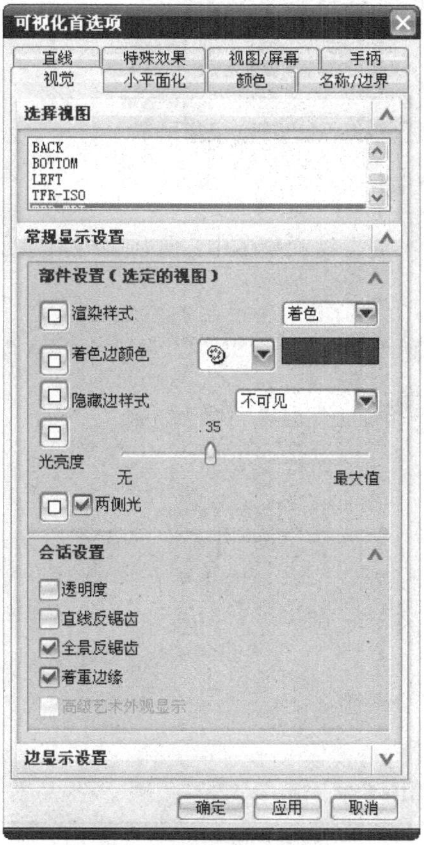

图 1-21 “可视化首选项”对话框

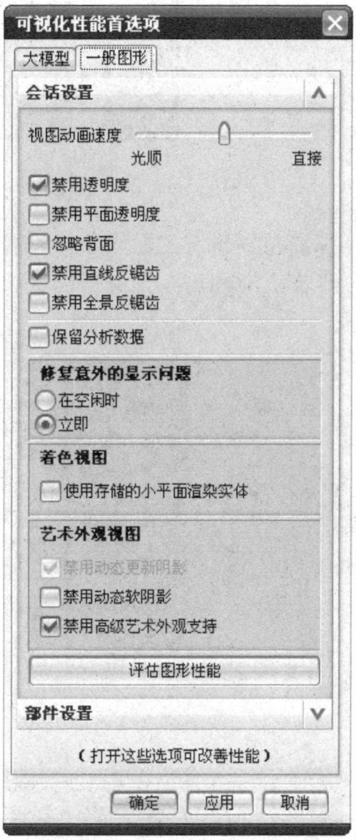

图 1-22 “可视化性能首选项”对话框

1.5 视图布局设置

在进行三维产品设计的过程中，在有的时候可能为了多角度观察一个对象而需要同时用到一个对象的多个视图，如图 1-23 所示的示例，这便要应用到视图布局设置功能。用户创建视图布局后，可以在需要时再次打开视图布局，可以保存视图布局，可以修改视图布局，还可以删除视图布局等。

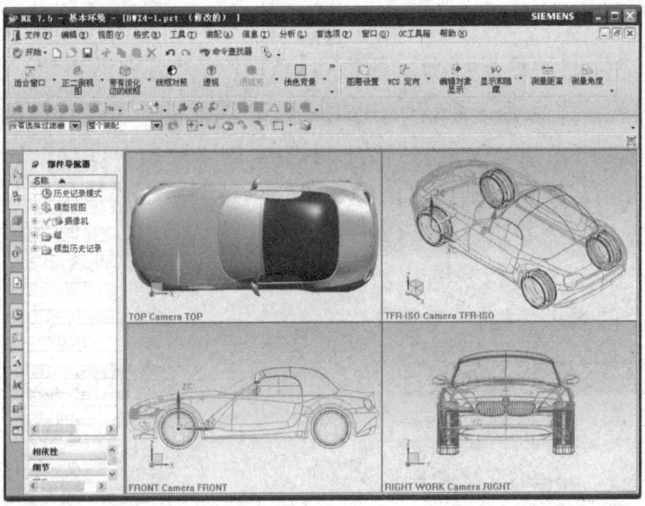

图 1-23　同时显示多个视图

视图布局设置的命令集中在菜单栏的“视图”|“布局”级联菜单中，如图 1-24 所示。该级联菜单中的命令功能说明如表 1-2 所示。

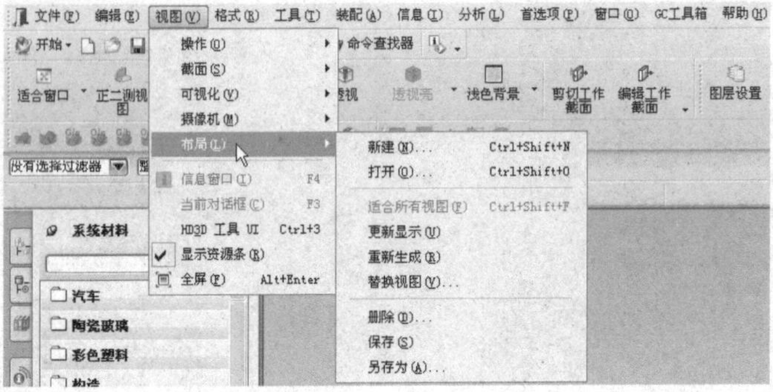

图 1-24　“视图”|“布局”级联菜单

表 1-2　视图布局设置的相关命令

序　号	命　令	功能简要说明
1	“视图”|“布局”|“新建”	以 6 种布局模式之一创建包含至多 9 个视图的布局
2	“视图”|“布局”|“打开”	调用 5 个默认布局中的任何一个或任何先前创建的布局
3	“视图”|“布局”|“适合所有视图”	调整所有视图的中心和比例，以在每个视图的边界之内显示所有对象
4	“视图”|“布局”|“更新显示”	更新显示以反映旋转或比例更改
5	“视图”|“布局”|“重新生成”	重新生成布局中的每个视图，移除临时显示的对象并更新已修改的几何体的显示
6	“视图”|“布局”|“替换视图”	替换布局中的视图
7	“视图”|“布局”|“删除”	删除用户定义的任何不活动的布局
8	“视图”|“布局”|“保存”	保存当前布局布置
9	“视图”|“布局”|“另存为”	用其他名称保存当前布局

下面简要地介绍视图布局的 3 种常见操作。

1.5.1 新建视图布局

新建视图布局的操作方法和步骤如下。

1 在菜单栏中选择“视图”|“布局”|“新建”命令，打开如图 1-25 所示的“新建布局”对话框。此时系统提示选择新布局中的视图。

2 指定视图布局名称。

在“名称”文本框中输入新建视图布局的名称，或者接受系统默认的新视图布局名称。默认的新视图布局名称是以“LAY#”形式来命名的，#为从 1 开始的序号，后面的序号依次加 1 递增。

3 选择系统提供的视图布局模式。

在“布置”下拉列表框中可供选择的默认布局模式有 6 种，如图 1-26 所示，从“布置”下拉列表框中选择所需要的一种布局模式，例如选择 L4 视图布局模式。

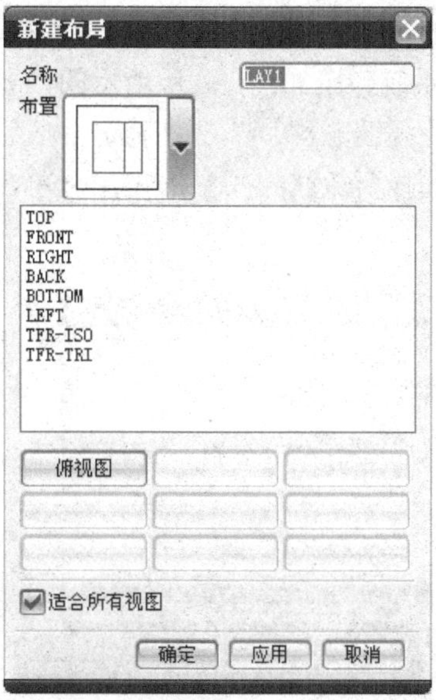

图 1-25 “新建布局”对话框

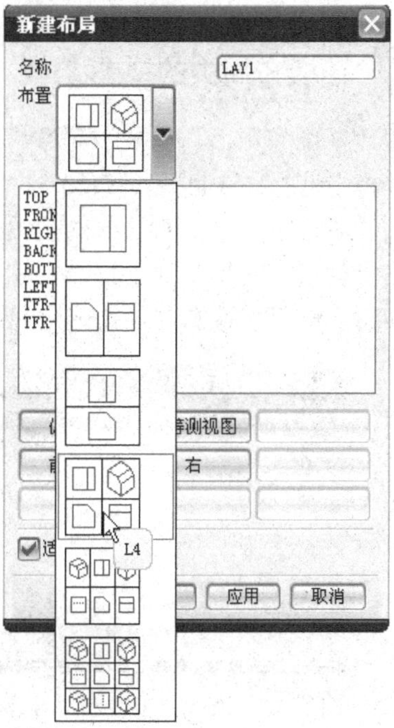

图 1-26 选择视图布局模式

4 修改视图布局。

当用户在“布置”下拉列表框中选择一个系统默认的视图布置模式后，可以根据需要修改该视图布局。例如，选择 L4 视图布局模式后，想把正等测视图改为正二测视图，可在“新建布局”对话框中单击“正等测视图”小方格按钮，接着在视图列表框中选择“TFR-TRI”，此时“正二测视图”显示在视图列表框下面的小方格按钮中，如图 1-27 所示，表明已经将正等测视图改为正二测视图了。

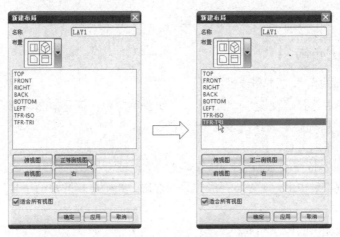

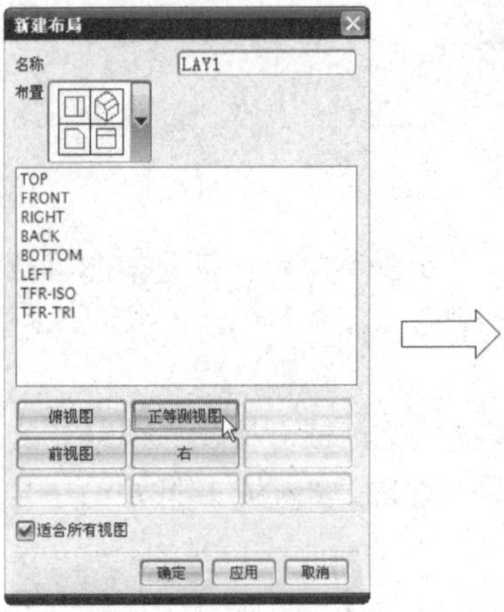

图 1-27　修改视图布局示例

5 在“新建布局”对话框中单击“确定”按钮或“应用”按钮，从而生成新建的视图布局了。

1.5.2 替换布局中的视图

新建视图布局后，如果不满意，还可以替换布局中的视图。要替换布局中的视图，需要在菜单栏中选择“视图”|“布局”|“替换视图”命令，系统弹出如图 1-28 所示的“要替换的视图”对话框，在该对话框的视图列表中选择要替换的视图名称，单击“确定”按钮，系统弹出“替换视图用”对话框，如图 1-29 所示，从中选择要放在布局中的视图，单击“确定”按钮，即可替换布局中的选定视图。

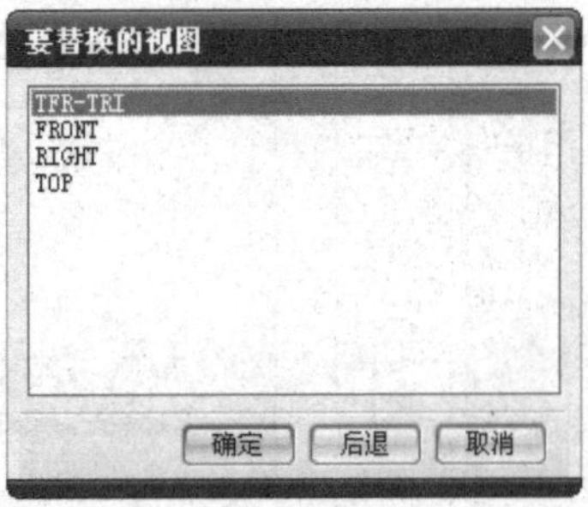

图 1-28 “要替换的视图”对话框

图 1-29 “替换视图用”对话框

1.5.3 删除视图布局

创建好视图布局之后，如果用户不再使用它，那么可以将该视图布局删除，注意只能够删除用户定义的不活动的视图布局。

要删除用户定义的不活动的某一个视图布局，需要在菜单栏中选择“视图”|“布局”|“删除”命令，打开如图 1-30 所示的“删除布局”对话框，在该对话框的视图列表框中选择要删除的布局，然后单击“确定”按钮即可。如果要删除的视图布局正在使用，或者没有用户定义的视图布局可删除，那么选择“视图”|“布局”|“删除”命令时，将弹出一个“警告”对话框来提醒用户，如图 1-31 所示。

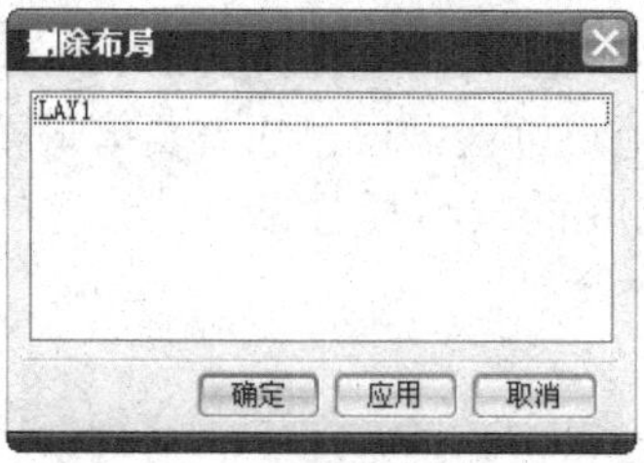

图 1-30 “删除布局”对话框

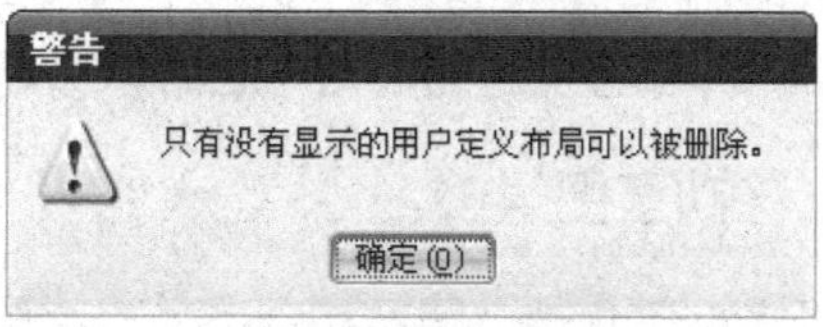

图 1-31 “警告”对话框

1.6 工作图层设置

在很多设计软件中都具有图层的概念，UG NX 也不例外。图层好比一张透明的薄纸，用户可以使用设计工具在该薄纸上绘制任意数目的对象，这些透明的薄纸叠放在一起便构成完整的设计项目。系统默认为每个部件提供 256 个图层，但只能有一个是工作图层。用户可以根据设计情况来将所需的图层设为工作图层，并可以设置哪些图层为可见层。

1.6.1 图层设置

在菜单栏中选择“格式”|“图层设置”命令，将打开如图 1-32 所示的“图层设置”对话框，从中可查找来自对象的图层，设置工作图层、可见和不可见图层，并可以定义图层的类别名称等。其中，在“工作图层”文本框中输入一个所需要的图层号，那么该图层就被指定为工作图层，注意图层号的范围为 1～256。

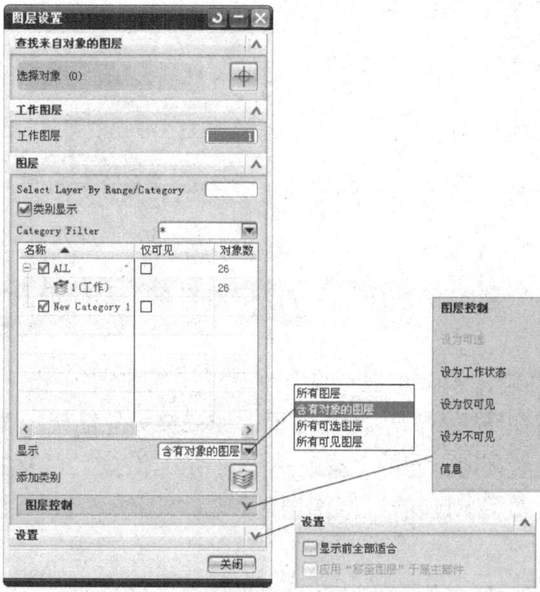

图 1-32 “图层设置”对话框

一个图层的状态有 4 种，即“可选”、“工作状态”、“仅可见”和“不可见”。在“图层设置”对话框的“图层”选项组中，从“图层/状态”列表框中选择一个图层后，可将“图层控制”下的“设为可选”按钮、“设为工作状态”按钮、“设为仅可见”按钮和“设为不可见”按钮这 4 个按钮中的几个激活，此时用户可根据自己的需要单击相应的状态按钮，从而设置所选图层为可选的、工作状态的、仅可见的或不可见的。

1.6.2 移动至图层

可以将对象从一个图层移动到另一个图层中去，这需要应用到“格式”菜单中的“移动至图层”命令，其一般操作步骤如下。

1. 在没有选择图形对象的情况下，在“格式”菜单中选择“移动至图层”命令，系统弹出如图 1-33 所示的“类选择”对话框。

2. 通过“类选择”对话框，在图形窗口或部件导航器（部件导航器位于图形窗口左侧的资源板中）中选择要移动的对象，单击“确定”按钮，系统弹出如图 1-34 所示的“图层移动”对话框，同时系统提示用户选择要放置已选对象的图层。

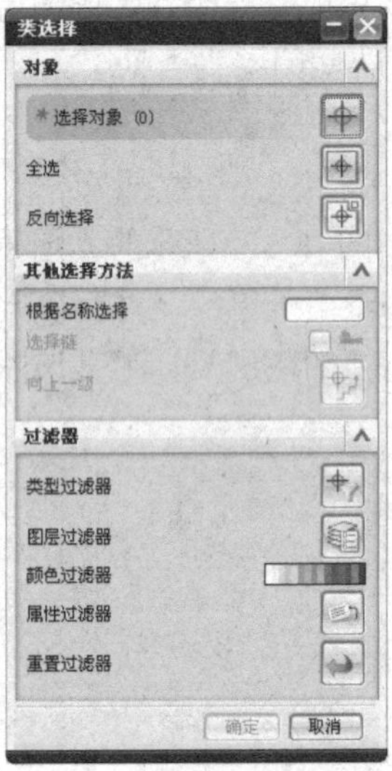

图 1-33 “类选择”对话框

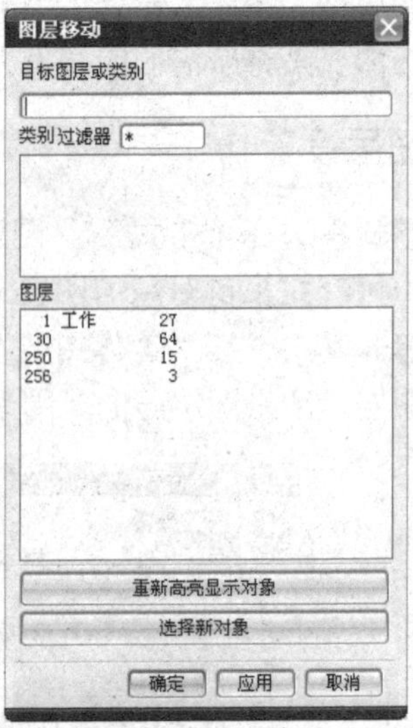

图 1-34 “图层移动”对话框

3. 在“目标图层或类别”文本框中输入目标图层或目标类别标识，“类别过滤器”用于设置过滤图层。

为了确认要移动的对象准确无误，可在“图层移动”对话框中单击“重新高亮显示对象”按钮，这样选取的对象将在图形窗口中高亮显示。如果要另外选择移动的对象，那么可单击“选择新对象”按钮，接着利用打开的“类选择”对话框来选择要移动的新对象。

4. 确认要移动的对象和要移动到的目标图层后，在“图层移动”对话框中单击“确定”按钮或“应用”按钮。

另外，使用菜单栏中的“格式”|“复制至图层”命令，可以将某一个图层的选定对象复制到指定的图层中。具体操作方法和“移动至图层”类似。

1.6.3 设置视图可见性

可以设置视图的可见和不可见图层，其方法是在菜单栏中选择“格式”|“图层在视图中

可见”命令，打开如图 1-35 所示的“图层在视图中可见”对话框，从中选择要更改图层可见性的视图，接着单击“确定”按钮，此时“图层在视图中可见”对话框变为如图 1-36 所示的形式，利用该对话框设置视图中的可见图层和不可见图层即可。

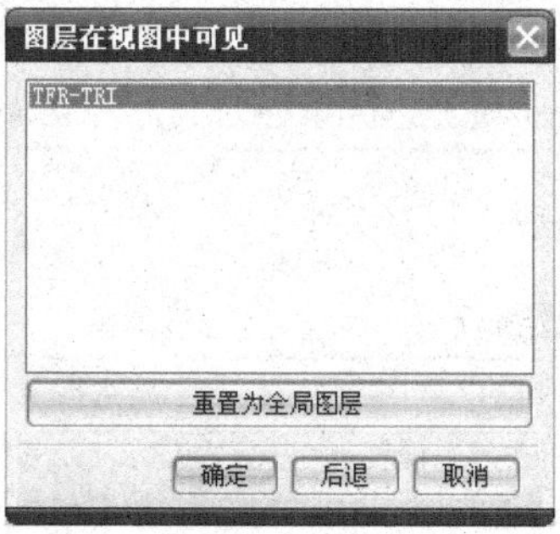

图 1-35 “图层在视图中可见”对话框 1

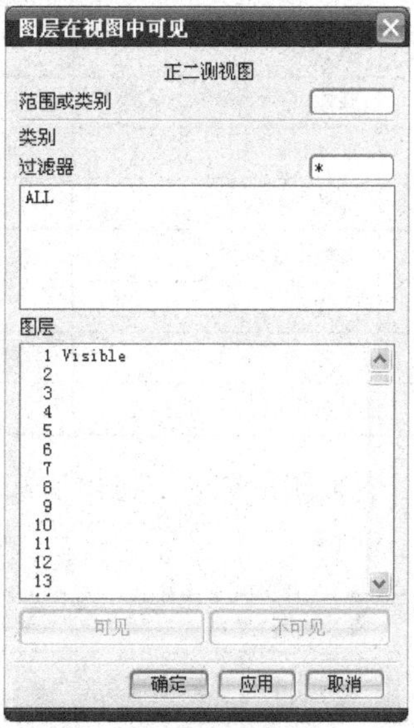

图 1-36 “图层在视图中可见”对话框 2

1.7 基本操作

在这里介绍的基本操作包括视图操作和选择对象操作。

1.7.1 视图操作

视图操作的基本命令位于菜单栏的“视图” | “操作”级联菜单中，如图 1-37 所示，它们的功能含义如表 1-3 所示。

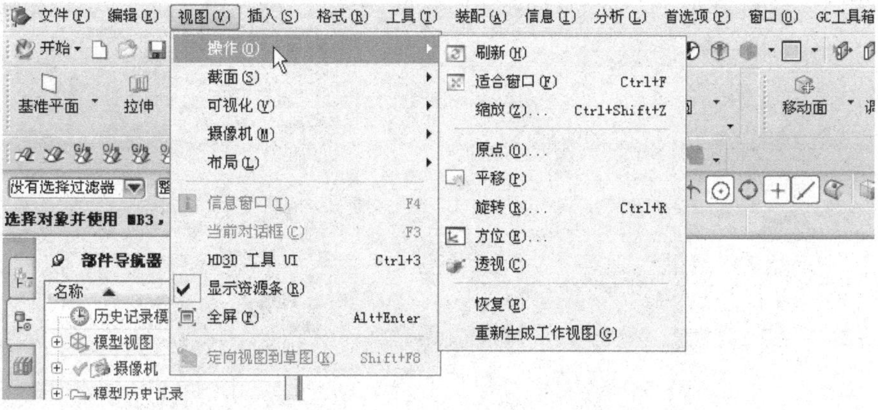

图 1-37 “视图” | “操作”级联菜单

表 1-3 “视图” | “操作” 级联菜单中的命令及其功能含义

序 号	命 令	功 能 含 义
1	刷新	重画图形窗口中的所有视图，例如为了擦除临时显示的对象
2	适合窗口	调整工作视图的中心和比例，以显示所有对象，其快捷键为〈Ctrl+F〉
3	缩放	放大或缩小工作视图，其快捷键为〈Ctrl+Shift+Z〉
4	原点	更改工作视图的中心
5	平移	执行此命令时，按住鼠标左键并拖动鼠标可平移视图
6	旋转	使用鼠标绕特定的轴旋转视图，或将其旋转至特定的视图方位
7	方位	将工作视图定向到指定的坐标系
8	透视	将工作视图从平行投影更改为透视投影
9	恢复	将工作视图恢复为上次视图操作之前的方位和比例
10	重新生成工作视图	重新生成工作视图以移除临时显示的对象并更新任何已修改的几何体的显示

此外，使用鼠标还可以快捷地进行一些视图操作，如表 1-4 所示。

表 1-4 使用鼠标进行的一些视图操作

序 号	视 图 操 作	具体操作说明	备 注
1	旋转模型视图	在图形窗口中，按住鼠标中键（MB2）的同时拖动鼠标，可以旋转模型视图	如果要围绕模型上某一位置旋转，那么可先在该位置按住鼠标中键（MB2）一会儿，然后开始拖动鼠标
2	平移模型视图	在图形窗口中，按住鼠标中键和右键（MB2+MB3）的同时拖动鼠标，可以平移模型视图	也可以通过按住〈Shift〉键和鼠标中键（MB2）的同时拖动鼠标来实现
3	缩放模型视图	在图形窗口中，按住鼠标左键和中键（MB1+MB2）的同时拖动鼠标，可以缩放模型视图	也可以使用鼠标滚轮，或者按住〈Ctrl〉键和鼠标中键（MB2）的同时移动鼠标

要恢复正交视图或其他默认视图，则需在图形窗口的空白区域中单击鼠标右键，接着从弹出的快捷菜单中打开“定向视图”级联菜单，如图 1-38 所示，从中选择一个视图选项。

新部件的渲染样式是由用于创建该部件的模板决定的。要更改渲染样式，可右键单击图形窗口的空白区域，接着从弹出的快捷菜单中打开“渲染样式”级联菜单，如图 1-39 所示，从中选择一个渲染样式选项，如“带边着色”、“着色”、“带有淡化边的线框”、“带有隐藏边的线框”、“静态线框”、“艺术外观”、“面分析”或“局部着色”。

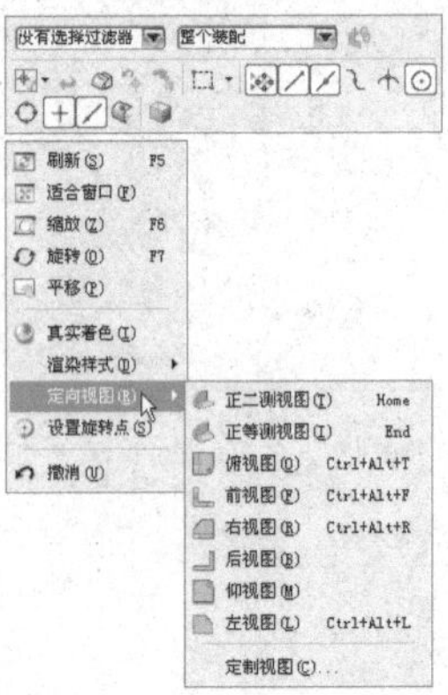

图 1-38 快捷菜单中的“定向视图”级联菜单

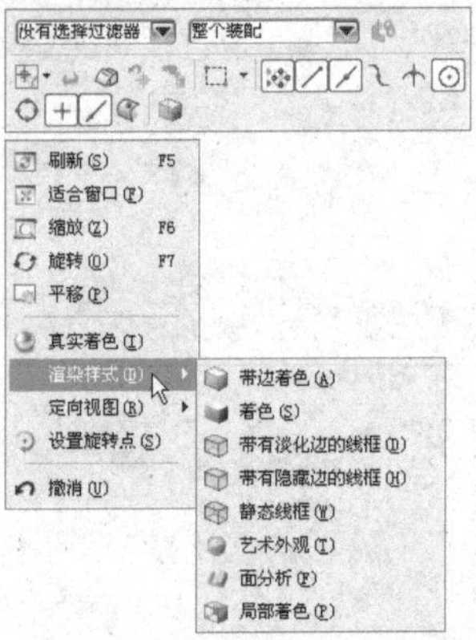

图 1-39 选择渲染样式选项

1.7.2 选择对象操作

在设计工作中，免不了要进行选择对象的操作。通常，如要选择一个对象，将鼠标移至该对象上单击鼠标左键即可，重复此操作可以继续选择其他对象。

当多个对象相距很近时，可以使用“快速拾取”对话框来选择所需的对象，其方法是将鼠标指针置于要选择的对象上保持不动，待在鼠标指针旁出现 3 个点时，单击鼠标左键便打开“快速拾取”对话框，如图 1-40 所示，在该对话框的列表中列出鼠标指针下的多个对象，从该列表中指向某个对象使其高亮显示，然后单击即可选择。用户也可以通过在对象上按住鼠标左键，等到在鼠标指针旁出现 3 个点时释放鼠标左键，系统弹出“快速拾取”对话框，然后在“快速拾取”对话框的列表中选定对象。

可以设置在图形窗口中单击鼠标右键时使用迷你选择条，如图 1-41 所示，使用此迷你选择条可以快速访问选择过滤器设置。

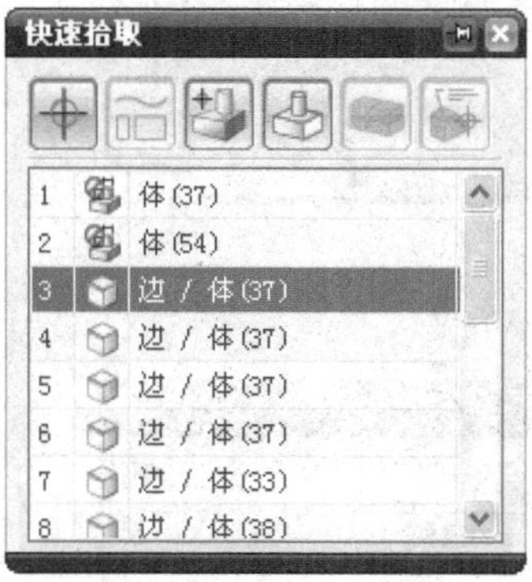

图 1-40 “快速拾取”对话框

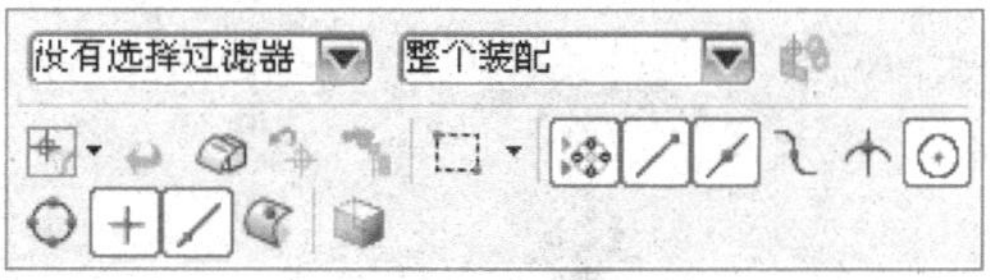

图 1-41 迷你选择条

未打开任何对话框时，按〈Esc〉键可以清除当前选择。当有一个对话框打开时，按住〈Shift〉键并单击选定对象，可以取消选择它。

1.8 入门综合实战演练

下面以一个范例的形式来让读者加深理解本章所学的一些基础知识。

1 启动 UG NX 7.5 后，在工具栏中单击“打开”按钮，或者在菜单栏中选择“文件”|“打开”命令，系统弹出“打开”对话框。通过“打开”对话框选择本章配套的“BC_1_CL.PRT”文件，然后单击“打开”对话框中的“OK”按钮，打开的模型效果如图 1-42 所示。

2 将鼠标指针置于绘图窗口中，按住鼠标中键的同时移动鼠标，将模型视图翻转成如图 1-43 所示的视图效果来显示。

3 在菜单栏中选择“视图”|“操作”|“缩放”命令，或者按〈Ctrl+Shift+Z〉快捷键，系统弹出“缩放视图”对话框，如图 1-44 所示，单击“缩小 10%”按钮，接着再单击“缩小一半”按钮，注意观察视图缩放的效果，然后单击“确定”按钮。

图 1-42　打开模型文件

图 1-43　翻转模型视图显示

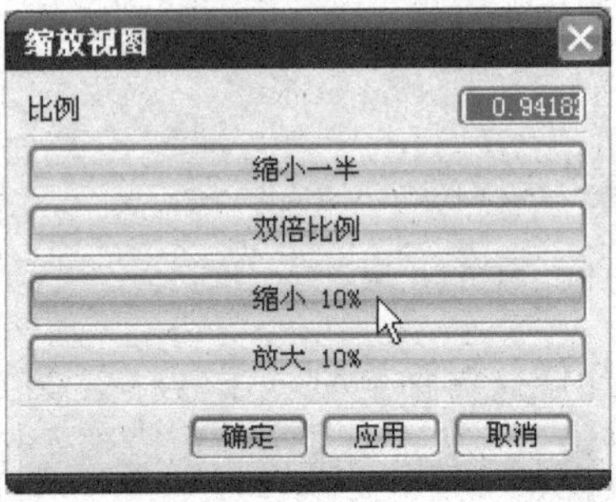

图 1-44　“缩放视图”对话框

4 在图形窗口中，按住鼠标中键和右键的同时拖动鼠标，练习平移模型视图。

5 在图形窗口的空白区域中单击鼠标右键，接着从出现的快捷菜单中选择“定向视图”|“正等测视图”命令，则定位光标指向的视图以便与正等测视图（TFR-ISO）对齐，如图 1-45 所示。

说明：也可以直接在键盘上按〈End〉键来快捷地切换回正等测视图。

6 在图形窗口的空白区域中单击鼠标右键，接着从出现的快捷菜单中选择“定向视图”|“正二测视图”命令，则定位光标指向的视图以便与正二测视图（TFR-TRI）对齐，如图 1-46 所示。

说明：也可以直接在键盘上按〈Home〉键来快捷地切换回正二测视图。

图 1-45　正等测视图（TFR-ISO）

图 1-46　正二测视图（TFR-TRI）

7 在菜单栏中选择“视图”|“布局”|“新建”命令，打开“新建布局”对话框。在“名称”文本框中输入“BC_LAY1”，选择布局模式选项为“L2”，如图 1-47 所示，然后在“新建布局”对话框中单击“确定”按钮，结果如图 1-48 所示。

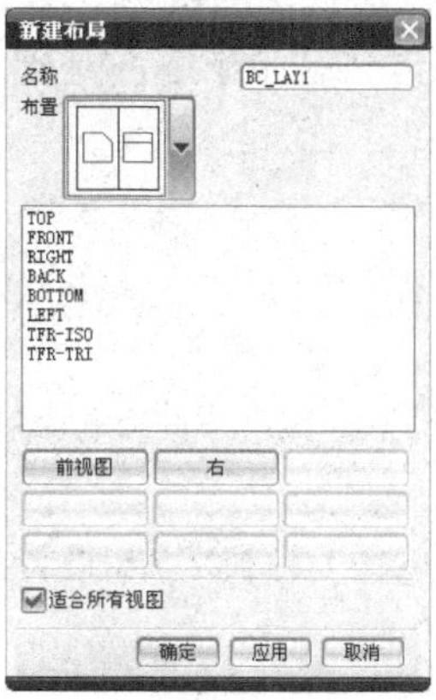

图 1-47　新建布局

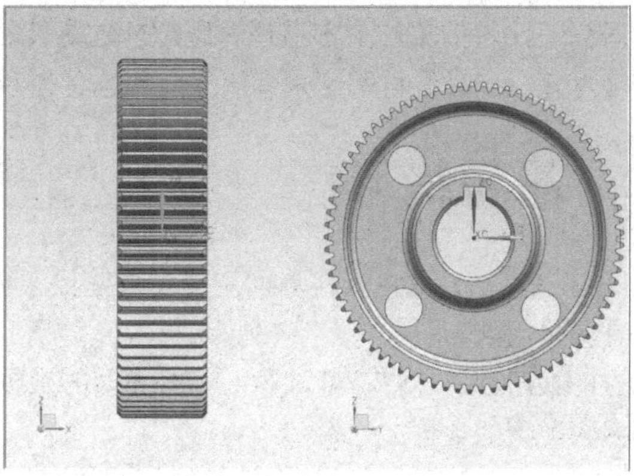

图 1-48　新建布局的结果

8 在工具栏中单击“撤消”按钮，或者按快捷键〈Ctrl+Z〉，从而撤消上次操作，在本例中就是撤消之前的新建布局操作。

9 在菜单栏中选择“首选项”|“背景”命令，打开“编辑背景”对话框，进行如图 1-49 所示的编辑操作，最后在“编辑背景”对话框中单击“确定”按钮，从而将绘图窗口的背景设置为白色。

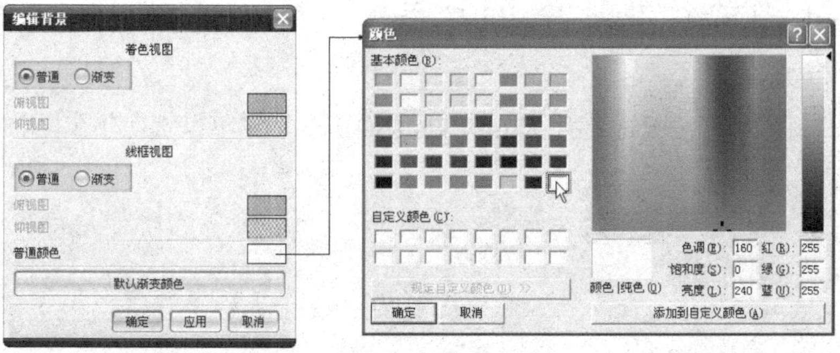

图 1-49　编辑背景

⑩ 在工具栏中单击“保存”按钮，或者在菜单栏中选择“文件”|“保存”命令，保存已经修改的工作部件。

⑪ 单击位于菜单栏右侧的“关闭”按钮，关闭文件。

1.9 本章小结

UG NX 是由 SIEMENS PLM Software 开发的集 CAD/CAM/CAE 于一体的产品生命周期管理软件。UG NX 支持产品开发的整个过程，即从概念（CAID）到设计（CAD）、到分析（CAE）、到制造（CAM）的完整流程。

本章主要介绍 UG NX 7.5 入门简介及基本操作，具体包括 UG NX 产品简介、NX 7.5 操作界面、文件管理基本操作、系统基本参数设置、视图布局设置、工作图层设置和基本操作（视图操作和选择对象操作）。本章介绍的知识是学习后续 UG NX 7.5 设计的基础。对于初次接触该软件的用户，可能对其中某些概念（如系统基本参数设置、视图布局和工作图层设置）的理解还比较抽象，不容易理解透彻，这是比较正常的，可以在初步了解的基础上继续学习后续内容，到时候再回过来理解这些概念便发现已经豁然开朗了。

1.10 思考练习

1）UG NX 7.5 的主操作界面主要由哪些要素构成？注意资源板中的部件导航器和装配导航器有哪些用处？

2）在 UG NX 7.5 中，可以导入哪些类型的数据文件？可以将在 UG NX 7.5 设计的模型导出为哪些类型的数据文件？

3）在什么情况下使用视图布局？如何创建布局视图？

4）如何替换布局中的某个视图？

5）一个图层的状态有哪 4 种？

6）使用鼠标如何快捷地进行视图平移、旋转、缩放操作？

7）课外任务：如何定制工具栏和为指定工具栏添加/删除按钮？

提示： 在工具栏的合适位置处右击，利用弹出的快捷菜单来决定在屏幕界面上调用哪些工具栏。如果要为指定工具栏添加/删除按钮，那么在该工具栏最右位置处单击一个特定三角按钮，接着单击出现的“添加或移除按钮”按钮，打开相应的菜单，从中设置相关按钮处于添加或移除状态即可。

8）在设计过程中，按键盘上的〈End〉键或〈Home〉键可以实现什么样的视图效果？

第2章 草 图

本章导读：

UG NX 7.5 为用户提供了功能强大且操作简便的草图功能。进入草图模式后，用户可根据设计意图，大概勾画出二维图形，接着利用草图的尺寸约束和几何约束功能精确地确定草图对象的形状、相互位置等。草图是建立三维特征的一个重要基础。

本章重点介绍的内容有草图工作平面、创建基准点和草图点、草图基本曲线绘制、草图编辑与操作、草图几何约束、草图尺寸约束和草图综合范例。其中，认真学习草图综合范例有助于掌握草图绘制的一般思路和技巧。

2.1 草图工作平面

要绘制草图对象，首先需要指定草图平面（用于附着草图对象的平面），这就好比绘画需要准备好图纸一样。本节主要介绍定义草图工作平面的相关知识。

2.1.1 草图平面简介

用于绘制草图的平面通常被称为“草图平面”，它可以是坐标平面（如 *XC-YC* 平面、*XC-ZC* 平面、*YC-ZC* 平面），也可以是基准平面或实体上的某一个平面。

在实际设计工作中，用户可以在创建草图对象之前便按照设计要求来指定合适的草图平面。当然也可以在创建草图对象时使用默认的草图平面，然后再重新附着草图平面。

在 NX 7.5 中，菜单栏的“插入”菜单中有“草图”和“任务环境中的草图”这两个命令，前者用于在当前应用模块中创建草图，可使用直接草图工具来添加曲线、尺寸、约束等；后者则用于创建草图并进入“草图”任务环境。下面以“任务环境中的草图”命令为例进行介绍。

单击“任务环境中的草图（以后简称草图）”按钮，或者在菜单栏中选择“插入”|“任务环境中的草图”命令，打开如图 2-1 所示的“创建草图”对话框。在该对话框中，需要定义草图类型、草图平面、草图方向和草图原点等。其中，在“类型”下拉列表框中可选择草图类型选项，如图 2-2 所示。用户可以选择“在平面上”或“在轨迹上”来定义草图类型，而系统初始默认的草图类型选项为“在平面上”。

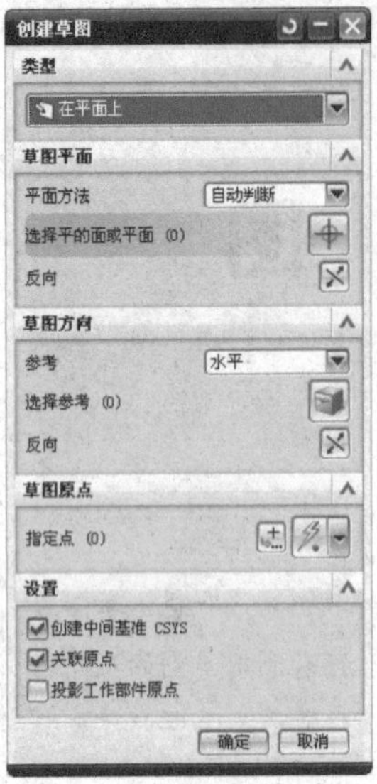

图 2-1 “创建草图”对话框

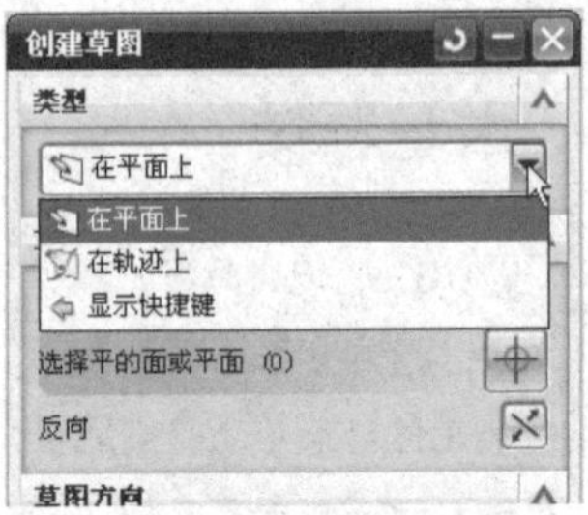

图 2-2 选择草图类型选项

当选择“显示快捷键”选项时，则在“创建草图”对话框的“类型”列表框中显示草图类型选项的快捷键按钮，即“在平面上”按钮和“在轨迹上”按钮，如图 2-3 所示。

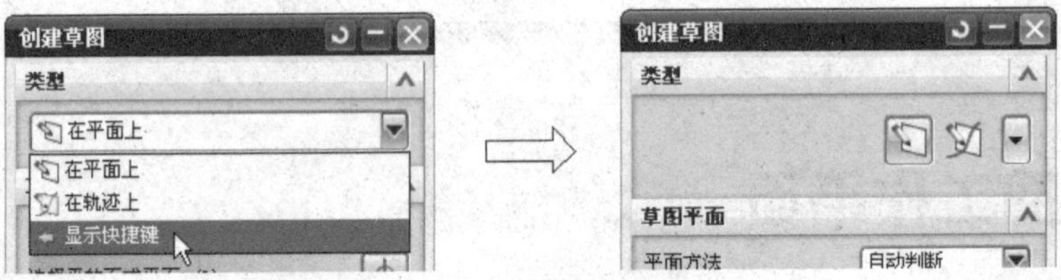

图 2-3 设置显示草图类型选项的快捷键

2.1.2 在平面上

当选择“在平面上”作为新建草图的类型时，需要分别定义草图平面、草图方位和草图原点等。

1. 草图平面

在“草图平面”选项组的“平面方法”下拉列表框中，可以选择“自动判断”、“现有平面”、“创建平面”和“创建基准坐标系”这 4 个方法选项，其中初始默认的方法选项为“自动判断”，将由系统根据选择的有效对象来自动判断草图平面。下面介绍“现有平面”、“创建平面”和“创建基准坐标系”这 3 个方法选项的应用。

（1）当在“平面方法”下拉列表框中选择“现有平面”方法选项时，用户可以选择以下现有平面作为草图平面。

- 已经存在的基准平面。
- 实体平整表面。
- 坐标平面，如 *XC-YC* 平面、*XC-ZC* 平面、*YC-ZC* 平面。

（2）当在“平面方法”下拉列表框中选择“创建平面”方法选项时，用户可以在“指定平面”下拉列表框中选择所需要的一个按钮选项，如图 2-4 所示。例如，从“指定平面”下拉列表框中选择"*XC-YC* 平面"按钮选项，接着在出现的"距离"文本框中输入偏移距离，按〈Enter〉键确认，如图 2-5 所示，可接受默认的草图方向，单击"确定"按钮，从而将刚创建的平面作为草图平面。

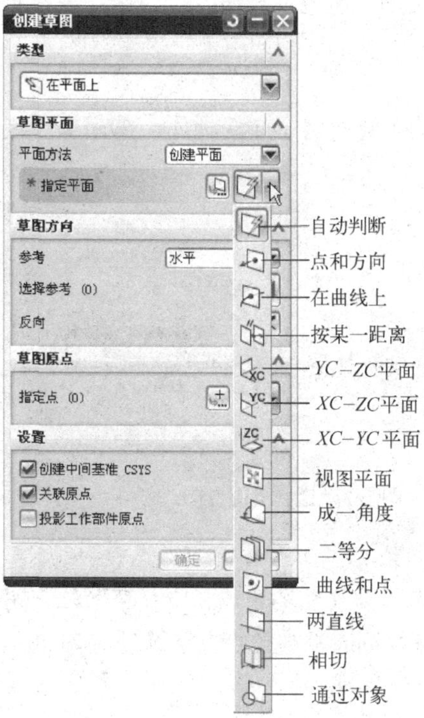

图 2-4　创建平面的相关选项

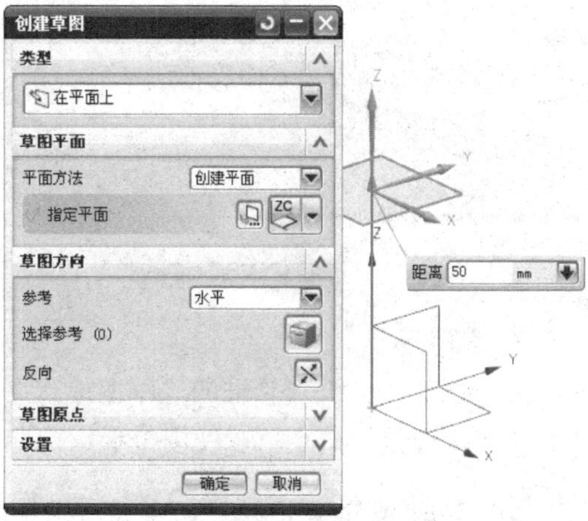

图 2-5　创建平面示例

在"草图平面"选项组中，系统还提供了一个实用的"平面构造器"按钮（也称"完整平面工具"按钮或"平面对话框"按钮）。单击此按钮，系统弹出如图 2-6 所示的"平面"对话框，通过该"平面"对话框设置平面类型，并根据平面类型来选择参照对象以及设置平面方位等即可完成创建一个平面作为草图平面。

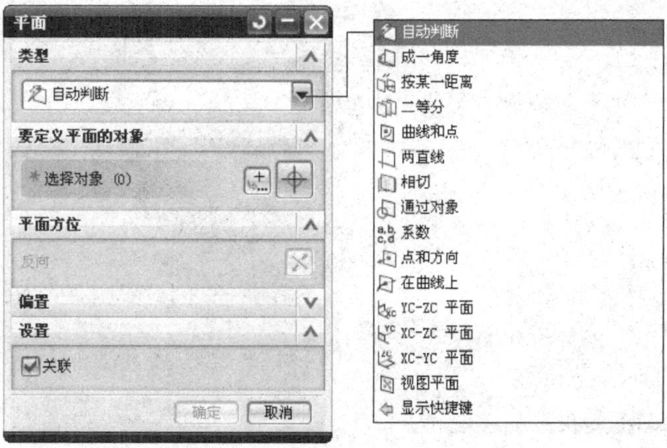

图 2-6　"平面"对话框

（3）当在“平面方法”下拉列表框中选择“创建基准坐标系”选项时，可在“创建草图”对话框的“草图平面”选项组中单击出现的“创建基准坐标系”按钮，系统弹出如图 2-7 所示的“基准 CSYS”对话框，在该对话框中选择类型选项并指定相应的参照等来创建一个基准 CSYS，然后单击“基准 CSYS”对话框中的“确定”按钮，返回到“创建草图”对话框，此时可选择平的面或平面来指定草图平面。

2. 草图方向

在“创建草图”对话框中可根据设计情况来更改草图方向，如图 2-8 所示。如果要重定向草图坐标轴方向，那么可双击相应的坐标轴。

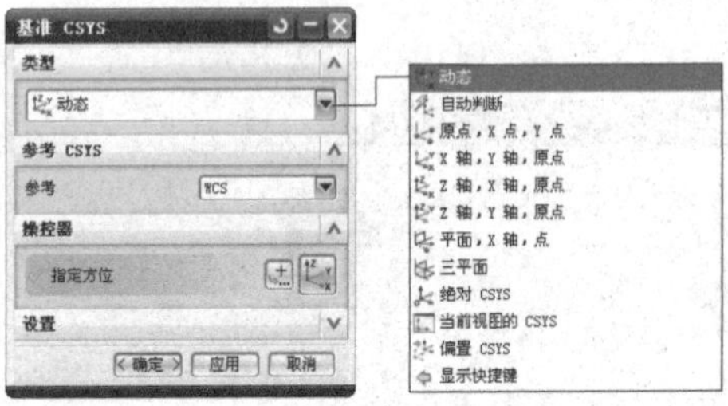

图 2-7 “基准 CSYS”对话框

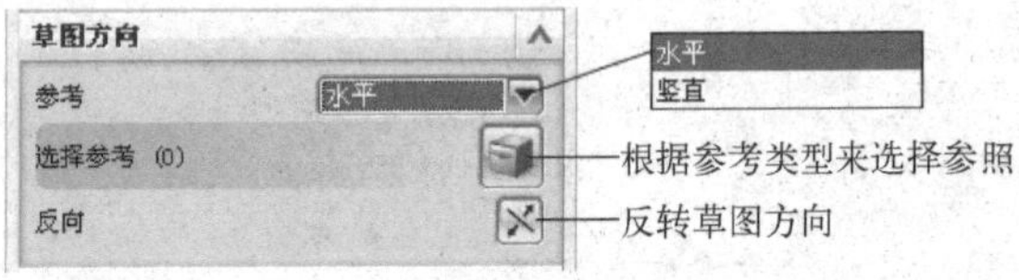

图 2-8 定义草图方向

3. 草图原点

在“创建草图”对话框的“草图原点”选项组中，可以定义草图原点。定义草图原点可以使用点构造器，也可以使用位于点构造器右侧的下拉列表框中的点方法选项。

2.1.3 在轨迹上

当选择“在轨迹上”作为新建草图的类型时，需要分别定义轨迹（路径）、平面位置、平面方位和草图方向，如图 2-9 所示。

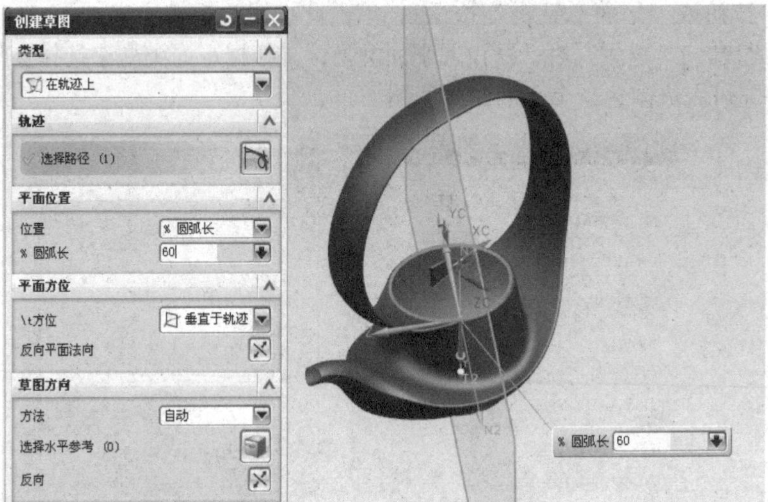

图 2-9 指定草图类型为“在轨迹上”

1. “轨迹”选项组

激活（曲线）按钮时，可以选择所需的路径。

2. “平面位置”选项组

“平面位置”选项组的“位置”下拉列表框提供了 3 个选项，即“%圆弧长”、“圆弧长”和“通过点”。若选择“%圆弧长”选项，则需要输入圆弧长百分比数值；若选择“圆弧长”选项，则需要输入圆弧长数值；若选择“通过点”选项，则可以从如图 2-10 所示的“指定点”下拉列表框中选择其中一个选项按钮，然后选择相应参照以定义平面通过指定点，有多种情况时可单击“备选解”按钮来选择所需的解。用户也可以单击“点构造器”按钮，接着利用弹出来的如图 2-11 所示的“点”对话框来定义所需的点。

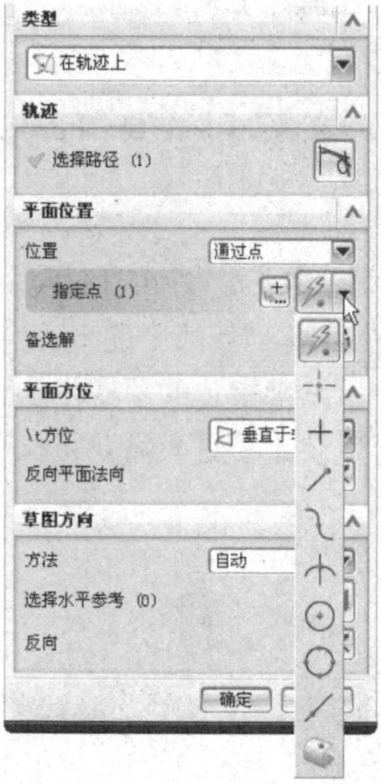

图 2-10 使用“指定点”下拉列表框

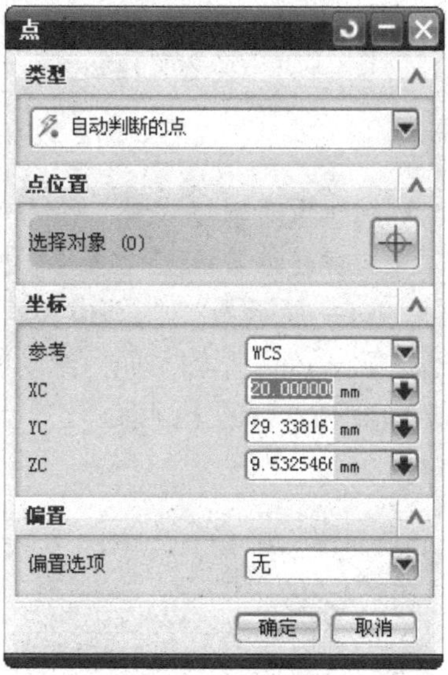

图 2-11 “点”对话框

3. “平面方位”选项组

在“平面方位”选项组的“方位”下拉列表框中，可以根据设计情况选择“垂直于轨迹”、“垂直于矢量”、“平行于矢量”或“通过轴”选项，并可以反向平面法向。

4. “草图方向”选项组

“草图方向”选项组用于定义草图方向，设置内容包括：设置草图方向方法选项（可供选择的方法选项有“自动”、“相对于面”和“使用曲线参数”），选择水平参考以及反向草图方位。

2.1.4 重新附着草图

用户可以根据设计情况来修改草图的附着平面，也就是进行“重新附着草图”操作。通过该操作可以将草图附着到另一个平面、基准平面或路径，或者更改草图方位。下面详细地介绍在创建草图对象之后重新附着草图的方法。

① 创建草图对象之后，确保在草图绘制环境中，单击“重新附着”按钮，或者在菜单栏中选择“工具”|“重新附着”命令，打开如图 2-12 所示的“重新附着草图”对话框。

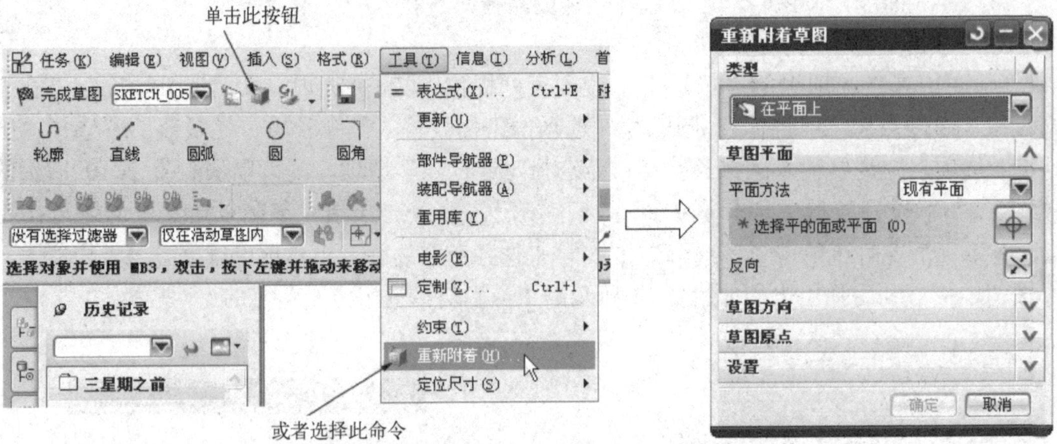

图 2-12　打开“重新附着草图”对话框

② 利用“重新附着草图”对话框，重新指定一个草图平面，包括定义草图方向。

③ 在“重新附着草图”对话框中单击“确定”按钮，草图附着到新的平面上。

如图 2-13 所示为一个重新附着草图的例子。在该例子中，原来指定的草图平面为长方体的一个侧面，在该草图平面内绘制所需的草图对象，之后因为设计变更而需要将该草图对象重新附着到长方体的上顶面。

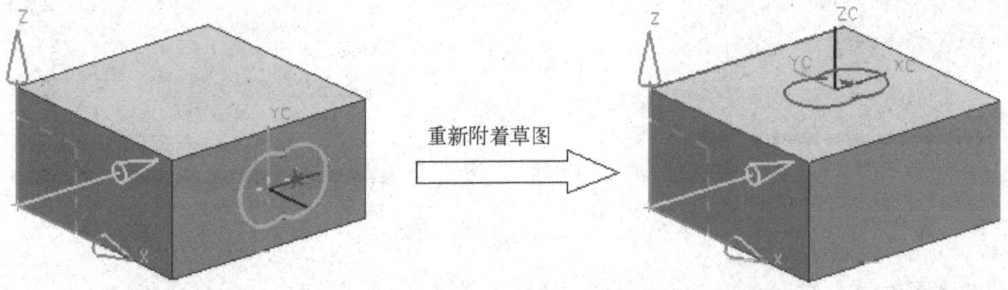

图 2-13　重新附着草图

2.2　创建基准点和草图点

要在当前应用模块中创建基准点，那么可以在“特征”工具栏中单击“点”按钮十，或者在菜单栏中选择“插入”|“基准/点”|“点”命令，打开“点”对话框，如图 2-14a 所示，利用该对话框来创建所需的基准点。其中点类型主要有“自动判断的点”、“光标位置”、“现有点”、“终点”、“控制点”、“交点”、“圆弧中心/椭圆中心/球心”、“圆弧/椭圆上的角度”、“象限点”、“点在曲线/边上”、“点在面上”、“两点之间”和“按表达式”，而偏置选项有“无”、“矩形”、“柱面副”、“球形”、“沿矢量”和“沿曲线”。

用户也可以进入草图任务环境中，在草图平面中绘制所需要的点（这类点被称为草图点）。其方法是在当前应用模块中单击“任务环境中的草图”按钮，或者在菜单栏中选择

"插入" | "任务环境中的草图" 命令，打开 "创建草图" 对话框，指定草图平面后进入草图任务环境，此时单击 "点" 按钮，或者在草图任务环境的菜单栏中选择 "插入" | "基准/点" | "点" 命令，系统弹出如图 2-14b 所示的 "草图点" 对话框，利用该对话框提供的工具指定草图点的位置即可。用于指定草图点的工具包括 "自动判断的点"、"光标位置"、"终点"、"控制点"、"交点"、"圆弧中心/椭圆中心/球心"、"象限点"、"现有点" 和 "点在曲线/边上"。

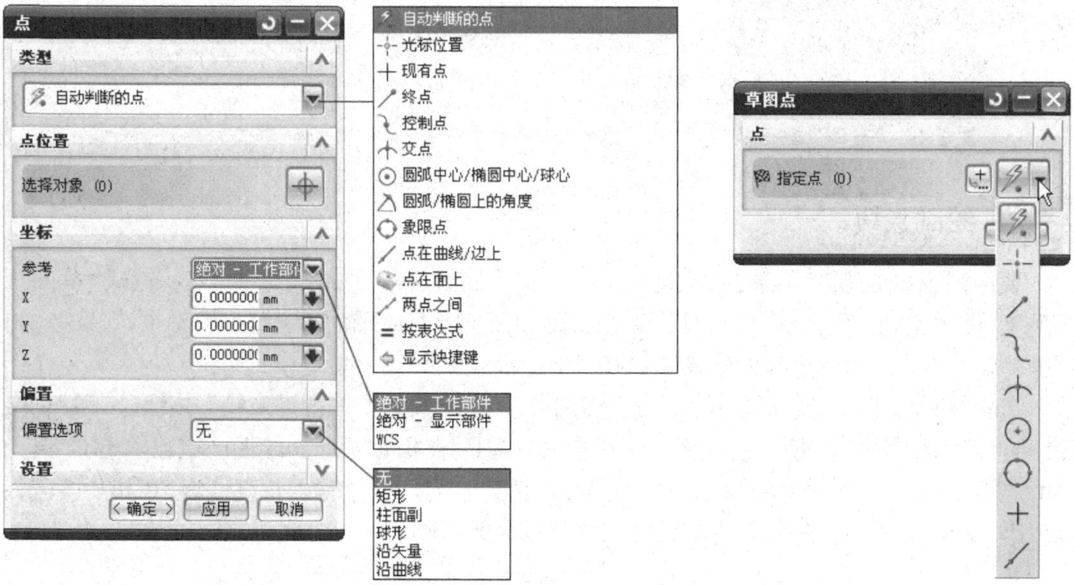

a) b)

图 2-14 用于创建点的对话框

a) 在当前应用模块中创建基准点的 "点" 对话框 b) "草图点" 对话框

2.3 草图基本曲线绘制

草图基本曲线命令主要包括 "轮廓"、"直线"、"圆弧"、"圆"、"圆角"、"倒斜角"、"矩形"、"多边形"、"艺术样条"、"拟合样条"、"椭圆" 和 "二次曲线"，这些命令位于草图绘制环境的 "插入" | "曲线" 级联菜单中。当然也可以在草图绘制环境下的 "草图工具" 工具栏中找到相应的工具按钮。下面介绍在草图绘制环境中如何绘制基本曲线。

2.3.1 绘制轮廓线

要绘制轮廓线，则进入草图绘制环境后，在菜单栏中选择 "插入" | "曲线" | "轮廓" 命令，或者在 "草图工具" 工具栏中单击 "轮廓" 按钮，打开如图 2-15 所示的 "轮廓" 对话框，该对话框提供了轮廓的对象类型（"直线" 和 "圆弧"）和相应的输入模式（"坐标模式" XY 和 "参数模式"）。利用 "轮廓" 功能，可以以线串模式创建一系列连接的直线和圆弧（包括直线和圆弧的组合），注意上一段曲线的终点变为下一段曲线的起点。在绘制轮廓线的直线段或圆弧段时，可以在 "坐标模式" XY 和 "参数模式" 之间

自由切换。

绘制轮廓线的示例如图 2-16 所示。

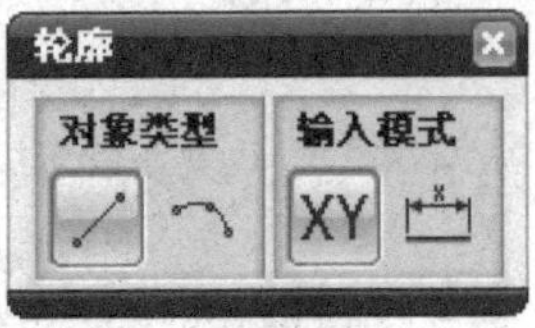

图 2-15 “轮廓”对话框

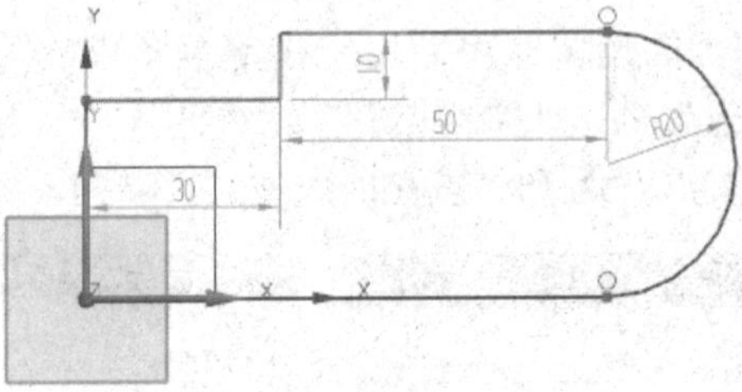

图 2-16 绘制轮廓线示例

2.3.2 绘制直线

要绘制直线，则在菜单栏中选择“插入”|“曲线”|“直线”命令，或者在“草图工具”工具栏中单击“直线”按钮，系统弹出如图 2-17 所示的“直线”对话框，从中选择所需的输入模式。可供选择的输入模式有“坐标模式”和“参数模式”。

请看绘制直线的一个简单例子：在“草图工具”工具栏中单击“直线”按钮，默认接受“直线”对话框中的输入模式为“坐标模式”，在指定平面的绘图区域输入 XC 值为 100，YC 值为 80，此时系统自动切换到“参数模式”，分别输入长度值为 50 和角度值为 215，如图 2-18 所示，确认输入后便完成该条直线的绘制。

图 2-17 “直线”对话框

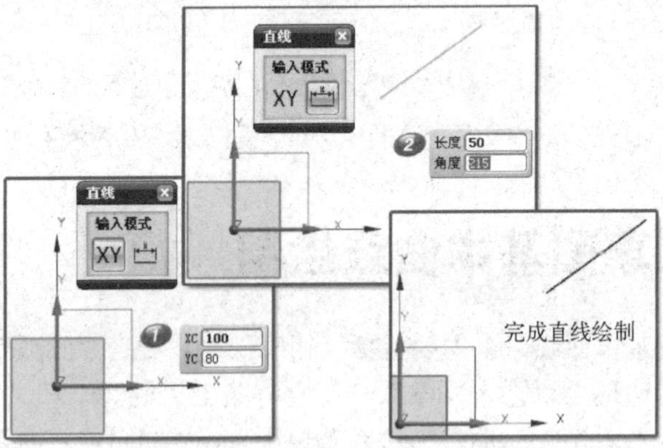

图 2-18 绘制直线示例

2.3.3 绘制圆

要绘制圆，则在菜单栏中选择“插入”|“曲线”|“圆”命令，或者在“草图工具”工具栏中单击“圆”按钮，打开如图 2-19 所示的“圆”对话框，该对话框提供了“圆方法”和“输入模式”两个选项组。其中，“圆方法”选项组中有如下两个方法按钮。

- ：通过指定圆心和直径来绘制圆，如图 2-20 所示。
- ：通过指定 3 个有效点来绘制圆，如图 2-21 所示。

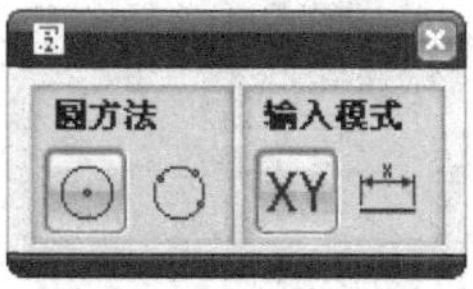

图 2-19 “圆”对话框

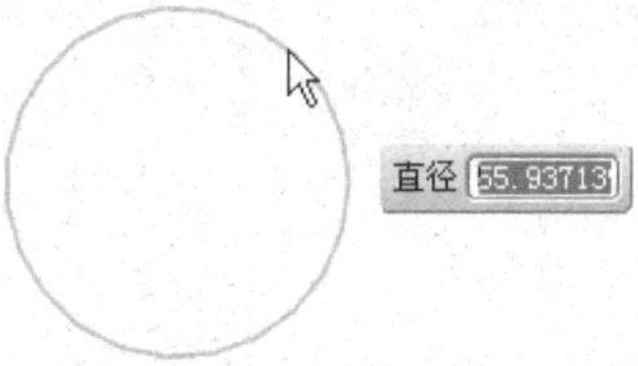

图 2-20 圆心和直径定圆

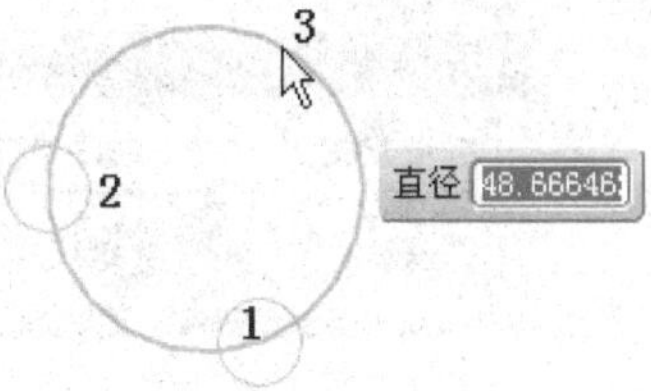

图 2-21 三点定圆

2.3.4 绘制圆弧

要绘制圆弧，则在菜单栏中选择“插入”|“曲线”|“圆弧”命令，或者在“草图工具”工具栏中单击“圆弧”按钮，打开如图 2-22 所示的“圆弧”对话框。该对话框提供了“圆弧方法”选项组和“输入模式”选项组。其中，可供选择的“圆弧方法”有“三点定圆弧”按钮和“中心和端点定圆弧”按钮。

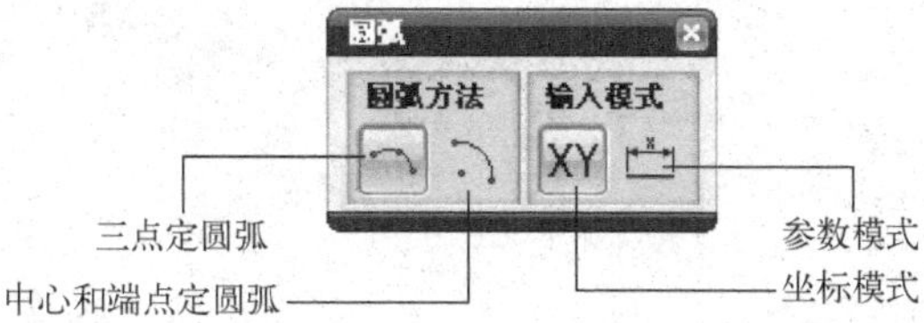

图 2-22 “圆弧”对话框

当在“圆弧”对话框中单击“三点定圆弧”按钮时，可通过指定 3 个有效点来绘制圆弧，如图 2-23 所示。当在“圆弧”对话框中单击“中心和端点定圆弧”按钮时，可通过指定中心和端点来绘制圆弧，如图 2-24 所示。

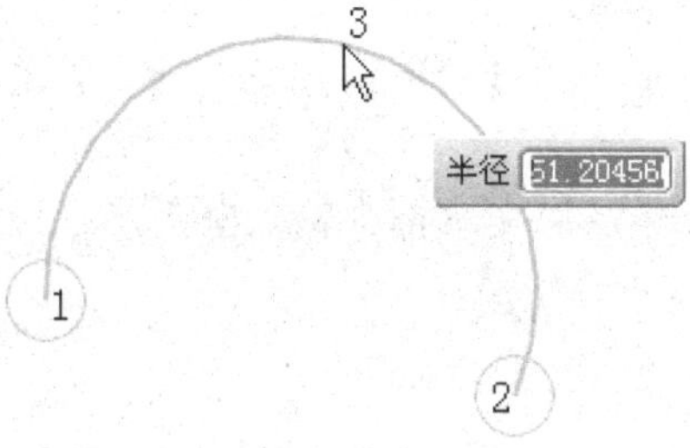

图 2-23 三点定圆弧

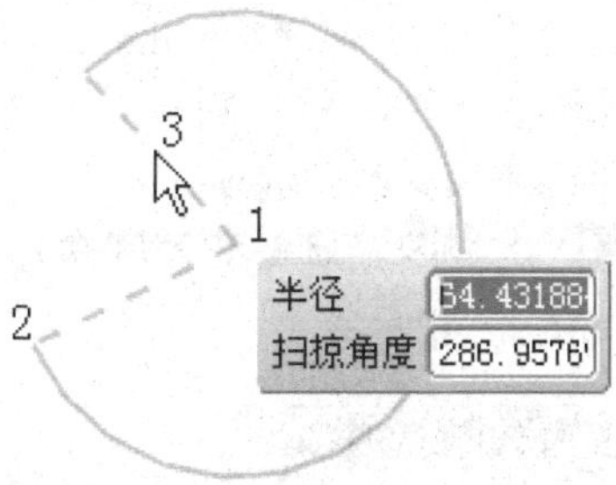

图 2-24 中心和端点定圆弧

2.3.5 绘制矩形

在菜单栏中选择“插入”|“曲线”|“矩形”命令，或者在“草图工具”工具栏中单击“矩形”按钮，系统弹出如图 2-25 所示的“矩形”对话框，该对话框提供了 3 种“矩形方法”和两种“输入模式”。3 种矩形方法说明如下。

- ：通过指定两点来绘制矩形，如图 2-26 所示。

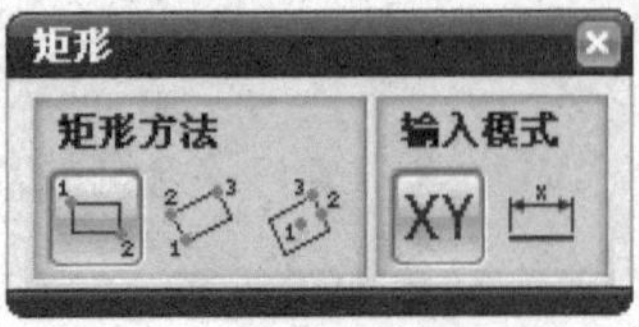

图 2-25 “矩形”对话框

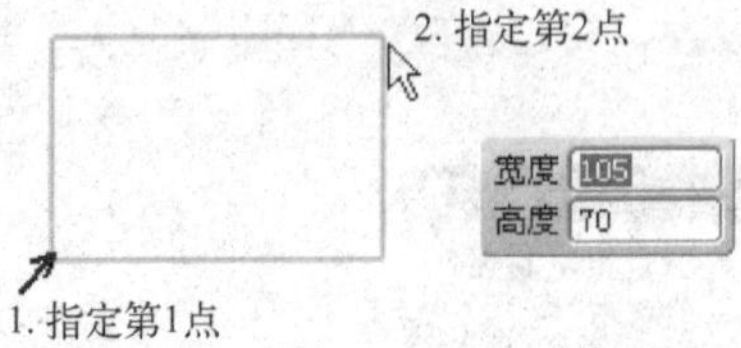

图 2-26 按两点绘制矩形

- ：按三点绘制矩形，如图 2-27 所示。
- ：从中心创建矩形，如图 2-28 所示。

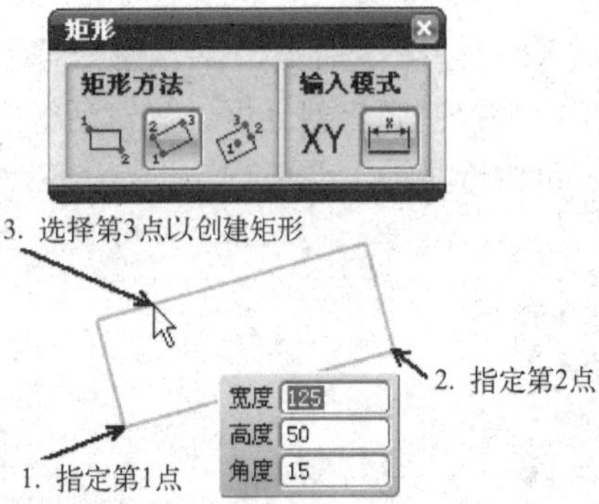

图 2-27 按三点绘制矩形

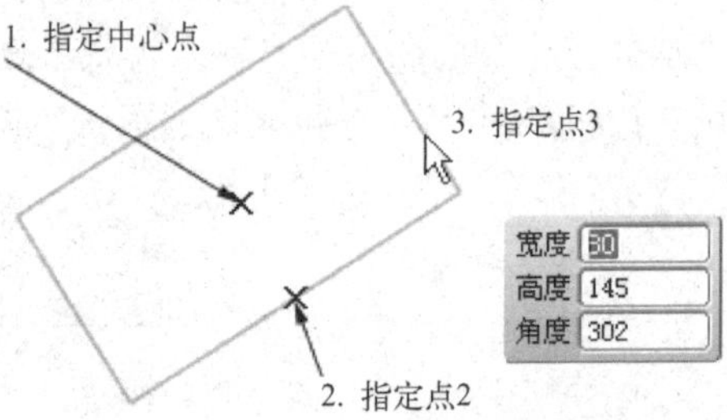

图 2-28 从中心绘制圆弧

2.3.6 绘制圆角

在草图设计中，有时需要在两条或三条曲线之间绘制圆角。在草图设计环境中绘制圆角的方法及步骤如下。

❶ 在菜单栏中选择“插入”|“曲线”|“圆角”命令，或者在“草图工具”工具栏中单击“圆角”按钮，打开如图 2-29 所示的“圆角”对话框。

❷ 在“圆角”对话框指定“圆角方法”，如“修剪”或“取消修剪”，接着根据设计要求来设置圆角选项。

❸ 选择图元对象放置圆角，可通过在出现的“半径”文本框中输入圆角半径值来实现，如图 2-30 所示。

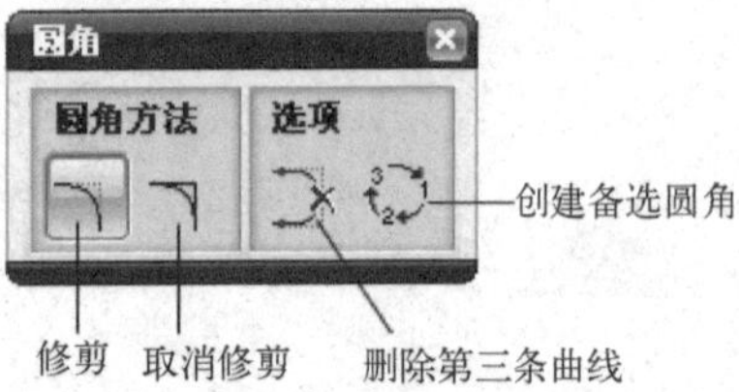

图 2-29 “圆角”对话框

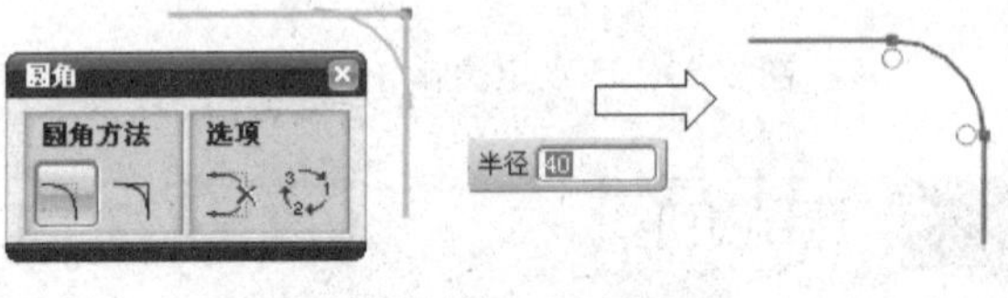

图 2-30 创建修剪方式的圆角

在两条平行直线之间同样可以创建圆角，例如，在创建圆角时设置圆角方法为“修剪”，接着选择两条平行直线，如图 2-31a 所示，然后在所需的位置处单击以放置圆角，如图 2-31b 所示。

a) b)

图 2-31 在两条平行直线之间创建圆角

a) 选择两条平行直线 b) 放置圆角

如果在放置圆角之前，在“创建圆角”对话框的“选项”选项组中单击“创建备选圆角”按钮，则可获得另一种可能的圆角效果，如图 2-32a 所示，然后在所需位置处单击以放置圆角，如图 2-32b 所示。

a) b)

图 2-32 在两条平行直线之间创建圆角

a) 切换备选圆角 b) 放置圆角

2.3.7 绘制倒斜角

可以对草图线之间的尖角进行适当的倒斜角处理，其方法是在菜单栏中选择“插入”|“曲线”|“倒斜角”命令，或者在“草图工具”工具栏中单击“倒斜角”按钮，系统弹出如图 2-33 所示的“倒斜角”对话框，接着选择要倒斜角的两条曲线，或者选择交点来进行倒斜角，在“要倒斜角的曲线”选项组中设置“修剪输入曲线”复选框的状态，在“偏置”选项组中选择倒斜角的方式（或描述为倒斜角的标注形式），如“对称”、“非对称”或“偏置和角度”，并设置相应的参数，最后确定倒斜角位置即可。

倒斜角的典型示例如图 2-34 所示。

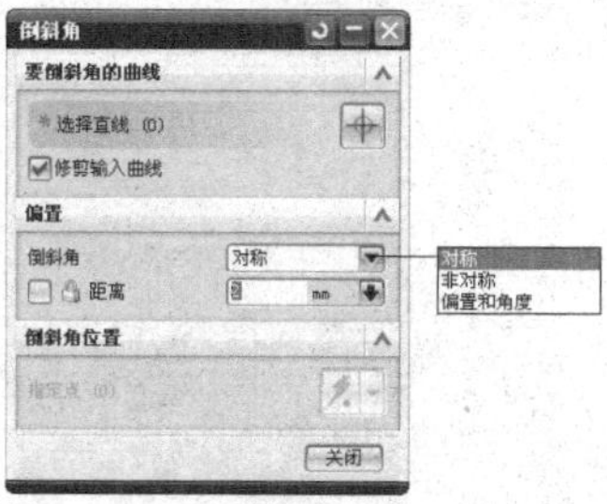

图 2-33 “倒斜角”对话框

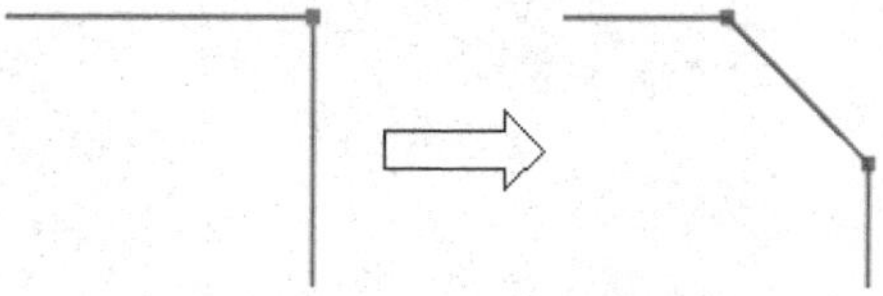

图 2-34 倒斜角

2.3.8 绘制多边形

在草图任务环境中，可以很方便地创建具有指定数量的边的多边形。其方法是在菜单栏中选择“插入”|“曲线”|“多边形”命令，或者在“草图工具”工具栏中单击“多边形”

按钮，系统弹出如图 2-35 所示的“多边形”对话框，接着依次指定多边形的中心点、边数和大小参数即可。其中多边形的大小方法选项有 3 种，即“内接圆半径”、“外接圆半径”和“边长”，另外可以设置正多边形的旋转角度。绘制好一个设定大小参数的多边形后，可以继续绘制以该大小参数为默认值的多边形，直到单击“多边形”对话框中的“关闭”按钮结束绘制多边形的命令操作。

如图 2-36 所示的是绘制的一个边数为 6 的正多边形（即正六边形），其大小方法选项可为“外接圆半径”，半径值为 55mm，旋转角度为 150deg。

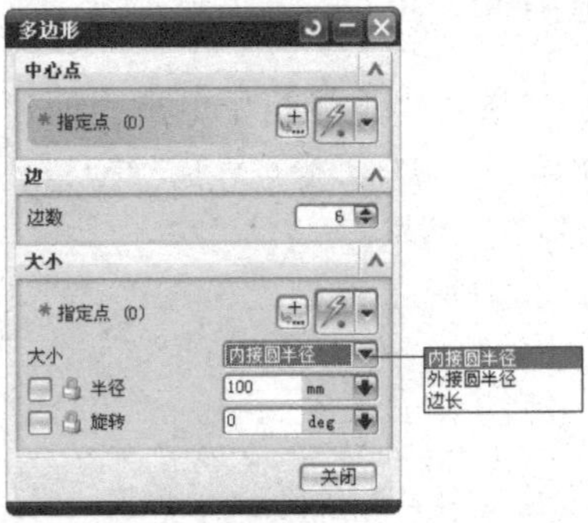

图 2-35 “多边形”对话框

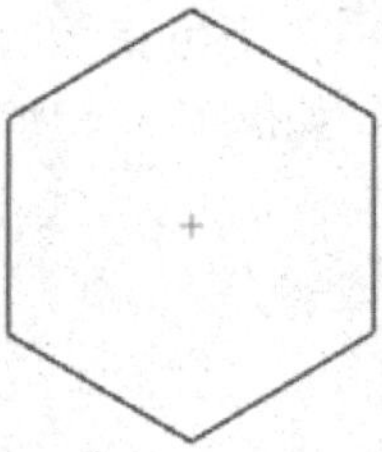

图 2-36 绘制正六边形

2.3.9 绘制椭圆

要在草图任务环境中创建椭圆，则在草图任务环境的菜单栏中选择“插入”|“曲线”|“椭圆”命令，或者在“草图工具”工具栏中单击“椭圆”按钮，打开“椭圆”对话框，如图 2-37 所示。利用“中心”选项组来指定椭圆中心，接着在相应的选项组中设置椭圆的大半径、小半径、限制条件和旋转角度即可。注意，要创建完整的椭圆，那么需要确保在“限制”选项组中勾选“封闭的”复选框；如果要创建一部分椭圆弧段，那么可在“限制”选项组中取消勾选“封闭的”复选框，接着根据设计要求设置起始角和终止角，如图 2-38 所示。

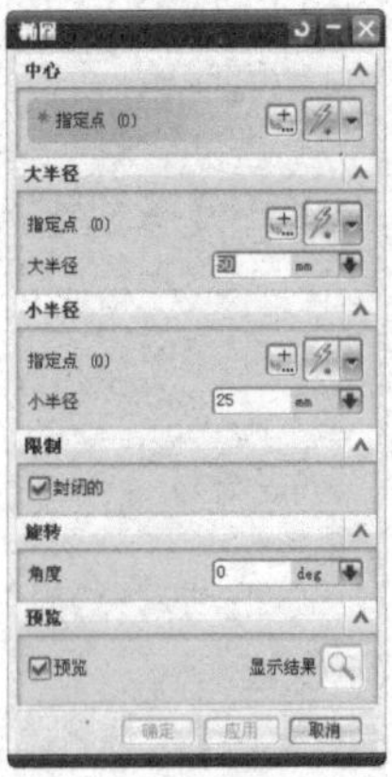

图 2-37 “椭圆”对话框

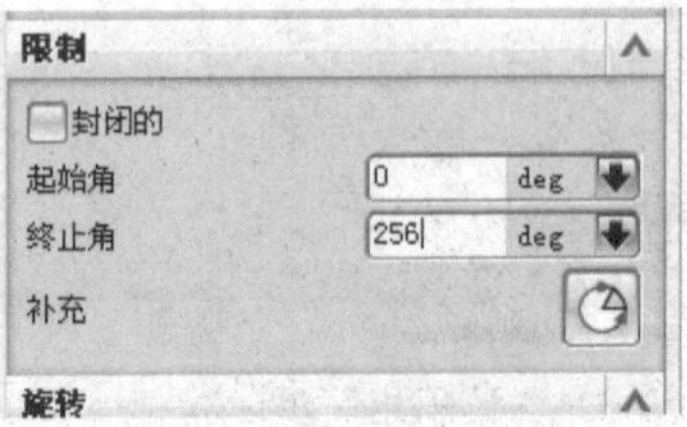

图 2-38 设置椭圆的限制条件

学习范例：在指定平面中绘制一个椭圆。

该范例椭圆的绘制步骤如下。

1 草图绘制模式下，在菜单栏中选择“插入”|“曲线”|“椭圆”命令，或者在“草图

工具”工具栏中单击“椭圆”按钮，打开“椭圆”对话框。

2 在“椭圆”对话框的“中心”选项组中单击“点构造器”按钮，系统弹出“点”对话框。

3 在“点”对话框的“坐标”选项组中，从“参考”下拉列表框中选择“绝对-工作部件”选项，分别设置 *X* 为 50，*Y* 为 50，*Z* 为 0，如图 2-39 所示，然后单击“确定”按钮。

4 返回到“椭圆”对话框，将大半径设置为100，小半径设置为38。

5 在“限制”选项组中勾选“封闭的”复选框，在“旋转”选项组的“角度”文本框中输入“30”(其单位默认为 deg)。

6 在“椭圆”对话框中单击“确定”按钮，创建的椭圆如图 2-40 所示。

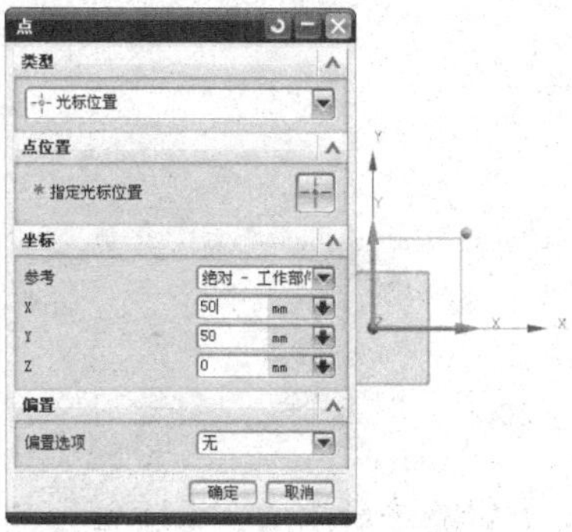

图 2-39 “点”对话框

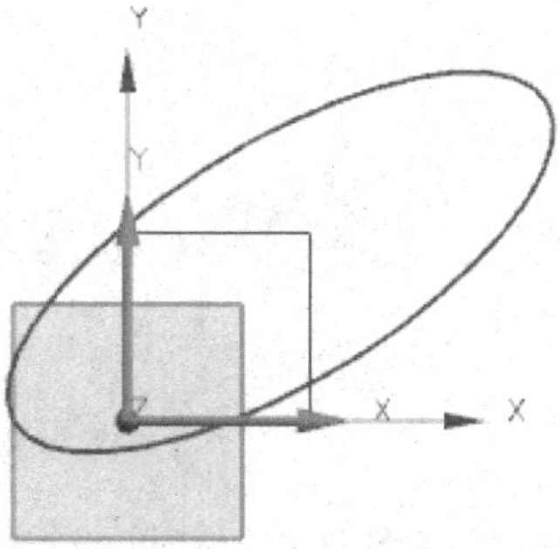

图 2-40 创建椭圆

2.3.10 绘制艺术样条与拟合样条

草图中的样条曲线包括艺术样条和拟合样条。

1. 绘制艺术样条

要绘制艺术样条，则在菜单栏中选择“插入”|“曲线”|“艺术样条”命令，或者在“草图工具”工具栏中单击“艺术样条”按钮，系统弹出如图 2-41 所示的“艺术样条”对话框。使用该对话框，可通过拖放定义点或极点并在定义点处指定斜率或曲率约束来动态创建和编辑样条曲线。

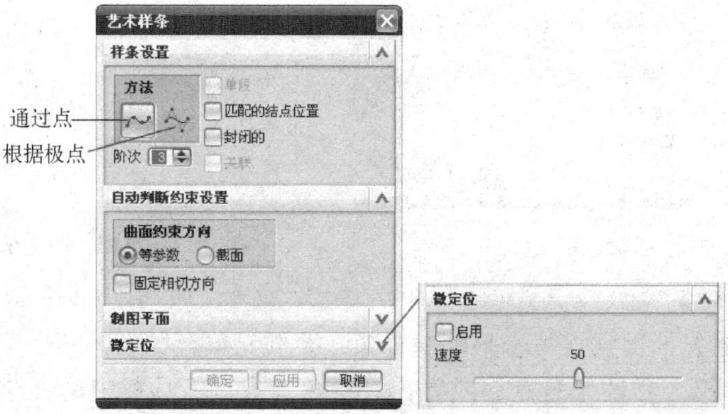

图 2-41 “艺术样条”对话框

在“艺术样条”对话框的“样条设置”选项组中单击“通过点”按钮，则通过依次指定一系列点绘制样条曲线，其典型示例如图 2-42 所示。

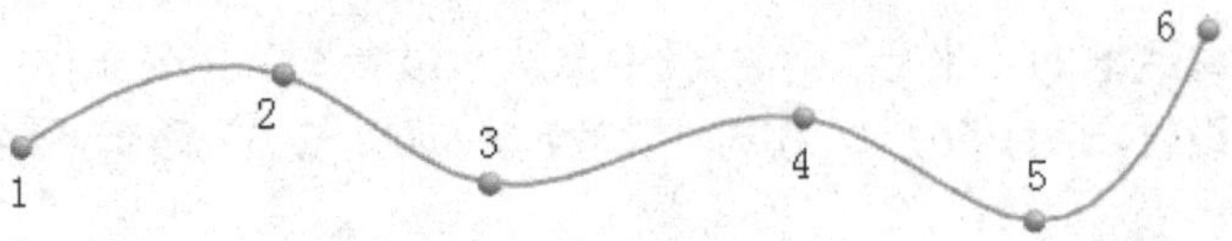

图 2-42　通过点创建样条曲线

在“艺术样条”对话框的“样条设置”选项组中单击“根据极点”按钮，则根据极点创建样条曲线，示例如图 2-43 所示。

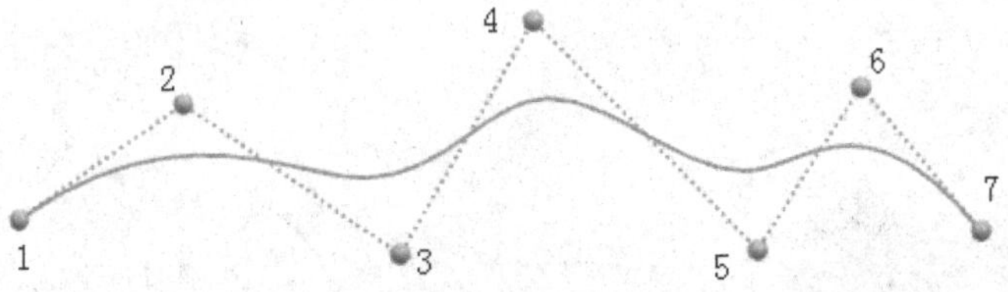

图 2-43　根据极点创建样条曲线

如果在“艺术样条”对话框的“样条设置”选项组中勾选“封闭的”复选框，那么完成创建的样条是首尾闭合的，示例如图 2-44 所示。

在执行“艺术样条”命令的时候，可以在当前绘制的样条上添加中间控制点，其方法是将鼠标指针移动到样条的合适位置处单击，如图 2-45 所示。在创建艺术样条时，还可以使用鼠标拖动控制点的方式来调整样条曲线的形状。

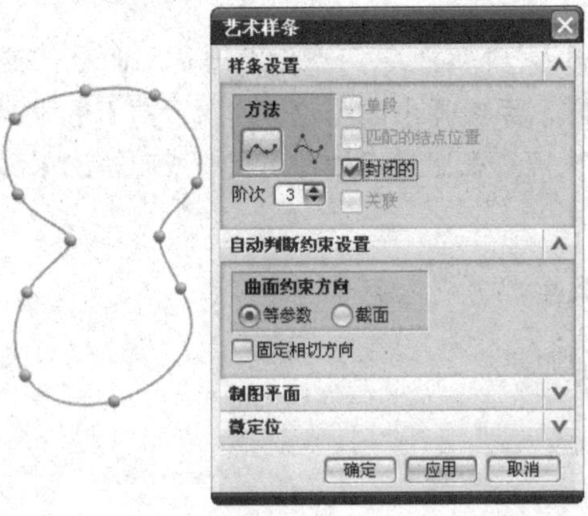

图 2-44　绘制首尾闭合的样条

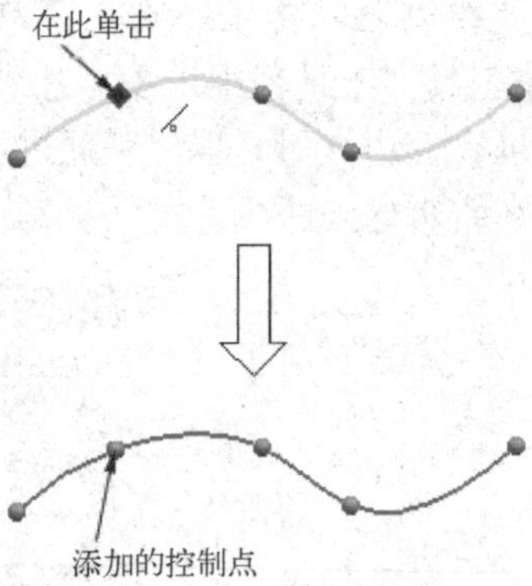

图 2-45　在样条上添加控制点

2．绘制拟合样条

可以通过与指定的数据点拟合来创建样条。要创建拟合样条，则在菜单栏中选择“插入”|“曲线”|“拟合样条”命令，或者在“草图工具”工具栏中单击“拟合样条”按钮，打开如图 2-46 所示的“拟合样条”对话框，从中设置拟合样条的类型和拟合参数，并

在提示下进行选择步骤操作，最后单击“确定”按钮。

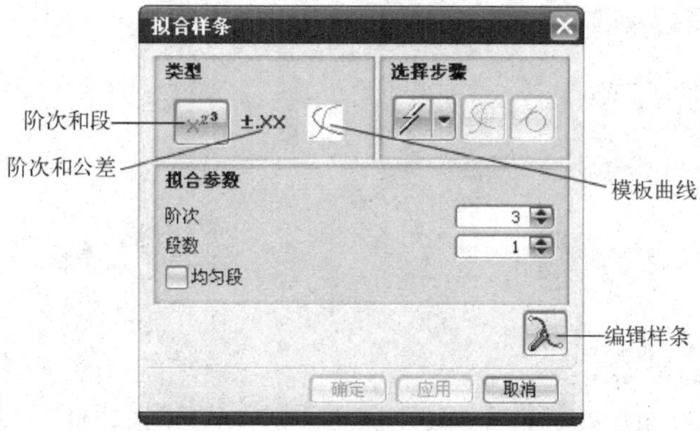

图 2-46 “拟合样条”对话框

2.3.11 绘制二次曲线

下面以范例的形式介绍绘制二次曲线的方法和步骤。

1 在草图环境中，从菜单栏中选择“插入”|“曲线”|“二次曲线”命令，或者在“草图工具”工具栏中单击“二次曲线”按钮，弹出如图 2-47 所示的“二次曲线”对话框。

2 在“限制”选项组中单击位于“指定起点”右侧的“点构造器”按钮，弹出“点”对话框。接受默认的类型选项，在“坐标”选项组的“参考”下拉列表框中选择“绝对-工作部件”选项，设置 *X* 值为 10、*Y* 值为 10、*Z* 值为 0.000000，如图 2-48 所示，然后单击“点”对话框中的“确定”按钮。

图 2-47 “二次曲线”对话框

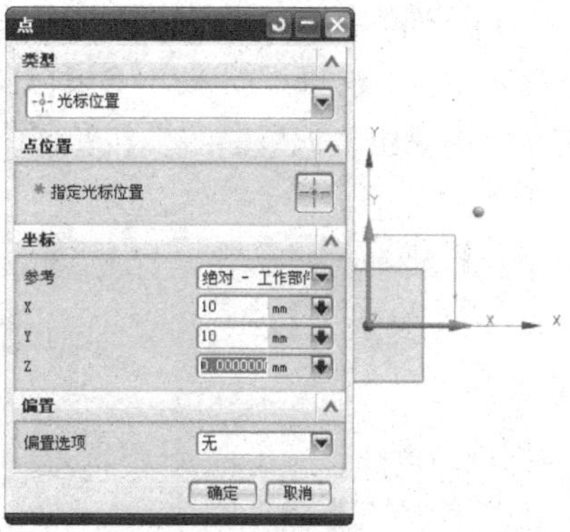

图 2-48 利用“点”对话框指定起点

3 返回到“二次曲线”对话框，此时处于指定终点的状态。在“限制”选项组中单击位于“指定终点”右侧的“点构造器”按钮，弹出“点”对话框。设置终点绝对坐标为（*X*=100，*Y*=10，*Z*=0），单击“确定”按钮。

4 返回到“二次曲线”对话框，在“控制点”选项组中单击“点构造器”按钮，弹出“点”对话框。设置控制点的绝对坐标为（*X*=60，*Y*=120，*Z*=0），单击“确定”按钮。

5 在“二次曲线”对话框的“Rho”选项组中，设置 Rho 值为 0.6800，如图 2-49 所示。

6 在“二次曲线”对话框中单击“确定”按钮，创建的二次曲线如图 2-50 所示。

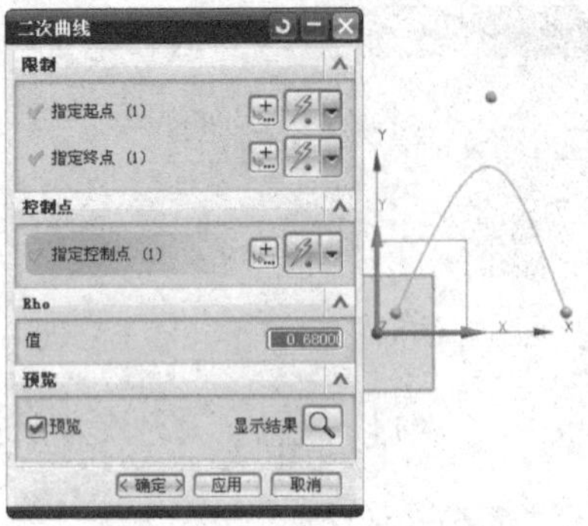

图 2-49　设置 Rho 值

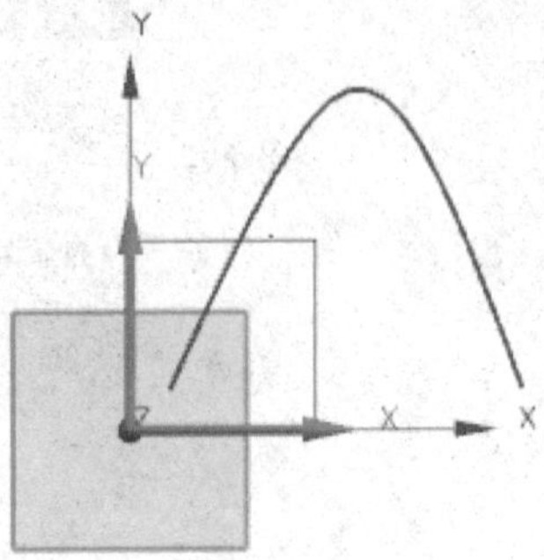

图 2-50　创建二次曲线

2.4　草图编辑与操作

草图编辑与操作的内容包括创建来自曲线集的曲线（如偏置曲线、阵列曲线、镜像曲线、交点和现有曲线等），还有就是草图的典型编辑（如快速修剪、快速延伸、制作拐角和编辑曲线）。

2.4.1　偏置曲线

在草图设计环境中，使用“插入”|“来自曲线集的曲线”|“偏置曲线”命令，可以按照设定的方式偏置位于草图平面上的曲线链。

下面以一个范例来介绍如何创建偏置曲线。

1 在草图平面中绘制好所需的曲线链，如图 2-51 所示的轮廓曲线。

2 在菜单栏中选择“插入”|“来自曲线集的曲线”|“偏置曲线”命令，或者在“草图工具”工具栏中单击“偏置曲线”按钮，打开如图 2-52 所示的“偏置曲线”对话框。

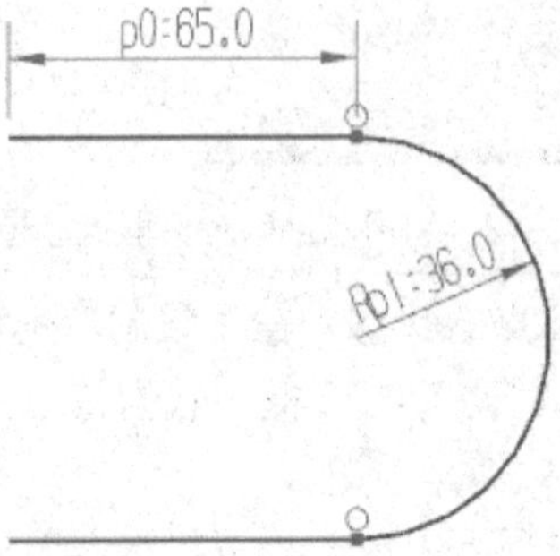

图 2-51　准备好的曲线链

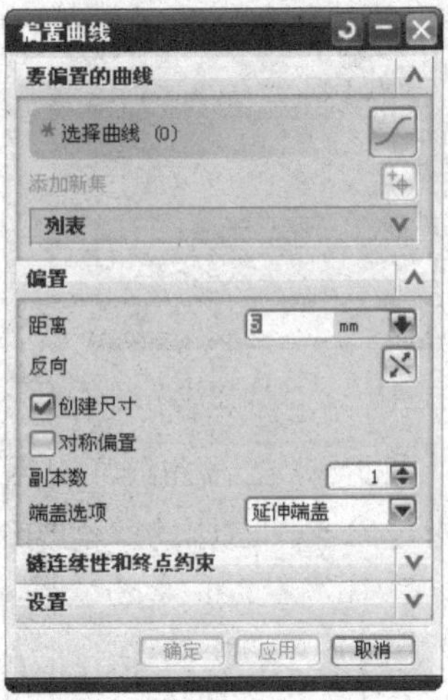

图 2-52　“偏置曲线”对话框

3 在绘图窗口中单击曲线以定义要偏置的曲线链。

说明：如果在“要偏置的曲线”选项组中单击“添加新集”按钮，那么可以选择第二组要偏置的曲线，添加的新集显示在“列表”列表框中。对于不理想或不需要的曲线集，可以单击“移除”按钮将其从列表中删除，如图2-53所示。

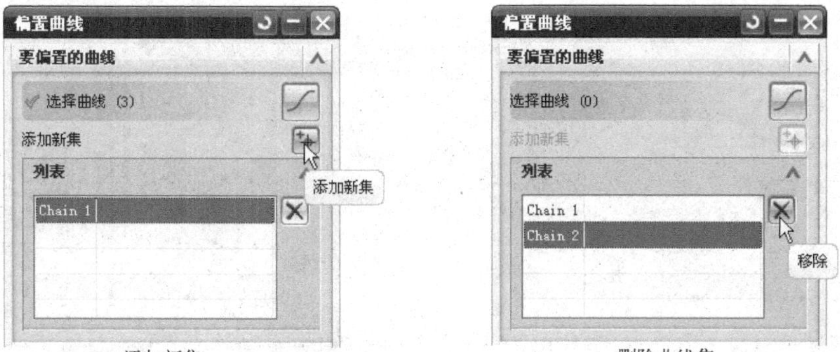

添加新集　　删除曲线集

图2-53　添加新集与删除曲线集

4 在“偏置”选项组中设置如图2-54所示的偏置选项及参数。其中，勾选“对称偏置”复选框表示向两侧均创建偏置曲线。

5 在“链连续性和终点约束”选项组中勾选“显示拐角”复选框和“显示终点”复选框，如图2-55所示。

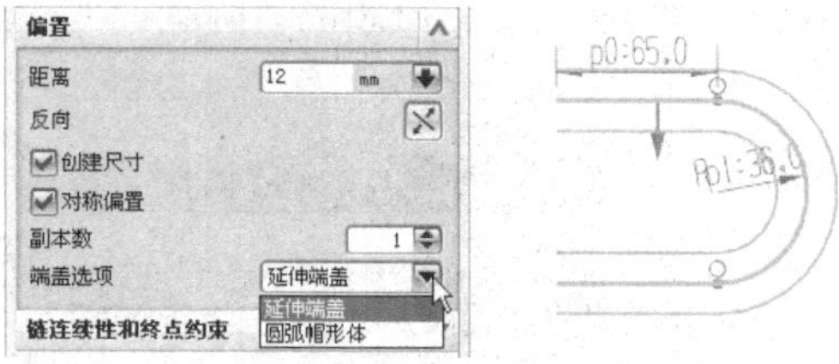

图2-54　设置偏置选项与参数

图2-55　设置链连续性和终点约束

6 在“设置”选项组中勾选“转换要引用的输入曲线”复选框，并设置相应的阶次和公差，如图2-56所示。

7 在“偏置曲线”对话框中单击“确定”按钮，结果如图2-57所示。

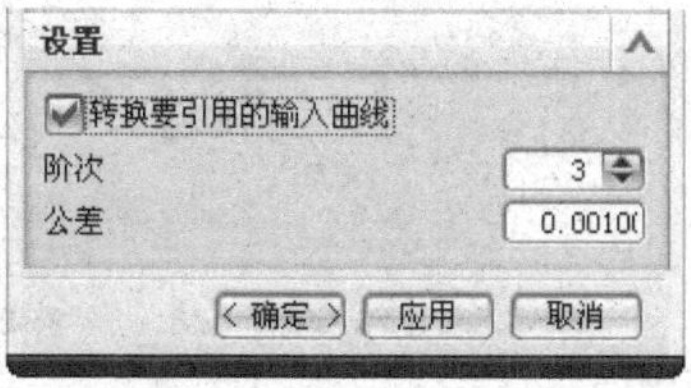

图2-56　在“设置”选项组中设置

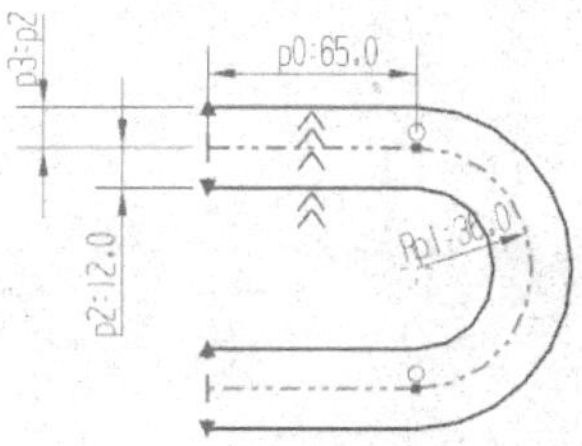

图2-57　创建偏置曲线的结果

2.4.2 阵列曲线

使用菜单栏中的“插入”|“来自曲线集的曲线”|“阵列曲线”命令，可以阵列位于草图平面上的曲线链，其中阵列的布局类型可以是线性的，也可以是圆形的，分别如图 2-58 和图 2-59 所示。

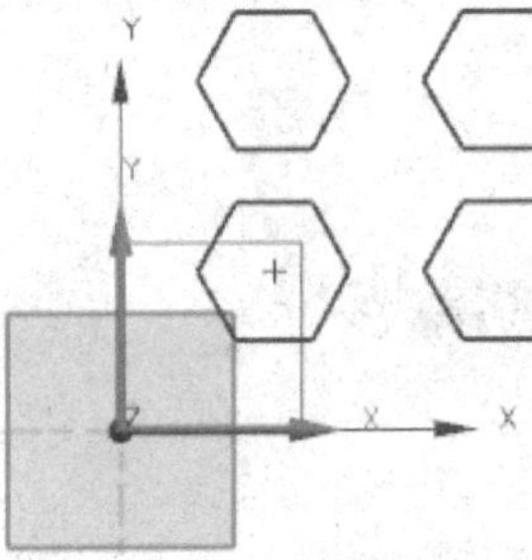

图 2-58　线性阵列

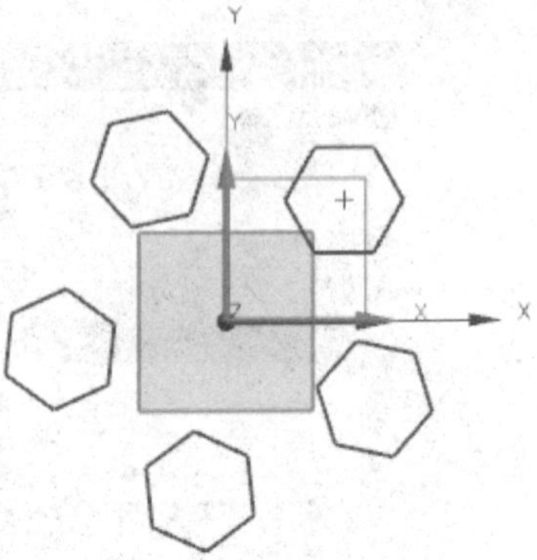

图 2-59　圆形阵列

下面以范例的形式介绍如何阵列曲线。

1. 线性阵列曲线的范例

❶ 假设进入草图任务环境，先在草图平面中绘制如图 2-60 所示的正六边形。

❷ 在菜单栏中选择“插入”|“来自曲线集的曲线”|“阵列曲线”命令，或者在“草图工具”工具栏中单击“阵列曲线”按钮，系统弹出如图 2-61 所示的“阵列曲线”对话框。

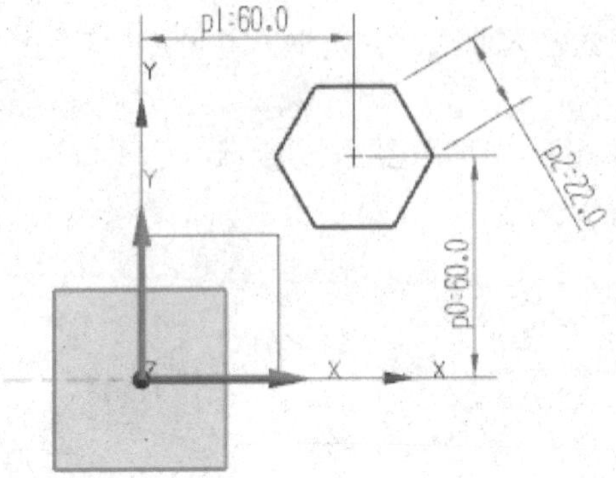

图 2-60　绘制正六边形

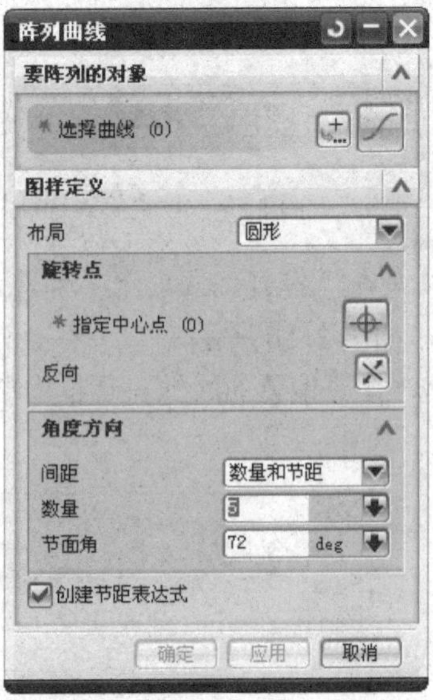

图 2-61　“阵列曲线”对话框

❸ 选择刚绘制的正六边形作为要阵列的曲线链。

❹ 在“图样定义”选项组的“布局”下拉列表框中选择“线性”选项。

❺ 单击“方向 1”选项框中“方向”按钮，在图形窗口中单击 X 轴定义线性对象的方向 1，接着从“间距”下拉列表框中选择“数量和节距”选项，设置数量为 5，节距为 80mm，如图 2-62 所示。

说明：如果要反向当前的阵列方向，那么在该方向下单击“反向”按钮。可供选择的间距选项除了“数量和节距”之外，还有“数量和跨距”和“节距和跨距”。选择不同的间距选项，需要输入的参数也是不相同的。

❻ 在“方向 2”选项框中勾选“使用方向 2”复选框，接着在图形窗口中单击细黄色的 Y 轴定义线性对象的方向 2，并如图 2-63 所示设置方向 2 的参数。

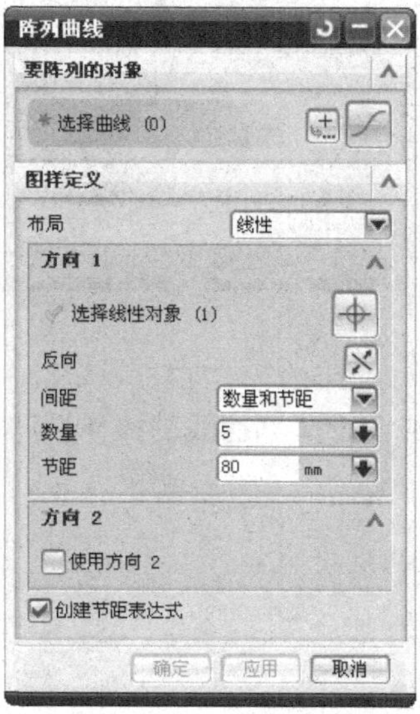

图 2-62 定义方向 1 的参数

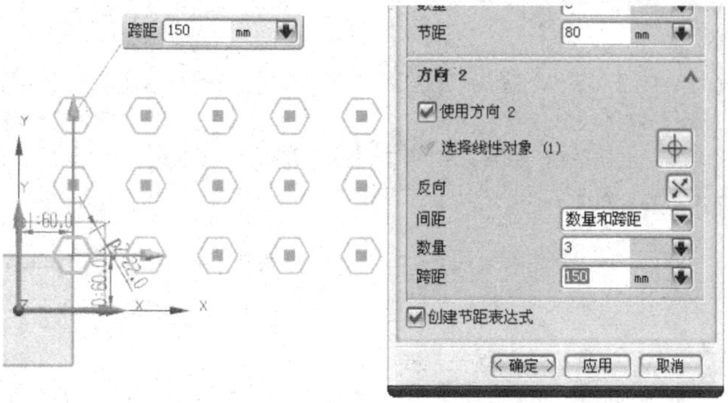

图 2-63 设置方向 2 的参数

❼ 在“阵列曲线”对话框中单击“应用”按钮或“确定”按钮，完成的阵列结果如图 2-64 所示。如果是单击“应用”按钮，那么还需要手动关闭“阵列曲线”对话框。

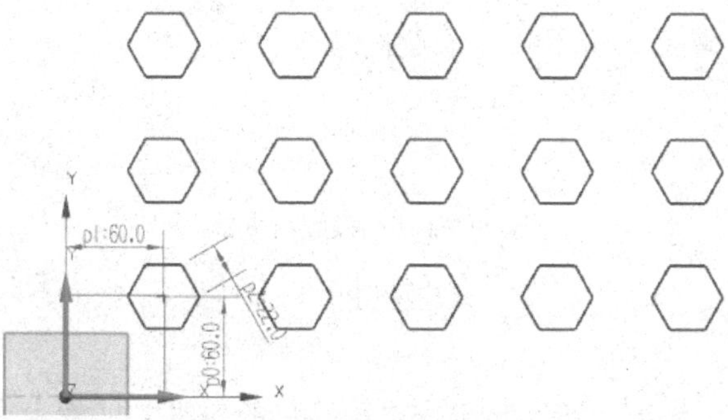

图 2-64 阵列结果

2. 圆形阵列曲线的范例

❶ 在菜单栏中选择“插入”|“来自曲线集的曲线”|“阵列曲线”命令，系统弹出“阵列曲线”对话框。

❷ 选择第一个正六边形作为要阵列的曲线链。

❸ 在“图样定义”选项组的“布局”下拉列表框中选择“圆形”选项。

❹ 指定旋转中心点。在图形窗口中单击如图 2-65 所示的坐标原点作为旋转中心点。

❺ 在“图样定义”选项组的“角度方向”选项框中分别设置“间距”选项及其参数，如图 2-66 所示。

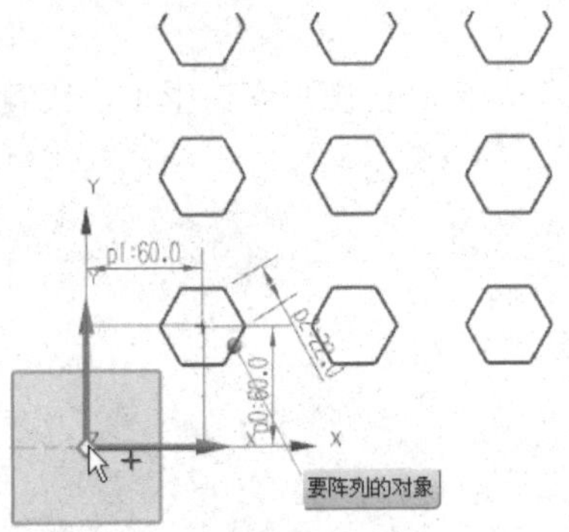

图 2-65　选择旋转中心点

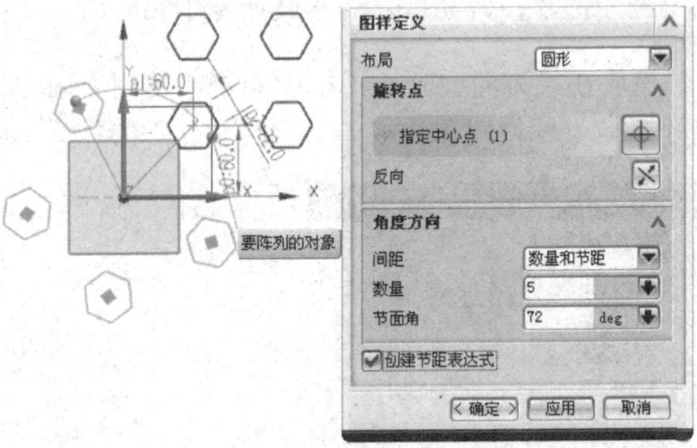

图 2-66　设置角度方向

❻ 在“阵列曲线”对话框中单击“确定”按钮，从而完成圆形阵列曲线的操作，其效果如图 2-67 所示。

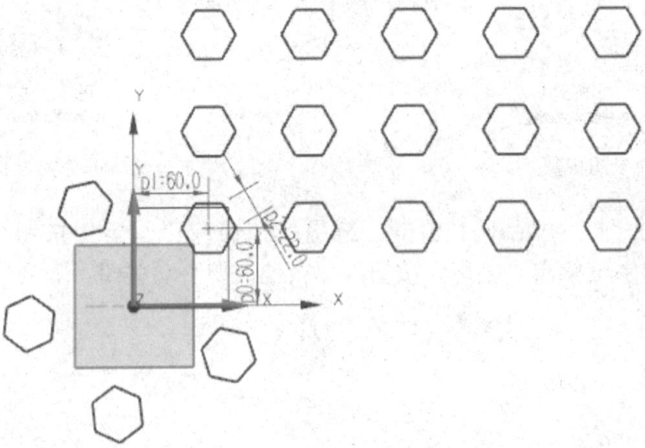

图 2-67　完成圆形阵列效果

2.4.3 镜像曲线

在草图设计环境中，使用“插入”|“来自曲线集的曲线”|“镜像曲线”命令，可创建位于草图平面上的曲线链的镜像图样。

下面以一个简单范例介绍如何在草图中创建镜像曲线。

1 在菜单栏中选择“插入”|“来自曲线集的曲线”|“镜像曲线”命令，或在“草图工具”工具栏中单击“镜像曲线”按钮，系统弹出“镜像曲线”对话框，如图 2-68 所示。

2 系统提示选择镜像链。选择要镜像的曲线链，如图 2-69 所示。也可以采用指定对角点的框选方式选择多条曲线链。

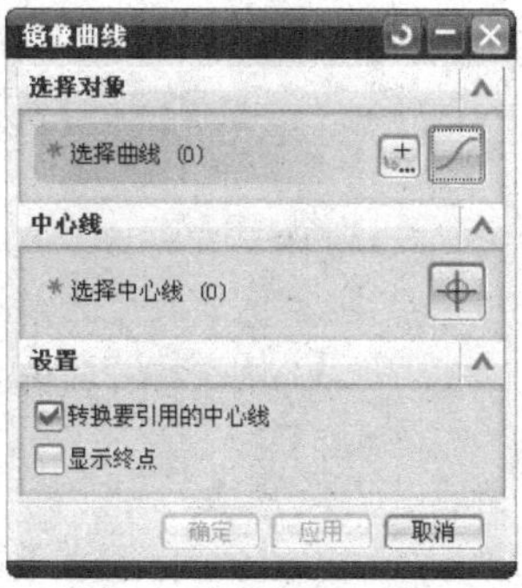

图 2-68 “镜像曲线”对话框

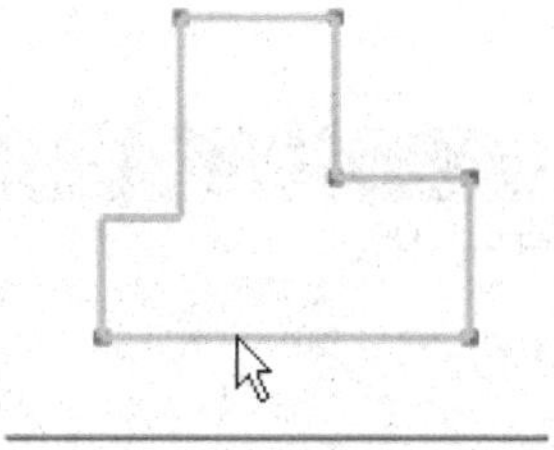

图 2-69 选择镜像链

3 在“镜像曲线”对话框的“中心线”选项组中单击“选择中心线”按钮，接着选择如图 2-70 所示的直线作为镜像中心线。

4 在“镜像”对话框的“设置”选项组中确保勾选“转换要引用的中心线”复选框。

5 在“镜像”对话框中单击“确定”按钮，得到的镜像结果如图 2-71 所示。

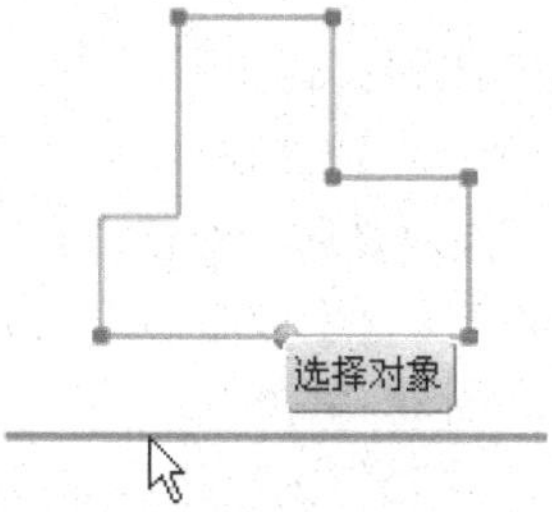

图 2-70 指定中心线

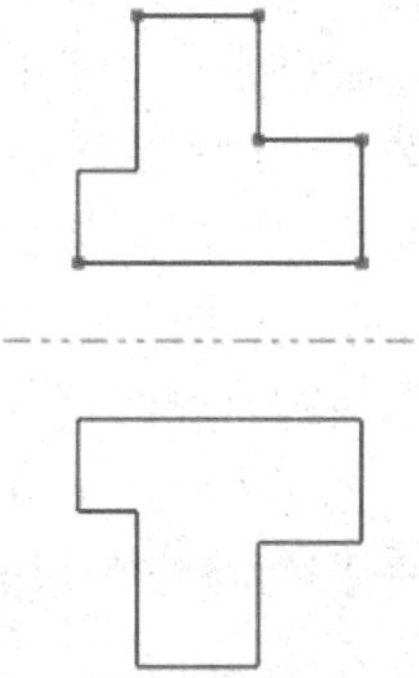

图 2-71 镜像曲线的结果

2.4.4 交点和现有曲线

进入草图任务环境，在该任务环境的“插入”|“来自曲线集的曲线”级联菜单中还有如下两个实用命令。

- “交点”：在曲线和草图平面之间创建一个交点。选择该命令时，系统弹出如图 2-72 所示的“交点”对话框，接着选择曲线以与草图平面相交，必要时使用对话框中的“循环解”按钮来创建所需的交点。
- “现有曲线”：将现有的共面曲线（非草图曲线）和点添加到草图中。选择该命令时，系统弹出如图 2-73 所示的“添加曲线”对话框，利用该对话框选择要加入草图的曲线来完成操作。

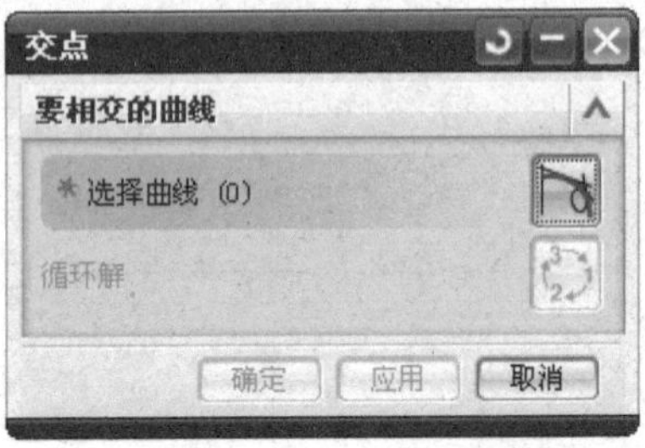

图 2-72 “交点”对话框

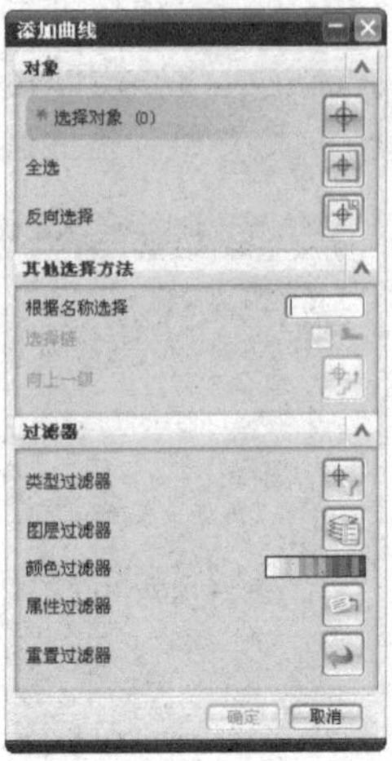

图 2-73 “添加曲线”对话框

2.4.5 快速修剪

使用系统提供的“快速修剪”功能，可以以任意方向将曲线修剪至最近的交点或选定的边界。“快速修剪”是常用的编辑工具命令，使用它可以很方便地将草图曲线中的不需要的部分删除掉。

在草图绘制模式下，对草图曲线进行快速修剪的一般方法和步骤如下。

1 在菜单栏中选择“编辑”|“曲线”|“快速修剪”命令，或者在“草图工具”工具栏中单击“快速修剪”按钮，系统弹出如图 2-74 所示的“快速修剪”对话框。

2 系统提示选择要修剪的曲线（“要修剪的曲线”收集器处于被激活的状态）。在该提示下选择要修剪的曲线部分，也可以按住鼠标左键并拖动鼠标来擦除曲线分段。倘若在指定要修剪的曲线之前需要定义边界曲线，那么在“快速修剪”对话框的“边界曲线”选项组中单击“边界曲线”按钮，如图 2-75 所示，接着选择所需的边界曲线。

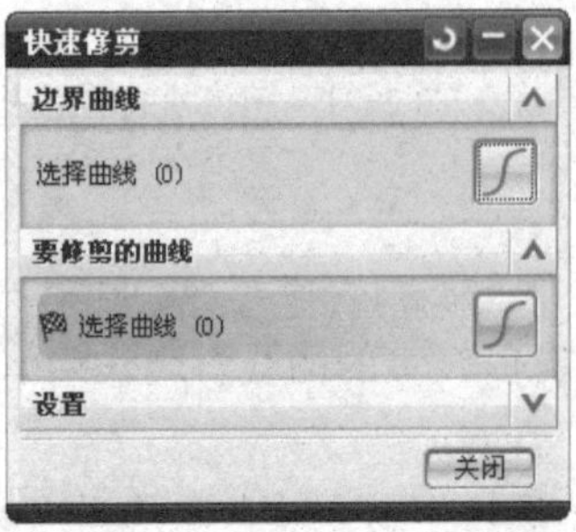

图 2-74 “快速修剪”对话框

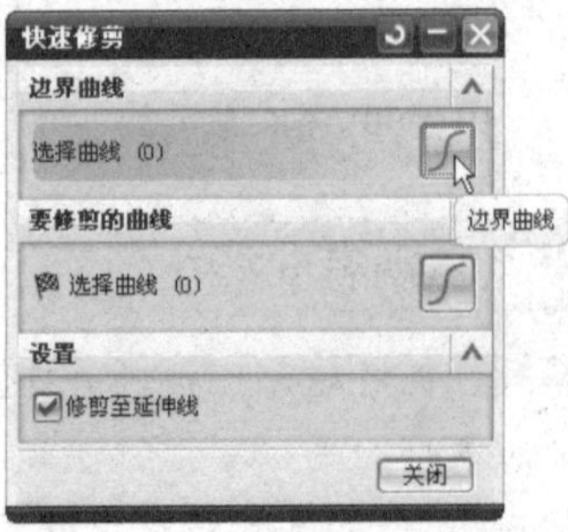

图 2-75 拟指定边界曲线

3 修剪好曲线后，单击“快速修剪”对话框中的“关闭”按钮。

快速修剪的示例如图 2-76 所示。

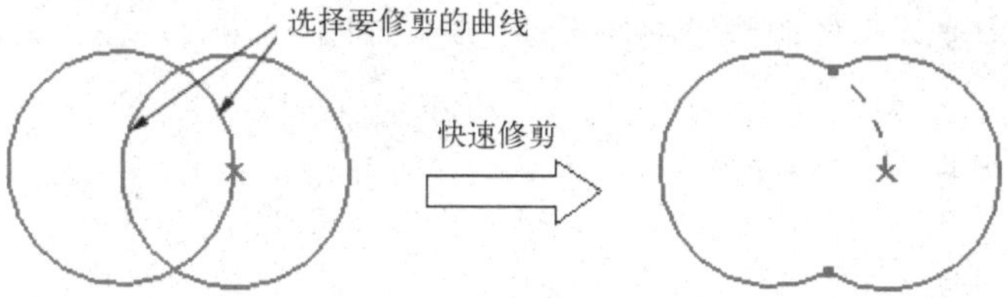

图 2-76 快速修剪

2.4.6 快速延伸

使用系统提供的“快速延伸”功能，可以将曲线延伸到另一临近曲线或选定的边界。

在草图绘制模式下，进行“快速延伸”操作的一般方法和步骤如下。

❶ 在菜单栏中选择“编辑”|“曲线”|“快速延伸”命令，或者在“草图工具”工具栏中单击“快速延伸”按钮，打开如图 2-77 所示的“快速延伸”对话框。

❷ 默认情况下，系统提示选择要延伸的曲线，在该提示下选择要延伸的曲线。如果需要指定边界曲线，则要在“快速延伸”对话框中单击“边界曲线”按钮，以激活“边界曲线”收集器，然后选择所需的曲线作为边界曲线。

❸ 完成曲线快速延伸后，在“快速延伸”对话框中单击“关闭”按钮。

快速延伸的示例如图 2-78 所示。

图 2-77 “快速延伸”对话框

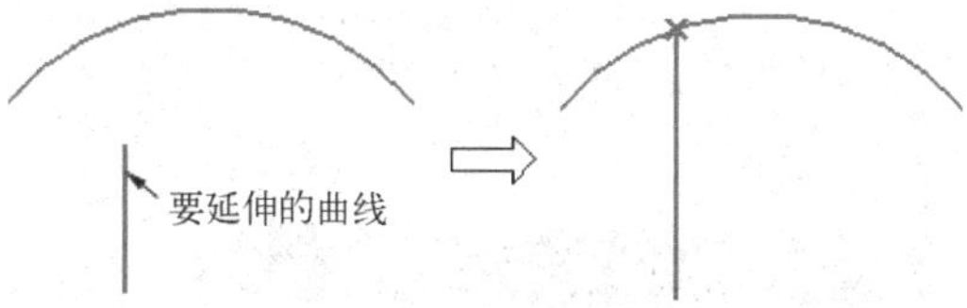

图 2-78 快速延伸

2.4.7 制作拐角

使用系统提供的“制作拐角”功能，可以延伸或修剪两条曲线来制作拐角。在草图绘制模式下，制作拐角的一般方法及步骤如下。

❶ 在菜单栏中选择“编辑”|“曲线”|“制作拐角”命令，或者在“草图工具”工具栏中单击“制作拐角”按钮，系统弹出如图 2-79 所示的“制作拐角”对话框。

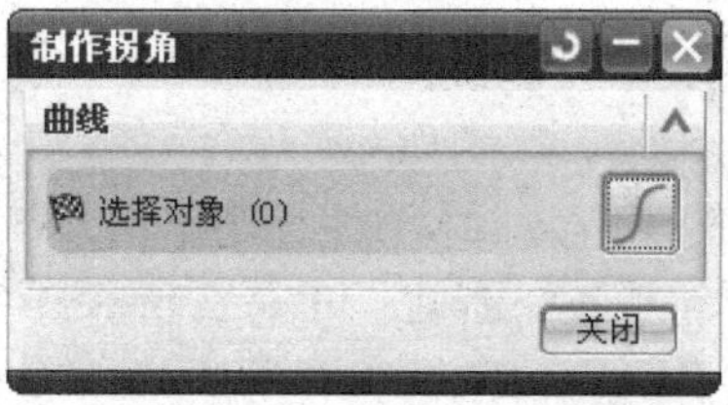

图 2-79 “制作拐角”对话框

❷ 选择区域上要保留的曲线以制作拐角。完成制作拐角后，在“制作拐角”对话框中单击“关闭”按钮。

制作拐角的示例如图 2-80 所示。

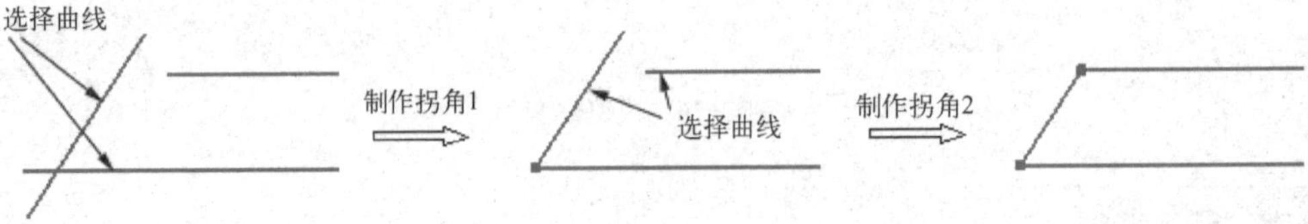

图 2-80　制作拐角

2.4.8 编辑曲线参数

在草图绘制模式下，从菜单栏中选择“编辑”|“曲线”|“参数”命令，打开如图 2-81a 所示的“编辑曲线参数”对话框，利用该对话框选择要编辑的曲线，接着利用根据所选曲线类型而弹出的相应对话框来编辑该曲线的指定参数。假设选择的曲线是艺术样条，那么系统将会弹出如图 2-81b 所示的“编辑样条”对话框，该对话框提供了用于编辑样条的相应按钮。在草图绘制模式下使用“编辑”|“曲线”|“参数”命令，可以编辑大多数曲线类型的参数。

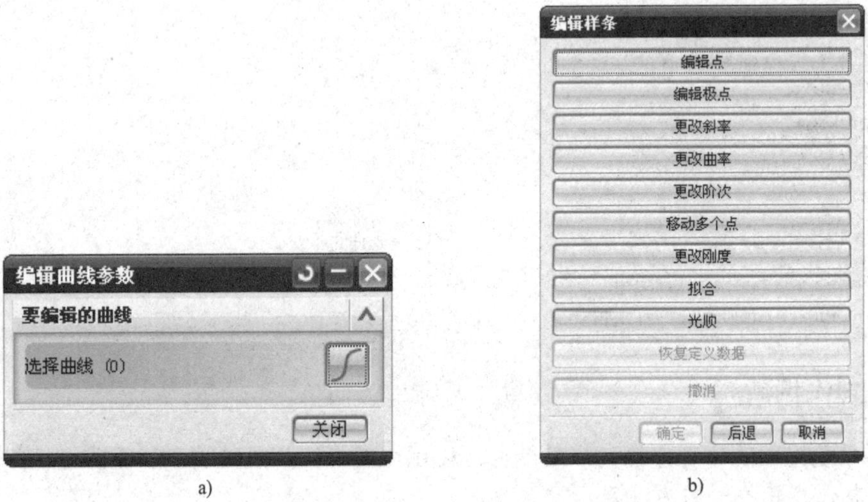

图 2-81　用于编辑曲线参数的对话框

a) “编辑曲线参数”对话框　b) “编辑样条”对话框

2.5 草图几何约束

草图约束包括几何约束和尺寸约束。本节先介绍草图几何约束，所谓的几何约束就是确定草图对象之间的相互关系，如平行、垂直、重合、固定、同心、共线、水平、竖直、相切、等长度、等半径和点在曲线上等。

与几何约束相关的工具按钮如表 2-1 所示，这些工具按钮位于“草图工具”工具栏中。

表 2-1 与几何约束相关的工具按钮

序 号	按 钮	名 称	功 能
1		约束	将几何约束添加到草图几何图形中
2		自动约束	设置自动应用到草图的几何约束类型
3		显示所有约束	显示应用到草图的全部几何约束
4		不显示约束	隐藏应用到草图的全部几何约束
5		显示/移除约束	显示与选定的草图几何图形关联的几何约束，并移除所有这些约束或列出信息
6		转换至/自参考对象	将草图曲线或草图尺寸从活动转化为引用，或者反过来；下游命令（如拉伸）不使用参考曲线，并且参考尺寸不控制草图几何图形
7		备选解	提供备选尺寸或几何约束解决方案
8		自动判断的约束和尺寸	控制哪些约束或尺寸在曲线构造过程中被自动判断
9		创建自动判断的约束	在曲线构造过程中启用自动判断约束
10		设为对称	将两个点或曲线约束为相对于草图上的对称线对称

下面介绍几何约束的几个常用操作。

2.5.1 手动添加几何约束

在草图绘制模式的菜单栏中选择“插入”|“约束”命令，或者在“草图工具”工具栏中单击“约束”按钮，系统提示选择要创建约束的曲线，在该提示下选择一条或多条曲线，系统弹出提供可用约束图标的“约束”对话框，如图 2-82 所示，在“约束”对话框中单击相应的几何约束图标，即可对选择的曲线创建指定的几何约束。

例如，在“草图工具”工具栏中单击“约束”按钮，接着选择要添加几何约束的两个圆，在“约束”对话框中单击“等半径”图标，从而使所选的这两个圆等半径约束，如图 2-83 所示。

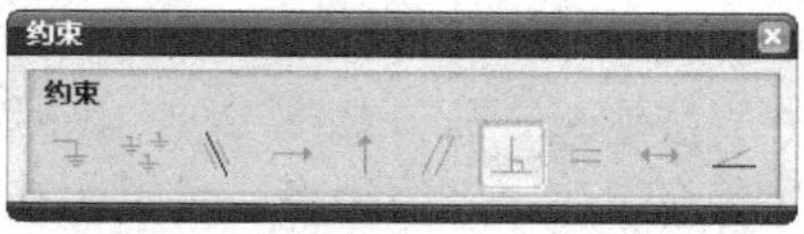

图 2-82 “约束”对话框

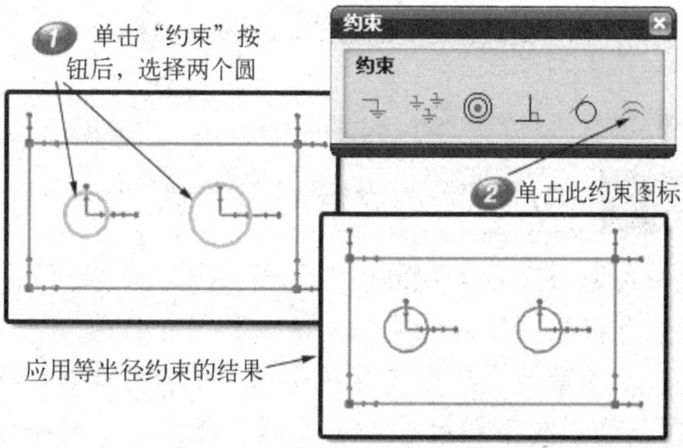

图 2-83 为两个圆应用等半径约束

说明：在单击“约束”按钮后，若选择的草图对象不相同，那么在出现的“约束”对话框中显示的可以创建的几何约束图标也不相同。

2.5.2 自动约束

自动约束即自动施加几何约束，是指用户指定一些几何约束后，系统根据所指草图对象自动施加合适的几何约束。在“草图工具”工具栏中单击“自动约束”按钮，打开如图2-84 所示的“自动约束”对话框，在“要应用的约束”选项组中选择可能要应用的几何约束，如勾选“水平”、“竖直”、“相切”、“平行”、“垂直”、“等半径”复选框等，并在“设置”选项组中设置距离公差和角度公差等，在选择要约束的曲线后，单击“应用”按钮或“确定”按钮，系统将根据草图对象设置要应用的约束，自动在草图对象上施加约束。

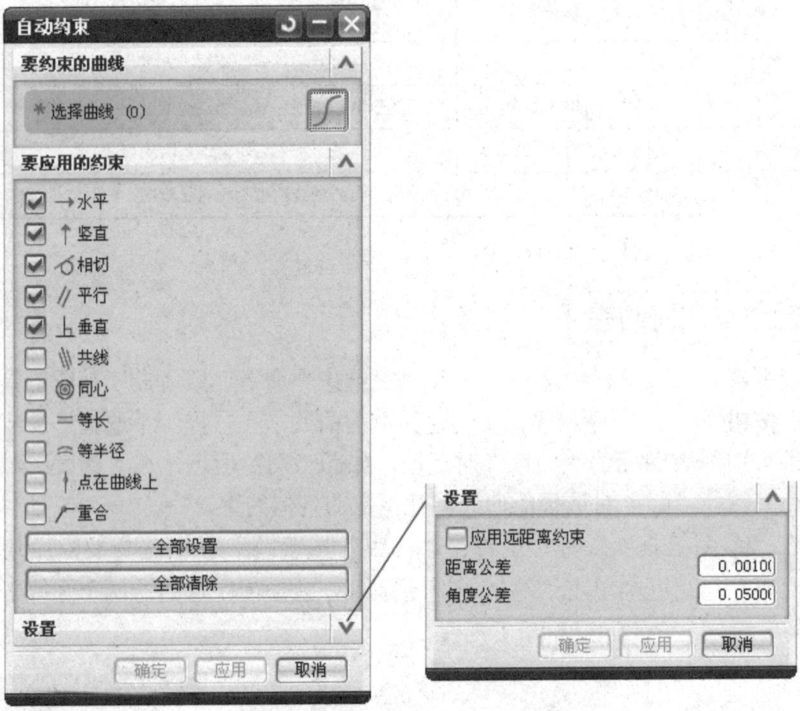

图 2-84 “自动约束”对话框

2.5.3 自动判断约束/尺寸及其创建

可以设置自动判断的约束和尺寸，即设置自动判断约束和尺寸的一些默认选项，这些默认选项将在创建自动判断的约束和尺寸时起作用。

在“草图工具”工具栏中单击“自动判断约束和尺寸”按钮，打开如图 2-85 所示的“自动判断约束和尺寸”对话框，在该对话框中设置要自动判断和应用的约束，设置由捕捉点识别的约束以及定制绘制草图时自动判断尺寸选项，然后单击“应用”按钮或“确定”按钮。

设置自动判断的约束类型后，可在“草图工具”工具栏中单击“创建自动判断约束”按钮以选中它，如图 2-86 所示，表示在曲线构造过程中启用自动判断约束功能。

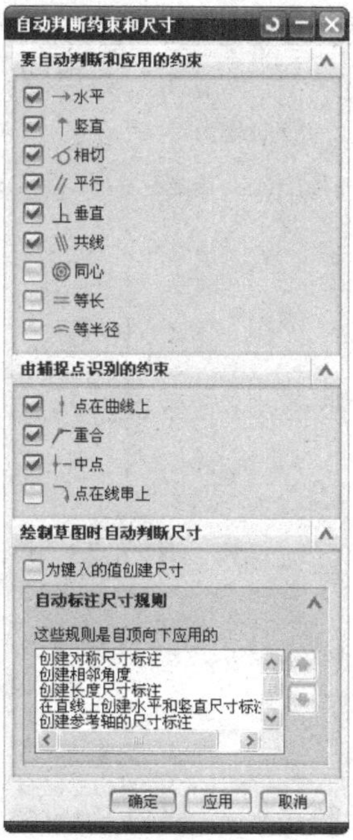

图 2-85 “自动判断约束和尺寸”对话框

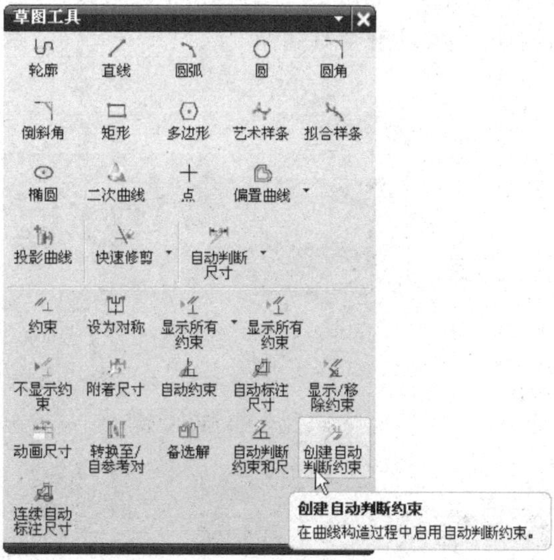

图 2-86 启用自动判断约束

2.5.4 备选解

在草图设计过程中，有时候当指定一个约束类型后，可能存在满足当前约束的条件有多种解的情况。例如，绘制一个圆和一条直线相切，圆与直线相切就存在着两种情况，即圆既可以在直线的左边与直线相切，也可以在直线右边与直线相切。创建约束时，系统会自动选择其中一种解，把约束显示在绘图窗口中。如果默认的约束解不是所需要的解，那么可以使用系统提供的“备选解”命令功能，将约束解切换成所需的其他约束解。

要使用“备选解”命令功能，则在“草图工具”工具栏中单击“备选解”按钮，系统弹出如图 2-87 所示的“备选解”对话框，接着在提示下指定对象 1（需要时可指定对象 2）来切换约束解。

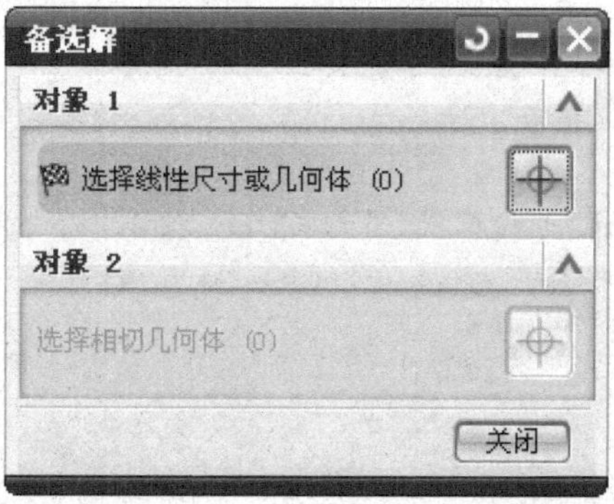

图 2-87 “备选解”对话框

如图 2-88 所示为范例。首先绘制没有相切约束的一条直线和圆，如图 2-88a 所示；接着单击“约束”按钮，选择直线和圆，在“约束”对话框中单击“相切”约束图标，从而获得如图 2-88b 所示的默认相切效果；在“草图工具”工具栏中单击“备选解”按钮，打开“备选解”对话框，选择其中一个对象（如直线）即可切换约束解，如图 2-88c 所示。

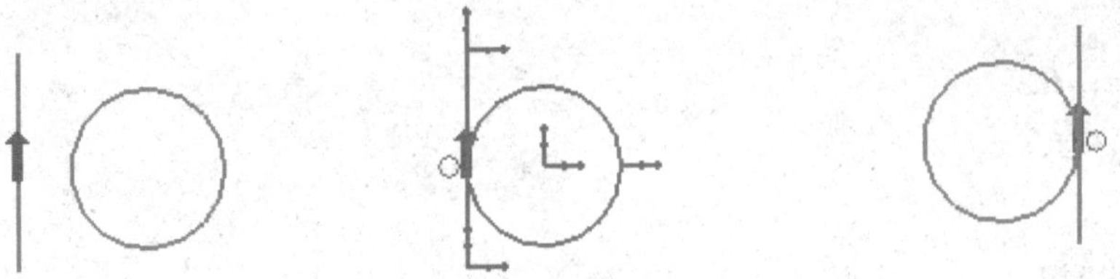

a)　　b)　　c)

图 2-88　直线与圆相切

a) 要进行相切约束的直线和圆　b) 系统选择的约束解　c) 转换后的约束解

2.6　草图尺寸约束

尺寸约束用于确定草图曲线的形状大小和放置位置，包括水平尺寸、竖直尺寸、平行尺寸、垂直尺寸、角度尺寸、直径尺寸、半径尺寸和周长尺寸。

用于进行草图尺寸约束的命令和相应工具按钮如图 2-89 所示。

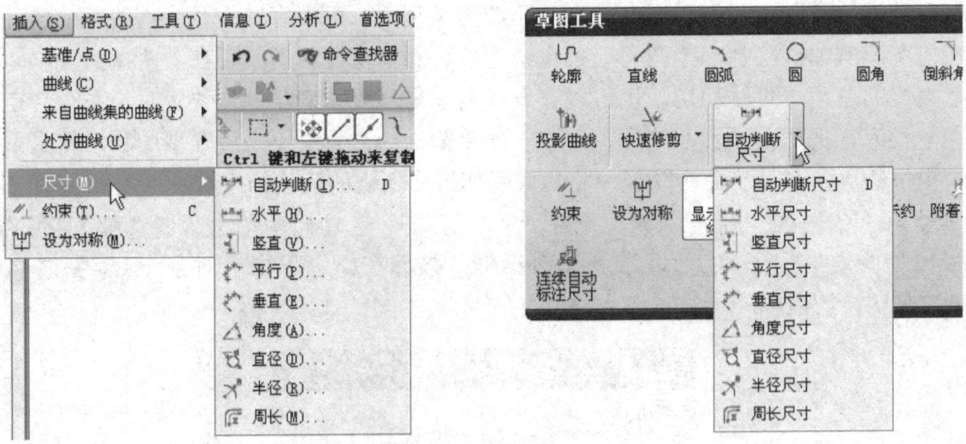

a)　　b)

图 2-89　草图尺寸约束的命令及其工具按钮

a) “插入”|“尺寸”级联菜单　b) “草图工具”工具栏中的尺寸约束工具

2.6.1　自动判断尺寸

自动判断的尺寸是系统默认的尺寸类型。使用“自动判断尺寸”命令功能，可通过基于选定的对象和光标的位置自动判断尺寸类型来创建尺寸约束。此命令是最为常用的尺寸标注命令，可以创建各种尺寸。

在草图绘制模式下，从菜单栏中选择“插入”|“尺寸”|“自动判断”命令，或者在“草图工具”工具栏中单击“自动判断尺寸”按钮，打开如图 2-90 所示的“尺寸”对话框，接着选择要标注尺寸的草图对象，系统会根据所选的不同草图对象自动判断可能要施加的尺寸约束，然后指定尺寸放置位置等即可。例如，选择的草图对象是一条水平的直线段时，系统自动判断要施加的水平距离尺寸，接着在预定的放置位置处单击鼠标左键，系统弹出尺寸表达式列表框，如图 2-91 所示，然后在右文本框中输入合适的数值，按〈Enter〉键确认。

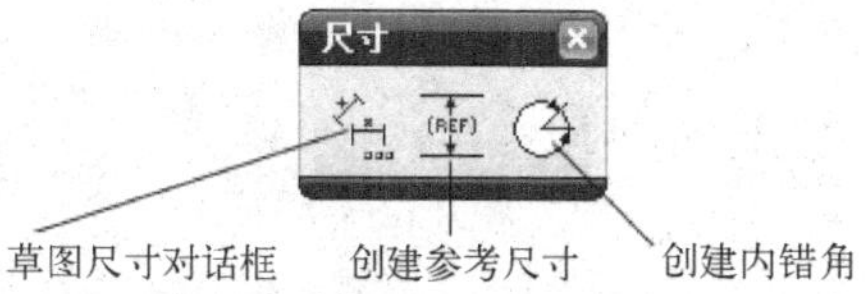

图 2-90 “尺寸”对话框

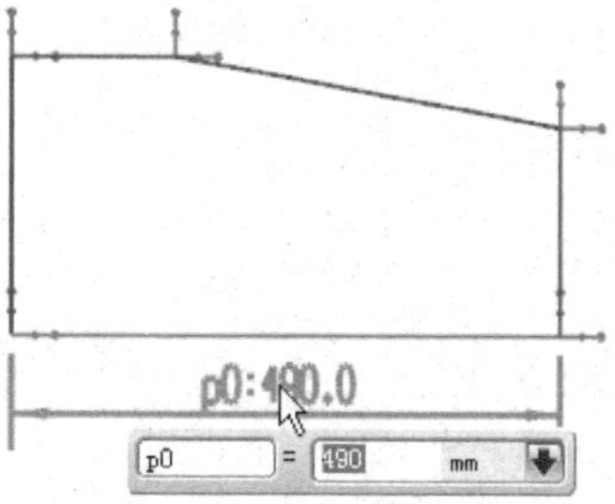

图 2-91 创建自动判断尺寸

说明：在施加尺寸约束时，出现的尺寸表达式列表框（显示有尺寸代号和尺寸值）用来显示尺寸约束的表达式。在右文本框中可修改尺寸值，若单击按钮图标，则打开一个下拉菜单，如图 2-92 所示，利用该菜单可将当前尺寸设置为测量距离值，为该尺寸设置公式、函数等。

如果在如图 2-90 所示的“尺寸”对话框中单击“草图尺寸对话框”按钮，那么将弹出另一个“尺寸”对话框，如图 2-93 所示。该对话框集中了 9 种尺寸约束类型，利用该对话框选定尺寸约束类型、指定当前表达式、设置尺寸标注样式以及文本高度等，然后选择草图对象标注相应的尺寸。

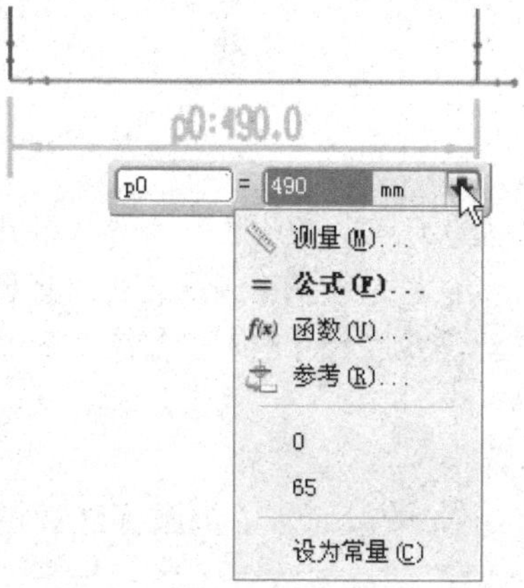

图 2-92 尺寸表达式文本框

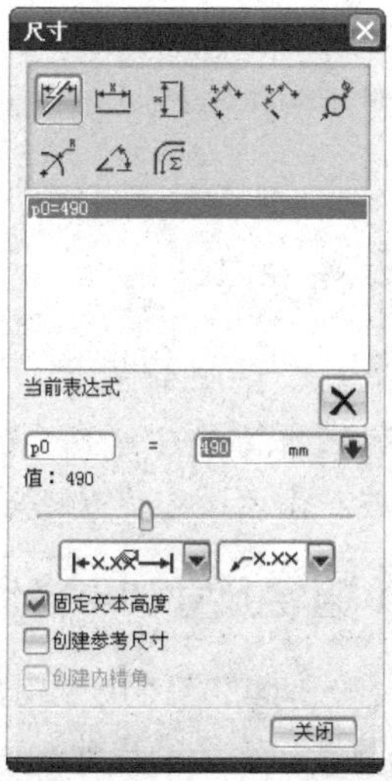

图 2-93 “尺寸”对话框 2

2.6.2 水平尺寸和竖直尺寸

水平尺寸实际上是指在两点之间创建的水平距离约束的尺寸，而竖直尺寸实际上是在两点之间创建的竖直距离约束的尺寸。要创建这两类尺寸，可在执行命令后，选择所需的一条直线或两个点（或两个有效对象），接着指定尺寸放置位置并修改尺寸值即可。

创建有水平尺寸和竖直尺寸的草图示例如图 2-94 所示。

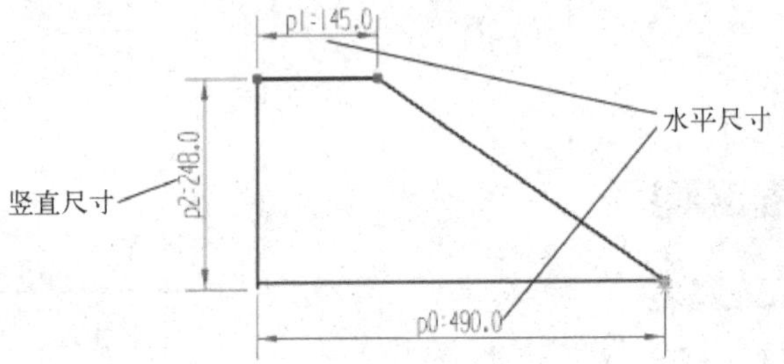

图 2-94　创建水平尺寸和竖直尺寸

2.6.3 平行尺寸和垂直尺寸

平行尺寸是指在两点之间创建平行距离约束的尺寸（两点之间的最短距离尺寸），通常为倾斜的直线标注平行尺寸；垂直尺寸是指在直线和点之间创建的垂直距离约束的尺寸。在如图 2-95 所示的草图中标注有平行尺寸和垂直尺寸。

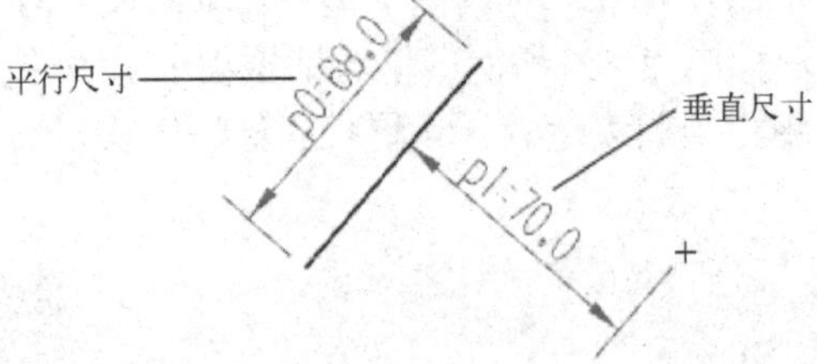

图 2-95　标注平行尺寸和垂直尺寸

2.6.4 角度尺寸

要在相交的两条直线之间创建角度尺寸，可在“草图工具”工具栏中单击“角度”按钮 △，或者在菜单栏中选择“插入”|“尺寸”|“角度”命令，先选择第一条直线，接着选择第二条直线，指定尺寸放置位置，并可修改角度尺寸值。标注角度尺寸的示例如图 2-96 所示。

2.6.5 直径尺寸和半径尺寸

直径尺寸和半径尺寸用来标注圆或圆弧的尺寸大小。一般而言，为圆标注直径尺寸约束，为圆弧标注半径尺寸约束，如图 2-97 所示。

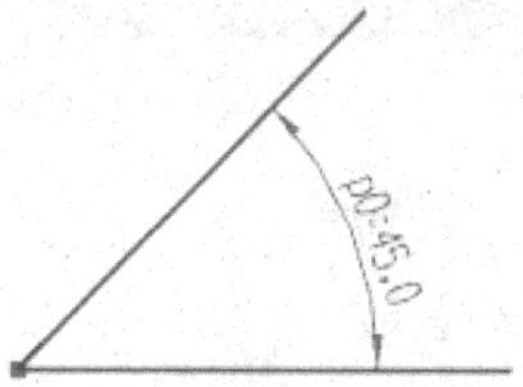

图 2-96　标注角度尺寸

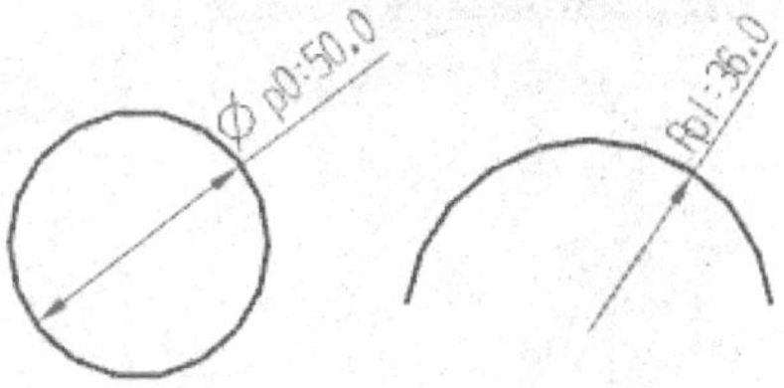

图 2-97　标注直径和半径尺寸

要为某个圆标注直径尺寸，则单击“直径”按钮，接着选择要标注的圆，并单击鼠标左键来放置尺寸，通过出现的尺寸表达式列表框设置直径值。要创建半径尺寸，则单击“半径”按钮，接着选择要标注尺寸的圆弧，并单击鼠标左键来放置尺寸，设置半径值即可。

2.6.6 周长尺寸

周长尺寸约束用来创建所选草图对象的周长约束，以控制选定直线和圆弧的总长度。要创建周长尺寸约束，则在“草图工具”工具栏中单击“周长”按钮，或者在菜单栏中选择“插入”|“尺寸”|“周长”命令，系统弹出“周长尺寸”对话框，接着选择构成周长的所有所需曲线，则系统计算出其周长尺寸，周长尺寸显示在对话框的“表达式”选项组的尺寸框中。创建周长尺寸约束的示例如图 2-98 所示。

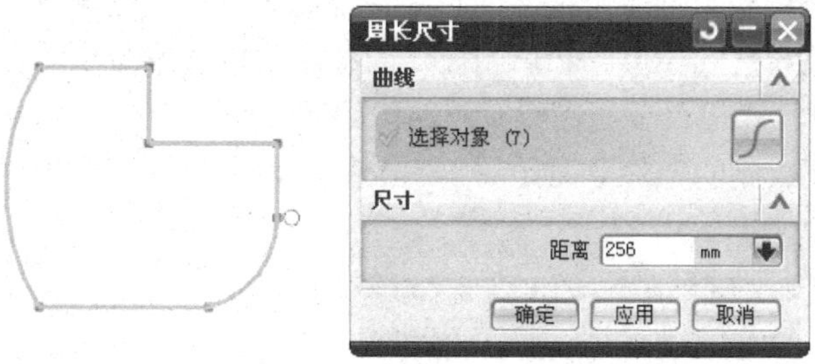

图 2-98　创建周长尺寸约束

2.6.7 连续自动标注尺寸

可以在曲线构造过程中启用“连续自动标注尺寸”命令。在初始默认时，系统启用连续自动标注尺寸。如果要在“草图”任务环境中关闭连续自动标注尺寸功能，那么可以从“草图”任务环境的菜单栏中选择“任务”|“草图样式”命令，打开如图 2-99 所示的“草图样式”对话框，注意到“连续自动标注尺寸”复选框处于被勾选的状态，清除此复选框则可关闭连续自动标注尺寸功能。另外，在“草图工具”工具栏中也提供了“连续自动标注尺寸”按钮，如图 2-100 所示，使用此工具同样可以设置在曲线构造过程中启用或关闭连续自动标注尺寸功能。

说明：利用“草图样式”对话框，还可以设置草图中的文本高度和是否启用自动判断约束等。

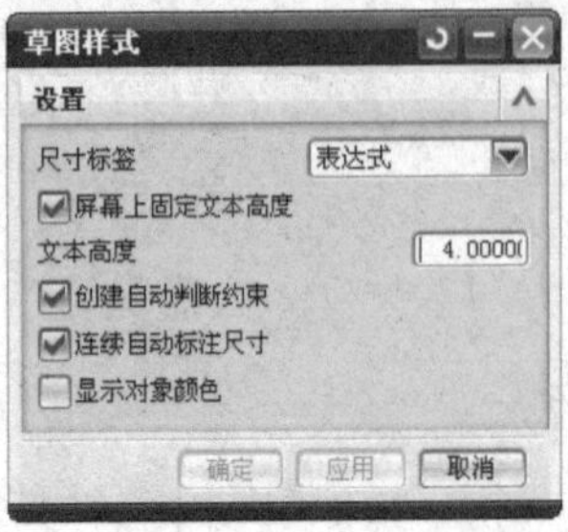

图 2-99 “草图样式”对话框

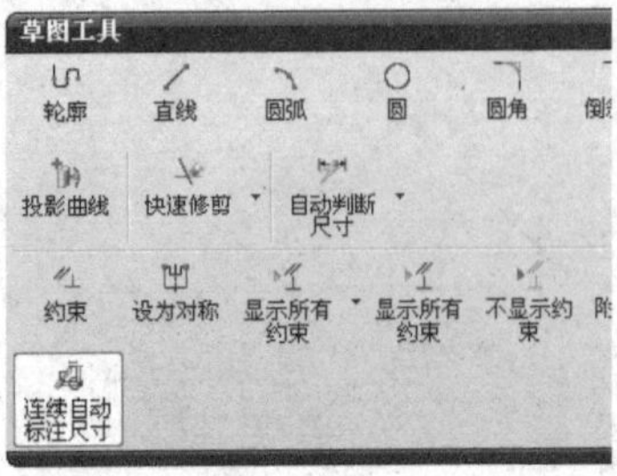

图 2-100 使用连续自动标注尺寸工具

2.7 定向视图到草图和定向视图到模型

进入草图绘制模式，在菜单栏的“视图”菜单中具有两个定向视图的实用命令，即“定向视图到草图”命令和“定向视图到模型”命令。前者用于将视图定向至草图平面，而后者则将视图定向至进入草图任务环境之前显示的建模视图。

2.8 草图综合实战演练

下面将介绍一个草图绘制综合范例，目的是使读者通过范例学习，深刻理解草图曲线、草图约束（几何约束和尺寸约束）和草图操作的各常用按钮或命令的含义，并掌握其应用方法及技巧，熟悉设计一个零件的草图绘制思路与绘制方法。

在此范例中，要绘制的零件草图如图 2-101 所示。

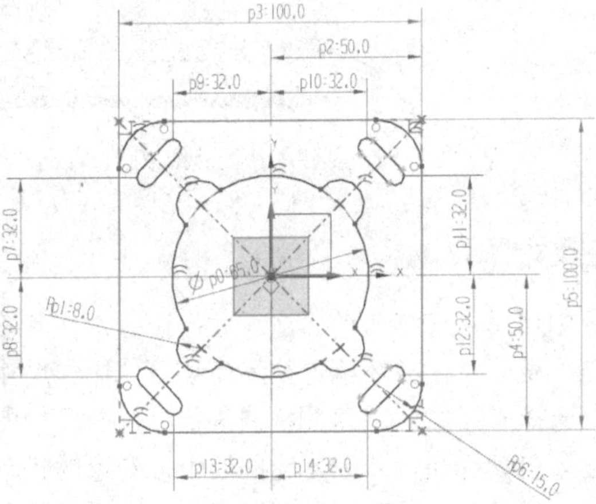

图 2-101 绘制的草图

具体的绘制过程如下。

1. 新建零件文件

① 在菜单栏中选择“文件”|“新建”命令，或者在工具栏中单击“新建”按钮，系统弹出“新建”对话框。

② 在“模型”选项卡的“模板”列表中选择名称为“模型”的模板，单位为 mm（毫米），在“新文件名”选项组的“名称”文本框中输入“bc_nx_2_1”，并指定要保存到的文件夹，如图 2-102 所示。

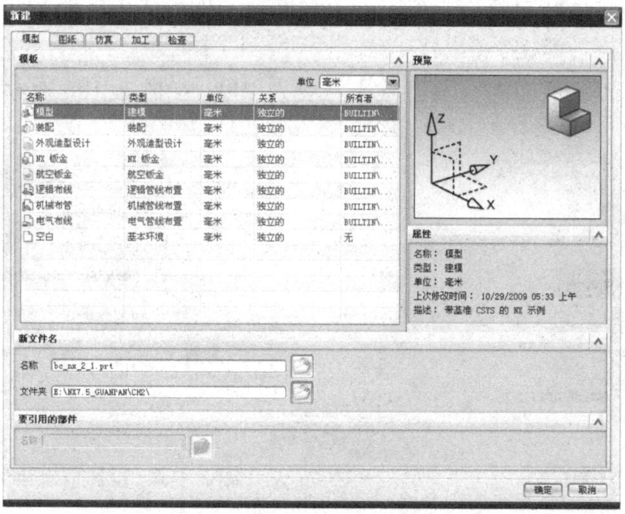

图 2-102 “新建”对话框

③ 单击“新建”对话框中的“确定”按钮。

2. 指定草图平面

① 在工具栏中单击“任务环境中的草图”按钮，或者在菜单栏中选择“插入”|“任务环境中的草图”命令，打开“创建草图”对话框。

② 默认“类型”为“在平面上”，“平面方法”为“现有平面”，默认选中 *XC-YC* 坐标面，如图 2-103 所示。

③ 在“创建草图”对话框中单击“确定”按钮。此时，草图平面自动定向，如图 2-104 所示。

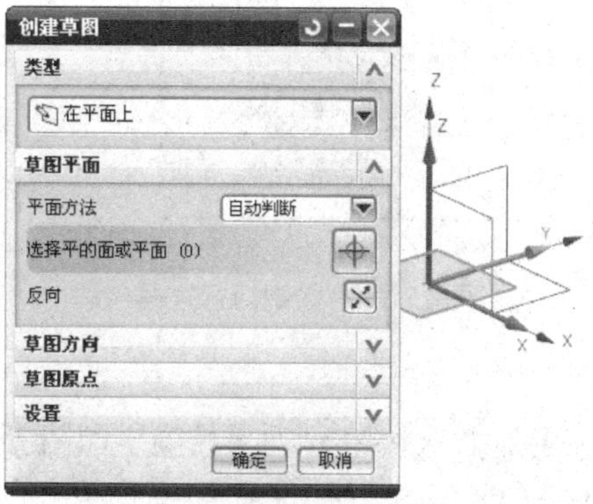

图 2-103 “创建草图”对话框

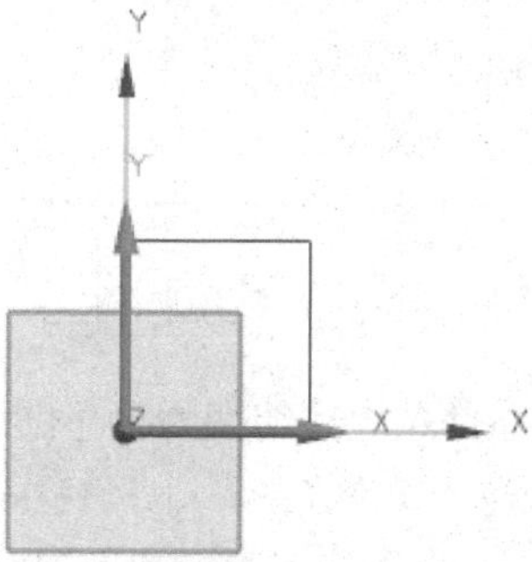

图 2-104 草图平面

此时可以在“草图工具”工具栏中单击“连续自动标注尺寸”按钮以取消选中它，从而在曲线构造过程中取消连续自动标注尺寸。

3．绘制一个矩形

① 调出“草图工具”工具栏。在“草图工具”工具栏中单击“矩形”按钮，弹出“矩形”对话框。

② 在“矩形”对话框中单击“从中心”按钮，如图 2-105 所示。

③ 选择坐标原点（即 *XC*=0，*YC*=0）作为矩形的中心。

④ 默认切换到“参数模式”，输入宽度为 100，如图 2-106 所示。

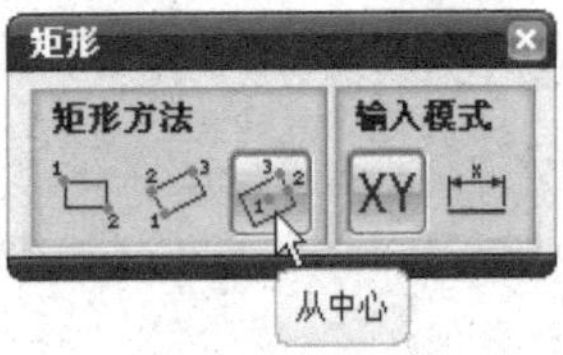

图 2-105　设置矩形方法

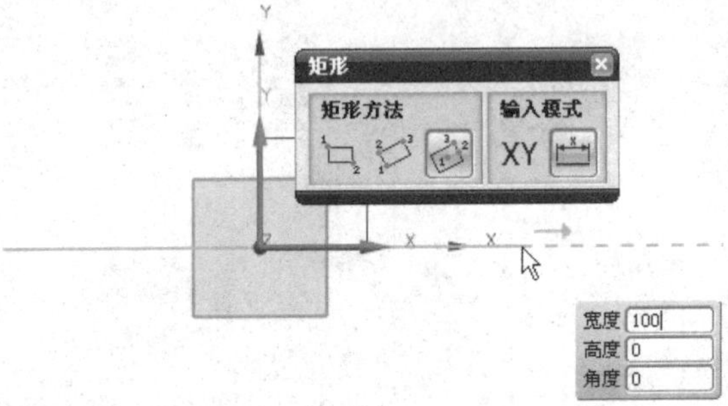

图 2-106　以参数模式指定矩形宽度

⑤ 输入高度为 100，角度为 0。注意输入高度值和角度值时，可按〈Enter〉键确定。

⑥ 在“矩形”对话框中单击“关闭”按钮，绘制的矩形如图 2-107 所示。

4．绘制两条倾斜的直线

① 在“草图工具”工具栏中单击“直线”按钮，弹出“直线”对话框。

② 分别选择相应的两点来绘制两条直线，如图 2-108 所示。

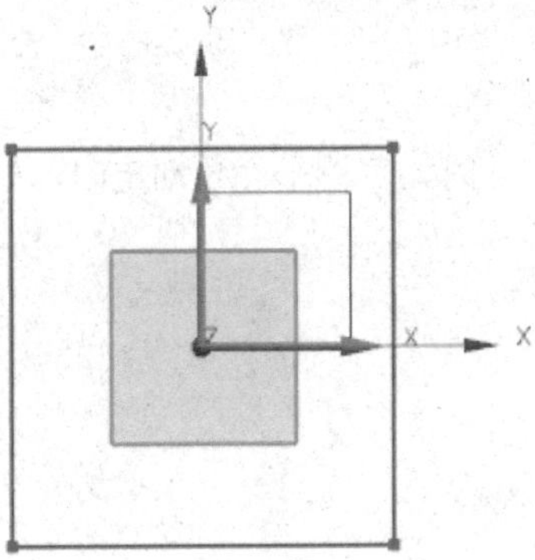

图 2-107　绘制矩形

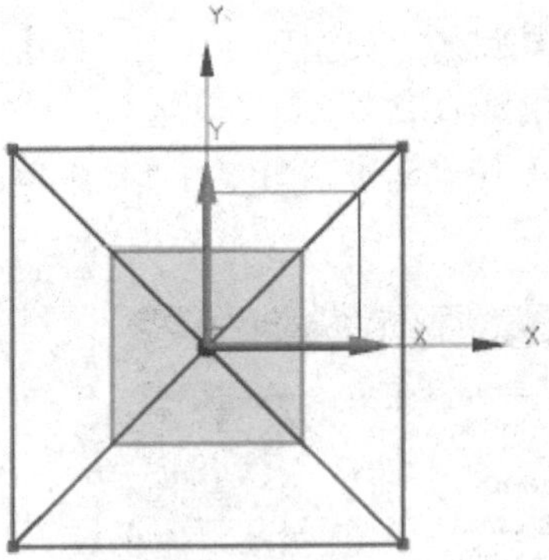

图 2-108　绘制两条直线

5．将两条直线转换为参考曲线

① 在“草图工具”工具栏中单击“转换至/自参考对象”按钮，系统弹出如图 2-109 所示的“转换至/自参考对象”对话框。

② 系统提示选择要转换的曲线或尺寸。在图形窗口中选择倾斜的两条直线，并确保“转换为”选项组中的“参考曲线或尺寸”单选按钮处于被选中的状态。

③ 在“转换至/至参考对象”对话框中单击“确定”按钮，转换结果如图 2-110 所示。

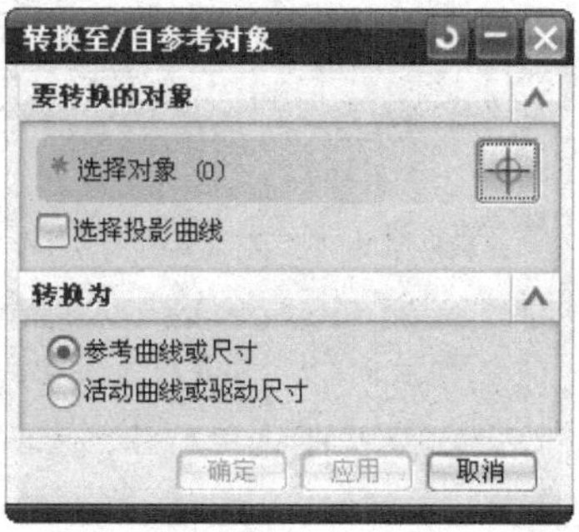

图 2-109 “转换至/自参考对象”对话框

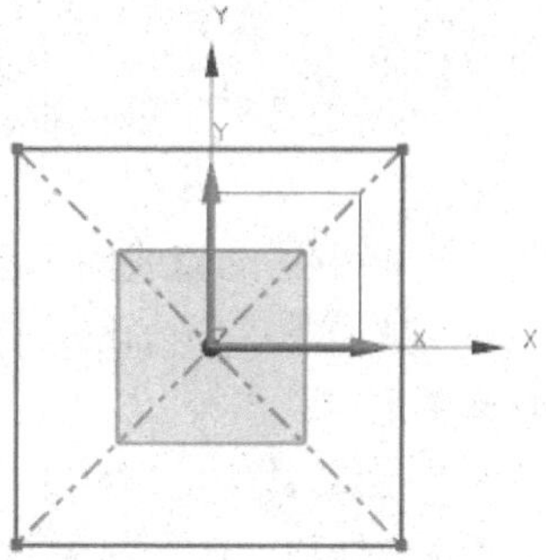

图 2-110 转换结果

6. 绘制若干个圆

❶ 在“草图工具”工具栏中单击“圆”按钮，打开“圆”对话框。

❷ 在“圆方法”选项组中单击“圆心和直径定圆”按钮，在“输入”选项组中单击“坐标模式”按钮XY，指定两条参考线（构造线）的交点（即坐标原点）作为圆心。

❸ 将输入模式切换为“参数模式”，输入该圆的直径为 65。完成第一个圆绘制，效果如图 2-111 所示。

❹ 在绘图区显示的“直径”框中输入新圆的直径为 16，按〈Enter〉键确定。

❺ 分别捕捉到相应的交点来绘制圆，一共绘制 4 个同样直径的小圆，如图 2-112 所示。

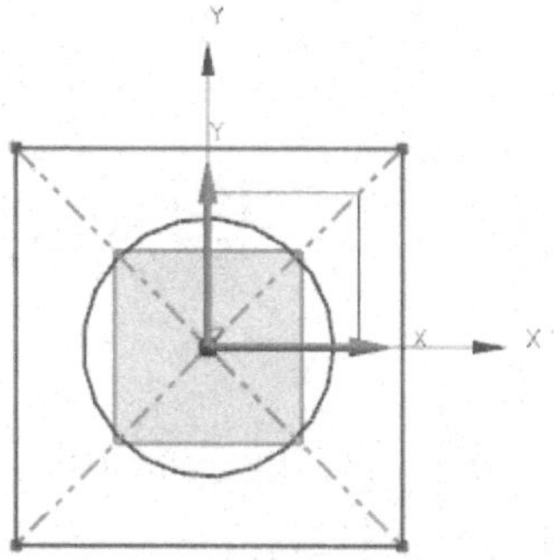

图 2-111 绘制第一个圆

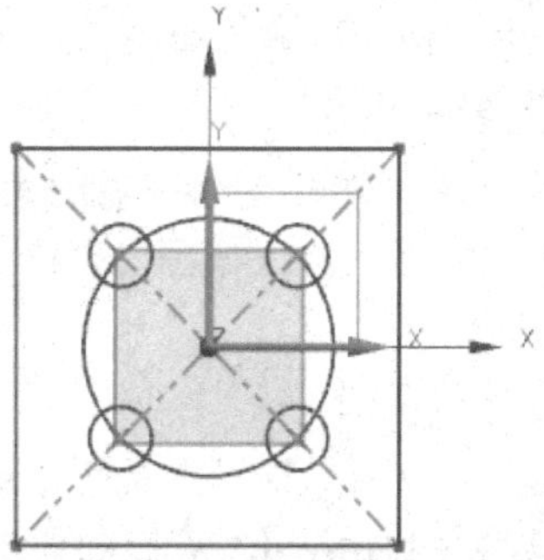

图 2-112 以相应的交点为圆心来绘制圆

说明：为了便于选择所需的交点，用户可以使用如图 2-113 所示的选择条，例如在该选择条上增加选中“交点”图标。

图 2-113 在选择条上设置选择过滤条件

❻ 关闭“圆”对话框。

7. 绘制圆角

❶ 在“草图工具”工具栏中单击“圆角”按钮，接着在打开的“圆角”对话框中单击“修剪”按钮。

❷ 分别选择所需的直线段来创建圆角，一共创建 4 个圆角，且将这些圆角的半径均设置为 15mm，绘制这些圆角后的图形效果如图 2-114 所示。

8. 修剪图形

❶ 在“草图工具”工具栏中单击“快速修剪”按钮，或者在菜单栏中选择“编辑”|“曲线”|“快速修剪”命令，系统弹出“快速修剪”对话框。

❷ 选择要修剪的曲线，将图形修剪成如图 2-115 所示的效果。

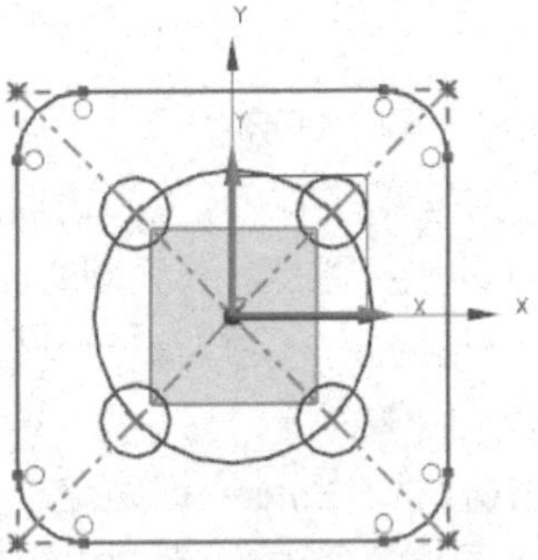

图 2-114 创建 4 个圆角

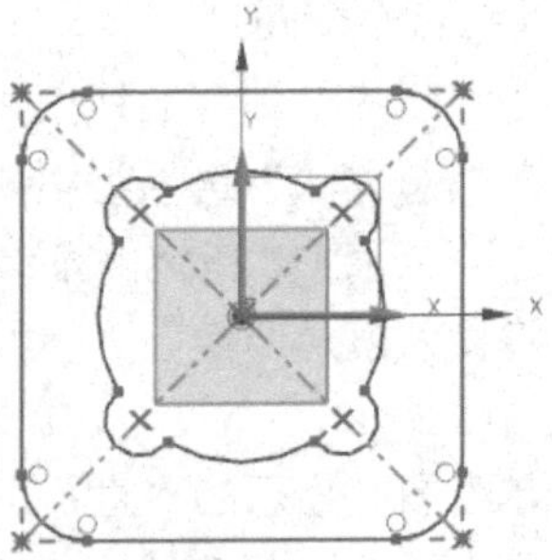

图 2-115 修剪图形

❸ 在“快速修剪”对话框中单击“关闭”按钮。

9. 绘制一个圆

确保关闭“创建自动判断约束”功能。在“草图工具”工具栏中单击“圆”按钮，打开“圆”对话框，在如图 2-116 所示的大概位置处绘制一个小圆，将该小圆的直径设置为 6mm。

10. 镜像图形

❶ 在“草图工具”工具栏中单击“镜像曲线”按钮，或者在菜单栏中选择“插入”|“来自曲线集的曲线”|“镜像曲线”命令，弹出“镜像曲线”对话框。

❷ 选择直径为 6mm 的小圆作为要镜像的曲线。

❸ 在“镜像曲线”对话框的“中心线”选项组中单击“中心线”按钮，选择如图 2-117 所示的参考线作为镜像中心线。

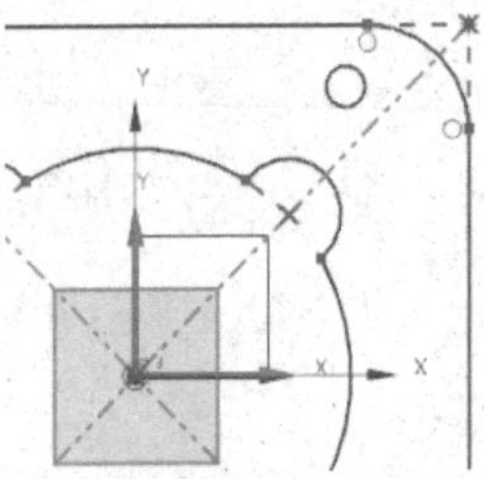

图 2-116 绘制一个圆

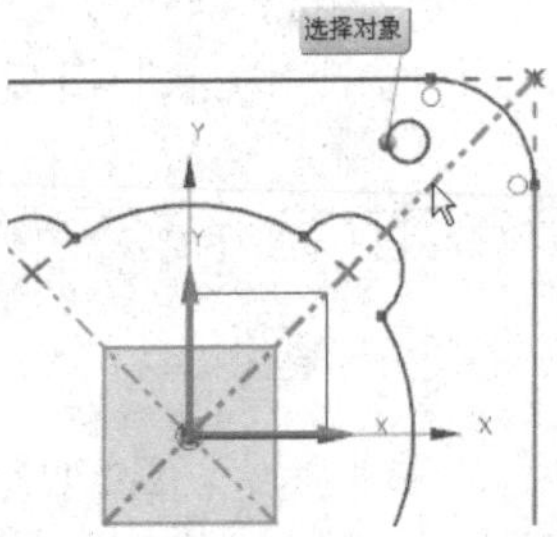

图 2-117 指定镜像中心线

④ 在“镜像曲线”对话框的“设置”选项组中，取消勾选“转换要引用的中心线”复选框，如图 2-118 所示。

⑤ 在“镜像曲线”对话框中单击“确定”按钮，镜像结果如图 2-119 所示。

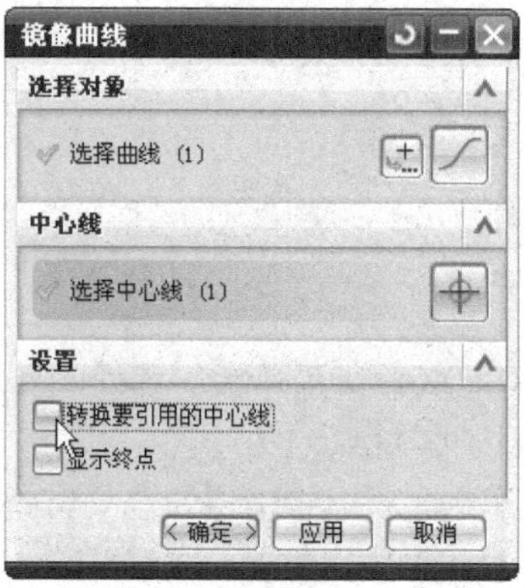

图 2-118 “镜像曲线”对话框

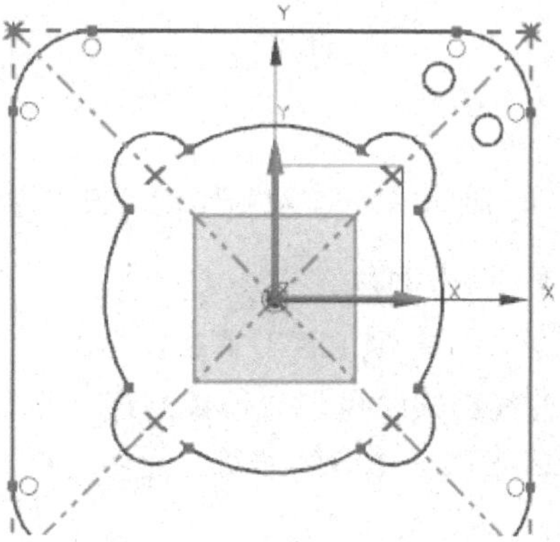

图 2-119 完成镜像曲线

11. 绘制相切直线

① 在“草图工具”工具栏中单击“直线”按钮，弹出“直线”对话框。

② 将鼠标指针移至如图 2-120a 所示的位置处，待出现一个“相切捕捉”图符时单击，接着将鼠标移到另一个小圆处捕捉并单击一点作为另一个相切点，如图 2-120b 所示。

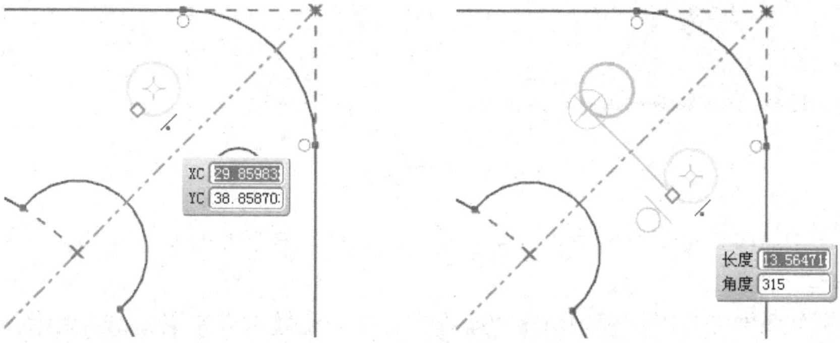

a) b)

图 2-120 绘制一条相切直线

a) 指定第一个相切点 b)指定第二个相切点

③ 使用同样的方法绘制另一条相切直线，结果如图 2-121 所示。

④ 在“直线”对话框中单击“关闭”按钮。

12. 修剪图形

① 在“草图工具”工具栏中单击“快速修剪”按钮，或者在菜单栏中选择“编辑”|“曲线”|“快速修剪”命令，打开“快速修剪”对话框。

② 单击要修剪的曲线，注意单击位置，快速修剪的结果如图 2-122 所示。

③ 在“快速修剪”对话框中单击“关闭”按钮。

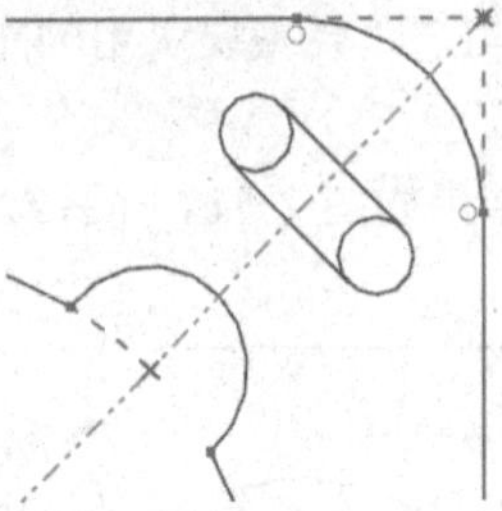

图 2-121　完成相切直线绘制

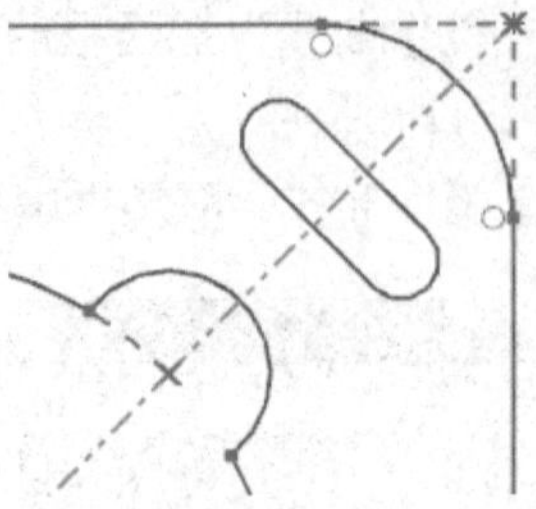

图 2-122　快速修剪的结果

13. 镜像图形

① 在“草图工具”工具栏中单击“镜像曲线”按钮，或者在菜单栏中选择“插入”|“来自曲线集的曲线”|“镜像曲线”命令，弹出“镜像曲线”对话框。

② 选择要镜像的曲线，如图 2-123 所示，并在“设置”选项组中确保勾选“转换要引用的中心线”复选框。

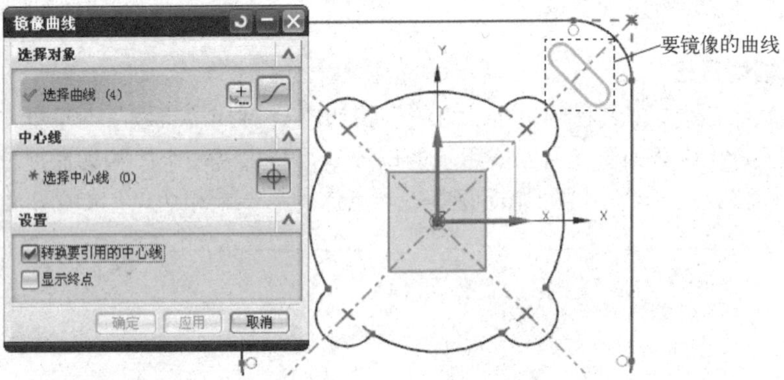

图 2-123　镜像曲线的操作

③ 在“中心线”选项组中单击“中心线”按钮，在图形窗口中单击坐标系的 *X* 轴作为镜像中心线。

④ 在“镜像曲线”对话框中单击“确定”按钮，镜像结果如图 2-124 所示。

⑤ 使用同样的方法，单击“镜像曲线”按钮，选择所需要镜像的曲线，并指定 *Y* 轴作为镜像中心线，单击“确定”按钮，得到的图形效果如图 2-125 所示。

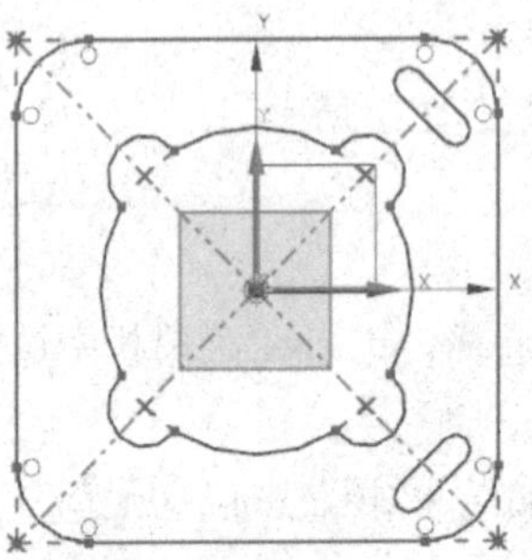

图 2-124　镜像结果 1

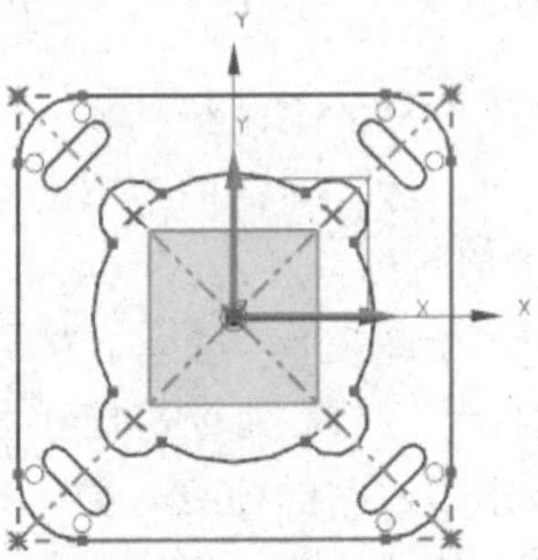

图 2-125　镜像结果 2

14．添加尺寸约束和几何约束

在“草图工具”工具栏中单击“约束”按钮，为指定的图形添加所需要的几何约束，接着使用相关的标注工具或命令，标注所需的尺寸。具体过程比较灵活，在这里不进行赘述，最后完成的图形效果如图 2-126 所示。

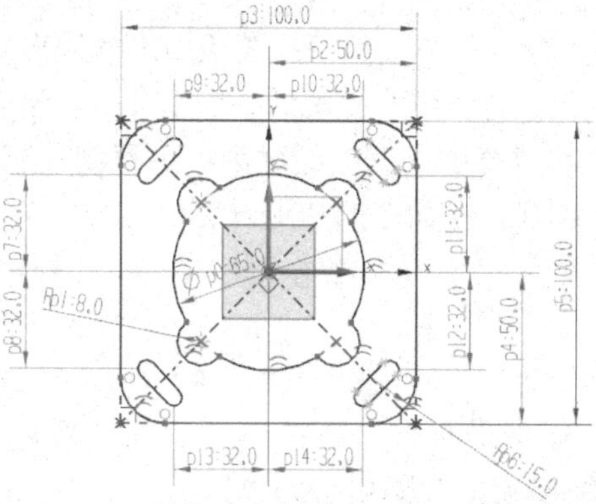

图 2-126 添加几何约束和尺寸约束

15．完成草图并保存

❶ 检查图形后，单击“完成草图”按钮 完成草图，或者在“任务”菜单中选择“完成草图”命令。此时，可以看到完成的草图如图 2-127 所示。

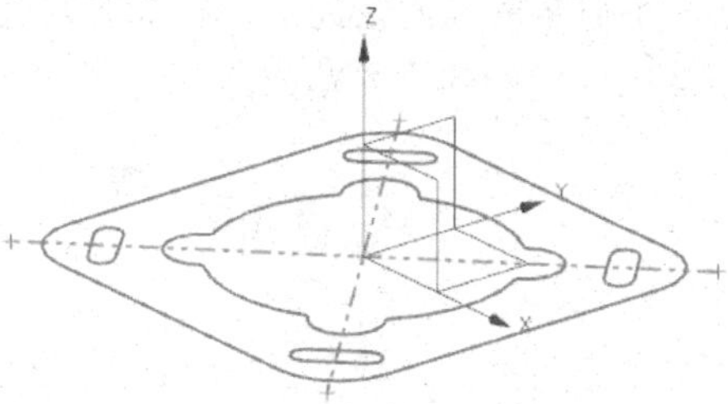

图 2-127 完成的草图

❷ 在工具栏中单击“保存”按钮，或者在菜单栏中选择“文件”|“保存”命令。

2.9 本章小结

在 UG NX 7.5 中，为用户提供了强大而实用的草图绘制功能，在草图绘制过程中，可以对草图曲线进行几何约束和尺寸约束，从而精确地确定草图的形状和相互位置，满足用户的设计要求。草图曲线对象必须要在某一个指定的平面上进行绘制。

本章首先介绍草图工作平面，如草图平面概述、在平面上、在轨迹上和重新附着草图，接着介绍的知识包括：绘制基准点和草图点，草图基本曲线绘制（绘制轮廓线、直线、圆、圆弧、矩形、圆角、倒斜角、多边形、椭圆、艺术样条与拟合样条、二次曲线），草图编辑与操作（偏置直线、阵列曲线、镜像曲线、交点和现有曲线、快速修剪、快速延伸、制作拐角和编辑曲线参数)，草图几何约束，草图尺寸约束，定向视图到草图和定向视图到模型。在本章的最后，还介绍了一个草图综合实战范例，目的是使读者通过范例学习深刻理解草图曲线、草图约束（几何约束和尺寸约束）和草图操作的各常用按钮或命令的含义，并掌握其应用方法及技巧，从而熟悉设计一个零件的草图绘制思路与绘制方法。

需要用户注意的是，在 NX 7.5 中，允许在不进入草图任务环境的情况下创建草图曲线，即允许在当前应用模块中创建草图曲线，这要求用户掌握直接草图工具。直接草图工具集中在“直接草图”工具栏中，当然相关的菜单命令也可以在当前应用模块的“插入”菜单的“草图曲线”级联菜单中和“草图约束”级联菜单中找到。直接草图工具/命令的使用方法基本上与本章介绍的相应草图工具/命令的使用方法相仿。

2.10　思考练习

1）如何为草图重新指定附着平面？

2）使用“轮廓线”命令可以绘制哪些图形？

3）绘制矩形的方式有哪几种，分别举例进行说明。

4）如何在草图任务环境中阵列曲线？阵列曲线的方法类型包括哪两种主要类型？

5）如何偏置曲线和镜像曲线？

6）如何为草图对象添加几何约束？

7）在 NX 7.5 中，模型设计模块的“插入”菜单中提供了这样两个命令：“草图”、“任务环境中的草图”，请分析这两个命令的异同之处，并总结它们适宜用在什么情况下。

8）上机操作：绘制如图 2-128 所示的平面草图。

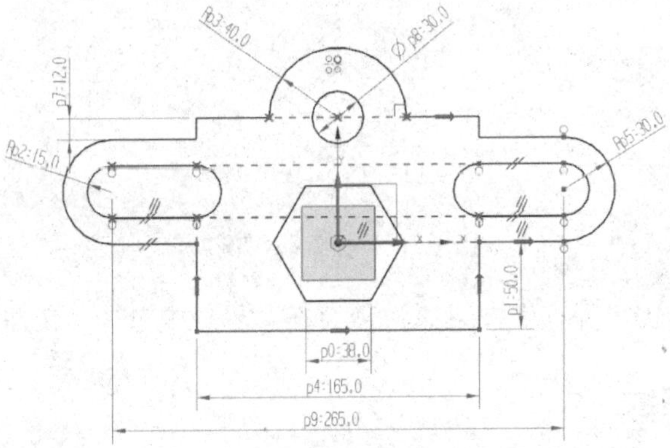

图 2-128　绘制的平面草图

9）扩展练习：在 NX 7.5 中，系统提供了实用的“直接草图”工具栏，如图 2-129 所示，请在当前设计环境模块中调出“直接草图”工具栏，逐步熟悉该工具栏中的相关工具按钮，并使用其中一些工具按钮进行直接草图练习操作。

图 2-129　“直接草图”工具栏

第 3 章　空间曲线与基准特征

本章导读：

空间曲线（即 3D 曲线）是曲面设计和实体设计的一个重要基础，而特征的创建有时需要应用到相关的基准特征，如基准平面、基准轴等。本章将重点介绍空间曲线和基准特征的实用知识。

3.1　基本曲线绘制

在一个模型文档的“插入”|“曲线”级联菜单中可以找到用于绘制基本曲线的命令，包括“直线”命令、“圆弧/圆”命令、“直线和圆弧”命令集、“螺旋线”命令和“艺术样条”命令，如图 3-1 所示。

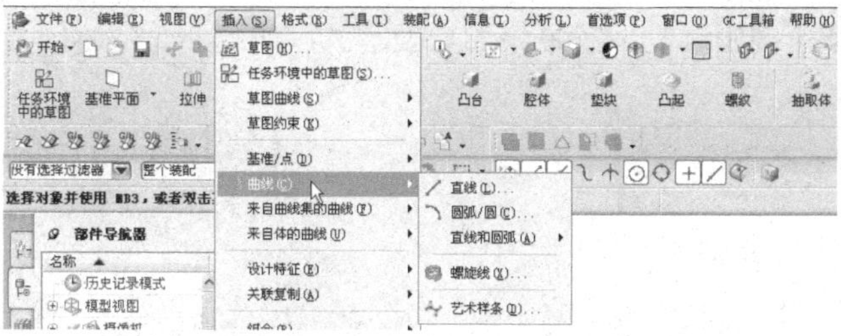

图 3-1　用于绘制基本曲线的命令

3.1.1　绘制直线

除了可以在平面草图中创建直线之外，还可以直接在 NX 设计环境空间中创建一条直线。下面简要地介绍在 NX 设计环境空间中创建一条空间直线的方法步骤。

1. 在 NX 设计环境空间中，从菜单栏中选择“插入”|“曲线”|“直线”命令，系统弹出如图 3-2 所示的“直线”对话框。

2. 系统提示“指定起点、定义第一约束，或选择成一角度的直线”。在“起点”选项组中选择起点选项（可供选择的起点选项包括“自动判断”、“点”和“相切”），接着选择相应的参照来定义起点。

说明：也可以在“起点”选项组中单击“点构造器”按钮，系统将弹出如图 3-3 所示的“点”对话框，通过“点”对话框来指定直线的起点。

图 3-2 “直线”对话框

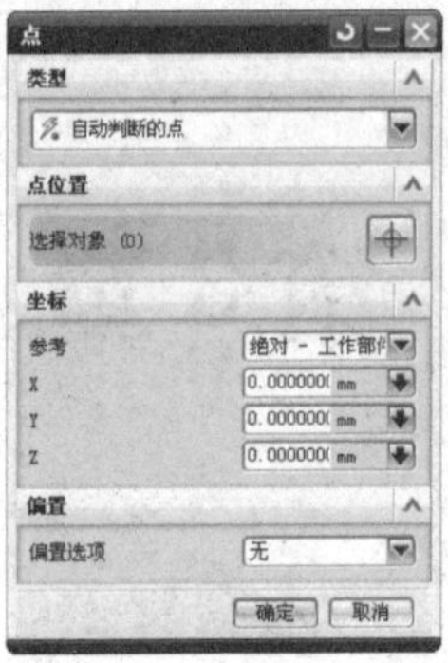

图 3-3 “点”对话框

③ 此时，在状态栏中出现“指定终点、定义第二约束或选择成一角度的直线”的提示信息。在“终点或方向”选项组中指定终点选项（可供选择的终点选项有“自动判断”、“点”和“相切”），并选择相应参照对象来定义终点。注意，用户同样可以使用点构造器来指定直线的终点。

④ 如图 3-4 所示，在“支持平面”选项组中设定平面选项，例如选择“自动平面”、“锁定平面”或“选择平面”；在“限制”选项组中设置起始限制和终止限制条件等；在“设置”选项组中设置“关联”复选框的状态，并根据设计情况决定是否单击“延伸至视图边界”按钮。

⑤ 单击“直线”对话框中的“应用”按钮或“确定”按钮，从而完成在空间中创建一条直线。

在 NX 设计环境空间中绘制一条直线的典型示例，如图 3-5 所示。

图 3-4 设置其他选项

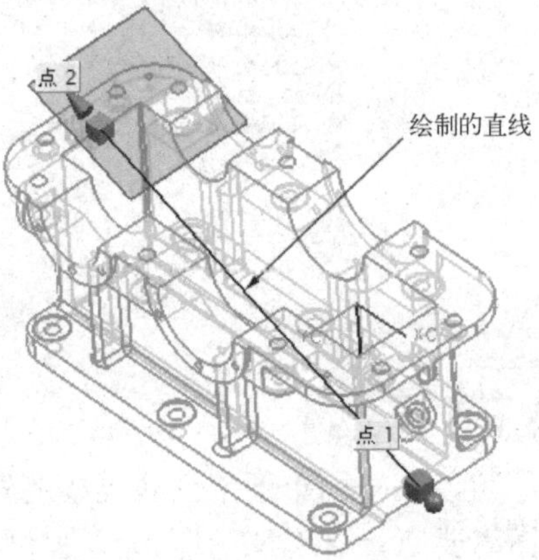

图 3-5 在空间中指定两点来绘制直线

3.1.2 绘制圆弧/圆

菜单栏中的“插入”|“曲线”|“圆弧/圆”命令用于在 NX 设计环境空间中创建圆弧/圆特征。

在菜单栏中选择“插入”|“曲线”|“圆弧/圆”命令，系统弹出“圆弧/圆”对话框。在“类型”选项组中可以选择“三点画圆弧”类型选项或“从中心开始的圆弧/圆”类型选项。

当选择“三点画圆弧”类型选项时，需要分别指定起点和终点，还需要指定中间点（或半径)、限制条件等，如图 3-6 所示；当选择“从中心开始的圆弧/圆”类型选项时，需要先指定中心点，接着指定通过点或半径，然后设定限制条件等，如图 3-7 所示。

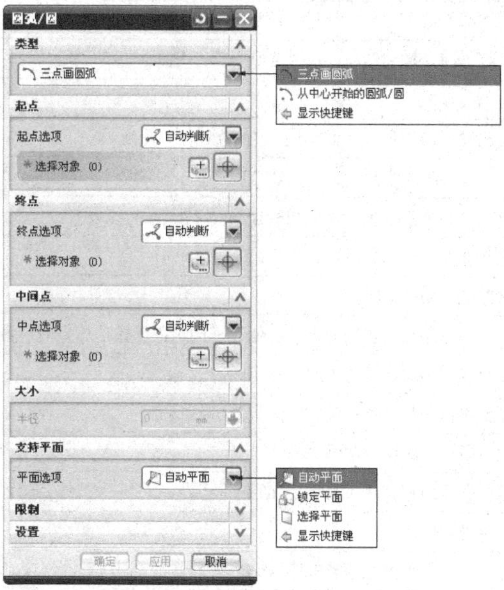

图 3-6 “圆弧/圆”对话框 1

图 3-7 “圆弧/圆”对话框 2

3.1.3 使用“直线和圆弧”命令集

“直线和圆弧”命令集如图 3-8a 所示，其对应的工具按钮位于如图 3-8b 所示的“直线和圆弧”工具栏中。如果设计界面没有显示“直线和圆弧”工具栏，那么需要由用户设置将它调出来。

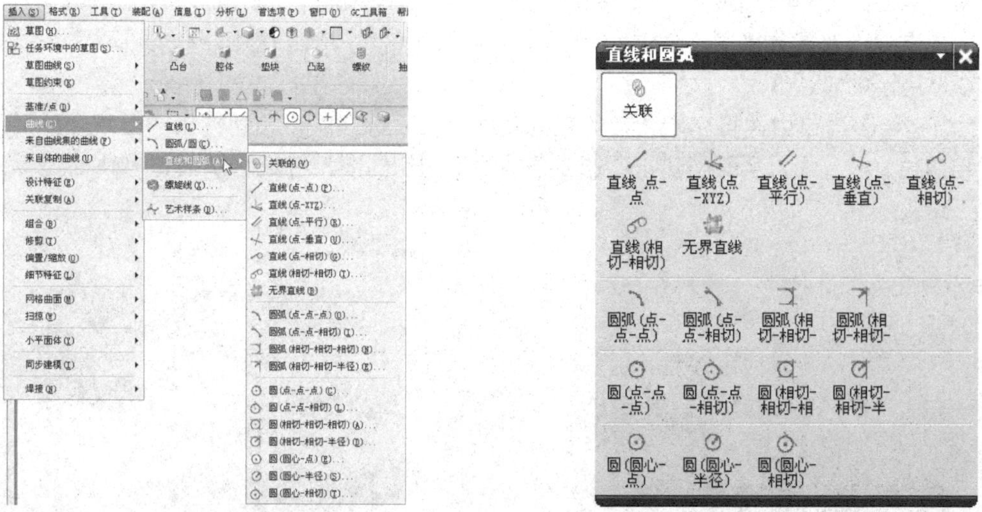

a) b)

图 3-8 使用“直线和圆弧”命令集

a)“直线和圆弧”级联菜单 b)“直线和圆弧”工具栏

下面以表的形式大概列出“直线和圆弧”命令集各命令工具的功能用途，如表3-1所示。

表3-1 “直线和圆弧”命令集的功能用途

命 令	按 钮	功 能 用 途
关联的		此为复选按钮，用于控制活动的直线或圆弧命令是否创建关联特征
直线（点-点）		创建两点之间的直线
直线（点-*XYZ*）		创建从一点出发并沿*XC*、*YC*或*ZC*方向的直线
直线（点-平行）		创建从一点出发并平行于另一条直线的直线
直线（点-垂直）		创建从一点出发并垂直于另一条直线的直线
直线（点-相切）		创建从一点出发并与一条曲线相切的直线
直线（相切-相切）		创建与两条曲线相切的直线
无界直线		为复选按钮，确定活动的直线命令是否创建延伸至图形窗口边界的直线
圆弧（点-点-点）		创建从起点至终点并通过一个中间点的圆弧
圆弧（点-点-相切）		创建从起点至终点并与一条曲线相切的圆弧
圆弧（相切-相切-相切）		创建与其他3条曲线相切的圆弧
圆弧（相切-相切-半径）		创建与其他两条曲线相切并具有指定半径的圆弧
圆（点-点-点）		创建通过3点的圆
圆（点-点-相切）		创建通过两点并与一条曲线相切的圆
圆（相切-相切-相切）		创建与其他3条曲线相切的圆
圆（相切-相切-半径）		创建具有指定半径并与两条曲线相切的圆
圆（圆心-点）		创建具有指定中心点和圆上一点的圆
圆（圆心-半径）		创建具有指定中心点和半径的圆
圆（圆心-相切）		创建具有指定中心点并与一条曲线相切的圆

下面以一个典型范例介绍使用“直线和圆弧”命令集工具的操作步骤。

❶ 在“插入”|“曲线”|“直线和圆弧”级联菜单中选择“圆弧（相切-相切-相切）”命令，或者在“直线和圆弧”工具栏中单击“圆弧（相切-相切-相切）”按钮，系统弹出如图3-9所示的对话框。

❷ 在模型窗口中选择起始相切约束的直线，接着选择终止相切约束的直线，然后选择中间相切约束的直线，从而创建与所选3条曲线均相切的圆弧特征，如图3-10所示。

图3-9 “圆弧（相切-相切-相切）”对话框

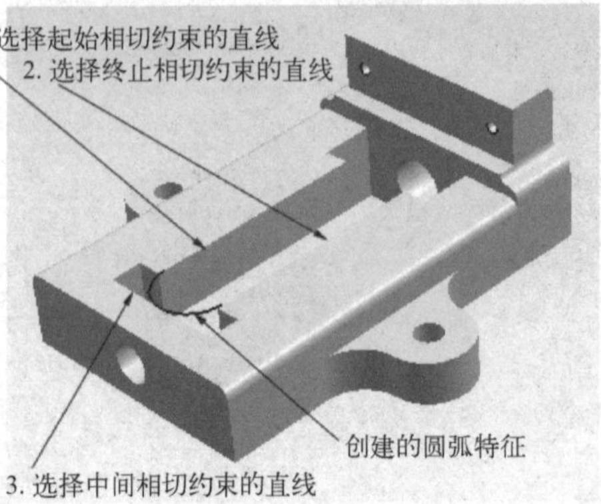

图3-10 使用“圆弧（相切-相切-相切）”创建圆弧特征

③ 在对话框中单击“关闭圆弧（相切-相切-相切）”按钮。

3.1.4 绘制螺旋线

在实际设计工作中，有时需要使用螺旋线。螺旋线具有圈数、螺距、弧度、旋转方向和方位等参数。

绘制螺旋线的一般方法和步骤如下。

① 在菜单栏中选择“插入”|“曲线”|“螺旋线”命令，打开“螺旋线”对话框。

② 在“螺旋线”对话框中设置圈数、螺距、半径方法及半径值、旋转方向、方位和放置基点等这些中的所需参数。

③ 单击“螺旋线”对话框中的“应用”按钮或“确定”按钮，从而按照设定参数来创建螺旋线。

例如，设置的螺旋线参数如图 3-11 所示，并接受默认的方位和放置基点，最终创建的螺旋线如图 3-12 所示。

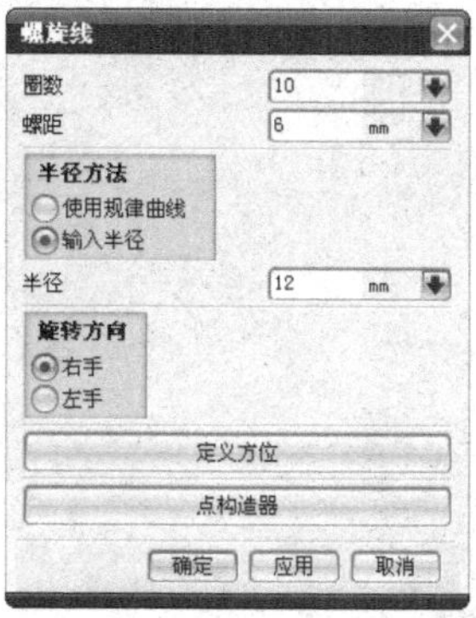

图 3-11 “螺旋线”对话框

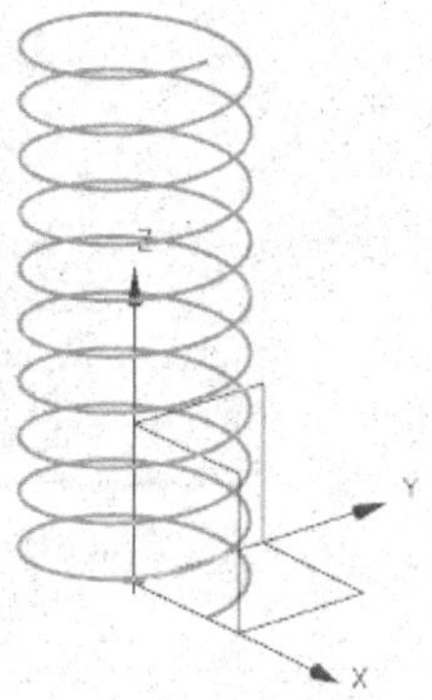

图 3-12 创建的恒定半径的螺旋线

“螺旋线”对话框中的“半径方法”选项组用于设定螺旋线的半径方法，可供选择的半径方法有两种，一种是“输入半径”方法，另一种是“使用规律曲线”方法。请看下面采纳“使用规律曲线”半径方法来创建螺旋线的一个范例。

① 新建一个模型文档，在菜单栏中选择“插入”|“曲线”|“螺旋线”命令，打开“螺旋线”对话框。

② 在“螺旋线”对话框的“半径方法”选项组中选择“使用规律曲线”单选按钮，系统弹出如图 3-13 所示的“规律函数”对话框。该对话框提供了 7 个按钮，即“恒定”按钮、“线性”按钮、“三次”按钮、“沿着脊线的值-线性”按钮、“沿着脊线的值-三次”按钮、“根据方程”按钮和“根据规律曲线”按钮。

③ 在“规律函数”对话框中单击“线性”按钮，系统弹出“规律控制”对话框，将起始值设置为 6，终止值设置为 16，如图 3-14 所示，然后单击“确定”按钮，返回到“螺旋线”对话框。

④ 在“螺旋线”对话框中，将圈数设置为 12，螺距设置为 5.5，在“旋转方向”选项组中选择“右手”单选按钮。

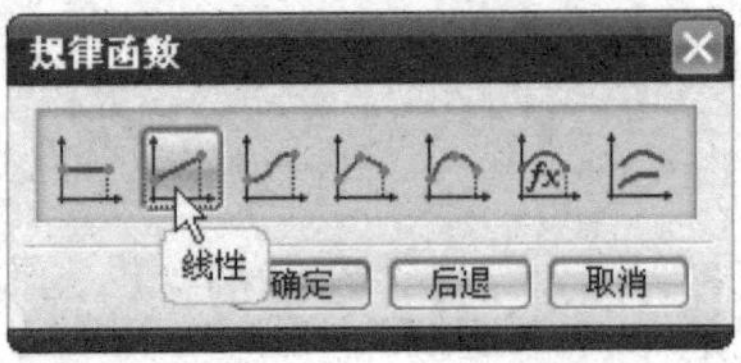

图 3-13 “规律函数”对话框

图 3-14 “规律控制”对话框

5 在“螺旋线”对话框中单击“点构造器”按钮，系统弹出“点”对话框，在“坐标”选项组中设置如图 3-15 所示的参数，单击“确定”按钮，在出现的对话框中单击“后退”按钮，返回到“螺旋线”对话框。

6 在“螺旋线”对话框中单击“确定”按钮，创建的螺旋线如图 3-16 所示。

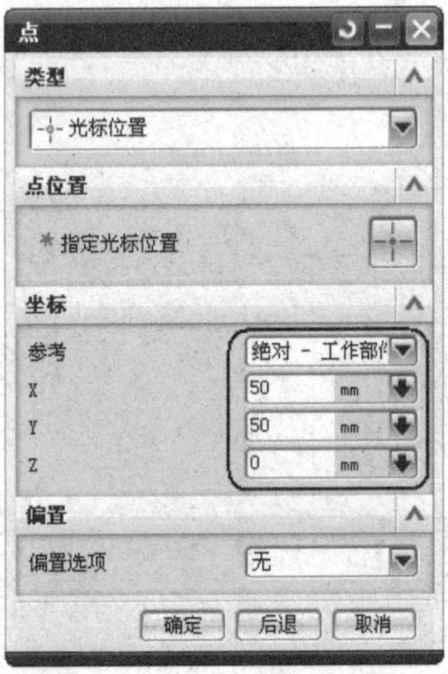

图 3-15 “点”对话框

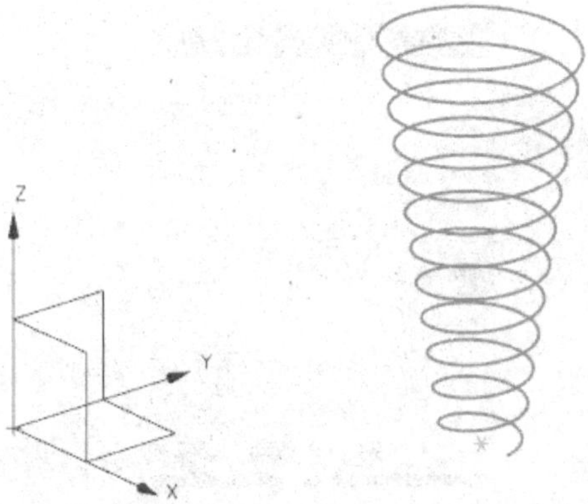

图 3-16 创建的螺旋线

3.1.5 绘制艺术样条

在 NX 设计环境中，使用“插入”|“曲线”|“艺术样条”命令，可以通过拖放定义点或极点并在定义点指派斜率或曲率约束来动态创建和编辑样条。

学习范例：创建艺术样条曲线

1 新建一个模型设计文件，在菜单栏中选择“插入”|“曲线”|“艺术样条”命令，弹出“艺术样条”对话框，如图 3-17 所示。

2 在“样条设置”选项组中，单击“通过点”按钮，阶次设置为 5，勾选“关联”复选框，而没有勾选“封闭的”复选框和“匹配的结点位置”复选框。

3 在“自动判断的约束设置”选项组中的“曲面约束方向”下选择“等参数”单选按钮，在“微定位”选项组中勾选“启用”复选框，速度值采用默认值。

4 在“制图平面”选项组的“制图平面”下拉列表框中选择“XC-YC”图标选项，接着在绘图窗口中从左到右依次指定如图 3-18 所示的 5 个点（点 1、点 2、点 3、点 4 和点 5），这些点均落在 *XC*-*YC* 面上。

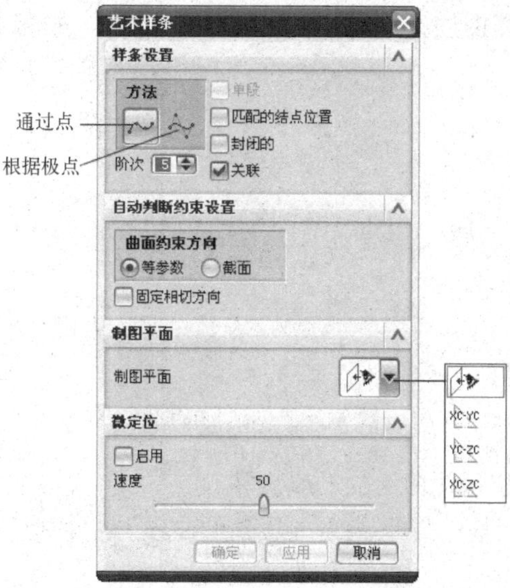

图 3-17 “艺术样条”对话框

5 在“制图平面”下拉列表框中选择“YC-ZC”图标选项，接着在绘图区域分别单击如图 3-19 所示的 3 个点（点 6、点 7 和点 8），这 3 个点均落在 *YC-ZC* 平面上。可以预览通过这些点产生的样条曲线，用户可以在此时使用鼠标左键拖动相关指定点来调整样条曲线。

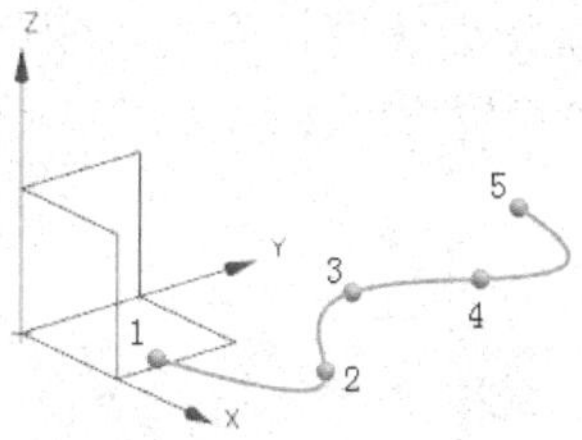

图 3-18 在 *XC-YC* 平面上指定 5 点

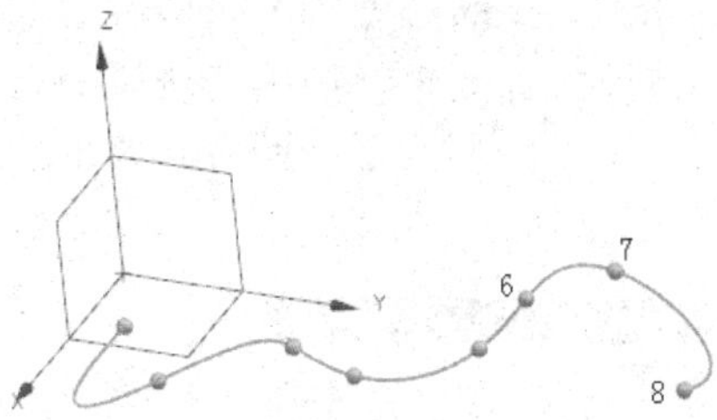

图 3-19 在 *YC-ZC* 平面上指定 3 点

说明：倘若在“制图平面”下拉列表框中选择“视图”图标选项，那么在绘图窗口中单击的点为在当前视图下的自由点。当然也可以捕捉并单击某对象上的点来绘制空间艺术样条曲线。

6 单击“艺术样条”对话框中的“确定”按钮或“应用”按钮，完成该空间艺术样条曲线的创建。

3.2 来自曲线集的曲线

来自曲线集的曲线主要分为 3 种典型类型，包括“桥接”、“连结”和“投影”。

3.2.1 桥接

使用“插入”|“来自曲线集的曲线”|“桥接”命令，用于创建两条曲线之间的相切圆

角曲线（该曲线被称为桥接曲线），以将两条曲线桥接起来，如图 3-20 所示。

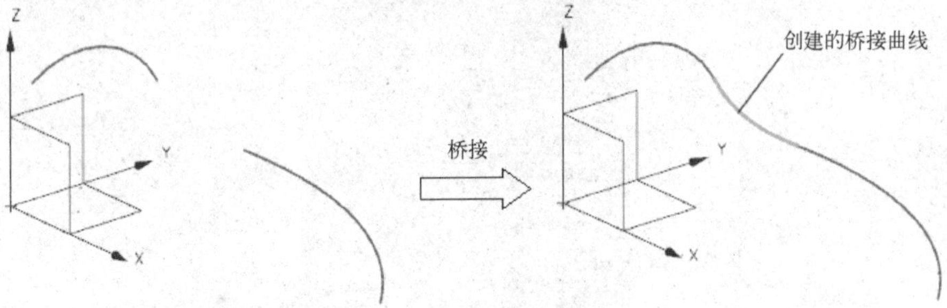

图 3-20　创建桥接曲线

在这里简单地介绍创建桥接曲线的一般步骤。

❶ 在菜单栏中选择“插入”|“来自曲线集的曲线”|“桥接”命令，打开如图 3-21 所示的“桥接曲线”对话框。

❷ 此时系统提示选择点、曲线、边或面作为第一对象。在该提示下指定第一对象（例如选择要桥接的第一条曲线），第一对象也称起始对象。

❸ 系统提示选择点、曲线、边、面或基准作为第二对象。第二对象也就是终止对象。在该提示下指定第二对象（例如选择要桥接的第二条曲线）。此时，系统会根据所选对象智能地给出由默认参数定义的桥接曲线。

❹ 依照设计要求，使用“桥接曲线”对话框中的“桥接曲线属性”选项组、“约束面”选项组、“半径约束”选项组、“形状控制”选项组和“设置”选项组等来定义桥接曲线，如图 3-22 所示。

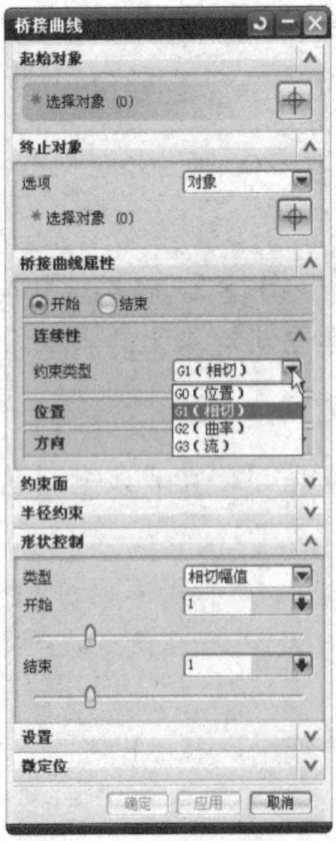

图 3-21　“桥接曲线”对话框

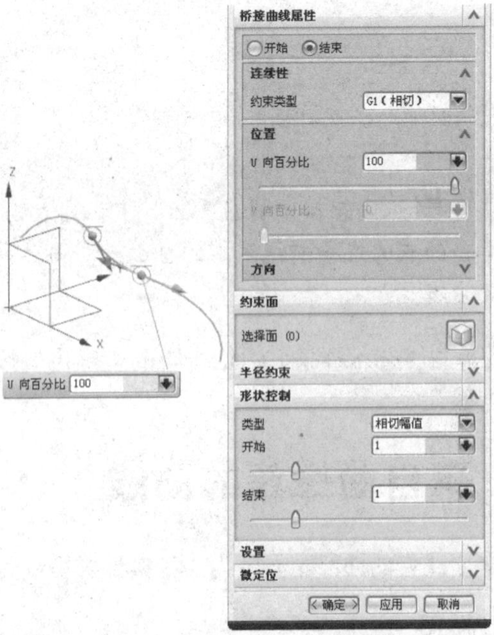

图 3-22　设置桥接曲线属性

⑤ 在“桥接曲线”对话框中单击“确定”按钮，从而创建所需的桥接曲线。

3.2.2 连结

使用“插入”|“来自曲线集的曲线”|“连结”命令，用于将曲线链连接在一起以创建单个一条曲线，其操作步骤简述如下。

① 在菜单栏中选择“插入”|“来自曲线集的曲线”|“连结”命令，弹出如图 3-23 所示的“连结曲线”对话框。

图 3-23 “连结曲线”对话框

② 系统提示选择要连结的曲线。在该提示下选择要连结的曲线，通常在曲线链中单击其中一段，系统会自动选取整个曲线链中的所有曲线段作为要连结的曲线。

③ 在“设置”选项组中分别设置输入曲线处理选项（可供选择的输入曲线处理选项有“保持”、“隐藏”、“删除”和“替换”）、输出曲线类型（如“常规”、“三次”、“五次”或“进阶”）、距离公差和角度公差等。

④ 在“连结曲线”对话框中单击“确定”按钮。

3.2.3 投影

使用“插入”|“来自曲线集的曲线”|“投影”命令，用于将曲线、边或点投影到面或平面。下面以如图 3-24 所示的示例介绍如何在指定的平面内创建投影曲线，所使用的配套源文件为“bc_3_tyqx.prt”，该示例的操作步骤如下。

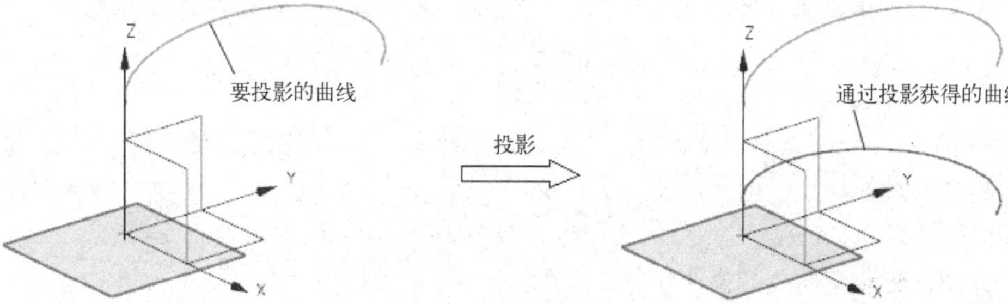

图 3-24 创建投影曲线

1 打开配套源文件“bc_3_tyqx.prt”，接着在菜单栏中选择“插入”|“来自曲线集的曲线”|“投影”命令，系统弹出如图 3-25 所示的“投影曲线”对话框。

2 系统提示选择要投影的曲线或点。在这里选择已有的圆弧曲线特征，如图 3-26 所示。

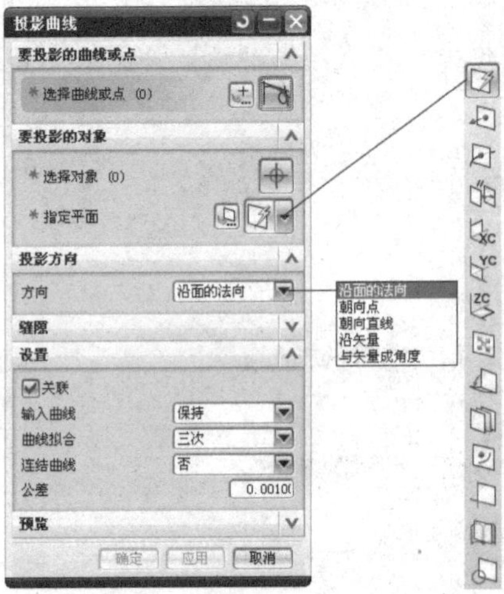

图 3-25 “投影曲线”对话框

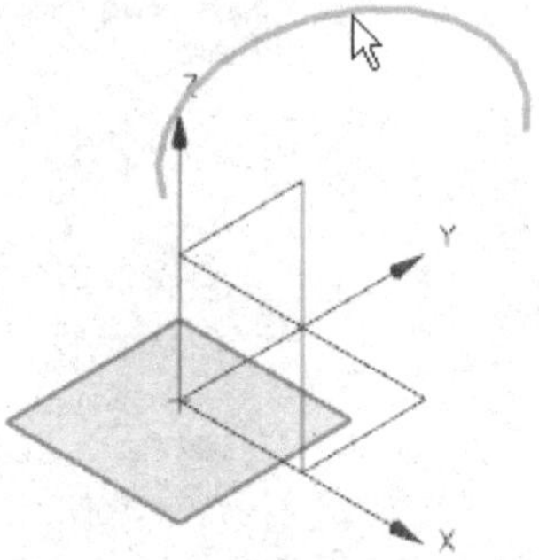

图 3-26 选择要投影的圆弧曲线

3 在“要投影的对象”选项组中单击“指定平面”收集器，将其激活，此时系统提示选择对象以定义平面。将平面选项设置为“自动判断”图标选项。

4 在绘图窗口中选择已有的基准平面作为要投影的平面，平面距离为 0mm。

5 在“投影方向”选项组的“方向”下拉列表框中选择“沿面的法向”选项。

6 在“设置”选项组中确保勾选“关联”复选框，从“输入曲线”下拉列表框中选择“保持”选项，从“曲线拟合”下拉列表框中选择“三次”选项，从“连结曲线”下拉列表框中选择“常规”选项，“公差”采用默认值。

7 单击“投影曲线”对话框中的“确定”按钮或“应用”按钮，从而完成该投影曲线的创建。

3.3 来自体的曲线

在 UG NX 7.5 中，来自体的曲线包括求交曲线、截面曲线和抽取的虚拟曲线。

3.3.1 求交曲线

使用“插入”|“来自体的曲线”|“求交”命令，可以创建两个对象集之间的相交曲线。创建相交曲线的典型示例（源文件为“bc_3_xjqx.prt”）如图 3-27 所示，该相交曲线由曲面 1 和曲面 2 求交来产生。

下面介绍创建相交曲线的操作步骤。

1 在菜单栏中选择“插入”|“来自体的曲线”|“求交”命令，打开如图 3-28 所示的“相交曲线”对话框。

❷ 选择要相交的第一组面，或者指定所需的平面。

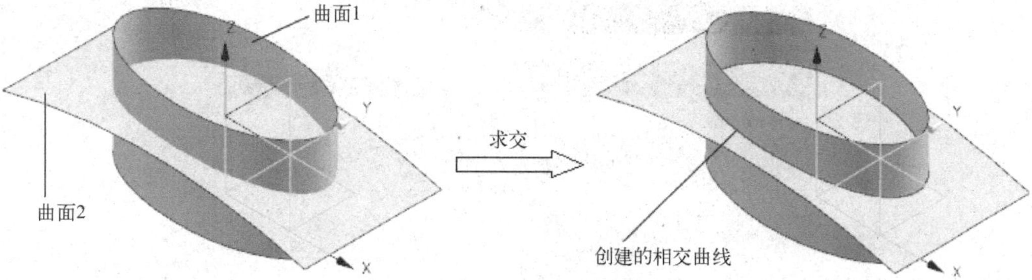

图 3-27 创建相交曲线

❸ 在“第二组”选项组中单击“面”按钮，接着选择要相交的第二组面。或者在“第二组”选项组中激活“指定平面”并利用相关的平面工具来指定所需的平面。

❹ 打开“设置”选项组，确定“关联”复选框的状态，在“曲线拟合”下拉列表框中选择所需要的一种拟合选项，并设置公差值，如图 3-29 所示。另外，可以在“预览”选项组中设置是否预览。

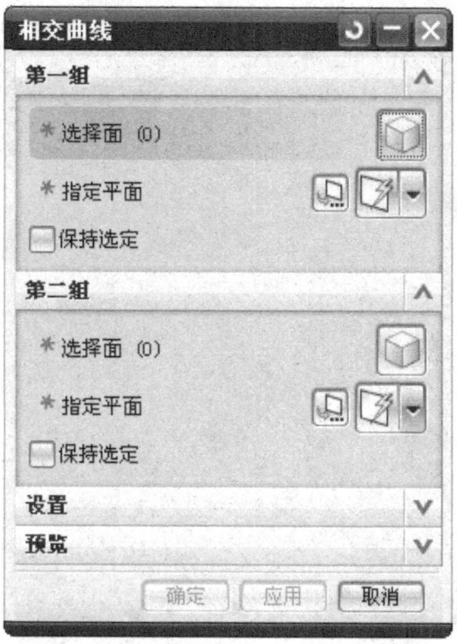

图 3-28 “相交曲线”对话框

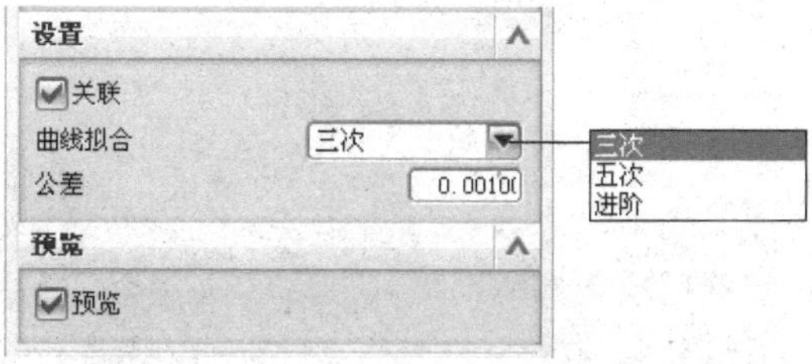

图 3-29 设置曲线拟合选项等

❺ 在“相交曲线”对话框中单击“确定”按钮或“应用”按钮。

3.3.2 截面曲线

可以通过将平面与体、面或曲线相交来创建曲线或点。创建截面曲线的思路就是如此。要创建截面曲线（也称剖切曲线），则按照如下的操作步骤进行。

❶ 在菜单栏中选择“插入”|“来自体的曲线”|“截面”命令，系统弹出如图 3-30 所示的“截面曲线”对话框。

❷ 选择要剖切的对象。

❸ 从“类型”下拉列表框中选择所需的类型选项，如选择“选定的平面”、“平行平

面”、“径向平面”或“垂直于曲线的平面”，并指定所选类型下所需的参照及参数。

图 3-30 “截面曲线”对话框

4 在“设置”选项组中设置是否关联以及设置“曲线拟合”选项、“连结曲线”处理选项和“公差”参数等。

5 单击“确定”按钮，从而创建截面曲线。

创建截面曲线的典型示例如图 3-31 所示。

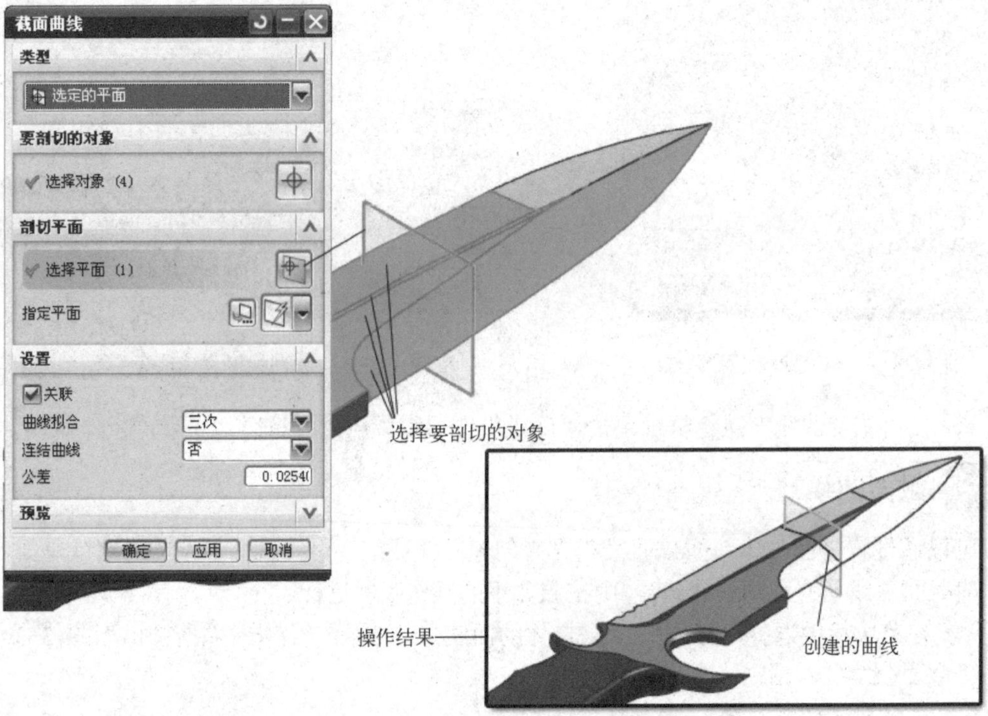

图 3-31 创建截面曲线

3.3.3 抽取虚拟曲线

使用"插入"|"来自体的曲线"|"抽取虚拟曲线"命令，可以从面旋转轴、倒圆中心线和虚拟交线创建曲线，创建的曲线被形象地称为"虚拟曲线"。此操作方法比较简单，即选择"插入"|"来自体的曲线"|"抽取虚拟曲线"命令，打开如图 3-32 所示的"抽取虚拟曲线"对话框，从"类型"下拉列表框中选择"旋转轴"、"倒圆中心线"或"虚拟相交"选项，接着根据所选的类型选项来选择相应的所需的参照对象，并在"设置"选项组中设置是否关联，然后单击"确定"按钮或"应用"按钮。

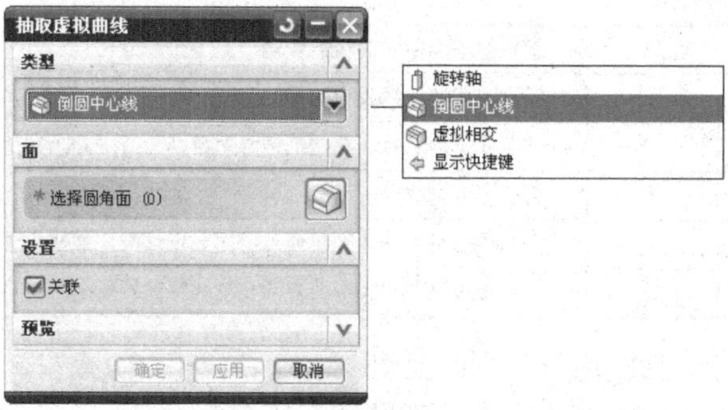

图 3-32 "抽取虚拟曲线"对话框

例如，当选择的类型选项为"旋转轴"，那么需要选择圆柱面、圆锥面或旋转面，示例如图 3-33 所示；当选择"倒圆中心线"或"虚拟相交"类型选项时，则需选择要从中抽取虚拟曲线的圆角面，典型示例如图 3-34 所示（图中抽取虚拟曲线的类型不同，一个是"倒圆中心线"，一个是"虚拟相交"，两者均选择相同的倒圆面，而最终生成的虚拟曲线则不相同，这需要用户注意）。

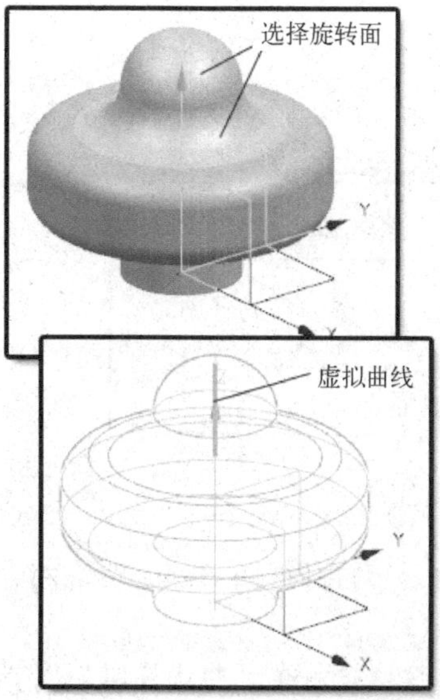

图 3-33 以"旋转轴"方式抽取虚拟曲线

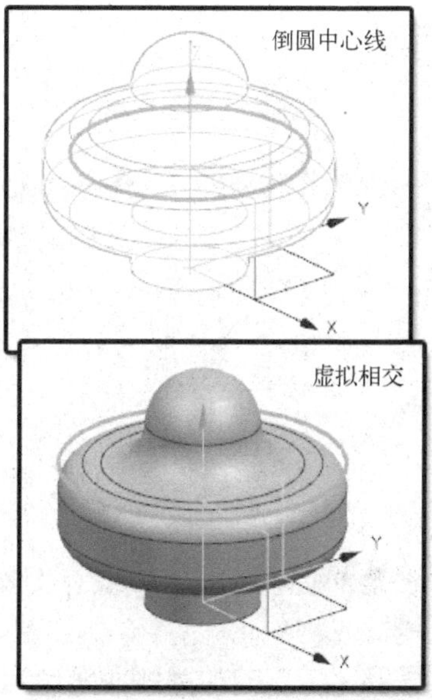

图 3-34 倒圆中心线与虚拟相交

3.4 曲线编辑

曲线编辑的主要命令位于“编辑”|“曲线”级联菜单中，包括“X 成形”、“参数”、“修剪”、“分割”、“长度”和“光顺样条”，它们的功能含义如表 3-2 所示。它们用于编辑本章介绍的曲线特征。

表 3-2 曲线编辑的相关命令

序号	命令	图标	功能含义
1	X 成形		编辑样条和曲面的极点和点
2	参数		编辑大多数曲线类型的参数
3	修剪		修剪或延伸曲线到选定的边界对象
4	分割		将曲线分割成多段
5	长度		在曲线的每个端点处延伸或缩短一段长度，或使其达到一个总曲线长
6	光顺样条		通过最小化曲率大小或曲率变化来移除样条中的缺陷

下面介绍一个应用有曲线编辑命令的范例。

❶ 新建一个模型文件，调出“直线和圆弧”工具栏并从中单击“圆弧（点-点-点）”按钮，或者在菜单栏中选择“插入”|“曲线”|“直线和圆弧”|“圆弧（点-点-点）”命令，打开“圆弧（点-点-点）”对话框。分别指定如图 3-35 所示的第 1 点、第 2 点和第 3 点，然后关闭“圆弧（点-点-点）”对话框。

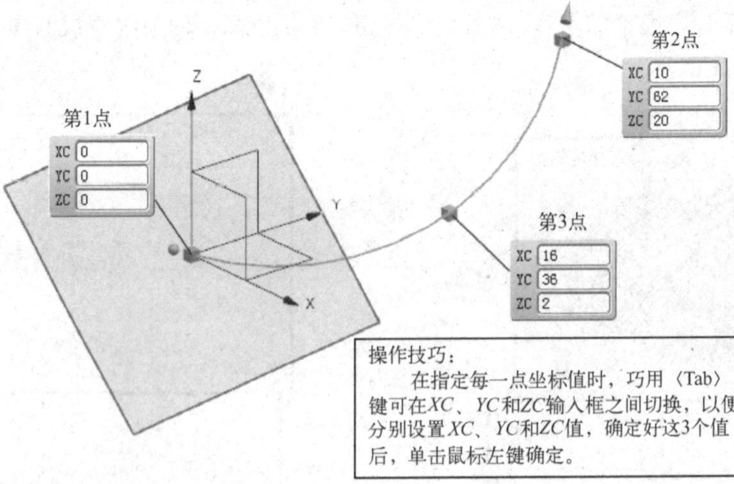

操作技巧：
在指定每一点坐标值时，巧用〈Tab〉键可在 XC、YC 和 ZC 输入框之间切换，以便分别设置 XC、YC 和 ZC 值，确定好这3个值后，单击鼠标左键确定。

图 3-35 绘制一个圆弧特征

❷ 在菜单栏中选择“编辑”|“曲线”|“长度”命令，打开如图 3-36 所示的“曲线长度”对话框。

❸ 选择之前创建的圆弧曲线作为要更改长度的曲线，接着在“曲线长度”对话框中设置如图 3-37 所示的参数与选项。

图 3-36 “曲线长度”对话框

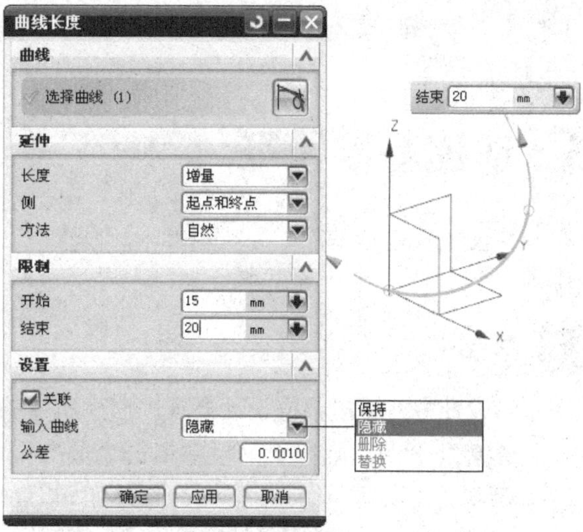

图 3-37 编辑曲线长度

④ 在“曲线长度”对话框中单击“确定”按钮，编辑曲线长度后的圆弧特征效果如图 3-38 所示。

⑤ 在菜单栏中选择“编辑”|“曲线”|“分割”命令，系统弹出“分割曲线”对话框。

⑥ 在绘图窗口中单击圆弧曲线，系统弹出另外一个“分割曲线”对话框来提示创建参数将从曲线被移除，并询问是否继续，如图 3-39 所示，单击“是”按钮。

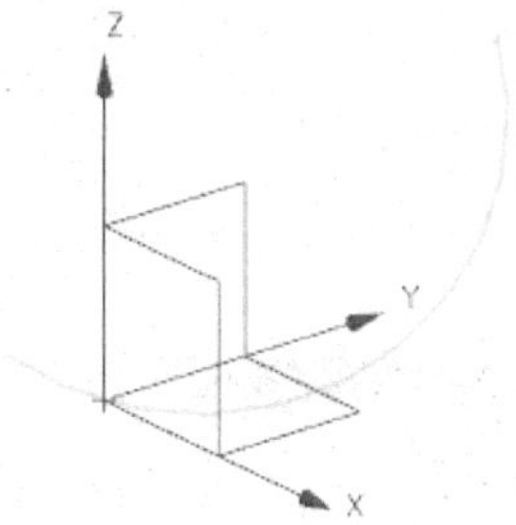

图 3-38 编辑曲线长度后的圆弧

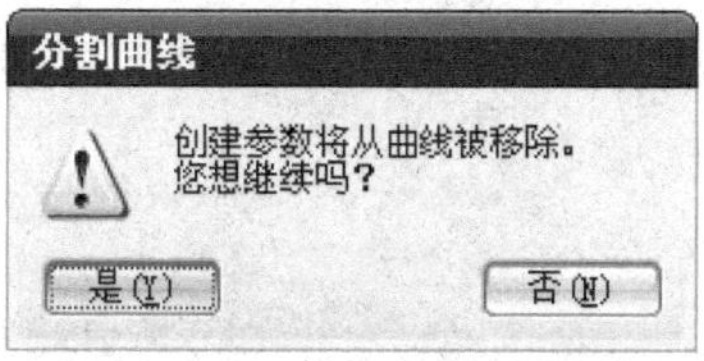

图 3-39 系统弹出一个对话框提示是否继续

⑦ 在如图 3-40 所示的“分割曲线”对话框中分别设置曲线类型和分段参数，如图 3-40 所示。

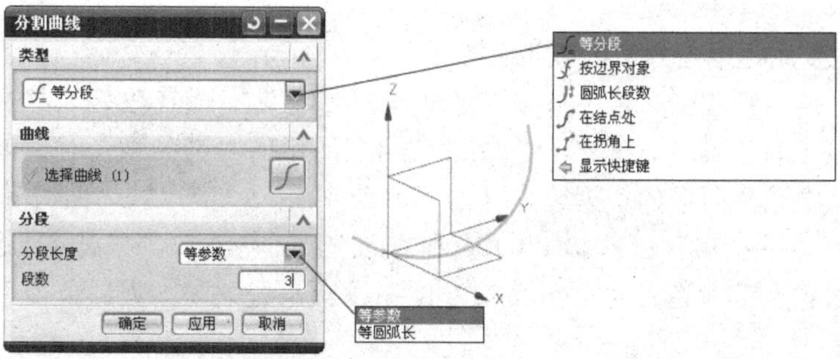

图 3-40 设置分割曲线参数与选项

⑧ 在“分割曲线”对话框中单击“确定”按钮，则所选的圆弧曲线最终被等分成 3 段。

3.5 创建基准特征

基准特征主要包括基准平面、基准轴、基准 CSYS、基准平面栅格、点（也称基准点）和点集等。

3.5.1 基准平面

在实际设计中，可以根据设计要求来创建所需的基准平面，用于构造其他特征。

要创建基准平面，则在工具栏中单击“基准平面”按钮□，或者在菜单栏中选择“插入”|“基准/点”|“基准平面”命令，打开如图 3-41 所示的“基准平面”对话框，接着从“类型”下拉列表框中选择所需的类型选项，并根据所选类型选项来选择相应的参照对象以及设置相应的参数，另外要注意设置平面方位，然后单击“基准平面”对话框中的“确定”按钮即可。

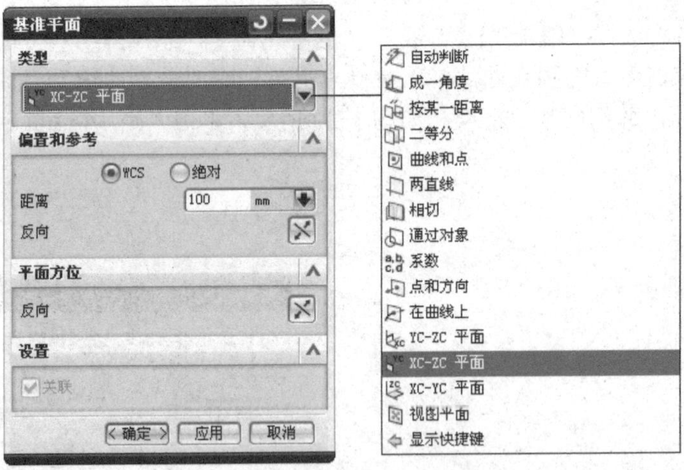

图 3-41 “基准平面”对话框

3.5.2 基准轴

基准轴的主要用途也是为了构造其他特征。

要创建基准轴，则在工具栏中单击“基准轴”按钮↑，或者在菜单栏中选择“插入”|“基准/点”|“基准轴”命令，系统弹出如图 3-42 所示的“基准轴”对话框，接着从“类型”下拉列表框中选择所需的类型选项（如“自动判断”、“交点”、“曲线/面轴”、“曲线上矢量”、“XC 轴”、“YC 轴”、“ZC 轴”、“点和方向”或“两点”），并根据所选的类型选项指定相应的参照对象及其参数，然后定义轴方位和设置是否关联，最后单击“确定”按钮或“应用”按钮。

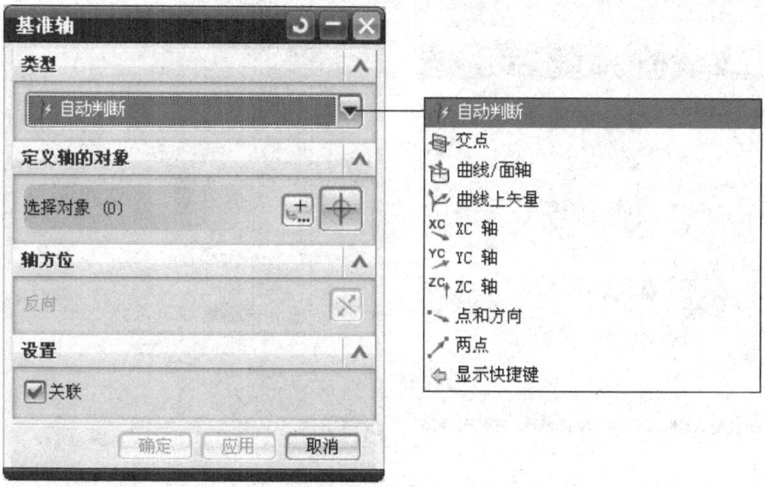

图 3-42 “基准轴”对话框

创建基准轴的一个示例如图 3-43 所示，采用了“曲线/面轴”类型选项，选择一个圆柱曲面作为参照，轴方位默认。

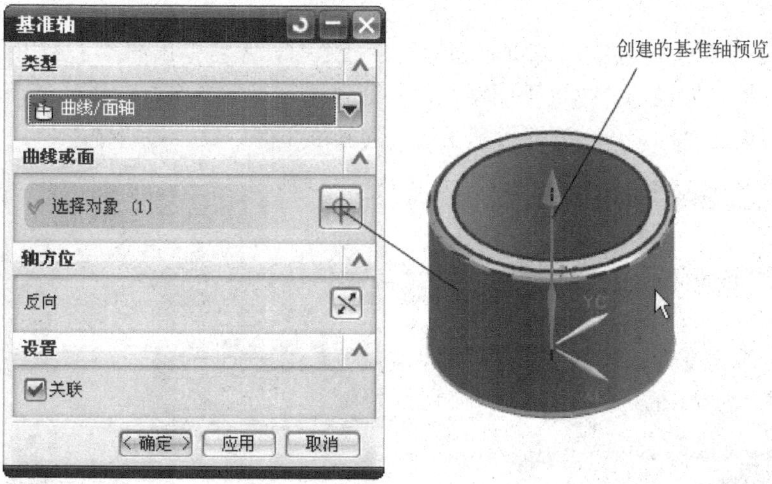

图 3-43 创建基准轴

3.5.3 基准 CSYS

创建基准 CSYS 的方法步骤和创建平面和创建轴的方法步骤类似。

要创建基准 CSYS，则在工具栏中单击“基准 CSYS”按钮，或者在菜单栏中选择“插入”|“基准/点”|“基准 CSYS”命令，系统弹出如图 3-44 所示的“基准 CSYS”对话框，接着从“类型”下拉列表框中选择一个类型选项，如“动态”、“自动判断”、“原点，X 点，Y 点”、“三平面”、“X 轴，Y 轴，原点”、“Z 轴，X 轴，原点”、“Z 轴，Y 轴，原点”、“平面、X 轴、点”、“绝对 CSYS”、“当前视图的 CSYS”或“偏置 CSYS”，紧接着选择相应的参照及设置相应的参数等，然后单击“基准 CSYS”对话框中的“确定”按钮。

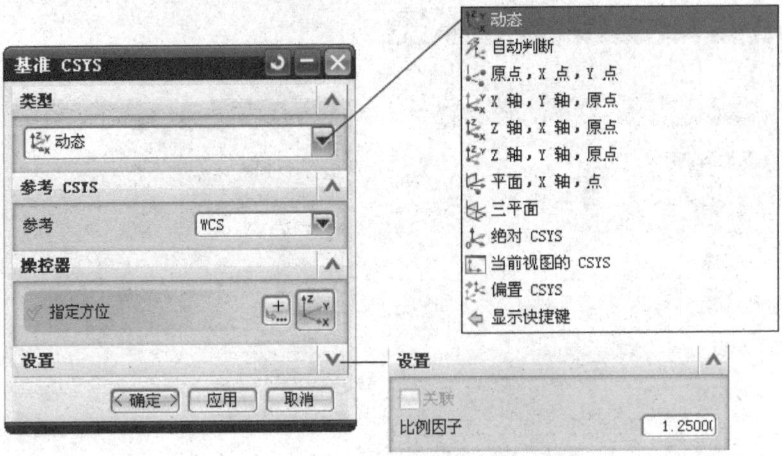

图 3-44 “基准 CSYS”对话框

3.5.4 基准平面栅格

使用“插入”|“基准/点”|“基准平面栅格”命令，可以基于选定的基准平面创建有界栅格。

选择“插入”|“基准/点”|“基准平面栅格”命令时，系统弹出如图 3-45 所示的“基准平面栅格”对话框，接着选择基准平面栅格，并在“基准平面栅格”对话框中设置相应的参数和选项，然后单击“确定”按钮即可基于选定的基准平面创建有界栅格。

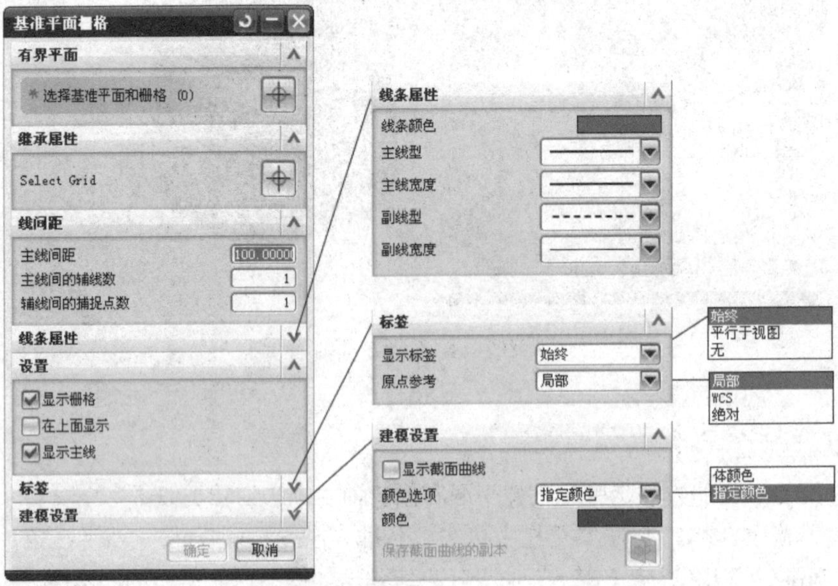

图 3-45 “基准平面栅格”对话框

创建基准平面栅格的典型示例如图 3-46 所示，选择所需的基准平面或坐标平面后，分别设置行间距、线条属性、设置选项和建模设置选项等。

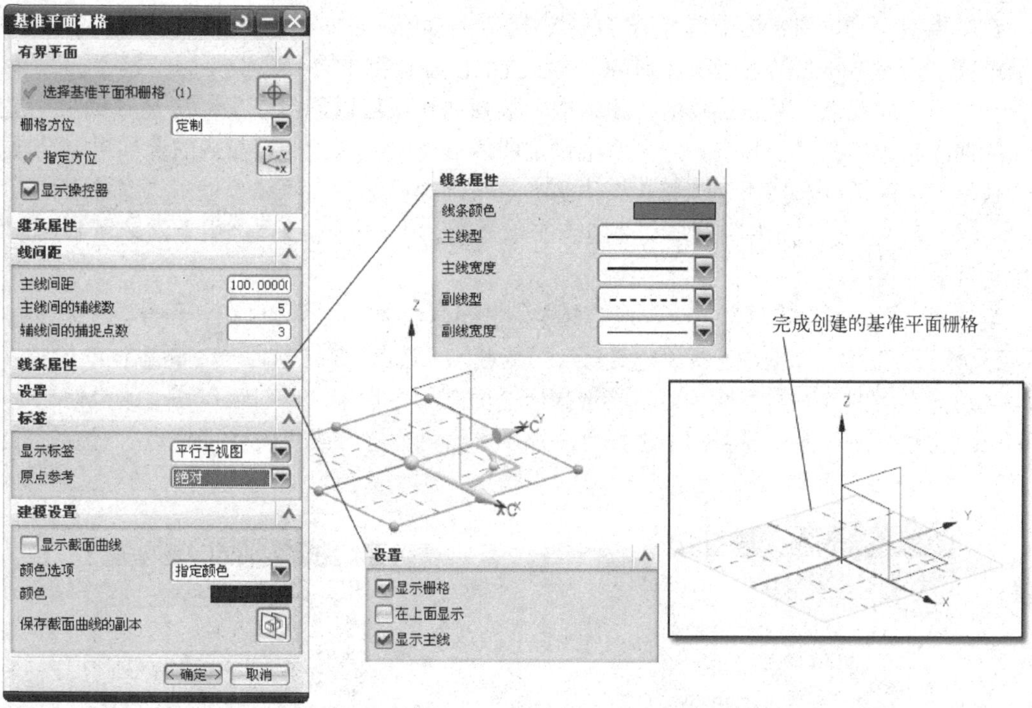

图 3-46 创建基准平面栅格

3.5.5 点与点集

在工具栏中单击“点”按钮+，或者在菜单栏中选择“插入”|“基准/点”|“点”命令，系统弹出如图 3-47 所示的“点”对话框，接着利用该对话框来创建点。

可以使用现有几何体创建点集。在菜单栏中选择“插入”|“基准/点”|“点集”命令，系统弹出如图 3-48 所示的“点集”对话框。

图 3-47 “点”对话框

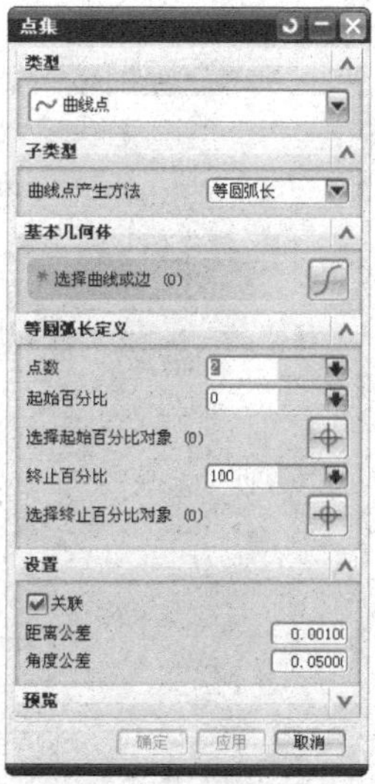

图 3-48 “点集”对话框

在“类型”下拉列表框中选择所需的类型选项，如选择“曲线点”、“样条点”或“面的点”选项。选择不同的类型选项，则接下去设置的内容也将不同。

当选择“曲线点”类型选项时，系统提示选择曲线或边以创建点集，这就需要用户选择所需的曲线或边，在“子类型”选项组中设定曲线点产生方法，并在相应的选项组中设置其他参数等。注意可以选择“等圆弧长”、“等参数”、“几何级数”、“弦公差”、“增量圆弧长”、“投影点”或“曲线百分比”来定义曲线点产生方法。不同的曲线点产生方法，所要设置的参数也可能不相同。

当选择“样条点”类型选项时，将选择样条来创建点集，此时可以在“子类型”选项组的“样条点类型”下拉列表框中选择“定义点”、“结点”、“极点”3 选项之一，如图 3-49 所示。

当选择“面的点”类型选项时，将选择所需面来创建点集，此时可以在“子类型”选项组的“面的点按照”下拉列表框中选择“图样”、“面百分比”或“B 曲面极点”，如图 3-50 所示。

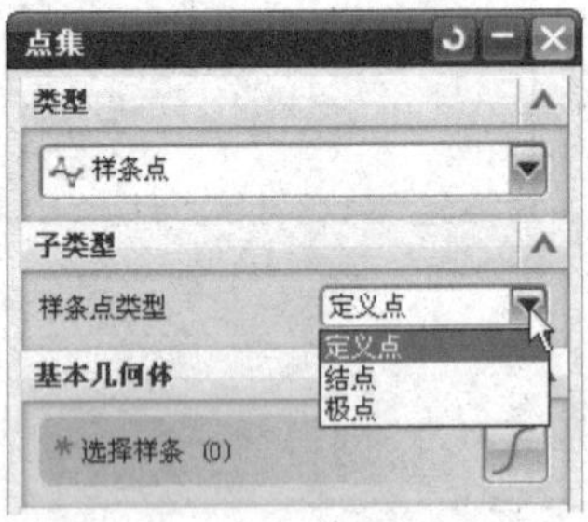

图 3-49　采用“样条点”类型

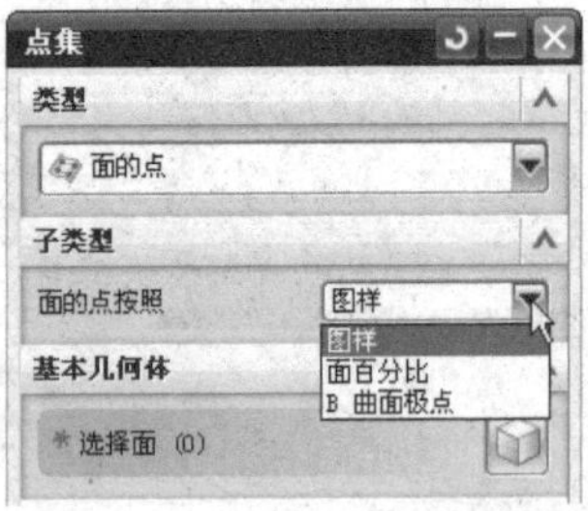

图 3-50　采用“面的点”类型

在指定边线上创建点集的示例如图 3-51 所示，从“类型”下拉列表框中选择“曲线点”选项，从“子类型”选项组的“曲线点产生方法”下拉列表框中选择“等参数”选项，选择所需的边线，接着在“等参数定义”选项组中设置点数为 8，起始百分比为 0，终止百分比为 100，然后单击“确定”按钮，则在所选的边线上创建具有 8 个点的点集。

图 3-51　选择边线创建点集

3.6 本章小结

前面一章介绍了如何在草图平面中绘制平面曲线，而在这一章中则介绍了如何在 NX 空间中创建 3D 曲线特征，此外还介绍了如何创建一些常见的基准特征。

本章所述的基本曲线包括直线、圆弧、圆、螺旋线和艺术样条等。其中读者要熟悉“直线和圆弧”命令集的相关命令。创建来自曲线集的曲线，主要有 3 种方法，即“桥接”、“连结”和“投影”。来自体的曲线有求交曲线（即相交曲线）、截面曲线和虚拟曲线。曲线编辑的命令包括“X 成形”、“参数”、“修剪”、“分割”、“长度”和“光顺样条”，它们位于菜单栏的“编辑”|“曲线”级联菜单中。

在本章的最后，专门介绍了创建基准特征的实用知识。基准特征的主要用途是辅助创建、编辑和分析其他特征。常见的基准特征有基准平面、基准轴、基准 CSYS、基准平面栅格、点和点集。

读者要认真学习好本章的知识，以便为后面学习实体设计和曲面设计打下扎实基础。

3.7 思考练习

1）如何在空间中建立直线特征？

2）来自曲线集的曲线包括哪些？请总结分别如何创建这些来自曲线集的曲线。

3）如何创建螺旋线？可以举例进行说明。

4）如何创建艺术样条？

5）可以使用什么命令来创建来自体的曲线？

6）您掌握了用于编辑曲线特征的命令吗？

7）常见的基准特征包括哪些？

8）上机操作：要求在 *YC*-*ZC* 面和 *XC*-*YC* 面上各创建一个圆弧特征，如图 3-52 所示，接着在这两条圆弧曲线之间创建桥接曲线，再创建连结曲线且隐藏原来的曲线，效果如图 3-53 所示，最后将连结曲线分割成 3 等分，并可进行延伸曲线长度练习。

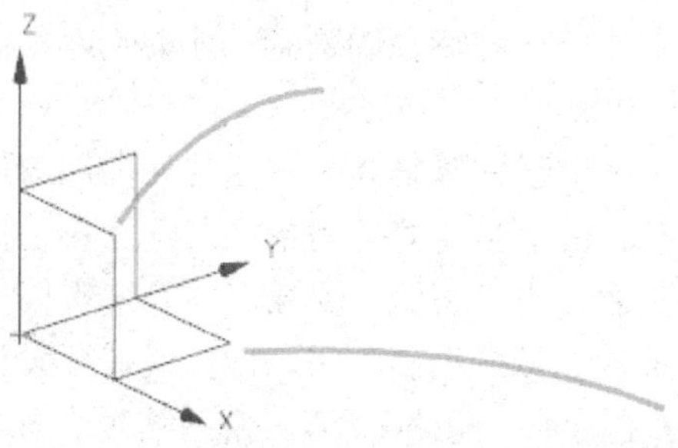

图 3-52　创建两个圆弧特征

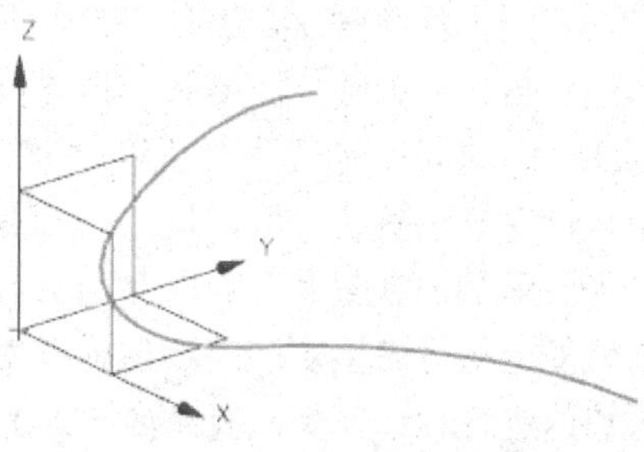

图 3-53　创建连结曲线

第 4 章　创建实体特征

本章导读：

在 NX 7.5 中，系统提供了强大的实体建模功能。所谓的实体建模就是基于特征和约束建模技术的一种复合建模技术，它具有参数化设计和编辑复杂实体模型的能力。

本章首先介绍实体建模入门概述，接着介绍如何创建体素特征，如何创建扫掠特征和基本成形设计特征，最后介绍一个建模综合范例。

4.1　实体建模入门概述

NX 7.5 为用户提供了颇为强大的特征建模和编辑功能，使用这些功能可以高效地构建复杂的产品模型。例如，利用拉伸、旋转、扫掠等工具可以将二维截面的轮廓曲线通过相应的方式来产生实体特征，这些实体特征具有参数化设计的特点，当修改草图中的二维轮廓曲线时，相应的实体特征也会自动进行更新。对于一些具有标准设计数据库的特征，如体素特征（体素特征是一个基本解析形状的实体对象，它是本质上可分析的，属于设计特征中的一类实体特征），其创建更为方便，执行命令后只需要输入相关参数即可生成实体特征，建模速度很快。可以对实体模型进行各种操作和编辑，如圆角、抽壳、螺纹、缩放、分割等，以获得更细的模型结构。可以对实体模型进行渲染和修饰，从实体特征中提取几何特性和物理特性，进行几何计算和物理特性分析。

需要用户注意的是，有些细节特征需要在已有实体或曲面特征的基础上才能创建，如拔模、倒斜角、边倒圆、面倒圆、样式圆角、样式拐角和美学面倒圆等。

NX 中的同步建模技术是第一个能够借助新的决策推理引擎来同时进行几何图形与规则同步设计建模的解决方案。同步建模技术实时检查产品模型当前的几何条件，并且将它们与设计人员添加的参数和几何约束合并在一起，以便评估、构建新的几何模型并且编辑模型，无需重复全部历史记录。同步建模技术加快了 4 个关键领域的创新步伐，即快速捕捉设计意图；快速进行设计变更；提高多 CAD 环境下的数据重用率；简化 CAD，使三维变得与二维一样易用。同步建模的知识将在后面的章节中有所涉及。

下面介绍一下实体建模的相关工具栏。

NX 7.5 提供各类工具栏，用户可以设置显示出“特征”、“建模”、“编辑特征”和“同步建模”工具栏，这 4 个工具栏如图 4-1 所示，“特征”工具栏最为常用。其中编辑特征以及一些的特征操作工具将在下一章中有所介绍。另外要注意的是，有些工具命令在不同的工具栏中也可被找到。

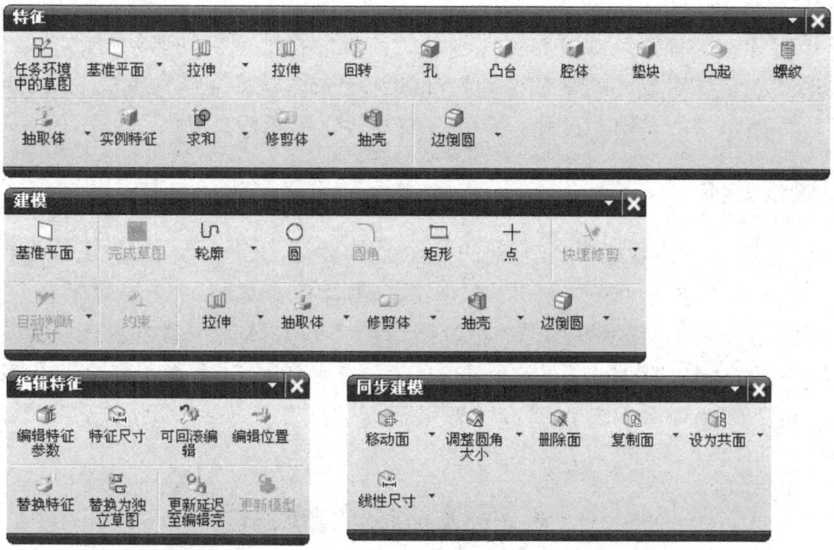

图 4-1　“特征”、“建模”、“编辑特征”和“同步建模”工具栏

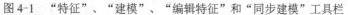

说明：如果在默认时没有显示出所需的工具栏，那么可以在非图形区右击，接着在弹出的快捷菜单选中所需的工具栏名称，工具栏名称前面标有“✔”符号的表示该工具栏为显示状态。

通常为了便于设计工作，还需要在当前工具栏中添加更多的常用工具按钮，其方法是单击指定工具栏的下三角形按钮▼，接着单击出现的“添加或移除”按钮，根据需要从打开的菜单中或子菜单中选择要添加的工具图标即可。图 4-2 的“特征”工具栏已经添加了足够多的特征工具按钮。

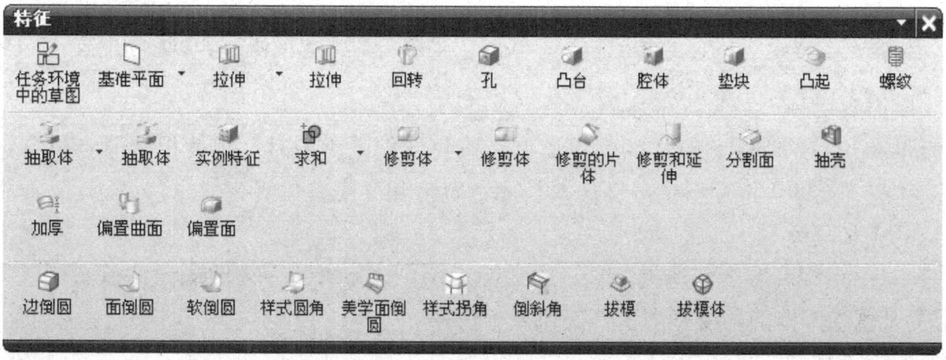

图 4-2　“特征”工具栏

特征建模的相关命令可以从菜单栏的“插入”菜单中找到。

4.2 创建设计特征中的体素特征

本书将长方体、圆柱体、圆锥和球体等这一类设计特征统称为体素特征，这类特征是一个基本解析形式的实体对象。通常在设计初期创建一个体素特征作为模型毛坯。创建体素特征时，必须要先确定它的类型、尺寸、空间方向与位置等参数。

4.2.1 创建长方体

长方体特征是基本体素中较为常见的一个，如图 4-3 所示。要创建长方体模型，则在“特征”工具栏中单击“长方体”按钮，或者在菜单栏中选择“插入”|“设计特征”|“长方体”命令，系统弹出如图 4-4 所示的“长方体”对话框。在“类型”下拉列表框中提供了长方体特征的创建类型，包括“原点和边长”、“两点和高度”和“两个对角点”。在“布尔”选项组中可根据设计要求设置“布尔”选项，如“无”、“求和”、“求差”和“求交”。

图 4-3 长方体

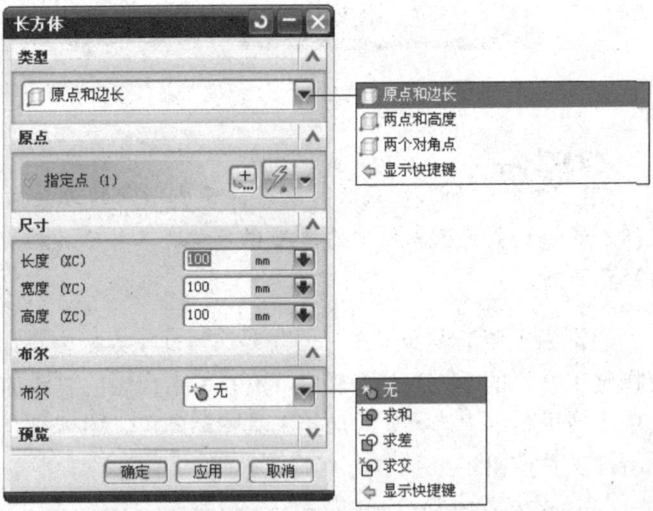

图 4-4 “长方体”对话框

1. 原点和边长

“原点和边长”为初始默认的创建类型。选择此创建类型时，需要指定原点位置（放置基准），并在“尺寸”选项组中分别输入长度、宽度和高度参数值。

2. 两点和高度

选择“两点和高度”创建类型时，需要指定两个点定义长方体的底面，接着在“尺寸”选项组中设置长方体的高度参数值，如图 4-5 所示。

3. 两个对角点

选择“两个对角点”创建类型时，需要分别指定两个对角点，即原点和从原点出发的点（*XC*，*YC*，*ZC*），如图 4-6 所示。

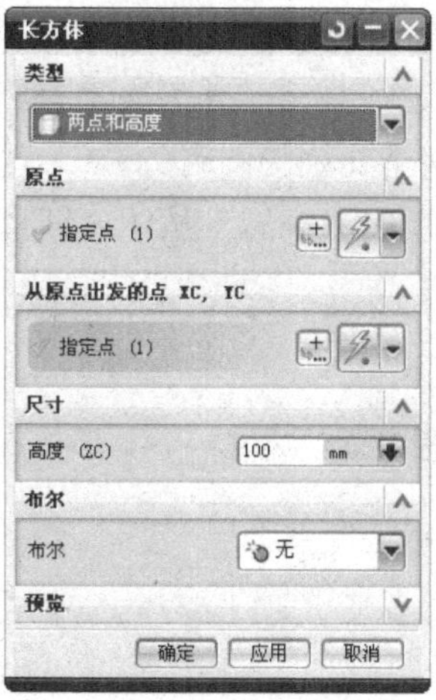

图 4-5　选择“两点和高度”创建类型

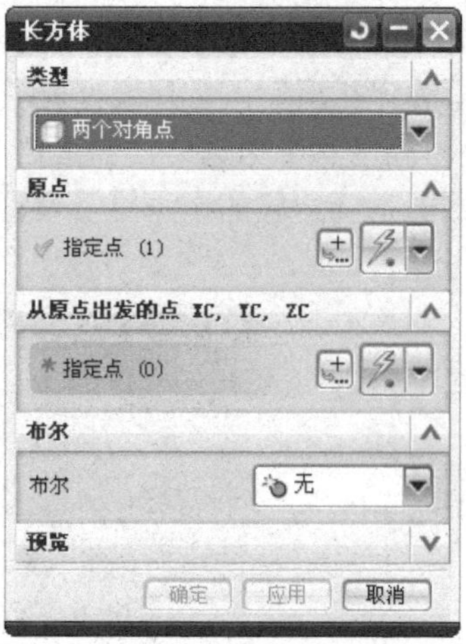

图 4-6　选择“两个对角点”创建类型

4.2.2 创建圆柱体

要创建圆柱体，则在“特征”工具栏中单击“圆柱体”按钮，或者在菜单栏中选择“插入”|“设计特征”|“圆柱体”命令，打开“圆柱体”对话框。在“类型”下拉列表框中可以选择两种创建类型之一，即选择“轴、直径和高度”或“圆弧和高度”。

1. 轴、直径和高度

选择“轴、直径和高度”创建类型时，将通过指定轴（包括指定轴矢量方向和确定原点位置）、直径尺寸和高度尺寸来创建圆柱体，如图 4-7 所示。

2. 圆弧和高度

选择“圆弧和高度”创建类型时，将通过选择圆弧、圆（定义圆柱体直径）以及设置高度尺寸参数的方式来创建圆柱体，如图 4-8 所示。

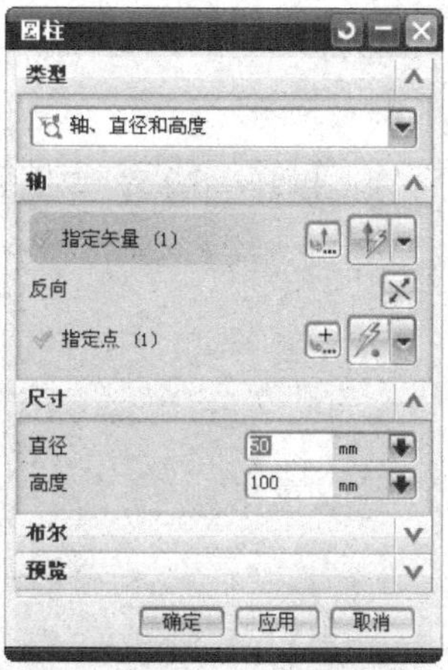

图 4-7　选择“轴、直径和高度”

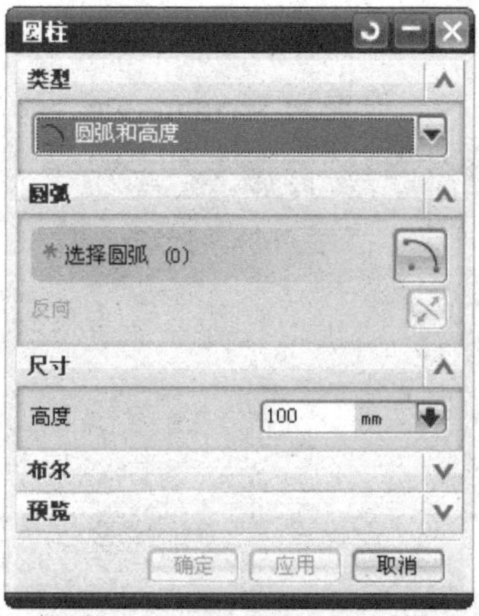

图 4-8　选择“圆弧和高度”

4.2.3 创建圆锥体/圆台

要创建圆锥体/圆台，则在“特征”工具栏中单击“圆锥”按钮，或者在菜单栏中选

择“插入”|“设计特征”|“圆锥”命令，系统弹出“圆锥”对话框，如图 4-9 所示。“圆锥”对话框的“类型”下拉列表框提供了 5 种类型选项，如“直径和高度”、“直径和半角”、“底部直径，高度和半角”、“顶部直径，高度和半角”、“两个共轴的圆弧”，从中选择一种类型选项，接着选择相应的参照以及设置相应的参数，然后单击“确定”按钮，即可创建一个圆锥体/圆台。

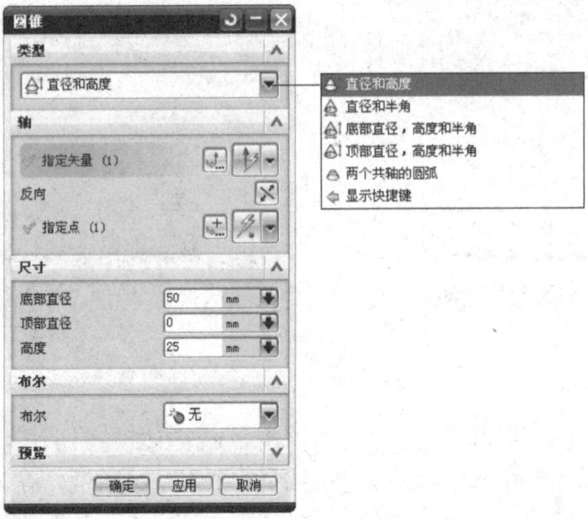

图 4-9 “圆锥”对话框

下面介绍创建圆台（相当于特殊的圆锥）的一个简单范例。

❶ 在“特征”工具栏中单击“圆锥”按钮，或者在菜单栏中选择“插入”|“设计特征”|“圆锥”命令，系统弹出“圆锥”对话框。

❷ 在“类型”下拉列表框中选择“直径和高度”类型选项。

❸ 选择 Z 轴定义矢量，接着在“轴”选项组中单击位于“指定点”右侧的“点构造器”按钮，弹出“点”对话框，设置如图 4-10 所示的点坐标，单击“确定”按钮。

❹ 返回“圆锥”对话框，在“尺寸”选项组中将“底部直径”设置为 100mm，将“顶部直径”设置为 36.8mm，将“高度”设置为 61mm，如图 4-11 所示。

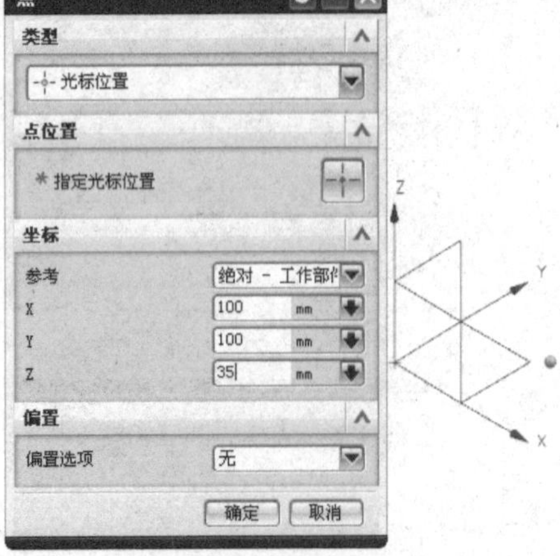

图 4-10 指定点

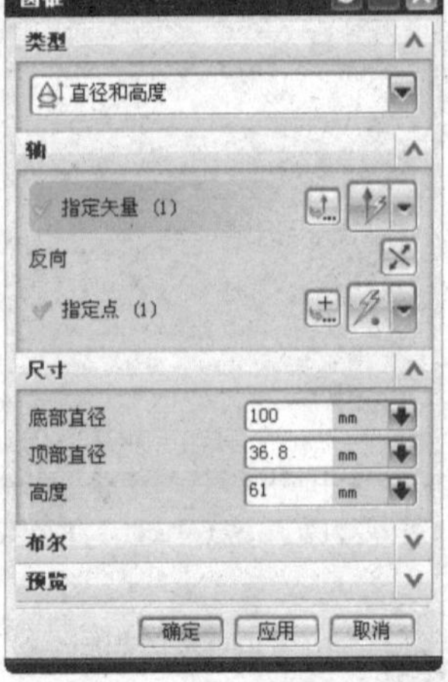

图 4-11 “圆锥”对话框

5 在“圆锥”对话框中单击“确定”按钮，创建的圆台如图 4-12 所示。

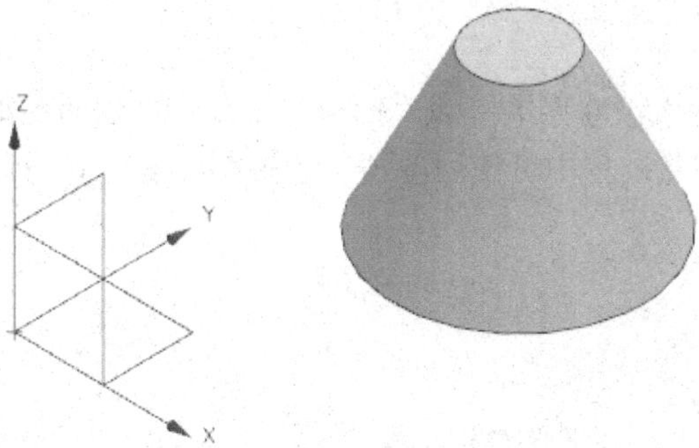

图 4-12 创建圆台

4.2.4 创建球体

要创建球体，则在“特征”工具栏中单击“球体”按钮，或者在菜单栏中选择“插入”|“设计特征”|“球”命令，系统弹出“球”对话框。在对话框的“类型”下拉列表框中可以选择“中心点和直径”类型选项或“圆弧”类型选项。

1. 中心点和直径

当选择“中心点和直径”类型选项时，将通过指定球体中心点和直径尺寸来创建球体，如图 4-13 所示。

2. 圆弧

当选择“圆弧”类型选项时，将通过选择圆弧来创建球体，如图 4-14 所示。

图 4-13 选择“中心点和直径”类型选项

图 4-14 选择“圆弧”类型选项

4.3 创建扫掠特征

在菜单栏的“插入”|“扫掠”级联菜单中提供 4 个扫掠类型的命令，即“扫掠”、“沿引

导线扫掠”、“变化的扫掠”和“管道”。下面介绍这 4 种扫掠特征。

4.3.1 扫掠

使用“插入”|“扫掠”级联菜单中的“扫掠”命令，可以通过沿着一个或多个引导线扫掠截面来创建特征，在创建过程中可使用各种方法控制沿着引导线的形状，创建简单扫描特征的示例如图 4-15 所示。

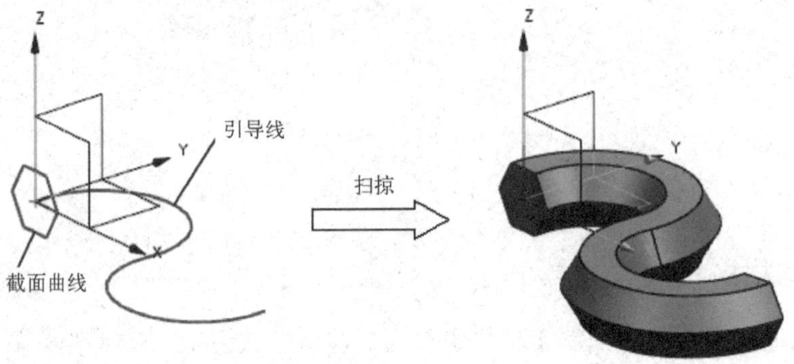

图 4-15 创建扫描特征

要创建扫描特征，可在菜单栏中选择“插入”|“扫掠”|“扫掠”命令，系统弹出如图 4-16 所示的“扫掠”对话框。创建此类扫掠特征需要选择曲线定义截面，指定引导线（最多 3 条），设置截面选项（包括截面位置选项、对齐方法选项、定位方法选项和缩放方法选项）等。倘若根据设计要求，可选择合适的曲线定义脊线。另外，要注意“截面选项”选项组中的“截面位置”下拉列表框，在该框中可以选择“沿引导线任何位置”或“引导线末端”来定义截面位置。

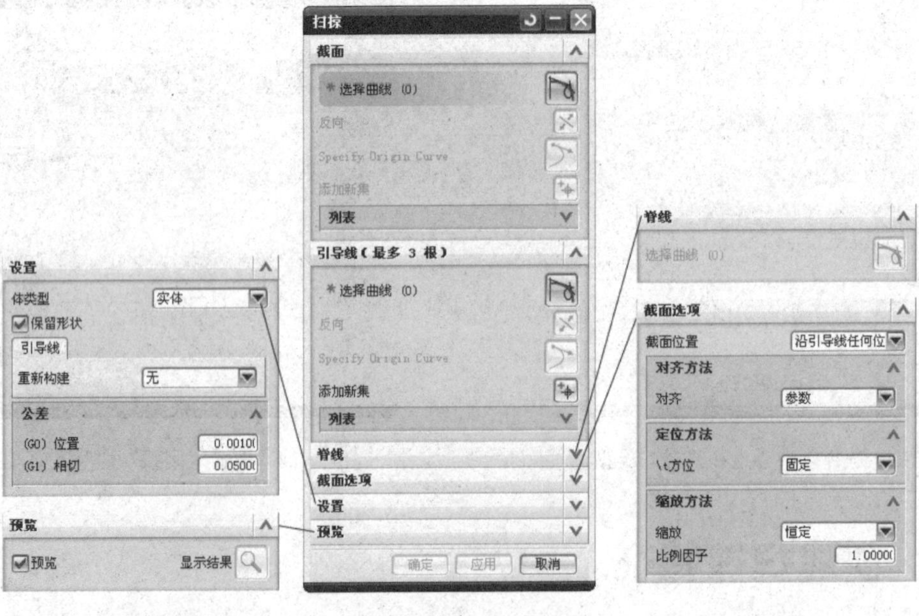

图 4-16 “扫掠”对话框

在绘图区域中如果选择了不满足要求的截面曲线或引导线时，可以在对话框中展开相应的列表，确保在列表中选择不需要的曲线集，然后单击“移除”按钮☒，如图 4-17 所示，然后再重新选择所需的曲线。

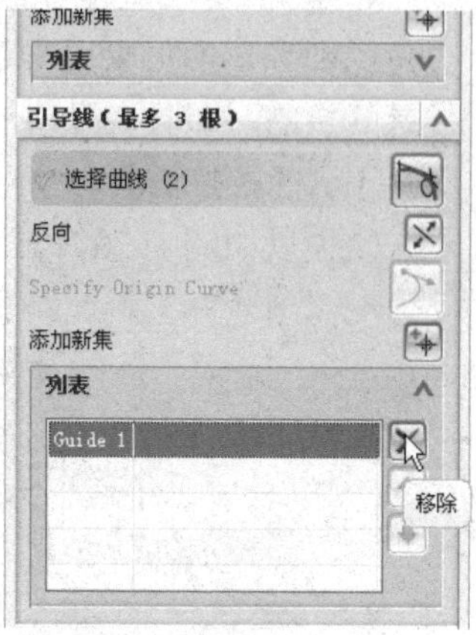

图 4-17 移除不需要的曲线集

值得用户注意的是，在选择具有多段相接的曲线作为截面或引导线时，需要巧用“选择条”的曲线选项，如图 4-18 所示，包括“单条曲线”、“相连曲线”、“相切曲线”、“特征曲线”、“面的边缘”、“片体边”、“区域边界曲线”、“组中的曲线”和“自动判断曲线”。其中，“单条曲线”用于只选中单条的曲线段，“相连曲线”用于选中与之相连的所有有效曲线（包括单击的曲线段在内），“相切曲线”用于选中与之相切的所有连续曲线（包括单击的曲线段在内），“特征曲线”用于只选中特征曲线。图 4-19 给出了引导线选择设置的两种情况。

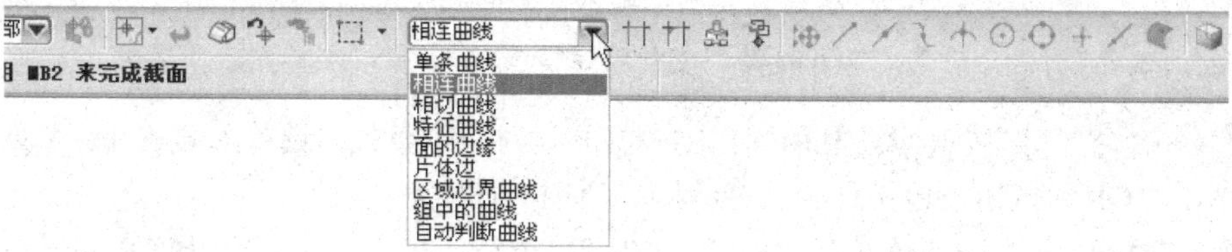

图 4-18 巧用选择条的曲线选项

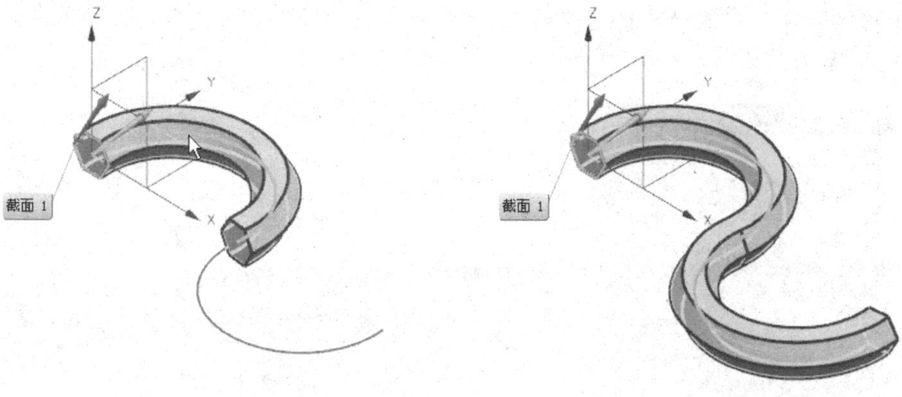

a） b）

图 4-19 引导线设置不同的两种扫描结果

a）单条曲线 b）相切曲线

练习案例：读者可以打开 bc_4_sl.prt 文件来进行创建扫掠特征的练习。

4.3.2 沿引导线扫掠

使用“插入”|“扫掠”级联菜单中的“沿引导线扫掠”命令，可以通过沿着引导线扫掠截面来创建实体或曲面片体。

指定引导线是创建此类扫掠特征的关键，它可以是多段光滑连接的曲线，也可以是具有尖角的曲线，但如果引导线具有过小尖角（如某些锐角），可能会导致扫掠失败。如果引导线是开放的，即具有开口的，那么最好将截面线圈绘制在引导线的开口端，以防止可能出现预料不到的扫掠结果。

下面以如图 4-20 所示的典型示例介绍沿引导线扫掠来创建实体的操作方法及步骤。

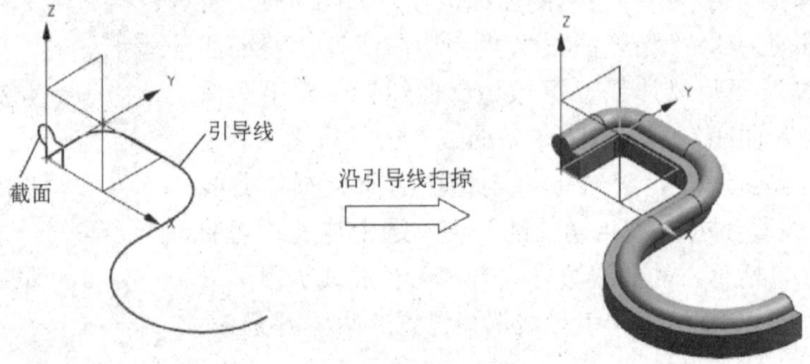

图 4-20　沿引导线扫掠创建实体

❶ 单击“打开”按钮，利用弹出的“打开”对话框查找并选择配套的 bc_4_yydxsl.prt 文件，单击“OK”按钮，该文件中已经绘制好所需的曲线。

❷ 在菜单栏中选择“插入”|“扫掠”|“沿引导线扫掠”命令，打开如图 4-21 所示的“沿引导线扫掠”对话框。

❸ 系统提示为截面选择曲线链。在“选择条”工具栏的曲线类型下拉列表框（也称曲线规则下拉列表框）中选择“相连曲线”，接着在绘图窗口中单击将作为扫描截面的曲线，如图 4-22 所示。

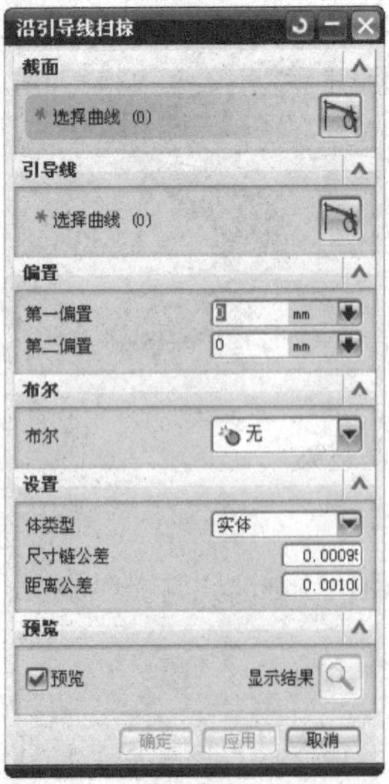

图 4-21 “沿引导线扫掠”对话框

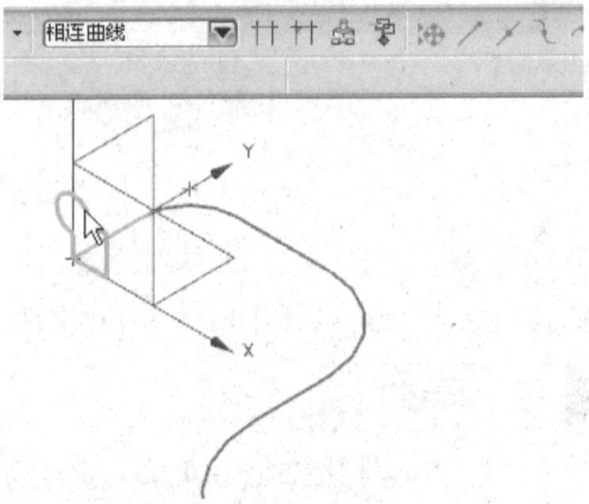

图 4-22　为截面选择曲线链

❹ 在“沿引导线扫掠”对话框的“引导线”选项组中，单击“曲线”按钮，接着在绘图窗口中单击另一条相连曲线作为引导线的曲线链。

❺ 在“偏置”选项组中，将“第一偏置”设置为 0mm，将“第二偏置”设置为 2mm；在“设置”选项组的“体类型”下拉列表框中选择“实体”选项，接受默认的“尺寸链公差”和“距离公差”，如图 4-23 所示，可以预览效果。

❻ 在“沿引导线扫掠”对话框中单击“确定”按钮，创建扫掠特征如图 4-24 所示。

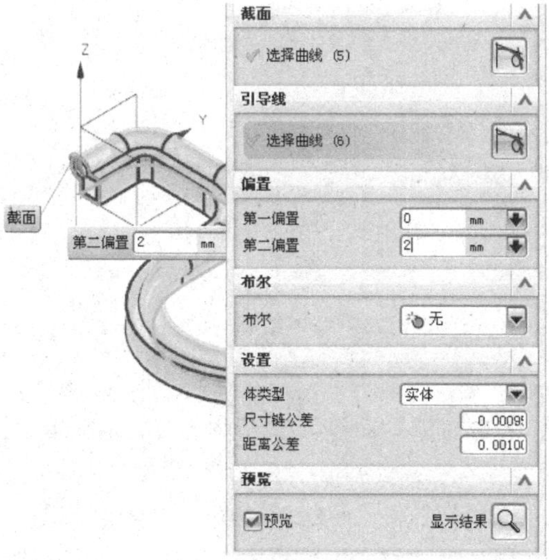

图 4-23　设置偏置参数等

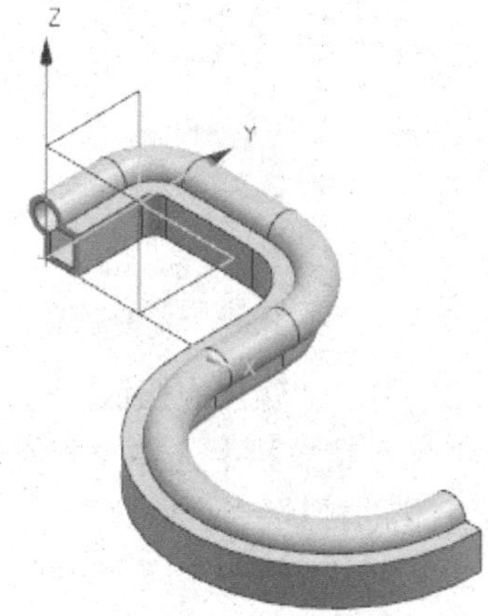

图 4-24　创建扫掠特征

4.3.3 变化的扫掠

使用“插入”|“扫掠”级联菜单中的“变化的扫掠”命令，可通过沿路径扫掠横截面来创建特征体，此时横截面形状沿路径改变。如图 4-25 所示的实体模型就可以通过“变化的扫掠”命令来创建。

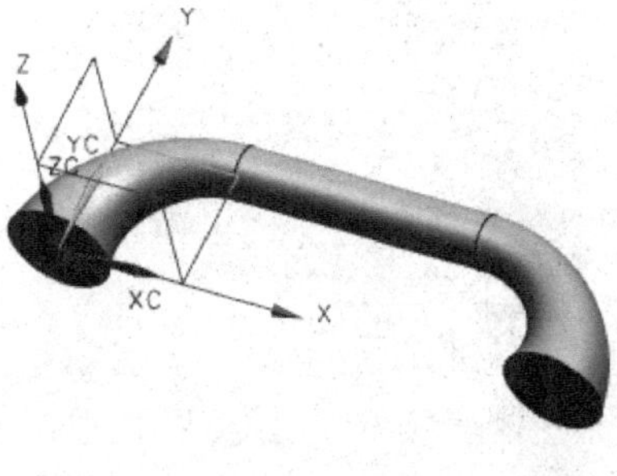

图 4-25　变化的扫掠

下面通过一个典型操作实例来介绍如何创建“变化的扫掠”特征。

1. 新建所需的文件

❶ 在工具栏中单击“新建”按钮，或者在菜单栏中选择“文件”|“新建”命令，系统弹出“新建”对话框。

❷ 在“模型”选项卡的“模板”列表中选择名称为“模型”的模板，在“新文件名”选项组的“名称”文本框中输入“bc_4_bhdsl”，并指定要保存到的文件夹。

❸ 在“新建”对话框中单击“确定”按钮。

2. 绘制一条将作为扫掠轨迹路径的曲线

❶ 在“特征”工具栏中单击“任务环境中的草图”按钮，或者在菜单中选择“插入”|“任务环境中的草图”命令，弹出“草图”对话框。

② 在“类型”下拉列表框中选择“在平面上”，在“草图平面”选项组的“平面选项”下拉列表框中选择“现在平面”，默认 *XC-YC* 平面为草图平面，单击“确定”按钮。

③ 绘制如图 4-26 所示的曲线，注意该曲线各邻段相切，注意相关的约束关系。

④ 绘制和编辑好曲线之后，单击“完成草图”按钮 完成草图，完成绘制草图曲线如图 4-27 所示。

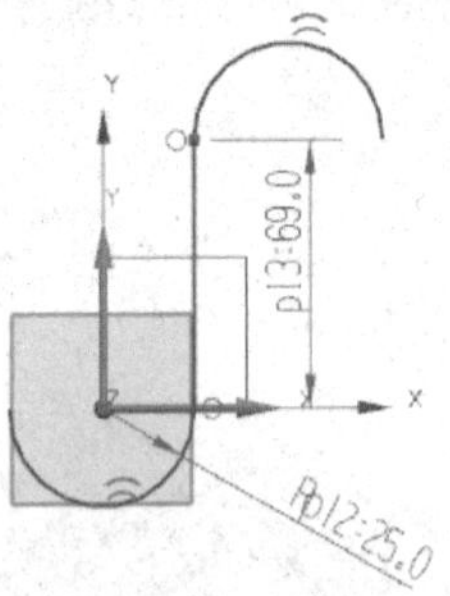

图 4-26　绘制草图

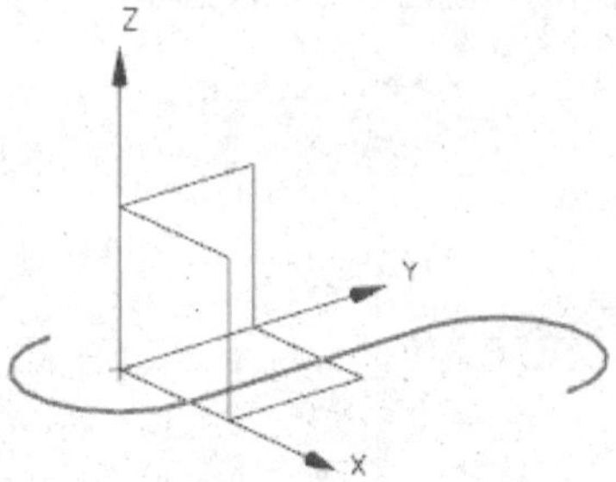

图 4-27　完成绘制的草图

3. 创建“变化的扫掠”特征

① 在菜单栏中选择“插入”|“扫掠”|“变化的扫掠”命令，系统弹出如图 4-28 所示的“变化的扫掠”对话框。

② 系统提示选择截面几何图形。选择刚绘制的曲线链，此时系统弹出“创建草图”对话框，在“平面位置”选项组的“位置”下拉列表框中选择“%圆弧长”选项，在“%圆弧长”文本框中输入 0，“平面方位”选项为“垂直于轨迹”，“草图方向”选项采用默认设置，如图 4-29 所示。

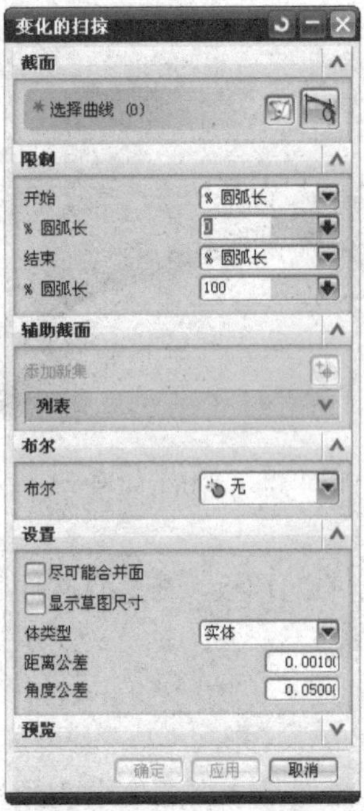

图 4-28　“变化的扫掠”对话框

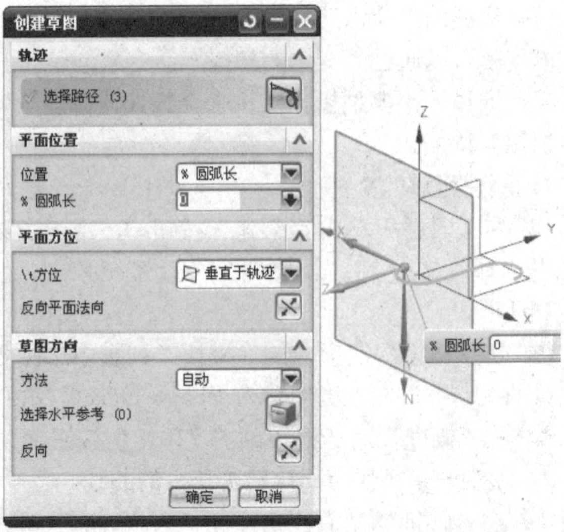

图 4-29　“创建草图”对话框

③ 在“创建草图”对话框中单击“确定”按钮。

④ 绘制如图 4-30 所示的一个圆，该圆的直径为 10mm，并标注其直径尺寸，单击“完成草图”按钮 完成草图。

⑤ 此时，“变化的扫掠”对话框和特征预览如图 4-31 所示，注意在“设置”选项组中勾选“显示草图尺寸”复选框，体类型为“实体”。

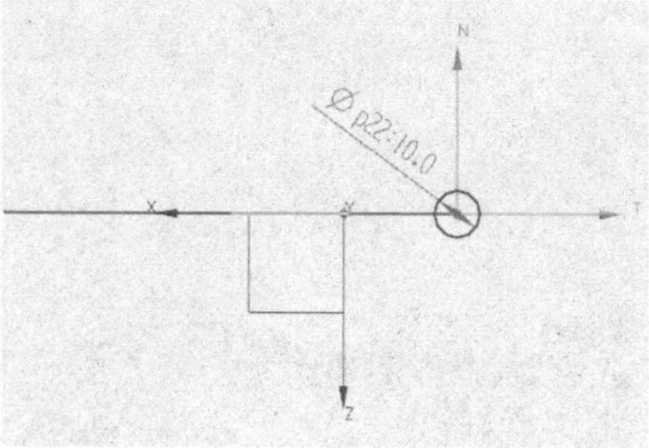

图 4-30　绘制一个圆

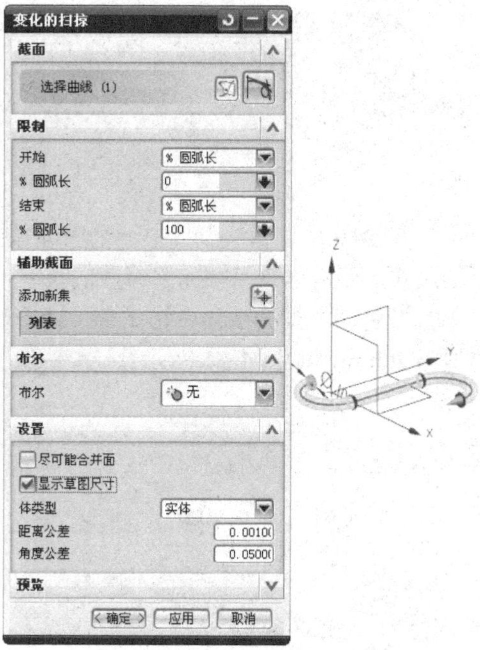

图 4-31　“变化的扫掠”对话框和特征预览

⑥ 在“变化的扫掠”对话框中展开“辅助截面”选项组，单击“添加新集”按钮，从而添加一个辅助截面集，接着从“定位方法”下拉列表框中选择“通过点”选项，在曲线链中选择一个中间点，如图 4-32 所示。

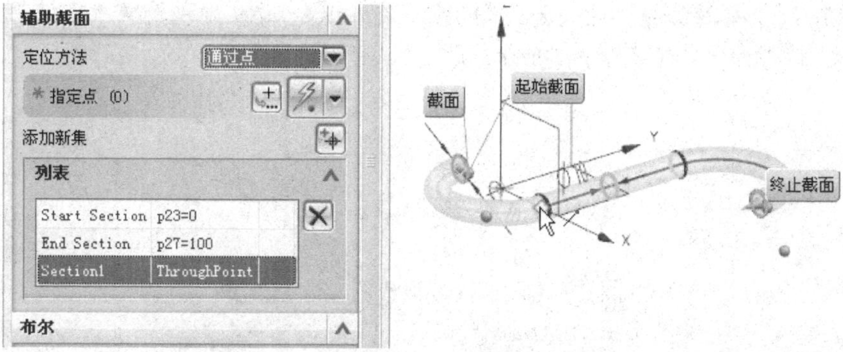

图 4-32　采用“通过点”定位方法

⑦ 再次单击“添加新集”按钮来添加另一个新的辅助截面集，同样从“定位方法”下拉列表框中选择“通过点”选项，接着在曲线链中选择另一个中间点，如图 4-33 所示。

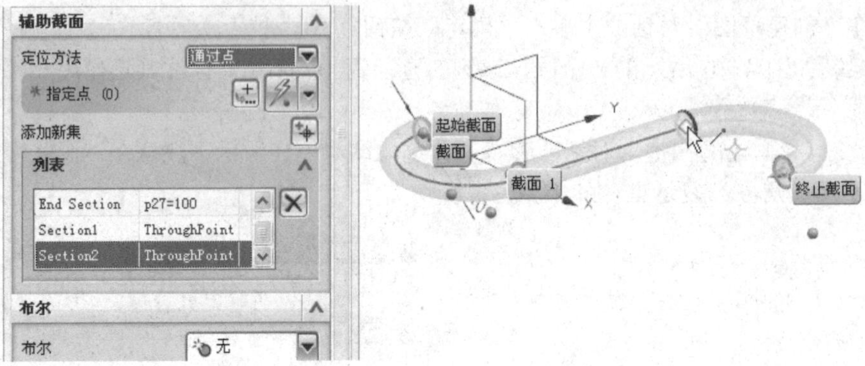

图 4-33　指定另一个截面放置点

⑧ 在绘图区域中单击其中一个中间截面的标签（标签形式为“截面#”），显示该截面的草图尺寸，接着单击该截面要修改的尺寸，如图 4-34 所示。

单击“启动公式编辑器”按钮，接着从打开的菜单中选择“设为常量”命令，将该尺寸修改为 20mm，如图 4-35 所示。

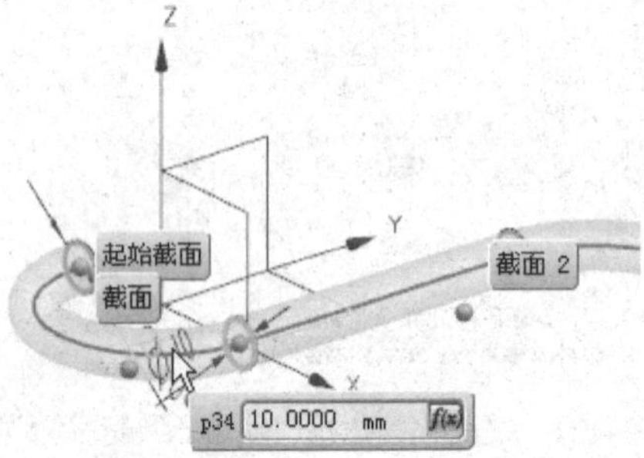

图 4-34　指定要修改的截面尺寸

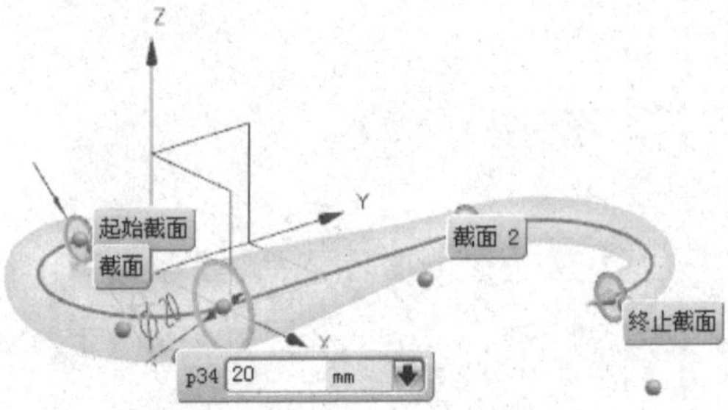

图 4-35　修改该截面尺寸

⑨ 使用同样的方法，单击截面 2 标签，以显示该截面的尺寸，接着单击该截面要修改的尺寸，单击尺寸框附带的“启动公式编辑器”按钮，并从出现的菜单中选择“设为常量”命令，将该直径尺寸也修改为 20mm，此时预览效果如图 4-36 所示。

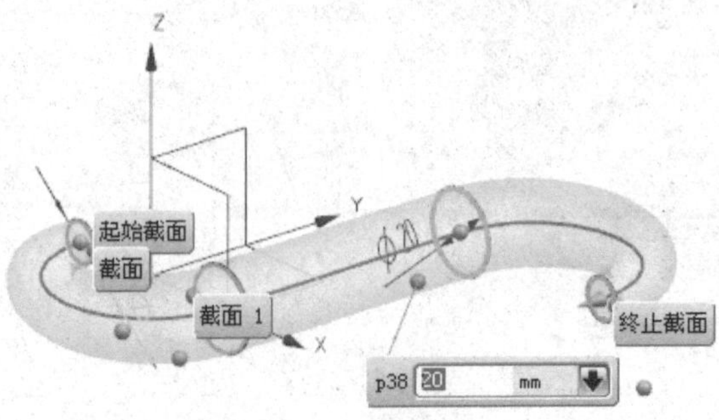

图 4-36　预览效果

⑩ 在“变化的扫掠”对话框中单击“确定”按钮，确认后得到的实体完成效果如图 4-37 所示。

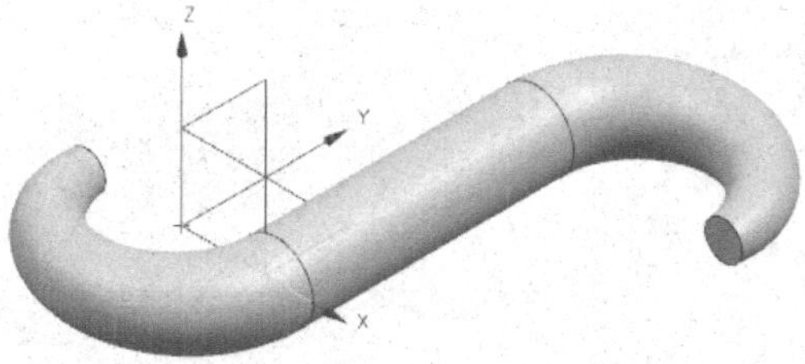

图 4-37 完成的实体效果

4.3.4 管道

使用菜单栏中的“插入”|“扫掠”|“管道”命令，将通过沿曲线扫掠圆形横截面来创建实体，可设置外径和内径参数，创建管道的示例如图 4-38 所示。

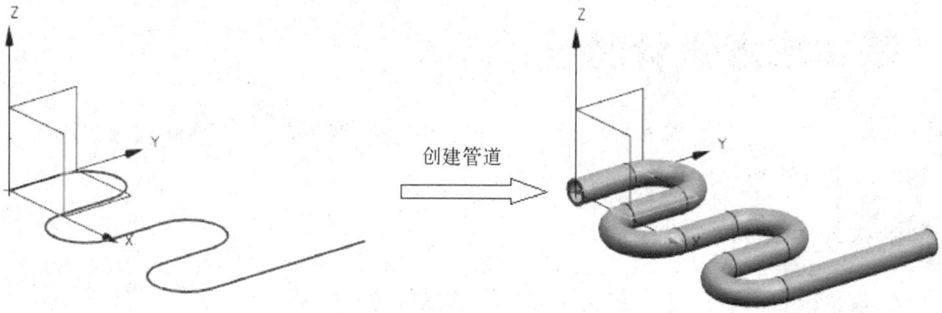

图 4-38 创建管道

要创建管道特征，可以按照如下的操作步骤来进行。

① 在菜单栏中选择“插入”|“扫掠”|“管道”命令，系统弹出如图 4-39 所示的“管道”对话框。

② 选择曲线链作为管道中心线路径。

③ 在“管道”对话框的“横截面”选项组中分别设置外径尺寸和内径尺寸，管道外径尺寸必须要大于 0，而内径尺寸可以为 0。必要时，可以在“布尔”选项组中设置“布尔”选项。

④ 在“设置”选项组中设置“输出”选项和“公差”。其中，从“输出”下拉列表框中可以设置该选项为“多段”或“单段”，如图 4-40 所示。使用“多段”的管道由多段面组成，而使用“单段”的管道由一段或两段 B 样条曲面组成。

⑤ 在创建管道特征过程中，可以在“预览”选项组中单击“显示结果”按钮，从而预览管道特征。达到设计要求后，单击“管道”对话框中的“确定”按钮或“应用”按钮。

练习案例：读者可以打开 bc_4_gd.prt 文件来进行创建管道特征的练习。

图 4-39 “管道”对话框

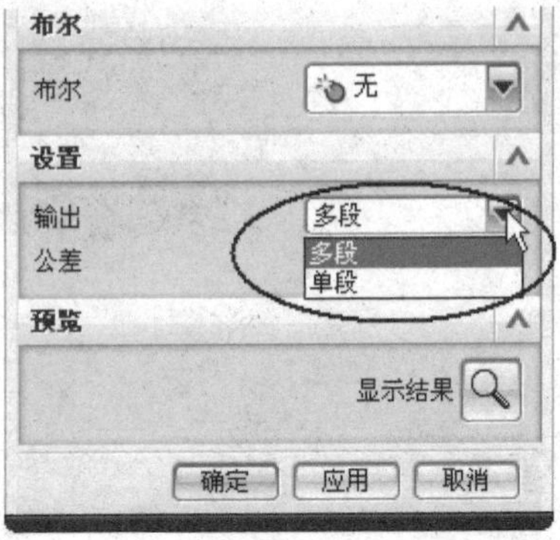

图 4-40 设置输出选项

4.4 基本成形设计特征

在本节中，将介绍一些基本成形设计特征，包括拉伸特征、回转特征、孔特征、凸台、腔体、垫块、螺纹和凸起特征等。

4.4.1 创建拉伸特征

可以将截面线圈沿着指定方向拉伸一段距离来创建拉伸实体，如图 4-41 所示。读者可以打开“bc_4_ls.prt”原文件来辅助学习创建拉伸实体的知识。

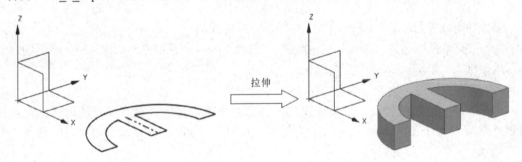

图 4-41 创建拉伸特征

如果要创建拉伸特征，那么在“特征”工具栏中单击“拉伸”按钮，或者从菜单栏中选择“插入”|“设计特征”|“拉伸”命令，系统弹出一个“拉伸”对话框，如图 4-42 所示。

通常需要利用“拉伸”对话框定义以下几个方面来创建拉伸实体特征。

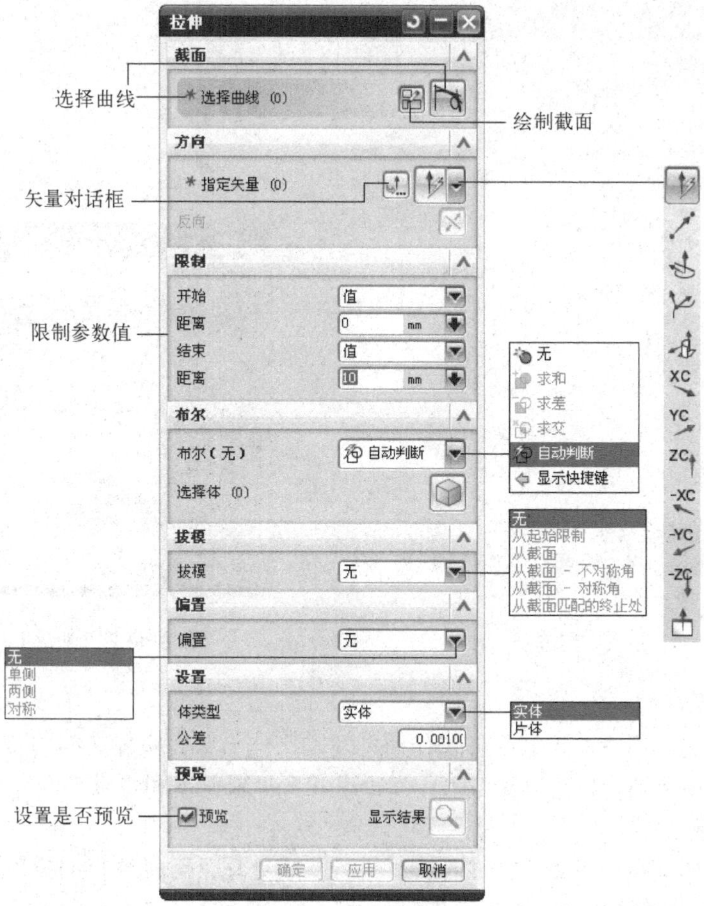

图 4-42 “拉伸”对话框

1. 定义截面

确保“截面”选项组中的“曲线”按钮处于被选中的状态时，系统提示：“选择要草绘的平面，或选择截面几何图形。”此时便可在图形窗口中选择要拉伸的截面曲线。

若没有存在所需的截面时，则可以在“截面”选项组中单击“绘制截面”按钮，系统弹出“创建草图”对话框，接着定义草图平面和草图方向等，单击“确定”按钮，从而进入草图模式来绘制所需的剖面曲线。

2. 定义方向

可以采用自动判断的矢量或其他方式定义的矢量（如图 4-43 所示），也可以根据实际设计情况而单击“矢量对话框”按钮（也称“矢量构造器”按钮），利用打开的如图 4-44 所示的“矢量”对话框来定义矢量。若在“方向”选项组中单击“反向”按钮，则可以更改拉伸矢量方向。

3. 设置拉伸限制的参数值

在“限制”选项组中设置拉伸限制的方式及其参数值，如分别设置拉伸的开始值和结束值。拉伸的开始/结束方式选项包括“值”、“对称值”、“直到下一个”、“直到选定对象”、“直到被延伸”和“贯通”，用户可根据实际设计情况来选定，

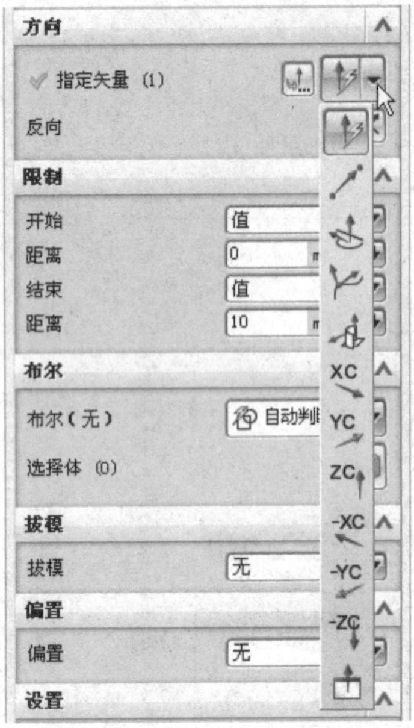

图 4-43　定义方向矢量

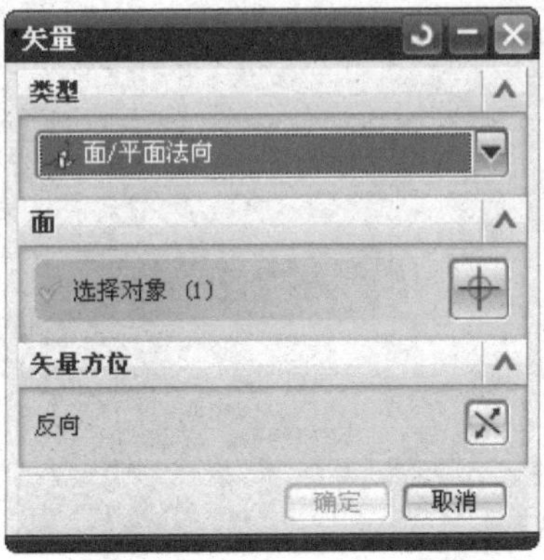

图 4-44　“矢量”对话框

4．布尔运算

在“布尔”选项组中，设置拉伸操作所创建的实体与原有实体之间的布尔运算，可供选择的布尔运算选项包括“自动判断”、“无”、“求和”、“求差”和“求交”。

5．定义拔模

在“拔模”选项组中可以设置在拉伸时进行拔模处理，可供选择的拔模选项包括“无”、“从起始限制”、“从截面”、“从截面-不对称角”、“从截面-对称角”和“从截面匹配的终止处”。拔模的角度参数可以为正，也可以为负。

例如，当选择的拔模选项为“从起始限制”，并设置角度值为 12，此时确认后注意观察预览效果，如图 4-45 所示。

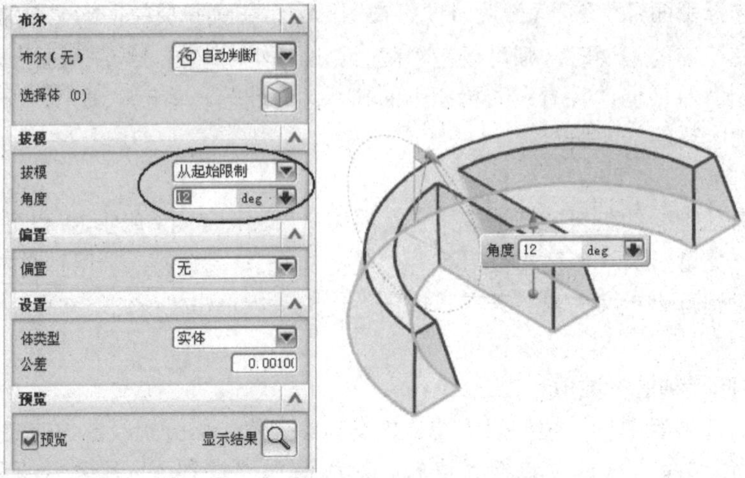

图 4-45　给拉伸实体设置拔模参数

6. 定义偏置

在“偏置”选项组中定义拉伸偏置选项及相应的参数，以获得特定的拉伸效果。下面以结果图例对比的方式让读者体会 4 种偏置选项（“无”、“单侧”、“双侧”和“对称”）的差别效果，如图 4-46 所示。

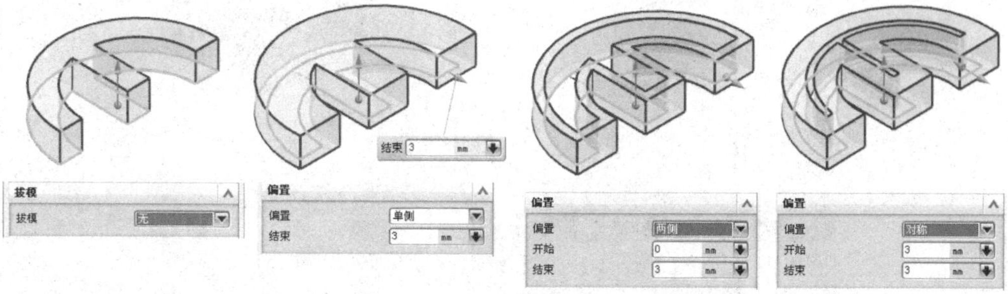

图 4-46 定义偏置的几种情况

7. 使用预览

在“预览”选项组中选中“预览”复选框，则可以在拉伸操作过程中动态预览拉伸特征。如果单击“显示结果”按钮，则可以观察到最后完成的实体模型效果。

除了以上几点，用户还需要注意在“设置”选项组中设置体类型和公差。可供选择的体类型选项有“实体”和“片体”。选择“实体”体类型选项时，将创建拉伸实体特征；选择“片体”体类型选项时，将创建拉伸曲面片体特征。图 4-47 展示了实体效果，图 4-48 则展示了片体效果，注意比较两者的效果特征。

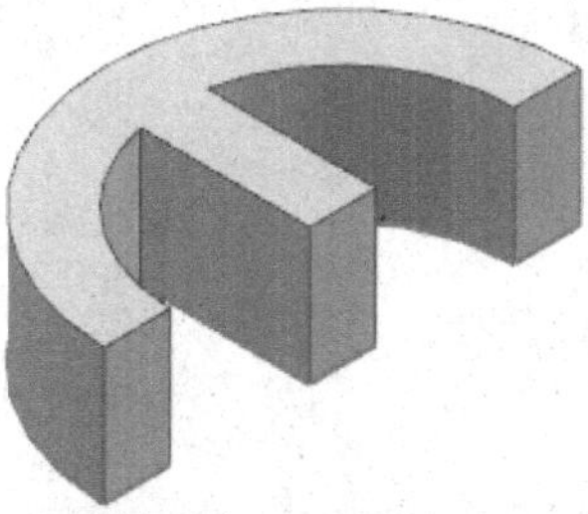

图 4-47 实体效果

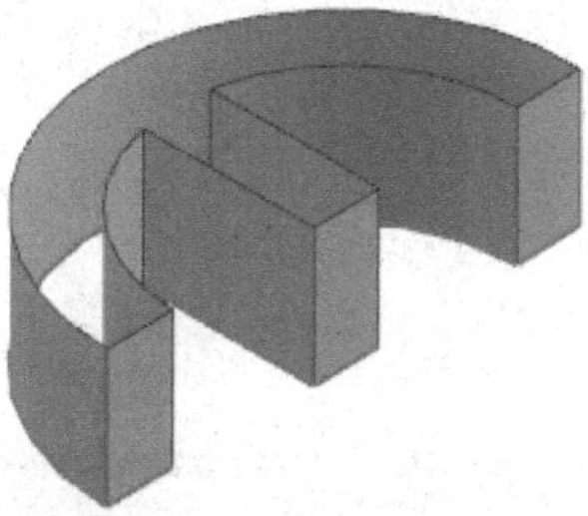

图 4-48 片体效果

说明：如果剖面图形是断开的线段，而偏置选项同时又被设置为“无”，那么创建的拉伸特征体为片体。

4.4.2 创建回转特征

可以将截面线圈绕一根轴线旋转一定角度形成回转特征体，回转特征又被称为旋转特征。创建回转实体的示例如图 4-49 所示。

要创建回转特征，则在“特征”工具栏中单击“回转”按钮，或者在菜单栏中选择“插入”|“设计特征”|“回转”命令，系统弹出如图 4-50 所示的“回转”对话框。“回转”对话框的使用和前面介绍的“拉伸”对话框的使用很相似，在此不再赘述。

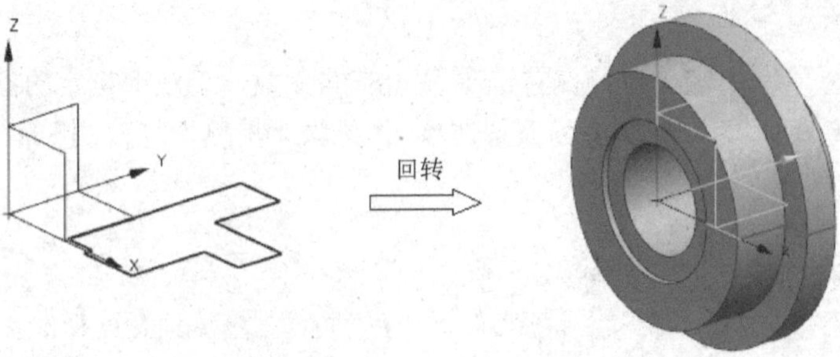

图 4-49　创建回转实体

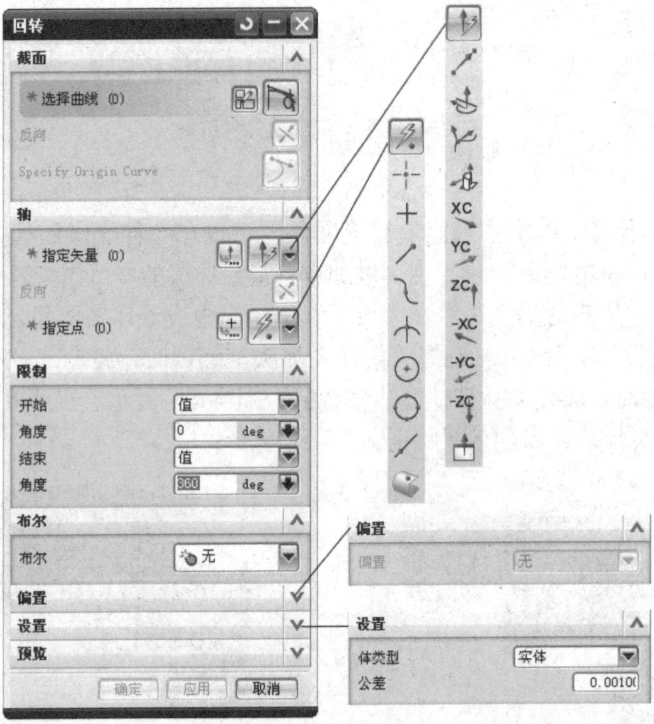

图 4-50　“回转”对话框

下面以一个范例来具体介绍如何创建回转实体特征。

1．新建所需的文件

❶ 在工具栏中单击“新建”按钮，或者在菜单栏中选择“文件”|“新建”命令，系统弹出“新建”对话框。

❷ 在“模型”选项卡的“模板”列表中选择名称为“模型”的模板，在“新文件名”选项组的“名称”文本框中输入“bc_4_hztz”，并指定要保存到的文件夹。

❸ 在“新建”对话框中单击“确定”按钮。

2．创建回转特征

❶ 在“特征”工具栏中单击“回转”按钮，或者在菜单栏中选择“插入”|“设计特征”|“回转”命令，系统弹出“回转”对话框。

② 在“回转”对话框的“截面”选项组中单击“绘制截面”按钮，系统弹出如图 4-51 所示的“创建草图”对话框。

③ 从“类型”下拉列表框中选择“在平面上”选项，在“平面方法”下拉列表框选择“现有平面”选项，选择 *XC-YC* 平面，在“创建草图”对话框中单击“确定”按钮。

④ 确保选中“轮廓”按钮，绘制如图 4-52 所示的闭合图形。

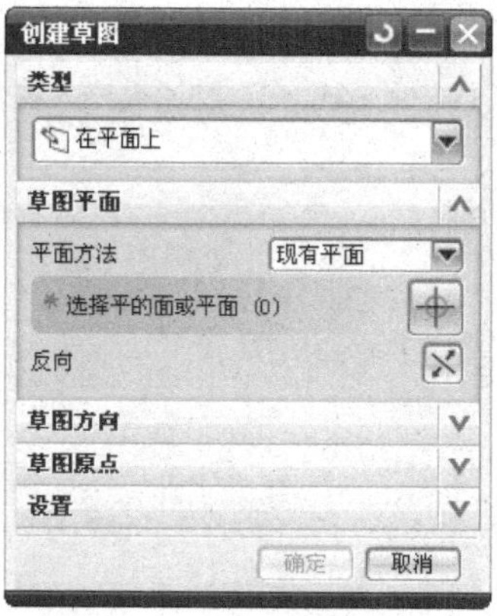

图 4-51 “创建草图”对话框

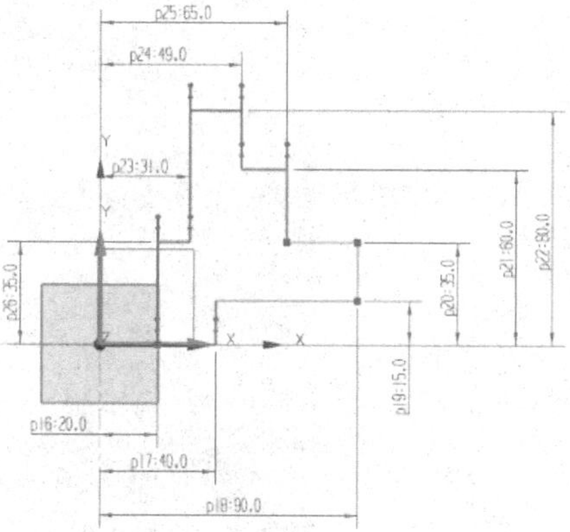

图 4-52 绘制闭合图形

⑤ 单击“完成草图”按钮。

⑥ 选择 *Y* 轴指定矢量，即定义 *Y* 轴作为旋转轴。

⑦ 在“限制”选项组中设置开始角度值为 0，结束角度值为 360，而“布尔”、“偏置”和“设置”选项组中的选项接受默认值，如图 4-53 所示。

⑧ 在“回转”对话框中单击“确定”按钮，创建的回转实体特征如图 4-54 所示。

图 4-53 回转特征的相关设置

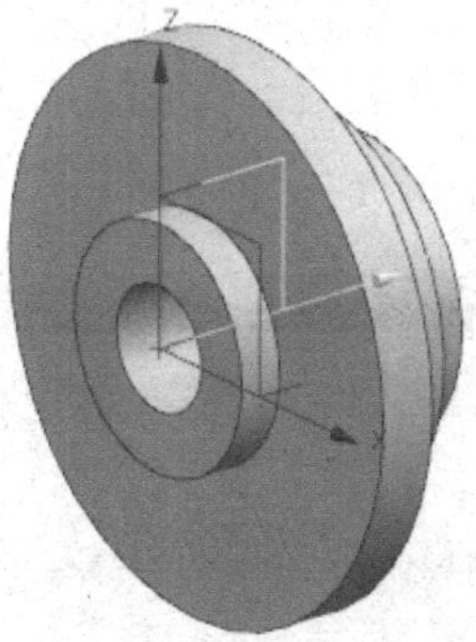

图 4-54 创建回转特征

4.4.3 创建孔特征

孔特征在设计中经常会碰到。要创建孔特征，则可在“特征”工具栏中单击“孔”按钮，或者在菜单栏中选择“插入”|“设计特征”|“孔”命令，打开如图 4-55 所示的“孔”对话框，接着从“类型”下拉列表框选择要创建的孔的类型，包括“常规孔”、“钻形孔”、“螺钉间隙孔”、“螺纹孔”和“孔系列”。设置好孔类型后，一般还要定义孔放置位置、孔方

向、形状和尺寸（或规格）等。

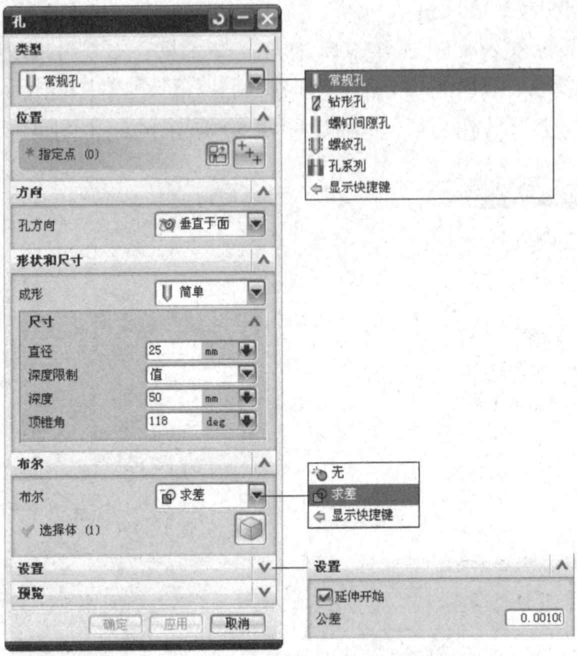

图 4-55 “孔”对话框

- “常规孔”：常规孔的成形方式包括“简单”、“沉头”、“埋头”和“锥形”，如图 4-56 所示。设置好成形方式后，接着在“形状和尺寸”选项组中分别设置相应的参数。
- “钻形孔”：从“类型”下拉列表框中选择“钻形孔”选项时，需要分别定义位置、方向、形状和尺寸、布尔、标准和公差，如图 4-57 所示。

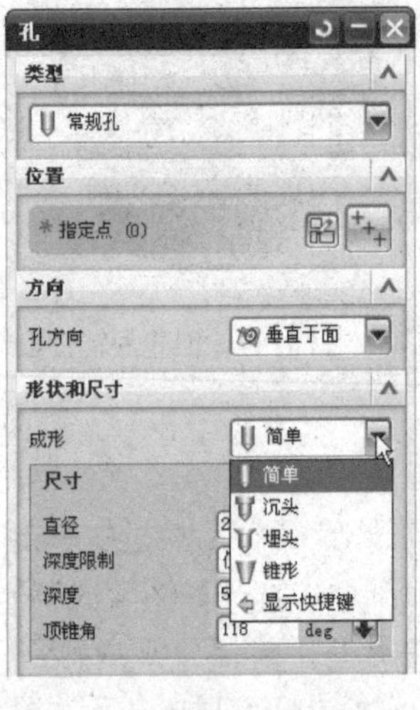

图 4-56 指定常规孔的成形方式

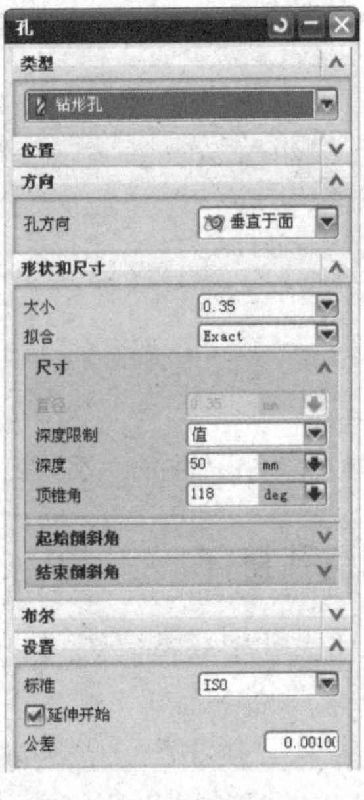

图 4-57 创建钻形孔

- "螺钉间隙孔"：从"类型"下拉列表框中选择"螺钉间隙孔"选项时，需要定义的内容和钻形孔差不多，但细节差异还是存在的，如螺纹间隙孔有自己的形状和尺寸、标准。螺纹间隙孔的成形方式可以有"简单"、"沉头"、"埋头"，如图 4-58 所示。
- "螺纹孔"：螺纹孔是设计中的一种常见连接结构，要创建螺纹孔，除了需要设置位置、方向之外，还要在"设置"选项组的"标准"列表框中选择所需的一种适用标准。在"形状和尺寸"选项组中设置螺纹尺寸、止裂口、起始倒斜角和结束倒斜角等，如图 4-59 所示。

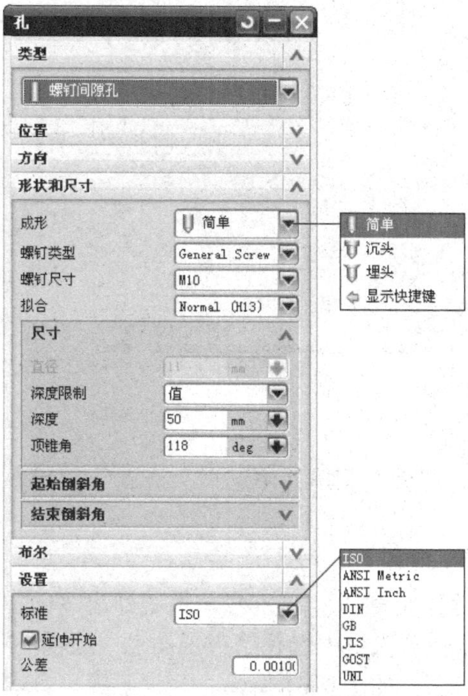

图 4-58 创建螺钉间隙孔

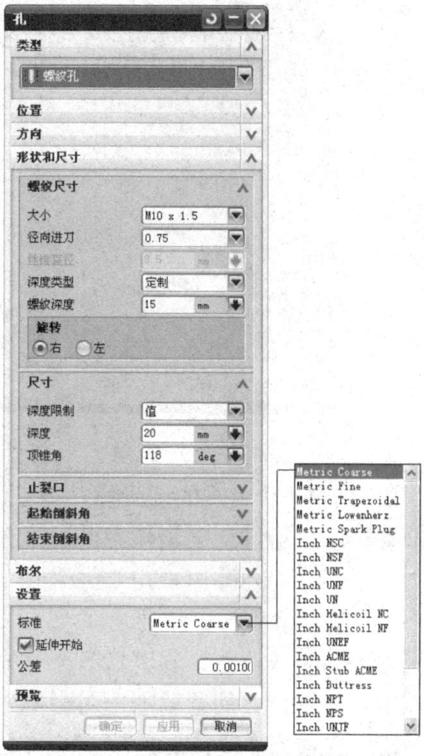

图 4-59 创建螺纹孔

- "孔系列"：从"类型"下拉列表框中选择"孔系列"选项时，除了要设置孔放置位置和方向之外，还需要利用"规格"选项组来分别设置"开始"、"中间"和"结束"3 个选项卡上的内容等，如图 4-60 所示。

下面介绍创建各类孔特征的学习范例，在该范例中要重点学习如何定义孔位置和方向，定义孔形状和尺寸等。

1．打开素材文件

❶ 单击"打开"按钮，或者在菜单栏中选择"文件"|"打开"命令，弹出"打开"对话框。

❷ 选择配套的 bc_4_k.prt 文件，单击"OK"按钮，打开的文件中存在一个用于练习创建孔特征的实体模型。

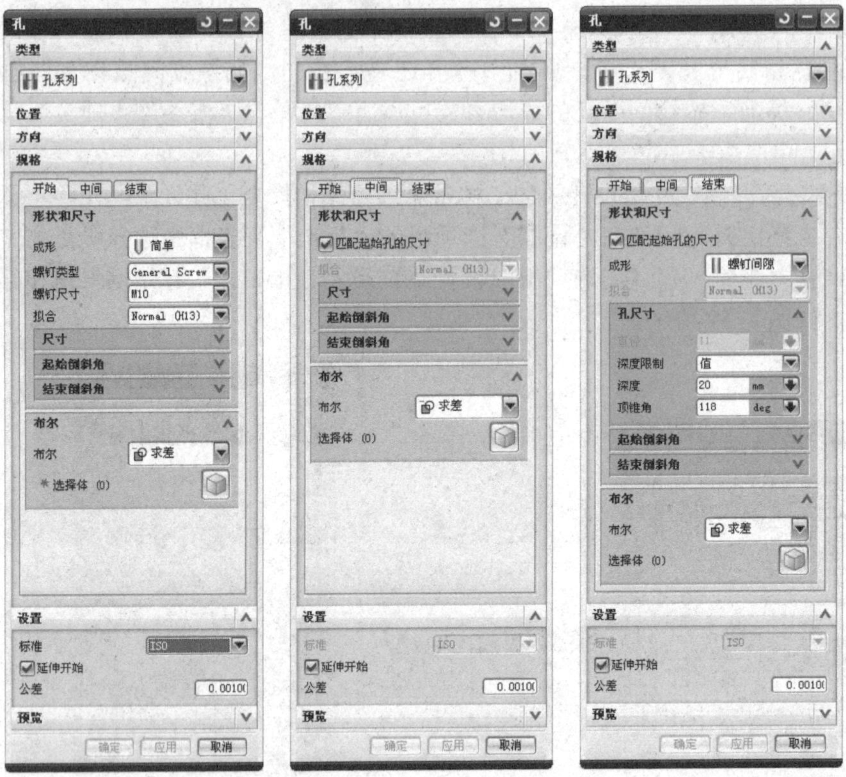

图 4-60　孔系列设置

2. 创建一个常规的沉头孔

① 在“特征”工具栏中单击“孔”按钮，或者在菜单栏中选择“插入”|“设计特征”|“孔”命令，弹出“孔”对话框。

② 在“类型”下拉列表框中选择“常规孔”选项。

③ 指定点位置。在“位置”选项组中单击“绘制截面”按钮，系统弹出“创建草图”对话框。在“创建草图”对话框的“类型”下拉列表框中选择“在平面上”选项，“平面方法”选项为“现有平面”，然后单击模型的上表面，如图 4-61 所示。

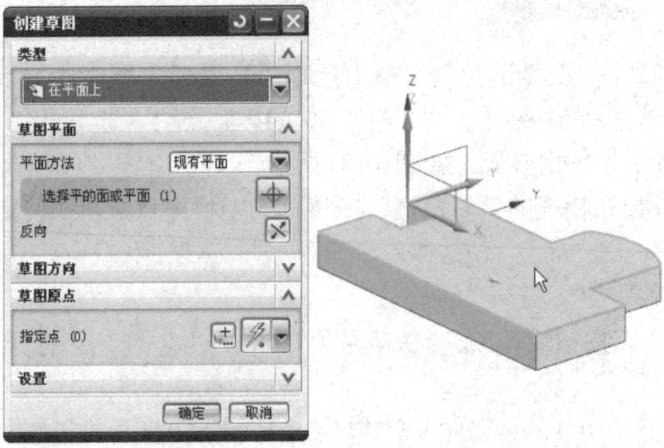

图 4-61　“创建草图”对话框

4 单击“确定”按钮确定草图平面后，系统弹出如图 4-62a 所示的“草图点”对话框。单击“点对话框”按钮，弹出“点”对话框，选择“圆弧中心/椭圆中心/球心”选项，接着单击如图 4-62b 所示的圆弧边线，从而将点位置定义在圆弧中心，然后单击“点”对话框中的“确定”按钮，并在“草图点”对话框中单击“关闭”按钮。

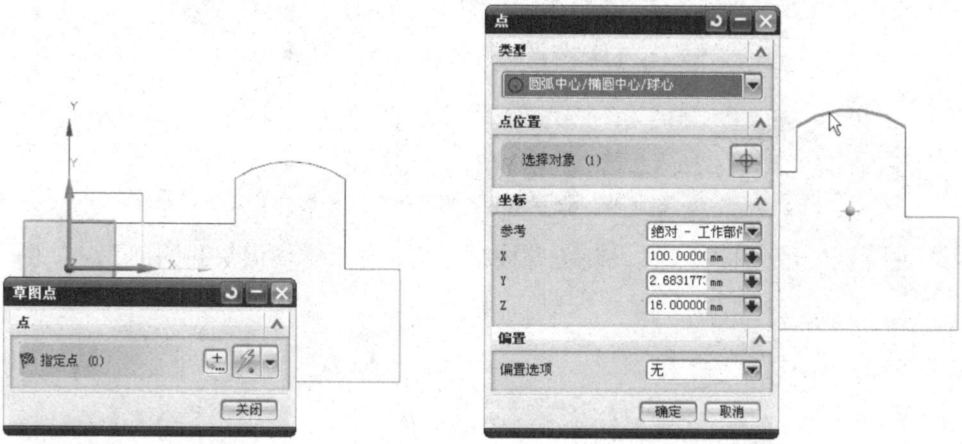

a)　　b)

图 4-62　指定点位置

a)“草图点”对话框　b) 利用“点”对话框定义草图点

说明：用户也可以不使用“点”对话框，而直接在“草图点”对话框中单击“选项展开（下三角）”按钮，接着从弹出的下拉条中单击“圆弧中心/椭圆中心/球心”按钮，如图 4-63 所示，然后单击所需的圆弧边线即可。

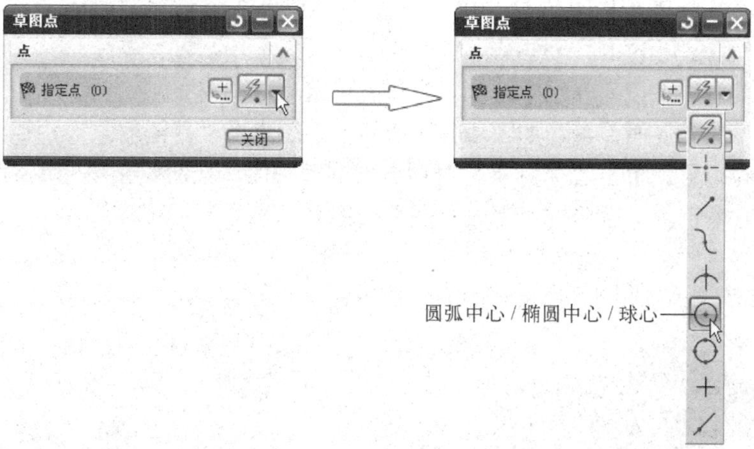

图 4-63　指定草图点技巧

5 单击“完成草图”按钮。

6 孔方向默认为“垂直于面”，在“孔”对话框的“形状和尺寸”选项组中，从“成形”下拉列表框中选择“沉头”选项，接着将沉头孔直径设置为 25mm，沉头孔深度为 6.8mm，直径为 12mm，深度限制选项为“贯通体”，如图 4-64 所示。

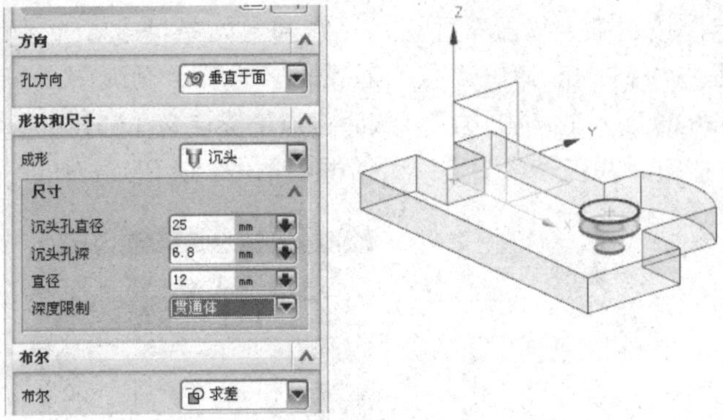

图 4-64　设置沉头孔形状和尺寸参数

❼ 在“孔”对话框中单击“确定”按钮，完成一个常规沉头孔的创建，如图 4-65 所示。

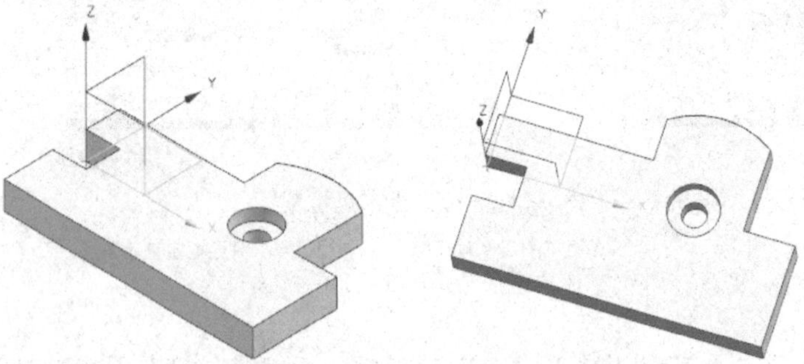

图 4-65　创建常规沉头孔

3. 创建螺纹孔

❶ 在“特征”工具栏中单击“孔”按钮，或者在菜单栏中选择“插入”|“设计特征”|“孔”命令，弹出“孔”对话框。

❷ 在“类型”下拉列表框中选择“螺纹孔”选项。

❸ 在模型的上表面单击，如图 4-66a 所示。系统弹出“草图点”对话框。

❹ 指定点位置。单击“草图点”对话框中的“关闭”按钮，接着修改当前草图点的尺寸，如图 4-66b 所示。然后单击“完成草图”按钮。

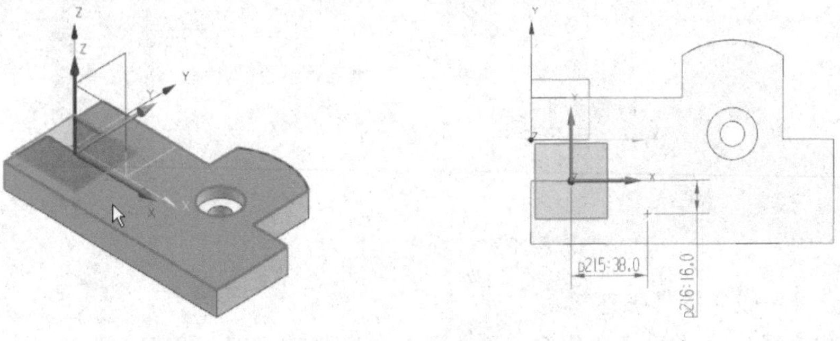

a）　　　　b）

图 4-66　指定点位置

a）在模型的上表面单击　b）修改当前草图点的尺寸

⑤ 返回到“孔”对话框，在“形状和尺寸”选项组中，设置螺纹尺寸规格为 M10×1.5，螺纹深度为 11mm，深度限制选项为“值”，深度为 13.8mm，顶锥角为 118deg，如图 4-67 所示。

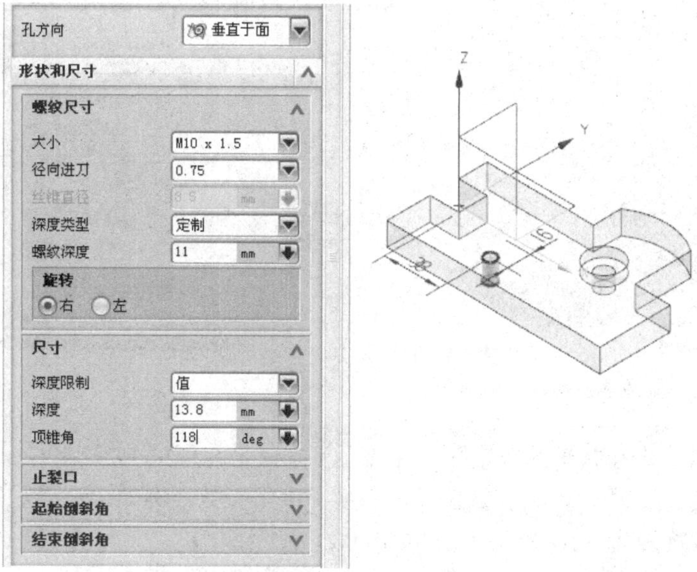

图 4-67　设置螺纹形状和尺寸

⑥ 分别设置启用止裂口、退刀槽倒斜角和结束倒斜角，如图 4-68 所示。

⑦ 在“孔”对话框中单击“确定”按钮，完成的螺纹孔如图 4-69 所示。

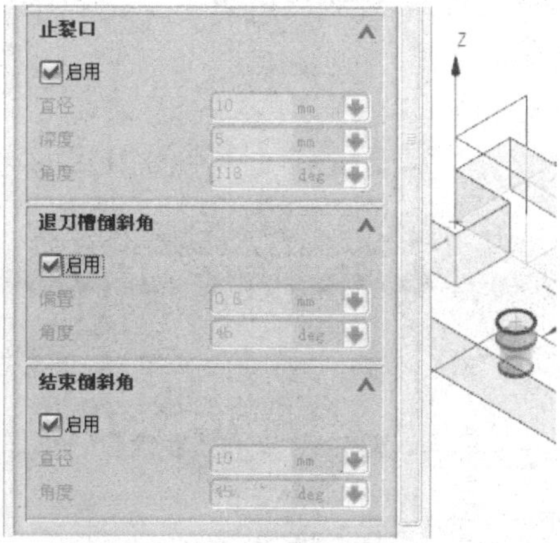

图 4-68　分别勾选相关的复选框

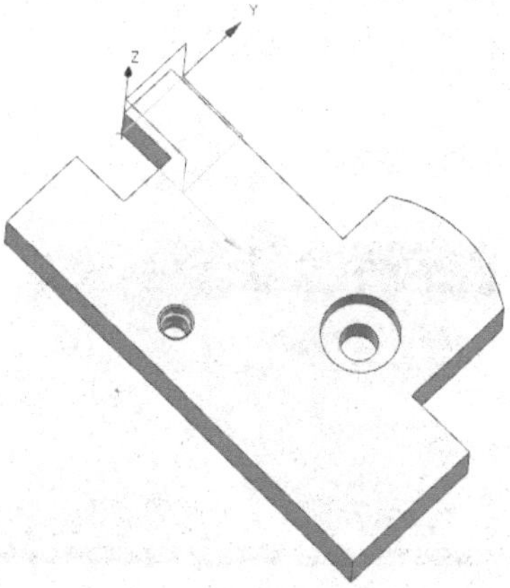

图 4-69　完成创建螺纹孔

说明：读者可以继续在该模型中练习创建其他类型的孔特征。

4.4.4 创建凸台

可以很方便地在实体的平面上添加一个圆柱形凸台，该凸台具有指定直径、高度和锥角的结构。

在零件上设计凸台的典型示例如图 4-70 所示。下面结合该示例（其练习模型文件为 bc_4_tt.prt）介绍创建圆柱形凸台的操作步骤。

❶ 在“特征”工具栏中单击“凸台”按钮，弹出如图 4-71 所示的“凸台”对话框。

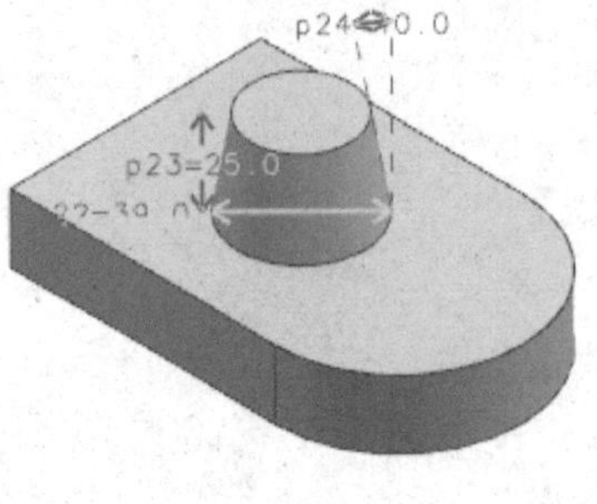

图 4-70　在零件深设计凸台

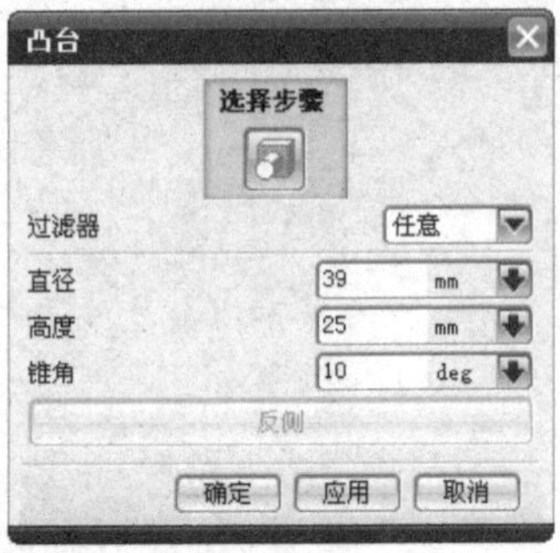

图 4-71　“凸台”对话框

❷ 选择步骤，即选择平的放置面。在该示例中就是在模型中指定凸台的放置面。

❸ 设置凸台的参数，包括设置直径、高度和锥角参数。例如，在该示例中将直径设置为 39mm，高度设置为 25mm，锥角设置为 10deg。

❹ 在“凸台”对话框中单击“确定”按钮或“应用”按钮。

❺ 系统弹出如图 4-72a 所示的“定位”对话框。利用“定位”对话框中的相关定位工具（如“水平”按钮、“竖直”按钮、“平行”按钮、“垂直”按钮、“点到点”按钮、“点到线”按钮）创建所需的定位尺寸来定位凸台。

例如，单击“垂直”按钮，接着在模型中选择所需的边线来创建相应的定位尺寸，并按照设计要求修改相应的尺寸值，如图 4-72b 所示。

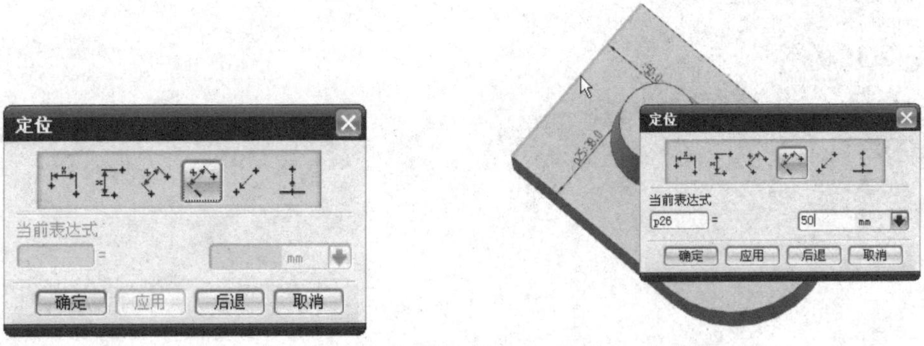

图 4-72　“定位”对话框及其使用

a)“定位”对话框　b) 创建定位尺寸来定位凸台

❻ 设置定位尺寸后，单击“确定”按钮或“应用”按钮。

4.4.5 创建腔体

腔体是指从实体移除材料，或者用沿矢量对截面进行投影生成的面来修改片体。创建腔体结构的示例图如图 4-73 所示。

要在实体模型上创建腔体，则在“特征”工具栏中单击“腔体”按钮，系统弹出“腔体”对话框，如图 4-74 所示。该对话框提供了 3 种腔体的类型按钮，包括“柱坐标系”、“矩形”和“常规”。下面介绍这 3 种腔体的创建知识。

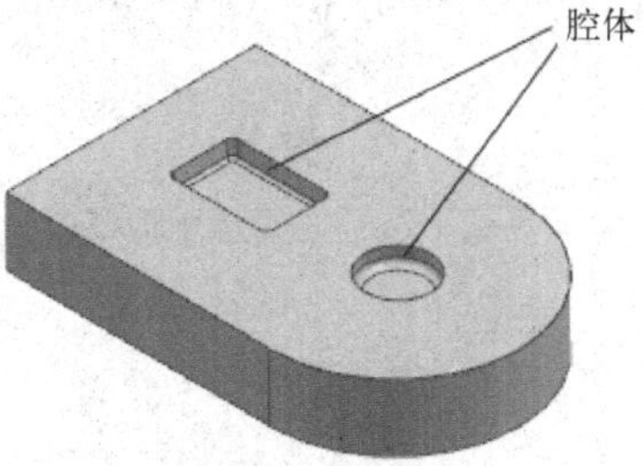

图 4-73　创建腔体

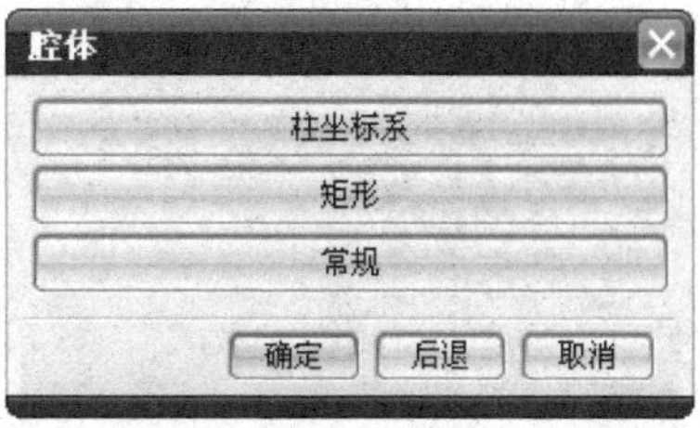

图 4-74　“腔体”对话框

1. “柱坐标系”腔体

在“腔体”对话框中单击“柱坐标系”按钮，打开如图 4-75 所示的“圆柱形腔体”对话框，利用该对话框指定圆柱形腔体的放置面，然后定义圆柱形腔体的参数（包括腔体直径、深度、底面半径和锥角，如图 4-76 所示）以及定位尺寸。

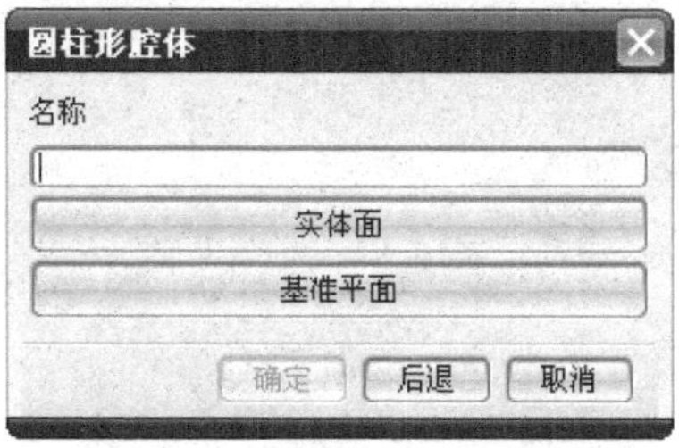

图 4-75　“圆柱形腔体”对话框

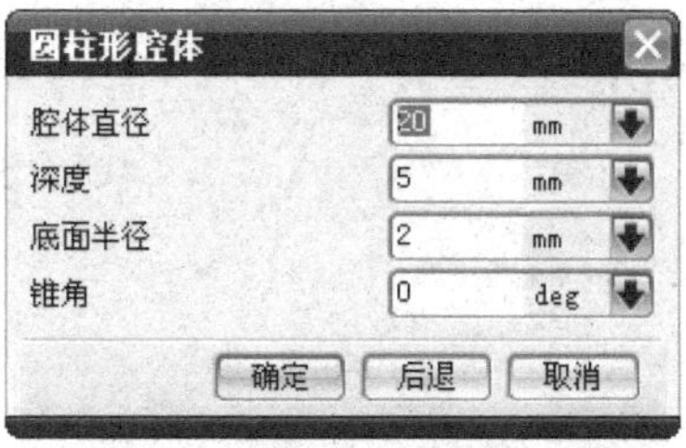

图 4-76　定义圆柱形腔体的参数

2. “矩形”腔体

矩形腔体具有一定长度、宽度、深度、拐角半径、底面半径和锥角参数，如图 4-77 所示。

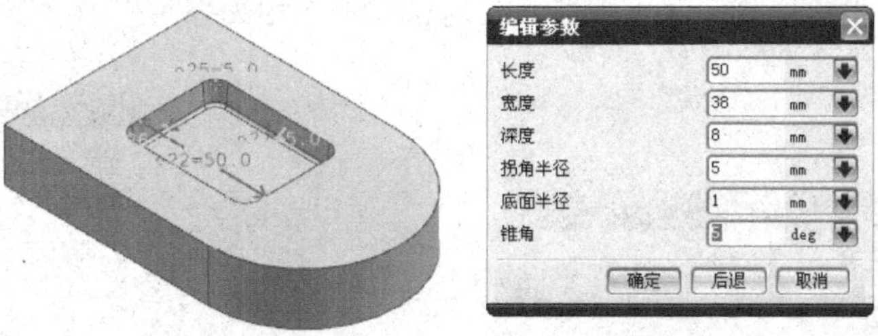

图 4-77　定义矩形腔体及其示例

3. “常规”腔体

常规腔体也称一般腔体，该腔体工具具有比圆柱形腔体和矩形腔体更大的灵活性，例如常规腔体的放置表面可以是任意的自由形状。

在“腔体”对话框中单击“常规”按钮，打开如图 4-78 所示的“常规腔体”对话框，从中定义该类腔体的相关参数及选项。

自学范例：在一个长方体模型上创建一个腔体。范例步骤如下。

1 在一个新建的模型文件中创建一个长为 200mm、宽为 100mm，高为 30mm 的长方体模型，如图 4-79 所示。

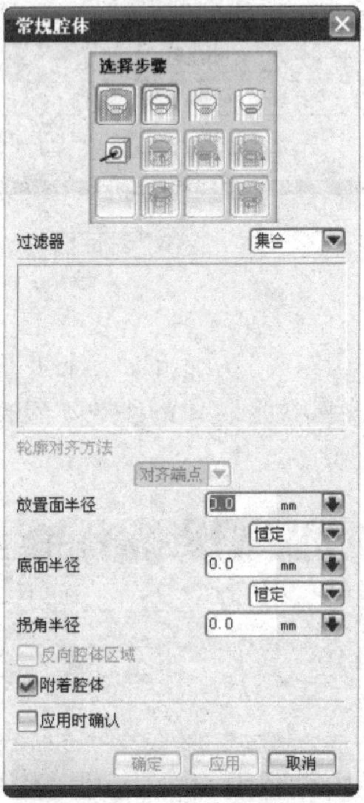

图 4-78 “常规腔体”对话框

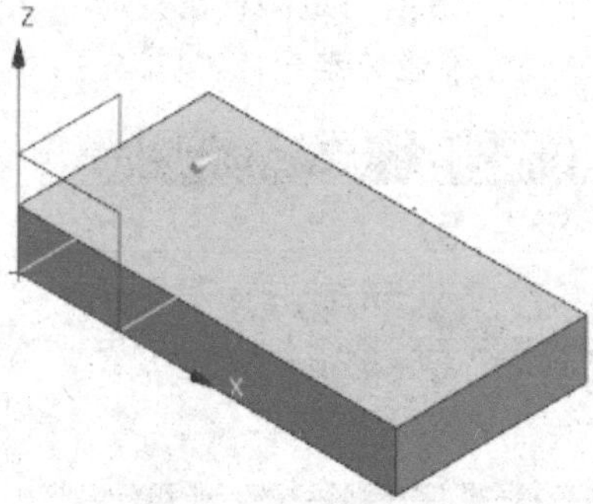

图 4-79 创建长方体模型

2 在“特征”工具栏中单击“腔体”按钮，系统弹出“腔体”对话框。

3 在“腔体”对话框中单击“矩形”按钮，弹出“矩形腔体”对话框。

4 选择如图 4-80 所示的实体面作为矩形腔体的放置面，接着选择如图 4-81 所示的边线作为水平参照。也可以利用“水平参考”对话框中的相关按钮来辅助定义水平参照。

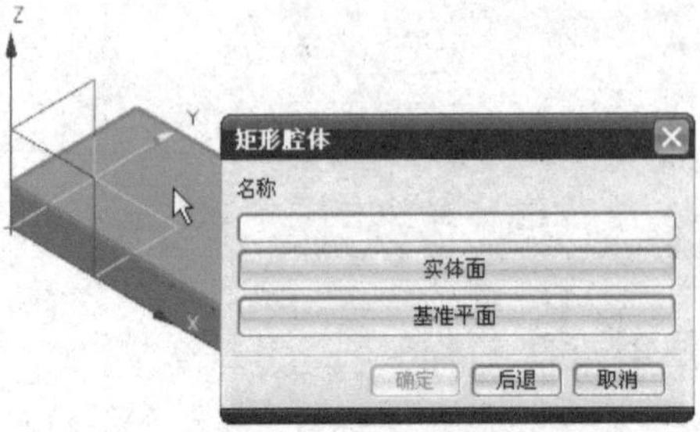

图 4-80 指定矩形腔体的放置平面

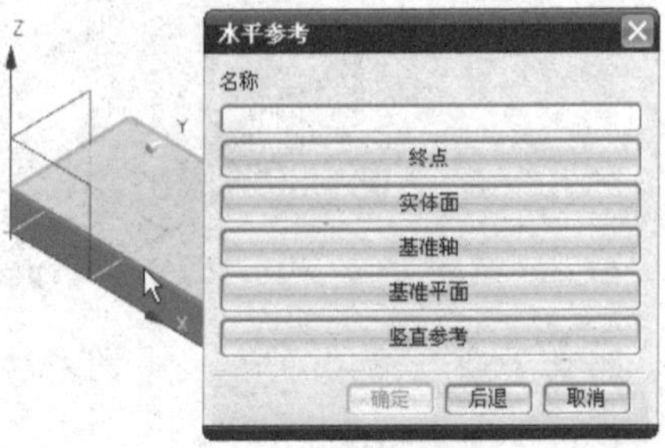

图 4-81 定义水平参照

5 系统弹出用于定义矩形腔体参数的“矩形腔体”对话框，在该对话框中分别设置如图 4-82 所示的参数，然后单击“确定”按钮。

6 在弹出的如图 4-83 所示的“定位”对话框中单击“垂直”按钮，系统提示选择目标边/基准。

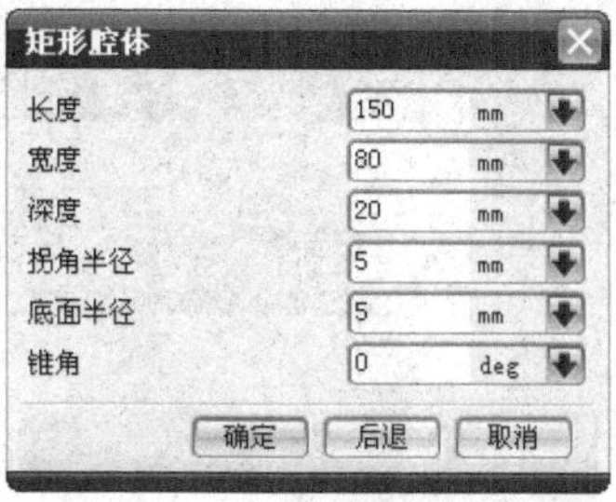

图 4-82 “矩形腔体”对话框

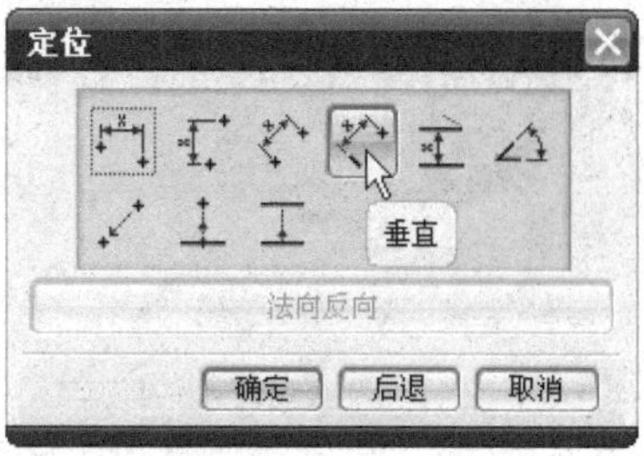

图 4-83 “定位”对话框

选择如图 4-84a 所示的长方体模型的一条边线，接着系统提示选择工具边，在该提示下选择如图 4-84b 所示的参考中心线定义工具边。

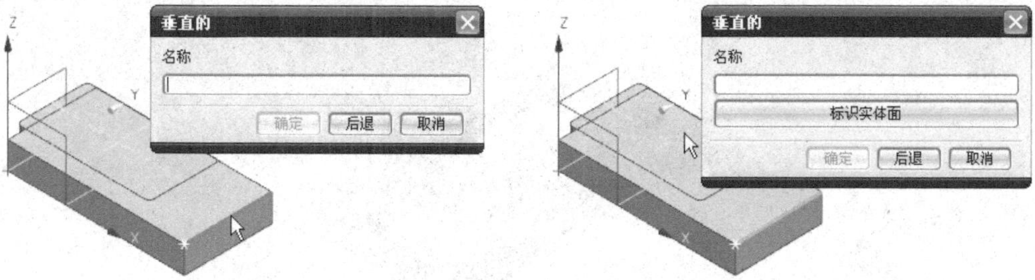

a) b)

图 4-84 使用“垂直”尺寸工具选择对象来创建定位尺寸

a) 选择目标边/基准 b) 选择工具边

在出现的“创建表达式”对话框的尺寸框中将该定位尺寸值修改为 100mm，如图 4-85 所示。然后单击“创建表达式”对话框中的“确定”按钮。

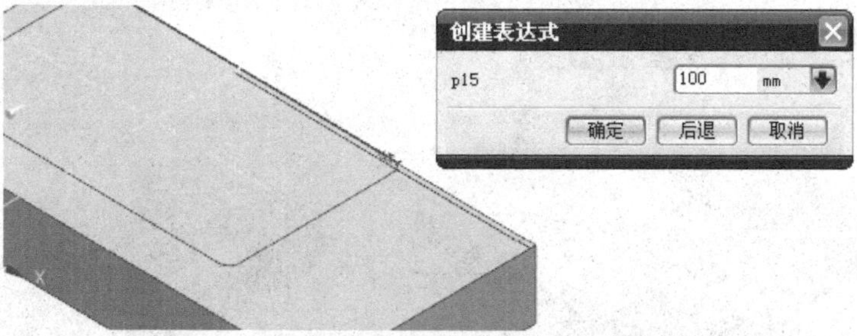

图 4-85 利用“创建表达式”对话框修改定位尺寸

7 返回到“定位”对话框，单击“垂直”按钮，接着选择如图 4-86a 所示的目标边，并选择如图 4-86b 所示的工具边，然后在出现的“创建表达式”对话框中将尺寸值修改为 50mm，如图 4-86c 所示。在“创建表达式”对话框中单击“确定”按钮。

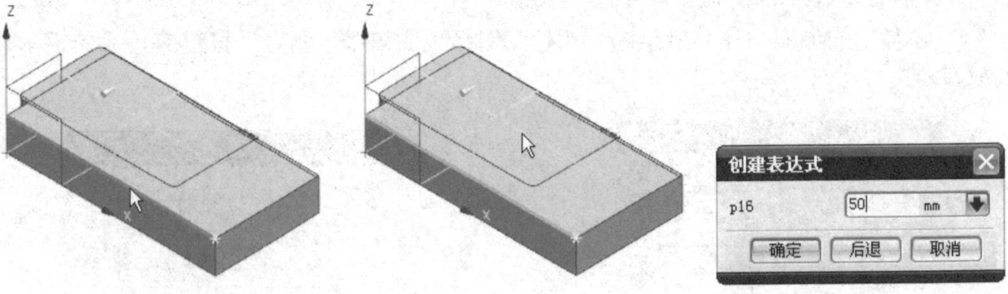

a) b) c)

图 4-86 使用“垂直”尺寸工具选择对象来创建定位尺寸

a) 选择目标边/基准 b) 选择工具边 c) 修改定位尺寸

8 在“定位”对话框中单击“确定”按钮，然后关闭“矩形腔体”对话框。完成创建的矩形腔体如图 4-87 所示。

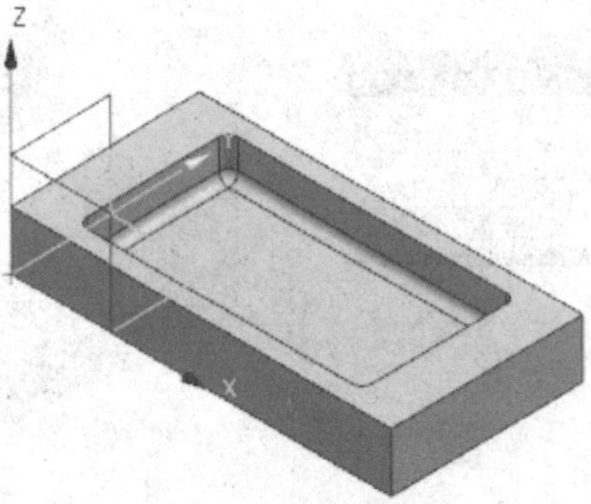

图 4-87 完成创建的矩形腔体

4.4.6 创建垫块

垫块是向实体添加材料，或用沿矢量对截面进行投影生成的面来修改片体。创建垫块的示例如图 4-88 所示。

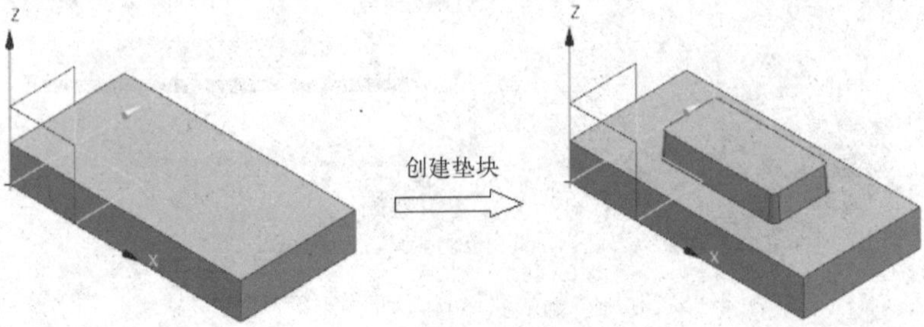

图 4-88 创建垫块

垫块也分成两种，一种是矩形垫块，另一种则是常规垫块（一般垫块），前者比较简单且规则，后者则比较复杂但灵活。

在这里主要介绍在实体中创建矩形垫块，其一般操作方法如下。

① 在“特征”工具栏中单击“垫块”按钮，打开如图4-89所示的“垫块”对话框。

② 在“垫块”对话框中选择垫块的类型：“矩形”或“常规”。在这里选择“垫块”的类型为“矩形”。

③ 选择放置平面或基准面，接着选择水平参考。

④ 在“矩形垫块”对话框中设置长度、宽度、高度、拐角半径和锥角参数，如图4-90所示，然后单击“确定”按钮。

⑤ 系统弹出如图 4-91 所示的“定位”对话框，利用该对话框的工具来辅助创建定位尺寸，从而在实体模型中创建垫块。

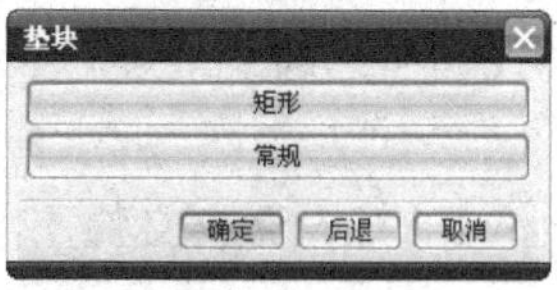

图 4-89 “垫块”对话框

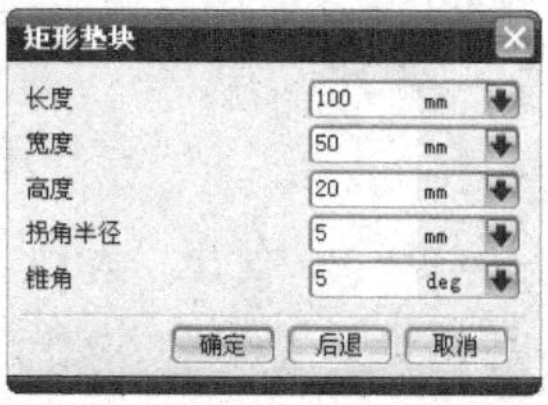

图 4-90 “矩形垫块”对话框

图 4-91 “定位”对话框

常规垫块的难度在于形状控制和安放面定义上，它的安放面可以是曲面。要创建常规垫块，则在“垫块”对话框中单击“常规”按钮，打开“常规垫块”对话框，利用该对话框来定义常规垫块，如图4-92所示。

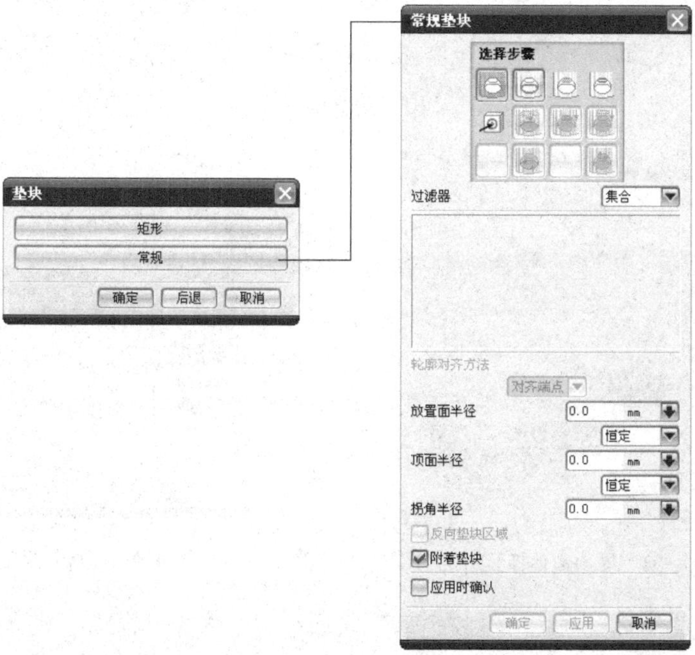

图 4-92 创建常规垫块

4.4.7 创建螺纹

使用“插入”|“设计特征”|“螺纹”命令，或者在“特征”工具栏中单击“螺纹”按钮，可以将符号或详细螺纹添加到实体的圆柱面。此类螺纹特征的螺纹类型分为两种，一种是符号螺纹，另一种是详细螺纹，前者用符号来表示螺纹，后者则在实体模型上构造真实样式的详细螺纹效果。

下面以一个范例来介绍如何创建详细螺纹特征，而符号螺纹的创建过程也类似。

1. 打开素材文件

1 单击“打开”按钮，或者在菜单栏中选择“文件”|“打开”命令，弹出“打开”对话框。

2 选择配套的 bc_4_lw.prt 文件，单击“OK”按钮，打开的文件中存在着如图 4-93 所示的实体模型。

2. 创建详细螺纹

1 在菜单栏中选择“插入”|“设计特征”|“螺纹”命令，或者在“特征”工具栏中单击“螺纹”按钮，系统弹出如图 4-94 所示的“螺纹”对话框。

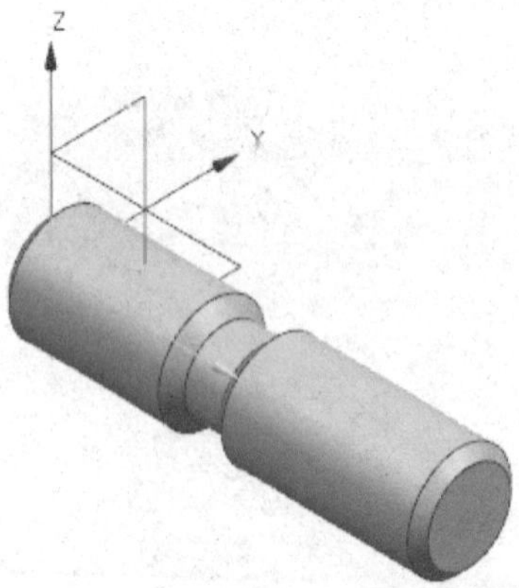

图 4-93 原始实体模型

图 4-94 “螺纹”对话框

2 在“螺纹”对话框的“螺纹类型”选项组中，选择“详细”单选按钮，此时“螺纹”对话框中的内容如图 4-95 所示。

3 系统提示选择一个圆柱面。在模型中选择如图 4-96 所示的圆柱面。

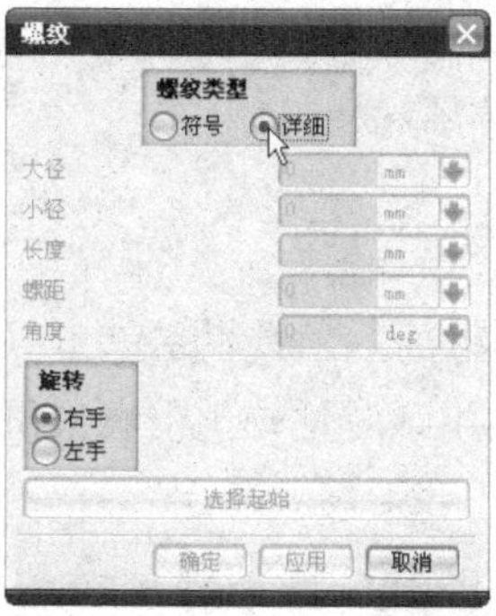

图 4-95 选择“详细”单选按钮

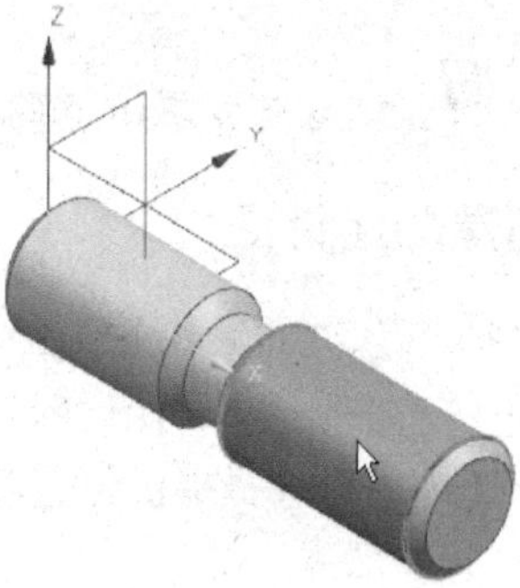

图 4-96 选择圆柱面

4. 系统提示选择起始面。在模型中选择如图 4-97 所示的端面作为螺纹的起始面（鼠标指针所指）。

5. 显然，螺纹轴线生成方向不是所需要的，需要反向螺纹轴向。此时在“螺纹”对话框中单击“螺纹轴反向”按钮，使螺纹轴满足设计要求，如图 4-98 所示。然后单击“确定”按钮。

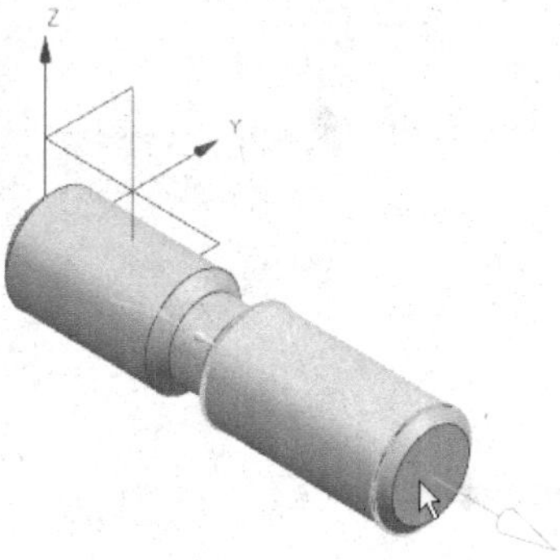

图 4-97 选择端面作为螺纹的起始面

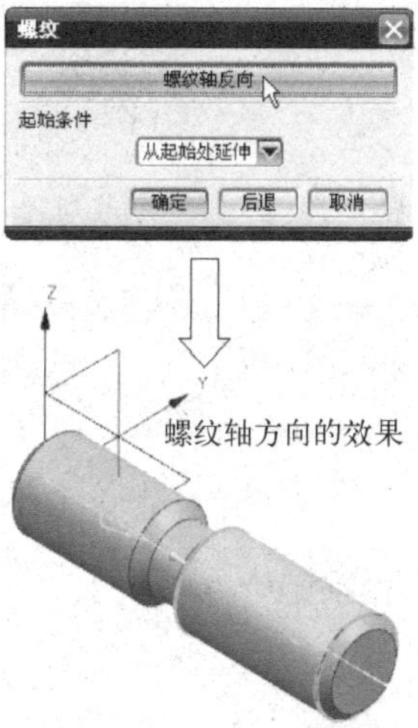

图 4-98 反向螺纹轴

6. 分别设置螺纹小径、长度、螺距和角度等，如图 4-99 所示。

7. 在“螺纹”对话框中单击“确定”按钮，创建的详细螺纹如图 4-100 所示。

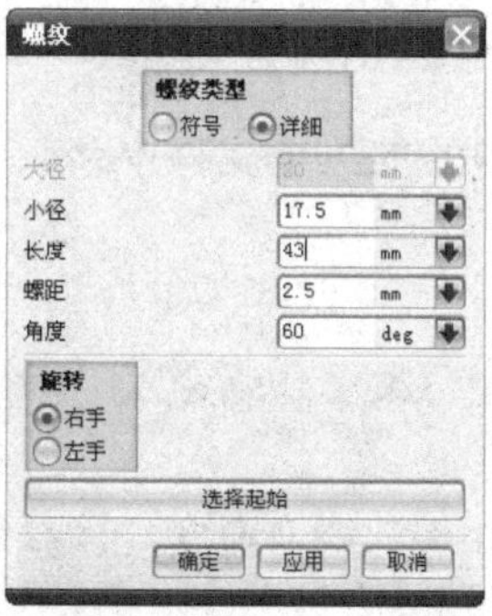

图 4-99 设置螺纹参数

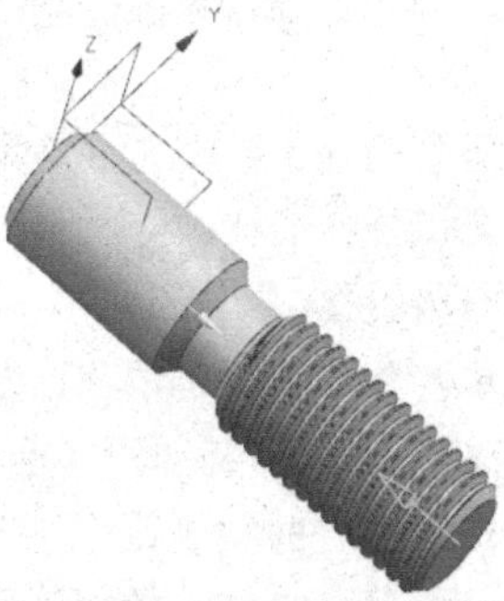

图 4-100 创建详细螺纹

说明：读者可以在该范例模型中继续练习创建符号螺纹特征。

4.4.8 创建凸起特征

使用“插入”|“设计特征”|“凸起”命令，或者在“特征”工具栏中单击“凸起”按钮，系统将打开如图 4-101 所示的“凸起”对话框，利用该对话框用沿着矢量投影截面形成的面修改体可以选择端盖位置和形状。

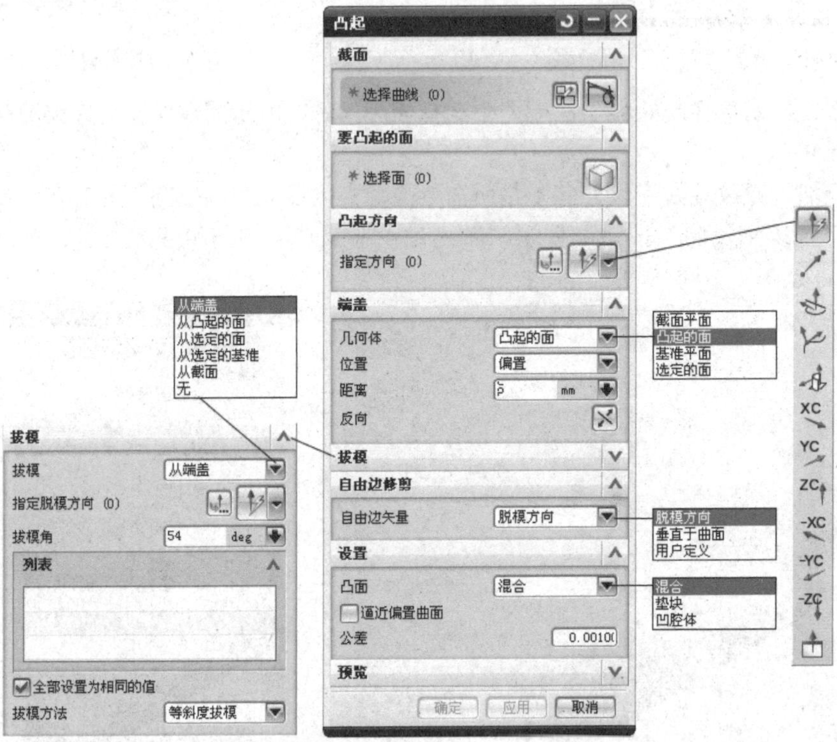

图 4-101 “凸起”对话框

下面以一个范例来介绍如何创建凸起特征，具体的操作步骤如下。

1．打开素材文件

❶ 单击“打开”按钮，或者在菜单栏中选择“文件”|“打开”命令，弹出“打开”对话框。

❷ 选择配套的 bc_4_tq.prt 文件，单击“OK”按钮，打开的文件中存在着如图 4-102 所示的实体模型和草图曲线。

2．创建凸起特征

❶ 在菜单栏中选择“插入”|“设计特征”|“凸起”命令，或者在“特征”工具栏中单击“凸起”按钮，系统弹出“凸起”对话框。

❷ 在选择条的“曲线规则”下拉列表框中选择“相连曲线”命令，接着在绘图区单击曲线中的任意一段，以选中整条相连曲线，如图 4-103 所示。

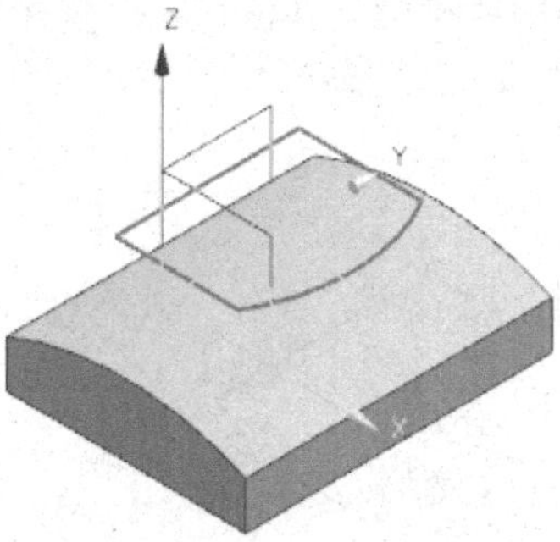

图 4-102　已有的实体模型与曲线

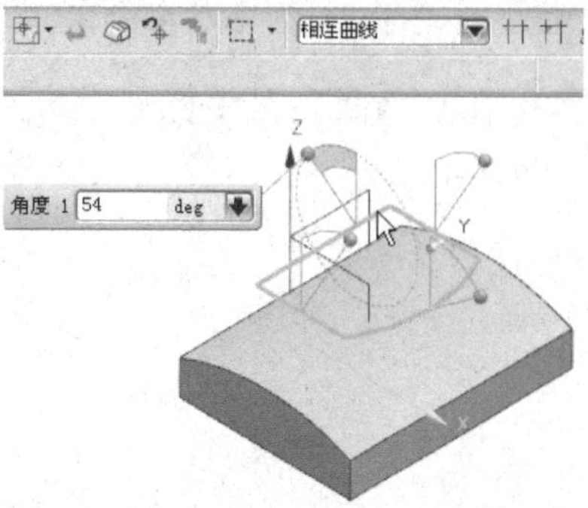

图 4-103　选择截面曲线

3 在“凸起”对话框的“要凸起的面”选项组中单击“要凸起的面”按钮，选择如图 4-104 所示的实体曲面，同时默认凸起方向。

4 展开“端盖”选项组，从“几何体”下拉列表框中选择“凸起的面”选项，从“位置”下拉列表框中选择“偏置”选项，在“距离”文本框中输入“5”，如图 4-105 所示。

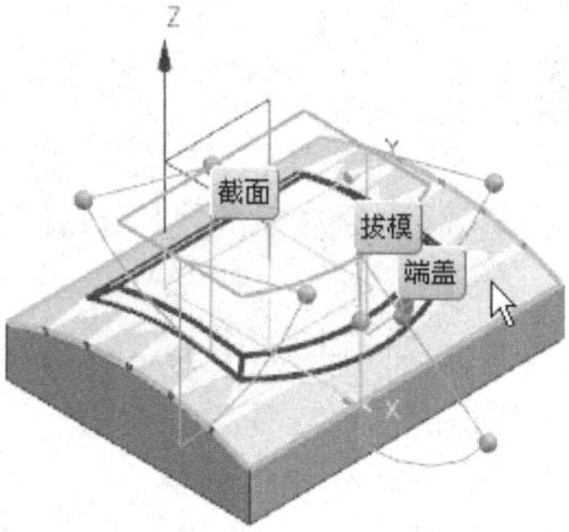

图 4-104　选择要凸起的曲面

图 4-105　设置端盖选项及参数

5 展开“拔模”选项组，从“拔模”下拉列表框中选择“从端盖”选项，取消勾选“全部设置为相同的值”复选框，拔模方法为“真实拔模”，从拔模列表中选择相应的拔模角度，并修改其各自的拔模角度，如图 4-106 所示。

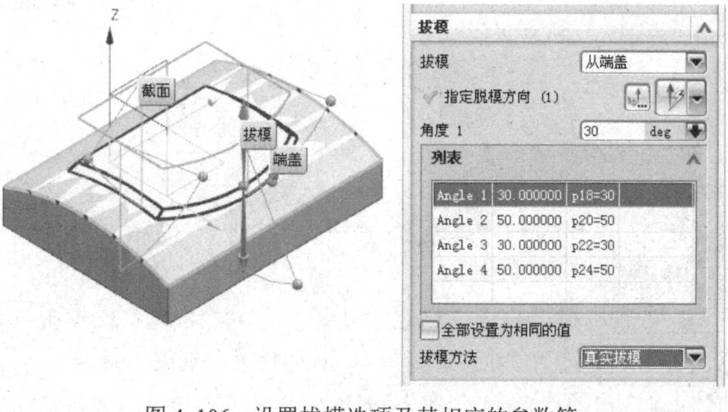

图 4-106　设置拔模选项及其相应的参数等

❻ 分别设置“自由边修剪”选项组和“设置”选项组中的选项，如图 4-107 所示。

❼ 在“凸起”对话框中单击“确定”按钮，完成创建该凸起特征后的模型效果如图 4-108 所示。

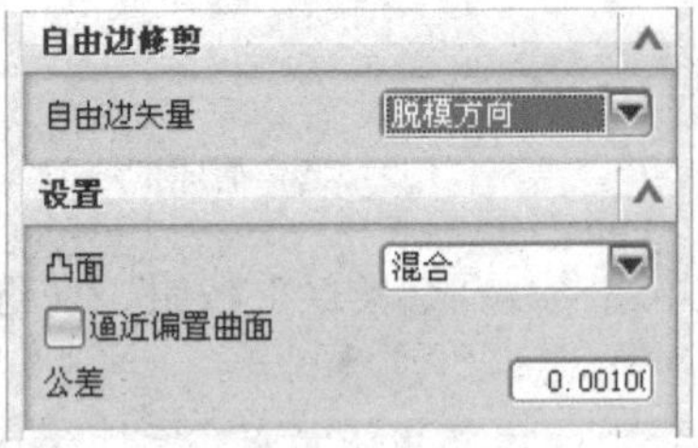

图 4-107　设置自由边修剪

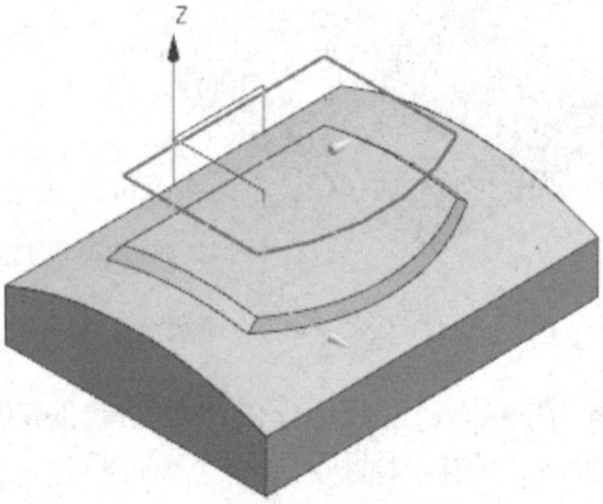

图 4-108　完成创建凸起特征

4.5　实体特征建模综合实战范例

本节介绍一个实体建模综合范例，目的是使读者更好地掌握实体特征建模的思路方法与设计技巧。

本范例要完成的模型为一个轴零件，其完成的模型效果如图 4-109 所示。在该范例中，主要应用到回转、孔、基准平面、拉伸和螺纹特征等。

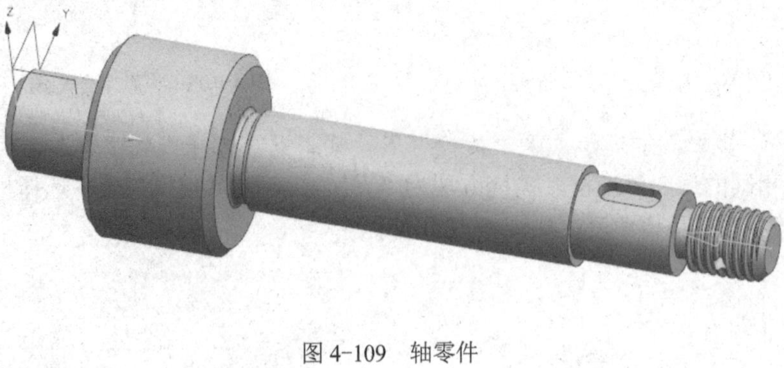

图 4-109　轴零件

该轴零件的设计方法和步骤如下。

1．新建所需的文件

❶ 在工具栏中单击“新建”按钮，或者在菜单栏中选择“文件”|“新建”命令，系统弹出“新建”对话框。

❷ 在“模型”选项卡的“模板”列表中选择名称为“模型”的模板，在“新文件名”选项组的“名称”文本框中输入“bc_4fl_z”，并指定要保存到的文件夹。

❸ 在“新建”对话框中单击“确定”按钮。

2. 创建回转特征

❶ 在“特征”工具栏中单击“回转”按钮，或者在菜单栏中选择“插入”|“设计特征”|“回转”命令，系统弹出“回转”对话框。

❷ 在“回转”对话框的“截面”选项组中单击“绘制截面”按钮，系统弹出“创建草图”对话框。

❸ 从“类型”下拉列表框中选择“在平面上”选项，在“平面方法”下拉列表框选择“创建平面”选项，从如图4-110所示的下拉列表框中选择“XC-YC平面”图标选项，在“创建草图”对话框中单击“确定”按钮。

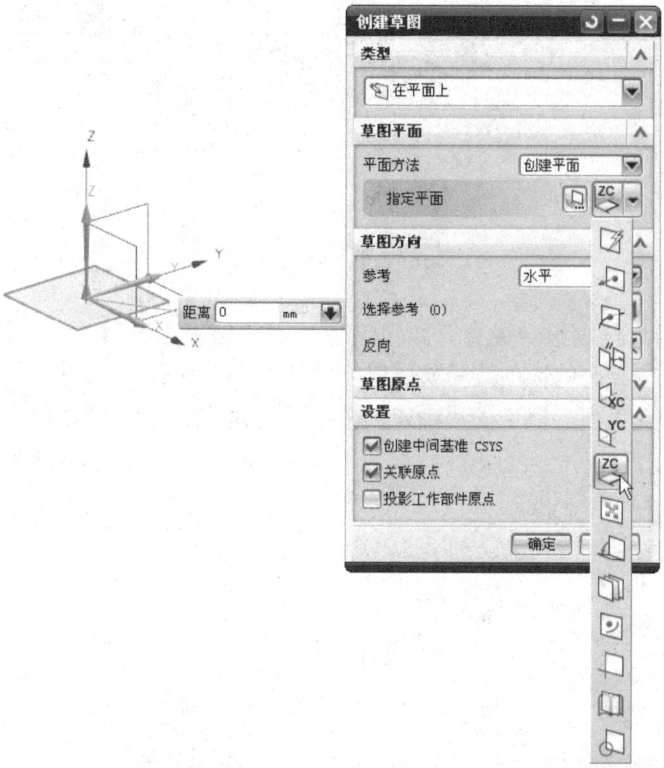

图4-110 指定平草图平面

❹ 确保（轮廓）按钮处于默认被选中的状态，绘制如图4-111所示的闭合图形。

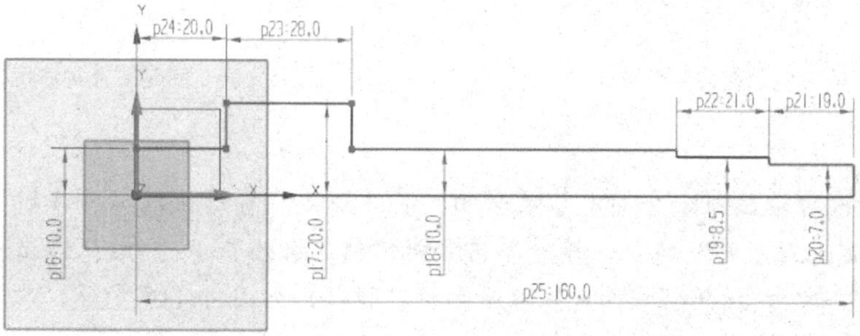

图4-111 绘制闭合图形

5 单击“完成草图”按钮。

6 定义旋转轴。选择 X 基准轴或如图 4-112 所示的长线段为旋转轴矢量。

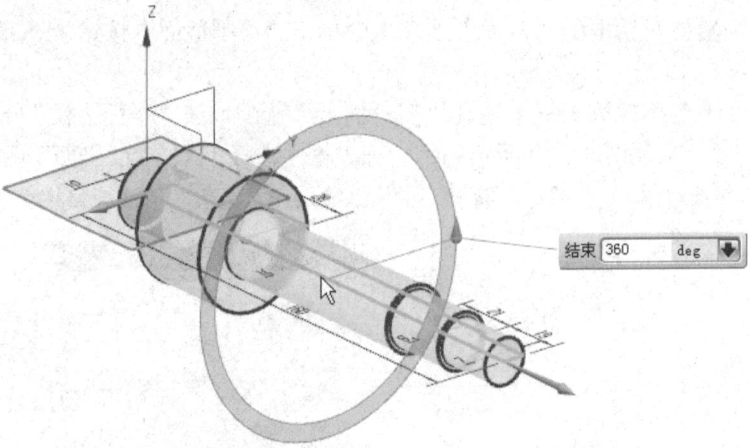

图 4-112　定义旋转轴

7 在“限制”选项组中设置开始角度值为 0，结束角度值为 360，而“布尔”、“偏置”和“设置”选项组中的选项接受默认值，如图 4-113 所示。

8 单击“回转”对话框中的“确定”按钮，创建的回转实体特征如图 4-114 所示。

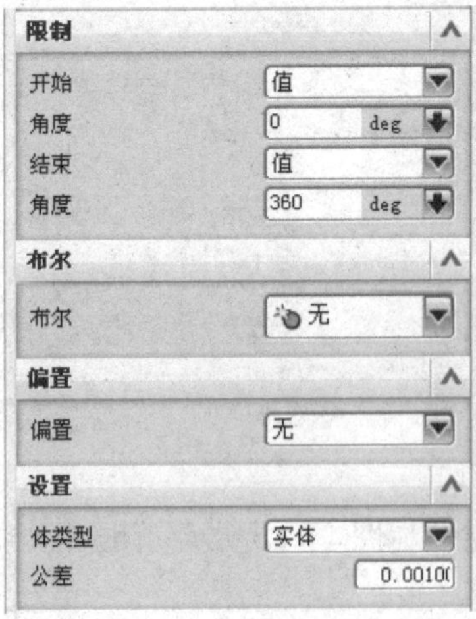

图 4-113　回转实体相关参数设置

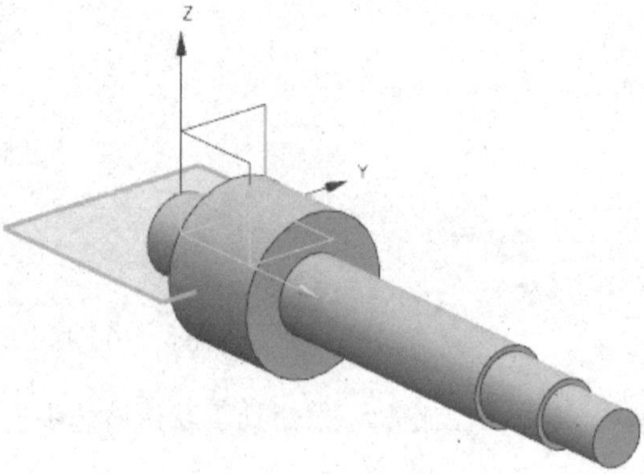

图 4-114　创建回转实体特征

说明：可以隐藏一个固定基准平面，其方法是在资源区的部件导航器列表中选择要隐藏的“固定基准平面”特征，接着单击鼠标右键（即右击），然后从弹出来的快捷菜单中选择“隐藏”命令，从而将该固定基准平面特征隐藏，如图 4-115 所示。在实际设计中，其他特征的隐藏方法也可以采用如此操作。

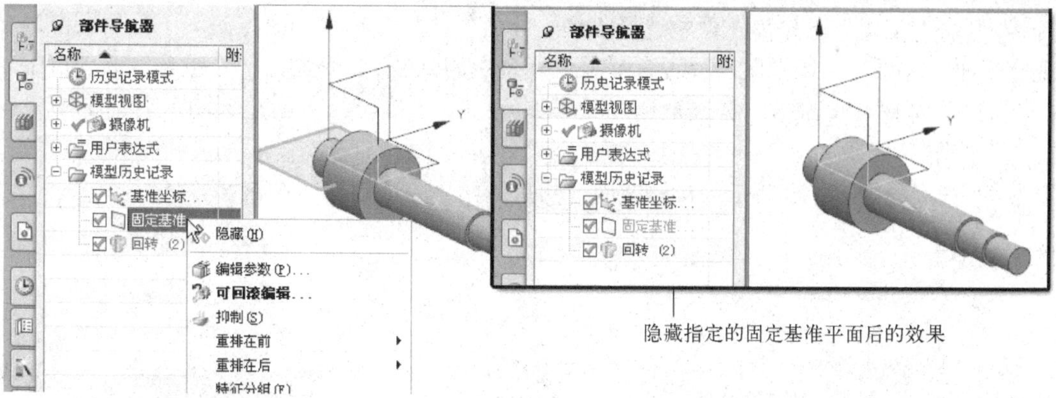

图 4-115　隐藏指定的固定基准平面

3. 创建倒斜角特征

❶ 在菜单栏中选择“插入”|“细节特征”|“倒斜角”命令，或者在“特征”工具栏中单击“倒斜角”按钮，系统弹出“倒斜角”对话框。

❷ 在“倒斜角”对话框中，从“偏置”选项组的“横截面”下拉列表框中选择“对称”选项，在“距离”文本框中输入“2”，在“设置”选项组的“偏置方法”下拉列表框中选择“沿面偏置边”选项，如图 4-116 所示。

❸ 选择要倒斜角的边，如图 4-117 所示。

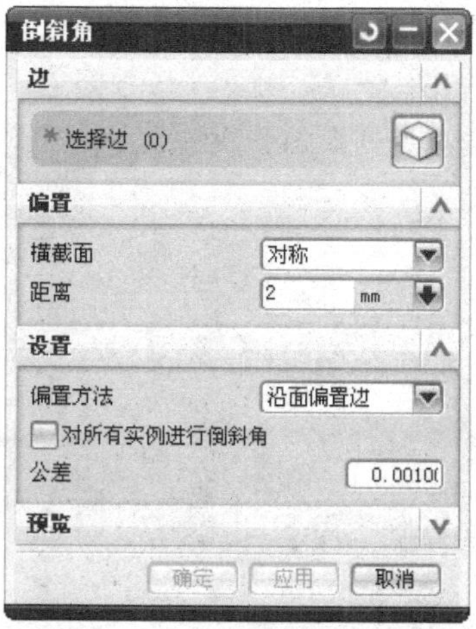

图 4-116 “倒斜角”对话框

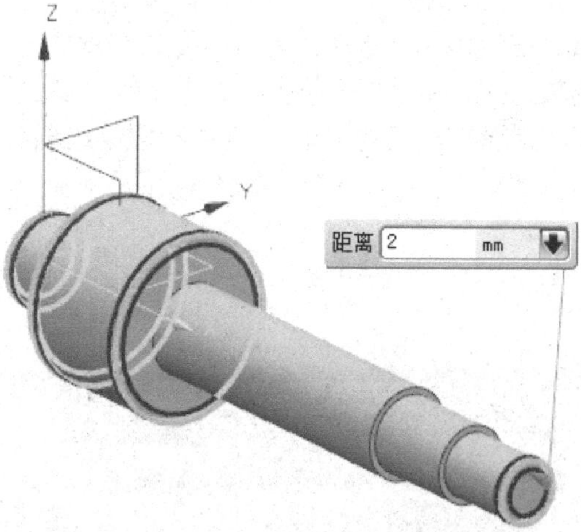

图 4-117　选择要倒斜角的边

❹ 在“倒斜角”对话框中单击“确定”按钮。

4. 以旋转的方式构建退刀槽和 U 形槽

❶ 在“特征”工具栏中单击“回转”按钮，或者在菜单栏中选择“插入”|“设计特征”|“回转”命令，系统弹出“回转”对话框。

❷ 在“回转”对话框的“截面”选项组中单击“绘制截面”按钮，系统弹出“创建草图”对话框。

3 从“类型”下拉列表框中选择“在平面上”选项，在“平面方法”下拉列表框选择“现有平面”选项，在绘图区选择现有基准坐标系中的 *XC-YC* 平面，在“设置”选项组中勾选“创建中间基准 CSYS”复选框和“关联原点”复选框。在“创建草图”对话框中单击“确定”按钮。

4 绘制如图 4-118 所示的旋转截面，然后单击“完成草图”按钮。

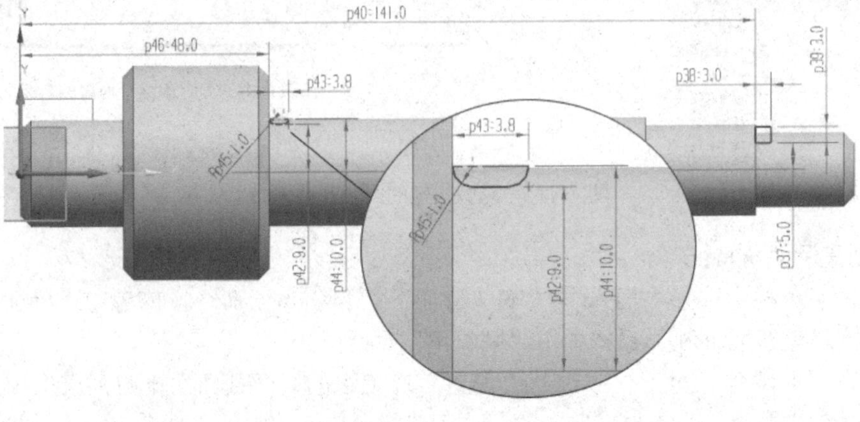

图 4-118 绘制旋转截面

5 系统提示选择对象以自动判断矢量，在现有基准坐标系中选择 *X* 轴，如图 4-119 所示（可使用“快速拾取”对话框来辅助选择）。

6 在“限制”选项组中设置开始角度为 0deg，设置结束角度为 360deg。接着在“布尔”选项组的“布尔”下拉列表框中选择“求差”选项，如图 4-120 所示。在“偏置”选项组设置“偏置”选项为“无”，在“设置”选项组中设置“体类型”为“实体”。

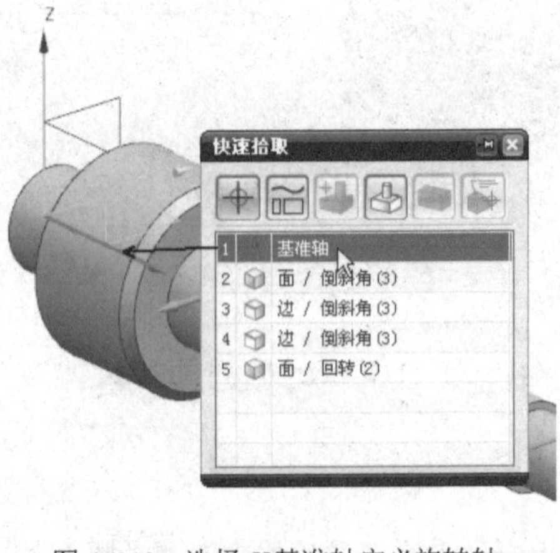

图 4-119 选择 *X* 基准轴定义旋转轴

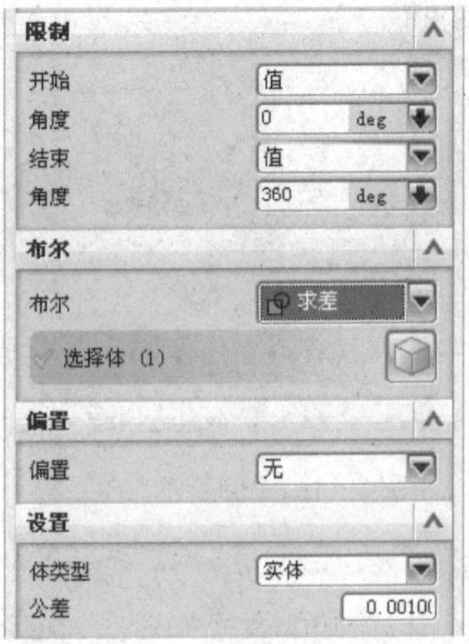

图 4-120 设置“布尔”选项为“求差”

7 在“回转”对话框中单击“确定”按钮，完成创建的回转切除结果如图 4-121 所示。

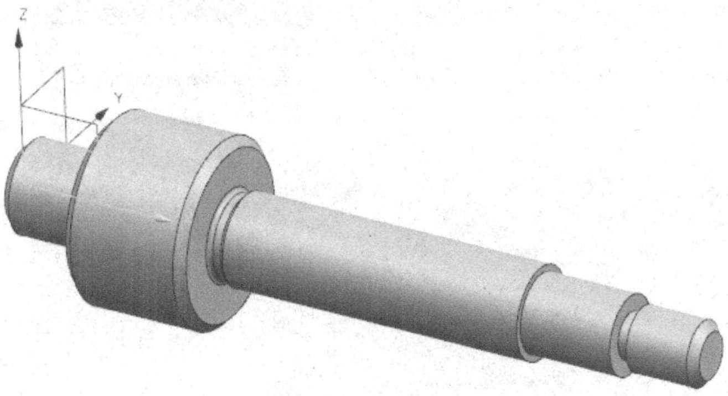

图 4-121　创建矩形槽和 U 形槽

5. 创建基准平面

❶ 在工具栏中单击“基准平面”按钮，或者在菜单栏中选择“插入”|“基准/点”|“基准平面”命令，打开“基准平面”对话框。

❷ 从“类型”下拉列表框中选择“自动判断”，选择坐标系中的 *XC-YC* 基准面作为参照对象，设置偏置距离为 6mm，平面的数量为 1，如图 4-122 所示。

❸ 在“基准平面”对话框中单击“确定”按钮，创建的基准平面如图 4-123 所示。

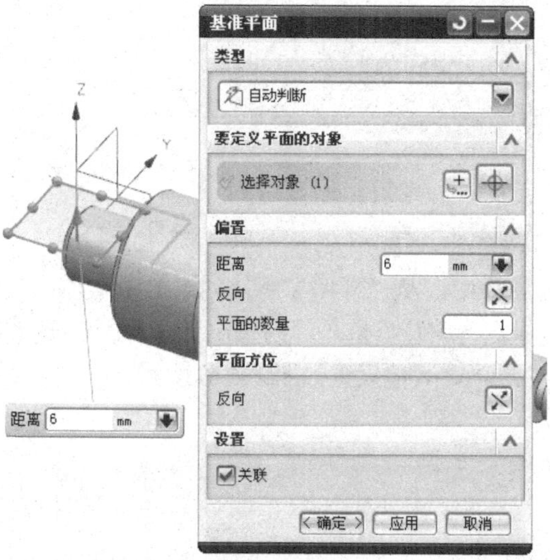

图 4-122　选择对象并设置参数

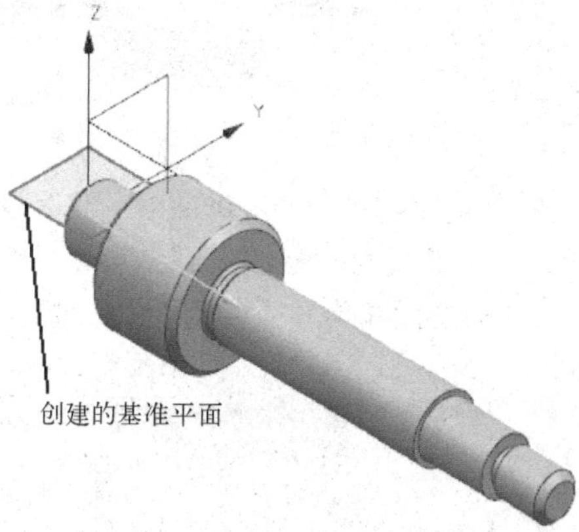

图 4-123　创建好基准平面

6. 以拉伸的方式构建键槽结构

❶ 在“特征”工具栏中单击“拉伸”按钮，或者从菜单栏中选择“插入”|“设计特征”|“拉伸”命令，系统弹出“拉伸”对话框。

❷ 在“拉伸”对话框的“截面”选项组中单击“绘制截面”按钮，系统弹出“创建草图”对话框。

❸ 设置“类型”选项为“在平面上”，“平面方法”为“现有平面”，选择上步骤刚创建的基准平面，如图 4-124 所示，然后单击“确定”按钮。

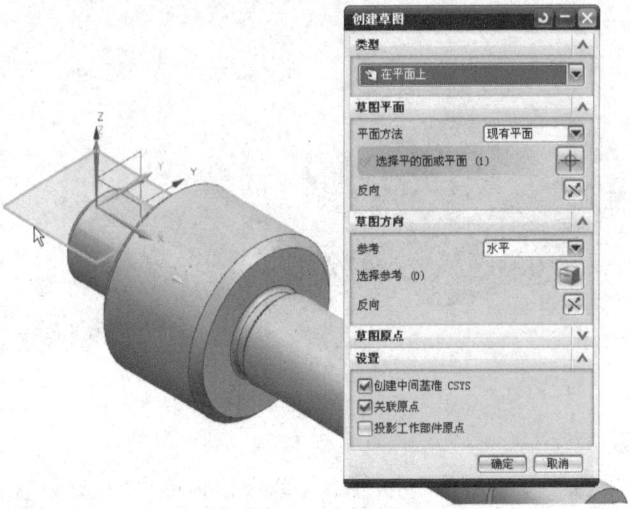

图 4-124　选择现有的一个基准平面

4 绘制键槽截面草图，如图 4-125 所示，单击“完成草图”按钮。

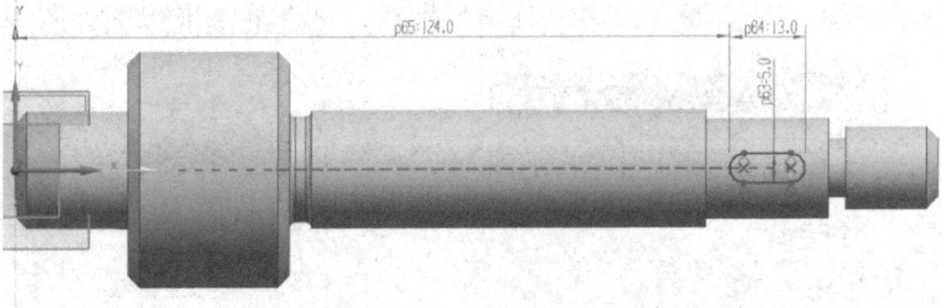

图 4-125　绘制键槽截面草图

5 返回到“拉伸”对话框。在“限制”选项组中，从“开始”下拉列表框中选择“值”选项，开始距离为 0mm，从“结束”下拉列表框中选择“值”选项，结束距离为 6mm；在“布尔”选项组的“布尔”下拉列表框中选择“求差”选项，其他设置如图 4-126 所示。

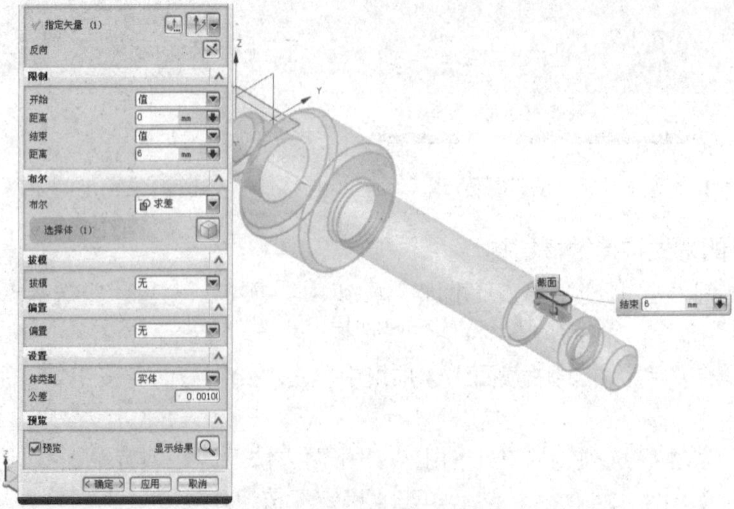

图 4-126　设置相关参数

⑥ 在“拉伸”对话框中单击“确定”按钮，创建的键槽如图 4-127 所示。

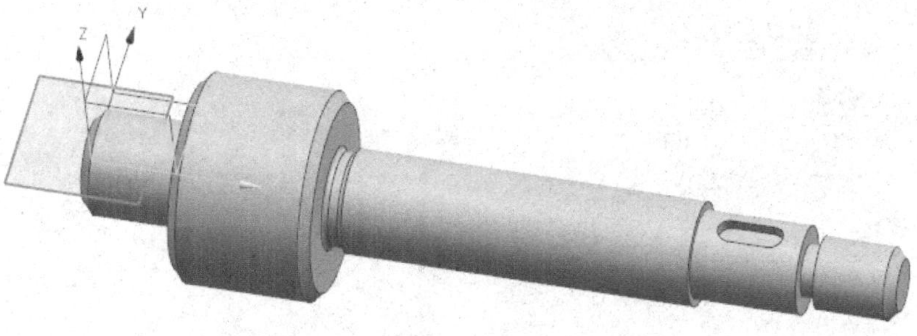

图 4-127　创建键槽

7. 隐藏基准平面

① 在资源板的资源条上单击“部件导航器”按钮，如图 4-128 所示，从而打开部件导航器。

② 在部件导航器的模型历史纪录列表中选择要隐藏的基准平面特征，接着右击，打开一个快捷菜单，从中选择“隐藏”命令。隐藏了基准平面的模型效果如图 4-129 所示。

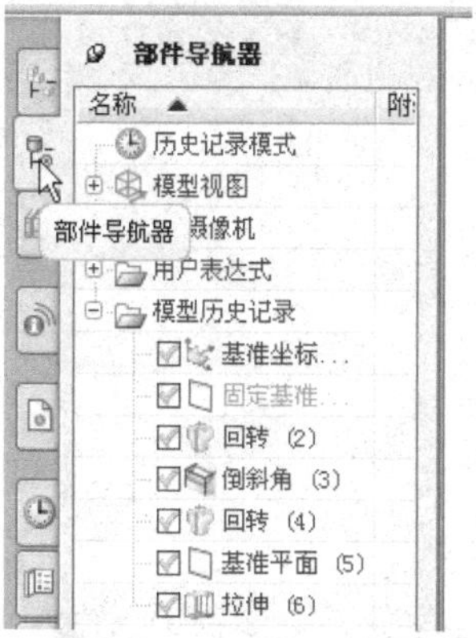

图 4-128　打开部件导航器

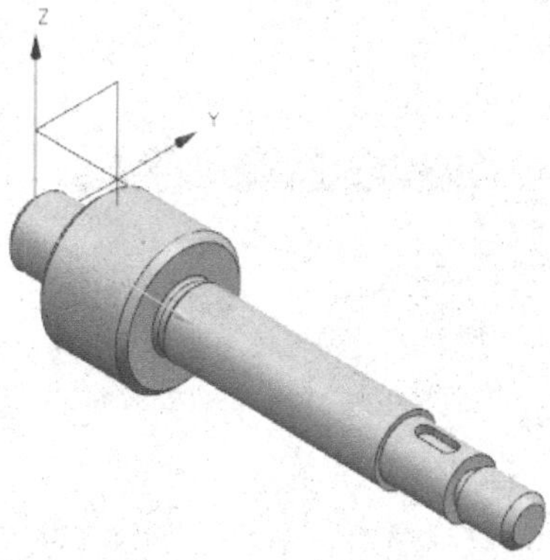

图 4-129　隐藏基准平面

8. 创建孔特征

① 在“特征”工具栏中单击“孔”按钮，或者在菜单栏中选择“插入”|“设计特征”|“孔”命令，弹出“孔”对话框。

② 在“类型”下拉列表框中选择“常规孔”选项。

③ 在“位置”选项组中单击“绘制截面”按钮，系统弹出“创建草图”对话框。在“创建草图”对话框的“类型”下拉列表框中选择“在平面上”选项，“平面方法”为“现有平面”，然后在坐标系中单击 *XC-ZC* 平面，如图 4-130 所示。单击“确定”按钮。

④ 系统弹出“草图点”对话框，在“草图点”对话框中单击“点对话框”按钮，打开“点”对话框。在“点”对话框的“坐标”选项组中，从“参考”下拉列表框中选择“绝对-工作部件”选项，将 *X* 值设置为 151，*Y* 为 0，*Z* 为 0，如图 4-131 所示，然后单击“点”对话框中的“确定”按钮。

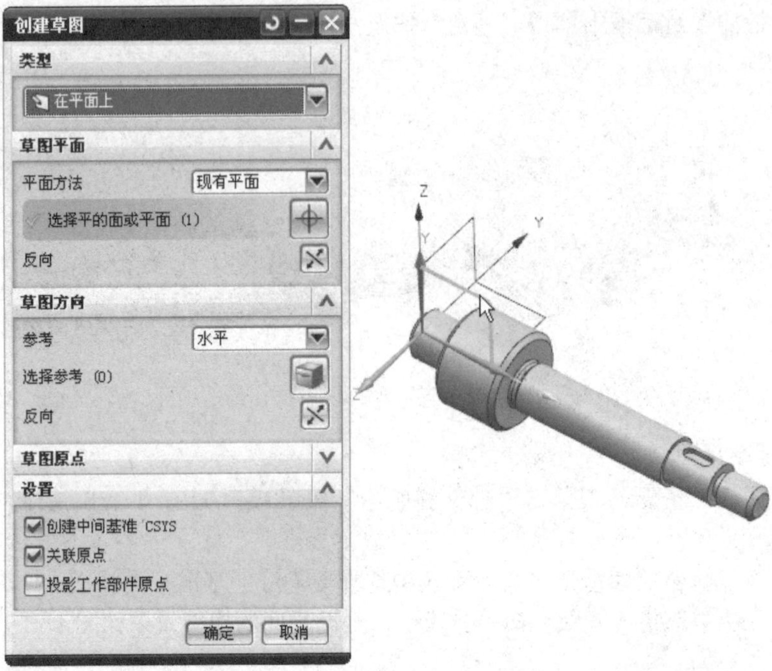

图 4-130　定义草图平面

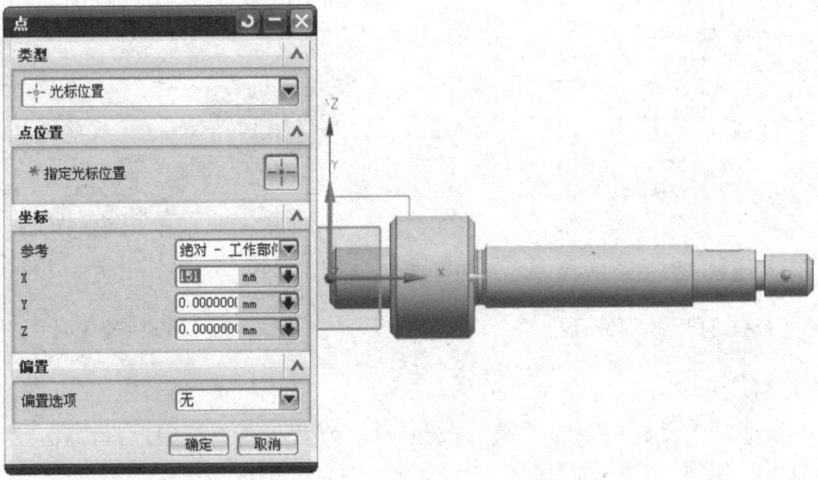

图 4-131　指定点位置

5 在“草图点”对话框中单击“关闭”按钮，然后在工具栏中单击“完成草图”按钮 。返回到“孔”对话框。

6 在“方向”选项组的“孔方向”下拉列表框中选择“沿矢量”选项，从“指定矢量”右侧的下拉列表框中选择“YC”图标 ，如图 4-132 所示，注意根据实际情况正确设置孔矢量方向。

7 在“形状和尺寸”选项组的“成形”下拉列表框中选择“简单”，设置直径为 3mm，深度限制为“贯通体”，如图 4-133 所示。

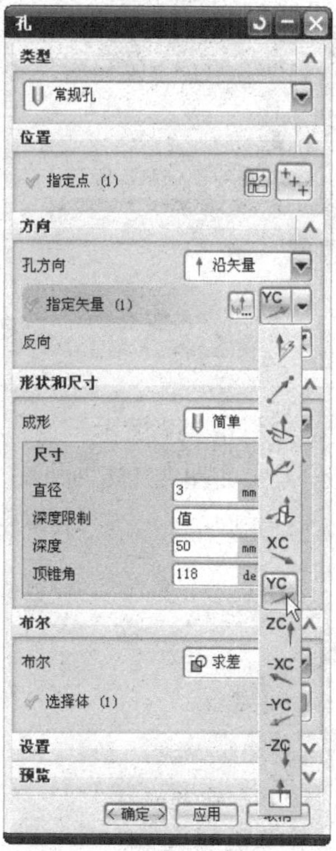

图 4-132　定义孔方向

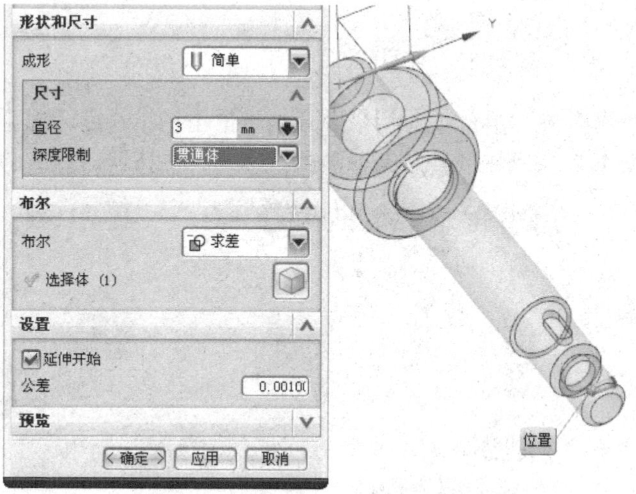

图 4-133　设置简单孔的形状和尺寸参数

❽ 在“孔”对话框中单击“确定”按钮，完成一个常规简单通孔的创建，如图 4-134 所示。

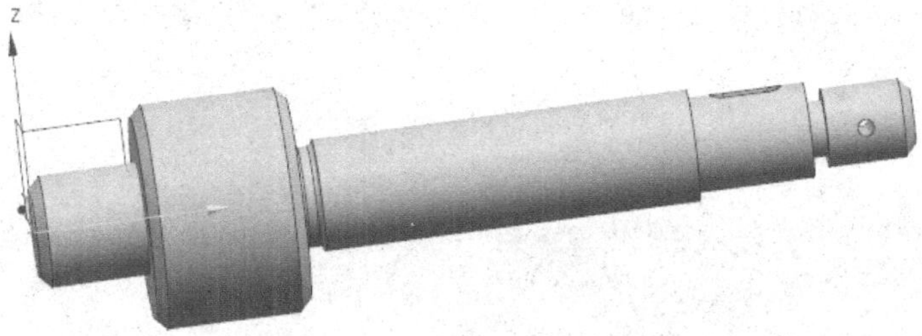

图 4-134　完成一个简单孔

9．创建螺纹

❶ 在菜单栏中选择“插入”|“设计特征”|“螺纹”命令，或者在“特征”工具栏中单击“螺纹”按钮，系统弹出“螺纹”对话框。

❷ 在“螺纹”对话框中选择“详细”单选按钮，就是将螺纹类型设置为详细螺纹。注意确保“旋转方式”选项为“右手”。

❸ 选择如图 4-135 所示的圆柱面。

❹ 在“螺纹”对话框中单击“选择起始”按钮，选择如图 4-136 所示的端面作为螺纹的起始面，确保螺纹轴方向是所需要的，单击“确定”按钮。

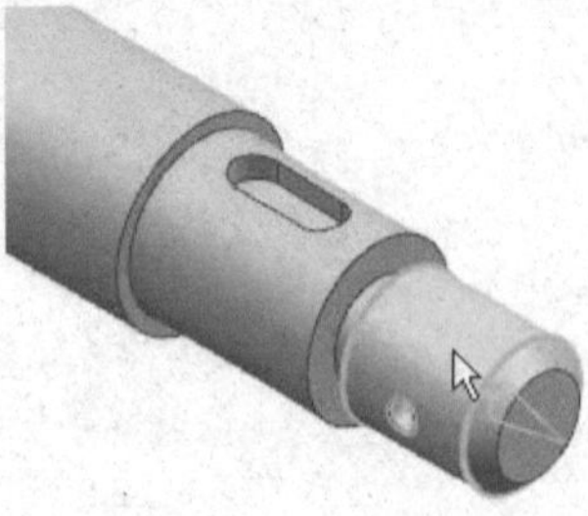

图 4-135　选择圆柱面

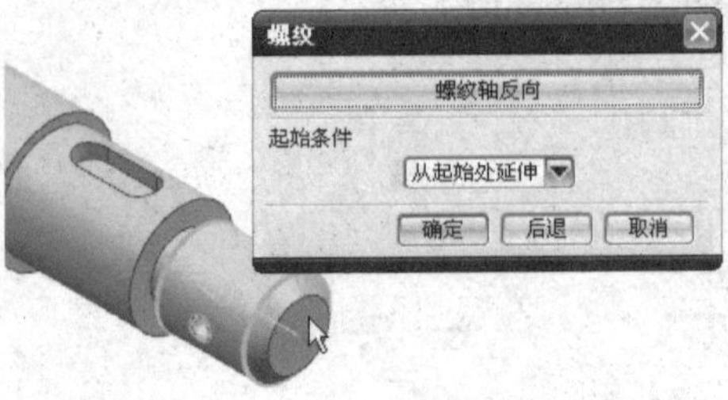

图 4-136　选择起始面

5 在“螺纹”对话框中分别设置小径、长度、螺距和角度，如图 4-137 所示。

6 在“螺纹”对话框中单击“确定”按钮，完成的螺纹立体效果如图 4-138 所示。

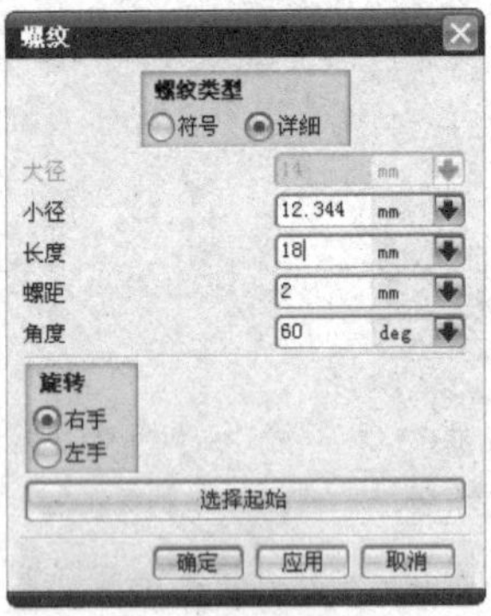

图 4-137　设置螺纹参数

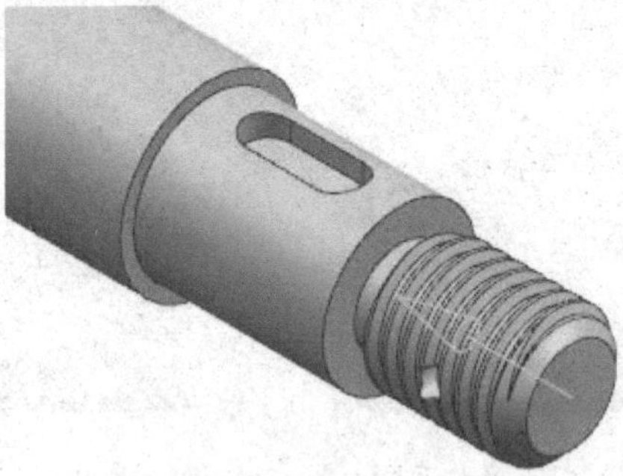

图 4-138　完成螺纹立体效果

10. 保存文件

至此，完成的轴零件如图 4-139 所示。单击“保存”按钮来保存该模型文件。

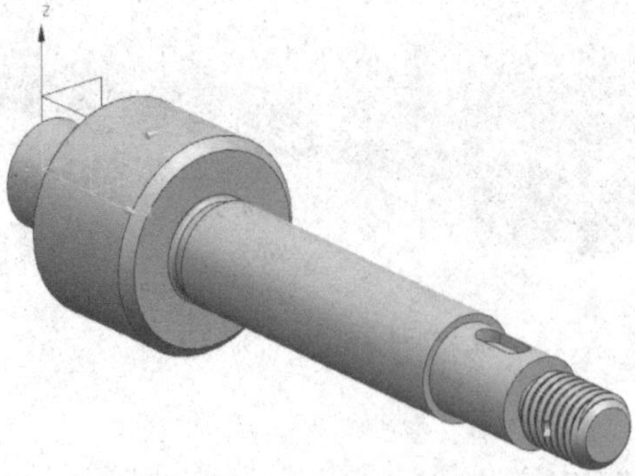

图 4-139　范例完成效果

4.6　本章小结

NX 7.5 的特征建模功能是很强大而实用的。本章首先介绍了实体建模入门概述，接着介绍了创建设计特征中的体素特征以及扫掠特征和基本成形设计特征，最后介绍了实体特征建

模综合范例。体素特征属于基本解析形式的实体对象，它主要包括长方体、圆柱体、圆锥体和球体。创建的体素特征多用作零件的毛坯形体。通常将体素特征看做是设计特征的范畴，除了可以使用相应工具按钮创建体素特征之外，亦可使用相应的菜单命令来创建体素特征，创建体素特征的菜单命令位于“插入”|“设计特征”级联菜单中。用于创建各类扫掠特征的命令包括“扫掠”、“沿引导线扫掠”、“变化的扫掠”和“管道”。基本成形设计特征包括拉伸特征、回转特征、孔特征、凸台特征、腔体特征、垫块特征、螺纹特征和凸起特征等。

4.7 思考练习

1）什么是体素特征？您掌握了哪些体素特征的创建方法？

2）用于创建各类扫掠特征的命令有哪些？请分别举例来练习这些扫掠命令的用法。

3）可以创建哪些类型的孔特征？

4）螺纹类型有哪两种？请举例说明如何创建这两种类型的螺纹。

5）上机练习：请创建如图 4-140 所示的实体模型，具体形状尺寸由读者根据效果图自行确定。

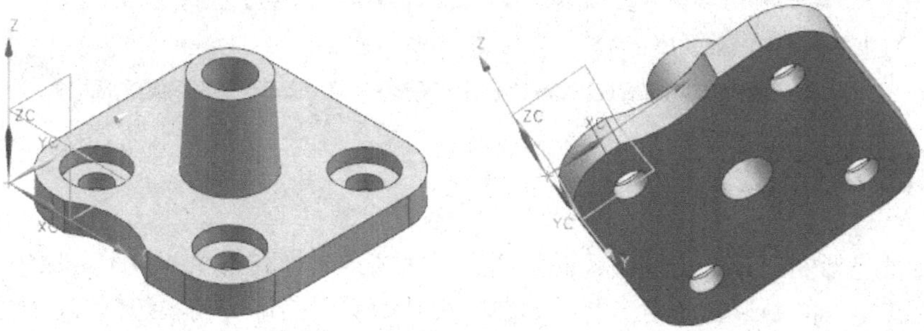

图 4-140 实体模型 1

6）上机练习：请创建如图 4-141 所示的实体模型，具体形状尺寸由读者根据效果图自行确定。

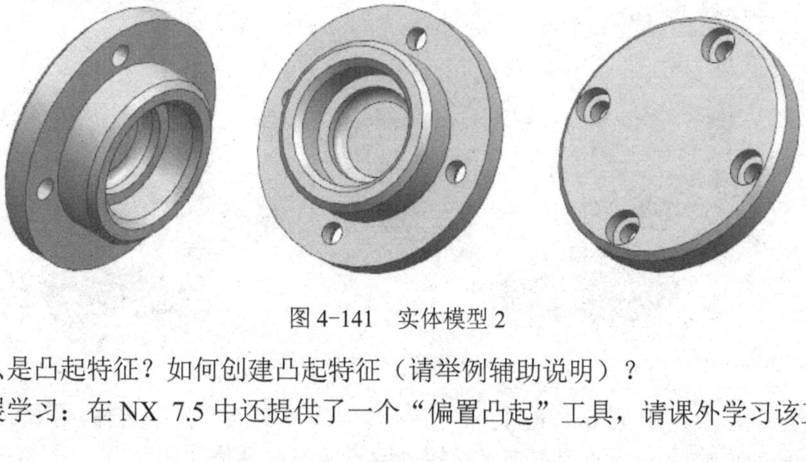

图 4-141 实体模型 2

7）什么是凸起特征？如何创建凸起特征（请举例辅助说明）？

8）扩展学习：在 NX 7.5 中还提供了一个“偏置凸起”工具，请课外学习该工具命令的用法。

第 5 章　特征操作及编辑

本章导读：

在实际设计工作中，经常要修改各种实体模型或特征，编辑特征中的各种参数。

本章重点介绍特征操作及编辑的基础与应用知识，具体包括细节特征、布尔运算、抽壳、关联复制、特征编辑。其中细节特征包括倒斜角、边倒圆、面倒圆和拔模；布尔运算的方式包括“求和”、“求差”和“求交”；关联复制包括实例特征、镜像特征、镜像体、抽取、复合曲线、实例几何体；编辑特征的知识包括编辑特征参数、编辑位置、移动特征、替换特征、特征重排序、由表达式抑制、特征回放和实体密度等。

5.1　细节特征

细节特征包括倒斜角、边倒圆、面倒圆、样式圆角、样式拐角和拔模，应用这些细节特征有助于改善零件的制造和使用工艺。本节介绍其中常用的倒斜角、边倒圆、面倒圆和拔模这 4 类细节特征。

5.1.1 倒斜角

倒斜角是指对实体面之间的锐边进行倾斜的倒角处理，是一种常见的边特征操作。倒斜角的典型示例如图 5-1 所示。

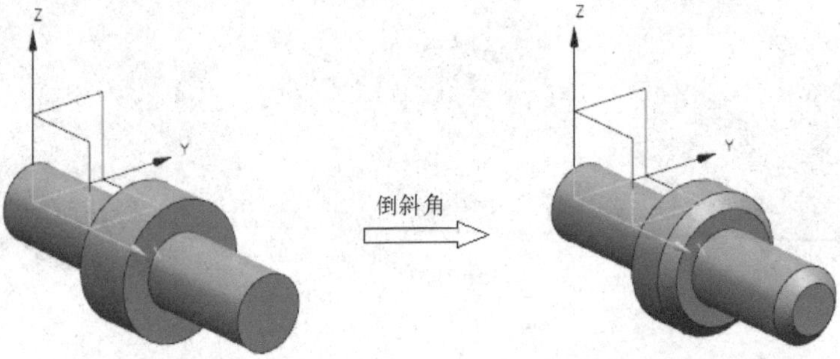

图 5-1　倒斜角

在“特征”工具栏中单击“倒斜角”按钮，或者在菜单栏中选择“插入”|“细节特征”|“倒斜角”命令，打开如图 5-2 所示的“倒斜角”对话框。

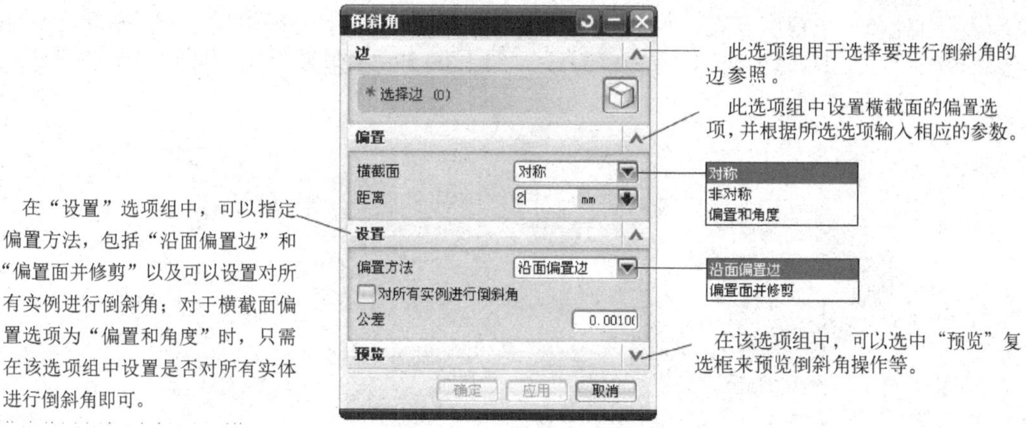

图 5-2 “倒斜角”对话框

下面结合图例辅助分别介绍使用 3 种横截面偏置方法之一的倒斜角。

1. 对称

在“偏置”选项组的“横截面”下拉列表框中选择“对称”选项时，只需设置一个距离参数，从边开始的两个偏置距离相同，这就意味着在互为垂直的相邻两面间建立的斜角为 45°，如图 5-3 所示。

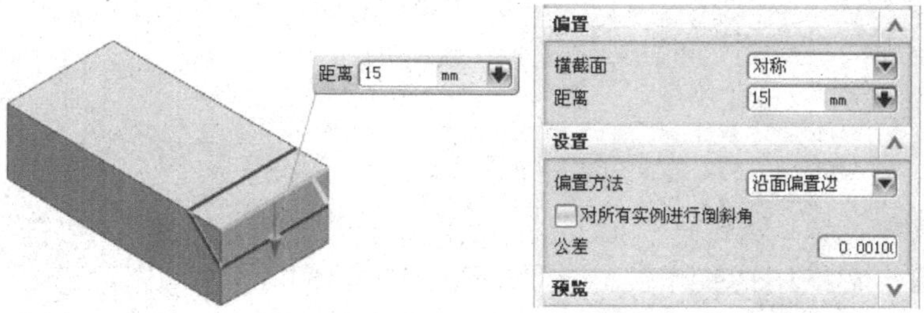

图 5-3 对称偏置的倒斜角

2. 非对称

从“偏置”选项组的“横截面”下拉列表框中选择“非对称”选项时，需要分别定义距离 1 和距离 2，两边的偏距值可以不一样，如图 5-4 所示。如果发现设置的距离 1 和距离 2 偏置方向不对，可以单击“反向”按钮来切换。

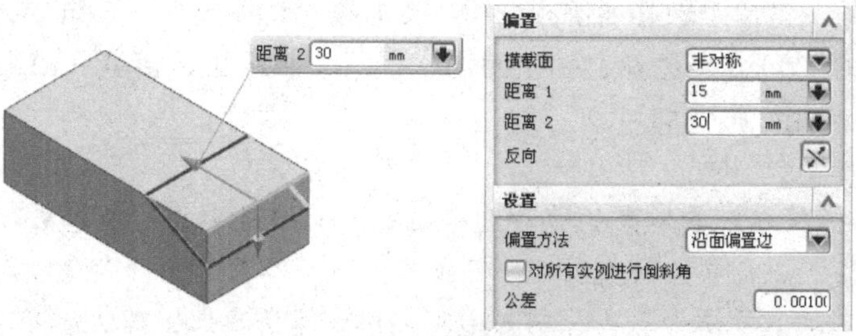

图 5-4 非对称偏置的倒斜角

3. 偏置和角度

从“偏置”选项组的“横截面”下拉列表框中选择“偏置和角度”选项时，需要分别指定一个偏置距离和一个角度参数，如图 5-5 所示。如果需要，可以单击“反向”按钮来切换该倒斜角的另一个解。当将斜角度设置为 45° 时，得到的倒斜角效果可能和对称倒斜角的效果相同。

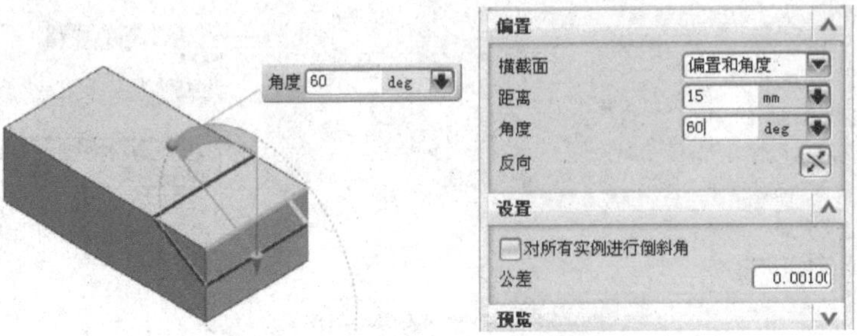

图 5-5　设置偏置和角度的倒斜角

5.1.2 边倒圆

边倒圆是指对选定面之间的锐边进行倒圆处理，其半径可以是常数或变量。对于凹边，边倒圆操作会添加材料；对于凸边，边倒圆操作会减少材料。在实体模型中创建边倒圆的典型示例如图 5-6 所示。

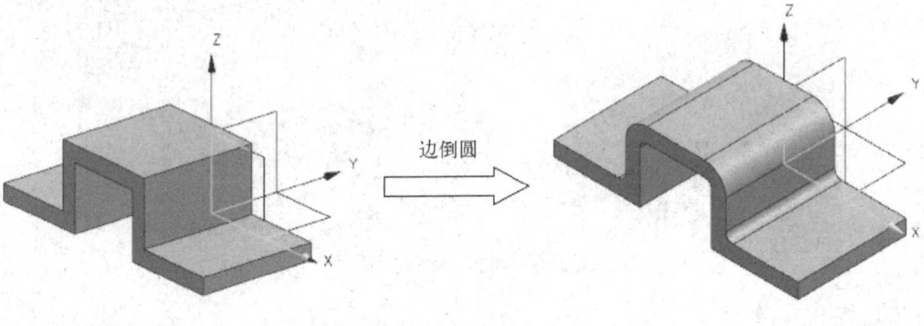

图 5-6　边倒圆

要在实体模型上创建边倒圆，则在“特征”工具栏中单击“边倒圆”按钮，或者在菜单栏中选择“插入”|“细节特征”|“边倒圆”命令，系统弹出如图 5-7 所示的“边倒圆”对话框，在绘图窗口中选择要倒圆的边，接着在“边倒圆”对话框中分别设置其他选项及参数，例如半径、可变半径点、拐角回切、拐角突然停止、修剪、溢出解等，然后单击“确定”按钮或“应用”按钮即可。

说明：如果在“要倒圆的边”选项组中单击被激活的“添加新集”按钮，那么新建一个倒圆角集，此时可为该集选择一条或多条边。不同的倒圆角集，其倒圆半径可以不同，如图 5-8 所示。在实际设计中，巧妙地将利用倒圆角集来管理边倒圆，可以给以后的更改设计带来便利，例如以后修改了某倒圆角集的半径，则该集的所有边倒圆均发生一致变化，而其他集则不受控制。如果要删除在倒圆角集列表中选定的某倒圆角集，则只需单击“移除”按钮即可。

图 5-7 “边倒圆”对话框

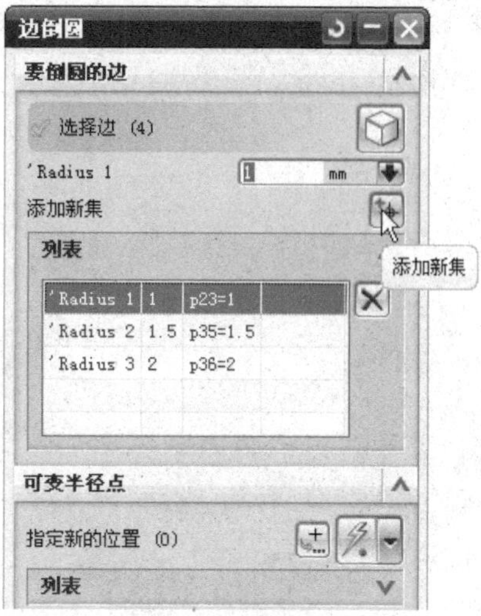

图 5-8 添加新集

除了可以创建恒定半径的边倒圆和变半径的边倒圆之外，还可以创建具有指定边长度的边倒圆，它是对一条边中的部分长度进行倒圆，这需要使用“边倒圆”对话框中的“拐角突然停止”选项组，如图 5-9 所示。

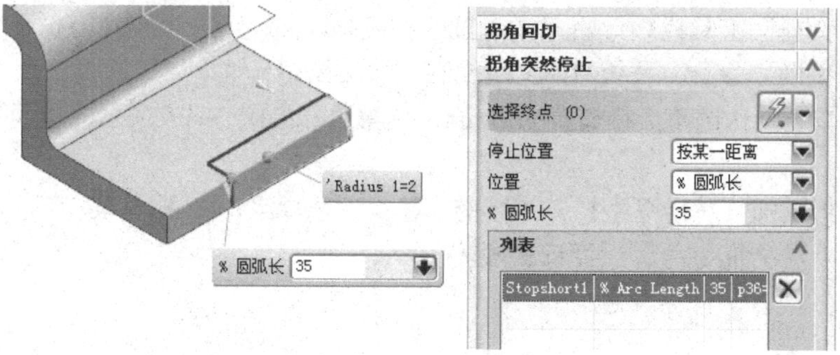

图 5-9 指定边倒圆长度

下面介绍一个创建边倒圆的范例。

1. 新建文件及创建一个长方体实体模型

❶ 在工具栏中单击“新建”按钮，或者在菜单栏中选择“文件”|“新建”命令，系统弹出“新建”对话框。

❷ 在“模型”选项卡的“模板”列表中选择名称为“模型”的模板，在“新文件名”选项组的“名称”文本框中输入“bc_5_bdy”，并指定要保存到的文件夹。

❸ 在“新建”对话框中单击“确定”按钮。

❹ 在“特征”工具栏中单击“长方体”按钮，创建一个长度为 108mm、宽度为 42mm 和高度为 20mm 的长方体，模型效果如图 5-10 所示。

2. 创建恒定半径的边倒圆

❶ 在“特征”工具栏中单击“边倒圆”按钮，或者在菜单栏中选择“插入”|“细节特征”|“边倒圆”命令，系统弹出“边倒圆”对话框。

② 在“要倒圆的边”选项组中设置圆角半径为 10mm，接着为新集选择要倒圆的边，如图 5-11 所示。

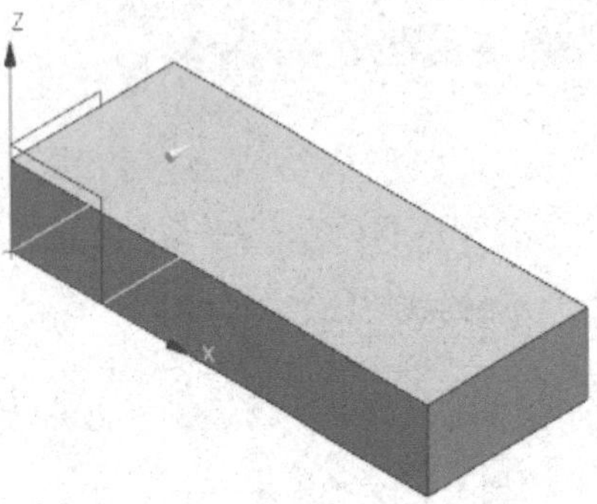

图 5-10　创建一个长方体模型

图 5-11　选择要倒圆的边参照

③ 在“边倒圆”对话框中单击“确定”按钮。

3．创建具有可变半径的边倒圆

① 在“特征”工具栏中单击“边倒圆”按钮，或者在菜单栏中选择“插入”|“细节特征”|“边倒圆”命令，系统弹出“边倒圆”对话框。

② 将新集的默认圆角半径设置为 3mm，接着选择如图 5-12 所示的边线作为要倒圆的边线。

③ 在“边倒圆”对话框中打开“可变半径点”选项组，如图 5-13 所示，从一个下拉列表框中选择“点在曲线/边上”图标选项。

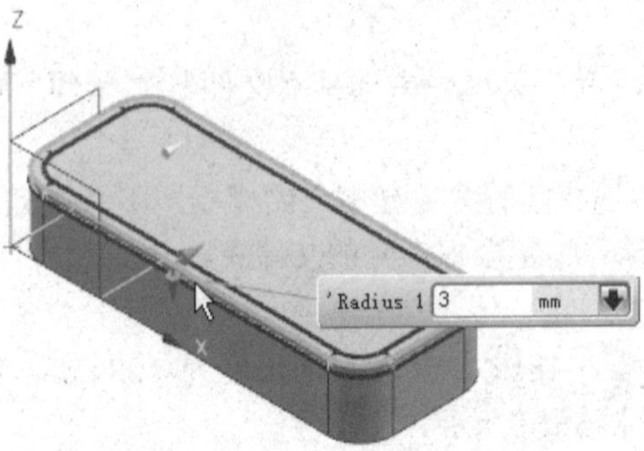

图 5-12　选择要倒圆的边线

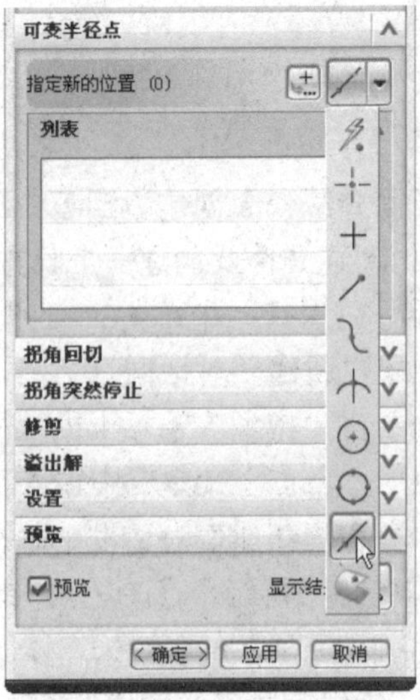

图 5-13　为圆角控制点指定位置

④ 在如图 5-14 所示的模型边界线上单击，接着设置该点处的半径为 6mm，位置选项为“%圆弧长”，“%圆弧长”值为 50。

说明：在“可变半径点”选项组的“位置”下拉列表框中，可供选择的位置选项有“圆弧长”、“%圆弧长”和“通过点”，选择不同的位置选项，将设置不同的位置常数和半径常数等。

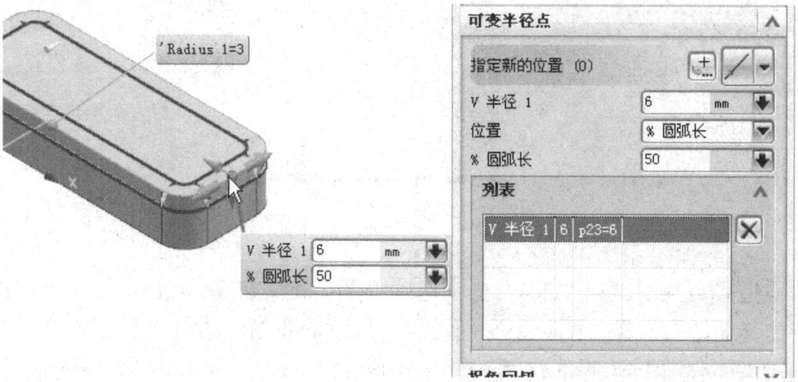

图 5-14 指定一个可变半径点

使用同样的方法，在模型中指定其他 3 个可变半径点，并设置相应的参数，如图 5-15 所示。

⑤ 在“边倒圆”对话框中单击“确定”按钮，创建可变倒圆的效果如图 5-16 所示。

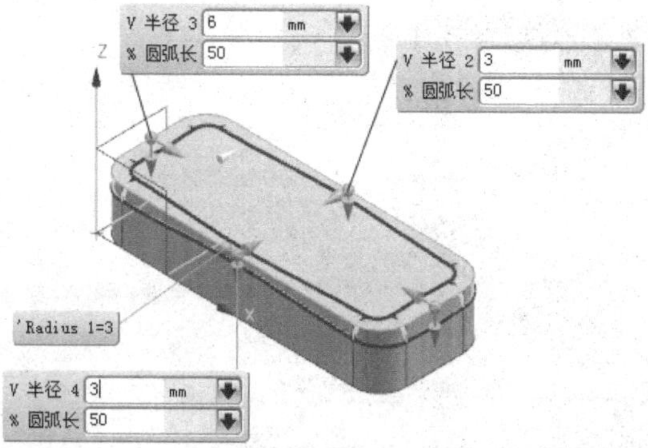

图 5-15 指定其他 3 个可变半径点及相应的参数

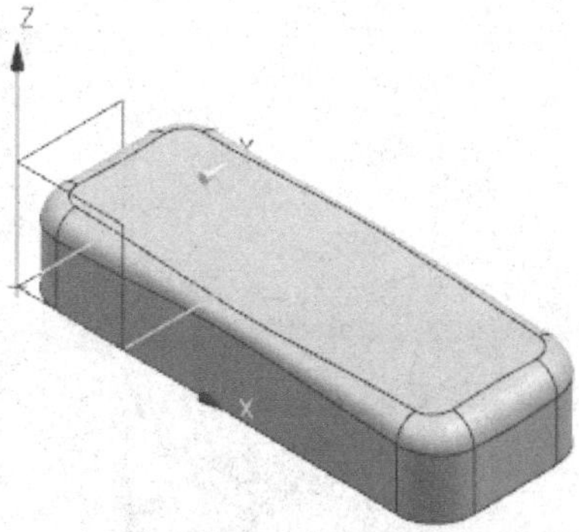

图 5-16 创建可变倒圆角

5.1.3 面倒圆

面倒圆是指在选定面组（实体或片体的两组表面）之间添加相切圆角面，其圆角形状可以是圆形、二次曲线或以规律控制。

面倒圆操作的步骤如下。

① 在菜单栏中的“插入”|“细节特征”级联菜单中选择“面倒圆”命令，或者在“特征”工具栏中单击“面倒圆”按钮，系统弹出如图 5-17 所示的“面倒圆”对话框。

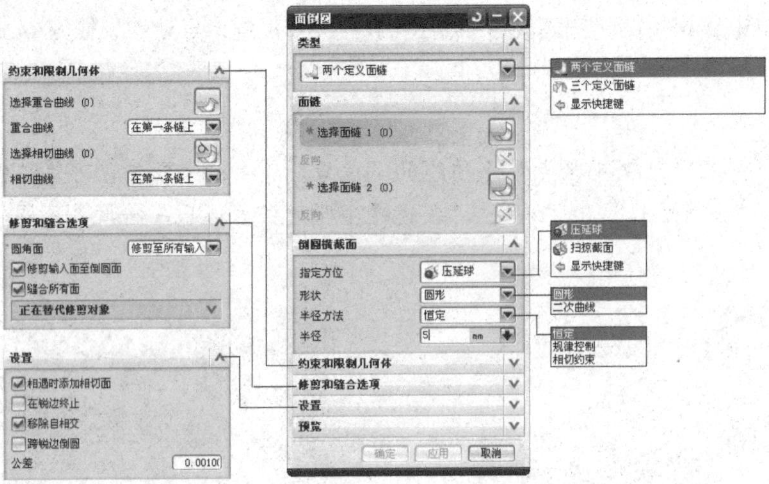

图 5-17　“面倒圆”对话框

❷ 在“类型”选项组的下拉列表框中选择“两个定义面链”选项或“三个定义面链”选项，接着分别定义面链（选择“两个定义面链”选项时需要指定面链 1 和面链 2；选择“三个定义面链”选项时需要分别指定面链 1、面链 2 和中间链）以及设置其方向（要求两组面矢量方向一致），然后定制倒圆横截面，必要时设置约束和限制几何体、修剪和缝合选项等。

❸ 在“面倒圆”对话框中单击“确定”按钮或“应用”按钮。

图 5-18 为面倒圆的一个典型示例。在该示例中，面倒圆的“类型”选项为“两个定义面链”，倒圆横截面“形状”为“圆形”，“半径方法”为“规律控制”，选择所需的边线定义脊线，将规律类型设置为“线性”，将开始值设为 5mm，结束值设为 12mm。

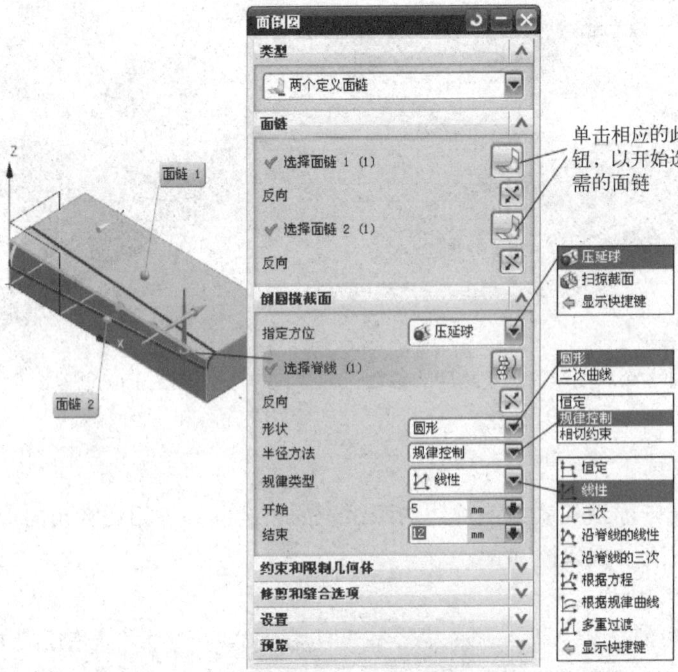

图 5-18　面倒圆

说明：在“面倒圆”对话框的“面链”选项组中单击“反向”按钮，可以改变相应面组的矢量方向。注意只有当两组面矢量方向一致时，才可以完成面倒圆操作。

5.1.4 拔模

要创建拔模特征，则在“特征”工具栏中单击“拔模”按钮，或者在菜单栏中选择“插入”|“细节特征”|“拔模”命令，打开如图5-19所示的“拔模”对话框。

图5-19 “拔模”对话框

在“类型”下拉列表框中指定拔模类型，例如将拔模类型设置为“从平面”、“从边”、“与多个面相切”或“至分型边”。图5-20～图5-23分别为“从平面”拔模、“从边”拔模、“与多个面相切”拔模或“至分型边”拔模的典型示例。

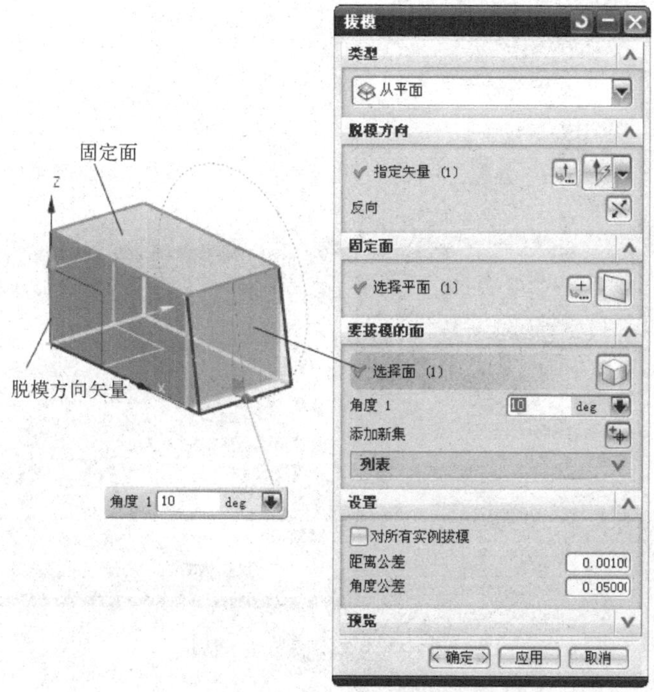

图5-20 “从平面”拔模

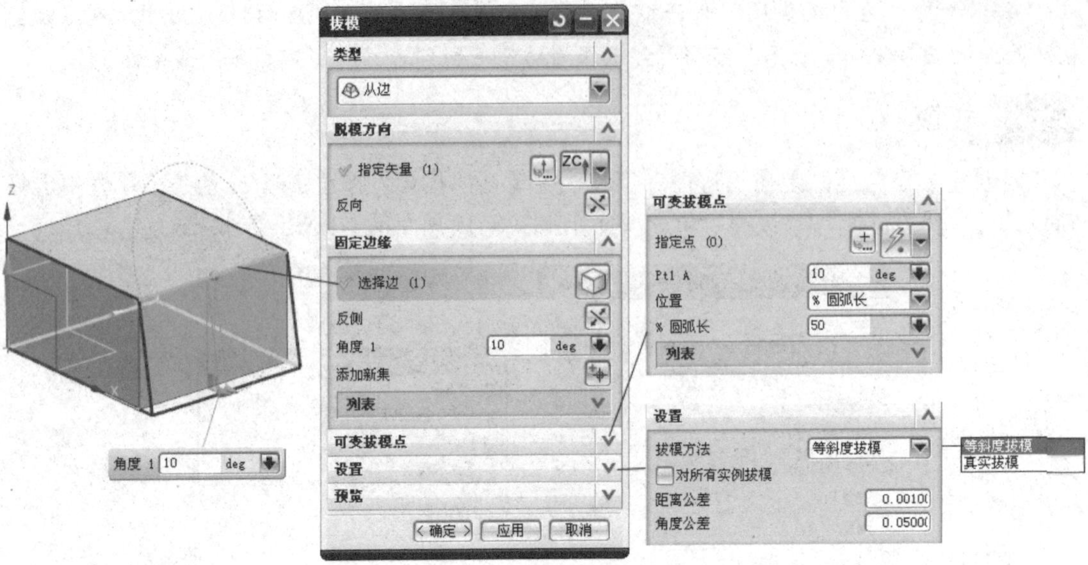

图 5-21 “从边”拔模

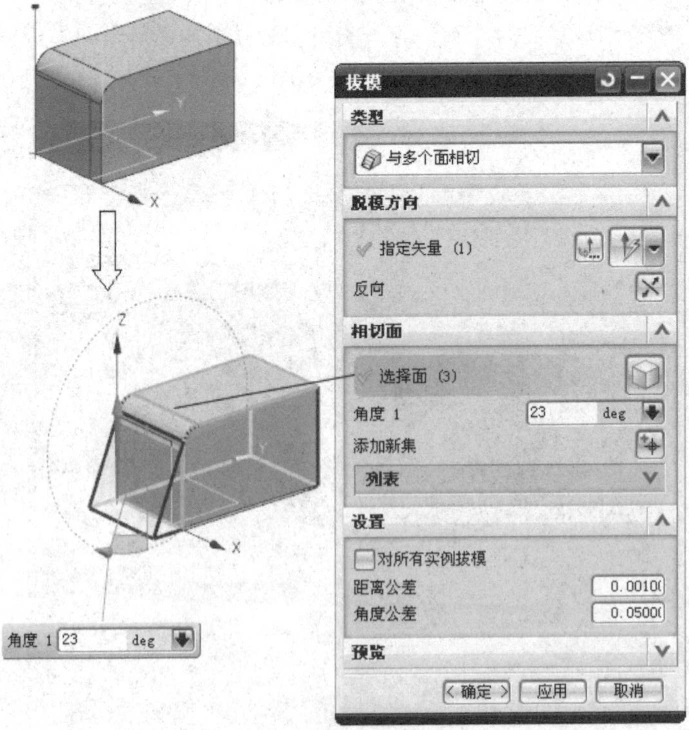

图 5-22 “与多个面相切”拔模

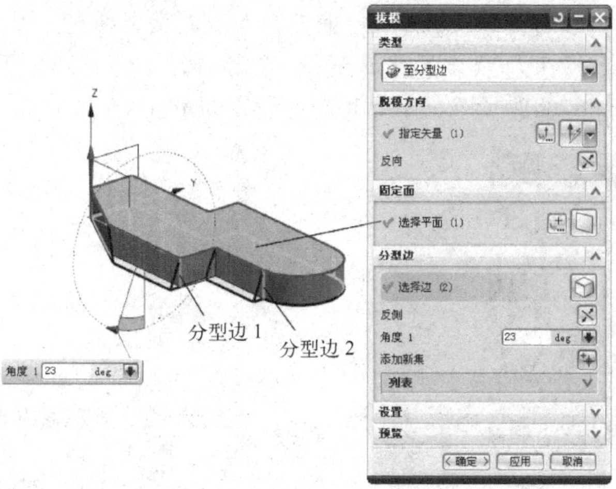

图 5-23 “至分型边”拔模

5.1.5 其他细节特征

在菜单栏的“插入”|“细节特征”级联菜单中还提供了其他几种细节特征的创建命令，如“样式圆角”、“美学面倒圆”和“样式拐角”，它们的功能含义如下（本书要求初学者大致了解这 3 个细节特征的功能用途）。

- “样式圆角”：倒圆曲面并将相切和曲率约束应用到圆角的相切曲线。该命令相应的工具按钮为 。选择此命令，系统弹出如图 5-24 所示的“样式圆角”对话框，可以根据需要采用“规律”、“曲线”或“轮廓”类型来定义样式圆角。
- “美学面倒圆”：在圆角的圆角切面处施加相切或曲率约束时倒圆曲面，其圆角截面形状可以是圆形、锥形或切入类型。该命令相应的工具按钮为 。选择此命令，系统弹出如图 5-25 所示的“美学面倒圆”对话框，接着定义面链、截面方位、切线、横截面、约束、修剪选项和一些设置选项等。

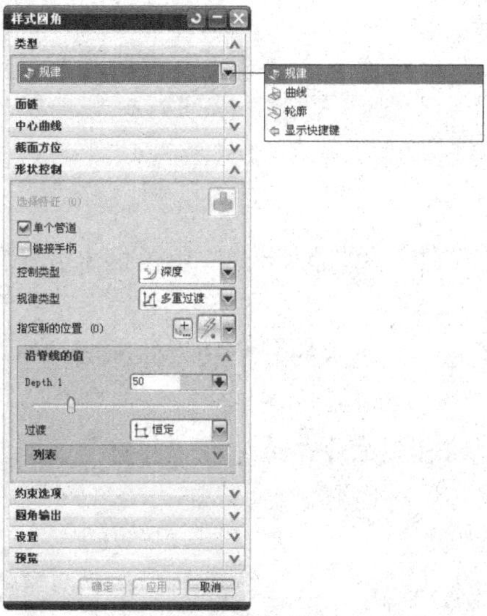

图 5-24 “样式圆角”对话框

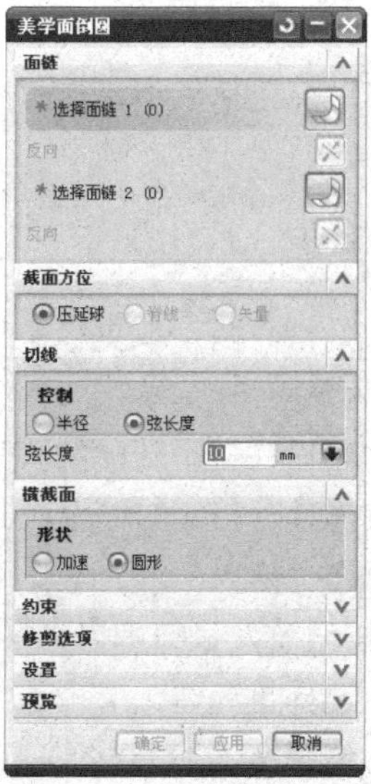

图 5-25 “美学面倒圆”对话框

● “样式拐角”：在即将产生的 3 个弯曲曲面的投影交点创建一个精确、美观的 A 类拐角。该命令相应的工具按钮为。选择此命令，系统弹出如图 5-26 所示的“样式拐角”对话框，接着分别利用相应的选项组来定义相应的内容即可。

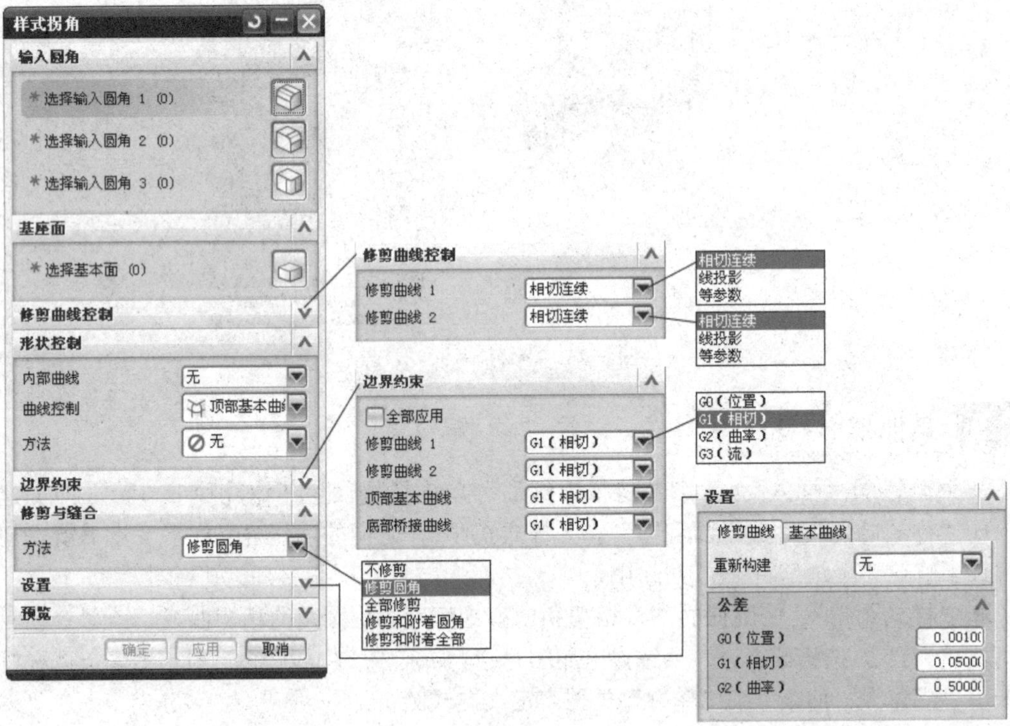

图 5-26 “样式拐角”对话框

5.2 布尔运算

布尔运算包括求和、求差和求交。关于布尔运算的这 3 个命令位于“插入”|“组合”级联菜单中。

5.2.1 求和

求和是指将两个或更多实体的体积合并为单个体。下面以一个简单范例来介绍如何进行“求和”运算操作。

1 假设在一个新建的模型文件中建立如图 5-27 所示的一个长方体和圆柱体，该长方体和圆柱体具有相交的体积块。

2 在“插入”|“组合”级联菜单中选择“求和”命令，或者在“特征”工具栏中单击“求和”按钮，系统弹出如图 5-28 所示的“求和”对话框。

3 选择目标体。选择长方体作为目标体。

4 选择工具体（也称刀具体）。选择圆柱体作为工具体。可以选择多个对象作为工具体。

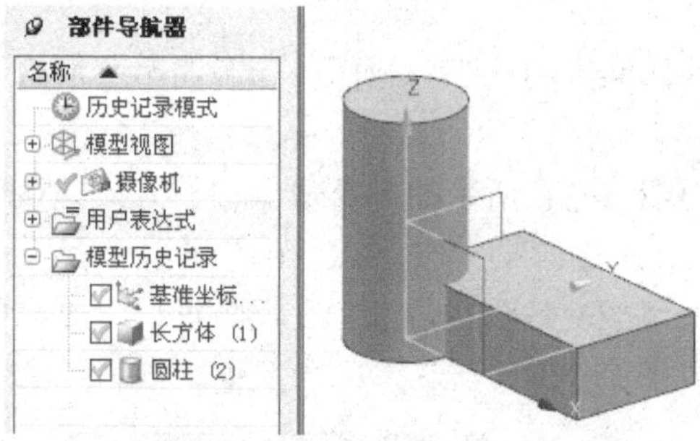

图 5-27　创建单独的长方体和单独的圆柱体

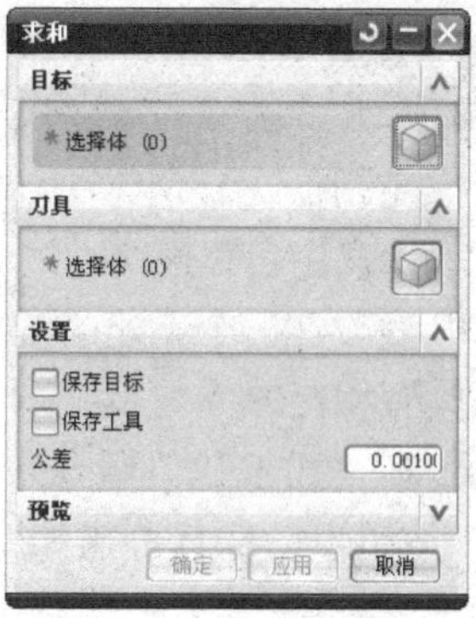

图 5-28　“求和”对话框

5 在“设置”选项组中设置“保存目标”和“保存工具”这两个复选框的状态，并设置公差值。在这里均不勾选“保存目标”和“保存工具”这两个复选框。

6 在“求和”对话框中单击“确定”按钮。

5.2.2 求差

求差是指从一个实体的体积中减去另一个的，留下一个空体。下面以一个简单范例来介绍如何进行“求差”运算操作。

1 假设在一个新建的模型文件中建立如图 5-27 所示的一个长方体和圆柱体，该长方体和圆柱体具有相交的体积块。

2 在“插入”|“组合”级联菜单中选择“求差”命令，或者在“特征”工具栏中单击“求差”按钮，系统弹出如图 5-29 所示的“求差”对话框。

3 选择目标体。选择长方体作为目标体。

4 选择工具体（也称刀具体）。选择圆柱体作为工具体。可以选择多个对象作为工具体。

5 在“设置”选项组中设置“保存目标”和“保存工具”这两个复选框的状态，并设置公差值。在这里均不勾选“保存目标”和“保存工具”这两个复选框。

6 在“求差”对话框中单击“确定”按钮，得到的求差结果如图 5-30 所示。

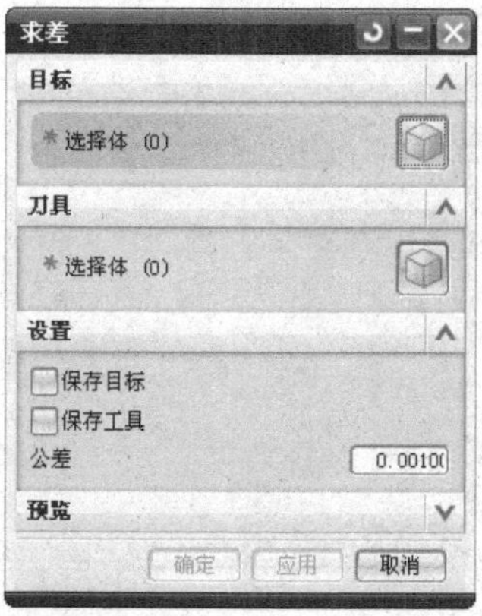

图 5-29　“求差”对话框

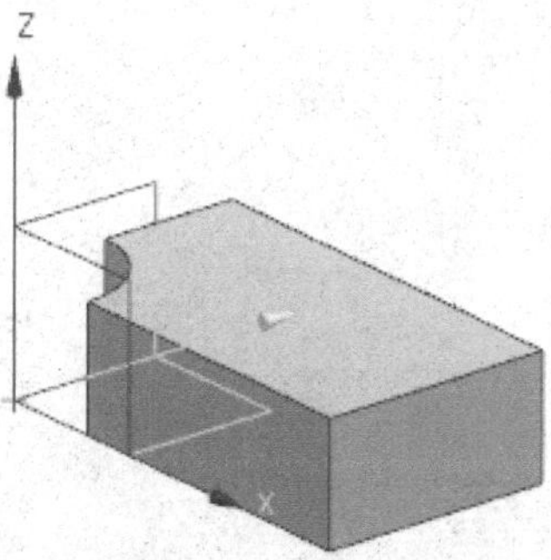

图 5-30　求差结果

5.2.3 求交

求交是指创建一个体，它包含两个不同的体共享的体积。下面以一个简单范例来介绍如何进行“求交”运算操作。

1. 假设在一个新建的模型文件中建立如图 5-31 所示的一个球体和长方体，该球体和长方体具有相交的体积块。

2. 在“插入”|“组合”级联菜单中选择“求交”命令，或者在“特征”工具栏中单击“求交”按钮，系统弹出如图 5-32 所示的“求交”对话框。

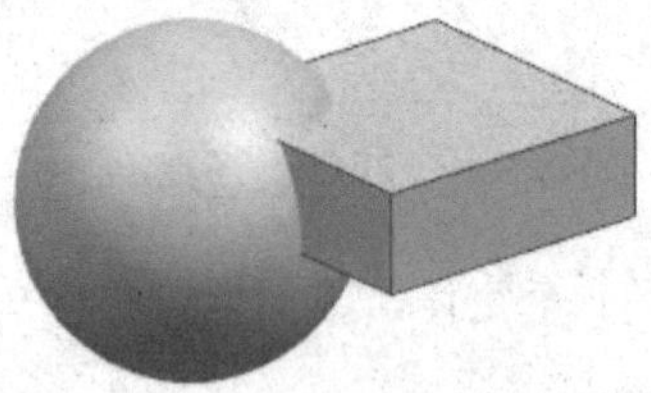

图 5-31　单独的球体和单独的长方体

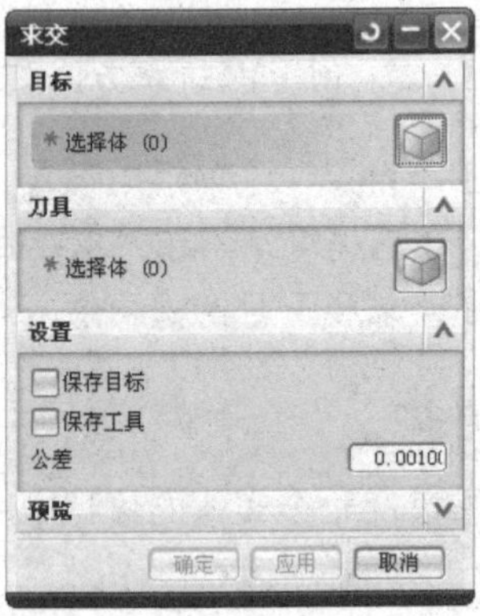

图 5-32　“求交”对话框

3. 选择目标体。选择长方体作为目标体。

4. 选择工具体（也称刀具体）。选择球体作为工具体。

5. 在“设置”选项组中设置“保存目标”和“保存工具”这两个复选框的状态，并设置公差值。在这里均不勾选“保存目标”和“保存工具”这两个复选框。

6. 在“求交”对话框中单击“确定”按钮，得到的求交结果如图 5-33 所示。

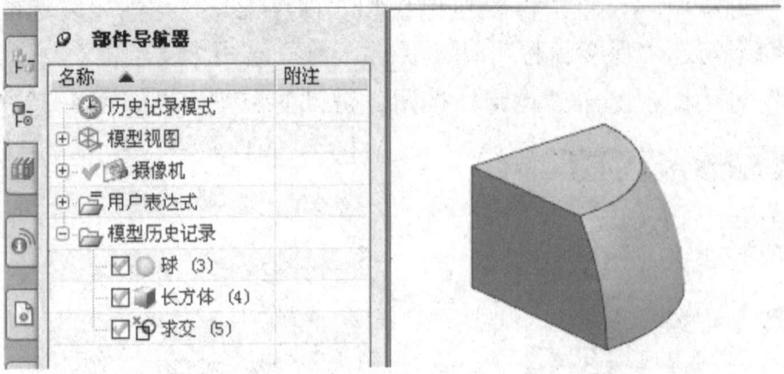

图 5-33　求交结果

5.3　抽壳

可以通过应用壁厚并打开选定的面来修改实体，这就是抽壳的设计理念，示例如图 5-34

所示。抽壳的壳体可以具有单一的壁厚，也可以为指定面设定其他壁厚（抽壳练习文件为bc_5_ck.prt）。

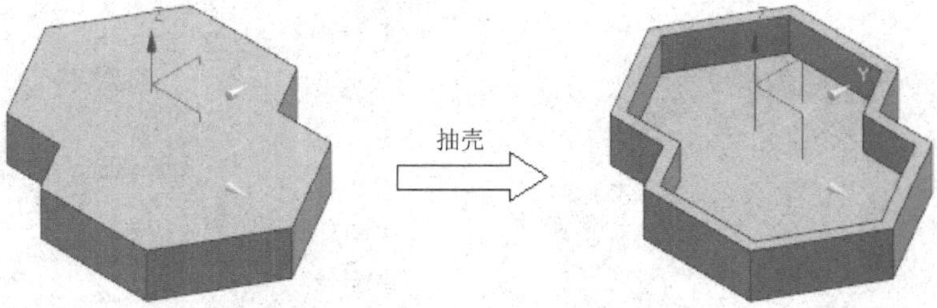

图 5-34　抽壳示例

从菜单栏中选择“插入”|“偏置/缩放”|“抽壳”命令，或者在“特征”工具栏中单击“抽壳”按钮，系统弹出如图 5-35 所示的“壳”对话框。利用该对话框，设置抽壳类型、要穿透的面、厚度以及备选厚度等。

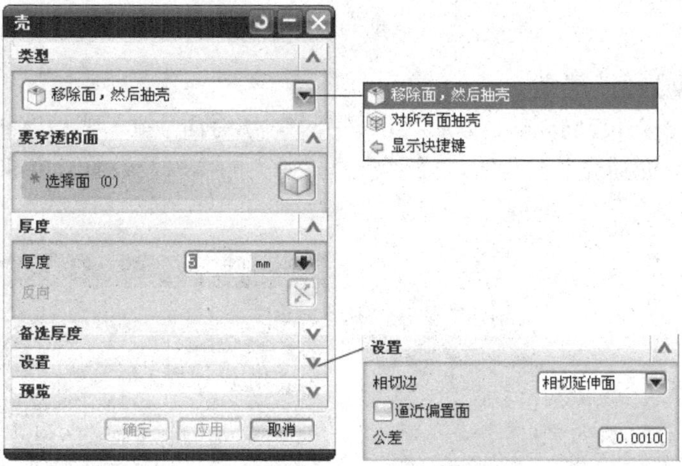

图 5-35 “壳”对话框

下面介绍两种典型的抽壳类型，包括“移除面，然后抽壳”和“对所有面抽壳”。

1．“移除面，然后抽壳”类型

使用此抽壳类型方法所创建的壳体具有开口造型。选择“移除面，然后抽壳”类型选项时，需要定义如下几个方面。

在模型中选择要冲裁的面，即要穿透的面（俗称为“开口面”）。

定义厚度。如果要改变厚度的生成方向，则单击“厚度”选项组中的“反向”按钮。如果要为其他面指定不同的厚度，则在“壳”对话框中展开“备选厚度”选项组，单击该选项组中的“面”按钮，接着选择要为其指定不同厚度的面，并设置相应的厚度，必要时可更改默认的厚度方向。

采用“移除面，然后抽壳”类型进行抽壳操作的典型示例如图 5-36 所示。在该示例中，底面的厚度设置为 6.8mm，其他的壁厚均为 5mm。

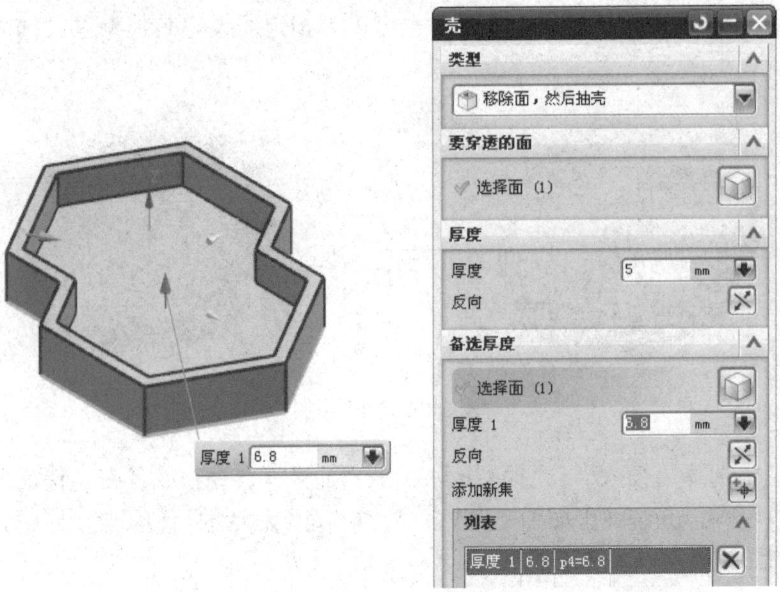

图 5-36 “移除面，然后抽壳”类型

2. “对所有面抽壳”类型

如果要创建没有开口的壳体，那么可以采用“对所有面抽壳”类型方法来对实体进行抽壳。进行“对所有面抽壳”操作时，需要选择要抽壳的体以及设置厚度和加厚方向等，如图 5-37 所示，必要时也可以设置备选厚度等参数。

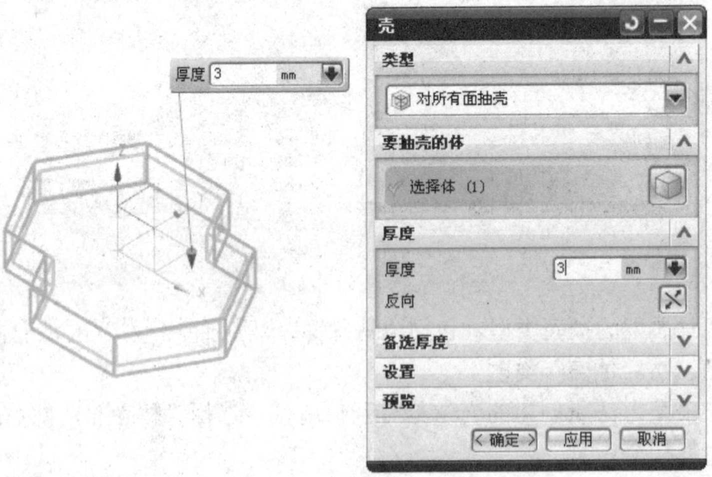

图 5-37 抽壳所有的面

5.4 关联复制

关联复制操作的命令包括“抽取体”、“复合曲线”、“实例特征”、“镜像特征”、“镜像体”和“生成实例几何特征”。

5.4.1 抽取体

“抽取体”的思路是通过复制一个面、一组面或另一个体来创建体的。“抽取体”的操作步骤简述如下。

① 在“特征”工具栏中单击“抽取体”按钮，或者在菜单栏中选择“插入”|“关联复制”|“抽取体”命令，系统弹出如图 5-38 所示的“抽取体”对话框。

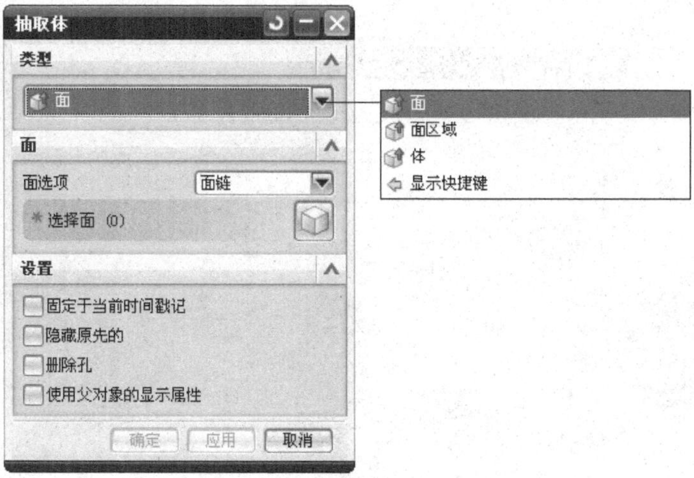

图 5-38 “抽取体”对话框

② 在“抽取体”对话框的“类型”下拉列表框中选择“面”、“面区域”或“体”选项，接着根据所选择的抽取类型选项来选定相应的参照等。例如，选择“面区域”抽取类型选项时，需要分别指定种子面、边界面以及设置区域选项，如图 5-39 所示。选择“体”抽取类型选项时，需要选择要复制的体，如图 5-40 所示。

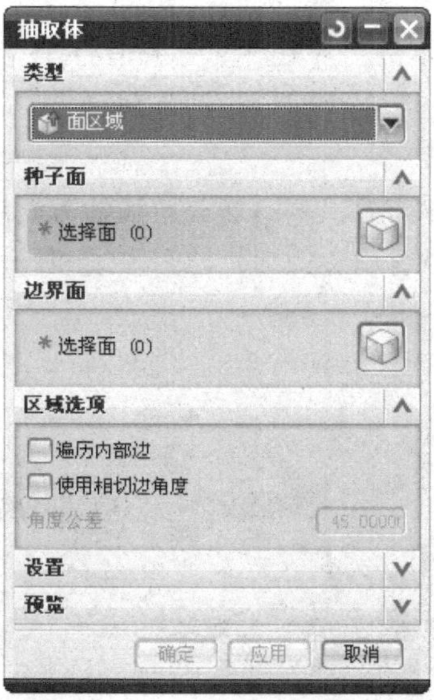

图 5-39 采用“面区域”抽取类型

图 5-40 采用“体”抽取类型

③ 在“设置”选项组中设置相关复选框，包括“固定于当前时间戳记”、“隐藏原先的”、“删除孔”和“使用父对象的显示属性”。

④ 在“抽取体”对话框中单击“确定”按钮或“应用”按钮。

“抽取体”操作的示例如图 5-41 所示。在该示例中，将抽取类型选项设置为“面”，“面选项”为“体的面”，在“选择要复制的面”的提示下单击实体中的任意一个面，以选中该体的面，接着在“设置”选项组中勾选“隐藏原先的”复选框和“删除孔”复选框，然后单击“确定”按钮，完成抽取体的操作。

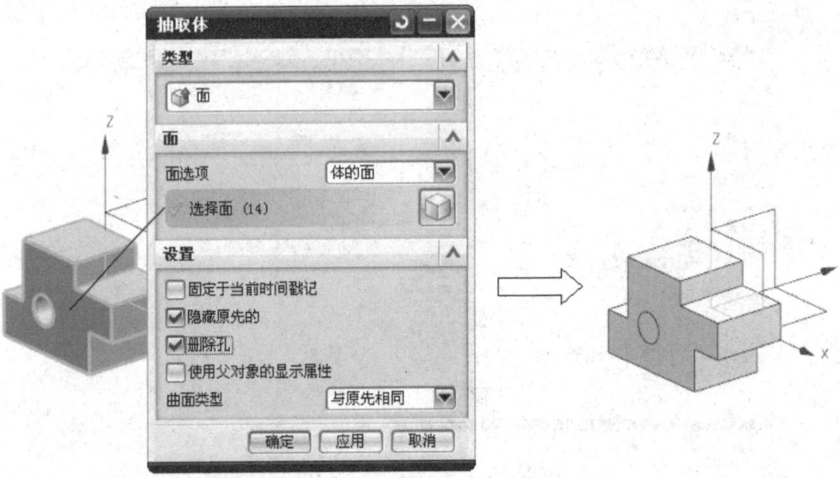

图 5-41 “抽取体”操作的示例

5.4.2 复合曲线

使用“插入”|“关联复制”|“复合曲线”命令，可通过复制其他曲线或边来创建曲线，其操作方法和步骤如下。

① 在“特征”工具栏中单击“复合曲线”按钮，或者在菜单栏中选择“插入”|“关联复制”|“复合曲线”命令，系统弹出如图 5-42 所示的“复合曲线”对话框。

② 选择要复制的曲线或边。

③ 必要时，在“曲线”选项组中单击“反向”按钮，更改复合曲线的方向。

④ 展开“设置”选项组，根据实际设计情况来设置相关选项，如图 5-43 所示。

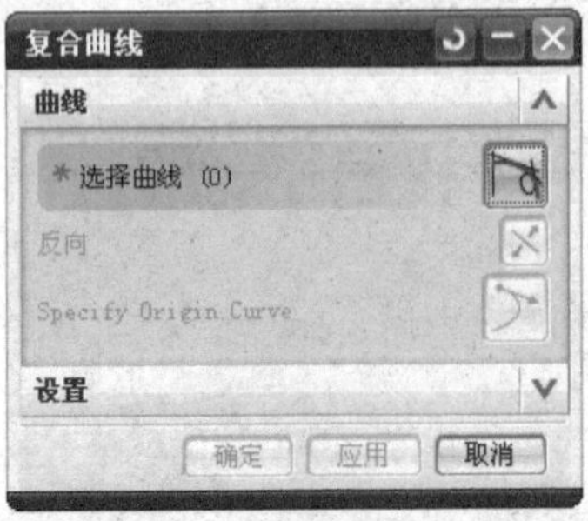

图 5-42 “复合曲线”对话框

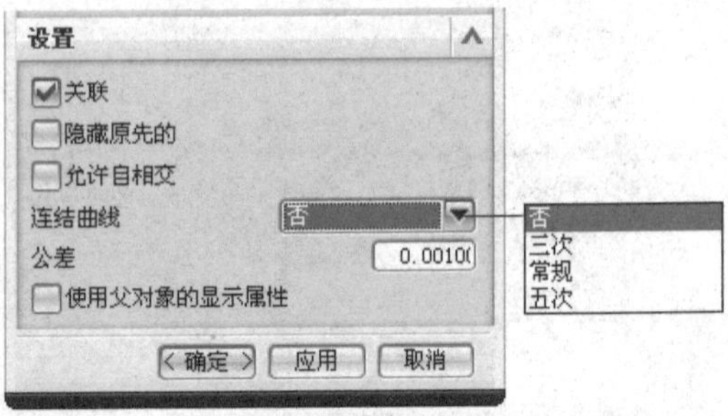

图 5-43 设置相关选项

5 在"复合曲线"对话框中单击"确定"按钮或"应用"按钮。

5.4.3 实例特征

可以将特征复制到矩形图样或圆形图样中，其操作方法和步骤简述如下。

1 在"特征"工具栏中单击"实例特征"按钮，或者在菜单栏中选择"插入"|"关联复制"|"实例特征"命令，系统弹出如图 5-44 所示的"实例"对话框。

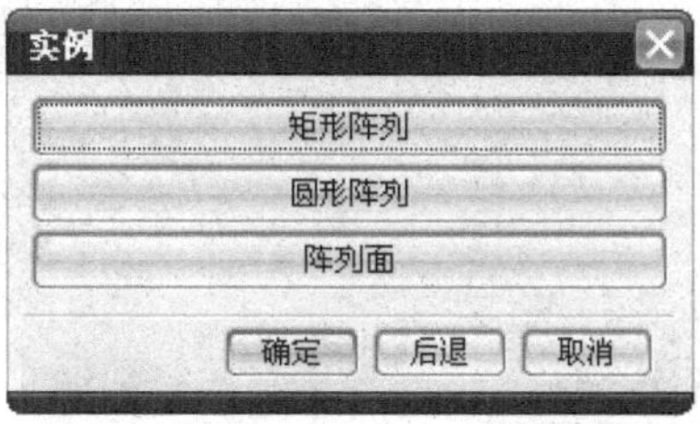

图 5-44 "实例"对话框

2 在"实例"对话框中单击"矩形阵列"按钮、"圆形阵列"按钮或"阵列面"按钮。

3 根据所单击的阵列类型按钮，利用所弹出来的对话框进行相应对象的选择操作和参数设置等，直到完成创建实例特征。

下面结合典型操作实例来辅助介绍矩形阵列、圆形阵列和阵列面的应用知识。

1. 矩形阵列

矩形阵列在实际设计中会被经常应用到，它是根据阵列创建方法、阵列数量和偏置距离来线性地创建指定特征的阵列。创建矩形阵列的典型示例如下。

1 打开随书光盘附带的"bc_5_sltz_1.prt"文件，该文件中存在如图 5-45 所示的实体模型特征。

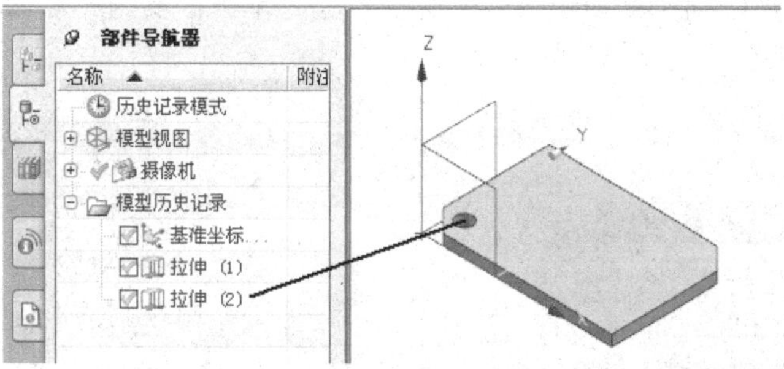

图 5-45 已有的实体模型

2 在"特征"工具栏中单击"实例特征"按钮，或者在菜单栏中选择"插入"|"关联复制"|"实例特征"命令，系统弹出"实例"对话框。

3 在"实例"对话框中单击"矩形阵列"按钮，系统弹出如图 5-46 所示的"实例"对话框。

4 在该"实例"对话框中选择"拉伸（2）"，然后单击"确定"按钮。

5 系统弹出“输入参数”对话框，在该对话框中，设置“方法”选项为“常规”，“XC 向的数量”为 5，“XC 偏置”为 25mm，“YC 向的数量”为 3，“YC 偏置”为 30mm，如图 5-47 所示，然后单击“确定”按钮。

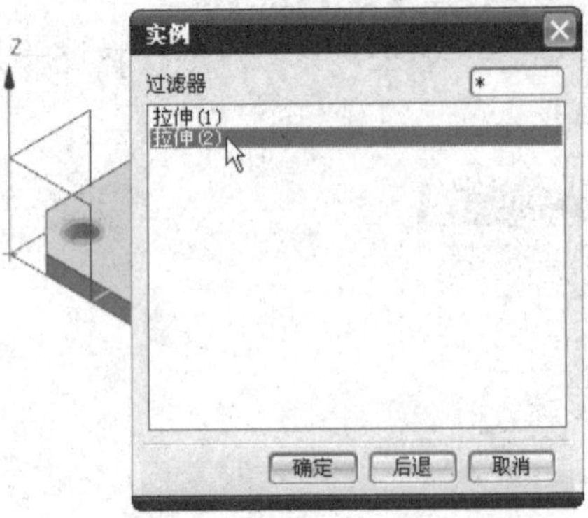

图 5-46　选择要阵列复制的特征

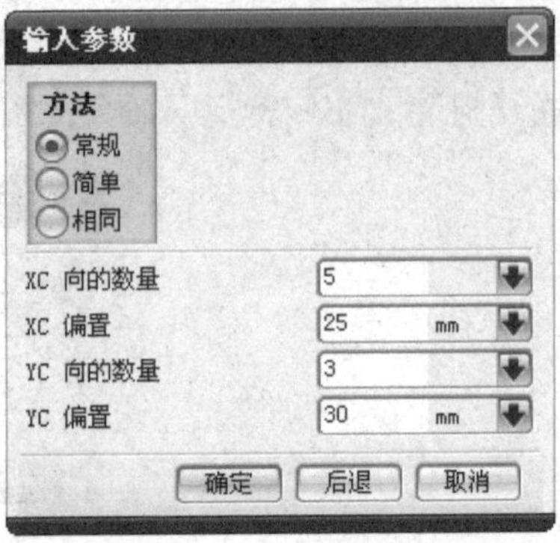

图 5-47　“输入参数”对话框

说明：矩形阵列的创建方法有“常规”、“简单”和“相同”。使用“常规”方法时需验证所有几何体合法性，其生成速度较慢；使用“简单”方法时和“常规”方法类似，但不需要进行验证所有几何体合法性，故速度相对较快；使用“相同”方法时，特征生成速度最快。需要注意的是，采用“常规”方法创建矩形阵列实例时，如果创建的引用实例超出几何体外，则出现错误消息，无法完成操作。而采用“简单”方法和“相同”方法时，则不会出现这种情况。

6 在弹出的如图 5-48 所示的“创建实例”对话框中单击“是”按钮，也可以单击“确定”按钮。

7 创建的矩形阵列实例如图 5-49 所示。此时单击“实例”对话框的“关闭”按钮 ☒，从而关闭该“实例”对话框。

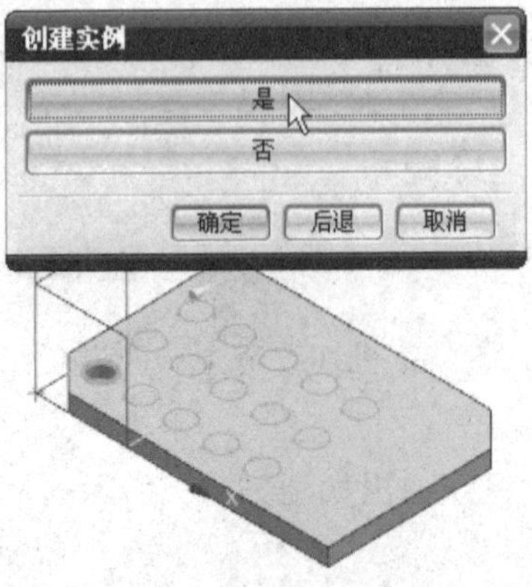

图 5-48　确认创建实例

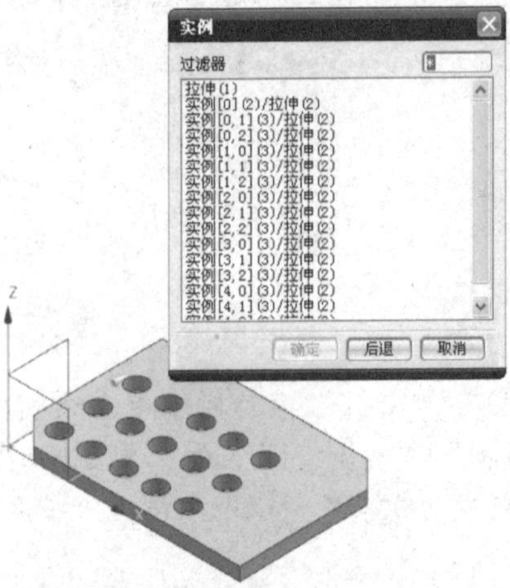

图 5-49　完成创建矩形阵列实例

2. 圆形阵列

圆形阵列的典型示例如图 5-50 所示，它的创建需要指定阵列数量、角度和旋转轴线。

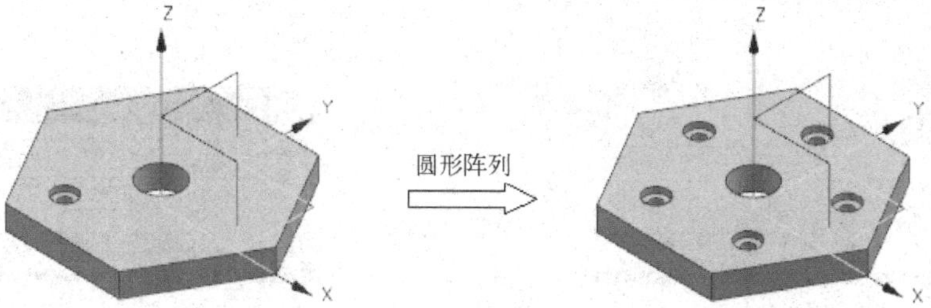

图 5-50 创建圆形阵列实例

上述圆形阵列的创建步骤如下。

1 打开随书光盘附带的“bc_5_slzl_2”文件，该文件中存在如图 5-51 所示的实体模型。

2 在“特征”工具栏中单击“实例特征”按钮，或者在菜单栏中选择“插入”|“关联复制”|“实例特征”命令，系统弹出“实例”对话框。

3 在“实例”对话框中单击“圆形阵列”按钮，系统弹出如图 5-52 所示的“实例”对话框。

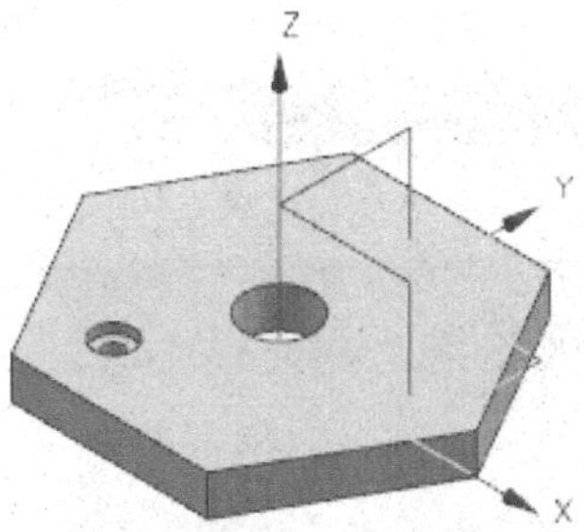

图 5-51 已有的实体模型

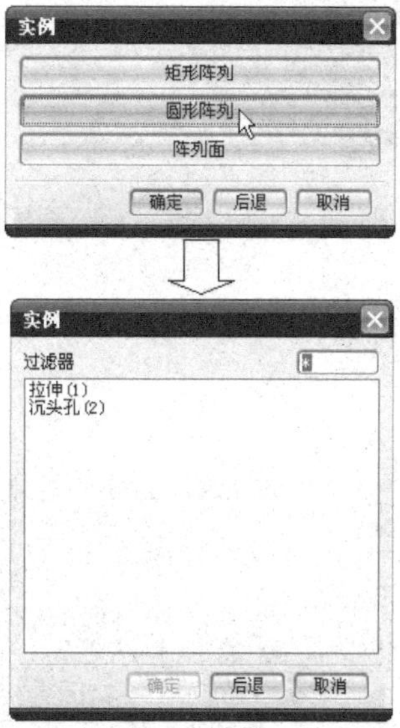

图 5-52 单击“圆形阵列”按钮

4 在出现的“实例”对话框的特征列表框中选择“沉头孔（2)”，然后单击“确定”按钮。

5 在弹出的另一个“实例”对话框中，从“方法”选项组中选择“常规”单选按钮，在“数字”文本框中输入阵列数量为 5，在“角度”文本框中输入阵列角度为 72deg，如图 5-53 所示，然后单击“确定”按钮。

6 在弹出的如图 5-54 所示的对话框中单击“基准轴”按钮，接着在“选择一个基准轴”的提示下在绘图窗口中单击基准坐标系的 Z 轴，如图 5-55 所示。

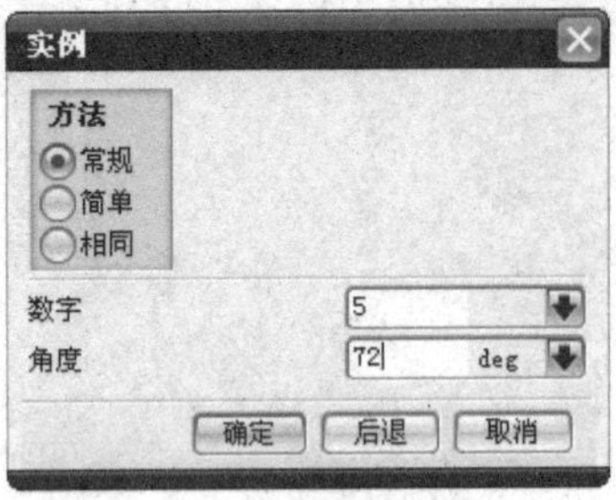

图 5-53 “实例”对话框

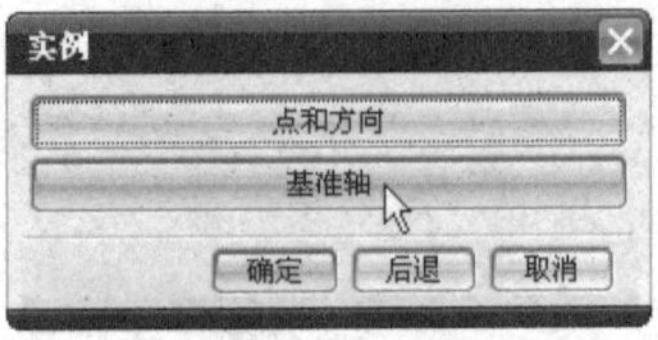

图 5-54 单击“基准轴”按钮

7 在弹出的“创建实例”对话框中单击“是”按钮，如图 5-56 所示。

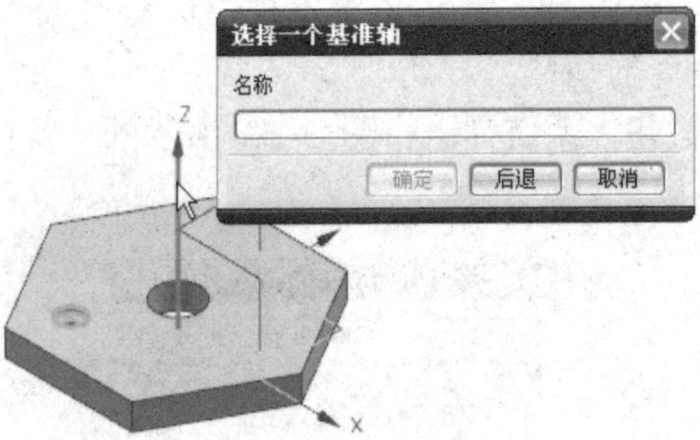

图 5-55 选择一个基准轴

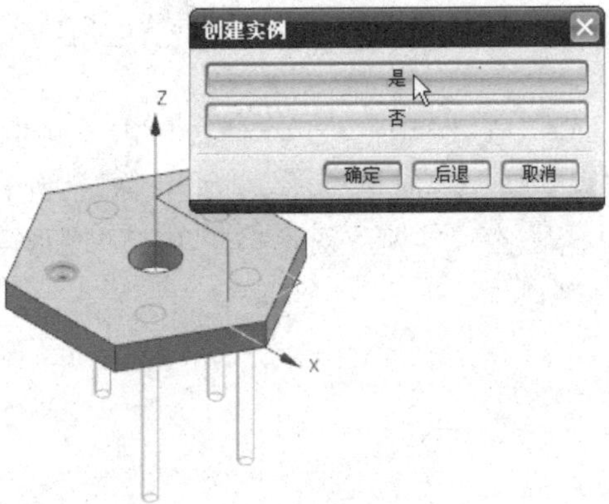

图 5-56 确认创建实例

完成创建的圆形阵列实例特征如图 5-57 所示。

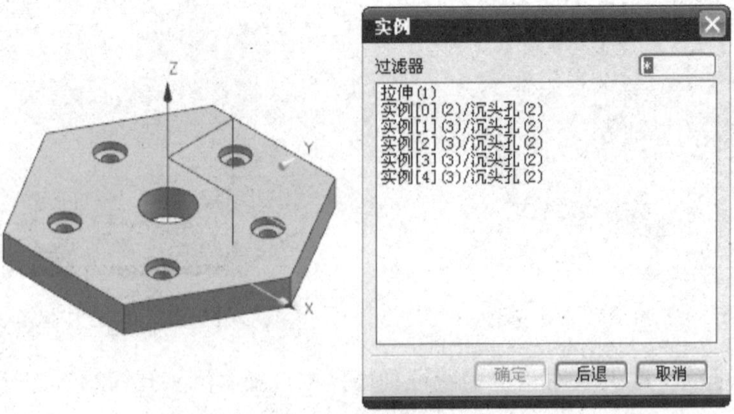

图 5-57 完成创建圆形实例特征

3. 阵列面

“阵列面”用于面组复制并处理实体。如图 5-58 所示，在“实例”对话框中单击“阵列面”按钮，系统弹出“阵列面”对话框，在“阵列面”对话框的“类型”下拉列表框中提供了阵列面的 3 种类型选项，即“矩形阵列”、“圆形阵列”和“镜像”。在阵列面操作中，通常可以将要复制的原图样（需要是有效的面对象）称为种子面。

图 5-58　打开“阵列面”对话框

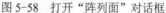

● 采用“矩形阵列”类型创建矩形阵列图样

创建矩形阵列图样的典型示例如图 5-59 所示，该示例需要进行这些操作：①选择面；②定义 *X* 向（例如选择基准坐标系的 *X* 轴来定义 *X* 向）；③定义 *Y* 向（例如选择基准坐标系的 *Y* 轴定义 *Y* 向）；④在“图样属性”选项组中定义图样属性，图样属性参数包括 *X* 距离、*Y* 距离、*X* 数量和 *Y* 数量。

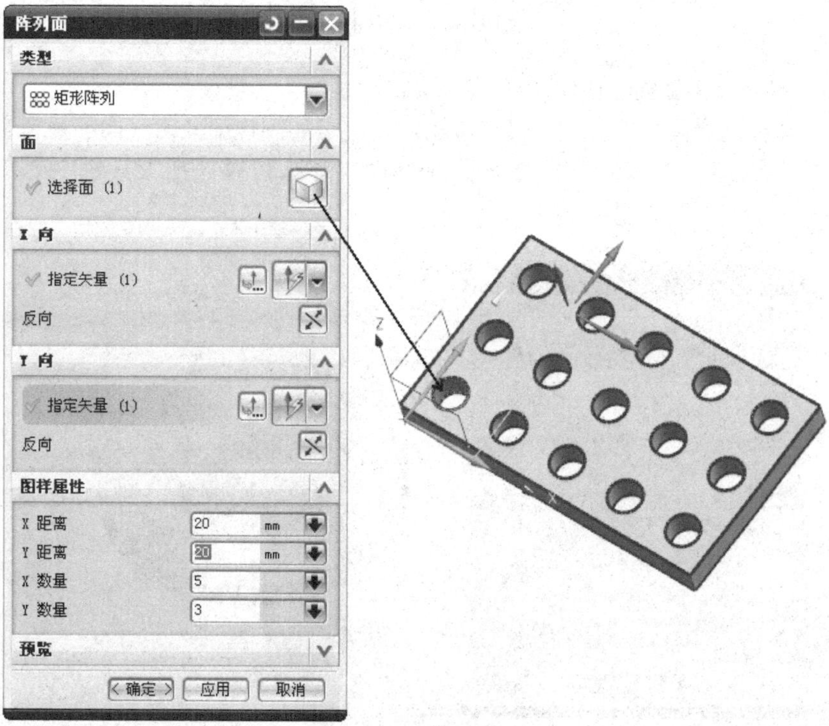

图 5-59　矩形图样

● 采用“圆形阵列”类型创建圆形阵列图样

创建圆形阵列图样的典型示例如图 5-60 所示，示例的种子面（要复制的有效面）由 3 个面组成。该类型的图样需要分别定义面、轴（该示例选择“*ZC* 轴”图标选项）和图样属性（图样属性的参数包括角度和圆数量）。

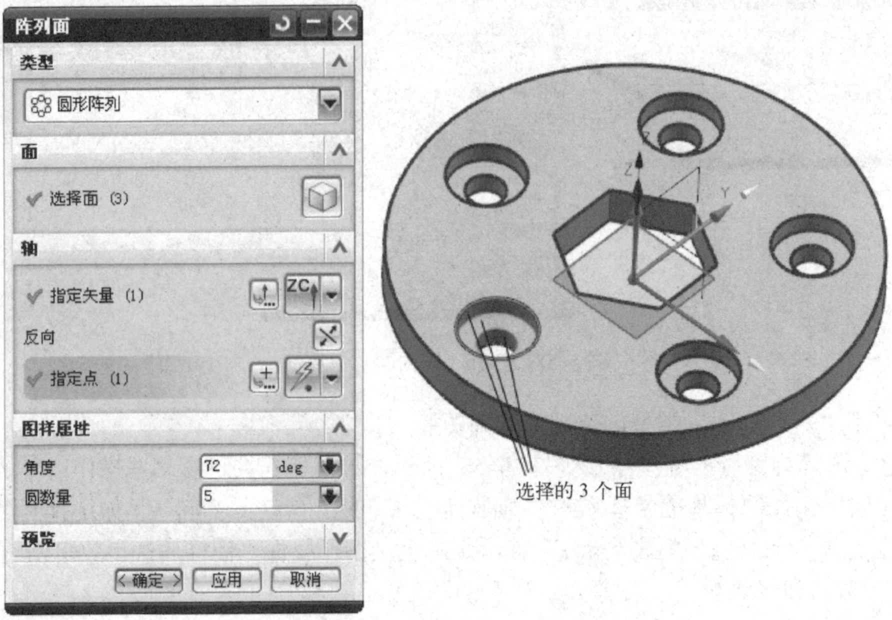

图 5-60 圆形图样

● 采用“镜像”类型创建镜像图样

创建镜像图样的典型示例如图 5-61 所示，该类型的图样需要定义面和镜像平面。如果在模型中没有存在可用于镜像平面的平面/坐标面，那么可以先在工具栏中单击“基准平面”按钮来创建所需的基准平面。

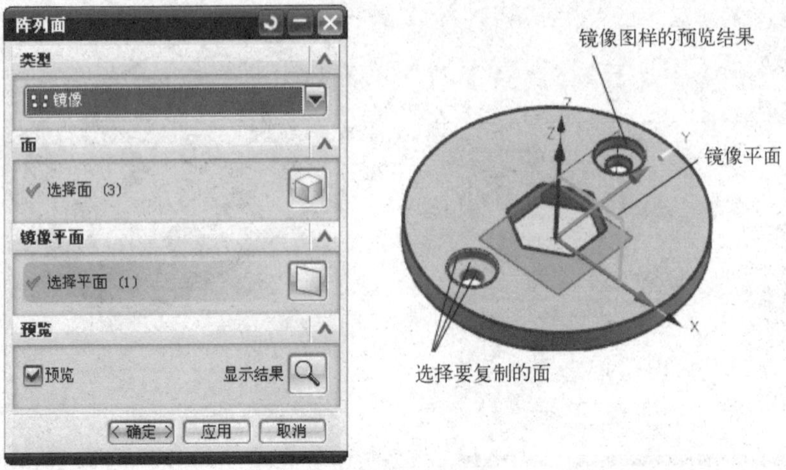

图 5-61 镜像图样

5.4.4 镜像特征

使用“镜像特征”命令工具可以复制特征并根据指定平面进行镜像。创建镜像特征的典型实例如图 5-62 所示。

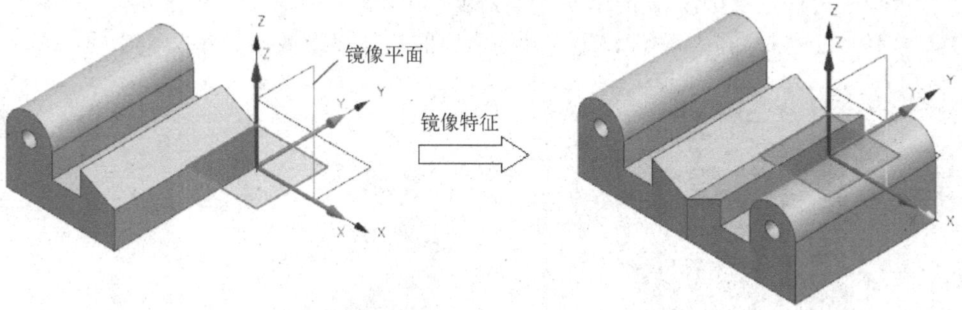

图 5-62 创建镜像特征

创建镜像特征的方法及步骤简述如下。

1 从菜单栏中选择“插入”|“关联复制”|“镜像特征”命令，或者在“特征”工具栏中单击“镜像特征”按钮，系统弹出如图 5-63 所示的“镜像特征”对话框。

2 选择要镜像的特征。需要时，用户可以在“镜像特征”对话框中展开“特征”选项组中的“相关特征”框，然后决定是否勾选“添加相关特征”复选框和“添加体中的全部特征”复选框，如图 5-64 所示。如果选中“添加相关特征”复选框，则可以同时把所选特征所含的子特征全部加入；如果选中“添加体中的全部特征”复选框，则可以同时把所选体中的全部特征加入。

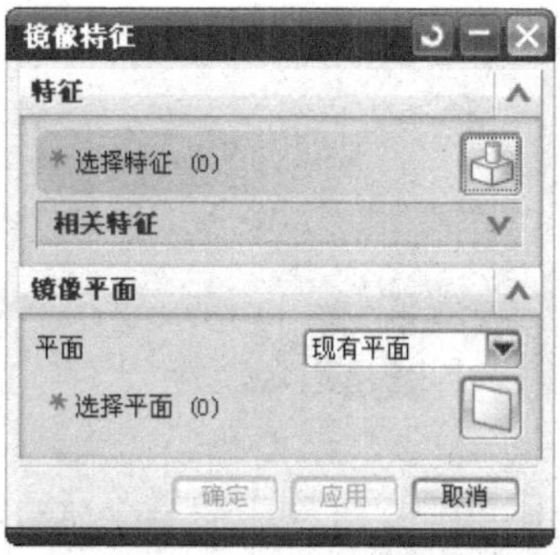

图 5-63 “镜像特征”对话框

图 5-64 设置相关特征

3 在“镜像平面”选项组中，若从“平面”下拉列表框中选择“现有平面”选项，那么在“平面”按钮处于活动状态下选择所需的平面作为镜像平面。

如果模型中没有所需要的镜像平面，则可以从“平面”下拉列表框中选择“新平面”选项创建新的平面来定义镜像平面。

4 在“镜像特征”对话框中单击“应用”按钮或“确定”按钮，从而完成镜像特征操作。

读者可以打开配套素材模型文件“bc_5_jxtz.prt”来练习如何创建镜像特征。

5.4.5 镜像体

镜像体操作与镜像特征类似，其主要区别在于镜像的对象不同，镜像体操作是指复制体并根据指定平面进行镜像操作。下面以一个范例来介绍如何镜像体。

1 打开“bc_5_jxt.prt”文件，该文件中已有的实体模型效果如图 5-65 所示。

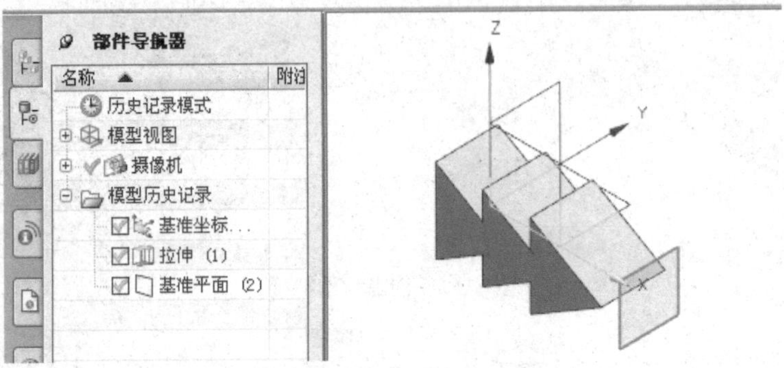

图 5-65 已有的实体模型效果

2 在菜单栏中选择“插入”|“关联复制”|“镜像体”命令，或者在“特征”工具栏中单击“镜像体”按钮，系统弹出如图 5-66 所示的“镜像体”对话框。

3 选择要镜像的体，如图 5-67 所示。

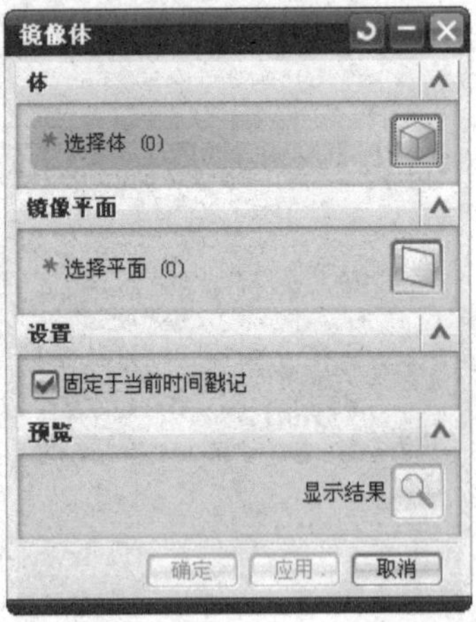

图 5-66 “镜像体”对话框

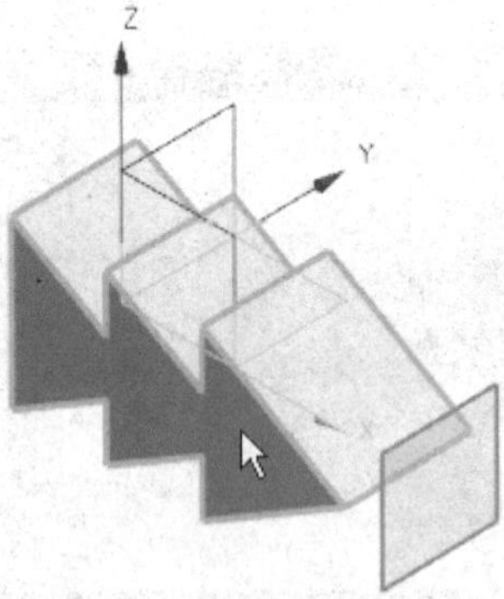

图 5-67 选择要镜像的体

4 在“镜像体”对话框的“镜像平面”选项组中单击“平面”按钮，以激活平面收集器，接着选择已有的一个基准平面作为镜像平面，如图 5-68 所示。

5 在“设置”选项组中勾选“固定于当前时间戳记”复选框。

6 在“镜像体”对话框中单击“确定”按钮，完成镜像体操作得到的模型效果如图 5-69 所示。

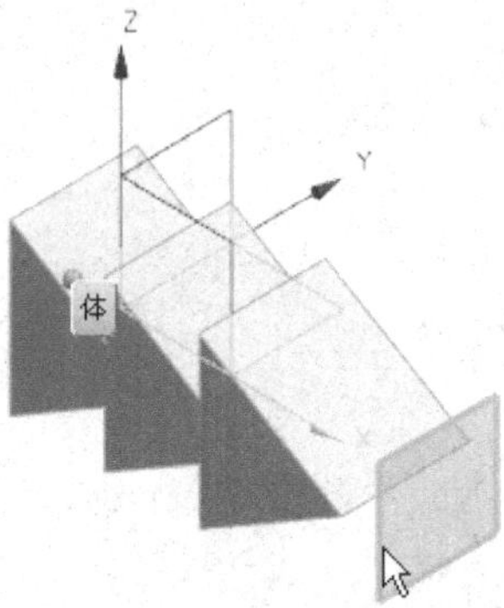

图 5-68 选择镜像平面

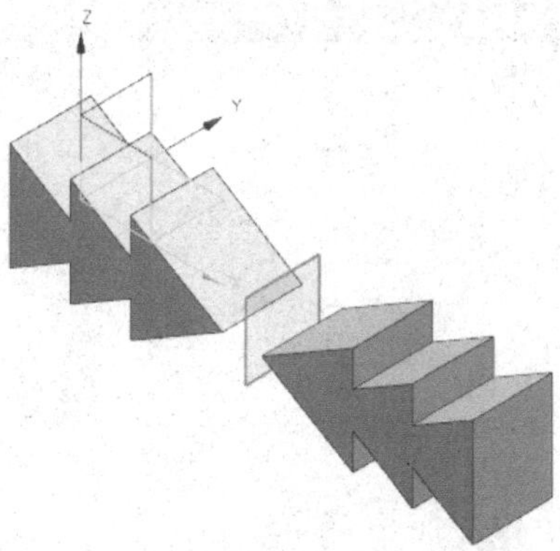

图 5-69 镜像体的结果

5.4.6 生成实例几何特征

使用“插入”|“关联复制”级联菜单中的“生成实例几何特征”命令，可以将几何特征复制到各种图样阵列中。

在菜单栏中选择“插入”|“关联复制”|“生成实例几何特征”命令，或者在“特征”工具栏中单击“实例几何体”按钮，系统将弹出如图 5-70 所示的“实例几何体”对话框。在“实例几何体”对话框的“类型”下拉列表框中提供了多种类型选项，包括“来源/目标”、“镜像”、“平移”、“旋转”和“沿路径”选项。下面结合图例来介绍如何创建这些类型的实例几何体。

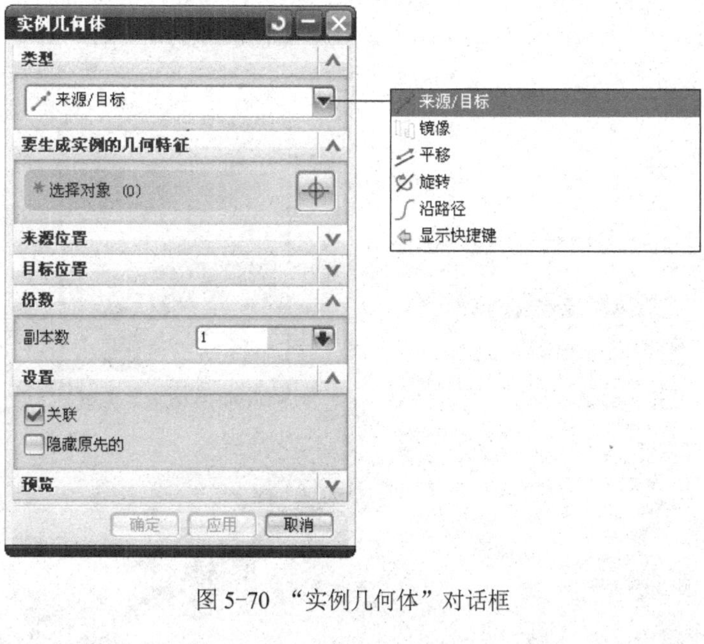

图 5-70 “实例几何体”对话框

1. 来源/目标

选择该类型选项，将通过指定来源位置和目标位置来创建实例几何体，可以设定要复制的副本数、几何体关联性，还可以设置是否隐藏原先的几何体等，如图 5-71 所示。

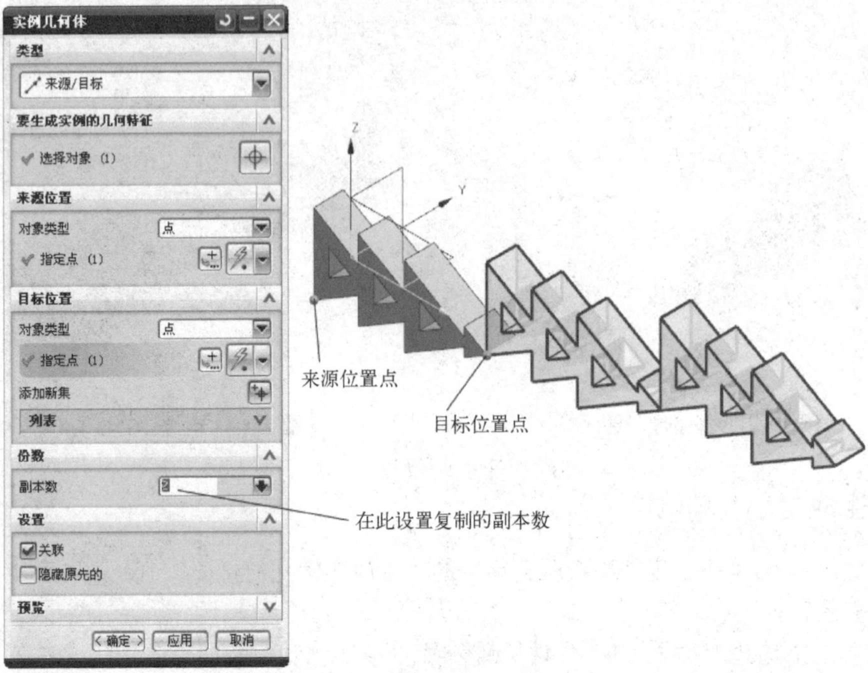

图 5-71 “来源/目标”选项

2. 镜像

可以以镜像的方式创建实例几何体。如图 5-72 所示，从“实例几何体”对话框的“类型”下拉列表框中选择“镜像”，接着选择所需的实体作为要生成实例的几何特征，接着使用“镜像平面”选项组提供的工具指定一个镜像平面，必要时可以在“设置”选项组中设置相关选项，然后单击“应用”按钮或“确定”按钮。

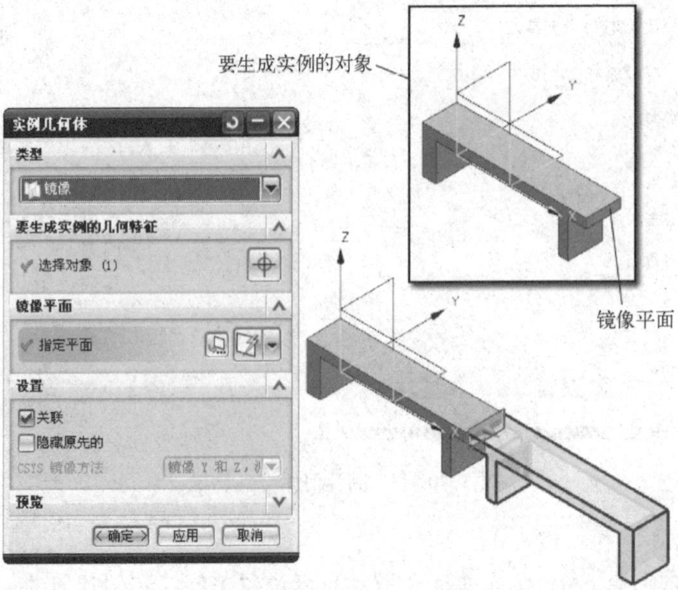

图 5-72 镜像示例

3. 平移

在“实例几何体”对话框的“类型”下拉列表框中选择“平移”选项，接着选择要生成实例的对象，利用“方向”选项组来定义平移方向，在“距离和副本数”选项组中设置距离和副本数，并在“设置”选项组中设置是否关联以及设置是否隐藏原先的对象，典型示例如图 5-73 所示。

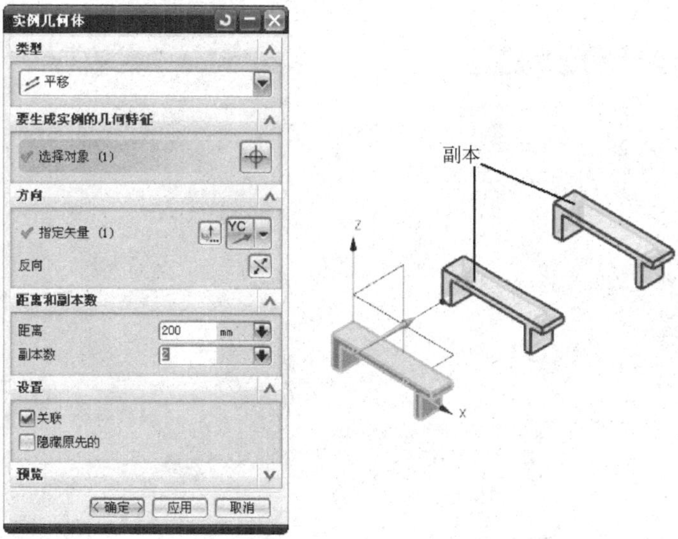

图 5-73 平移示例

4. 旋转

可以通过旋转的方式创建实例几何体，在其创建过程中除了要指定要生成实例的几何特征之外，还需要分别定义旋转轴、角度、距离和副本数等，如图 5-74 所示。

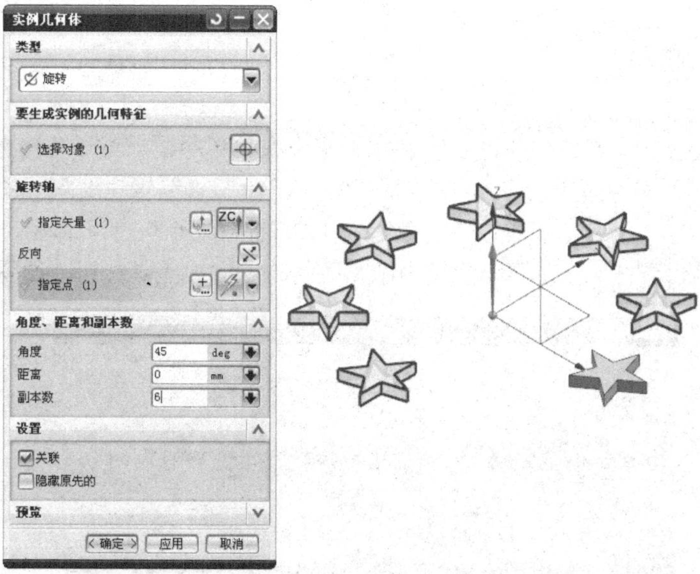

图 5-74 旋转示例

5．沿路径

在“实例几何体”对话框的“类型”下拉列表框中选择“沿路径”选项，接着选择要生成实例的对象，在“路径”选项组中单击“曲线”按钮，在绘图区域中选择所需的曲线，可以根据设计情况而单击“反向”按钮，在“距离、角度和副本数”选项组中设置距离选项、角度和副本数，在“设置”选项组中设置是否关联和是否隐藏原先的，如图 5-75 所示。

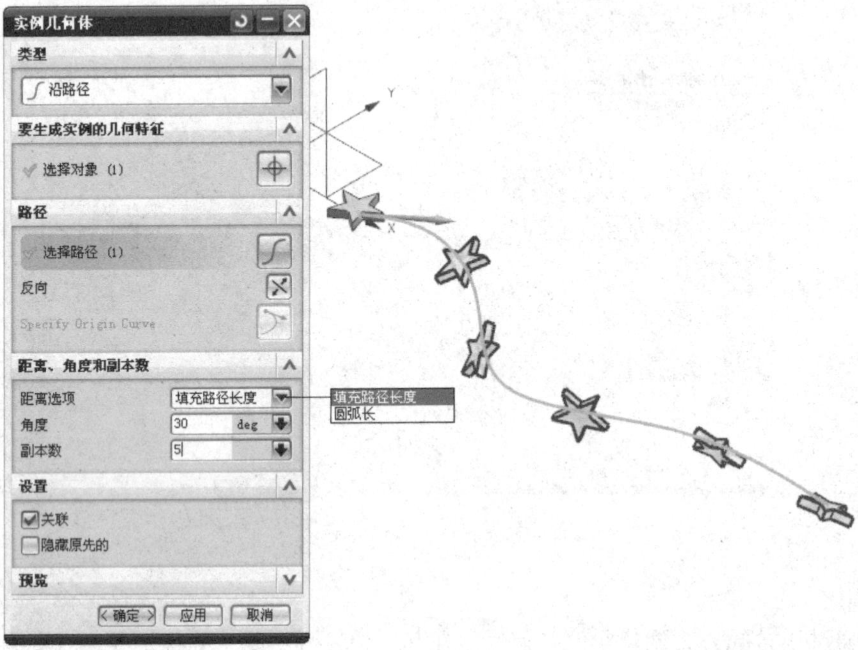

图 5-75　沿路径示例

5.5　特征编辑

特征编辑比较灵活。特征编辑的命令基本上集中在菜单栏的“编辑”菜单中，尤其集中在“编辑”|“特征”级联菜单中，主要包括“特征尺寸”、“编辑位置”、“移动”、“替换”、“替换为独立草图”、“由表达式抑制”、“调整基准平面的大小”、“实体密度”和“回放”等。另外，在“编辑特征”工具栏中也集中了相关的特征编辑工具按钮，如图 5-76 所示。

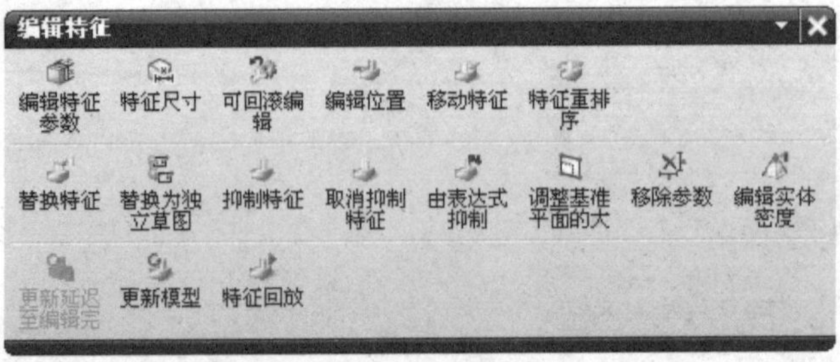

图 5-76 “编辑特征”工具栏

5.5.1 编辑特征尺寸

使用“编辑”|“特征”|“特征尺寸”命令，可以编辑选定的特征尺寸。下面结合简单例子介绍编辑特征尺寸的方法和步骤。

① 在菜单栏中选择“编辑”|“特征”|“特征尺寸”命令，或者在“编辑特征”工具栏中单击“特征尺寸”按钮，系统弹出如图 5-77 所示的“特征尺寸”对话框。

② 选择要使用特征尺寸进行编辑的特征。可以展开“特征”选项组的“相关特征”，并根据设计要求来使用“添加相关特征”复选框和“添加体中的全部特征”复选框。

例如，选择一个回转特征，如图 5-78 所示，则在“尺寸”选项组的列表框中列出该特征的尺寸。

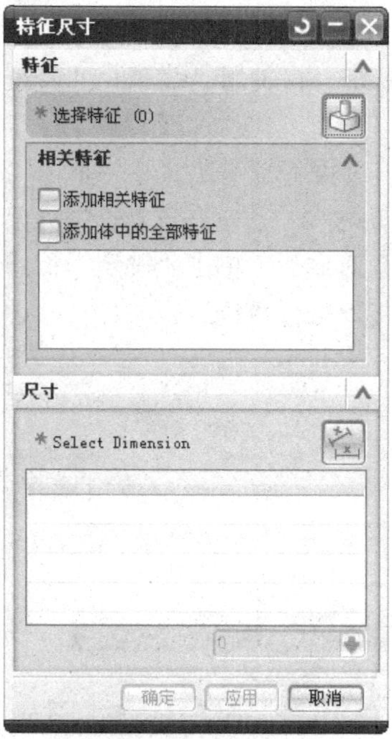

图 5-77 “特征尺寸”对话框

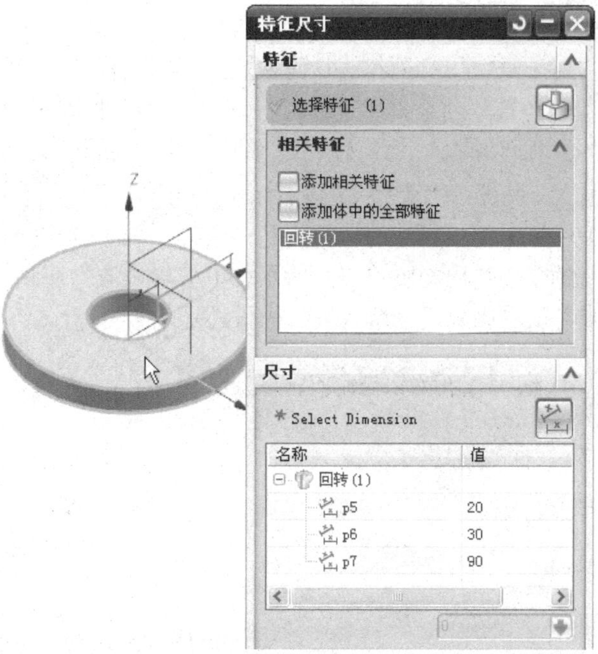

图 5-78 选择要使用特征尺寸进行编辑的特征

③ 在“尺寸”选项组中单击“选择尺寸”按钮，接着选择所选特征的要编辑的尺寸，也可以直接在“尺寸”选项组的尺寸列表框中选择要编辑的尺寸，然后为该尺寸输入有效的新值。

例如，在“尺寸”选项组的尺寸列表框中选择其中一个尺寸，如图 5-79 所示，然后为其设置新值（将原数值为 30 的尺寸更改为 60）。

④ 可以继续选择其他尺寸来进行编辑。

⑤ 在“特征尺寸”对话框中单击“确定”按钮，则系统以新值更新特征，示例结果如图 5-80 所示。

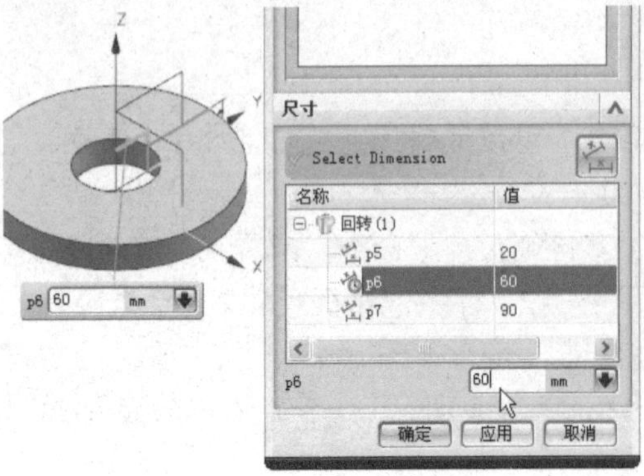

图 5-79　选择尺寸并编辑尺寸

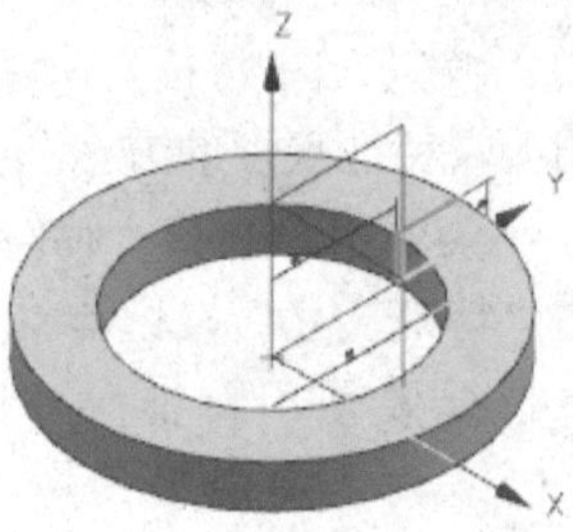

图 5-80　编辑特征尺寸的结果

5.5.2 编辑位置

对于一些相对于其他几何体定位（创建有定位尺寸）的特征，可使用“编辑”|“特征”|“编辑位置”命令来通过编辑特征的定位尺寸来移动特征。

选择“编辑”|“特征”|“编辑位置”命令后，或者在“编辑特征”工具栏中单击“编辑位置”按钮后，系统弹出一个“编辑位置”对话框，如图 5-81 所示。该对话框列出了模型中可用定位尺寸的特征，从中选择要编辑位置的目标特征对象后，单击“确定”按钮，系统通常会弹出如图 5-82 所示的“编辑位置”对话框等，接下去便可以进行添加尺寸、编辑尺寸值和删除尺寸这些编辑操作。

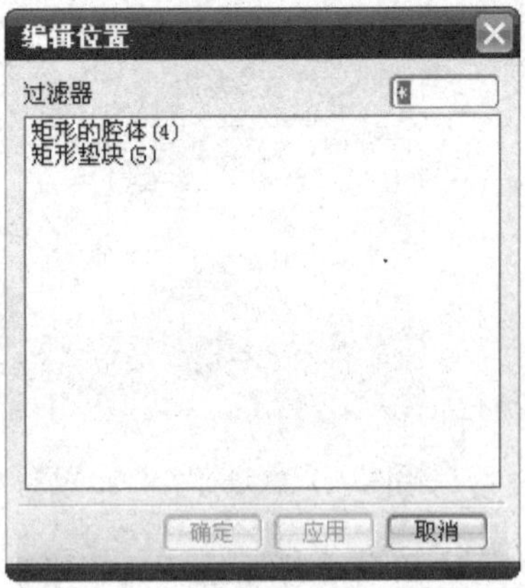

图 5-81　“编辑位置”对话框（1）

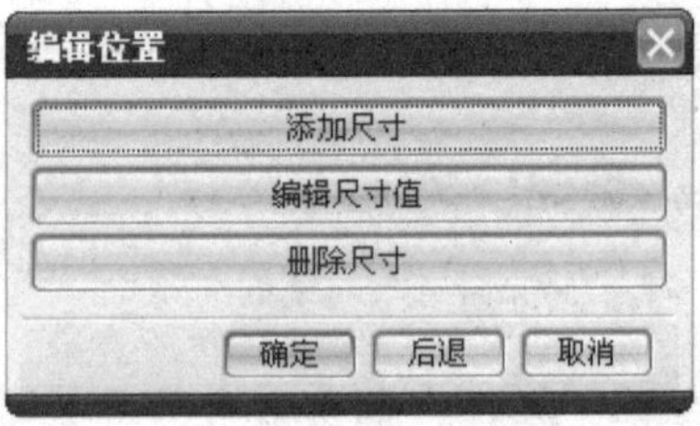

图 5-82　“编辑位置”对话框（2）

- “添加尺寸”按钮：该按钮用于为成形特征添加定位尺寸约束。
- “编辑尺寸值”按钮：该按钮用于修改成形特征的定位尺寸。单击该按钮并选择要编辑的定位尺寸，将会打开如图 5-83 所示的“编辑表达式”对话框。
- “删除”按钮：该按钮用于删除不需要的定位尺寸约束。单击该按钮，则系统将打开如图 5-84 所示的“移除定位”对话框，并提示用户选择要删除的定位尺寸。

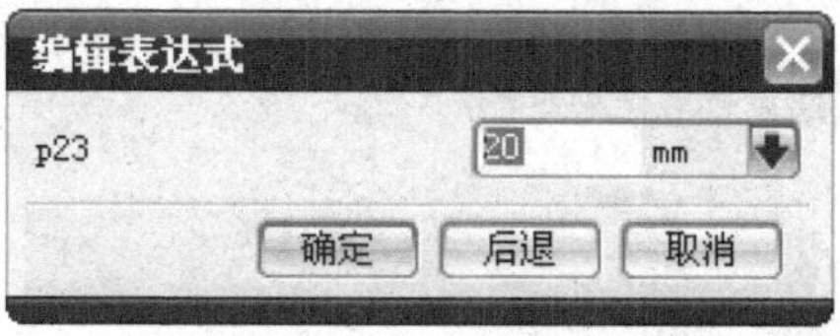

图 5-83 “编辑表达式”对话框

图 5-84 “移除定位”对话框

5.5.3 特征移动

使用“编辑”|“特征”|“移动”命令（其对应的工具按钮为），可以将非关联的特征移至所需的位置处，其具体的操作步骤简述如下。

1 在菜单栏中选择“编辑”|“特征”|“移动”命令，或者在“编辑特征”工具栏中单击“特征移动”按钮，系统弹出提供目标特征的“移动特征”对话框，如图 5-85 所示。

2 在该对话框的列表框中选择一个或多个要移动的特征，然后单击“确定”按钮或“应用”按钮。

3 系统弹出如图 5-86 所示的“移动特征”对话框，在该对话框中可分别设置 DXC、DYC 和 DZC 移动距离增量，这 3 个参数分别表示在 *X* 方向、*Y* 方向和 *Z* 方向上的移动距离值。另外，可以根据设计情况应用对话框中的以下 3 个实用按钮。

- “至一点”按钮：指定特征移动到一点。
- “在两轴间旋转”按钮：指定特征在两个指定轴之间旋转。
- “CSYS 到 CSYS”按钮：将特征从一个坐标系移动到另一个坐标系。

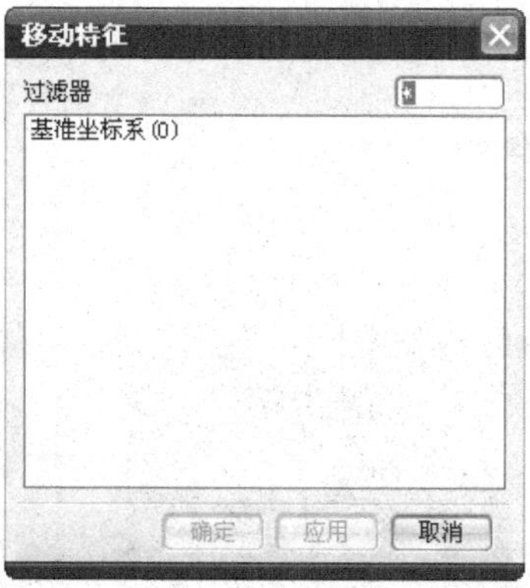

图 5-85 “移动特征”对话框（1）

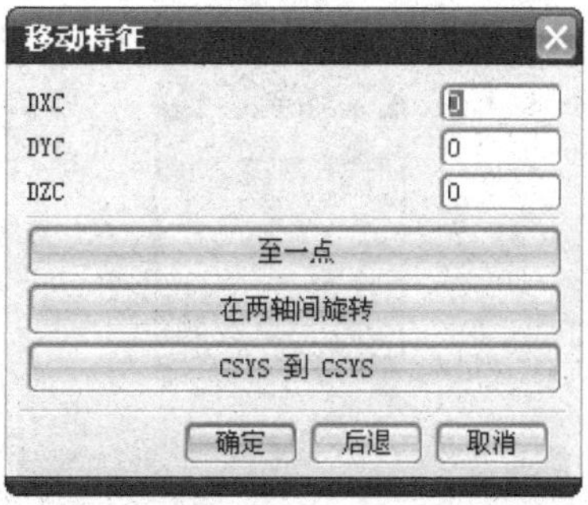

图 5-86 “移动特征”对话框（2）

需要用户特别注意的是，如果要移动具有关联的特征，即移动具有约束定位等相关性的一些特征，那么建议使用菜单栏中的“编辑”|“移动对象”命令（其快捷键为〈Ctrl+T〉，其主要功能是移动或旋转选定的对象）。执行“编辑”|“移动对象”命令时，系统将弹出如图 5-87 所示的“移动对象”对话框，接着选择要移动的对象，设置变换选项和结果选项等，然后单击“确定”按钮或“应用”按钮。

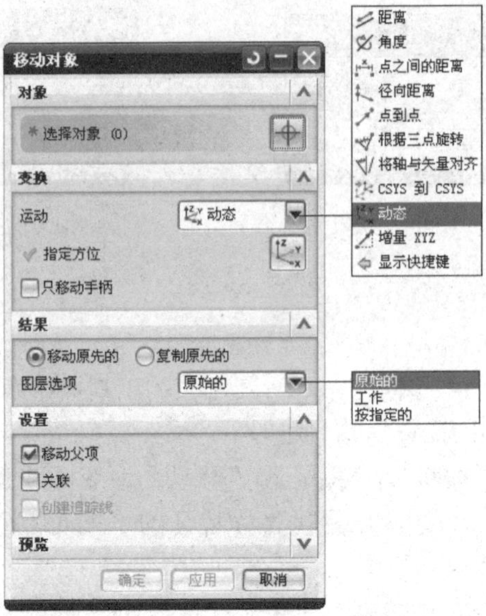

图 5-87 “移动对象”对话框

5.5.4 替换特征

在实际设计过程中，可以对一些特征进行替换操作，而不必将其删除后再重新设计。所谓的替换特征操作是指一个特征替换为另一个并更新相关特征。

要替换特征，则按照如图 5-88 所示的图解步骤进行。

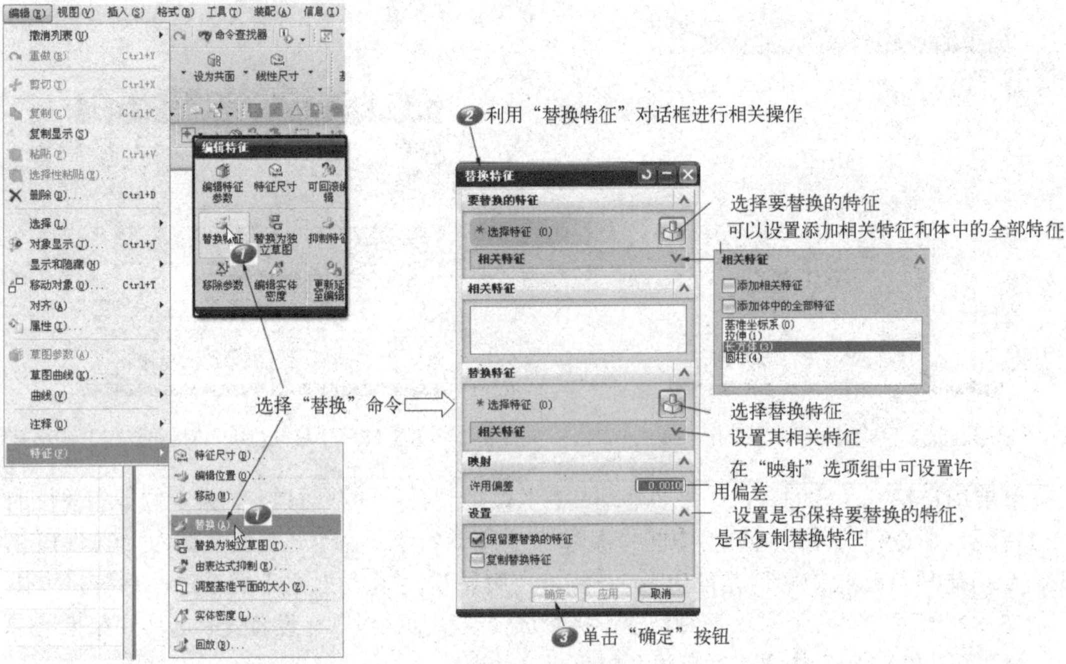

图 5-88 替换特征操作步骤

5.5.5 替换为独立草图

在菜单栏中选择“编辑”|“特征”|“替换为独立草图”命令，或者在“编辑特征”工具栏中单击“替换为独立草图”按钮。系统弹出如图 5-89 所示的“替换为独立草图”对话框，利用该对话框指定要替换的链接特征和候选特征，然后单击“确定”按钮或“应用”按钮，从而完成将链接的曲线替换为独立草图的操作。

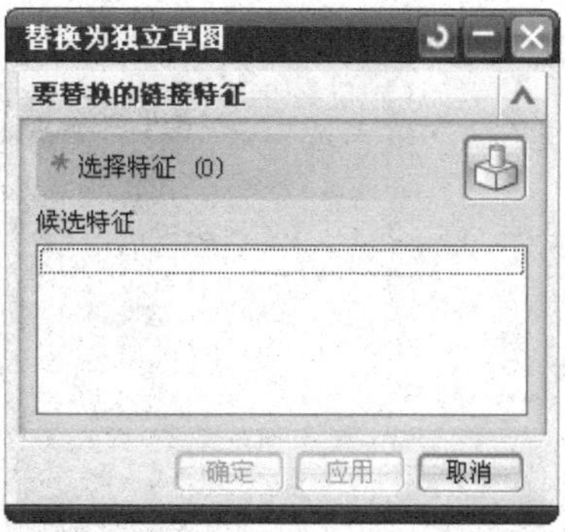

图 5-89 “替换为独立草图”对话框

5.5.6 由表达式抑制

可以使用表达式来抑制特征。抑制特征的好处是在某些场合下进行相关命令操作时可以使模型更新速度加快。

在菜单栏中选择“编辑”|“特征”|“由表达式抑制”命令，或者在“编辑特征”工具栏中单击“由表达式抑制”按钮，系统弹出如图 5-90 所示的“由表达式抑制”对话框。下面介绍该对话框中的一些应用。

表达式选项：在“表达式”选项组的“表达式选项”下拉列表框中提供的表达式选项有“为每个创建”、“创建共享的”、“为每个删除”和“删除共享的”。

选择特征：在“由表达式抑制”对话框中单击“选择特征”按钮，接着选择所需的特征。可以设置相关特征的选项，例如设置添加相关特征和添加体中的全部特征。

显示表达式：完成应用特征抑制后，在“由表达式抑制”对话框中单击“显示表达式”按钮，可打开如图 5-91 所示的“信息”窗口，从中查看由特征表达式控制的抑制状态。

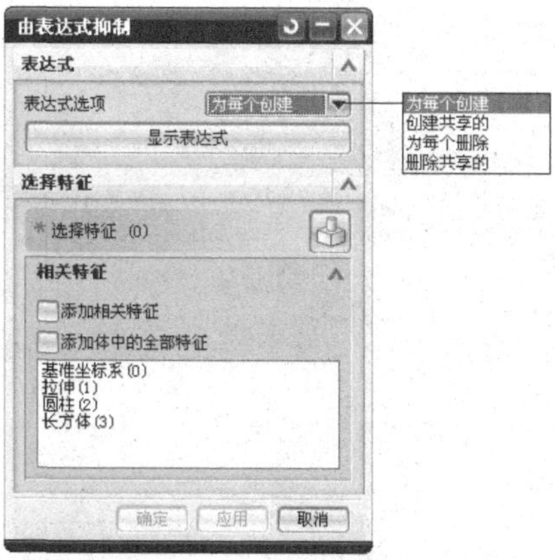

图 5-90 “由表达式抑制”对话框

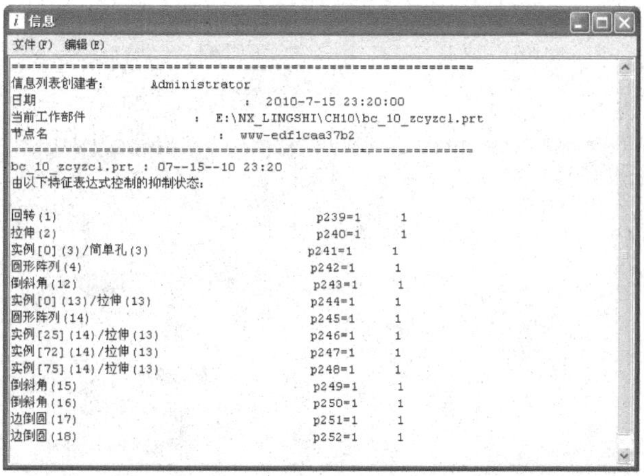

图 5-91 “信息”窗口

5.5.7 编辑实体密度

可以更改实体密度和密度单位，其方法是在菜单栏中选择“编辑”|“特征”|“实体密

度”命令，或者在“编辑特征”工具栏中单击“编辑实体密度”按钮，系统弹出如图 5-92 所示的“指派实体密度”对话框，使用该对话框选择没有材料属性的实体，接着在“密度”选项组中设置实体密度和密度单位，然后单击“确定”按钮或“应用”按钮。

图 5-92 “指派实体密度”对话框

5.5.8 特征回放

NX 7.5 提供了特征回放功能，便于用户了解模型的构造和分析模型的合理性等，所谓的特征回放是指按特征逐一审核模型是如何创建的。

可以按照以下简述的步骤来执行特征回放功能。

1 在菜单栏中选择“编辑”|“特征”|“回放”命令，或者在“编辑特征”工具栏中单击“特征回放”按钮，系统弹出如图 5-93 所示的“更新时编辑”对话框。

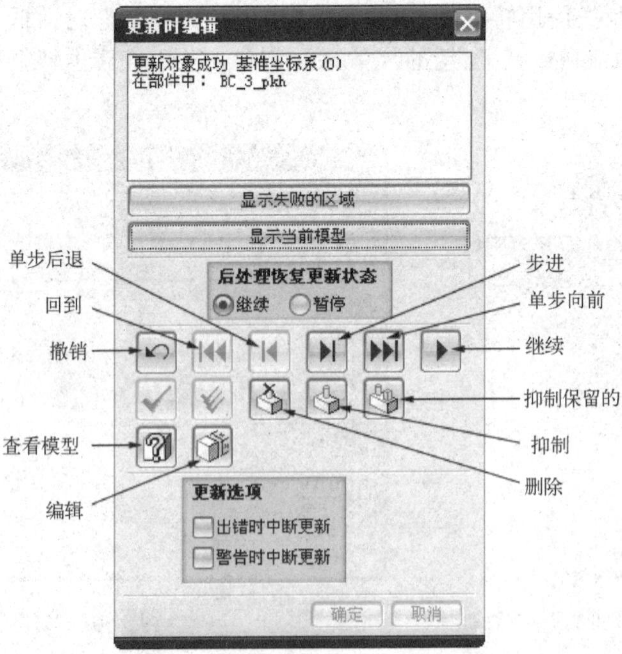

图 5-93 “更新时编辑”对话框

2 利用“更新时编辑”对话框进行特征回放的相关设置与操作。

5.5.9 编辑特征参数

可以编辑特征参数，即可以在当前模型状态下编辑特征的参数值。通常直接双击要编辑的目标体，便可以进入特征参数编辑状态。一般情况下，模型由多个特征组成，此时使用系统提供的“编辑特征参数”命令工具来编辑指定特征的参数较为方便。

在“编辑特征”工具栏中单击“编辑特征参数”按钮，系统弹出如图 5-94 所示的“编辑参数”对话框，在该对话框的特征列表框中选择要编辑的特征，单击“确定”按钮，然后利用弹出来的对话框编辑特征参数。

需要用户注意的是，对于不同的特征，弹出来的用于编辑特征参数的对话框可能有所不同。例如，对于回转特征、拉伸特征、边倒角、面倒角等许多特征，在“编辑特征参数”命令的执行过程中会出现创建该特征时的对话框。假设在如图 5-94 所示的“编辑参数”对话框中选择一个回转特征“回转（1)”，接着单击“确定”按钮，则弹出如图 5-95 所示的“回转”对话框，从中编辑相关参数即可。

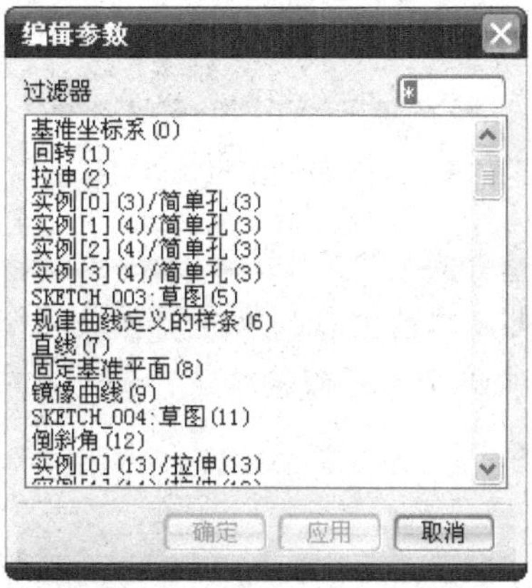

图 5-94 “编辑参数”对话框

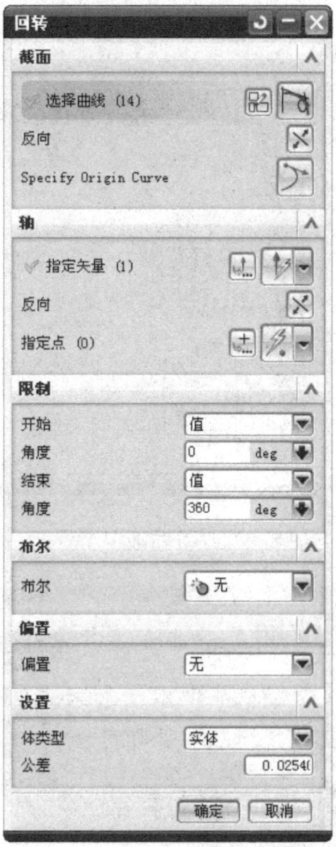

图 5-95 “回转”对话框

对于一般成形特征和实例特征等，将出现一个包含“特征对话框”和其他内容的对话框。假如在如图 5-94 所示的“编辑参数”对话框中选择“实例[0](3)/简单孔(3)”特征，单击“确定”按钮，则弹出如图 5-96 所示的“编辑参数”对话框，从中根据需要单击“特征对话框”按钮或“实例阵列对话框”按钮来编辑相应的特征参数。

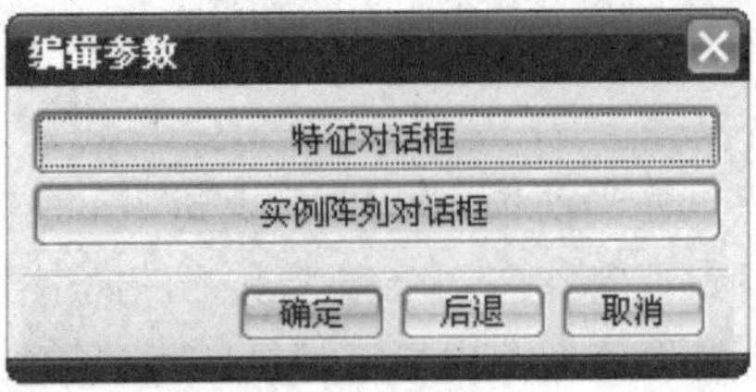

图 5-96 “编辑参数”对话框

5.5.10 可回滚编辑

可回滚编辑是指回滚到特征之前的模型状态，以编辑该特征。其操作方法是在“编辑特征”工具栏中的单击“可回滚编辑”按钮，系统弹出如图 5-97 所示的“可回滚编辑”对话框，从该“可回滚编辑”对话框中选择要使用可回滚编辑的特征，例如选择“倒斜角(12)”特征，单击“确定”按钮，则系统弹出用于回滚编辑该特征的一个对话框，如图 5~98 所示，从中编辑相关内容确定即可。

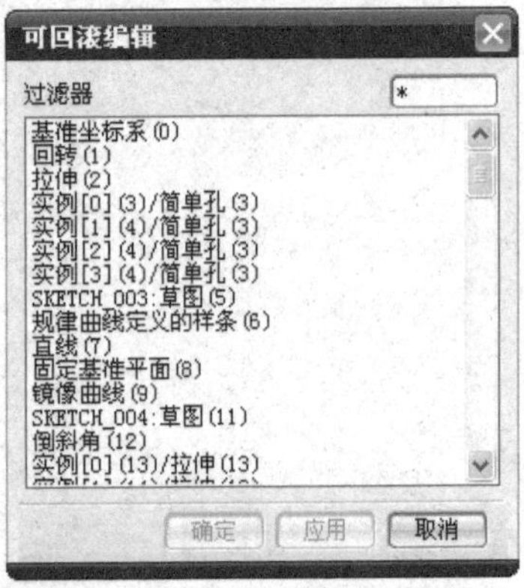

图 5-97 “可回滚编辑”对话框

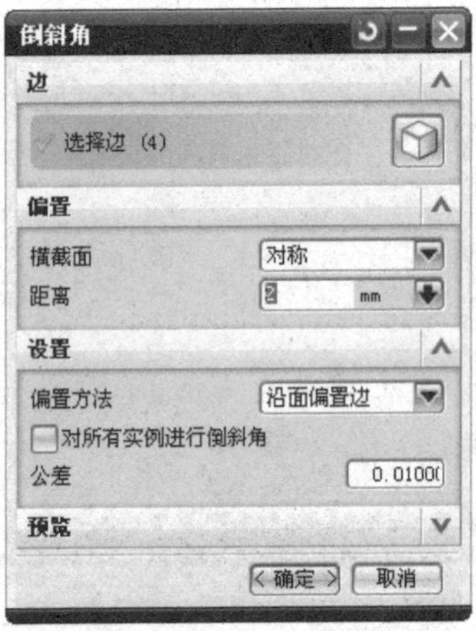

图 5-98 回滚到选定特征的编辑状态（以倒斜角为例）

说明：用户也可以在部件导航器的模型历史记录的特征列表中选择要回滚编辑的特征，接着右击，弹出一个快捷菜单，从该快捷菜单中选择“可回滚编辑”命令，然后回滚编辑特征参数和选项等即可。

5.5.11 特征重排序

模型的特征是有创建排序次序的，特征排序不同可能会导致模型形状不一样。在实际设计中，用户可以根据设计要求对相关特征进行重新排序，即改变特征应用到模型时的顺序。

要对特征进行重新排序，则可以按照以下简述的方法步骤进行。

1. 在“编辑特征”工具栏中单击“特征重排序”按钮，系统弹出“特征重排序”对话框，如图 5-99 所示。

2. 在“参考特征”列表框中显示了设定范围内的所有特征，从中选择要重新参考特征，接着在“选择方法”选项组中选择“在前面”单选按钮或“在后面”单选按钮。

3 此时，在“重定位特征”列表框中显示了由参考特征界定的重定位特征。从“重定位特征”列表框中选择要重定位的特征，如图 5-100 所示。

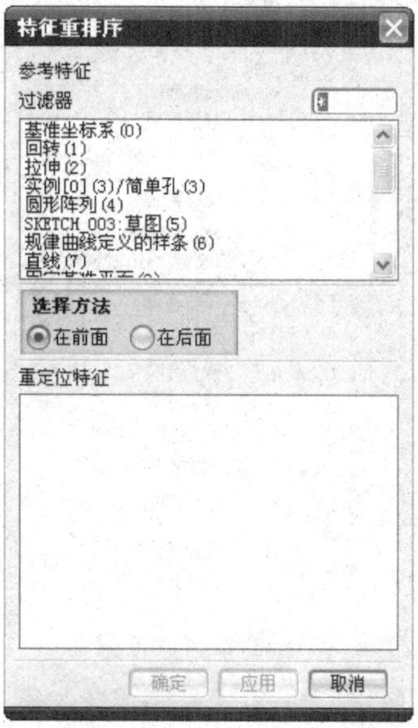

图 5-99 “特征重排序”对话框

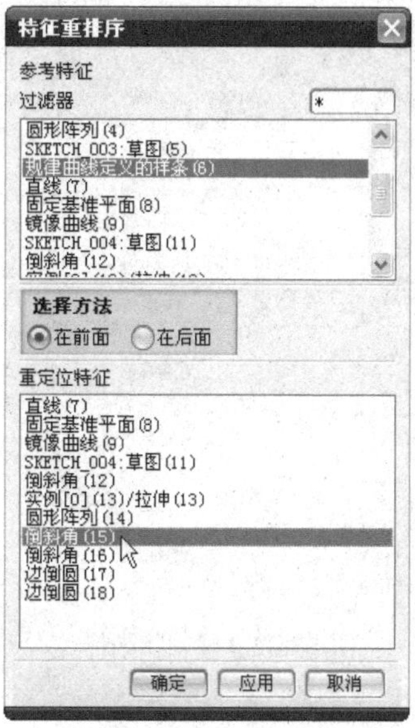

图 5-100 选择重定位特征

4 在“特征重排序”对话框中单击“确定”按钮或“应用”按钮，从而完成特征重排序操作。

如果不能将要排序的特征排序到指定特征的前面或后面，则系统将弹出如图 5-101 所示的“消息”对话框，提示不能被重排序的原因。

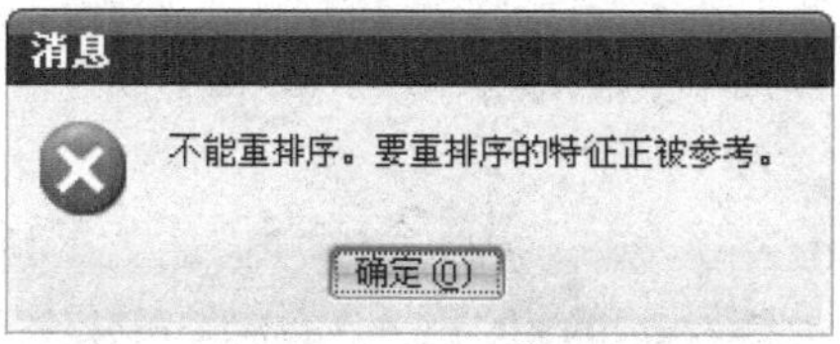

图 5-101 “消息”对话框

5.5.12 特征抑制与取消抑制

特征抑制与之前介绍的由表达式抑制是有明显区别的。特征抑制是指从模型中临时移除指定的特征。另外，可以取消抑制特征，即使选定特征回到没有被抑制的状态。

特征的普通抑制操作很简单，即在部件导航器的模型历史纪录中选择要抑制的特征对象后，右击，接着从快捷菜单中选择“抑制”命令，如图 5-102 所示。也可以使用“编辑特征”工具栏中“抑制特征”按钮。

要取消抑制特征，则在部件导航器的模型历史纪录中选择要恢复当前被抑制的特征，右击，接着从快捷菜单中选择“取消抑制”命令，如图 5-103 所示。也可以使用“编辑特征”

工具栏中的“取消抑制特征”按钮。

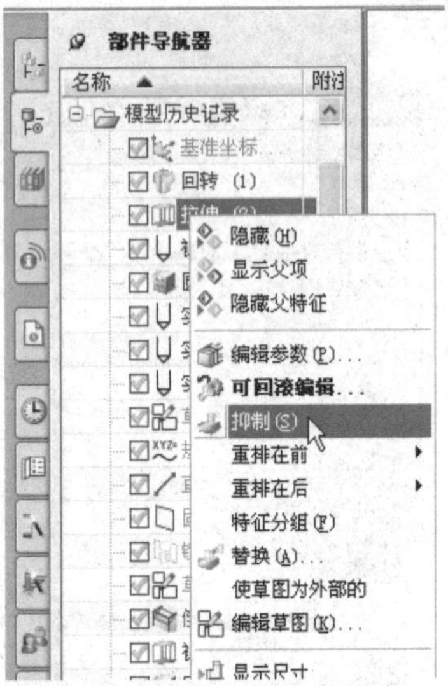

图 5-102　抑制特征操作

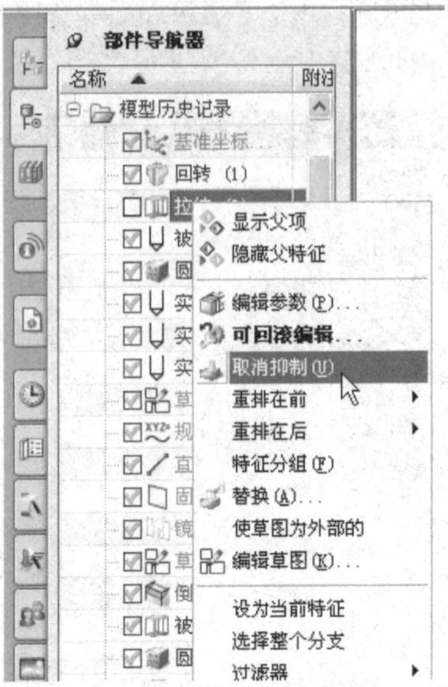

图 5-103　取消抑制的操作

5.6　本章综合实战范例

本节介绍一个综合应用范例，旨在使读者掌握特征操作与编辑的综合应用方法、技巧等。本节介绍的综合应用范例为齿轮油泵设计。

本范例要完成的齿轮油泵模型如图 5-104 所示。在该实例中，主要应用到“长方体”、“求差”、“拉伸”、“孔”、“实例特征”、“基准平面”、“基准轴”、“镜像特征”、“面倒圆”、“边倒圆”、“倒斜角”、“拔模”等工具命令。

图 5-104　齿轮油泵模型的完成效果

该齿轮油泵零件的设计方法及步骤如下。

1. 新建所需的文件

❶ 在工具栏中单击“新建”按钮，或者在菜单栏中选择“文件”|“新建”命令，系

统弹出“新建”对话框。

❷ 在“模型”选项卡的“模板”列表中选择名称为“模型”的模板，在“新文件名”选项组的“名称”文本框中输入“bc_5fl_clyb”，并指定要保存到的文件夹。

❸ 在“新建”对话框中单击“确定”按钮。

2. 创建长方体模型

❶ 在菜单栏中选择“插入”|“设计特征”|“长方体”命令，或者在“特征”工具栏中单击“长方体”按钮，系统弹出“长方体”对话框。

❷ 在“类型”下拉列表框中选择“原点和边长”选项，接着在“尺寸”选项组中设置长方体长度为86mm、宽度为20mm、高度为10mm，如图5-105所示。

❸ 在“长方体”对话框中单击“确定”按钮，创建的长方体如图5-106所示。

图5-105 “长方体”对话框

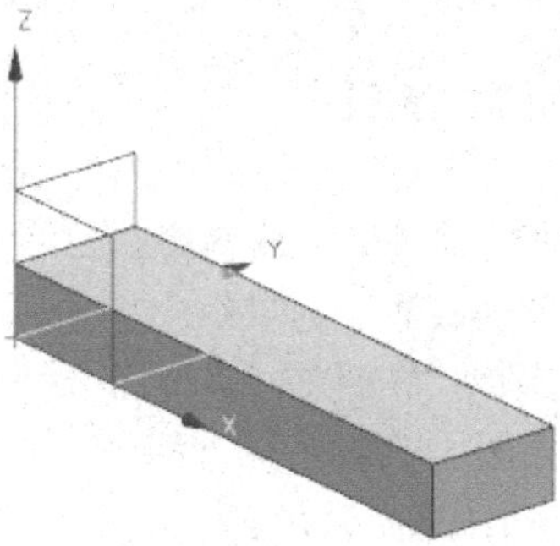

图5-106 创建长方体

3. 创建另一个长方体模型

❶ 在菜单栏中选择“插入”|“设计特征”|“长方体”命令，或者在“特征”工具栏中单击“长方体”按钮，系统弹出“长方体”对话框。

❷ 在“类型”下拉列表框中选择“原点和边长”选项，在“原点”选项组中单击“点对话框”按钮，打开“点”对话框。

❸ 在“点”对话框的“坐标”选项组中，默认参考选项为“WCS”，将XC值设置为20mm，YC值为0.000000mm，ZC值为0.000000mm，如图5-107所示，然后单击“确定”按钮。

❹ 返回到“长方体”对话框，在“尺寸”选项组中将长方体长度设置为46mm、宽度为20mm、高度为3mm。

❺ 在“布尔”选项组的“布尔”下拉列表框中选择“求差”选项，默认体对象。

❻ 在“长方体”对话框中单击“确定”按钮，完成该步骤得到的模型效果如图5-108所示。

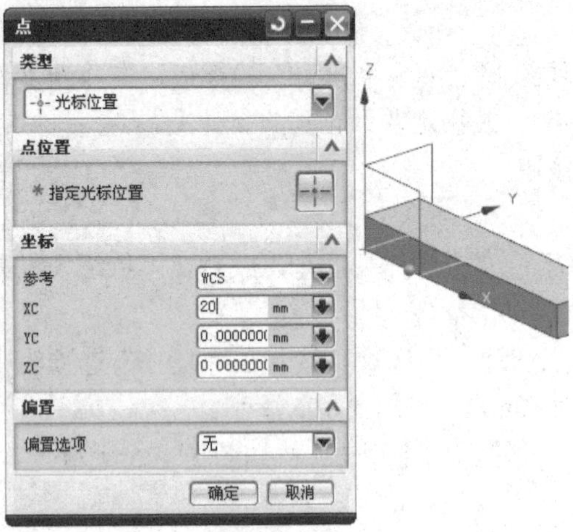

图 5-107　设置点坐标

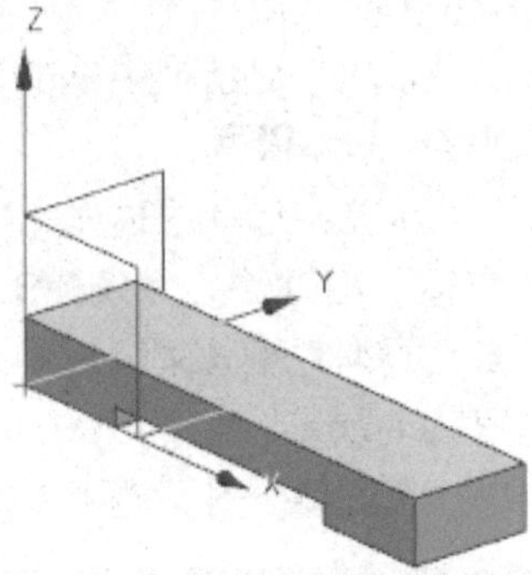

图 5-108　创建结果

说明：用户如果在创建该长方体的过程中，没有设置长方体的“布尔”选项，即接受长方体的“布尔”选项为“无”，那么在完成该长方体后，再使用“求差”命令来进行操作。

4. 创建拉伸特征

❶ 在“特征”工具栏中单击“拉伸”按钮，或者从菜单栏中选择“插入”|“设计特征”|“拉伸”命令，系统弹出“拉伸”对话框。

❷ 在“截面”选项组中单击“绘制截面”按钮，系统弹出“创建草图”对话框，“类型”选项为“在平面上”，“平面方法”为“现有平面”，在现有基准坐标系中单击 *XC-ZC* 坐标面，如图 5-109 所示，然后单击“确定”按钮。

❸ 绘制如图 5-110 所示的草图，然后单击“完成草图”按钮。

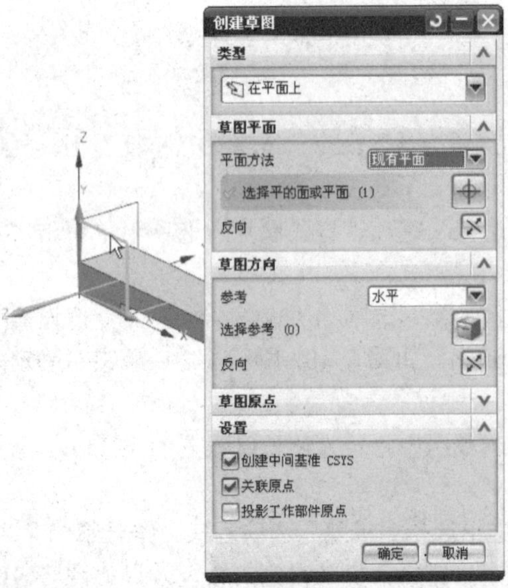

图 5-109 “创建草图”对话框

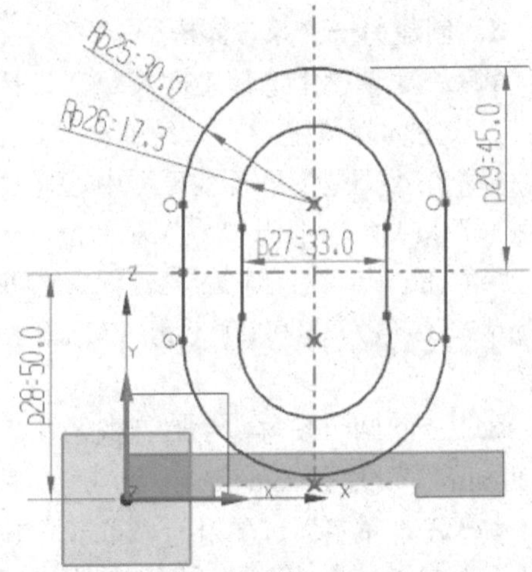

图 5-110　绘制草图

❹ 返回到“拉伸”对话框，在“方向”选项组的“指定矢量”下拉列表框中选择“YC轴”图标选项，接着分别设置限制参数、布尔选项、体类型选项等，如图 5-111 所示。

❺ 在“拉伸”对话框中单击“确定”按钮，完成该拉伸实体特征后的模型效果如图 5-112 所示。

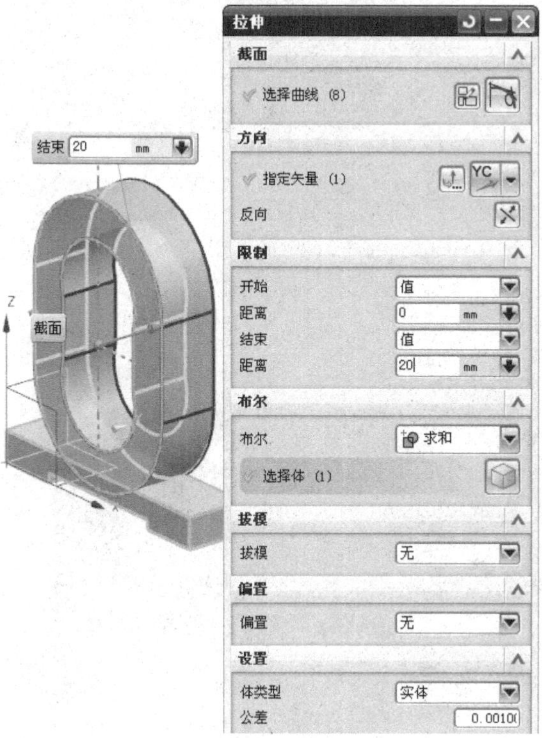

图 5-111　设置相关参数

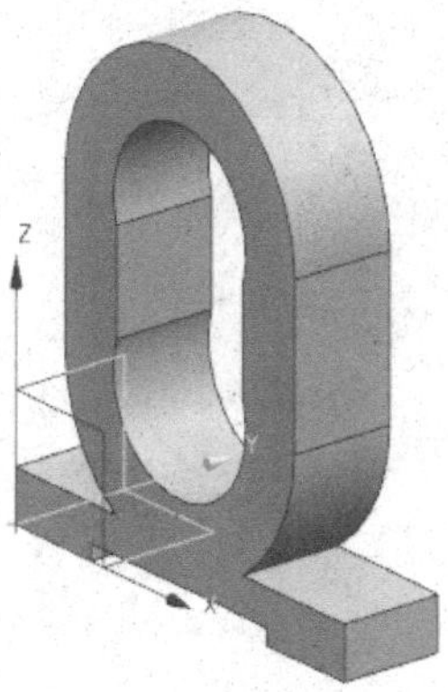

图 5-112　完成此拉伸实体特征

5. 创建沉头孔特征

❶ 在“特征”工具栏中单击“孔”按钮，或者在菜单栏中选择“插入”|“设计特征”|“孔”命令，打开“孔”对话框。

❷ 在“孔”对话框的“类型”选项组的下拉列表框中选择“常规孔”选项，在“方向”选项组的“孔方向”下拉列表框中选择“垂直于面”选项，在“形状和尺寸”选项组的“成形”下拉列表框中选择“沉头”选项。

❸ “位置”选项组中的“点”按钮被选中，在如图 5-113 所示的面位置处单击，接着单击“草图点”对话框中的“关闭”按钮。

修改点的位置尺寸，如图 5-114 所示。

❹ 单击“完成草图”按钮。

❺ 在“孔”对话框的“形状和尺寸”选项组中分别设置沉头孔直径、沉头孔深、直径和深度限制选项，如图 5-115 所示。

❻ 在“孔”对话框中单击“确定”按钮，创建的第一个沉头孔如图 5-116 所示。

6. 创建基准平面

❶ 在“特征”工具栏中单击“基准平面”按钮，或者在菜单栏中选择“插入”|“基

准/点”|“基准平面”命令，弹出“基准平面”对话框。

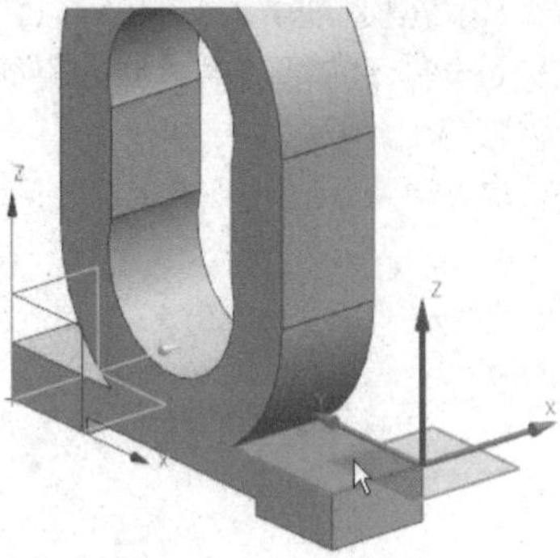

图 5-113　在指定面中单击一点

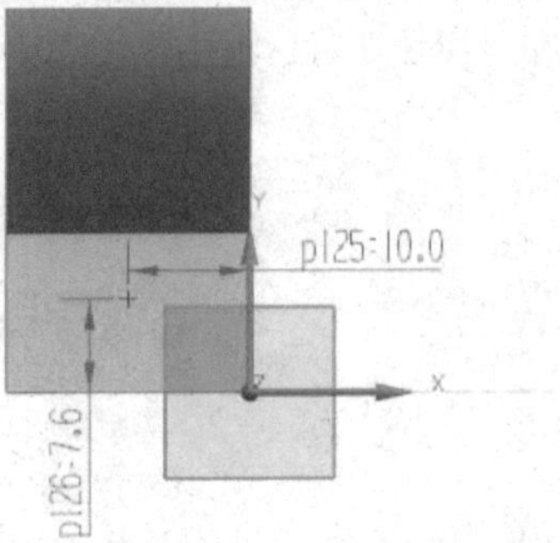

图 5-114　修改点的位置尺寸

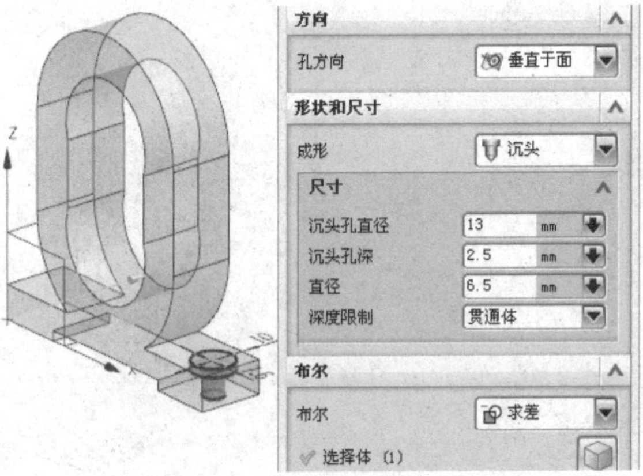

图 5-115　设置沉头孔参数

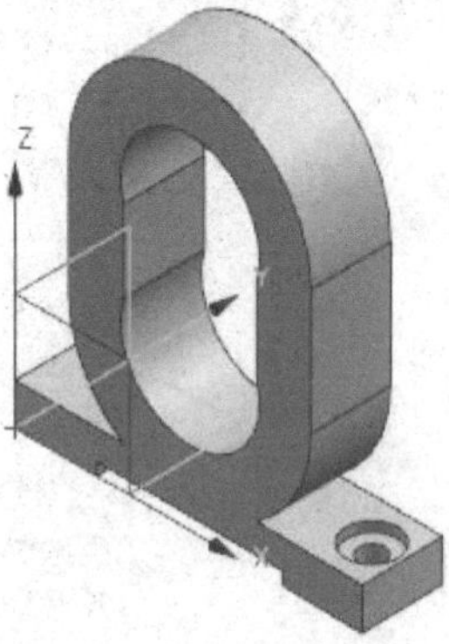

图 5-116　创建一个沉头孔

2 在“类型”选项组的下拉列表框中选择“两直线”选项。

3 在模型中分别捕捉并选择如图 5-117 所示的两个圆柱面的轴线。

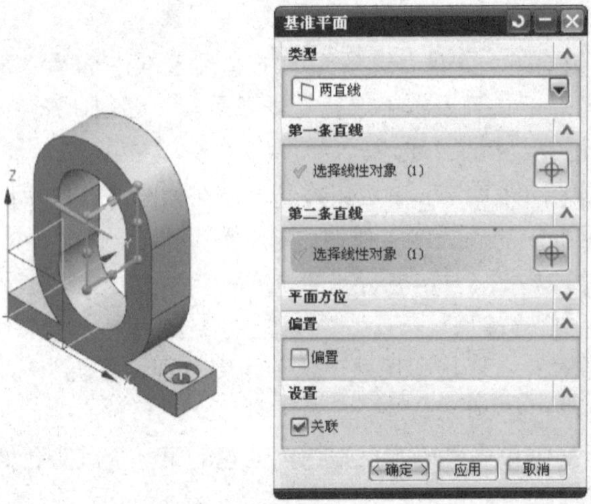

图 5-117　选择两个轴线来定义平面

④ 在“基准平面”对话框中单击“确定”按钮，完成过两个轴线创建一个基准平面。

7. 创建镜像特征

① 从菜单栏中选择“插入”|“关联复制”|“镜像特征”命令，或者在“特征”工具栏中单击“镜像特征”按钮，系统弹出“镜像特征”对话框。

② 在“镜像特征”对话框的特征列表中选择“沉头孔（4）”作为要镜像的特征，接着在“镜像平面”选项组中选择“现有平面”选项，并单击“平面”按钮，选择如图 5-118 所示的基准平面作为镜像平面。

③ 在“镜像特征”对话框中单击“确定”按钮，创建镜像特征后的模型效果如图 5-119 所示。

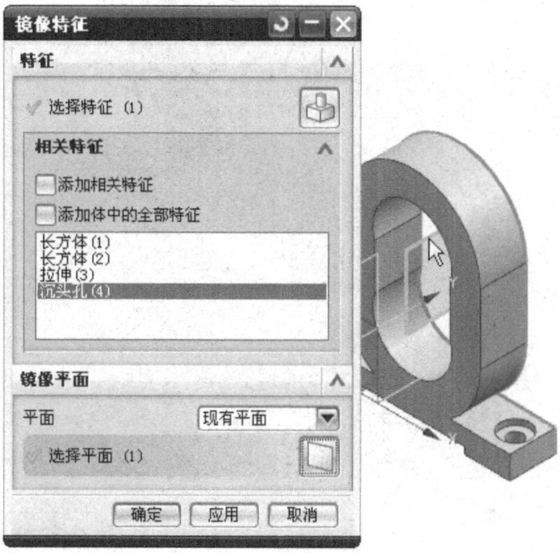

图 5-118 选择镜像平面

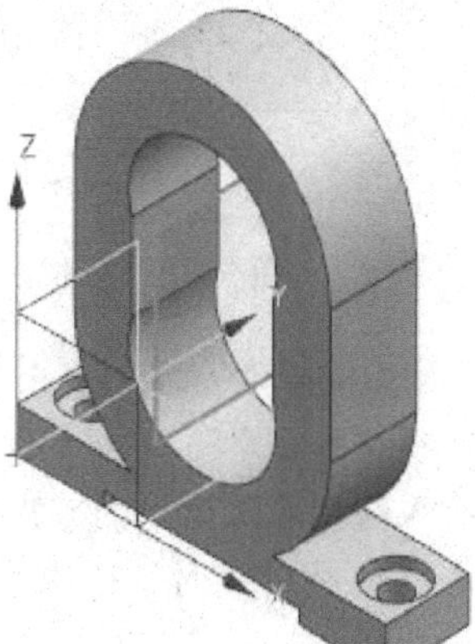

图 5-119 镜像特征结果

8. 创建圆柱形凸台

① 在“特征”工具栏中单击“凸台”按钮，系统弹出“凸台”对话框。

② 系统提示选择平的放置面。选择如图 5-120 所示的平的实体面。

③ 在“凸台”对话框中设置直径为 18mm，高度为 10mm，锥角为 0deg，如图 5-121 所示，然后单击“确定”按钮。

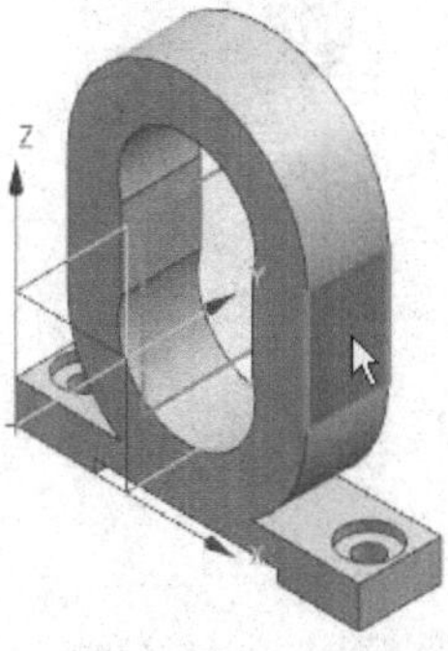

图 5-120 选择平的放置面

图 5-121 设置凸台参数

④ 系统弹出“定位”对话框，利用该对话框提供的“垂直”定位工具创建如图 5-122 所示的两个定位尺寸，其中一个垂直定位尺寸为 50mm（从凸台中心轴到油泵底部的垂直距离为 50mm），另一个为 10mm（从凸台中心轴到相邻侧边的距离为 10mm）。

最终完成的凸台如图 5-123 所示。

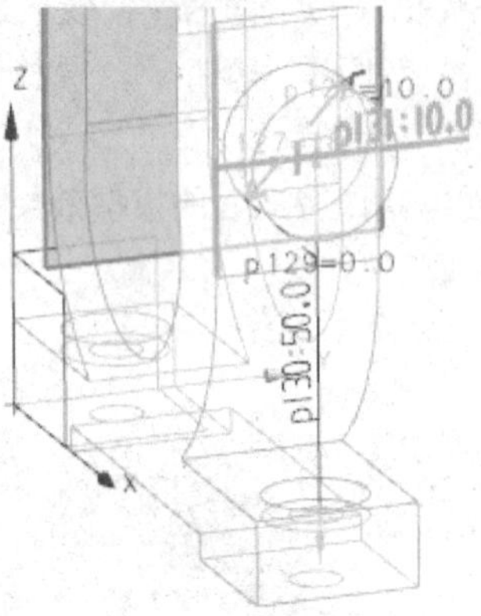

图 5-122　定位凸台

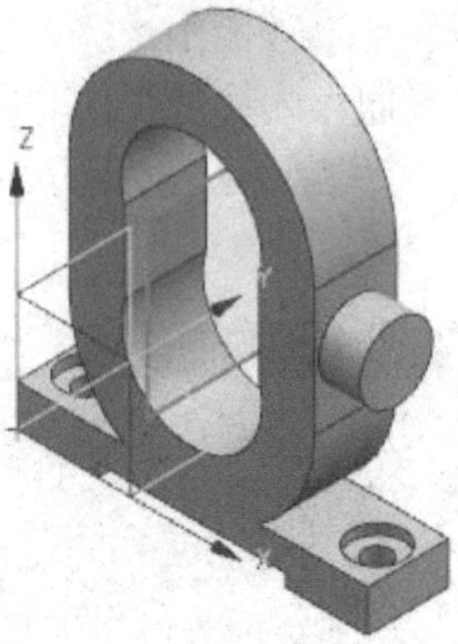

图 5-123　创建一个凸台

9. 使用同样的方法创建另一个凸台

① 在“特征”工具栏中单击“凸台”按钮，系统弹出“凸台”对话框。

② 系统提示选择平的放置面。选择如图 5-124 所示的平的实体面。

③ 在“凸台”对话框中设置直径为 18mm，高度为 10mm，锥角为 0deg，然后单击“确定”按钮。

④ 系统弹出“定位”对话框，分别创建两个垂直类型的定位尺寸，如图 5-125 所示，其值和上一个凸台的定位是相对应的。

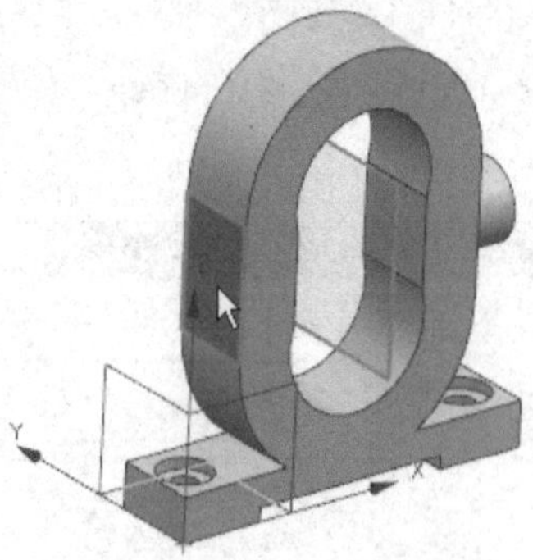

图 5-124　选择平的放置面

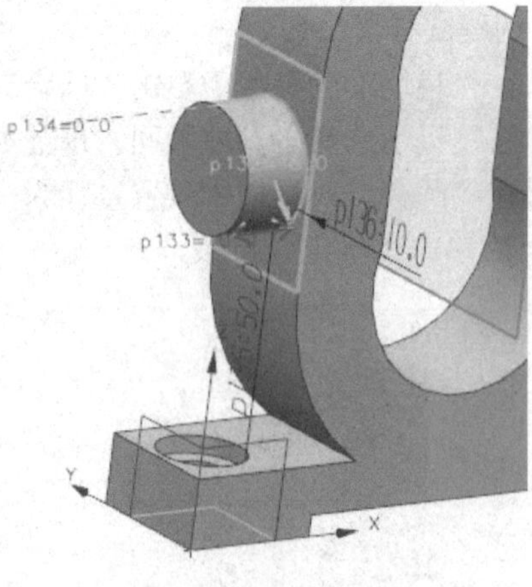

图 5-125　定位凸台

说明：用户亦可以采用“镜像特征”命令来快速创建第二个同样规格的凸台。注意在选择“插入”|“关联复制”|“镜像特征”命令或在“特征”工具栏中单击“镜像特

征”按钮后，系统除了弹出“镜像特征”对话框之外，还同时弹出如图 5-126 所示的提示对话框，单击“确定”按钮，然后选择原凸台特征，指定镜像平面即可产生第二个凸台。

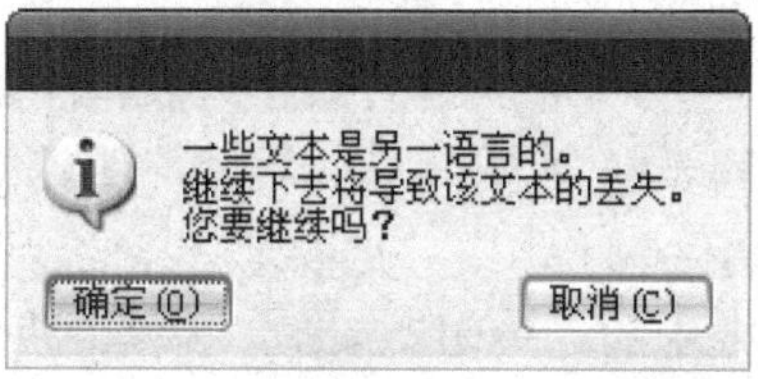

图 5-126 提示对话框

10. 创建简单直孔特征

❶ 在“特征”工具栏中单击“孔”按钮，或者在菜单栏中选择“插入”|“设计特征”|“孔”命令，打开“孔”对话框。

❷ 在“孔”对话框的“类型”选项组的下拉列表框中选择“常规孔”选项，在“方向”选项组的“孔方向”下拉列表框中选择“垂直于面”选项，在“形状和尺寸”选项组的“成形”下拉列表框中选择“简单”选项。

❸ 确保“选择条”工具栏中的“圆弧中心”按钮处于被选中的状态，如图 5-127 所示。接着在模型中选择如图 5-128 所示的圆中心，即使孔的放置面中心点与圆台的端面圆心重合。

图 5-127 确保选中“选择条”工具栏中的“圆弧中心”按钮

❹ 在“孔”对话框的“形状和尺寸”选项组中，将直径设置 10mm，深度限制选项为“贯通体”。

❺ 在“孔”对话框中单击“确定”按钮，效果如图 5-129 所示。

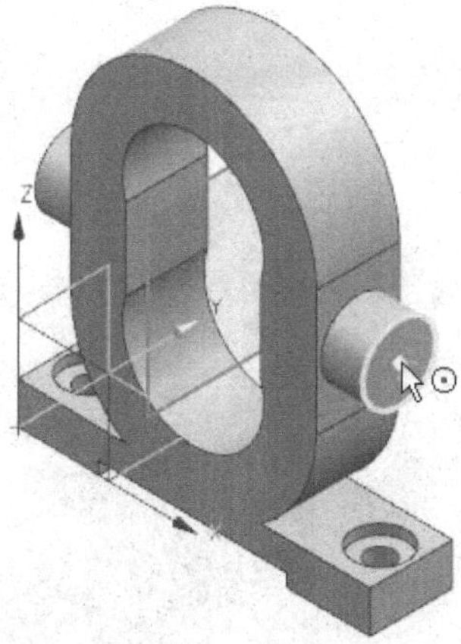

图 5-128 选择圆中心

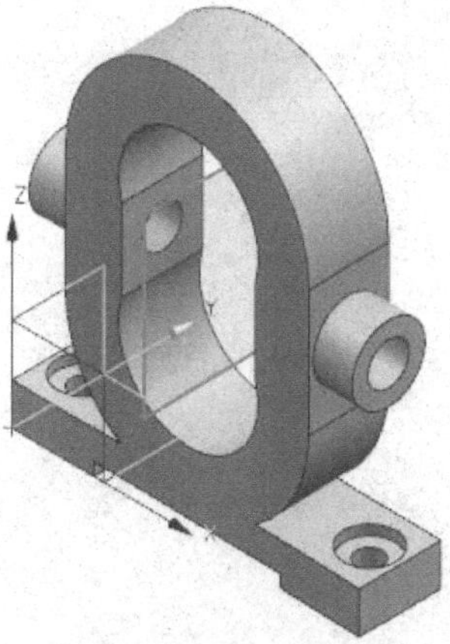

图 5-129 创建贯通的直孔

11．创建螺纹孔特征

❶ 在“特征”工具栏中单击“孔”按钮，或者在菜单栏中选择“插入”|“设计特征”|“孔”命令，打开“孔”对话框。

❷ 在“孔”对话框的“类型”选项组的下拉列表框中选择“螺纹孔”选项，在“方向”选项组的“孔方向”下拉列表框中选择“垂直于面”选项。

❸ 在如图 5-130 所示的实体面上单击一点以定义孔放置面。

接着单击“草图点”对话框中的“关闭”按钮，并修改点的尺寸，如图 5-131 所示。然后单击“完成草图”按钮。

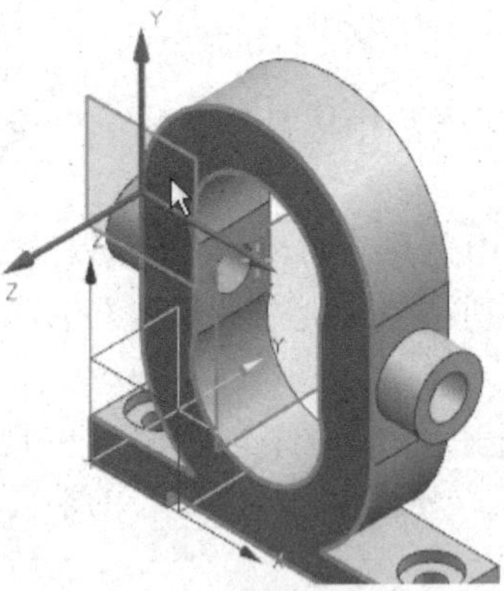

图 5-130　选择放置面

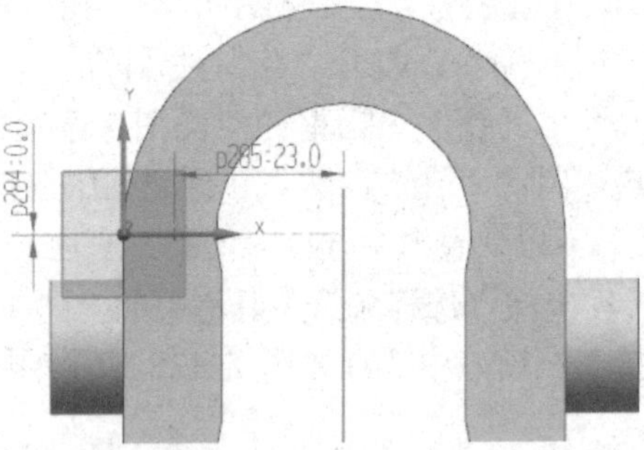

图 5-131　修改单击点的尺寸

❹ 在“形状和尺寸”选项组中设置如图 5-132 所示的相关参数和选项。

❺ 在“孔”对话框中单击“确定”按钮，完成创建第一个螺纹孔，此时模型效果如图 5-133 所示。

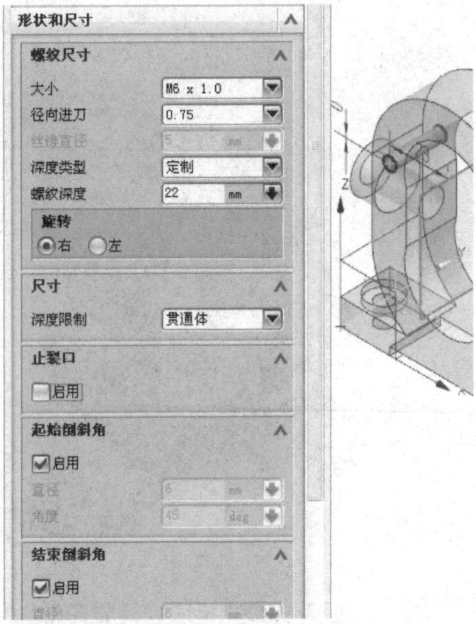

图 5-132　设置形状和尺寸参数

图 5-133　完成第一个螺纹孔

12. 创建基准轴特征

① 在“特征”工具栏中单击“基准轴”按钮，或者在菜单栏中选择“插入”|“基准/点”|“基准轴”命令，系统弹出“基准轴”对话框。

② 从“类型”下拉列表框中选择“曲线/面轴”选项，接着在模型中单击显示的一根轴线，如图 5-134 所示。

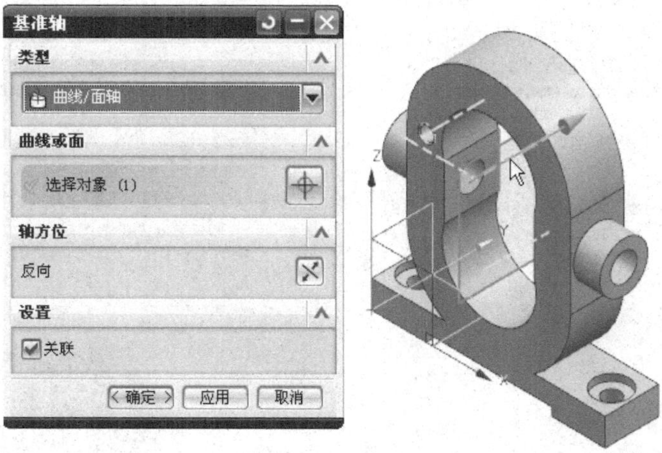

图 5-134 创建基准轴

③ 在“基准轴”对话框中单击“确定”按钮。

13. 创建实例特征

① 在“特征”工具栏中单击“实例特征”按钮，或者在菜单栏中选择“插入”|“关联复制”|“实例特征”命令，系统弹出如图 5-135 所示的“实例”对话框。

② 单击“圆形阵列”按钮，系统弹出另一个“实例”对话框，如图 5-136 所示，从中选择“螺纹孔（11）”特征，单击“确定”按钮。

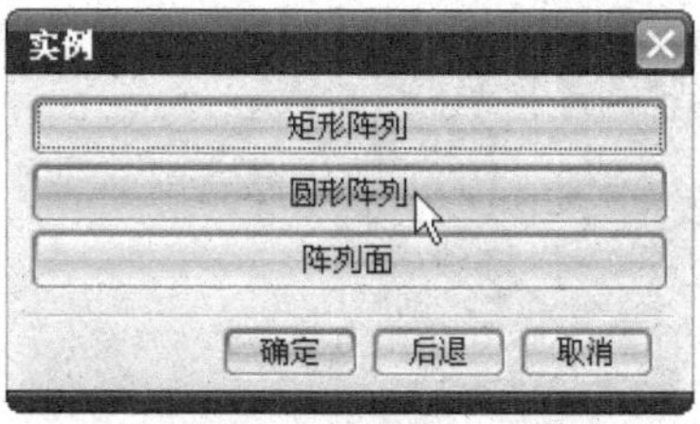

图 5-135 “实例”对话框（1）

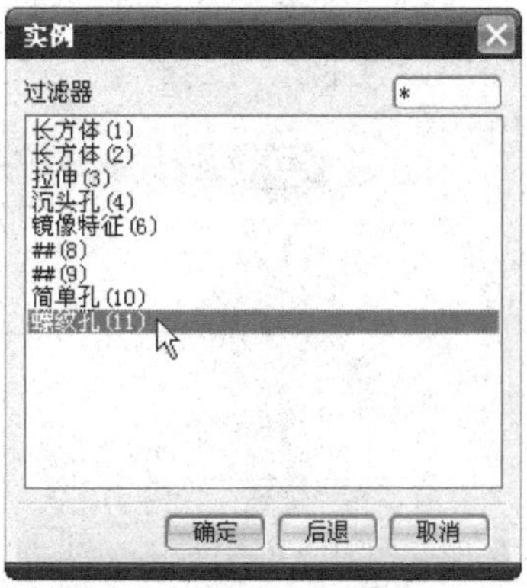

图 5-136 “实例”对话框（2）

③“实例”对话框变为如图 5-137 所示，在“方法”选项组中选择“常规”单选按钮，在“数字”文本框中输入“3”，在“角度”文本框中输入“90”，然后单击“确定”按钮。

④ 在弹出来的如图 5-138 所示的“实例”对话框中单击“基准轴”按钮。

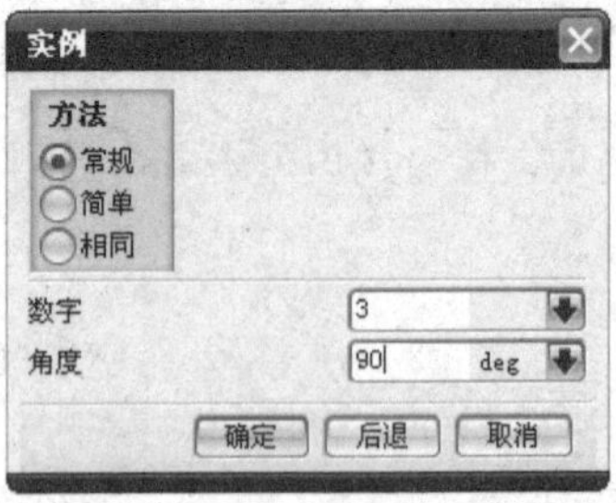

图 5-137 “实例”对话框（3）

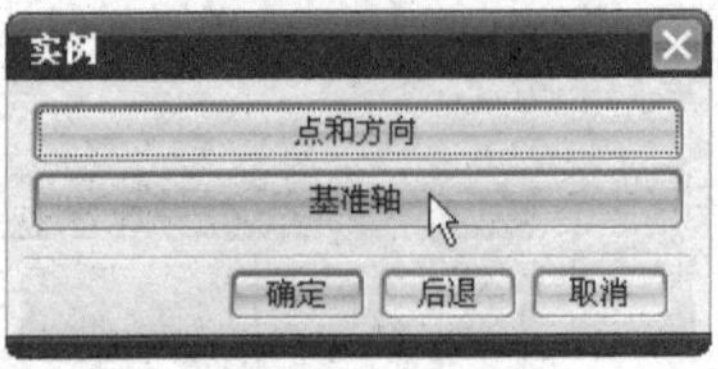

图 5-138 “实例”对话框（4）

⑤ 系统弹出如图 5-139 所示的“选择一个基准轴”对话框。选择如图 5-140 所示的基准轴，则系统弹出“创建实例”对话框。

图 5-139 “选择一个基准轴”对话框

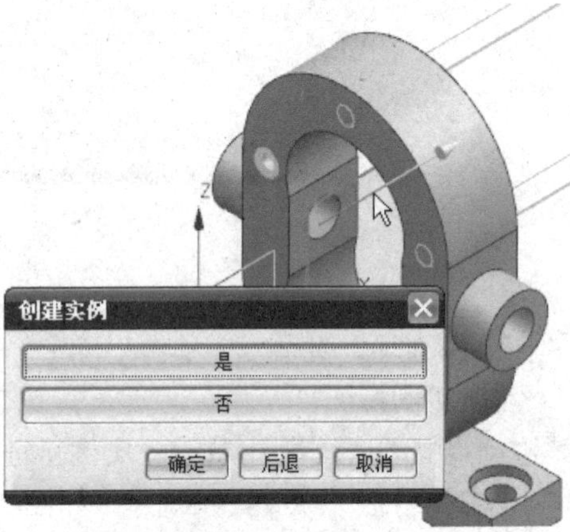

图 5-140 选择所需的基准轴

⑥ 在“创建实例”对话框中单击“是”按钮。完成创建的圆形阵列实例如图 5-141 所示。然后关闭“实例”对话框。

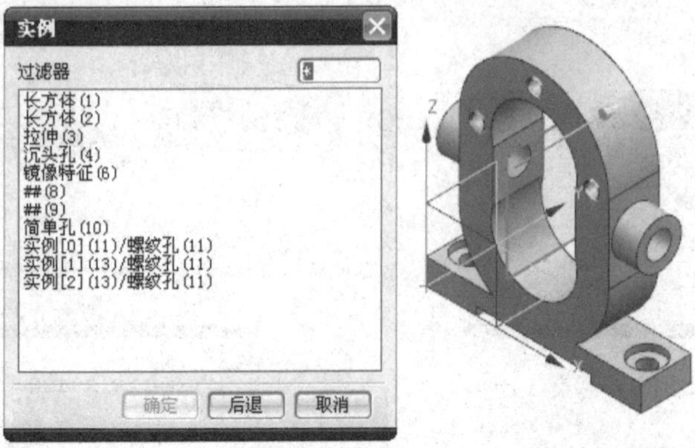

图 5-141 完成创建圆形阵列实例

14. 创建基准平面

① 在“特征”工具栏中单击“基准平面”按钮□，或者在菜单栏中选择“插入”|“基准/点”|“基准平面”命令，弹出“基准平面”对话框。

② 在“类型”选项组的下拉列表框中选择“自动判断”选项（“自动判断”为默认的类型选项）。

③ 在模型中依次选择指定 3 个中点，如图 5-142 所示，即可定义相应的一个基准平面。

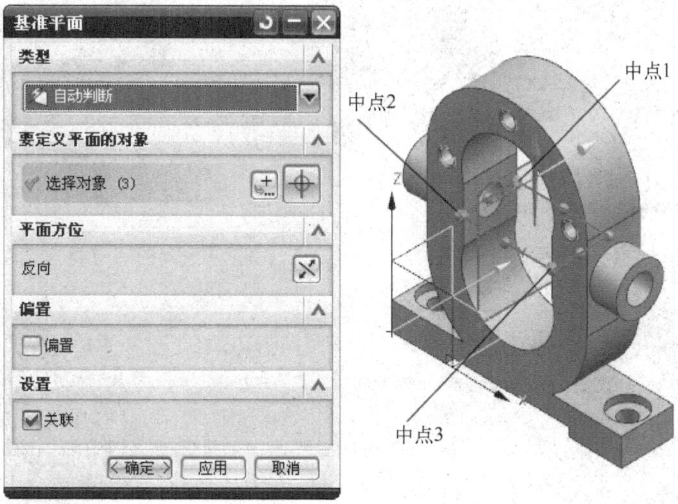

图 5-142　选择 3 个点来定义基准平面

④ 在“基准平面”对话框中单击“确定”按钮，从而完成过指定的 3 个点创建一个基准平面。

15. 创建镜像特征

① 从菜单栏中选择“插入”|“关联复制”|“镜像特征”命令，或者在“特征”工具栏中单击“镜像特征”按钮，系统弹出“镜像特征”对话框。

② 在出现的一个提示对话框中单击“确定”按钮，接着在“镜像特征”对话框的特征列表中选择“圆形阵列（13）”作为要镜像的特征，按住〈Ctrl〉键或〈Shift〉键选择“实例[0]（11）/螺纹孔（11）”以将其也作为一同要镜像的特征，然后在“镜像平面”选项组中选择“现有平面”选项，并单击“平面”按钮□，选择如图 5-143 所示的基准平面作为镜像平面。

③ 在“镜像特征”对话框中单击“确定”按钮，创建该镜像特征后的模型效果如图 5-144 所示。

16. 创建拔模特征

① 在“特征”工具栏中单击“拔模”按钮，或者在菜单栏中选择“插入”|“细节特征”|“拔模”命令，打开“拔模”对话框。

② 从“类型”下拉列表框中选择“从平面”选项。

③ 确保处于“选择要拔模的面”状态。选择如图 5-145 所示的两个面作为要拔模的面，并设置要拔模的角度为 10deg。

图 5-143 选择镜像平面

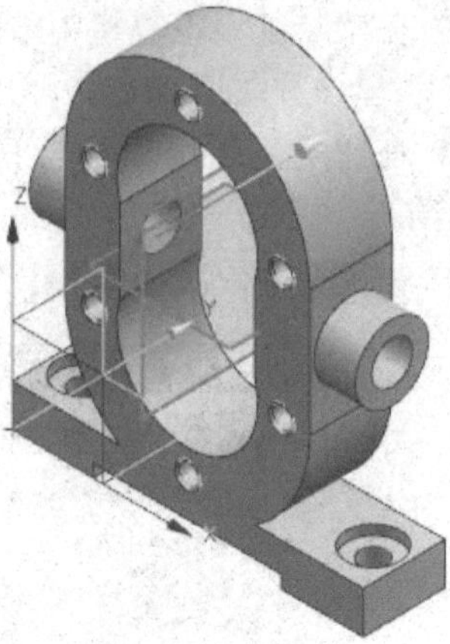

图 5-144 完成镜像特征

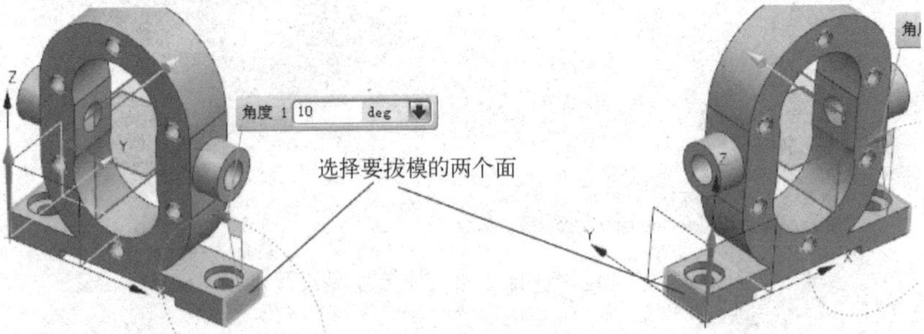

图 5-145 选择要拔模的两个面

④ 在“拔模”对话框的“固定面”选项组中单击“平面”按钮，选择如图 5-146 所示的实体面作为固定面。

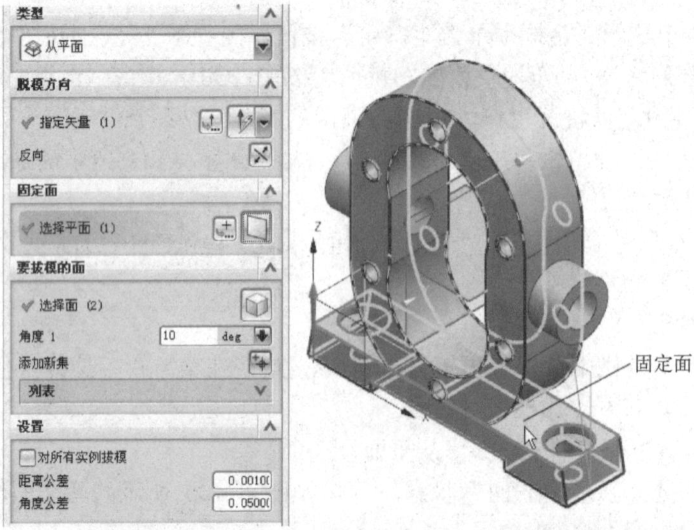

图 5-146 选择固定面

5 脱模方向默认，然后单击“确定”按钮。

17. 创建面倒圆特征 1

1 在菜单栏中选择“插入”|“细节特征”级联菜单中的“面倒圆”命令，或者在“特征”工具栏中单击“面倒圆”按钮，系统弹出“面倒圆”对话框。

2 在“面倒圆”对话框的“类型”下拉列表框中选择“两个定义面链”选项，如图 5-147 所示。

3 选择面链 1，如图 5-148 所示。此时显示的该面链的默认法向不是所需要的，需要单击“反向”按钮，使面的法向反向，即如图 5-149 所示。

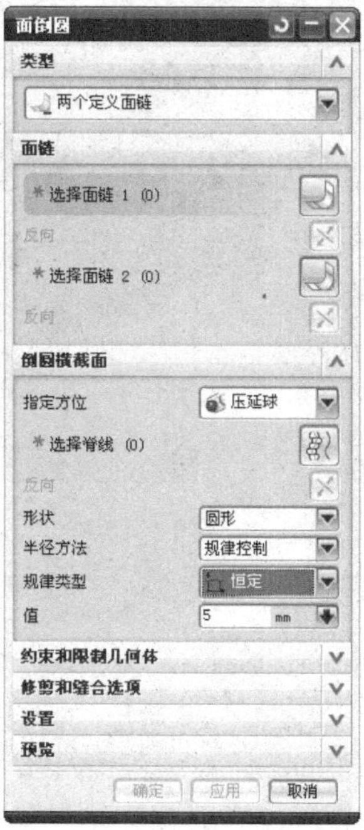

图 5-147 “面倒圆”对话框

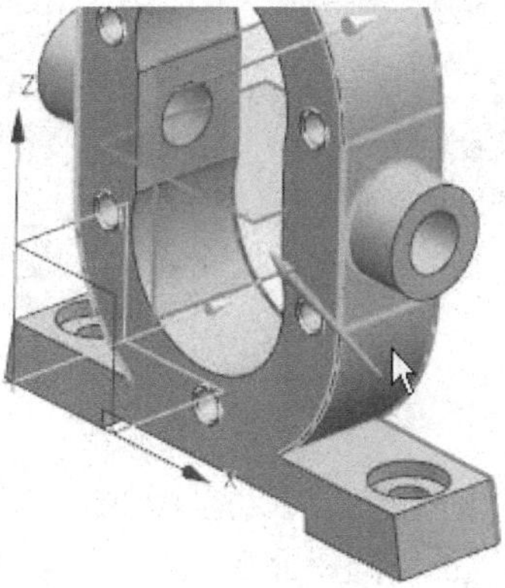

图 5-148 选择面链 1

4 在“面链”选项组中单击“选择面链 2”对应的“面”按钮，在模型中选择面链 2，如图 5-150 所示。

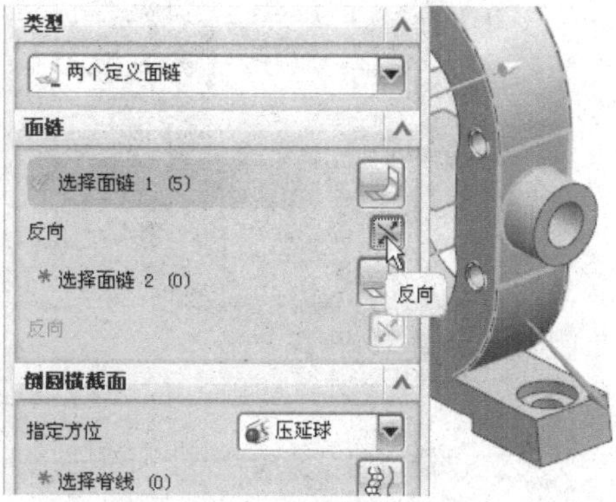

图 5-149 使面的法向反向

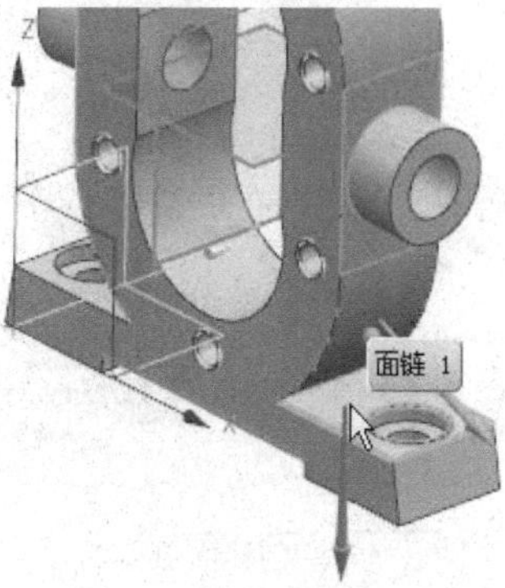

图 5-150 选择面链 2

在“面链”选项组中单击“面链 2”对应的“反向”按钮，使面的法向反向，即使面链 2 的法向如图 5-151 所示。

5 在“面倒圆”对话框中分别设置如图 5-152 所示的参数和选项。

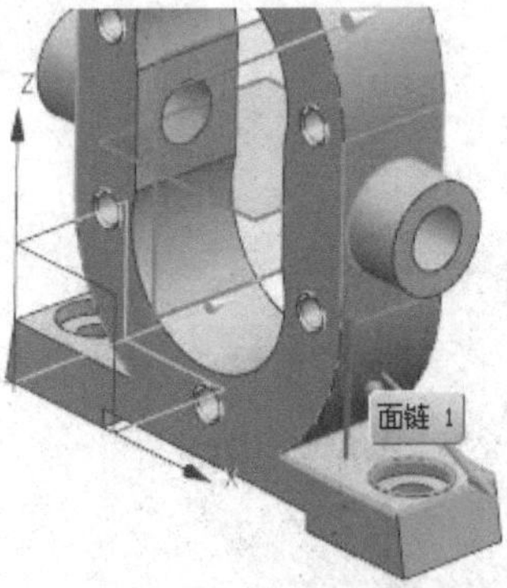

图 5-151 反向面的法向

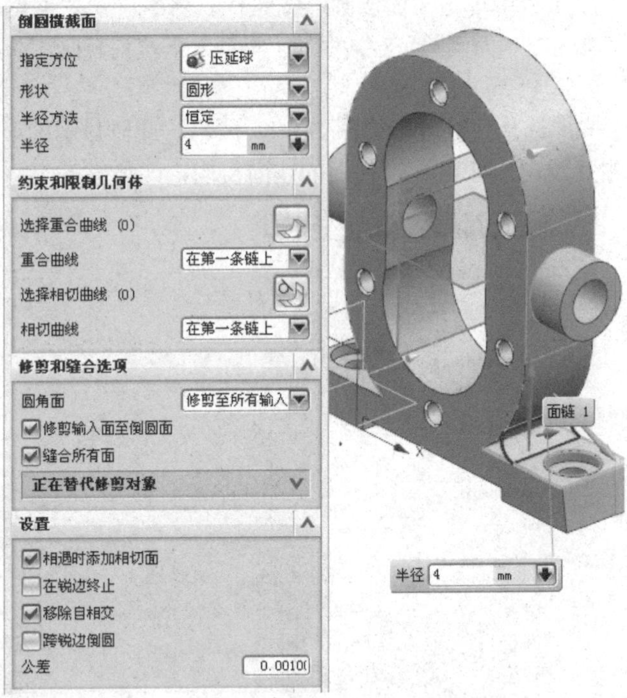

图 5-152 色绘制面倒圆的其他参数和选项

6 在“面倒圆”对话框中单击“确定”按钮，创建的该面倒圆特征如图 5-153 所示。

18．创建面倒圆特征 2

使用同样的方法，创建另一个面倒圆特征，完成效果如图 5-154 所示。

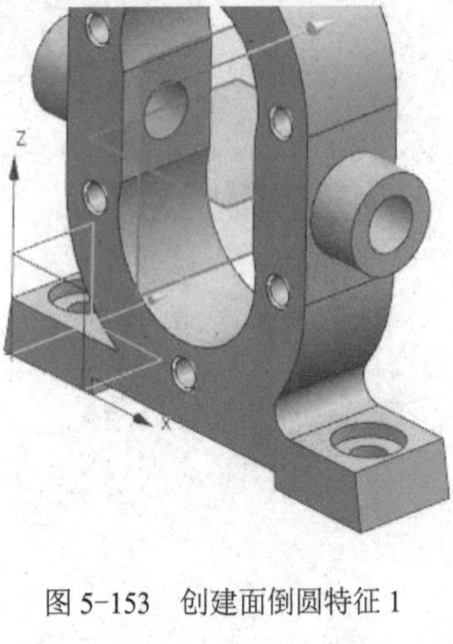

图 5-153 创建面倒圆特征 1

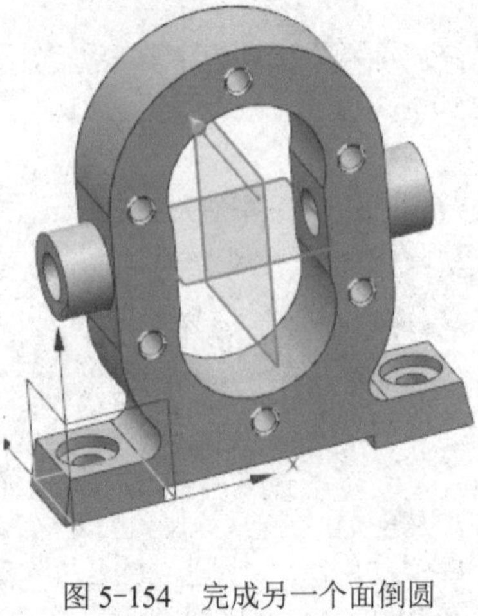

图 5-154 完成另一个面倒圆

19. 创建边倒圆

❶ 在“特征”工具栏中单击“边倒圆”按钮，或者在菜单栏中选择“插入”|“细节特征”|“边倒圆”命令，系统弹出“边倒圆”对话框。

❷ 在“要倒圆的边”选项组中设置圆角半径为 5mm，接着为新集选择要倒圆的边，如图 5-155 所示。

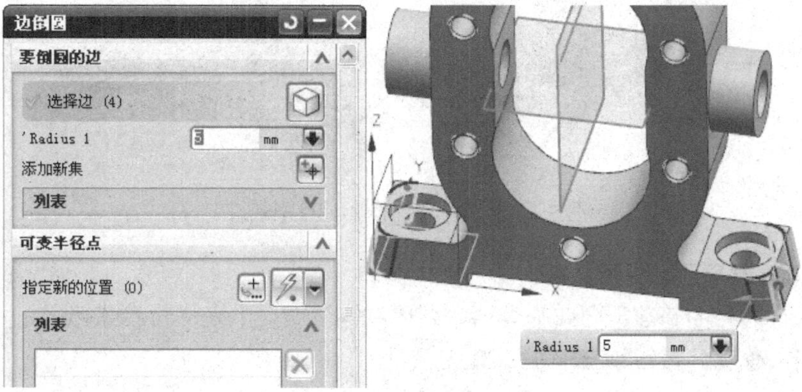

图 5-155　选择要倒圆的 4 条边

❸ 在“边倒圆”对话框中单击“确定”按钮。

20. 创建倒斜角

❶ 在“特征”工具栏中单击“倒斜角”按钮，或者在菜单栏中选择“插入”|“细节特征”|“倒斜角”命令，打开“倒斜角”对话框。

❷ 在“倒斜角”对话框的“偏置”选项组中，从“横截面”下拉列表框中选择“对称”选项，在“距离”文本框中输入“1”，如图 5-156 所示，“设置”选项组中的“偏置方法”选项为“沿面偏置边”。

❸ 选择要倒斜角的 4 条边，如图 5-157 所示。

图 5-156 “倒斜角”对话框

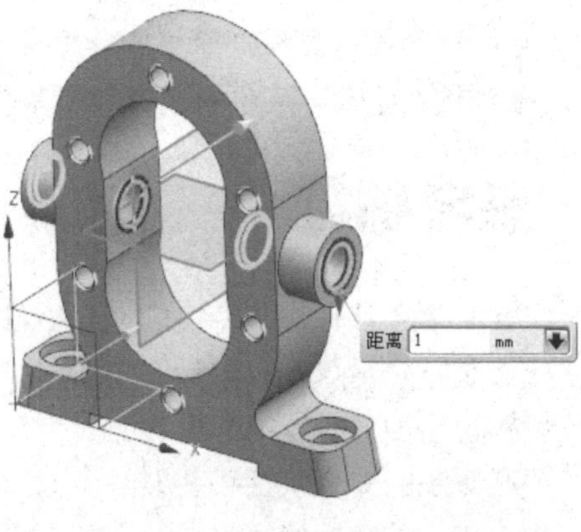

图 5-157　选择要倒斜角的 4 条边

❹ 在“倒斜角”对话框中单击“确定”按钮，完成倒斜角后的模型效果如图 5-158 所示。

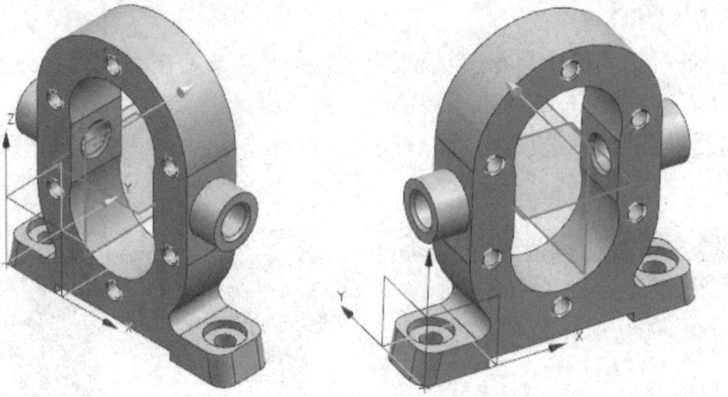

图 5-158　完成倒斜角后的模型效果

21．隐藏基准平面和保存文档

1 选择要隐藏的基准平面或基准轴，利用右键快捷菜单来将其隐藏起来。

2 单击“保存”按钮来保存该模型文件。

5.7　本章小结

本章介绍特征操作及编辑，具体内容包括细节特征、布尔运算、抽壳、关联复制和特征编辑等。其中细节特征主要包括倒斜角、边倒圆、面倒圆和拔模等，布尔运算包括求和、求差和求交，关联复制的命令则主要包括抽取体、复合曲线、实例特征、镜像特征、镜像体和生成实例几何。在“特征编辑”一节中，重点介绍了编辑特征尺寸、编辑位置、特征移动、替换特征、替换为独立草图、由表达式抑制、编辑实体密度、特征回放、编辑特征参数、可回滚编辑、特征重排序、特征抑制和取消抑制等。

在本章的最后，还特意介绍了一个综合应用范例——齿轮油泵设计，旨在使读者通过综合应用范例掌握特征操作与编辑的综合应用方法、技巧等。

另外，用户还可以自学如何移除参数、删除特征等编辑操作。所谓的“移除参数”是指从实体或片体移除所有参数，而形成一个非关联的体。删除特征的操作很简单，选择要删除的特征，接着从“编辑”菜单中选择“删除”命令即可。

5.8　思考练习

1）您掌握了哪几种细节特征的创建方法和步骤？

2）什么是布尔运算？布尔运算主要包括哪些典型操作？

3）举例说明如何进行抽壳操作？

4）关联复制的命令包括哪些？

5）如何将非关联的特征移至所需的位置处？

6）什么是可回滚编辑？

7）上机练习：构建如图 5-159 所示的三维实体模型，具体尺寸由读者自行确定。

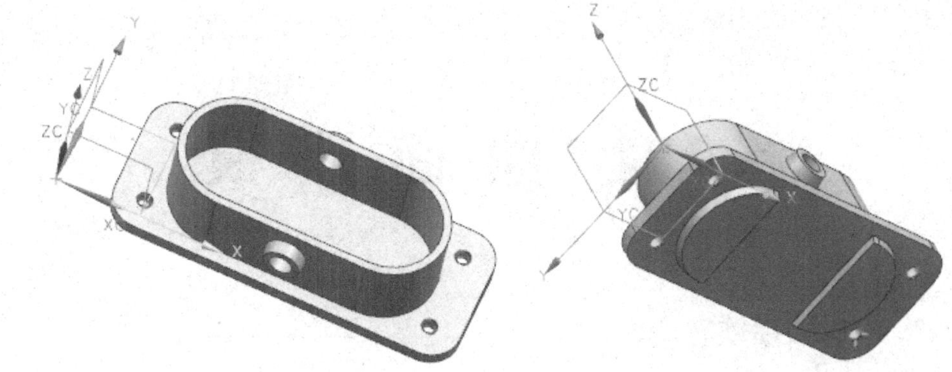

图 5-159　上机练习

8）上机练习：构建如图 5-160 所示的三维实体模型，具体尺寸由读者自行确定。

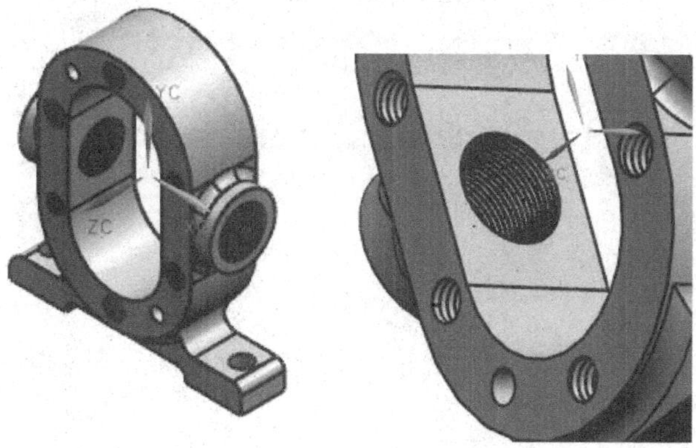

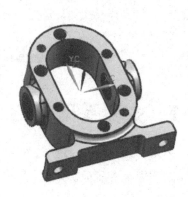

图 5-160　上机练习

9）上机练习：构建如图 5-161 所示的三维实体模型，具体尺寸由读者自行确定。

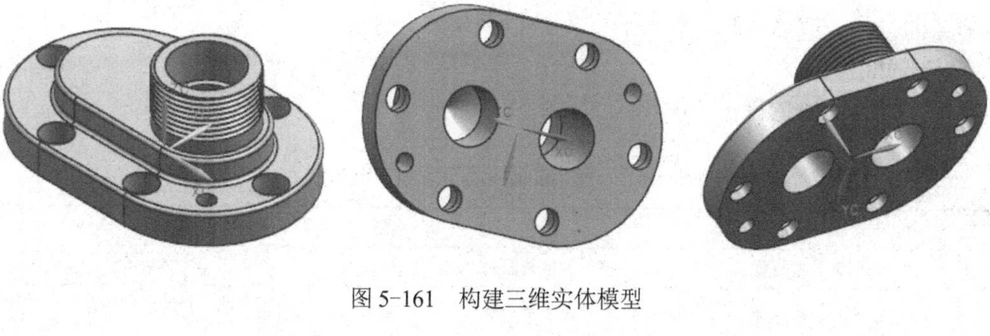

图 5-161　构建三维实体模型

第 6 章 曲面建模

本章导读：

从某种意义上来说，曲面建模设计能力可以衡量一个造型与结构设计师的设计水平。在 UG NX 7.5 中，系统为用户提供了强大的曲面功能。

本章重点介绍曲面建模的知识，具体包括曲面基础概述、依据点创建曲面、由曲线创建曲面、曲面的其他创建方法、编辑曲面、曲面加厚和其他几个曲面实用功能等。在本章的最后，还专门介绍了一个关于曲面综合设计的应用范例。

6.1 曲面基础概述

在深入学习曲面建模知识之前，首先简要地介绍曲面入门基础，如曲面的基本概念、分类以及初步指引读者了解曲面工具的出处。

6.1.1 曲面的基本概念及分类

在现代的许多产品造型中，流畅的曲面往往给人一种舒适自然的美好感觉。

UG NX 7.5 为用户提供了强大的曲面设计功能，包括创建曲面和编辑曲面等众多功能。可以将曲面分为一般曲面和自由曲面（不是很严格的区分）。

1. 一般曲面

与一般曲面相关的创建、编辑知识可参考表 6-1 所示。

表 6-1 一般曲面创建与编辑知识概述

序号	主类别	典型方法或主要知识点
1	依据点创建曲面	依据点创建曲面的方法主要有：①通过点；②从极点；③从点云；④快速造面
2	由曲线创建曲面	其典型方法包括直纹、通过曲线组、通过曲线网格、扫掠、剖切曲面、桥接、N 边曲面和过渡等
3	曲面的其他创建方法	其典型方法命令有 “规律延伸”、“轮廓线弯边”、“偏置曲面”、“可变偏置”、“偏置面”、“修剪的片体”、“修剪与延伸” 和 “分割面” 等
4	编辑曲面	编辑曲面的主要知识点包括移动定义点、移动极点、匹配边、使曲面变形、变换曲面、扩大、等参数修剪/分割、边界、更改边、更改阶次、更改刚度、法向反向和光顺极点等

2. 自由曲面

与一般曲面相比，自由曲面的创建更加灵活，其要求也高，自由曲面是一种概念性较强的曲面形式，同时也是艺术性和技术性相对完美结合的曲面形式。有些曲面既可以看做是一般曲面，也可以看做是自由曲面。

用户要认真学习一般曲面和自由曲面形式的知识。只要稍加努力，一定能够设计出一些令人赏心悦目的工业产品。

6.1.2 初识曲面工具

UG NX 7.5 提供了一些集中了系列曲面工具的工具栏，包括“曲面”工具栏、“编辑曲面”工具栏和“剖切曲面”工具栏等。如果在用户界面中没有显示所需要的工具栏，那么可以在现有工具栏中右击，接着从出现的快捷菜单中选中所需工具栏的名称，从而成功地调出所需要的工具栏。

1. “曲面”工具栏

“曲面”工具栏如图 6-1 所示。该工具栏可提供用于创建曲面的 20 多个工具按钮。

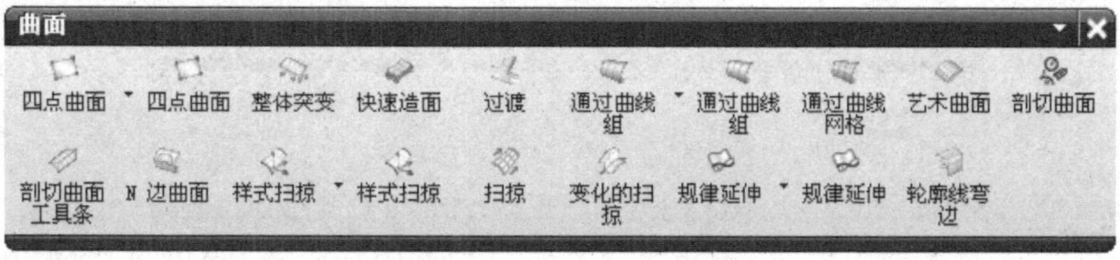

图 6-1 “曲面”工具栏

用户可以定制“曲面”工具栏中显示的工具按钮，即添加或移除按钮，如图 6-2 所示。

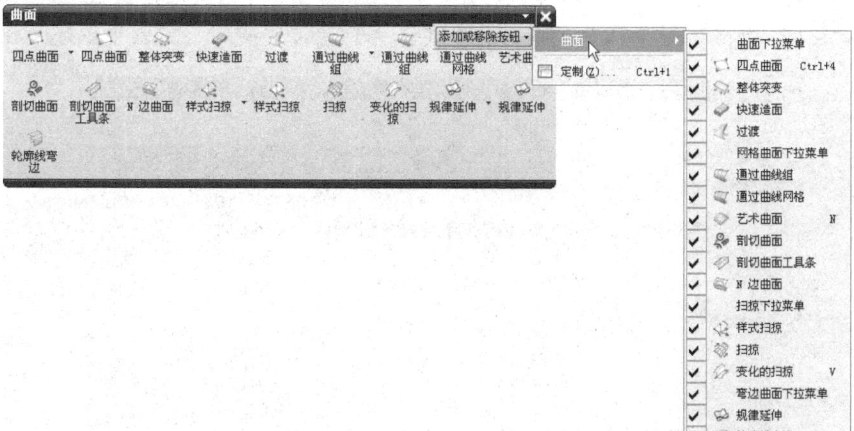

图 6-2 在“曲面”工具栏中添加或移除按钮

2. “编辑曲面”工具栏

“编辑曲面”工具栏如图 6-3 所示。使用该工具栏中的相关工具按钮可以对曲面进行相应的编辑操作。另外，从菜单栏的相关菜单中也可以选择编辑曲面的某些命令。

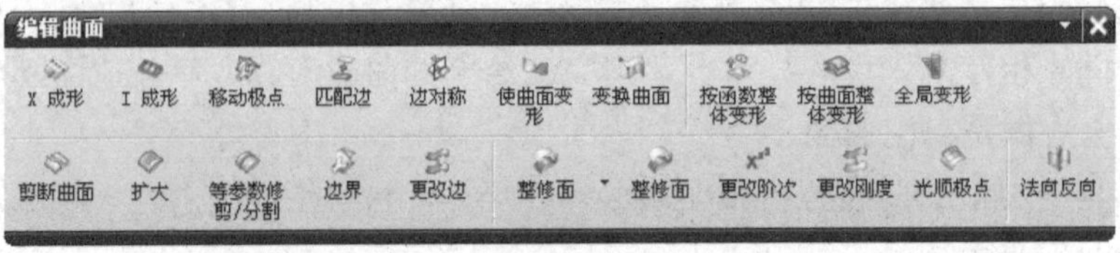

图 6-3 “编辑曲面”工具栏

3. “剖切曲面”工具栏

可以将剖切曲面看做是自由曲面形状中的一种，“剖切曲面”工具栏如图 6-4 所示。初学者可以大致了解“剖切曲面”工具栏中具有哪些工具按钮。

图 6-4 “剖切曲面”工具栏

说明：如果更多地偏重于外观曲面设计，那么可以采用“外观造型设计”模块，在该模块中集中了更多的曲面功能。要进入“外观造型设计”模块，可以在工具栏中单击“新建”按钮，或者在菜单栏中选择“文件”|“新建”命令，打开“新建”对话框，接着在“模型”选项卡的“模板”列表中选择名为“外观造型设计”的模块，设置模板单位为 mm（毫米），如图 6-5 所示，接着指定文档名称和要保存到的文件夹等，单击“确定”按钮即可。

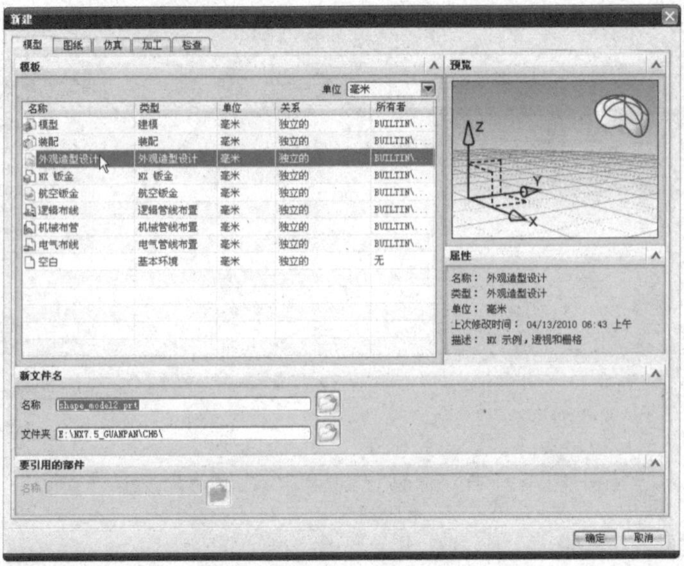

图 6-5 选择“外观造型设计”模块

没有特别说明，本章默认采用“外观造型设计”模块来进行介绍。

另外，在“模型”等其他模式下，也可以快速切换到“外观造型设计”模式，其方法如图 6-6 所示。

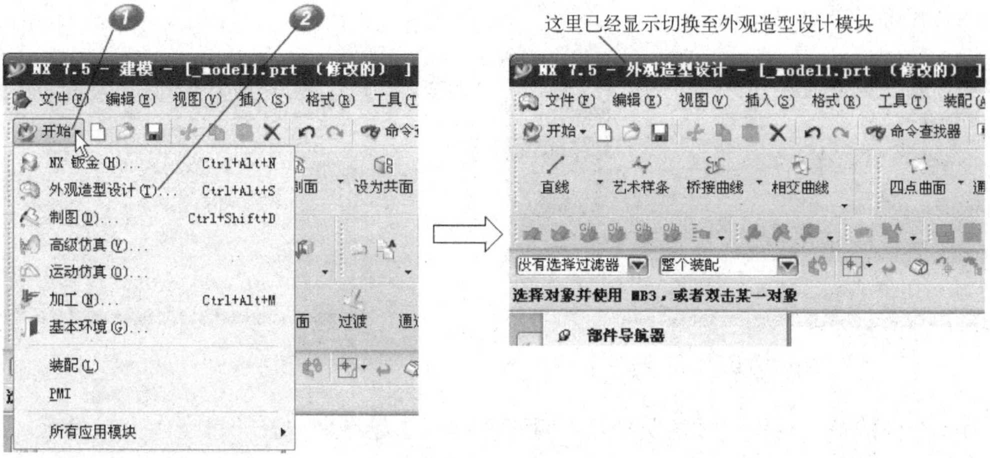

图 6-6　切换到外观造型设计模块

6.2　依据点创建曲面

可以依据点来创建曲面。依据点创建曲面的方式主要有 4 种，即“通过点”方式、“从极点”方式、“从点云”方式和“快速造面”方式。

6.2.1　通过点

可以通过矩形阵列点来创建曲面。其中矩形阵列点可以是已经存在的点或从文件中读取的点。

在“曲面”工具栏中单击“通过点”按钮，或者在菜单栏中选择“插入”|“曲面”|“通过点”命令，系统弹出如图 6-7 所示的“通过点”对话框。下面介绍该对话框中各组成的功能含义。

- “补片类型”：在“补片类型”下拉列表框中可以选择“单个”或“多个”选项。当选择“单个”选项时，则创建的曲面由单个补片构成；当选择“多个”选项时，则创建的曲面由多个补片构成。
- “沿...向封闭”：使用该下拉列表框可以确定曲面是否封闭以及在哪个方向封闭。该列表框提供的选项有“两者皆否”、“行”、“列”和“两者皆是”。通常，行是指曲面的 U 方向，列是指曲面的 V 方向。如果指定两个方向皆封闭，则生成的几何体为实体。
- “行阶次”：此文本框用来指定曲面行方向的阶次。所述的“阶次”是指曲线表达式幂指数的最高次数，阶次越高，则曲线表达式越复杂，运算速度也越慢。系统初始默认的阶次为 3。
- “列阶次”：此文本框用来指定曲面列方向的阶次。
- “文件中的点”按钮：此按钮用来读取文件中的点以创建曲面。单击“文件中的点”按钮，则打开一个对话框，由用户指定从扩展名为.dat 的数据文件中读取点阵列数据。

在“通过点”对话框中设置各组成元素的选项及参数后，单击“确定”按钮，系统弹出如图 6-8 所示的“过点”对话框，该对话框提供了用来指定选取点的方法按钮，下面介绍这些方法按钮的功能含义。

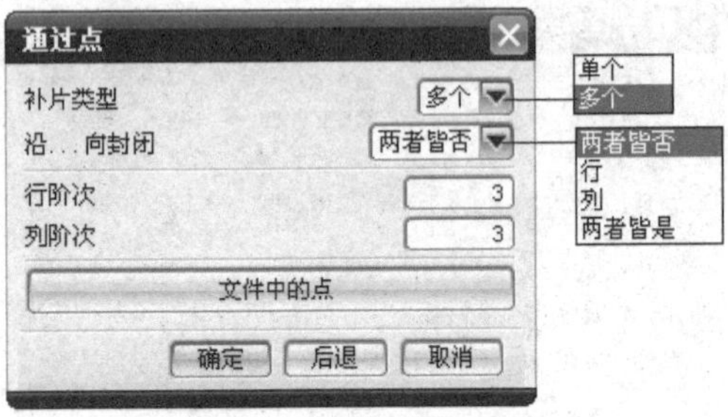

图 6-7 “通过点”对话框

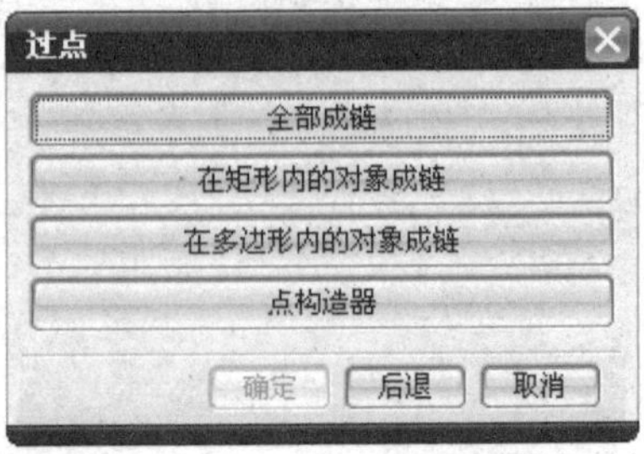

图 6-8 “过点”对话框

- “全部成链”按钮：单击该按钮，可根据提示在绘图区选择一个点作为起始点，接着再选择一个点作为终点，系统自动将起始点和终点之间的点连接成链。
- “在矩形内的对象成链”按钮：单击该按钮，系统提示指定成链矩形，指出拐角，将位于成链矩形内的点连接成链。
- “在多边形内的对象成链”按钮：单击该按钮，系统提示指定成链多边形，指出顶点，将位于成链多边形内的点连接成链。
- “点构造器”按钮：单击该按钮，弹出如图 6-9 所示的“点”对话框。利用“点”对话框来选择用于构造曲面的点。

完成选择构造曲面的点之后，如果选择的点满足曲面的参数要求，则会弹出如图 6-10 所示的“过点”对话框，从中根据设计实际情况执行“所有指定的点”按钮功能或“指定另一行”按钮功能。

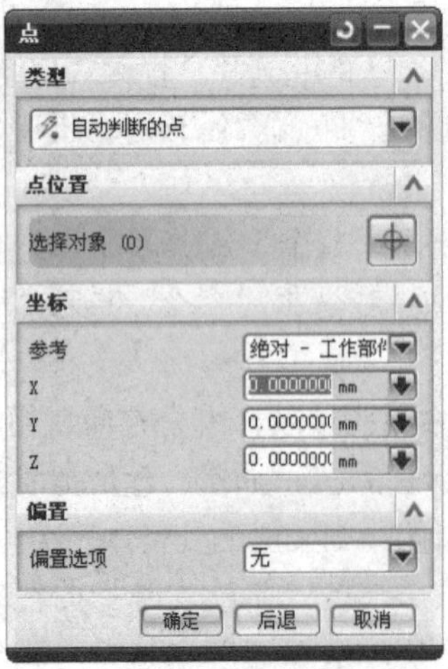

图 6-9 “点”对话框

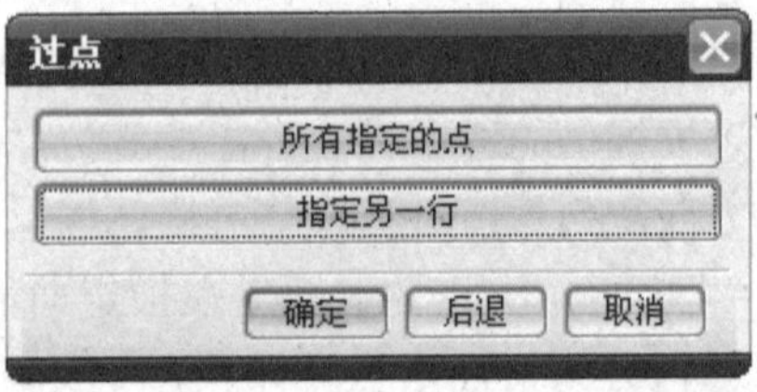

图 6-10 “过点”对话框

- “所有指定的点”按钮：单击“所有指定的点”按钮，则系统根据已经选取了的所有构造曲面的点来创建曲面。

- “指定另一行”按钮：用于指定另一行点。单击该按钮，系统弹出“指定点”对话框，由用户继续指定构建曲面的点，直到指定所有的所需点。

下面介绍一个采用“通过点”方法来创建曲面的典型示例。首先打开随书配套的素材模型文件“bc_6_point”，该文件中已经存在着如图6-11所示的若干点。

1. 在“曲面”工具栏中单击“通过点”按钮，或者在菜单栏中选择“插入”|“曲面”|“通过点”命令，打开“通过点”对话框。

2. 在“通过点”对话框的“补片类型”选项组中选择“单个”选项，如图6-12所示，然后单击“确定”按钮。

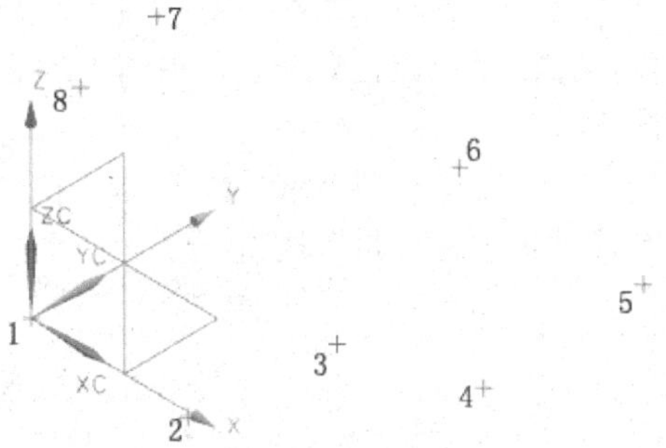

图6-11 已有的若干点

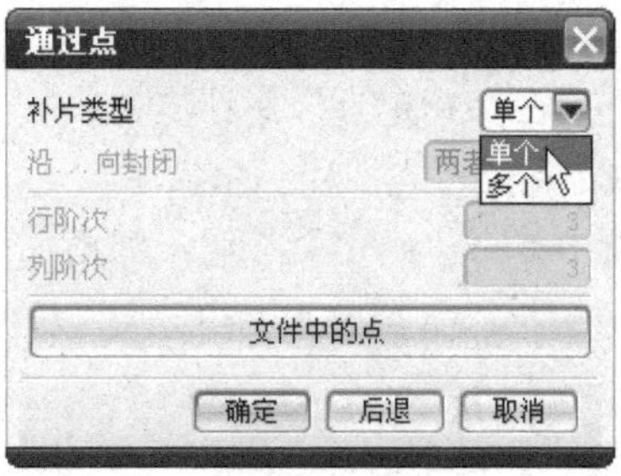

图6-12 设置补片类型

3. 在“过点”对话框中单击“点构造器”按钮，弹出“点”对话框。在模型窗口中依次选择点1、点2、点3、点4和点5，接着在“点”对话框中单击“确定”按钮，然后在出现的如图6-13所示的“指定点”对话框中单击“是”按钮。

4. 利用“点”对话框，再依次选择点1、点8、点7、点6和点5，单击“确定”按钮，然后在“指定点”对话框中单击“是”按钮。

5. 在“过点”对话框中单击“所有指定的点”按钮，完成创建的曲面如图6-14所示。

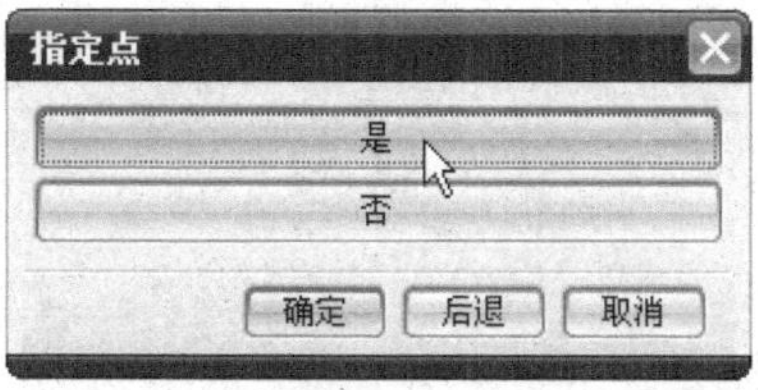

图6-13 “指定点”对话框

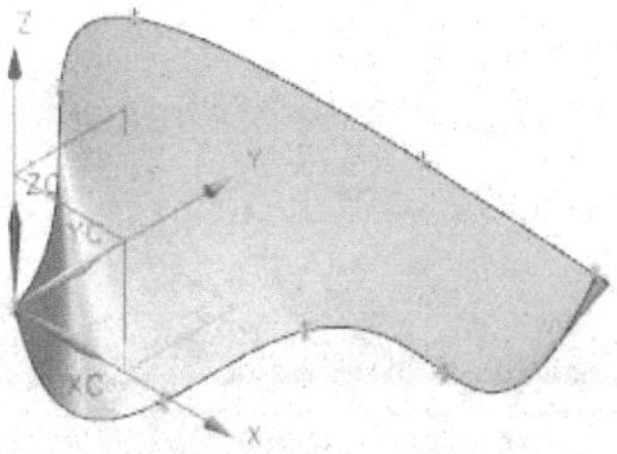

图6-14 通过点创建曲面

6.2.2 从极点

使用“从极点”命令创建曲面的思路是指用定义曲面极点的矩形阵列点来创建曲面。从极点创建曲面的操作方法和通过点创建曲面的操作方法基本相同或者类似。

在“曲面”工具栏中单击“从极点”按钮，或者在菜单栏中选择“插入”|“曲面”|“从极点”命令，系统弹出如图6-15所示的“从极点”对话框。“从极点”对话框的组成元

素和上一小节介绍的“通过点”对话框的组成元素相同，在“从极点”对话框中设置补片类型、封闭选项、行阶次和列阶次等，单击“确定”按钮，打开“点”对话框。利用“点”对话框指定所需的点来创建曲面。

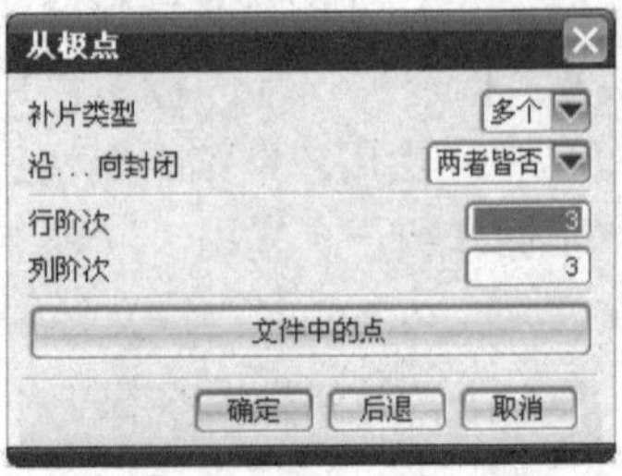

图 6-15 “从极点”对话框

还是以随书配套的素材模型文件“bc_6_point”为例，介绍采用“从极点”方法创建曲面的具体步骤。

❶ 在“曲面”工具栏中单击“从极点”按钮，打开“从极点”对话框。

❷ 在“从极点”对话框的“补片类型”下拉列表框中选择“单个”选项，然后单击“确定”按钮。

❸ 利用出现的“点”对话框，依次选择如图 6-16 所示的 6 个点，单击“确定”按钮，然后在“指定点”对话框中单击“是”按钮。

❹ 利用“点”对话框，依次选择点 1、点 8、点 7 和点 6，如图 6-17 所示，在“点”对话框中单击“确定”按钮，然后在“指定点”对话框中单击“是”按钮。

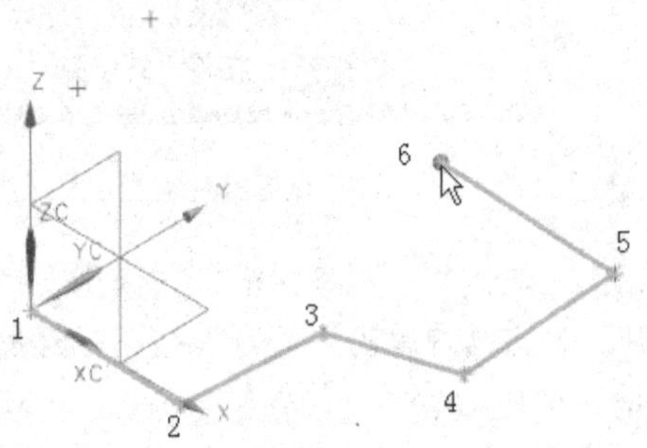

图 6-16 指定 4 个点

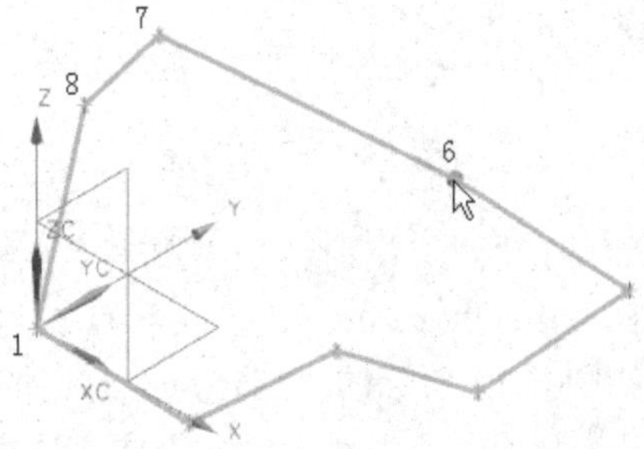

图 6-17 指定点

❺ 在出现的如图 6-18 所示的“从极点”对话框中单击“所有指定的点”按钮，创建的曲面如图 6-19 所示。

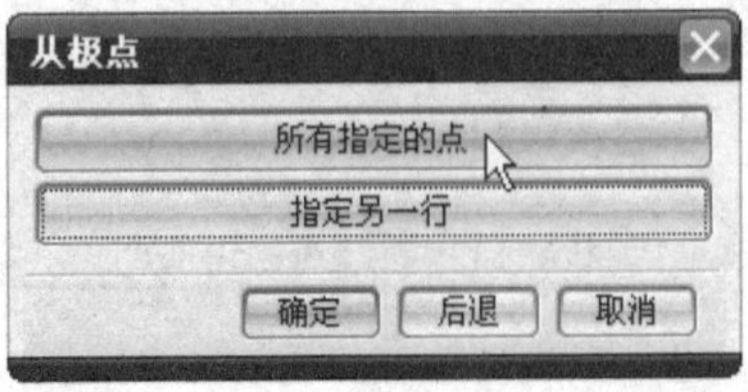

图 6-18 “从极点”对话框

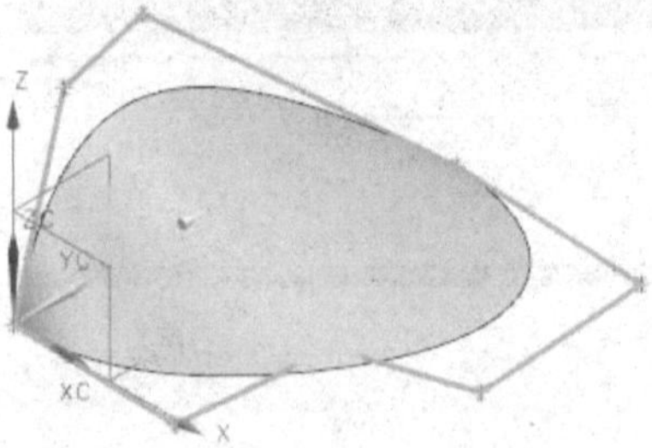

图 6-19 从极点创建曲面

6.2.3 从点云

使用“从点云”命令可以创建逼近于大片数据点“云”的片体。

在“曲面”工具栏中单击“从点云”按钮，或者在菜单栏中选择“插入”|“曲面”|“从点云”命令，打开如图 6-20 所示的“从点云”对话框。下面简单地介绍该对话框的各组成元素的功能含义。

图 6-20 “从点云”对话框

- “选择点”：在“选择点”选项组中选中“点云”按钮，此时用户可以在模型窗口（绘图区域）选择构建曲面的点群。
- “文件中的点”：单击此按钮，读取来自文件中的点来构建曲面。
- “U 向阶次”：设置曲面行方向（U 向）的阶次。
- “V 向阶次”：设置曲面列方向（V 向）的阶次。
- “U 向补片数”：设置曲面行方向（U 向）的补片数。
- “V 向补片数”：设置曲面列方向（V 向）的补片数。
- “坐标系”下拉列表框：在该下拉列表框中可供选择的选项有“选择视图”、“WCS”、“当前视图”、“指定的 CSYS”和“指定新的 CSYS...”。当选择“选择视图”选项时，由所选视图定义曲面的 U 方向和 V 方向向量；当选择“WCS”选项时，系统将工作坐标系作为创建曲面的坐标系；当选择“当前视图”选项时，系统把当前视图作为曲面的 U 方向和 V 方向向量；当选择“指定的 CSYS”选项时，由指定的 CSYS 作为创建曲面的坐标系；当选择“指定新的 CSYS...”选项时，由用户指定新的 CSYS 作为创建曲面的坐标系。
- “边界”下拉列表框：该下拉列表框用来设置选择点的边界。
- “重置”按钮：单击此按钮，将取消当前所有的曲面参数设置，以重新设置曲面参数。
- “应用时确认”复选框：该复选框设置是否要应用时确认。

在“从点云”对话框中设置好曲面的相关参数，并在绘图区域选择一定数量的有效点后，单击“确定”按钮，系统创建“点云”曲面，同时弹出如图 6-21 所示的“拟合信息”对话框，从中显示了距离偏差的平均值和最大值。所述的距离偏差平均值是指根据用户指定的点云创建的曲面和理想基准曲面之间的平均误差值；距离偏差最大值是指根据用户指定的点云创建的曲面和理想基准曲面之间的最大误差值。

在进行某些从点云创建曲面的操作过程中，如果用户选择的点数量不够，系统将会弹出一个“错误”对话框，如图 6-22 所示，弹出的“错误”对话框提示用户需要至少指定 16 个点来产生该片体，并提示选择更多的点或降阶或减少补片数。计算需要至少点个数的经验关系为：最少点个数=（U 向阶次+1）×（V 向阶次+1）。

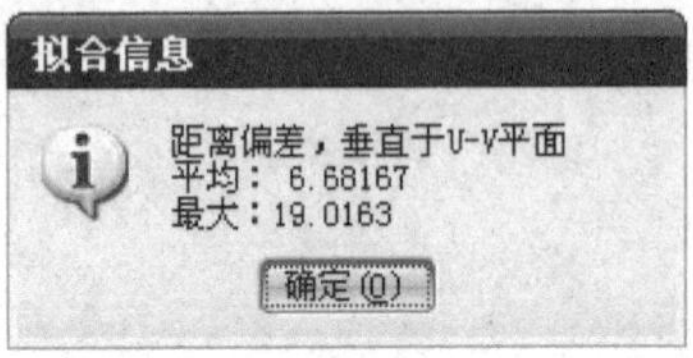

图 6-21 “拟合信息”对话框

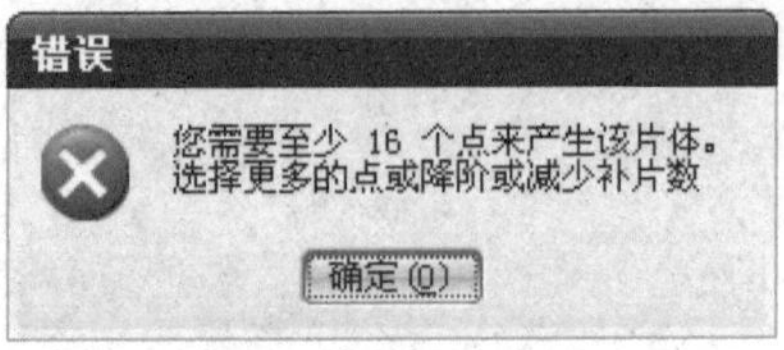

图 6-22 “错误”对话框

采用“从点云”方法创建曲面的典型示例如图 6-23 所示。

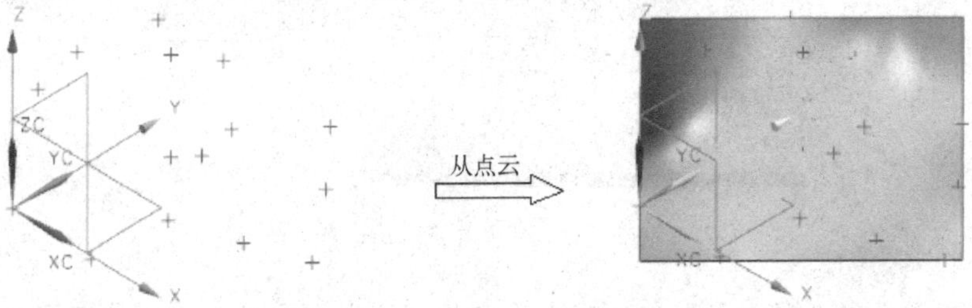

图 6-23 从点云创建曲面

6.2.4 快速造面

使用“插入”|“曲面”|“快速造面”命令，可以从小平面体创建曲面模型。选择“快速造面”命令后，系统弹出如图 6-24 所示的“快速造面”对话框，接着选择可用的小平面体，并添加网格曲线、编辑曲线网格和设置阶次和分段等。

图 6-24 “快速造面”对话框

6.3 由曲线创建曲面

可以通过曲线来创建曲面，曲线的好坏也会影响到曲面的质量和形状。利用拉伸、回转等方式可以创建曲面片体。在本节中将介绍其他由曲线构造曲面的典型方法，包括“艺术曲面”、“通过曲线组”、“通过曲线网格”、“扫掠”、“剖切曲面”和“N 边曲面”。

6.3.1 艺术曲面

使用“艺术曲面”命令可以用任意数量的截面和引导线串来创建曲面。下面通过一个范例来介绍如何创建艺术曲面。

1 打开“bc_6_ysqm.prt”部件文件，该文件中存在着如图 6-25 所示的曲线。

2 在“曲面”工具栏中单击“艺术曲面”按钮，或者在菜单栏中选择“插入”|“网格曲面”|“艺术曲面”命令，系统弹出如图 6-26 所示的“艺术曲面”对话框。

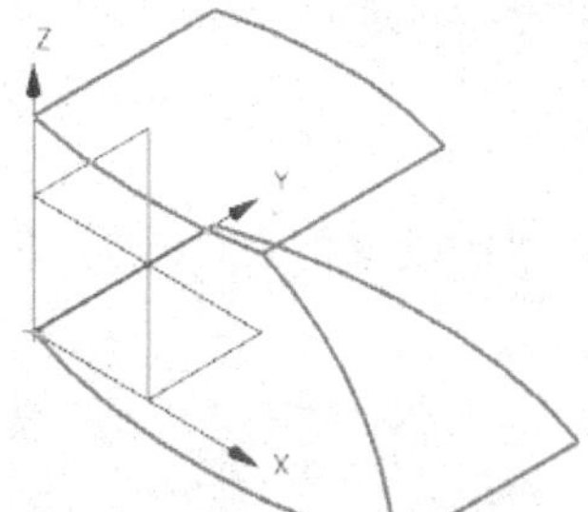

图 6-25　已有的曲线

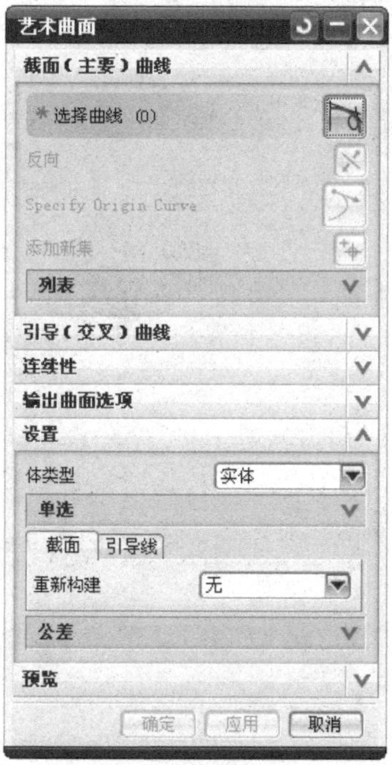

图 6-26 “艺术曲面”对话框

3 在“选择条”工具栏的曲线规则下拉列表框中选择“相连曲线”选项，接着在如图 6-27 所示的位置处单击，从而选中整条相连的闭合曲线作为截面曲线 1。注意单击位置会确定曲线的起点。

4 在“截面（主要）曲线”选项组中单击“添加新集”按钮，接着在如图 6-28 所示的位置处单击以选择截面曲线 2（同样为相连曲线）。

说明：如果发现两条截面曲线的原点（起点）位置不一致，那么可以在“截面

（主要）曲线”选项组的列表中选择要编辑的截面曲线集，接着单击“曲线原点”按钮，重新指定曲线原点。

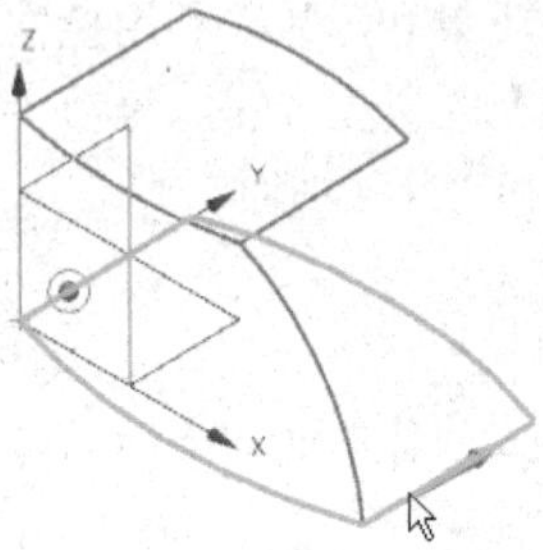

图 6-27　指定截面（主要）曲线

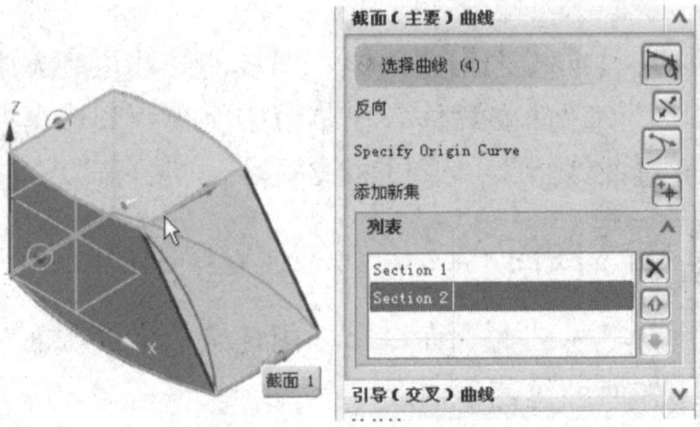

图 6-28　选择截面曲线 2

5 展开“引导（交叉）曲线”选项组，单击“引导（交叉）曲线”按钮，接着在绘图区选择如图 6-29 所示的圆弧。

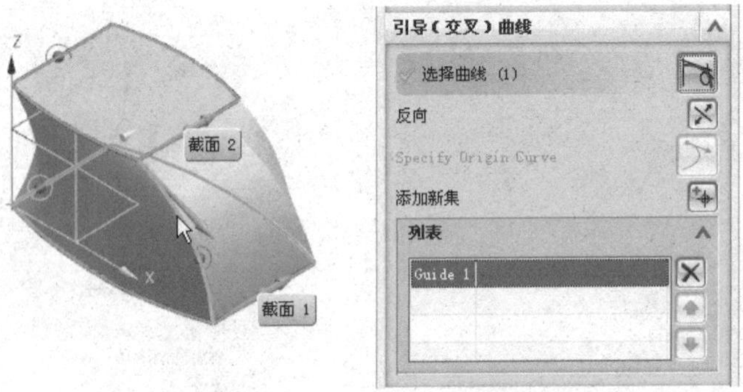

图 6-29　选择引导（交叉）曲线

6 分别在“连续性”选项组和“输出曲面选项”选项组中设置相应的选项，如图 6-30 所示。

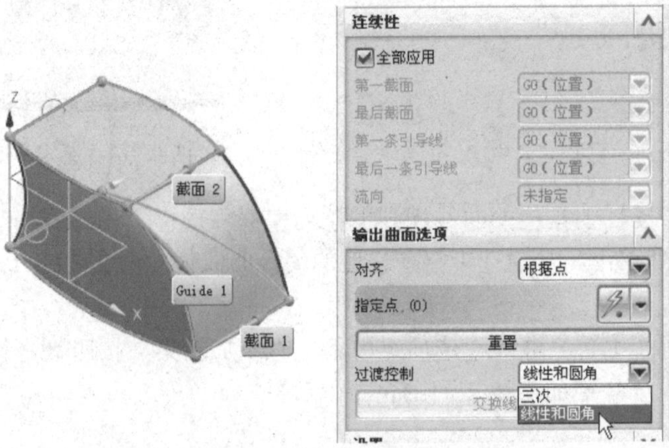

图 6-30　设置连续性和输出曲面选项

7 展开“设置”选项组，从“体类型”下拉列表框中选择“片体”选项，如图 6-31 所示，可接受默认的相应公差设置。

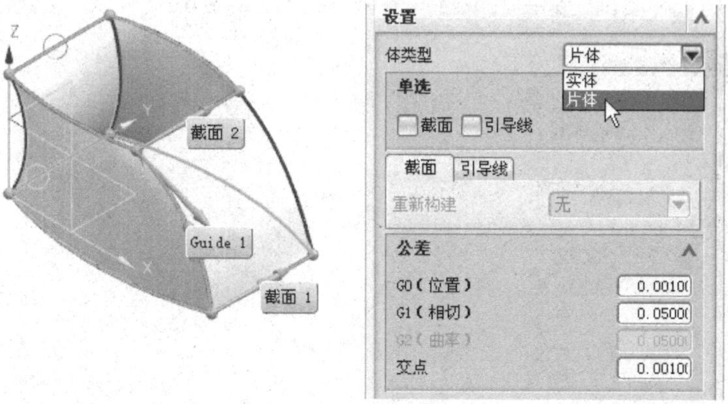

图 6-31　设置体类型及公差等

8 在“艺术曲面”对话框中单击“确定”按钮。完成创建的艺术曲面如图 6-32 所示。

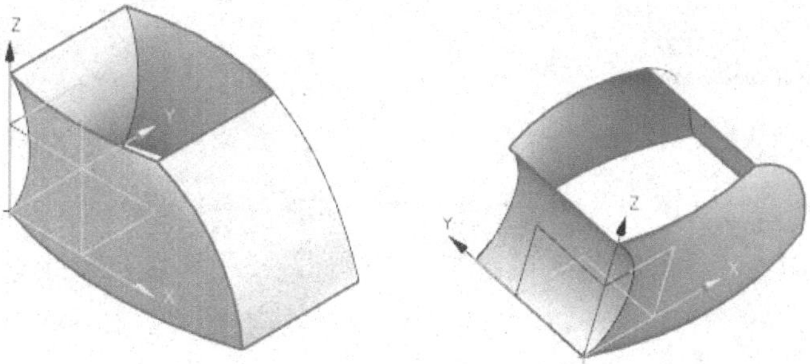

图 6-32　完成创建的艺术曲面

6.3.2 通过曲线组

使用“通过曲线组”命令创建曲面是指通过多个截面创建片体，此时直纹形状改变以穿过各截面。各截面线串之间可以线性连接，也可以非线性连接。

通过曲线组创建曲面的典型示例如图 6-33 所示，该曲面由指定的 3 个截面线串以参数对齐的方式来创建的，在创建时注意 3 个截面线串的起始方向。下面结合该示例（原文件为 bc_6_tgqxz.prt）介绍通过曲线组创建曲面的典型方法及步骤。

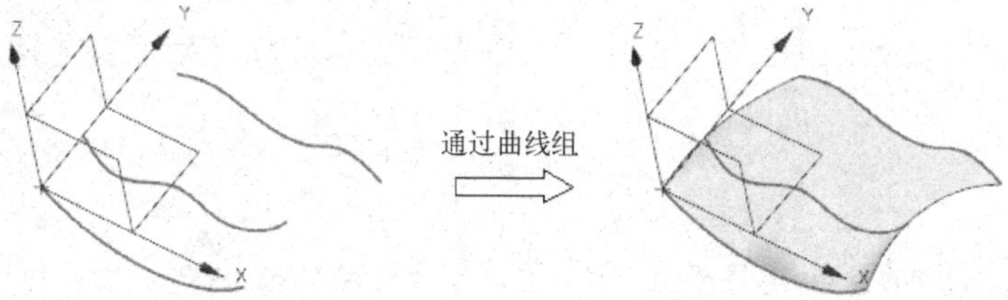

图 6-33　通过曲线组创建曲面

❶ 在“曲面”工具栏中单击“通过曲线组”按钮，系统弹出如图 6-34 所示的“通过曲线组”对话框。

❷ 系统提示选择要剖切的曲线或点。选择曲线 1，如图 6-35 所示，注意曲线原点方向。

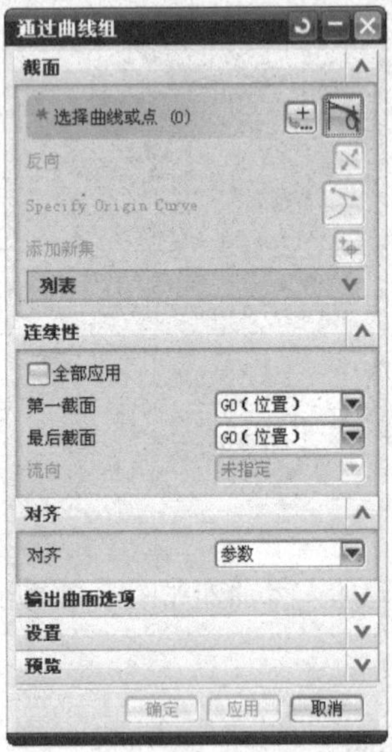

图 6-34 “通过曲线组”对话框

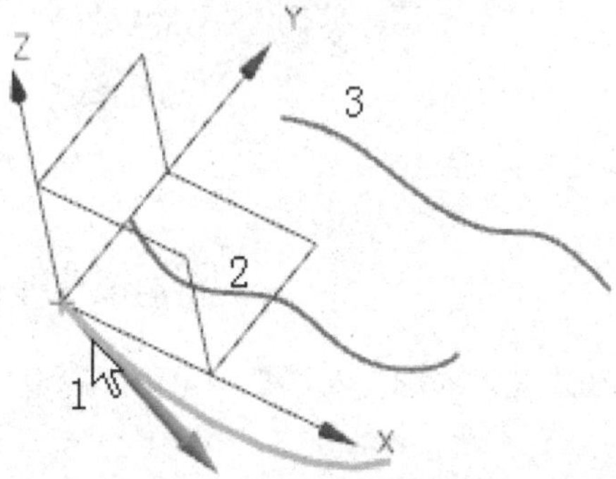

图 6-35 选择曲线 1

❸ 在“截面”选项组中单击“添加新集”按钮，选择曲线 2，注意曲线 2 的曲线原点方向。接着再次单击“添加新集”按钮，选择曲线 3，注意曲线 3 的曲线原点方向，如图 6-36 所示。

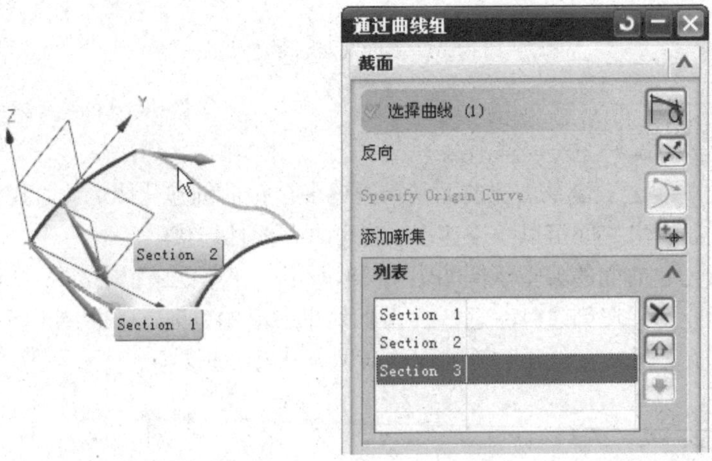

图 6-36 指定 3 个截面线串

说明：添加的截面集显示在“截面”选项组的列表框中。使用位于该列表框右侧的“移除”按钮，可以删除在列表中选择的截面；使用“向上移动”按钮，可以将指定截面的顺序提前一位；使用“向下移动”按钮，可以将指定截面的顺序后移一位。截面顺序不同，构造的曲面也将不同，这需要用户注意。

4 定义曲面的连续方式，如图 6-37 所示。曲面的连续方式是指创建的曲面与指定的体边界之间的过渡方式。可以设置是否应用于全部，并可根据设计要求为第一截面和最后截面指定连续性选项，如“G0（位置）”、“G1（相切）”和“G2（曲率）”。

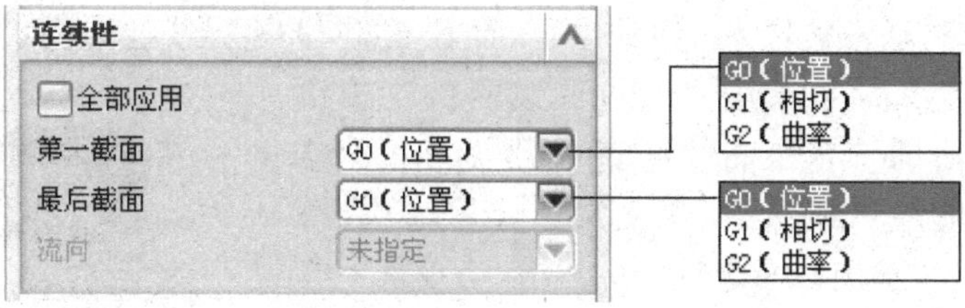

图 6-37 指定曲面的连续性

5 设置对齐方式。在“对齐”选项组的下拉列表框中设置对齐选项，如图 6-38 所示，可供选择的对齐选项包括“参数”、“圆弧长”、“根据点”、“距离”、“角度”、“脊线”和“根据分段”。

6 设置输出曲面选项，如图 6-39 所示。

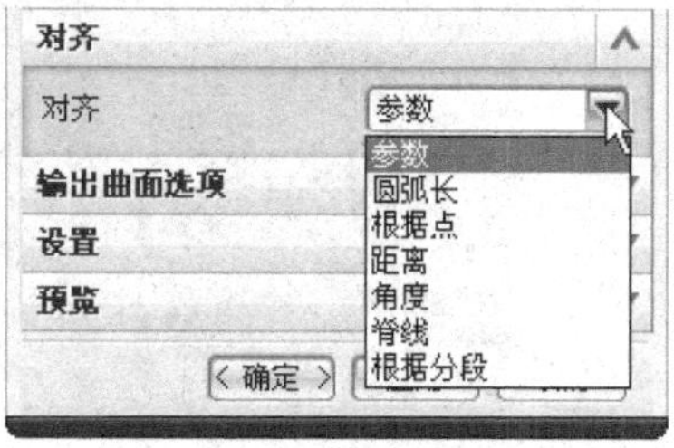

图 6-38 “对齐”选项

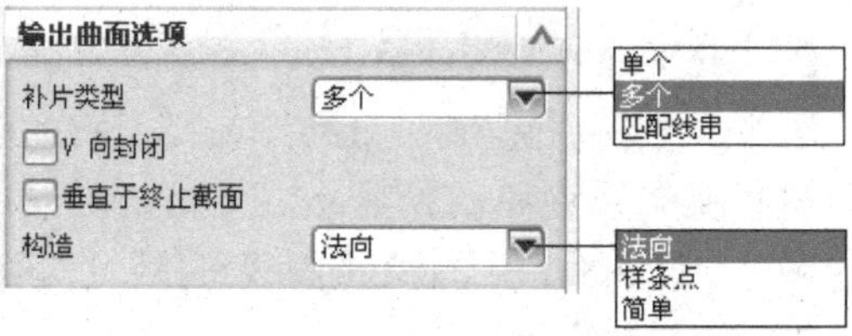

图 6-39 设置输出曲面选项

补片类型有 3 种，即“单个”、“多个”和“匹配线串”。当设置补片类型为“单个”时，创建的曲面由单个补片组成，而此时“V 向封闭”复选框和“垂直于终止截面”复选框不可用；当设置补片类型为“多个”时，创建的曲面由多个补片组成；当选择补片类型为“匹配线串”时，系统将根据用户选择的剖面线串的数量来决定组成曲面的补片数量。

构造选项有“法向”、“样条点”和“简单”3 种，它们的功能含义如下。

- “法向（正常）”：指定系统按照正常的法向方向构造曲面，补片较多。
- “样条点”：指定系统根据样条点构造曲面，产生的补片较少。
- “简单”：指定系统采用简单构造曲面的方法生成曲面，产生的曲面也较少。

7 展开“设置”选项组，如图 6-40 所

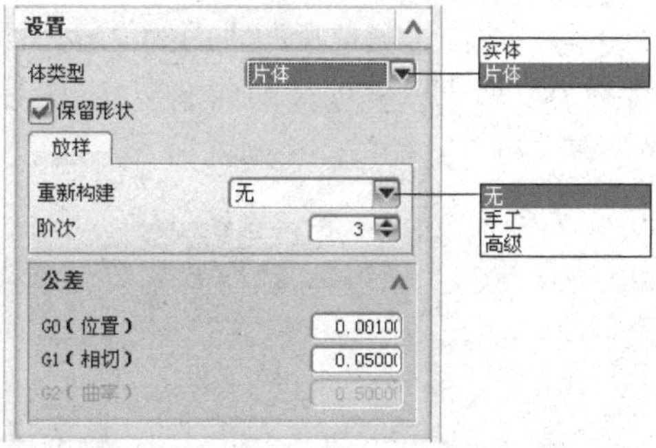

图 6-40 “设置”选项组

示，设置相关的选项，包括将体类型设置为“片体”，指定“保留形状”复选框的选择状态，设置放样的重新构建方式和阶次，设定相关公差。

8 在“通过曲线组”单击“确定”按钮或“应用”按钮，完成通过曲线组创建曲面。

6.3.3 通过曲线网格

可以通过一个方向的截面网格和另一个方向的引导线来创建片体或实体。同一方向的截面网格（截面线串）通常被称为“主线串”，而另一方向的引导线通常被称为“交叉线串”。

在“曲面”工具栏中单击“通过曲线网格”按钮，打开如图 6-41 所示的“通过曲线网格”对话框。该对话框包含“主曲线”选项组、“交叉曲线”选项组、“连续性”选项组、“输出曲面选项”选项组、“设置”选项组和“预览”选项组。下面介绍这些选项组的应用。

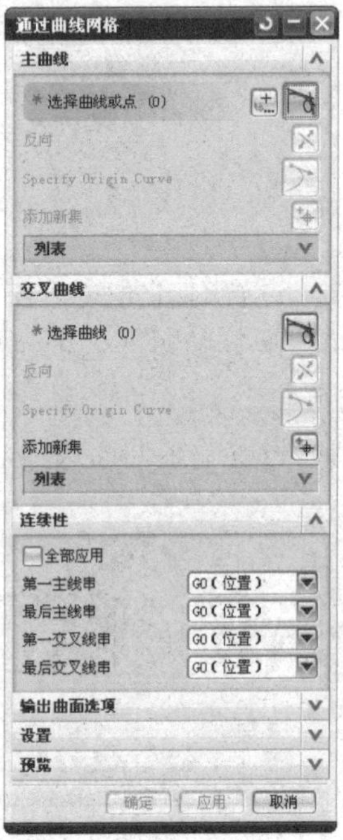

图 6-41 “通过曲线网格”对话框

1．“主曲线”选项组

该选项组用于选择主曲线，所选主曲线会显示在列表中。需要时可以单击“反向”按钮切换曲线方向等。如果需要多个主曲线，那么在选择一个主曲线后，单击鼠标中键，或单击“添加新集”按钮，则可继续选择另一个主曲线。在定义主曲线时务必要特别注意设置曲线原点方向。

2．“交叉曲线”选项组

单击“交叉曲线”按钮，选择所需的交叉曲线，并可进行反向设置和设置其原点方向。可根据设计要求选择多条交叉曲线，所选交叉曲线将显示在其列表中。

3．“连续性”选项组

可以将曲面连续性设置应用于全部，即选中“全部应用”复选框。在“第一主线串”下拉列表框、“最后主线串”下拉列表框、“第一交叉线串”下拉列表框和“最后交叉线串”下拉列表框中分别指定曲面与体边界的过渡连续性方式，如设置为“G0（位置）”、“G1（相切）”或“G2（曲率）”。

4．“输出曲面选项”选项组

输出曲面选项包括两方面的内容，即“着重”和“构造”，如图 6-42 所示。“着重”下拉列表框用来设置创建的曲面更靠近哪一组截面线串，其提供的可选选项有“两者皆是”、“主要”和“叉号”。

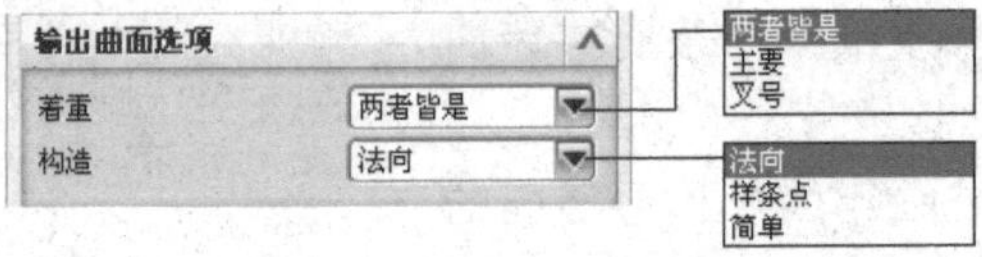

图 6-42 设置输出曲面选项

- “两者皆是”：用于设置创建的曲面既靠近主线串也靠近交叉线串。
- “主要”：用于设置创建的曲面靠近主线串，即创建的曲面尽可能通过主线串。
- “叉号”：用于设置创建的曲面靠近交叉线串，即创建的曲面尽可能通过交叉线串。

“构造”下拉列表框用于指定曲面的构建方法，包括“正常”、“样条点”和“简单”。

5. “设置”选项组

“设置”选项组如图 6-43 所示，从中可以设置体类型选项（可供选择的体类型选项有“实体”和“片体”），设置主线串或交叉（十字）线串重新构建的方式，如重新构建的方式为“无”、“手工”或“高级”。例如，当选择重新构建的方式选项为“手工”时，可设置阶次，如图 6-44 所示。另外，在“设置”选项组中可以设置相关公差。

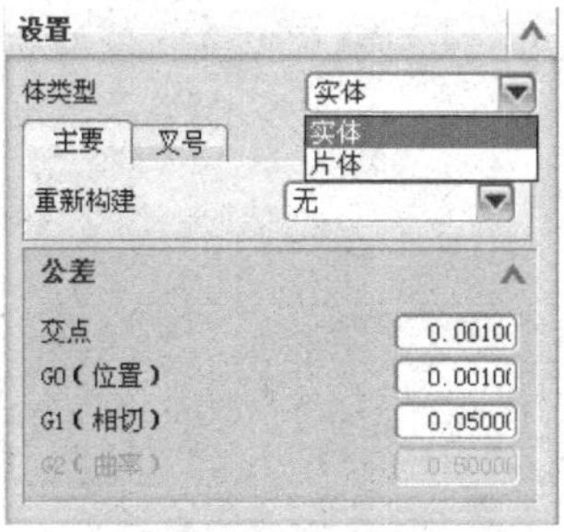

图 6-43 “设置”选项组

图 6-44 手工构建

6. “预览”选项组

该选项组用于启用预览，并设置显示结果。

通过曲线网格创建曲面片体的典型示例如图 6-45 所示。该示例的模型练习文件为 bc_6_tgqmwg.prt，下面介绍打开该文档后通过曲线网格创建曲面片体的操作步骤。

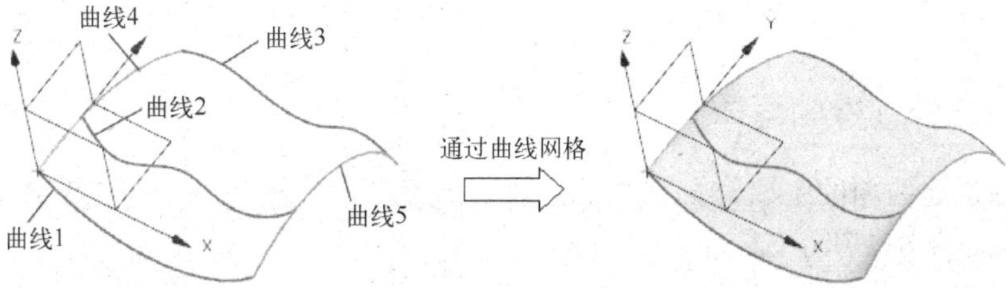

图 6-45 通过曲线网格创建曲面片体

1. 在“曲面”工具栏中单击“通过曲线网格”按钮，打开“通过曲线网格”对话框。
2. 选择主曲线。先选择曲线 1，单击鼠标中键，接着选择曲线 2，再单击鼠标中键，然后选择曲线 3，注意各条曲线的原点方向要一致，如图 6-46 所示。
3. 在“交叉曲线”选项组中单击“选择交叉曲线”按钮，接着选择曲线 4，单击鼠标中键，然后选择曲线 5，单击鼠标中键，此时如图 6-47 所示。
4. 分别在“通过曲线网格”其他选项组中设置相关的参数和选项，如图 6-48 所示。
5. 在“通过曲线网格”对话框中单击“确定”按钮，创建的曲面片体如图 6-49 所示。

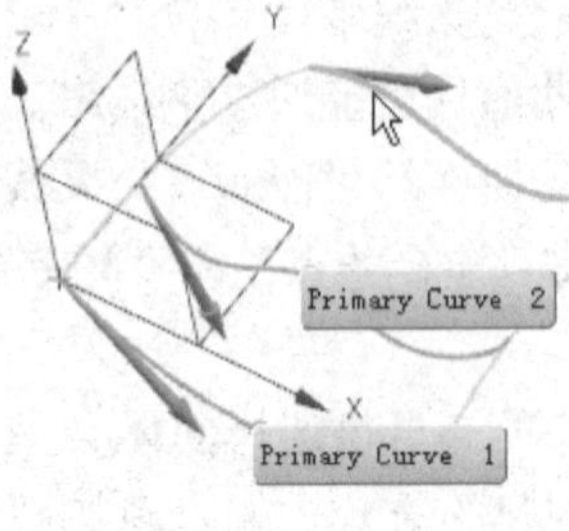

图 6-46　选择主曲线

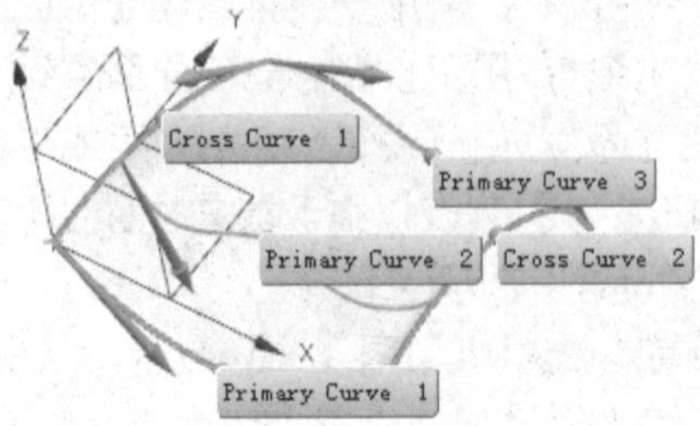

图 6-47　选择交叉曲线

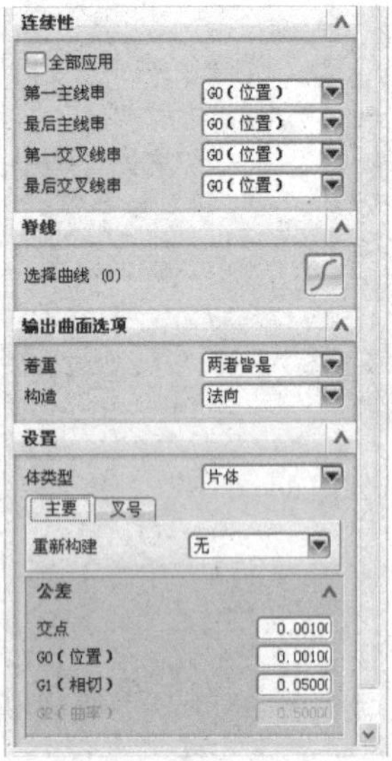

图 6-48　设置其他参数和选项

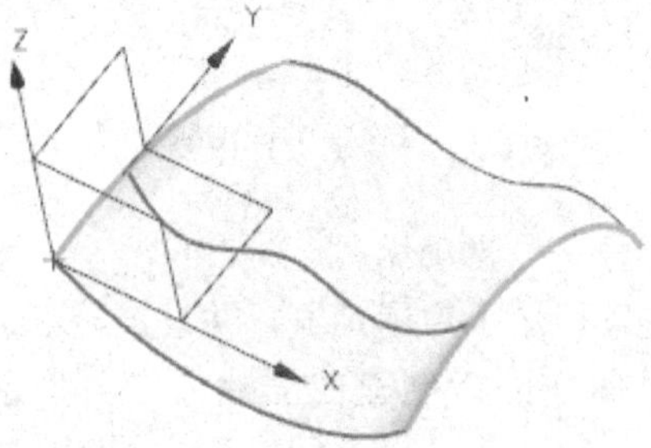

图 6-49　通过曲线网格创建的曲面片体

6.3.4 通过扫掠创建曲面

通过扫掠创建曲面的主要命令有几种，如“扫掠”、“样式扫掠”和“变化的扫掠”，它们的功能含义如表 6-2 所示。

表 6-2　通过扫掠创建曲面的几个典型命令

序　号	命　　令	按钮	用 途 特 点
1	扫掠		通过沿一个或多个引导线扫掠截面来创建体，使用各种方法控制沿着引导线的形状
2	样式扫掠		从一组曲线创建一个精确的、光滑的 A 类曲面
3	变化的扫掠		通过沿路径扫掠截面来创建体，此时横截面形状沿路径改变

在本节中主要结合范例来介绍“扫掠”和“样式扫掠”这两种扫掠功能，而“变化的扫掠”的应用也类似，且在实体建模里也已经有所介绍，在此不再赘述。

1. 扫掠

在“曲面”工具栏中单击“扫掠”按钮，打开如图 6-50 所示的“扫掠”对话框。利用该对话框，分别定义截面、引导线（最多 3 根）、脊线、截面选项和公差设置等。有关该“扫掠”对话框的介绍可以参阅本书实体建模的相关内容，采用“扫掠”命令创建曲面的方法和创建实体特征的方法是基本一样的。在这里只重点地介绍在创建扫掠曲面的过程中引导线和截面选项的应用设置。

● 引导线

NX 7.5 只允许最多选择 3 根引导线。引导线数目不同，要求用户设置的参数也将不同。

● 截面选项

在“截面选项”选项组中，“截面位置”下拉列表框用来设置截面在扫掠过程中的位置，其可供选择的截面位置选项有“沿引导线任何位置”和“引导线末端”；对齐方法有“参数”和“圆弧长”；定位方法包括“固定”、“面的法向”、“矢量方向”、“另一条曲线”、“一个点”、“角度规律”和“强制方向”；缩放方法包括“恒定”、“倒圆功能”、“另一条曲线”、“一个点”、“面积规律”和“周长规律”。选择不同的缩放方法，所要定义的参数或参照等会有所不同，例如当选择缩放方法为“倒圆功能”时，需要设置“倒圆功能”选项（“线性”或“三次”）、开始值和结束值，如图 6-51 所示。

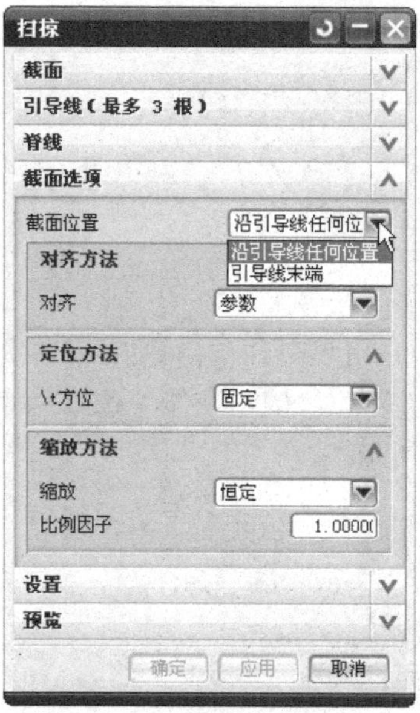

图 6-50 “扫掠”对话框

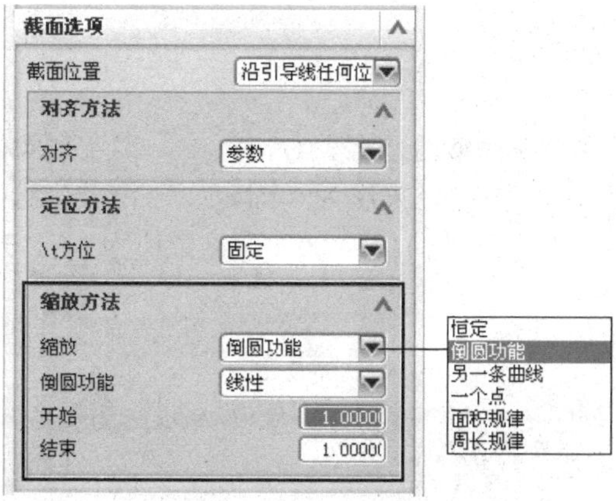

图 6-51 设置缩放方法

下面通过一个简单的操作实例，介绍如何使用“扫掠”命令来创建曲面片体。

1 假设已经存在着如图 6-52 所示的两根曲线（配套原文件为 bc_6_slqm.prt）。在“曲面”工具栏中单击“扫掠”按钮，打开“扫掠”对话框。

2 指定截面曲线。在“选择条”工具栏的“曲线规则”下拉列表框中选择“相切曲线”，接着在模型窗口中单击如图 6-53 所示的曲线，注意相切曲线的开始方向。

3 在“引导线（最多 3 根）”选项组中单击“引导线”按钮，选择另一根圆弧线作为引导线，如图 6-54 所示。

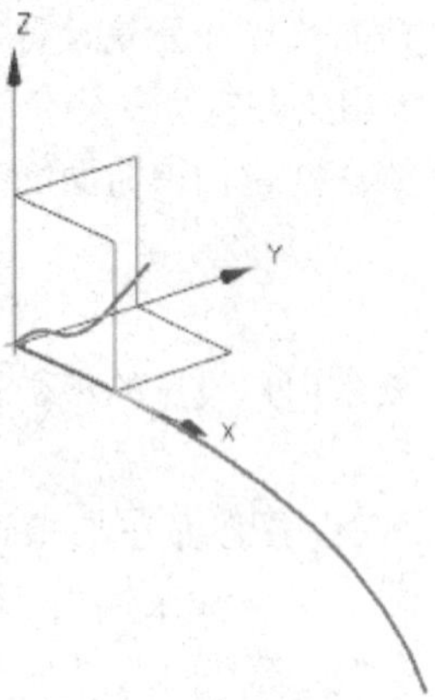

图 6-52　假设已经存在的曲线

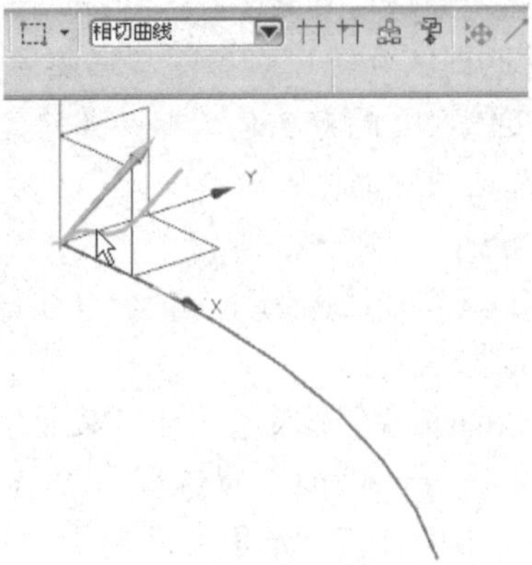

图 6-53　指定截面线串

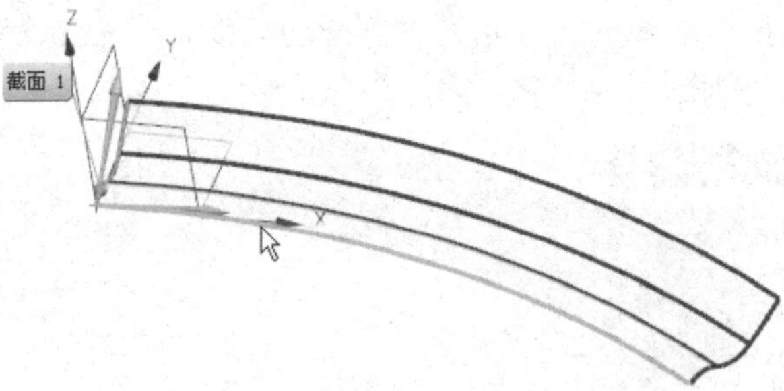

图 6-54　指定引导线

4 在“截面选项”对话框中，设置截面位置选项为“沿引导线任何位置”，对齐方法为“参数”，定位方法为“固定”，“缩放”选项为“倒圆功能”，“倒圆功能”选项为“线性”，并设置开始值为 1.0000，结束值为 3.5000，如图 6-55 所示。

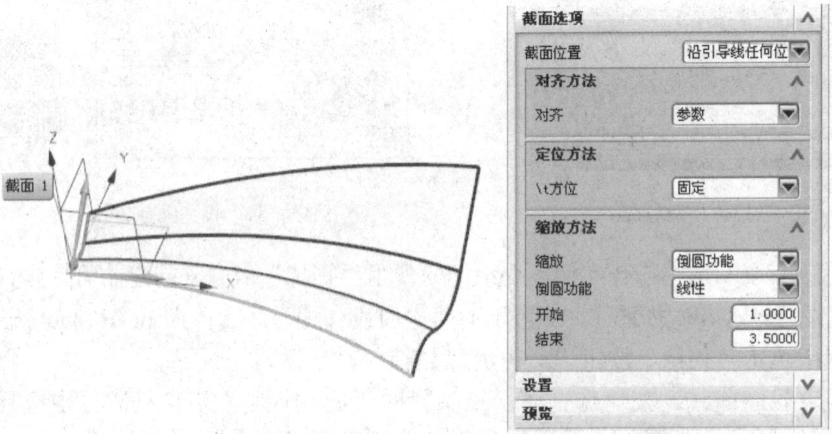

图 6-55　设置截面选项

5 在“设置”选项组中，从“体类型”下拉列表框中选择“片体”选项，取消勾选“保留形状”复选框，而引导线和截面的“重新构建”选项均为“无”，如图 6-56 所示。

6 在“扫掠”对话框中单击“确定”按钮，完成创建的曲面如图 6-57 所示。

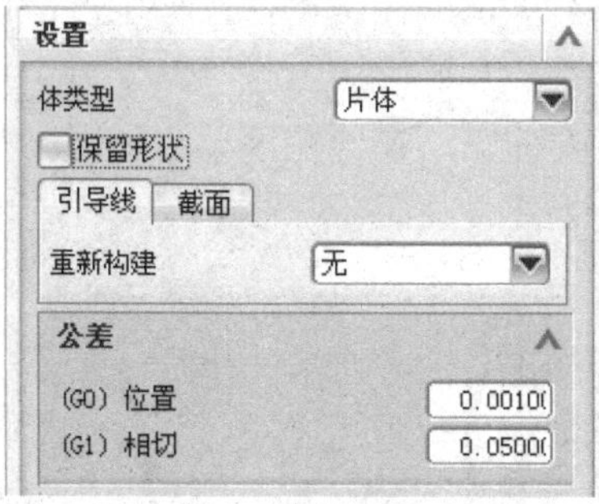

图 6-56　在“设置”选项组中进行设置

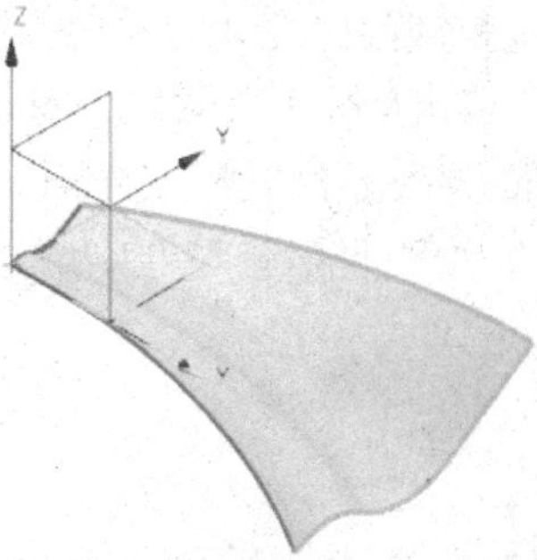

图 6-57　完成创建扫掠曲面

2. 样式扫掠

使用“样式扫掠”功能可以创建精确、光滑的 A 类曲面。请看下面一个应用“样式扫掠”功能的范例。

1 打开“bc_6_ysslqm.prt”部件文件，该文件中存在着如图 6-58 所示的草图曲线和曲线特征。

2 在“曲面”工具栏中单击“样式扫掠”按钮，系统弹出如图 6-59 所示的“样式扫掠”对话框。

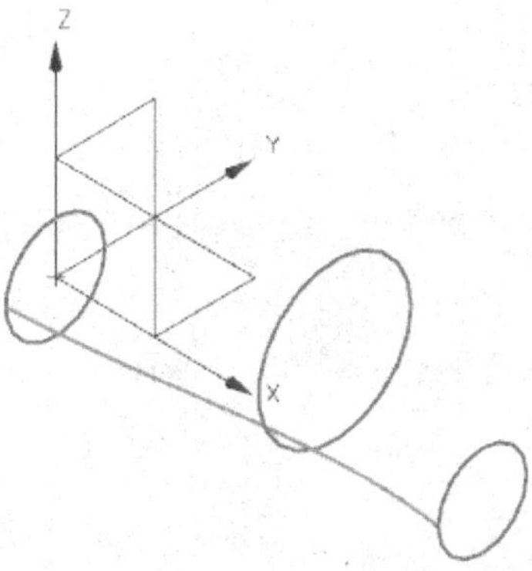

图 6-58　已有曲线

图 6-59　“样式扫掠”对话框

3 在“类型”选项组的“类型”下拉列表框中选择“1 条引导线串”。

说明：样式扫掠的“类型”选项有“1 条引导线串”、“1 条引导线串，1 条接触线串”、“1 条引导线串，1 条方位线串”和“2 条引导线串”。用户可以在以后的自学、工作中慢慢熟悉这些类型的差异特点。

4 选择截面曲线 1.，单击鼠标中键；接着选择截面曲线 2，单击鼠标中键；再选择截面曲线 3，单击鼠标中键确认，如图 6-60 所示。

5 展开“引导曲线”选项组，单击“引导线”按钮，在绘图区单击如图 6-61 所示的曲线作为引导曲线。

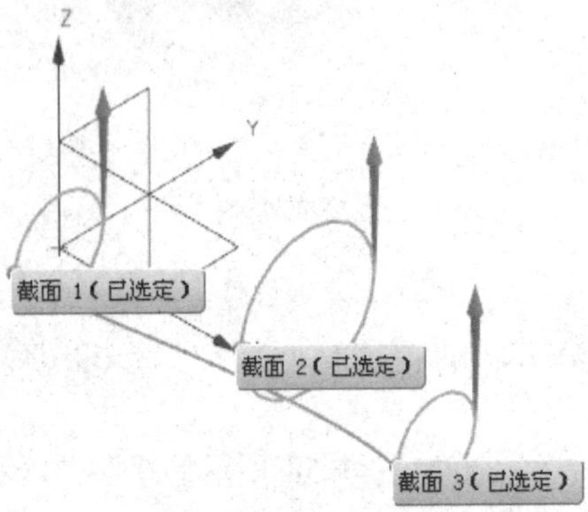

图 6-60 选择 3 组截面曲线

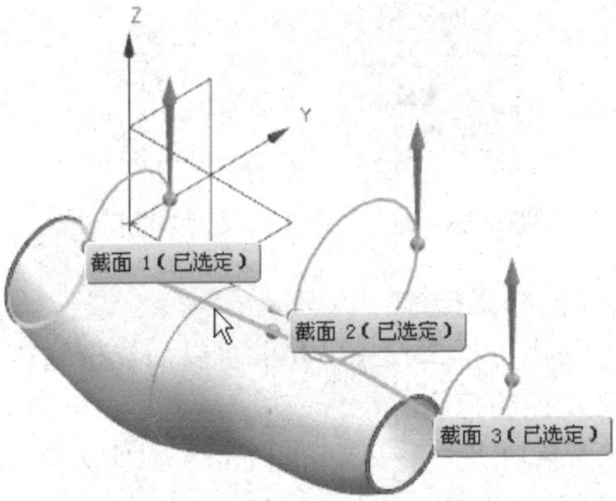

图 6-61 选择引导曲线

6 展开“扫掠属性”选项组，从“过渡控制”下拉列表框中选择“圆角”选项，从“固定线串”下拉列表框中选择“引导线和截面”选项（其初始默认选项为“引导线”），从“截面方位”下拉列表框中选择“平移”选项，如图 6-62 所示。注意选择不同的扫掠属性选项时，可观察其所预览的对应曲面效果有什么变化。

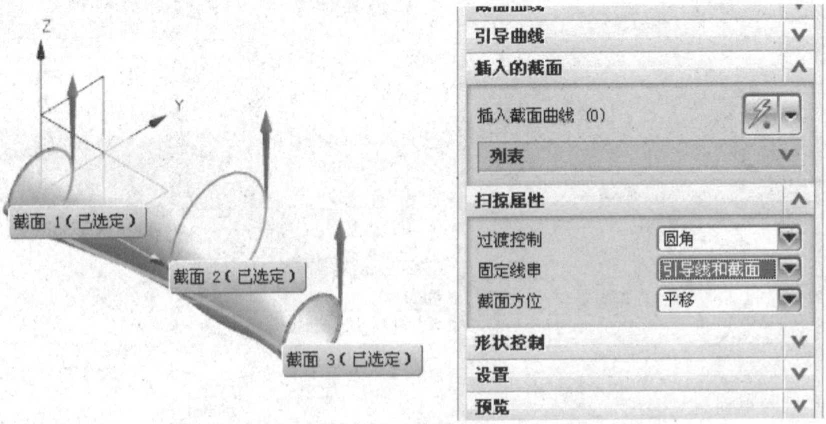

图 6-62 设置扫掠属性

7 在“形状控制”选项组和“设置”选项组中设置的选项及参数如图 6-63 所示。

8 在“样式扫掠”对话框中单击“确定”按钮，完成创建的 A 类曲面效果如图 6-64 所示。

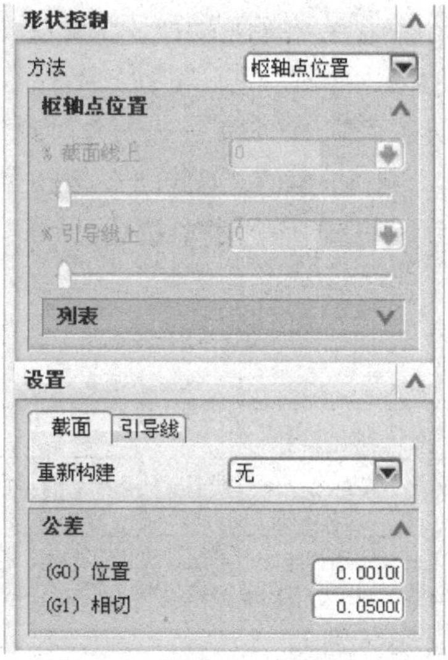

图 6-63　设置形状控制选项等

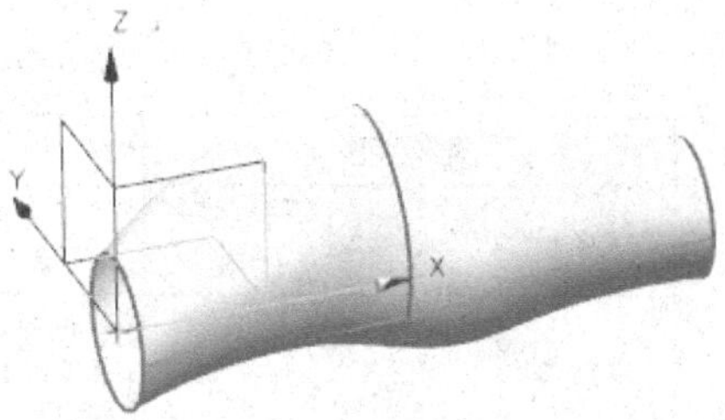

图 6-64　样式扫掠出来的曲面

6.3.5 剖切曲面

创建剖切曲面，其实就是用二次曲线构造技术定义的截面创建曲面。

要创建剖切曲面，则可以在“曲面”工具栏中单击“剖切曲面”按钮，系统弹出“剖切曲面”对话框，接着可从“类型”下拉列表框中选择剖切曲面的类型选项，如图 6-65 所示。可供选择的“类型”选项包括“端点-顶点-肩点”、“端点-斜率-肩点”、“圆角-肩点”、

图 6-65　“剖切曲面”对话框

“端点-顶点-Rho”、“端点-斜率-Rho”、“圆角-Rho”、“端点-顶点-高亮显示”、“端点-斜率-高亮显示”、“圆角-高亮显示”、“四点-斜率”、“五点”、“三点-圆弧”、“二点-半径”、“端点-斜率-圆弧”、“点-半径-角度-圆弧”、“圆”、“圆相切”、“端点-斜率-三次”、“圆角-桥接”和“线性-相切”。用户也可以从菜单栏的“插入”|“网格曲面”|“截面”级联菜单中选择相应的具体命令，另外也可以从“剖切曲面”工具栏中单击相应的类型按钮。

下面对剖切曲面的类型进行简单说明，如表 6-3 所示。

表 6-3　剖切曲面的类型

序　号	类　　型	功 能 用 途
1	“端点-顶点-肩点”	使用起始和终止曲线以及内部肩曲线创建剖切曲面，顶线定义起始和终止处的斜率
2	“端点-斜率-肩点”	选择该类型选项时，用户需要分别选择起始引导线、终止引导线、起始斜率曲线、终止斜率曲线和肩曲线，其中两条斜率曲线分别定义起始和终止处的斜率
3	“圆角-肩点”	选择该类型选项时，用户需要分别选择起始引导线、终止引导线、起始面、终止面和肩曲线，其中起始和终止曲线所在的两个面将定义相应斜率
4	“端点-顶点-Rho”	选择该类型选项时，使用起始和终止曲线以及 Rho 值创建剖切曲面，其中需要指定顶点曲线定义起始和终止处的斜率。Rho 值是控制二次曲线的一个重要参数，其值介于 0～1 之间，系统默认的 Rho 值为 0.5
5	“端点-斜率-Rho”	选择该类型选项时，使用起始和终止曲线以及 Rho 值创建剖切曲面，其中需要指定两条斜率曲线分别定义起始和终止处的斜率
6	“圆角-Rho”	选择该类型选项时，使用起始和终止曲线以及 Rho 值创建剖切曲面，其中需要指定起始面和终止面（起始和终止曲线所在的两个面）定义斜率
7	“端点-顶点-高亮显示（顶线）”	选择该类型选项时，使用相切于某一高亮显示曲面的起始和终止曲线创建剖切曲面，高亮显示曲线将定义起始和终止处的斜率。需要分别选择起始引导线、终止引导线、顶线、开始高亮显示曲线和结束高亮显示曲线等
8	“端点-斜率-高亮显示（顶线）”	选择该类型选项时，需要选择起始引导线和终止引导线，并分别选择起始斜率曲线和终止斜率曲线等。该方式其实是使用相切于某一高亮显示曲面的起始和终止曲线创建剖切曲面，其中指定的两条斜率曲线将分别定义起始和终止处的斜率
9	“圆角-高亮显示（顶线）”	选择该类型选项时，使用相切于某一高亮显示曲面的起始和终止曲线创建剖切曲面，其中选择的起始面和终止面（起始和终止曲线所在的两个面）将定义斜率
10	“四点-斜率”	选择该类型选项时，需要分别选择起始引导线、终止引导线、第一内部引导线，第二内部引导线、起始斜率曲线，即使用起始和终止曲线以及两条内部控制曲线创建剖切曲面，而定义的一条斜率曲线将定义起始处的斜率
11	“五点”	选择该类型选项时，需要分别选择起始引导线、终止引导线以及 3 条内部引导线，以此创建剖切曲面
12	“三点-圆弧”	选择该类型选项时，使用起始和终止曲线以及一条内部控制曲线创建圆形剖切曲面
13	“二点-半径”	选择该类型选项时，使用起始和终止曲线以及一个半径值创建圆形剖切曲面
14	“端点-斜率-圆弧”	选择该类型选项时，分别选择起始引导线、终止引导线和起始斜率曲线来创建圆形剖切曲面
15	“点-半径-角度-圆弧”	选择该类型选项时，使用起始曲线、半径值和角度创建圆形剖切曲面，其中起始曲线所在的指定面定义起始处的斜率
16	“圆”	选择该类型选项时，使用指定的引导曲线、可选方位曲线和半径值创建全圆剖切曲面

（续）

序　号	类　　型	功 能 用 途
17	“圆相切”	选择该类型选项时，使用起始引导曲线和半径值创建圆形剖切曲面，其中指定的起始曲线所在的面将定义起始处的斜率
18	“端点-斜率-三次”	选择该类型选项时，使用起始和终止曲线创建三次曲线剖切曲面，注意指定的两条斜率曲线将分别定义起始处和终止处的斜率
19	“圆角-桥接”	选择该类型选项时，使用起始和终止曲线创建三次曲线剖切曲面，而指定的起始和终止曲线所在的两个面将定义斜率
20	“线性-相切”	选择该类型选项时，使用起始曲线（起始引导线）和相切面创建线性剖切曲面

6.3.6 N 边曲面

使用“N 边曲面”命令可以创建由一组端点相连曲线封闭的曲面，在创建过程中可以进行形状控制等设置。创建 N 边曲面的典型示例如图 6-66 所示。

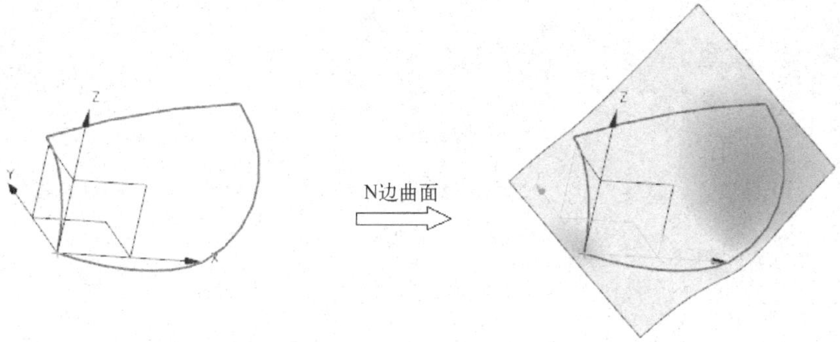

图 6-66　N 边曲面的典型创建示例

在“曲面”工具栏中单击“N 边曲面”按钮，打开如图 6-67 所示的“N 边曲面”对话框。在“N 边曲面”对话框的“类型”下拉列表框中可以选择“已修剪”类型选项或“三

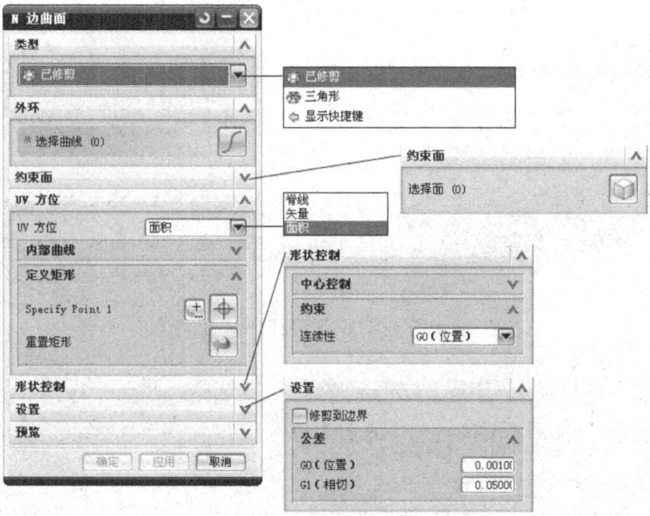

图 6-67　“N 边曲面”对话框

角形”类型选项。当选择“已修剪”类型选项时，选择用来定义外部环的曲线组（串）不必闭合；而当选择“三角形”类型选项时，选择用来定义外部环的曲线组（串）必须封闭，否则系统提示线串不封闭。

需要用户注意的是，在创建“已修剪”类型的N边曲面时，可以进行UV方位设置，还可以在“设置”选项组中选中“修剪到边界”复选框，从而将边界外的曲面修剪掉。而在创建“三角形”类型的N边曲面时，“设置”选项组中的“修剪到边界”复选框换成了“尽可能合并面”复选框。

下面通过简单实例让读者在操作中理解和掌握创建N边曲面的典型方法和步骤，原文件为bc_6_nbqm.prt。

1. 在“曲面”工具栏中单击“N边曲面”按钮，打开“N边曲面”对话框。
2. 在“类型”选项组的下拉列表框中选择“已修剪”类型选项。
3. 选择外环的曲线链。如图6-68所示，分别选择曲线1、曲线2和曲线4。

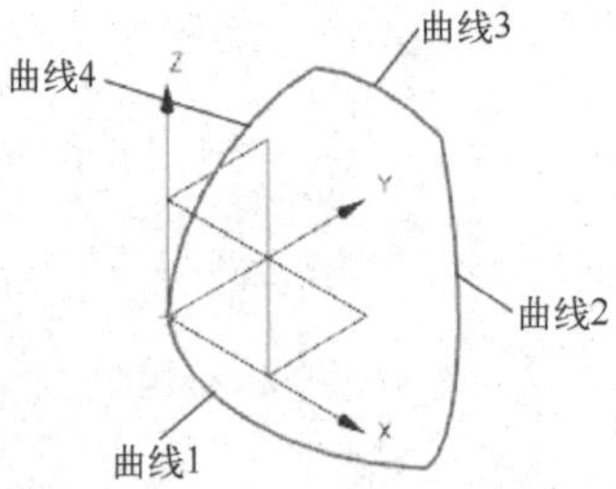

图6-68　曲线示例

4. 分别在“UV方位”选项组和“形状控制”选项组中设置相关的选项及参数，如图6-69所示。

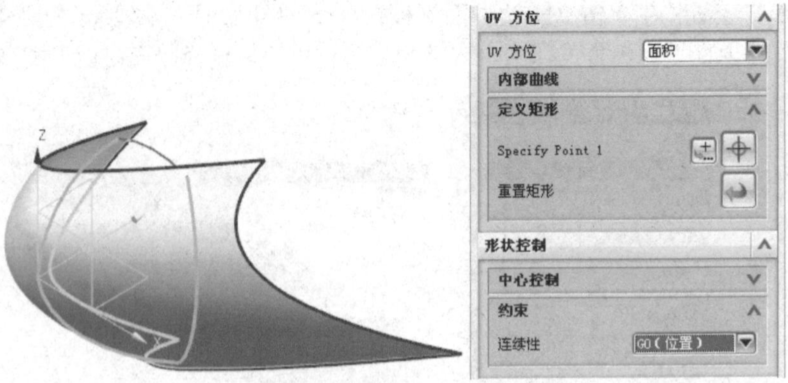

图6-69　设置UV方位和形状控制选项

5. 展开“设置”选项组，勾选“修剪到边界”复选框，此时预览效果如图6-70所示。
6. 在“N边曲面”对话框中单击“确定”按钮。

说明：如果在该操作实例的步骤3中，依次选择曲线1、曲线2、曲线3和曲线4来定义外部环，则最后得到的N边曲面如图6-71所示。读者应该注意对比两者生成的N边曲面效果有什么变化。

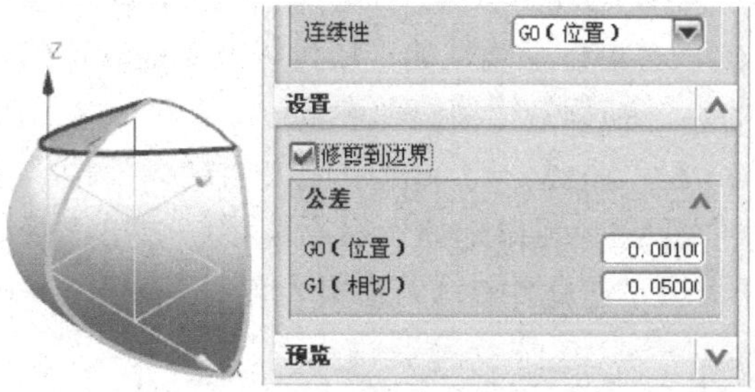

图 6-70 修剪到边界

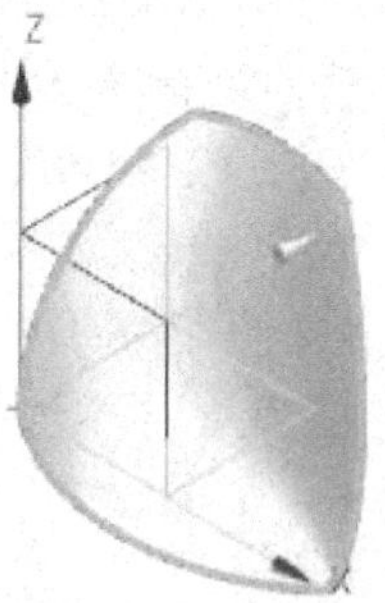

图 6-71 由 4 条边创建的 N 边曲面

另外，假如同样是这 4 条首尾相连的闭合曲线链，在创建 N 边曲面的过程中，选择类型为“三角形”，依次选择曲线 1、曲线 2、曲线 3 和曲线 4 作为外部环，并分别设置形状控制和公差等，如图 6-72 所示，最后单击“确定”按钮或“应用”按钮，便可完成创建由“三角形”构造的 N 边曲面。

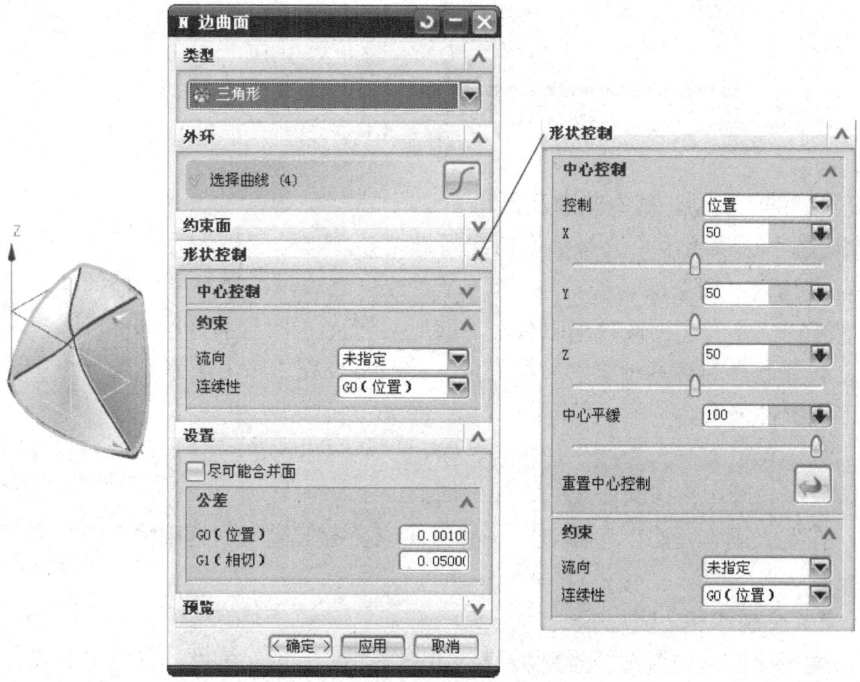

图 6-72 创建“三角形”类型的 N 边曲面

6.4 曲面的其他创建方法

本节要介绍的曲面的其他几种创建方法包括“规律延伸”、“轮廓线弯边”、“偏置曲面”、“可变偏置”、“修剪的片体”和“修剪与延伸”。

6.4.1 规律延伸

规律延伸是指动态地或基于距离和角度规律，从基本片体创建一个规律控制的延伸曲面。距离（长度）和角度规律既可以是恒定的，也可以是线性的，还可以是其他规律的，如三次、沿脊线的线性、沿脊线的三次、根据方程、根据规律曲线和多重过渡。

“规律延伸”命令的应用是比较灵活的。在“曲面”工具栏中单击“规律延伸”按钮，或者在菜单栏中选择“插入”|“弯边曲面”|“规律延伸”命令，系统弹出“规律延伸”对话框，如图 6-73 所示。下面简要地介绍该对话框各选项及参数设置。

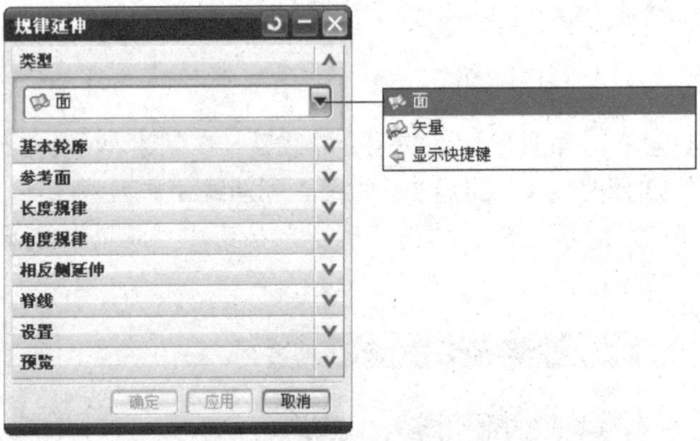

图 6-73 “规律延伸”对话框

1. 规律延伸的类型、基本轮廓及参考

“基本轮廓”选项组用于选择基本曲线轮廓，该基本轮廓作为始边。在“类型”选项组中可以指定类型为“面”或“矢量”。当选择“面”选项时，之后要选择的参考对象为参考面，此时需要在“参考面”选项组中单击“面”按钮，然后选择参考面；当选择“矢量”选项时，之后要选择的参考对象为参考矢量，此时需要在“参考矢量”选项组中使用矢量构造器等来定义参考矢量。

如果需要，可以展开“脊线”选项组，单击“曲线”按钮，然后选择脊线轮廓，并指定其方向。脊线轮廓用来控制曲线的大致走向。

另外，在定义基本轮廓、参考对象（参考面或参考矢量）和脊线轮廓时，用户要特别注意其方向设置。

2. 定义长度规律和角度规律

在“长度规律”选项组选择规律类型，如图 6-74 所示，可供选择的“长度规律”类型选项有“恒定”、“线性”、“三次”、“沿脊线的线性”、“沿脊线的三次”、“根据方程”、“根据规律曲线”和“多重过渡”。根据所选的“长度规律”类型选项，设置相应的参数。

在“角度规律”选项组中选择角度规律选项，如图 6-75 所示，可供选择的角度“规律类型”选项有“恒定”、“线性”、“三次”、“沿脊线的线性”、“沿脊线的三次”、“根据方程”、“根据规律曲线”和“多重过渡”。根据所选的“角度规律”类型选项，设置相应的参数。

3. 设置相反侧延伸

在“相反侧延伸”选项组中，可以从“延伸类型”下拉列表框中选择“无”、“对称”或

“非对称”选项，如图 6-76 所示，以定义相反侧延伸情况。

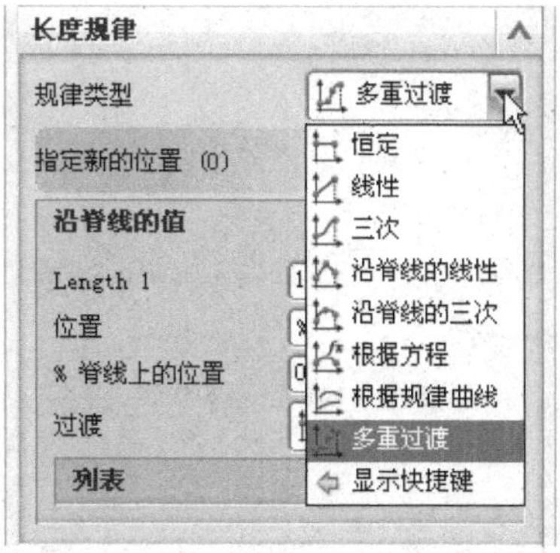

图 6-74 设置长度规律

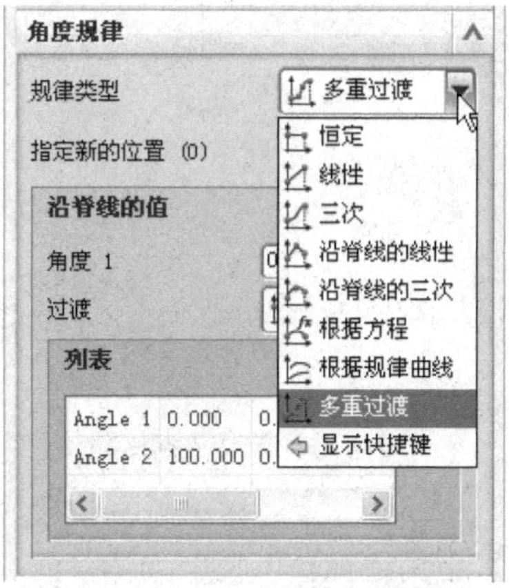

图 6-75 设置角度规律

4. 设置其他

在“设置”选项组和“预览”选项组中还可以设置其他的相关选项，如图 6-77 所示。

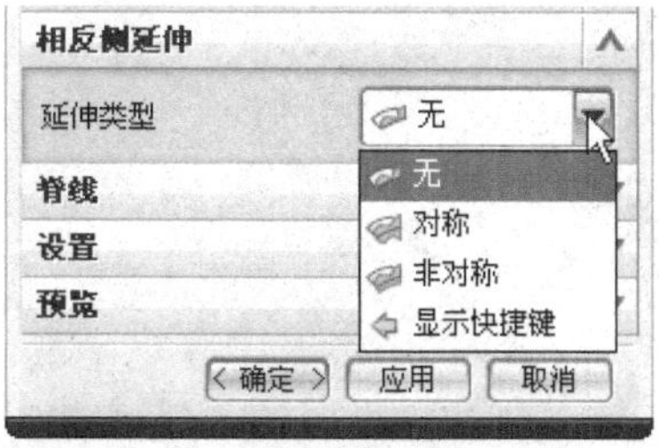

图 6-76 设置相反侧延伸类型

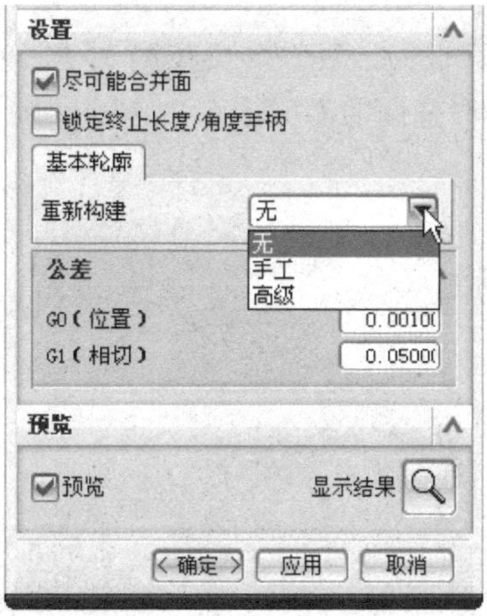

图 6-77 设置其他

下面是应用规律延伸的一个典型操作实例（练习文件为 bc_6_glys.prt）。

1 在“曲面”工具栏中单击“规律延伸”按钮，打开“规律延伸”对话框。

2 在“类型”选项组的下拉列表框中选择“面”选项，接着选择如图 6-78 所示的边线作为基本轮廓，注意其方向。

3 在“参考面”选项组中单击“面”按钮，选择如图 6-79 所示的参考面，注意其相应的方向。

4 在“长度规律”选项组中，从“规律类型”下拉列表框中选择“线性”选项，输入开始值为 20mm，结束值为 30mm，如图 6-80 所示。

5 在“角度规律”选项组中，从“规律类型”下拉列表框中选择“恒定”选项，并设置恒定值为 300，如图 6-81 所示。

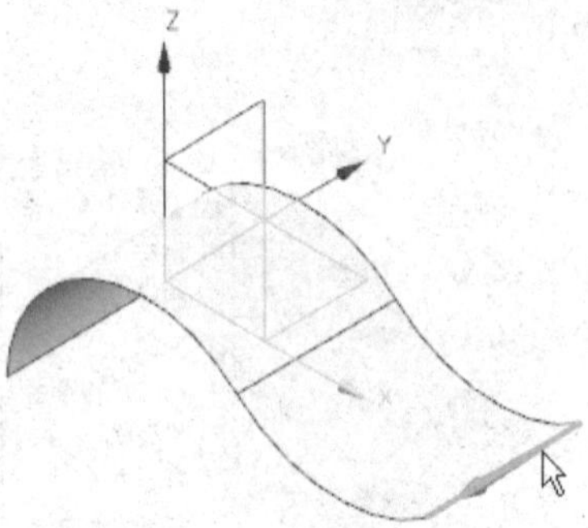

图 6-78　指定基本轮廓

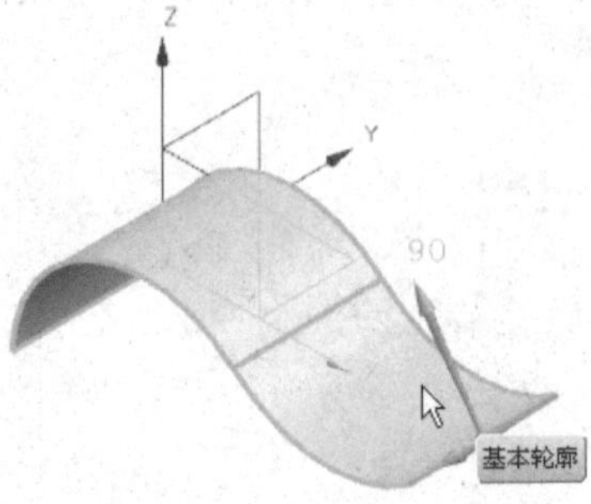

图 6-79　选择参考面

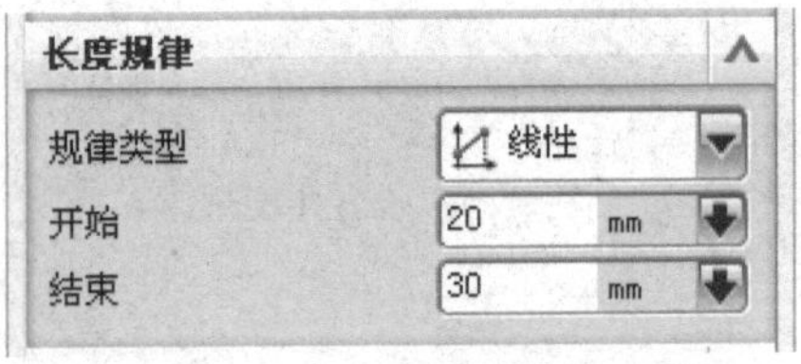

图 6-80　设置长度规律

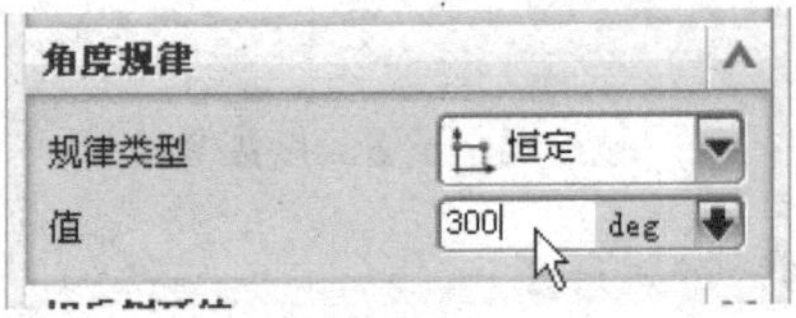

图 6-81　设置角度规律

6 此时，预览效果如图 6-82 所示。在“规律延伸”对话框中单击“确定”按钮，创建的规律延伸曲面如图 6-83 所示。

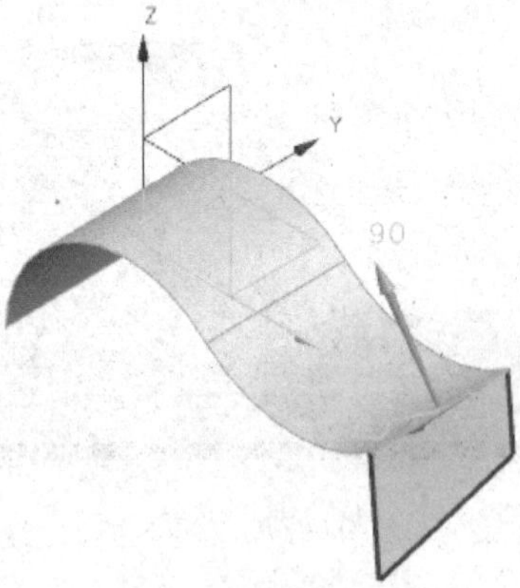

图 6-82　效果预览

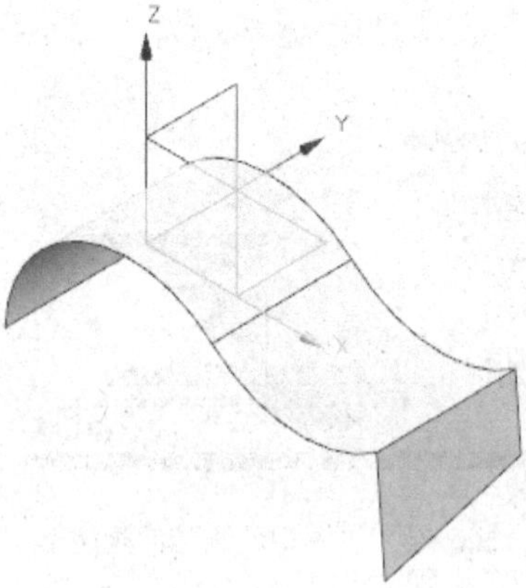

图 6-83　完成规律延伸

6.4.2 轮廓线弯边

使用系统提供的“轮廓线弯边”命令，可以创建具备光顺边细节、最优化外观形状和斜率连续性的 A 类曲面。下面以一个简单范例来介绍“轮廓线弯边”命令的应用。

1 打开“bc_6_lkxwb.prt”部件文件，该文件中存在着一个拉伸曲面。

2 在“曲面”工具栏中单击“轮廓线弯边”按钮，打开“轮廓线弯边”对话框，如图 6-84 所示。

3 在“类型”选项组的“类型”下拉列表框中选择“基本尺寸”选项。

4 选择如图 6-85 所示的边线作为基本曲线。

图 6-84 “轮廓线弯边”对话框

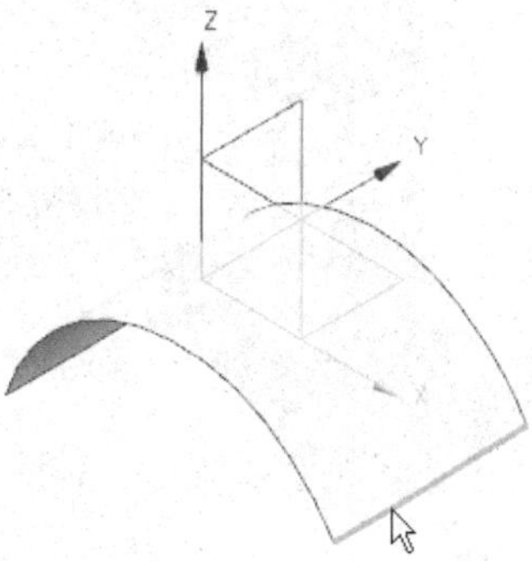

图 6-85 选择基本边线

5 在“基本面”选项组中单击“面”按钮，选择拉伸曲面作为基本面。

6 展开“参考方向”选项组，从“方向”下拉列表框中选择“垂直拔模”选项，接着在“指定矢量”最右侧的下拉列表框中选择“负 Z 轴”图标选项，如图 6-86 所示，注意相关的默认方向。

7 展开“弯边参数”选项组，设置如图 6-87 所示的弯边参数。

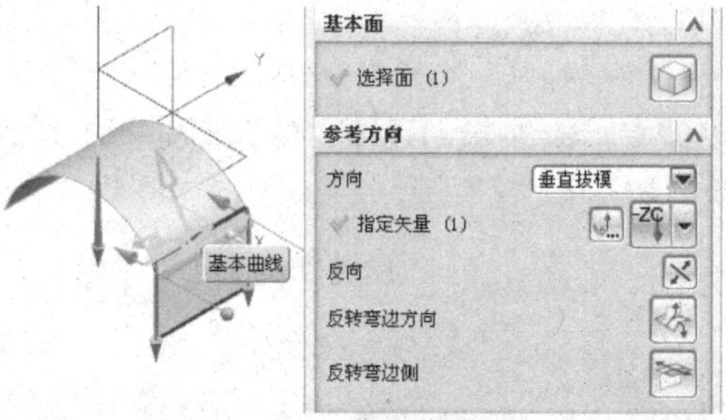

图 6-86 设置参考方向

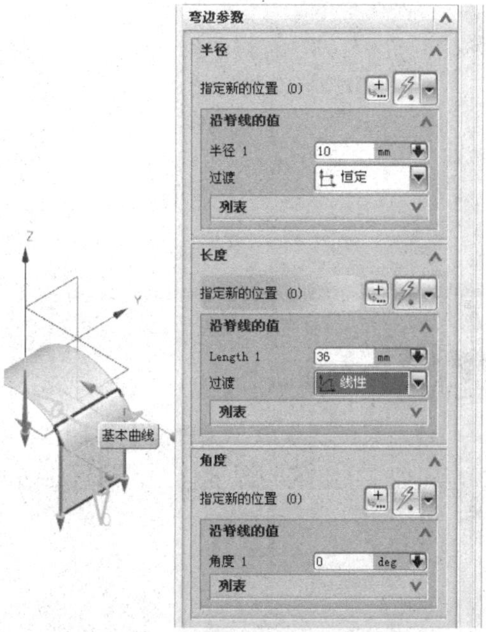

图 6-87 设置弯边参数

8 展开“连续性”选项组，设置如图 6-88 所示的连续性参数。

9 在“输出曲面”选项组和“设置”选项组中设置如图 6-89 所示的参数和选项。

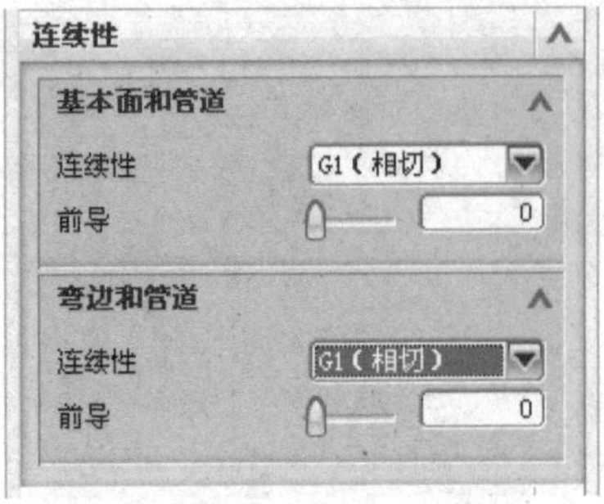

图 6-88　设置连续性参数

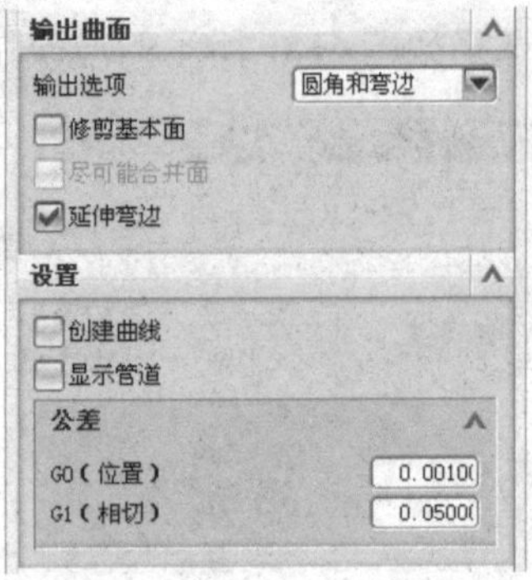

图 6-89　设置输出曲面选项等

⑩ 在“轮廓线弯边”对话框中单击“确定”按钮，完成结果如图 6-90 所示。

说明：在设计中还可以在“输出曲面”选项组的“输出选项”下拉列表框中选择“仅管道”选项或“仅弯边”选项。输出选项不同，则最后得到的效果也不同，图 6-91 给出了另两种输出选项的完成效果。

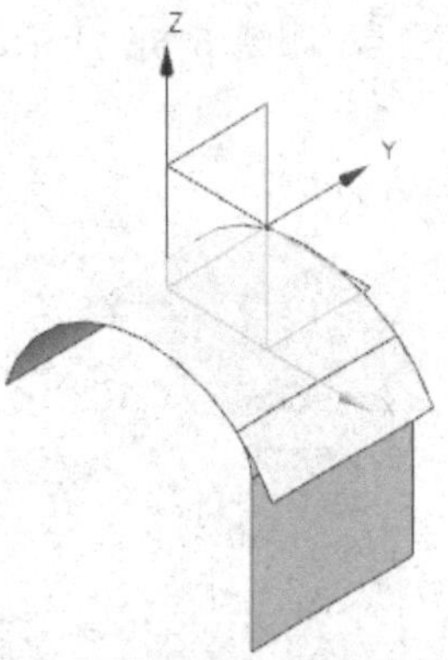

图 6-90　完成轮廓线弯边

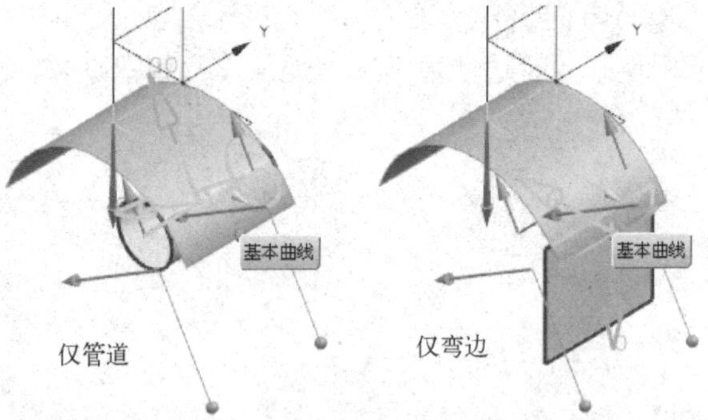

图 6-91　另两种输出选项的效果

6.4.3　偏置曲面

使用系统提供的“偏置曲面”命令，可以通过偏置一组面来创建体。偏置曲面的距离既可以是固定的也可以是变化的，偏置曲面的典型示例如图 6-92 所示。

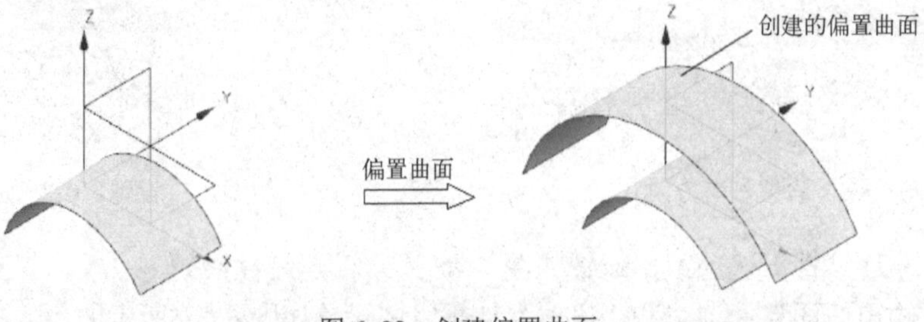

图 6-92　创建偏置曲面

创建偏置曲面的方法和步骤简述如下。

1 在菜单栏中选择“插入”|“偏置/缩放”|“偏置曲面”命令，系统弹出如图 6-93 所示的“偏置曲面”对话框。

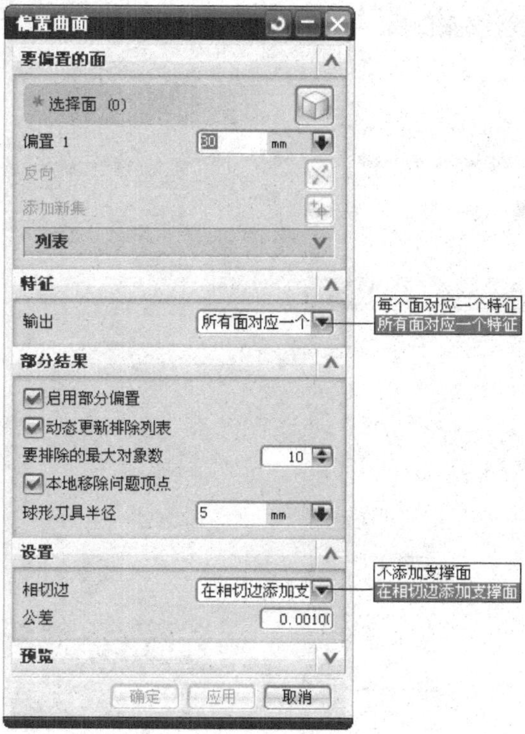

图 6-93 “偏置曲面”对话框

2 为新集选择要偏置的面，并可以设置偏置方向和偏置距离。

3 在“特征”选项组中设置输出选项，在“部分结果”选项组和“设置”选项组中设置其他选项或参数。

4 在“偏置曲面”对话框中单击“确定”按钮。

6.4.4 可变偏置

使用系统提供的“可变偏置”命令，使面偏置一个距离，该距离可能在 4 个点处有所变化。下面通过一个典型范例介绍如何创建可变偏置的曲面。

1 打开“bc_6_kbpz.prt”部件文件，该文件中存在着一个拉伸曲面。

2 单击“开始”按钮 开始，接着选择“外观造型设计”命令。

3 在菜单栏中选择“插入”|“偏置/缩放”|“可变偏置”命令。

4 系统弹出如图 6-94 所示的“可变偏置曲面”对话框，同时系统提示选择单个面。在模型窗口中单击拉伸曲面，如图 6-95 所示。

5 弹出“点”对话框，单击如图 6-96 所示的第 1 点，接着在弹出的“可变偏置曲面”对话框中输入距离为“25.4”，如图 6-97 所示，然后单击“确定”按钮。

图 6-94 “可变偏置曲面”对话框

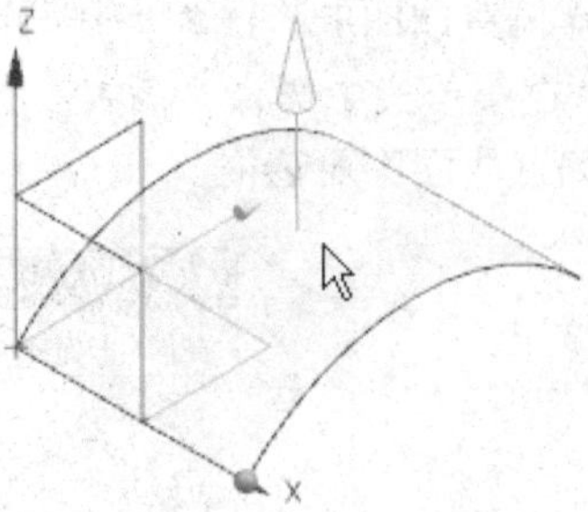

图 6-95 选择单个曲面

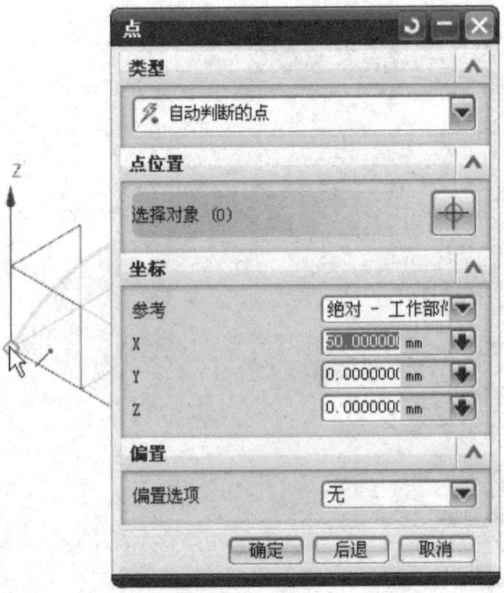

图 6-96 选择第 1 点

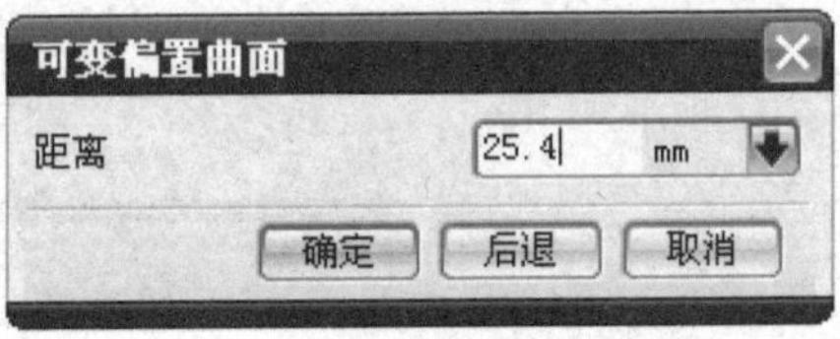

图 6-97 “可变偏置曲面”对话框

6 选择第 2 点，如图 6-98 所示，接着在弹出的“可变偏置曲面”对话框中输入“10”，然后单击“确定”按钮。

7 选择第 3 点，如图 6-99 所示，接着在弹出的“可变偏置曲面”对话框中输入“30”，然后单击“确定”按钮。

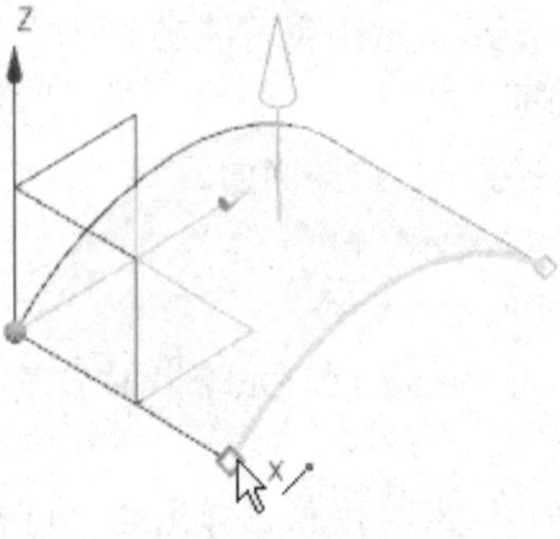

图 6-98 选择第 2 点

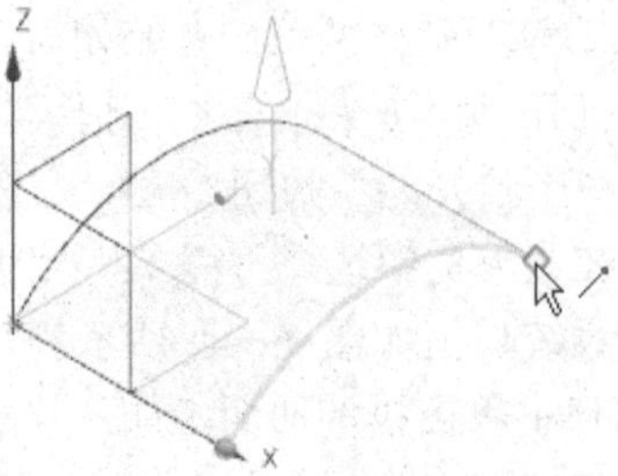

图 6-99 选择第 3 点

8 选择第 4 点，如图 6-100 所示。接着在弹出的“可变偏置曲面”对话框中输入“20”，然后单击“确定”按钮。

9 完成创建的可变偏置曲面如图 6-101 所示。可以继续选择曲面来创建可变偏置曲面。关闭“可变偏置曲面”对话框。

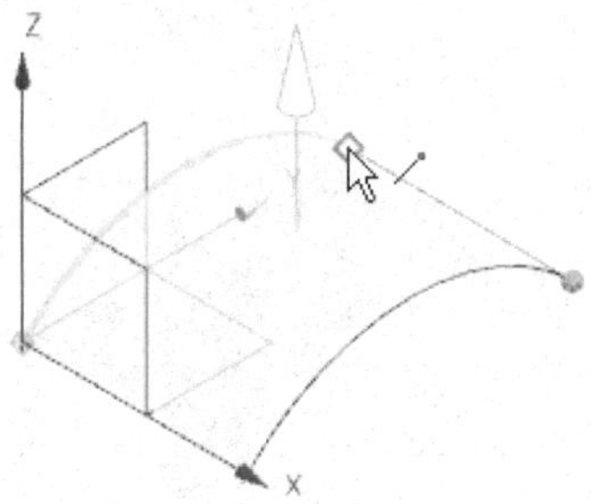

图 6-100　选择第 4 点

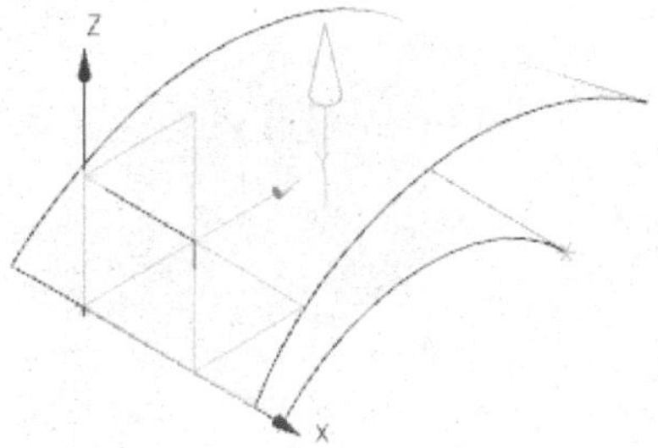

图 6-101　创建可变偏置曲面

6.4.5 偏置面

使用系统提供的“偏置面”命令，可以从它们当前位置偏置一组面。其操作方法很简单，简述如下。

1 在菜单栏中选择“插入”|“偏置/缩放”|“偏置面”命令，系统弹出如图 6-102 所示的“偏置面”对话框。

2 选择要偏置的面。

3 在“偏置”选项组的“偏置”文本框中设置偏置距离，如果要反向偏置，那么单击“反向”按钮。

4 在“偏置面”对话框中单击“确定”按钮或“应用”按钮，完成偏置面操作。

图 6-103 给出了偏置面的典型示意，相当于将所选的曲面偏移了指定的距离。

图 6-102 “偏置面”对话框

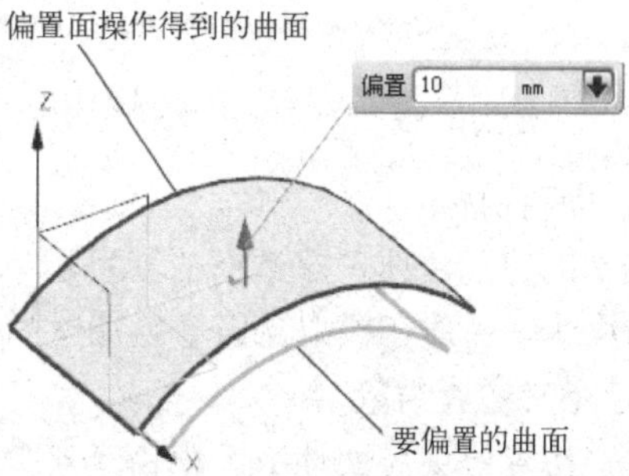

图 6-103　偏置面的典型示例

6.4.6 修剪的片体

使用系统提供的“修剪的片体”命令，可以用曲线、面或基准平面修剪片体的一部分。应用“修剪的片体”功能的典型示例如图 6-104 所示，在该示例中，使用了位于曲面上的一条曲线来修剪曲面片体，该曲线一侧的曲面部分被修剪掉。

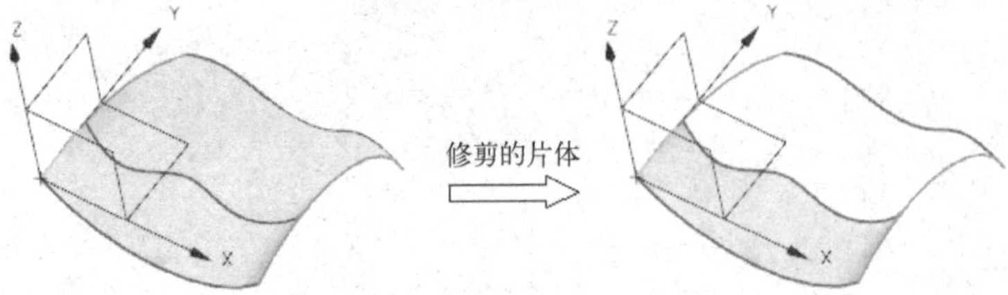

图 6-104 修剪的片体

在菜单栏中选择“插入”|“修剪”|“修剪的片体”命令，系统弹出如图 6-105 所示的“修剪的片体”对话框。使用该对话框，分别定义目标、边界对象、投影方向、区域和其他设置等，从而获得所需的曲面。在“修剪的片体”对话框中进行的主要操作说明如下。

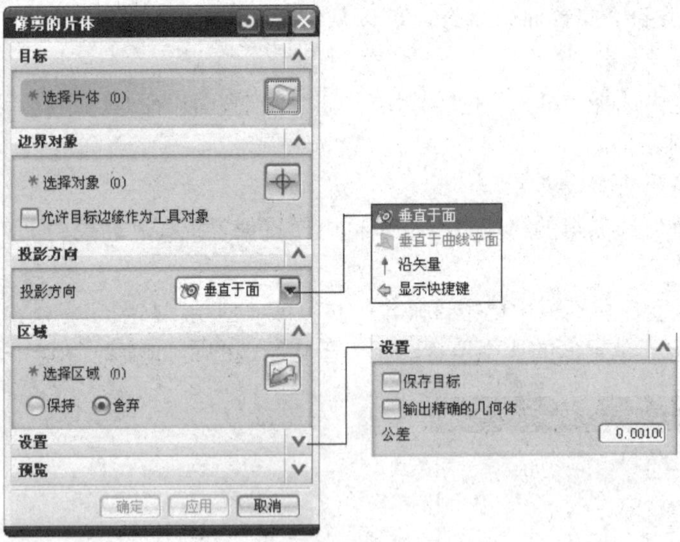

图 6-105 “修剪的片体”对话框

1. 指定目标

在“修剪的片体”对话框的“目标”选项组中单击“片体”按钮时，系统提示选择要修剪的片体。用户在模型窗口（绘图区域）选择目标曲面即可。

2. 定义边界对象

在“边界对象”选项组中单击“对象”按钮，选择边界对象，该边界对象可以是实体面、实体边缘、曲线或基准平面。用户可以根据设计情况设置允许目标边缘作为工具对象。

3. 设定投影方向

在“投影方向”选项组中设定投影方向。常用的投影方向选项有“垂直于面”、“垂直于曲线平面”和“沿矢量”。

- “垂直于面”：指定投影方向垂直于指定的面，即投影方向为面的法向。
- “垂直于曲线平面”：指定投影方向垂直于曲线所在的平面。
- “沿矢量”：指定投影方向沿着指定的矢量方向。选择“沿矢量”选项时，可以使用矢量构造器等来构建合适的矢量。

4．设置保持区域或舍弃区域

在“区域”选项组中，单击“区域”按钮时可查看并指定要定义的区域。值得注意的是，系统会根据之前在选择要修剪的片体时单击片体的位置来指定要定义的区域。在该选项组中，具有两个单选按钮，即“保持”单选按钮和“舍弃”单选按钮。

- “保持”单选按钮：选择该单选按钮，则保持所选定的区域。
- “舍弃”单选按钮：选择该单选按钮，则舍弃（修剪掉）所选定的区域。

如图 6-106 所示，选择同样的曲面区域，而设置不同的区域处理选项，则得到不同的修剪结果。

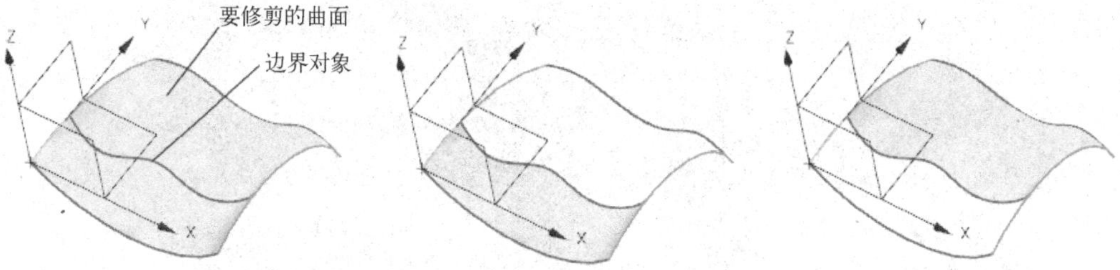

a) b) c)

图 6-106 修剪的片体

a) 指定的区域示意 b) 舍弃所选定的区域 c) 保持所选定的区域

5．其他设置

在“设置”选项组中，可以勾选“保持目标”复选框来使目标曲面保留下来，还可以勾选“输出精确的几何体”复选框以及设置公差。

在“预览”选项组中单击“显示结果”按钮，可以查看将来完成的“修剪的片体”效果。

6.4.7 修剪与延伸

使用系统提供的“修剪与延伸”命令，可以按距离或与另一组面的交点修剪或延伸一组面。使用该功能，可以令曲面延伸后将和原来的曲面形成一个整体，相当于原来曲面的大小发生了变化，而不是另外单独生成一个曲面。当然也可以设置作为新面延伸，而保留原有的面。

在菜单栏中选择“插入”|“修剪”|“修剪与延伸”命令，系统弹出如图 6-107 所示的“修剪和延伸”对话框。在“类型”选项组的“类型”下拉列表框中提供了 4 个类型选项（“显示快捷键”这个选项不算类型选项），即“按距离”、“已测量百分比”、“直至选定对象”和“制作拐角”。下面介绍一下这 4 个类型选项的应用。

- “按距离”：选择该类型选项时，系统将按照指定的距离以设置的延伸方法来延伸边界，如图 6-108 所示。

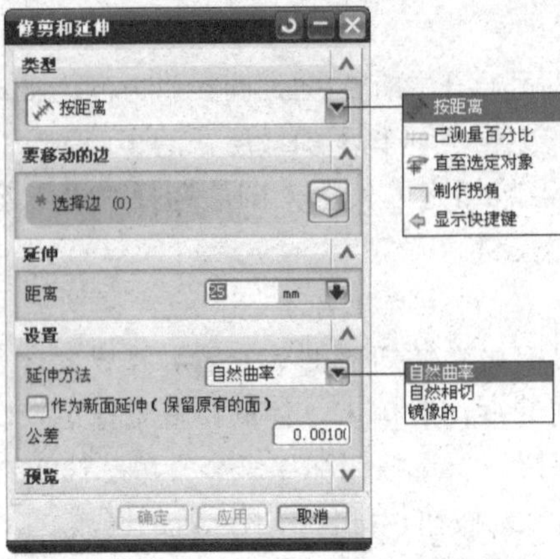

图 6-107 “修剪和延伸”对话框

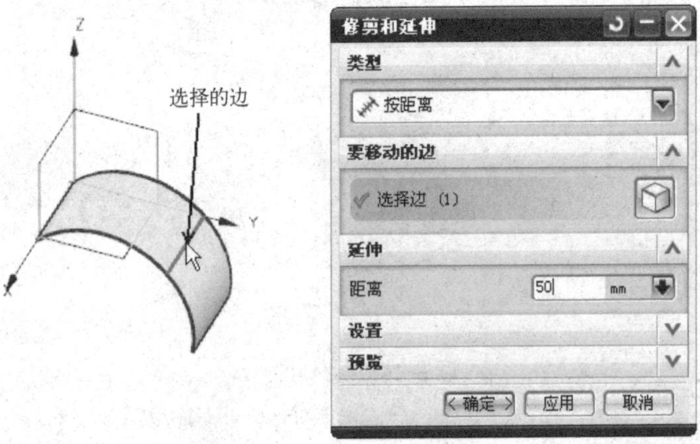

图 6-108 按距离延伸曲面

- “已测量百分比”：选择该类型选项时，系统按照测量边长度的百分比来延伸边界，在指定要移动的边后，在“延伸”选项组中设置已测量边的百分比数值，并单击“延伸”按钮，然后选择要测量的边参照，如图 6-109 所示。

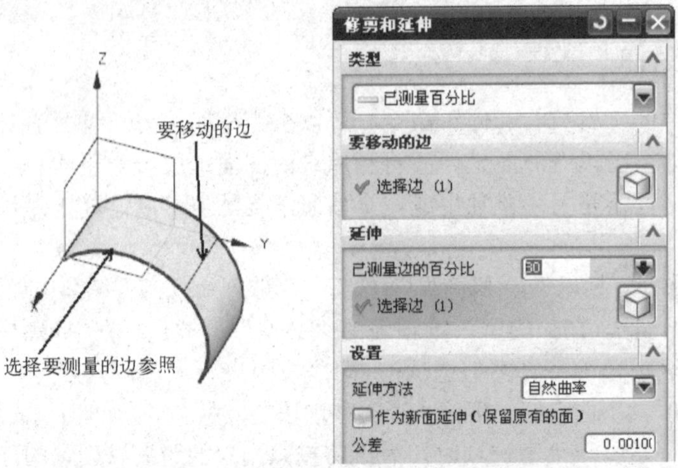

图 6-109 “已测量百分比”类型延伸

● “直至选定对象”：选择该类型选项时，系统将把边界延伸到用户指定的对象处，如图 6-110 所示。通常也将要延伸到的对象称为刀具对象。

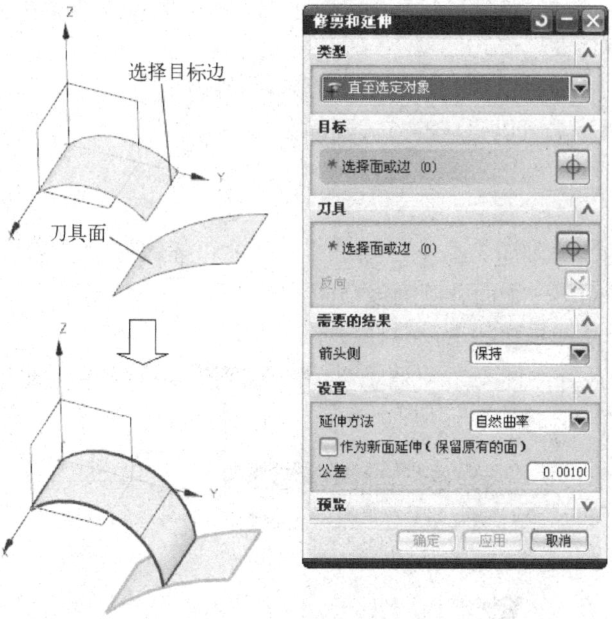

图 6-110　将目标曲面边界延伸到指定的对象处

● “制作拐角”：选择该类型选项，需要指定目标和刀具（注意刀具方向）等，如图 6-111 所示，将目标边延伸到刀具对象处形成拐角，而位于拐角线指定一侧的刀具曲面则被修剪掉。

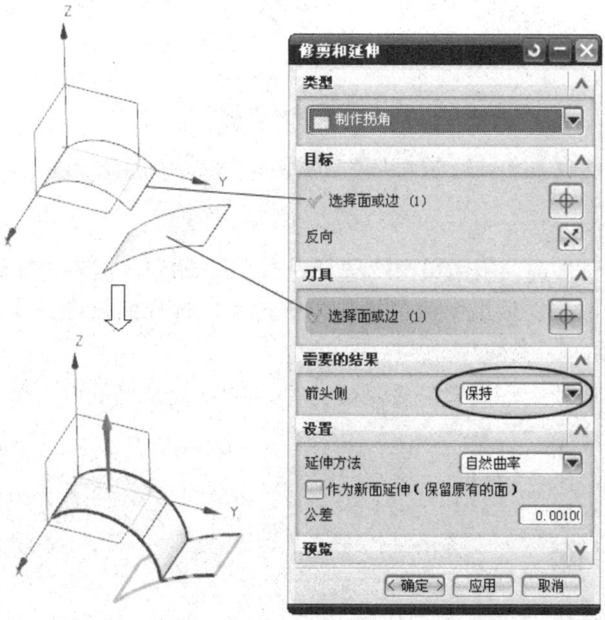

图 6-111　“制作拐角”类型延伸

在“设置”选项组的“延伸方法”下拉列表框中可以选择 3 种延伸方法选项。这 3 种延伸方法选项为“自然曲率”、“自然相切”和“镜像的”。

- “自然曲率”：指定系统以自然曲率的方式延伸曲面，也就是创建的那部分曲面和原曲面之间以自然曲率方式过渡。
- “自然相切”：指定系统以自然相切的方式延伸曲面。
- “镜像的”：指定系统以镜像的方式延伸曲面。

6.4.8 分割面

使用系统提供的“分割面”命令（位于菜单栏的“插入”|“修剪”级联菜单中），可以用曲线、面或基准平面将一个面分割为多个面。

分割面的操作方法和步骤如下。

1. 在菜单栏中选择“插入”|“修剪”|“分割面”命令，系统弹出如图 6-112 所示的“分割面”对话框。

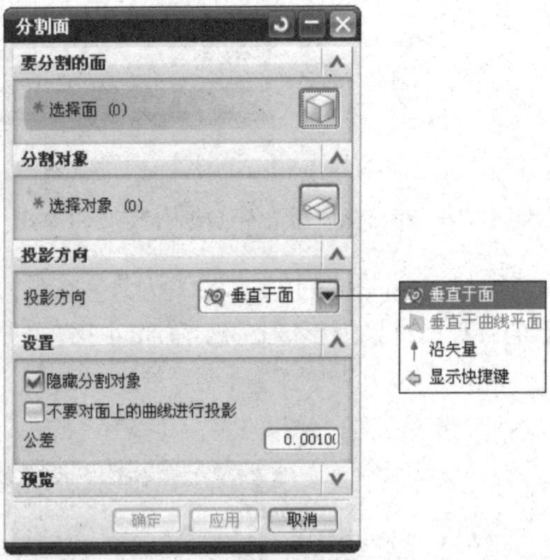

图 6-112 “分割面”对话框

2. 选择要分割的面。
3. 在“分割对象”选项组中单击“选择对象”按钮，接着选择边界对象。
4. 在“投影方向”选项组中设置投影方向，可供选择的投影方向选项有“垂直于面”、“垂直于曲线平面”和“沿矢量”。
5. 在“设置”选项组中设置是否隐藏分割对象以及设置是否不要对面上的曲线进行投影，还有就是设置公差值。
6. 预览满意后，在“分割面”对话框中单击“确定”按钮。

6.5 编辑曲面

创建好曲面之后，一般还需要对曲面进行相应的修改编辑，从而获得满足设计要求的曲面造型效果。

NX 7.5 提供的“编辑曲面”工具栏如图 6-113 所示，该工具栏集中了用于编辑曲面的实用工具按钮。本节介绍其中一些较为常用的曲面编辑工具命令，包括移动定义点、移动极点、匹配边、使曲面变形、变换曲面、扩大、等参数修剪/分割、边界、修整面、更改阶次、更改刚度、法向反向、光顺极点等。

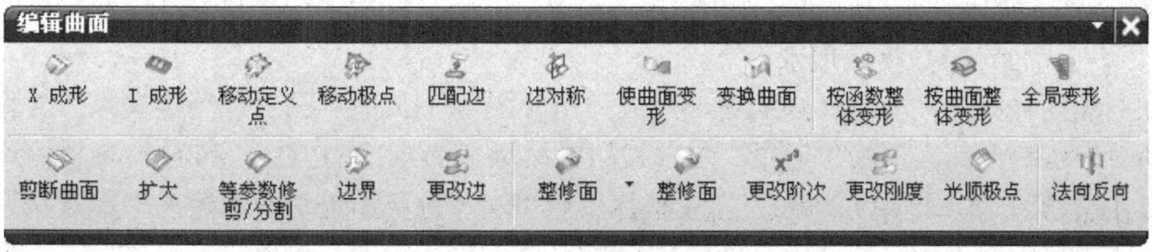

图 6-113 “编辑曲面”工具栏

6.5.1 移动定义点

可以通过移动定义曲面的点修改曲面。要进行移动曲面定义点的操作，则在“编辑曲面”工具栏中单击“移动定义点”按钮，系统弹出如图 6-114 所示的“移动定义点”对话框。此时，系统提示选择要编辑的曲面。该对话框提供了以下两个单选按钮。

- “编辑原片体”单选按钮：选择该单选按钮时，所有的编辑直接在选择的曲面上进行，而不备份副本。
- “编辑副本”单选按钮：选择该单选按钮时，系统首先备份用户选择的曲面以作副本，然后所有后续编辑都在该曲面副本上进行。

确认选择一个有效的要编辑的曲面后，此时，系统弹出一个新的“移动点”对话框，同时在要编辑的曲面上显示了定义点，曲面的 U 方向和 V 方向也以箭头形式显示出来，如图 6-115 所示。

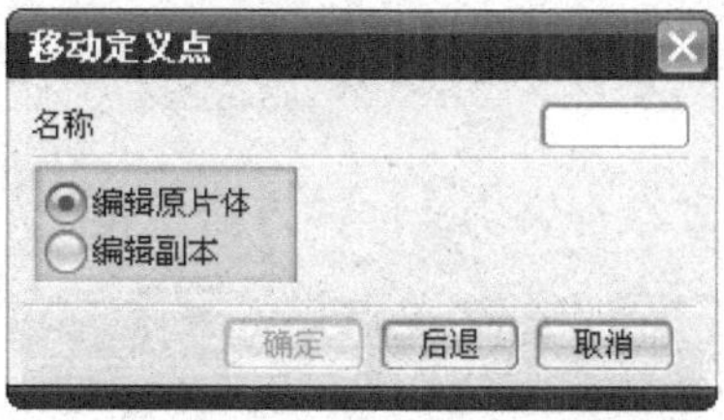

图 6-114 “移动定义点”对话框

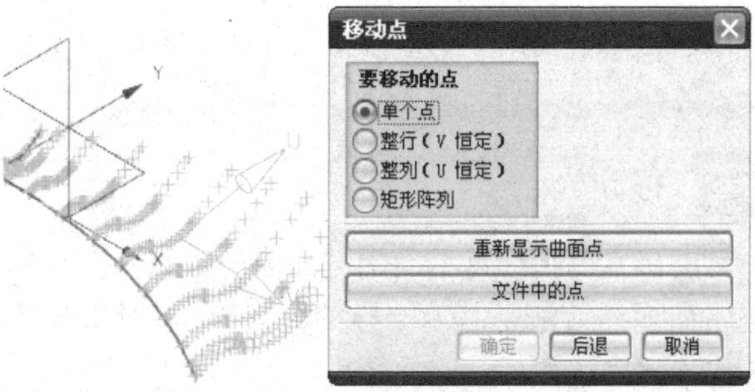

图 6-115 “移动点”对话框和曲面定义点显示

下面介绍该“移动点”对话框中各按钮选项的功能含义。

- “单个点”单选按钮：选择该单选按钮，则指定移动点的方式为单个移动点，也就是说需要用户一个一个地移动点来编辑曲面。
- “整行（V 恒定）”单选按钮：选择该单选按钮，则指定移动点的方式为在 V 方向整行移动点。

- “整列（U 恒定）”单选按钮：选择该单选按钮，则指定移动点的方式为在 U 方向整列移动点。
- “矩形阵列”单选按钮：选择该单选按钮，则可指定一个矩形，移动矩形内的一片点来编辑曲面。
- “重新显示曲面点”按钮：此按钮用于重新显示定义曲面的点。
- “文件中的点”按钮：单击此按钮，弹出如图 6-116 所示的“点文件”对话框，通过该对话框选择数据文件来打开。

在绘图区域指定曲面定义点之后，系统弹出如图 6-117 所示的“移动定义点”对话框。以移动单个点为例，当选择“增量”单选按钮时，激活 DXC、DYC 和 DZC 文本框，用户可以直接在这 3 个文本框中分别输入相应坐标值增量；当选择“沿法向的距离”单选按钮时，则激活“距离”文本框，而 DXC、DYC 和 DZC 文本框不可用，可以在“距离”文本框中输入距离值来将点在法线方向上移动。

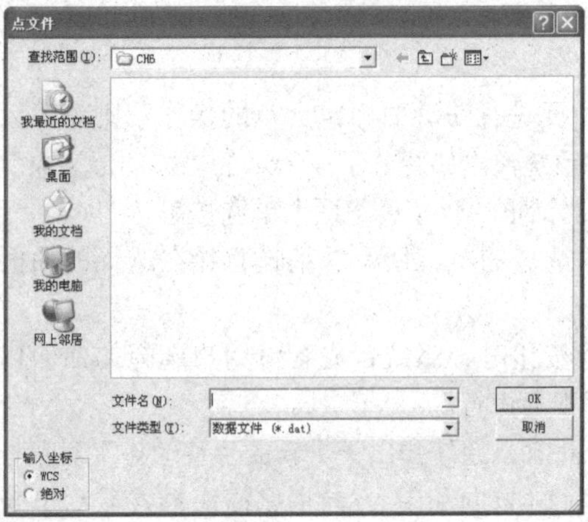

图 6-116 “点文件”对话框

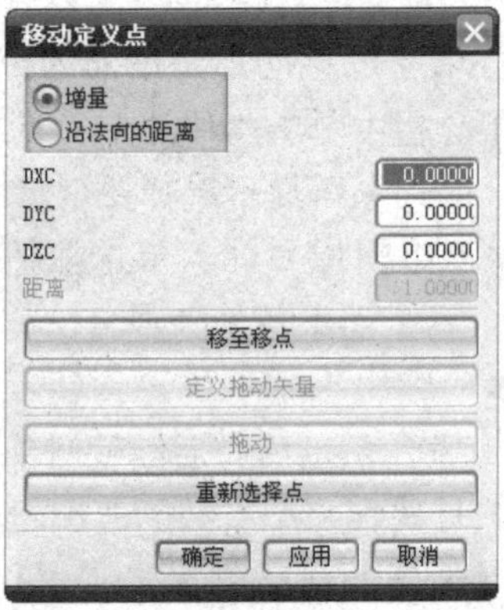

图 6-117 “移动定义点”对话框

用户也可以使用“移至移点”、“定义拖动矢量”、“拖动”和“重新选择点”按钮来移动定义点等。

6.5.2 移动极点

移动极点是指通过移动定义曲面的极点修改曲面。移动极点编辑曲面的方法和移动定义点编辑曲面的方法是基本一样的。“移动极点”命令的操作步骤简述如下。

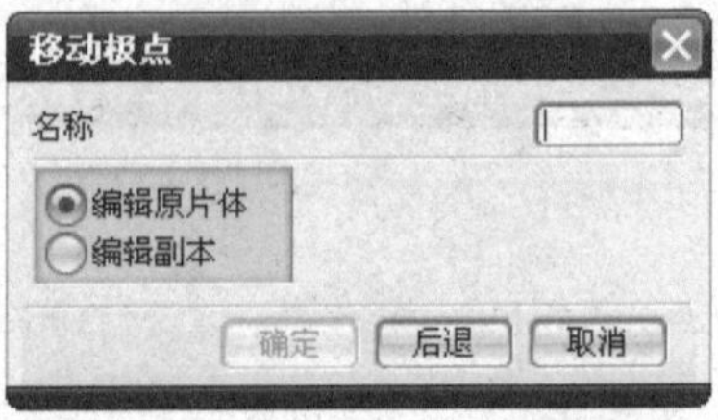

图 6-118 “移动极点”对话框（1）

1. 在“编辑曲面”工具栏中单击“移动极点”按钮，系统弹出如图 6-118 所示的“移动极点”对话框。在“名称”选项组选择“编辑原片体”单选按钮或“编辑副本”单选按钮。

2. 选择一个有效的要编辑的曲面后，“移动极点”对话框中的内容变为如图 6-119 所示，此时在要编辑的曲面中还显示了用于编辑的极点。

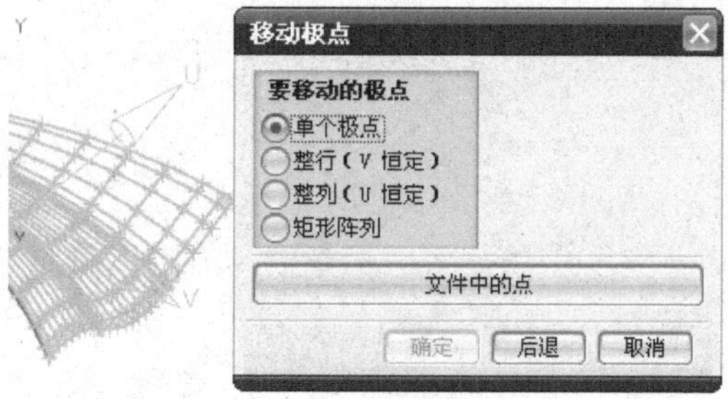

图 6-119 “移动极点”对话框（2）及显示极点

3 结合“移动极点”对话框以及鼠标操作来移动相应的极点。

6.5.3 匹配边

使用“匹配边”功能可以修改曲面以使其与参考对象的共有边界几何连续。使用“匹配边”功能的操作步骤和方法简述如下（可以结合配套的练习文件“bc_6_ppb.prt”来进行匹配边学习）。

1 在“编辑曲面”工具栏中单击“匹配边”按钮，系统弹出如图 6-120 所示的“匹配边”对话框。

2 初始默认时，“要编辑的边”选项组中的（选择边）按钮处于被选中的状态，系统提示选择要编辑的靠近边的曲面。在该提示下在靠近要编辑的边的位置处单击曲面。用户亦可以在“要编辑的边”选项组中勾选“使用面查找器”复选框，如图 6-121 所示，接着设置其相关的选项和进行相应的操作来定义要编辑的边。

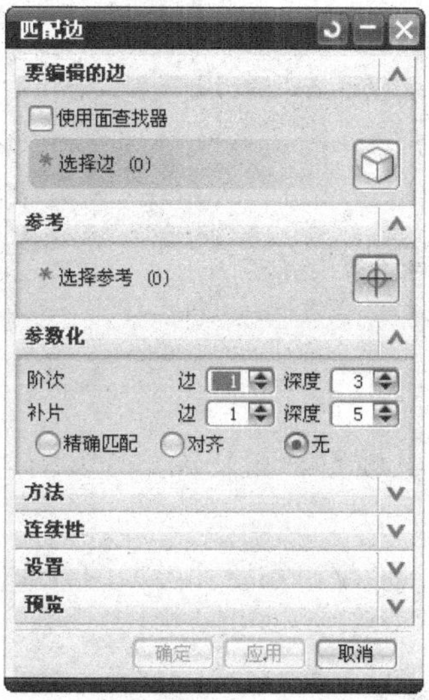

图 6-120 “匹配边”对话框

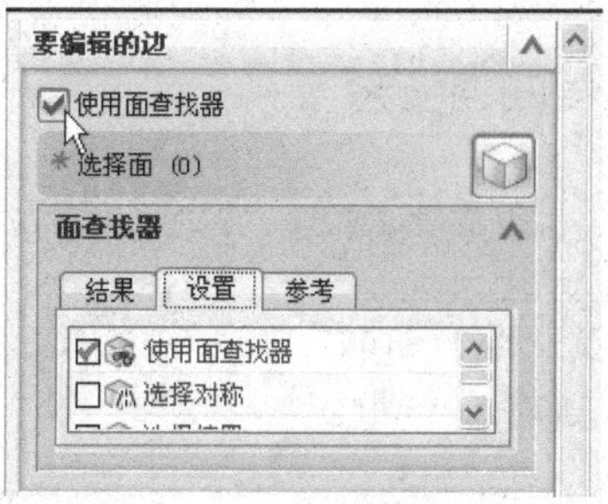

图 6-121 使用面查找器

3 选择参考对象，如图 6-122 所示。
4 分别设置参数化、方法、连续性等选项参数，如图 6-123 所示，注意预览效果。
5 在“匹配边”对话框中单击“确定”按钮，完成“匹配边”操作。

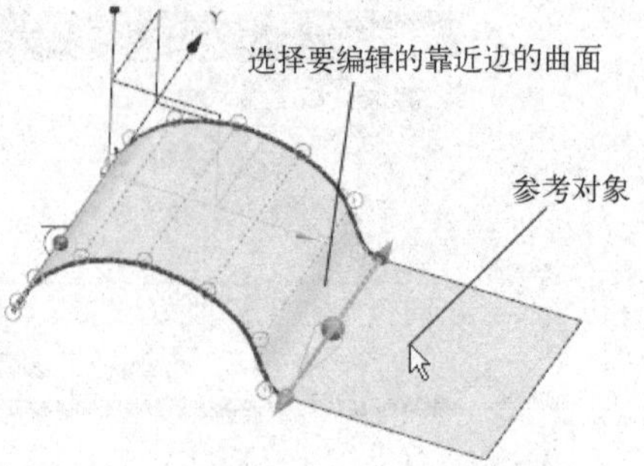

图 6-122　选择参考对象

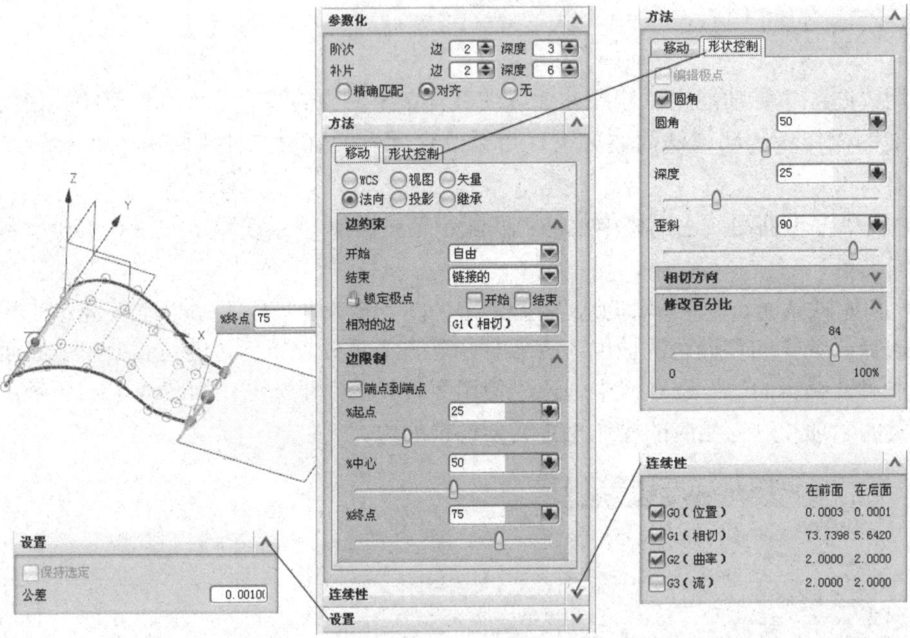

图 6-123　设置参数化、方法、连续性等内容

6.5.4 使曲面变形

使用“使曲面变形”命令，可以通过拉长、折弯、倾斜、扭转和移位操作动态地修改曲面。

❶ 在“编辑曲面”工具栏中单击“使曲面变形”按钮，系统弹出如图 6-124 所示的“使曲面变形”对话框。

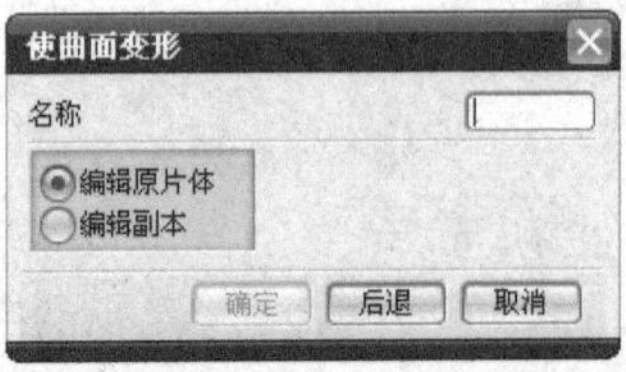

图 6-124 “使曲面变形”对话框

❷ 选择“编辑原片体”单选按钮或选择“编辑副本”单选按钮，接着在绘图窗口中选择要编辑的曲面。

❸ 系统弹出如图 6-125 所示的“使曲面变形”对话框。在“中心点控制”选项组中选择所需的单项按钮，使用更改曲面片体形状。如果要切换 H 和 V，则单击“切换 H 和 V”按钮。如果对更改不满意，单击“重置”按钮，回到更改前的曲面形状。

❹ 在“使曲面变形”对话框中单击“确定”按钮。

使曲面变形的操作图解示例如图 6-126 所示，其中，在步骤 3 中分别为“水平”、“垂直”、“V 高”等中心点控制方式设置相关的拉长、折弯、倾斜、扭转和移位参数。

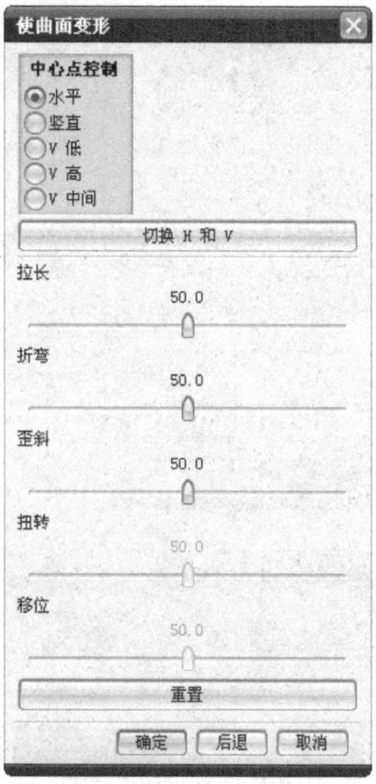

图 6-125 “使曲面变形”对话框

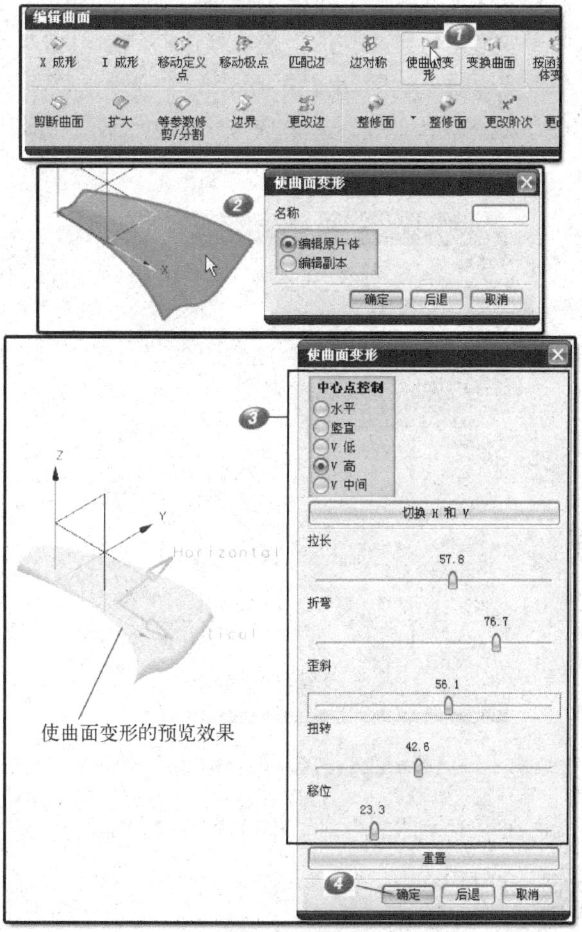

图 6-126 使曲面变形的操作图解示例

6.5.5 变换曲面

“变换曲面”是指动态缩放、旋转或平移曲面，变换曲面的操作步骤和方法如下。

❶ 在“编辑曲面”工具栏中单击“变换曲面”按钮，系统弹出如图 6-127 所示的“变换曲面”对话框。

❷ 选择“编辑原片体”单选按钮或“编辑副本”单选按钮。

图 6-127 “变换曲面”对话框（1）

3 选择要编辑的面。

4 系统弹出如图 6-128 所示的“点”对话框，并提示定义变换中心点。利用“点”对话框定义变换中心点，完成定义变换中心点后单击“点”对话框中的“确定”按钮。

5 系统弹出如图 6-129 所示的“变换曲面”对话框。在“选择控制”选项组中选择“比例”单选按钮、“旋转”单选按钮或“平移”单选按钮，接着分别拖动滑块更改相应的参数值。

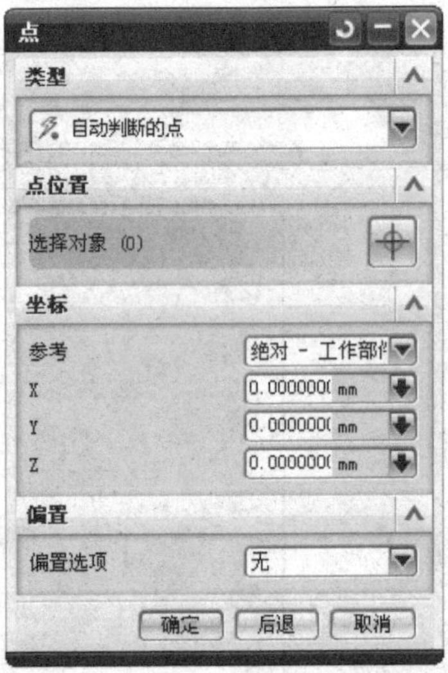

图 6-128 “点”对话框

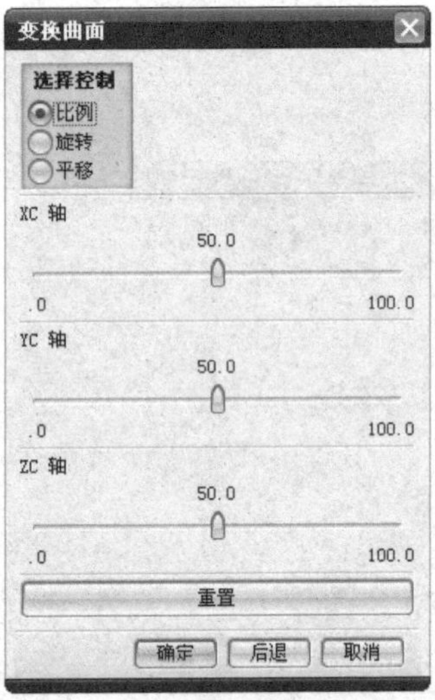

图 6-129 “变换曲面”对话框（2）

6 在“变换曲面”对话框中单击“确定”按钮。

6.5.6 扩大

执行“编辑曲面”工具栏中的“扩大”按钮，可以更改未修剪的片体或面的大小，即可以通过线性或自然的模式更改曲面的大小，得到的曲面可以比原曲面大，也可以比原曲面小。其操作方法和步骤简述如下。

1 在“编辑曲面”工具栏中单击“扩大”按钮，系统弹出如图 6-130 所示的“扩大”对话框。

2 选择要扩大的曲面，则被选择的曲面以如图 6-131 所示的形式显示，曲面上显示用于指示扩大方向的 4 个控制柄。

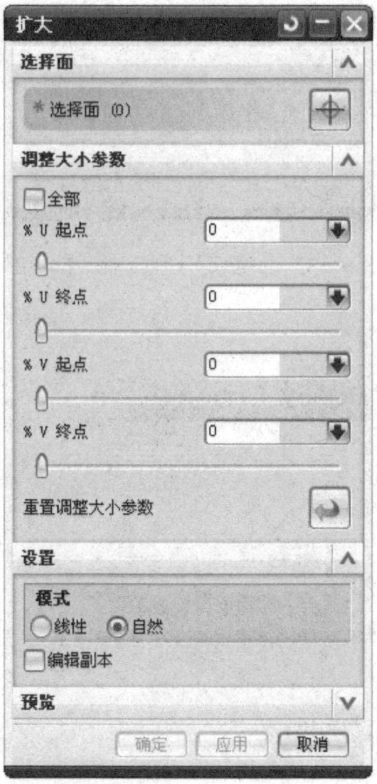

图 6-130 “扩大”对话框

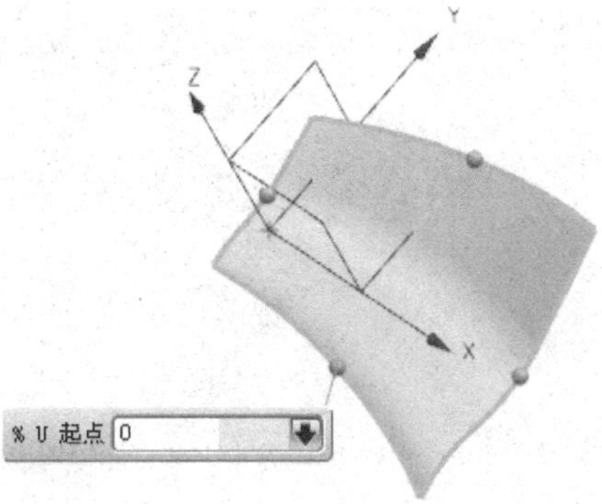

图 6-131 选择要扩大的曲面

❸在“设置”选项组中，提供了用于扩大曲面操作的两种模式选项，即“线性”和“自然”。选择“线性”单选按钮时，则按照线性规律扩大曲面；当选择“自然”单选按钮时，则按照原来曲面的特征自然扩大来编辑曲面。

在“调整大小参数”选项组中，可以设置 U 起点、U 终点、V 起点和 V 终点的扩大百分比。可以单击按钮来重新调整大小参数。

❹ 设置好扩大模式和大小参数后，单击“确定”按钮或“应用”按钮。

6.5.7 等参数修剪/分割

“等参数修剪/分割”命令的主要功能是指按 U 或 V 等参数方向的百分比参数修剪或分割曲面。

在“编辑曲面”工具栏中单击“等参数修剪/分割”按钮（等参数修剪/分割）按钮，系统弹出如图 6-132 所示的“修剪/分割”对话框，此时由用户从该对话框中选择等参数选项，等参数选项有“等参数修剪”和“等参数分割”两种。

1. 等参数修剪

在“修剪/分割”对话框中单击“等参数修剪”按钮，则对话框中的选项变成如图 6-133 所示，同时系统提示选择要编辑的曲面。在该对话框中选择“编辑原片体”单选按钮或“编辑副本”单选按钮，接着在绘图区域（绘图窗口）中选择一个要编辑的面。

系统弹出“等参数修剪”对话框，从中分别设置 U、V 等参数方向的百分比参数，如图 6-134 所示，然后单击“确定”按钮。注意必要时可以使用对角点。

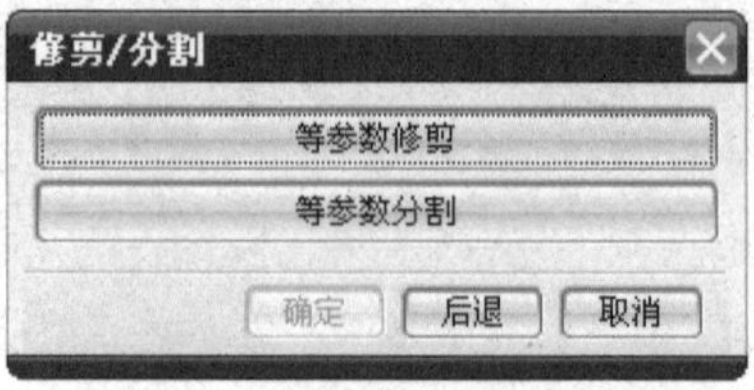

图 6-132 “修剪/分割”对话框（1）

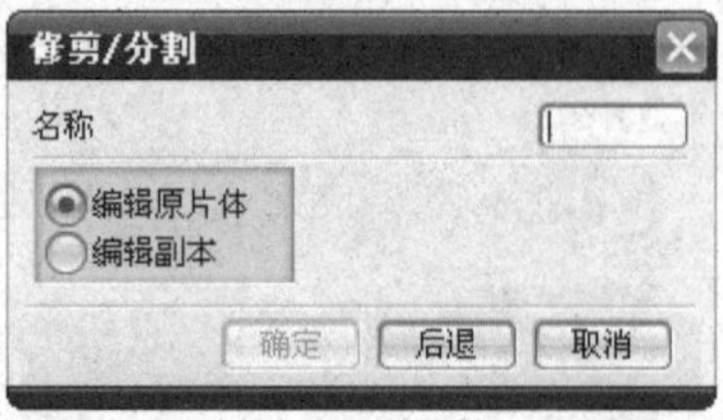

图 6-133 “修剪/分割”对话框（2）

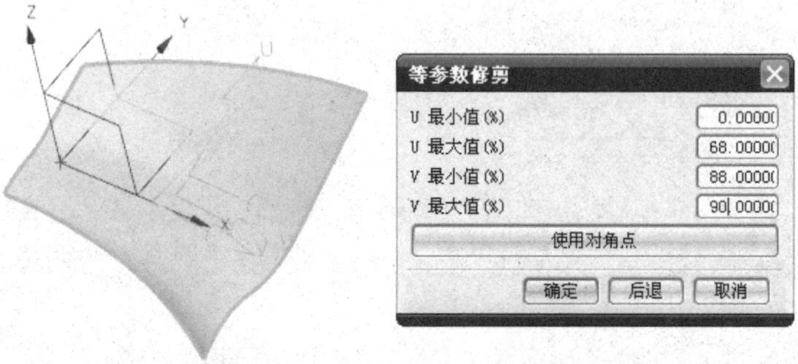

图 6-134 设置等参数修剪的百分比参数

2. 等参数分割

在用于选择等参数选项的“修剪/分割”对话框中单击“等参数分割”按钮，系统弹出新“修剪/分割”对话框，从中选择“编辑原片体”单选按钮或“编辑副本”单选按钮，接着选择一个要编辑的曲面。系统弹出“等参数分割”对话框。首先在“等参数分割”对话框中选择“U 恒定”单选按钮或“V 恒定”单选按钮，接着在“百分比分割值”文本框中输入指定方向的分割百分比，如图 6-135 所示，或者单击“点构造器”按钮，打开“点”对话框，选择一个点作为曲面的分割点。

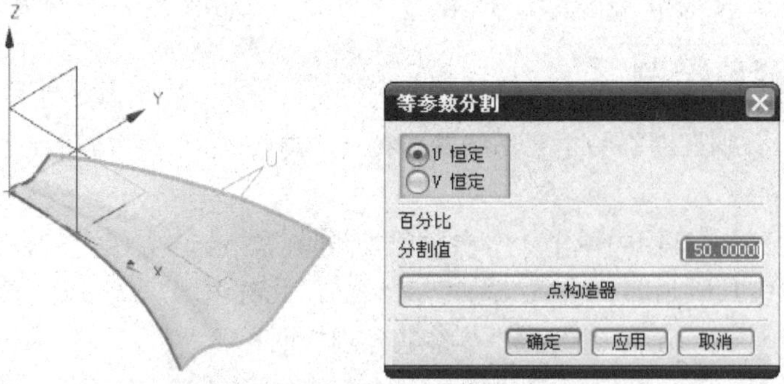

图 6-135 设置等参数分割选项及参数

设置好分割百分比或曲面分割点后，单击“等参数分割”对话框中的“确定”按钮，从而曲面按照用户指定的分割百分比或分割点来分割。

图 6-136 所示为进行“等参数修剪/分割”命令中的等参数分割操作后，将一个扫掠曲面按照等参数方式分割成两部分。

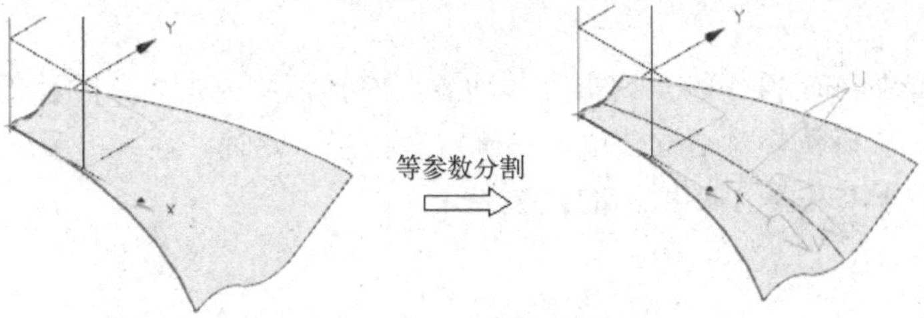

图 6-136 等参数分割

6.5.8 边界

系统提供的“边界”功能主要用于修改或替换曲面边界，具体包括移除孔、移除修剪和替换边。

在“编辑曲面”工具栏中单击“边界”按钮，系统弹出如图 6-137 所示的“编辑片体边界”对话框，系统提示选择要编辑的片体。用户可以在该对话框中选择“编辑原片体”单选按钮或“编辑副本”单选按钮，接着选择要编辑修改的片体，此时系统弹出用于选择编辑操作的“编辑片体边界”对话框，如图 6-138 所示，对话框中提供了 3 种编辑操作方式，即“移除孔”、“移除修剪”和“替换边”。

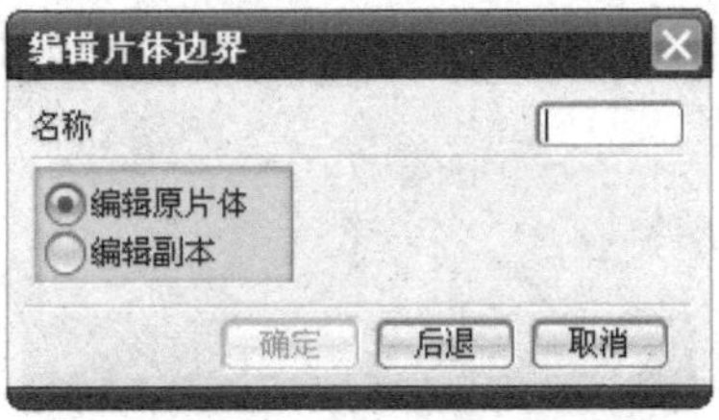

图 6-137 “编辑片体边界”对话框（1）

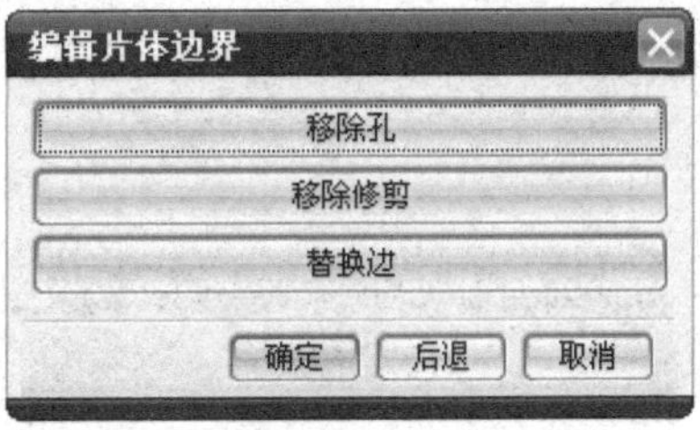

图 6-138 “编辑片体边界”对话框（2）

下面分别以如图 6-139 所示的曲面模型为例（原文件为 bc_6_bj.prt），介绍移除孔、移除修剪和替换边这 3 种编辑操作。在选择这些编辑操作之前，假设已经单击了“边界”按钮，并选择了要修改的片体。

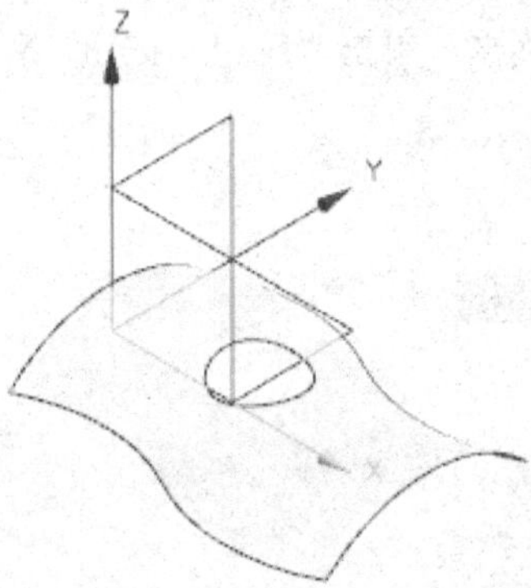

图 6-139 要编辑的曲面模型

1．移除孔

如果在用于选择编辑操作的“编辑片体边界”对话框中单击“移除孔”按钮，系统弹出如图 6-140 所示的“确认”对话框，单击“确定”按钮。此时，系统提示选择要移除的孔。

在绘图区域选择如图 6-141 所示的孔边界。

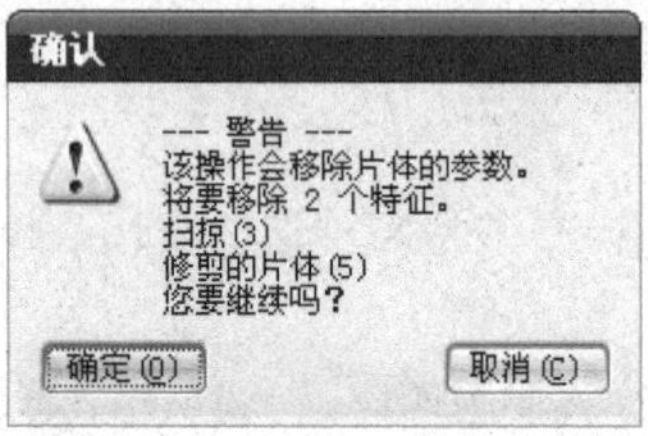

图 6-140 “确认”对话框

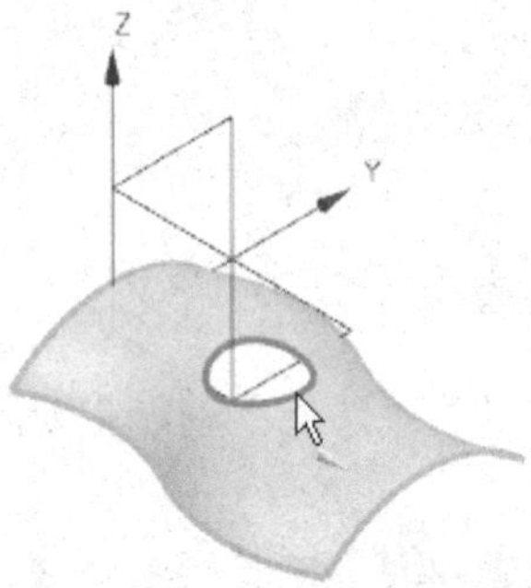

图 6-141 选择要移除的孔

在如图 6-142 所示的“选择要移除的孔”对话框中单击“确定”按钮，获得的曲面效果如图 6-143 所示。

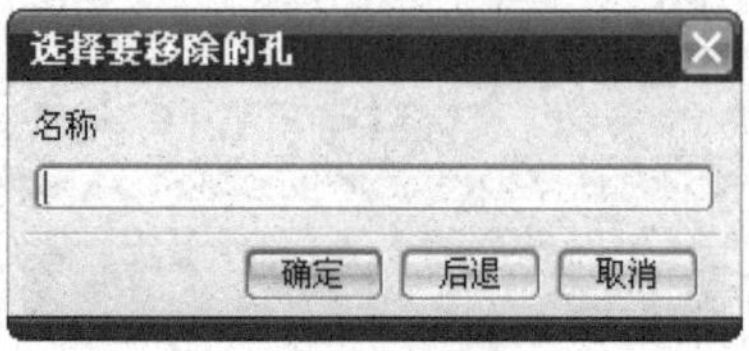

图 6-142 “选择要移除的孔”对话框

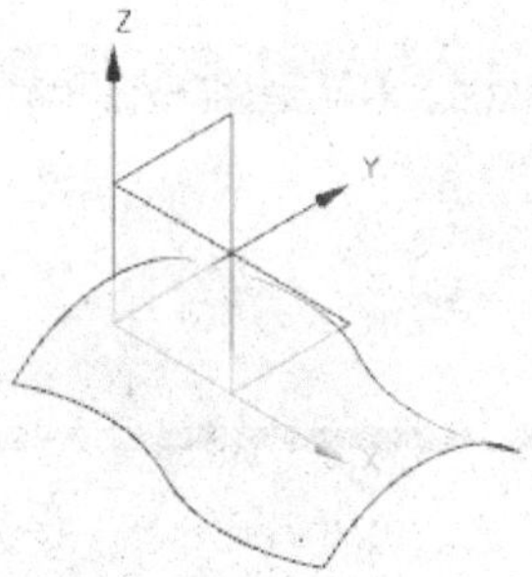

图 6-143 移除孔后的扫掠曲面

2．移除修剪

如果在用于选择编辑操作的“编辑片体边界”对话框中单击“移除修剪”按钮，系统弹出如图 6-144 所示的“确认”对话框，单击“确定”按钮，获得的曲面效果如图 6-145 所示。

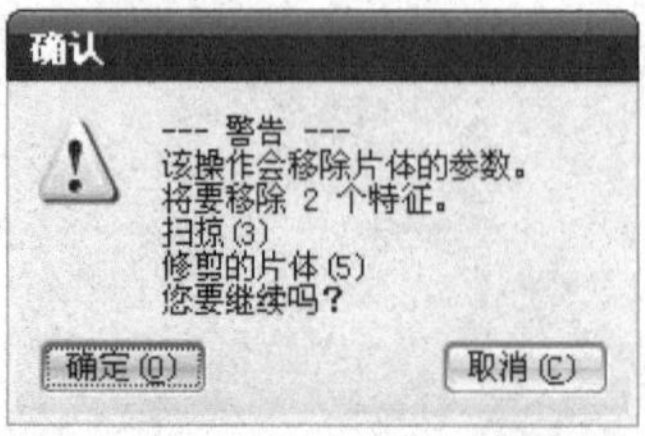

图 6-144 “确认”对话框

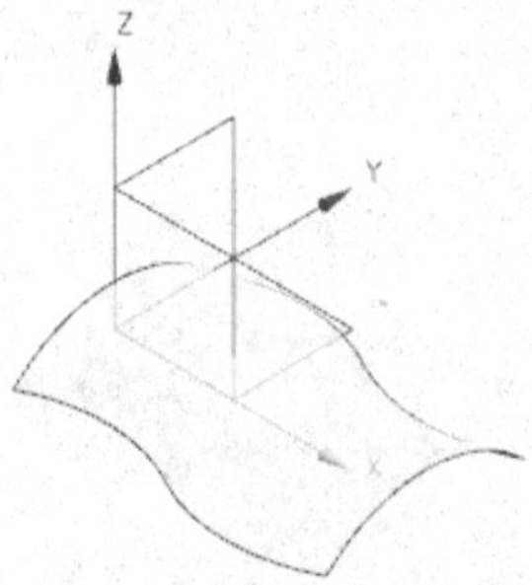

图 6-145 移除修剪得到的曲面效果

3. 替换边

如果在用于选择编辑操作的“编辑片体边界”对话框中单击“替换边”按钮，系统同样弹出“确认”对话框，如图 6-146 所示，单击其中的“确定”按钮。系统弹出如图 6-147 所示的“类选择”对话框，同时系统提示选择要被替换的边。选择如图 6-148 所示的边作为要被替换的边，然后在“类选择”对话框中单击“确定”按钮。

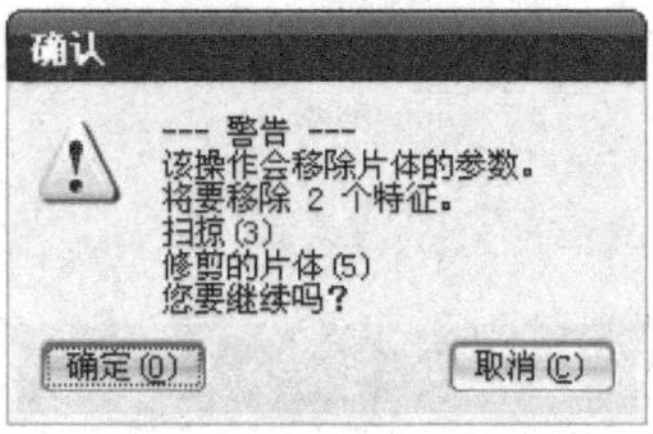

图 6-146 “确认”对话框

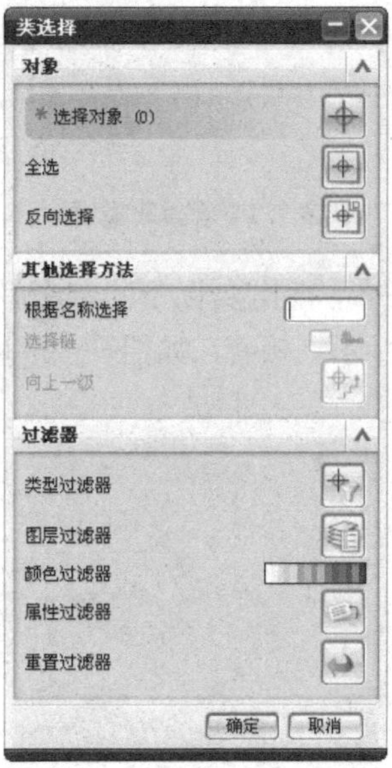

图 6-147 “类选择”对话框

系统弹出如图 6-149 所示的“编辑片体边界”对话框，并提示用户指定边界对象。在该“编辑片体边界”对话框中单击“沿法向的曲线”按钮，打开“类选择”对话框，选择如图 6-150 所示的曲线/边，然后在“类选择”对话框中单击“确定”按钮。

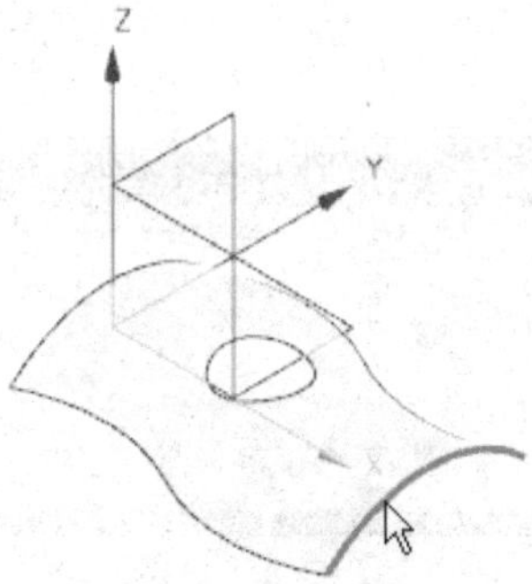

图 6-148 选择要被替换的边

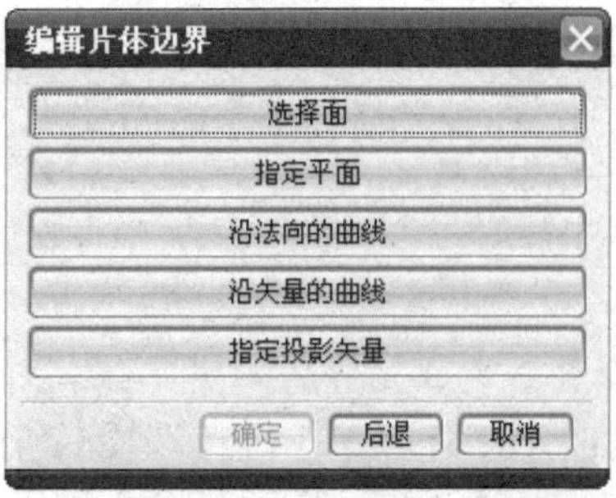

图 6-149 “编辑片体边界”对话框

返回到如图 6-151 所示的“编辑片体边界”对话框，此时，“确定”按钮被激活，单击该对话框中的“确定”按钮，接着在再次弹出来的“类选择”对话框中直接单击“确定”按钮。

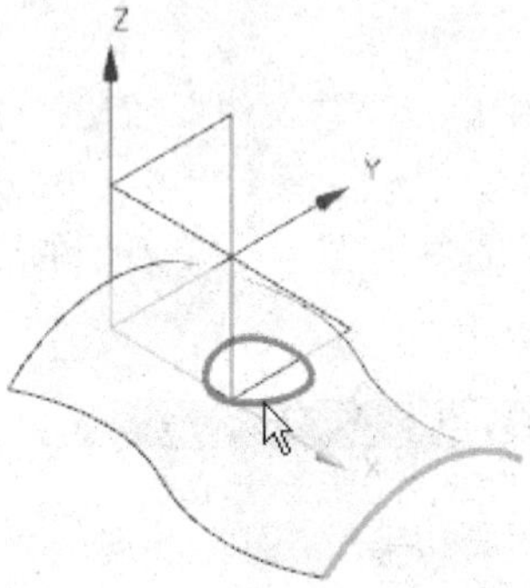

图 6-150　选择曲线/边

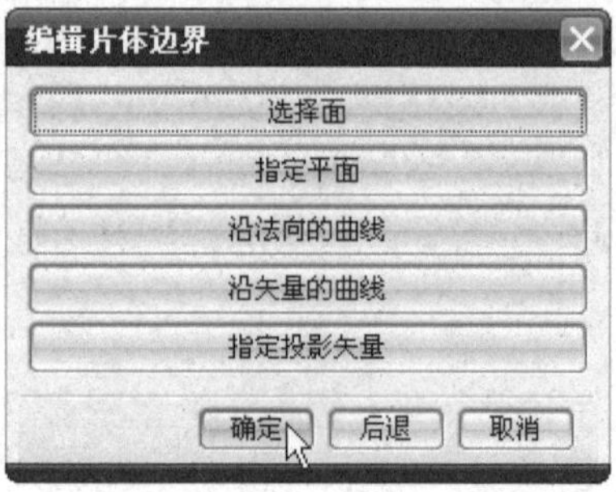

图 6-151　返回到“编辑片体边界”对话框

系统提示指出要保留的部分。在绘图区域使用鼠标左键单击要保留的曲面部分，如图 6-152 所示。接着在如图 6-153 所示的对话框中单击“确定”按钮。

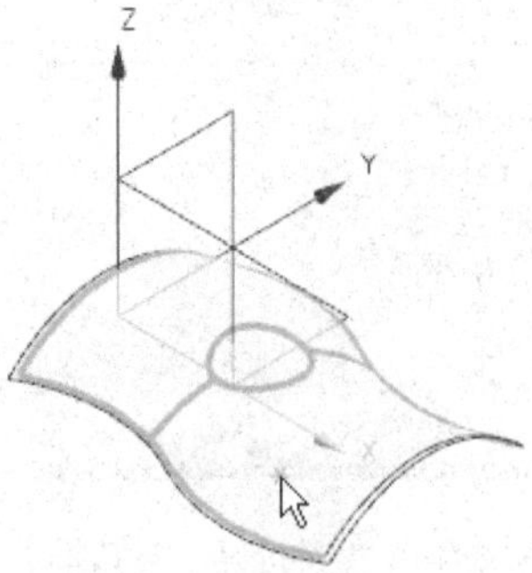

图 6-152　指定要保留的部分

图 6-153　确定保留区域

替换边的结果如图 6-154 所示。最后关闭如图 6-155 所示的“编辑片体边界”对话框。

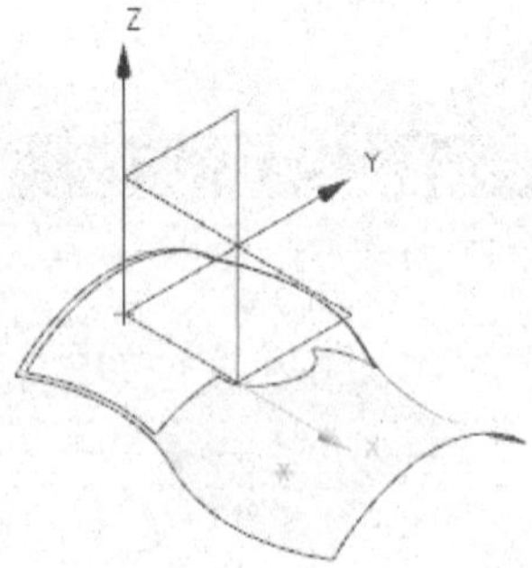

图 6-154　替换边的结果

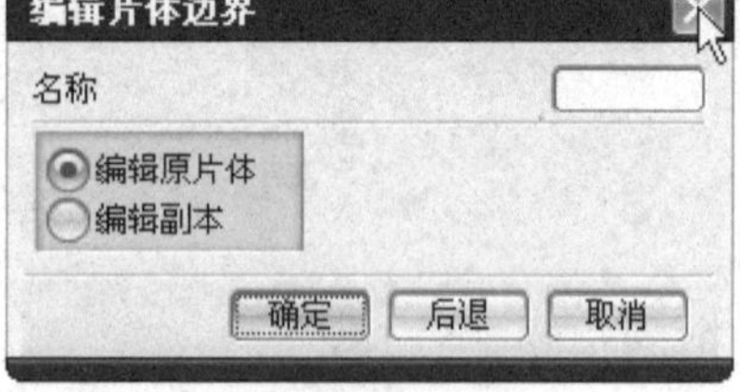

图 6-155　关闭“编辑片体边界”对话框

6.5.9 整修面

系统提供的“整修面”工具命令用于改进面的外观，同时保留原先几何体的紧公差。

在“编辑曲面”工具栏中单击“整修面”按钮，系统弹出“整修面”对话框，整修面的“类型”选项有“整修”和“拟合到目标”两种，不同的面整修类型需要定义的对象和参数也将有所不同，如图 6-156 所示。选择要整修的面后，接着定义相关的整修控制参数和选项等即可。

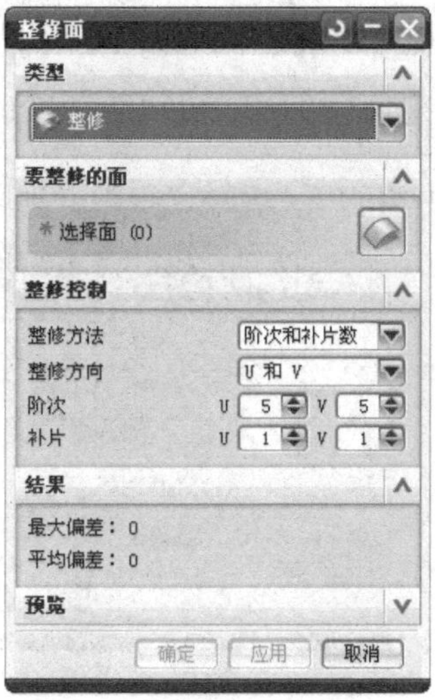

a)

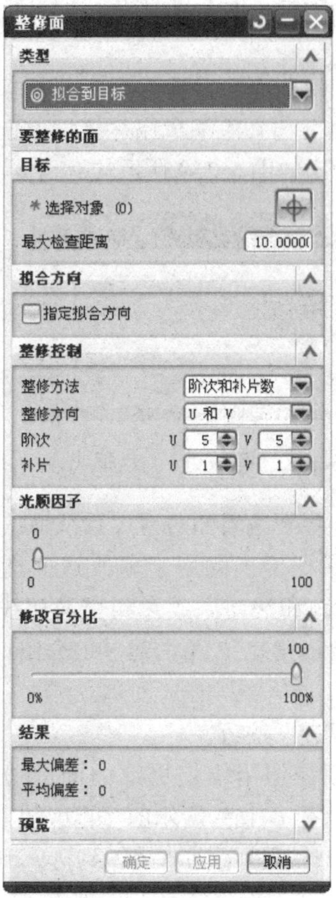

b)

图 6-156 “整修面”对话框

a) 选择面整修类型选项为“整修”时 b) 选择面整修类型选项为“拟合到目标”时

说明：在选择要整修的面的时候，如果用户选择的面已经被修剪，那么系统会弹出如图 6-157 所示的“整修面准则”对话框，告诉用户无法整修此曲面。

图 6-157 “整修面准则”对话框

6.5.10 更改边

执行系统提供的“更改边”工具命令，可以使用诸如匹配曲线或体的各种方法来修改曲面边。

在“编辑曲面”工具栏中单击“更改边”按钮，系统弹出如图 6-158 所示的“更改边”对话框。选择“编辑原片体”单选按钮或“编辑副本”单选按钮，并选择要编辑的面后，系统弹出如图 6-159 所示的对话框，同时系统提示选择要编辑的 B 曲面边。

图 6-158 “更改边”对话框（1）

图 6-159 “更改边”对话框（2）

用户选择要编辑的边后，系统弹出如图 6-160 所示的用于选择选项的“更改边”对话框。该对话框提供的用于更改边的选项按钮包括“仅边”、“边和法向”、“边和交叉切线”、“边和曲率”和“检查偏差”。下面简单地介绍这几个选项按钮的应用。

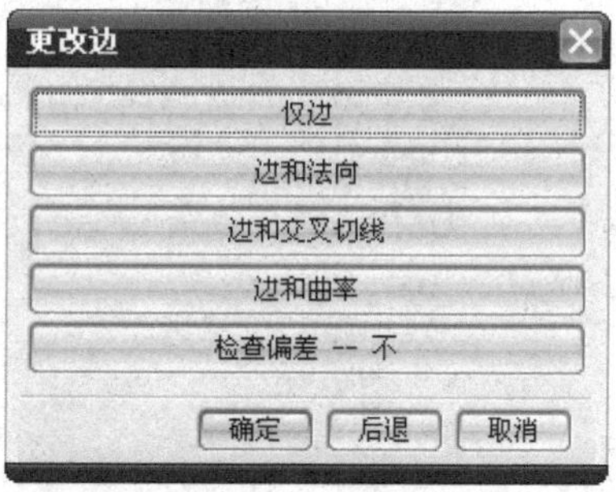

图 6-160 “更改边”对话框（3）

1. “仅边”按钮

该选项按钮用于仅更改曲面的边。单击该按钮，弹出如图 6-161 所示的“更改边”对话框。用户可以从中选择匹配到曲线、到边、到体和到平面等几何对象上。选择不同的匹配选项，则打开相应的对话框来要求用户选择相应的几何对象。

2. “边和法向”按钮

该选项按钮用于更改曲面的边和法向。单击该按钮，弹出如图 6-162 所示的“更改边”对话框。用户可以从中选择“匹配到边”、“匹配到体”或“匹配到平面”按钮进行相应定义。

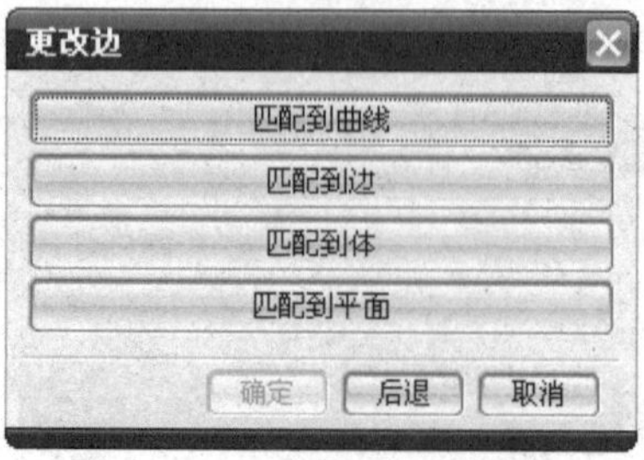

图 6-161 “更改边”对话框（4）

图 6-162 “更改边”对话框（5）

3. “边和交叉切线”按钮

该选项按钮用于更改曲面的边和交叉切线。单击该按钮后，弹出如图 6-163 所示的“更改边”对话框。可供选择的按钮选项有“瞄准一个点”、“匹配到矢量”和“匹配到边”。

4. “边和曲率”按钮

该选项按钮用于更改曲面的边和曲率。单击该按钮后，系统弹出如图 6-164 所示的“更改边”对话框，并要求选择第二个面。选择第二个面后，再根据要求选择第二个边。系统将根据所选面和边来修改曲面边和曲率。

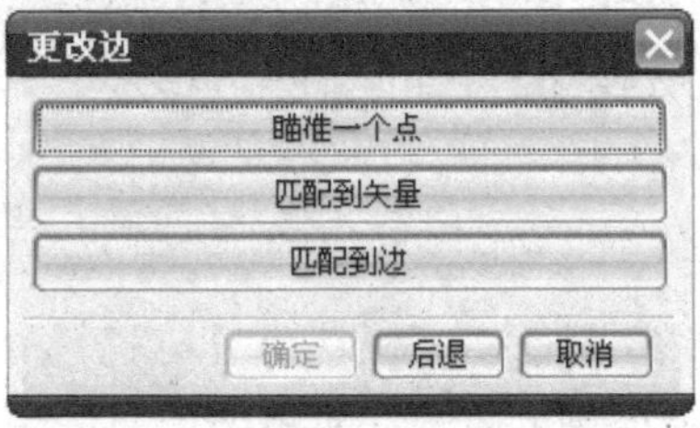

图 6-163 “更改边”对话框（6）

图 6-164 “更改边”对话框（7）

5. “检查偏差”按钮

该选项按钮用于指定是否检查偏差。单击“检查偏差-不”按钮，则该按钮变为“检查偏差-是”按钮，表明指定要检查偏差。接着进行更改边的操作（如执行“仅边”、“边和法向”、“边和交叉切线”或“边和曲率”操作），完成更改边的操作后，系统打开如图 6-165 所示的“信息”窗口，显示系统检查点的个数、平均偏差值、最大偏差值、产生最大偏差值的坐标等信息。

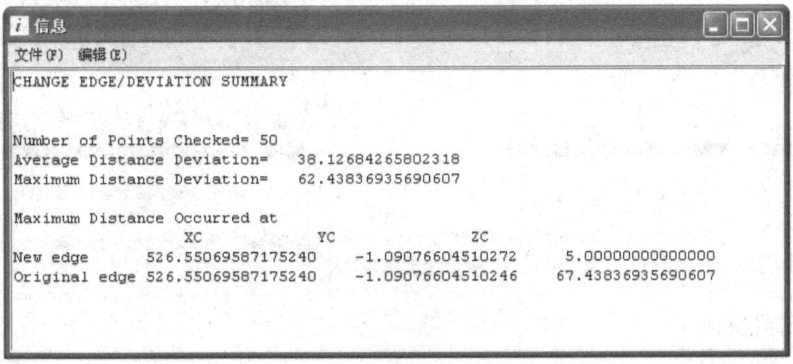

图 6-165 “信息”窗口

6.5.11 更改阶次

可以更改曲面的阶次，其操作方法和步骤简述如下。

1 在“编辑曲面”工具栏中单击“更改阶次”按钮，打开如图 6-166 所示的“更改阶次”对话框。

2 在此“更改阶次”对话框中设定单选按钮（“编辑原片体”或“编辑副本”），并选择要编辑的曲面。

3 系统弹出如图 6-167 所示的“更改阶次”对话框。在该对话框中分别设置 U 向阶次和 V 向阶次。注意系统默认的 U 向阶次和 V 向阶次均为 3。

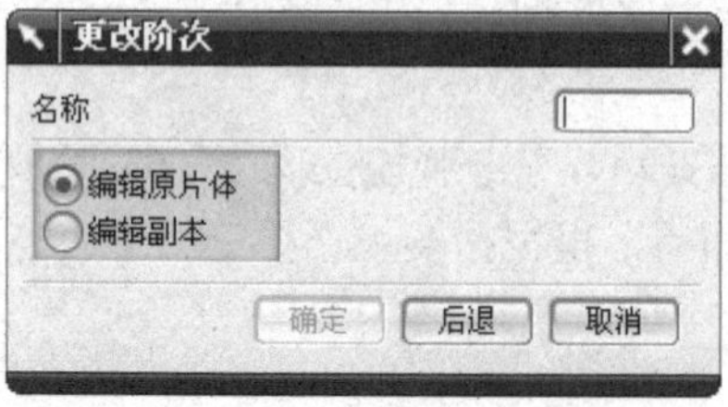

图 6-166 “更改阶次”对话框（1）

图 6-167 “更改阶次”对话框（2）

4 单击“确定”按钮。

6.5.12 更改刚度

系统提供的“更改刚度”工具命令用于通过更改曲面的阶次，来修改曲面形状，“更改刚度”的操作步骤简述如下。

1 在“编辑曲面”工具栏中单击“更改刚度”按钮，系统弹出如图 6-168 所示的“更改刚度”对话框。

2 选择“编辑原片体”单选按钮或“编辑副本”单选按钮，接着选择要编辑的曲面。

3 系统弹出如图 6-169 所示的用于编辑参数的“更改刚度”对话框。在该对话框中分别设置 U 向阶次和 V 向阶次参数值。

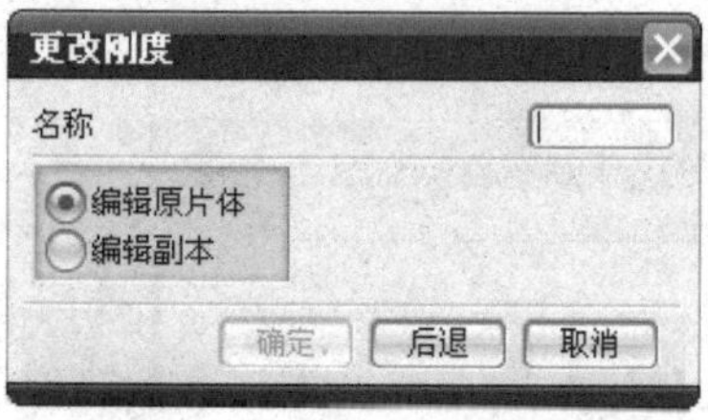

图 6-168 “更改刚度”对话框

图 6-169 用于编辑参数的“更改刚度”对话框

4 单击“确定”按钮，从而达到修改曲面形状的目的。

6.5.13 法向反向

系统提供的“法向反向”功能用于反转片体的曲面法向，其操作方法和步骤简述如下。

1 在“编辑曲面”工具栏中单击“法向反向”按钮，系统弹出如图 6-170 所示的“法向反向”对话框。

图 6-170 “法向反向”对话框

② 在提示下选择要反向的片体，此时绘图区的片体显示曲面法向，如图 6-171 所示。可单击对话框中的“显示法向”按钮。

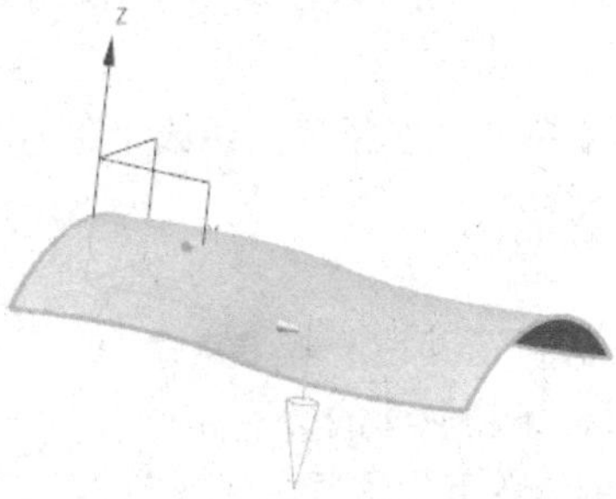

图 6-171　显示曲面法向

③ 单击“确定”按钮或“应用”按钮，确认即可反向法向。

6.5.14 光顺极点

使用系统提供的“光顺极点”工具命令，可以通过计算选定极点对于周围曲面的恰当位置，修改极点分布。下面结合示例介绍如何使用光顺极点来修改曲面。

① 在“编辑曲面”对话框中单击“光顺极点”按钮，系统弹出如图 6-172 所示的“光顺极点”对话框。

② 选择要光顺的面。如果只是要移动选定的极点，那么还需要在“极点”选项组中勾选“仅移动选定的”复选框，接着选择要移动的极点，如图 6-173 所示。

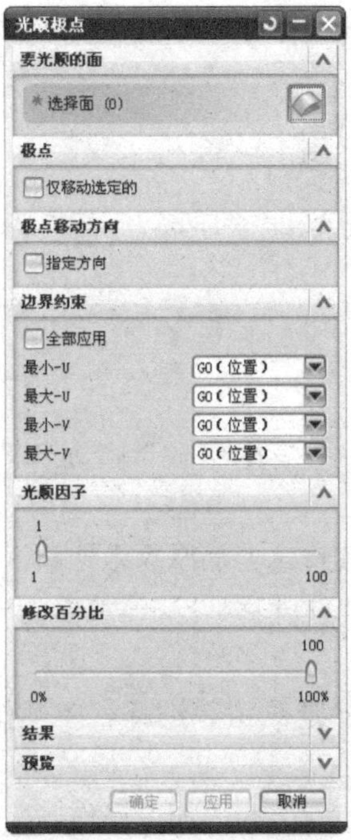

图 6-172　“光顺极点”对话框

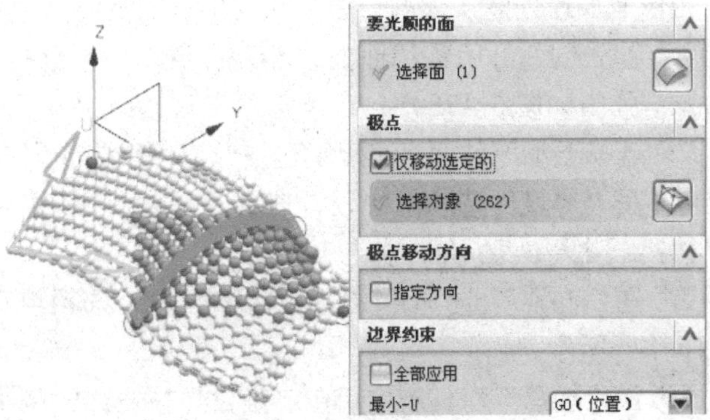

图 6-173　仅移动选定的

③ 在“极点移动方向”选项组中选中“指定方向”复选框，并定义方向矢量。

④ 在“边界约束”选项组中设置最小-U、最大-U、最小-V 和最大-V 的边界约束条件，接着在“光顺因子”选项组中设置光顺因子参数，在“修改百分比”选项组中修改百分比参数。

⑤ 在“光顺极点”对话框中单击“应用”按钮或“确定”按钮。

6.5.15 编辑曲面的其他工具命令

在“编辑曲面”工具栏中还提供了其他一些工具命令，这些工具命令的功能含义如下。

- “X 成形”按钮：编辑样条和曲面的极点和点。
- “I 成形”按钮：通过编辑等参数曲线来动态修改面。
- “边对称”按钮：修改曲面，使之与其关于某个平面的镜像图像实现几何连续。
- “按函数整体变形”按钮：用函数定义的规律使曲面区域变形。
- “按曲面整体变形”按钮：用基座和控制曲面定义的规律使曲面变形。
- “全局变形”按钮：在保留其连续性与拓扑时，在其变形区或补偿位置创建片体。
- “剪断曲面”按钮：在指定点分割曲面或剪断曲面中不需要的部分。

6.6 曲面加厚

由曲面创建实体的一个典型命令便是“加厚”，使用“加厚”工具命令，可以通过为一组面增加厚度来创建实体。曲面加厚的典型示例如图 6-174 所示。

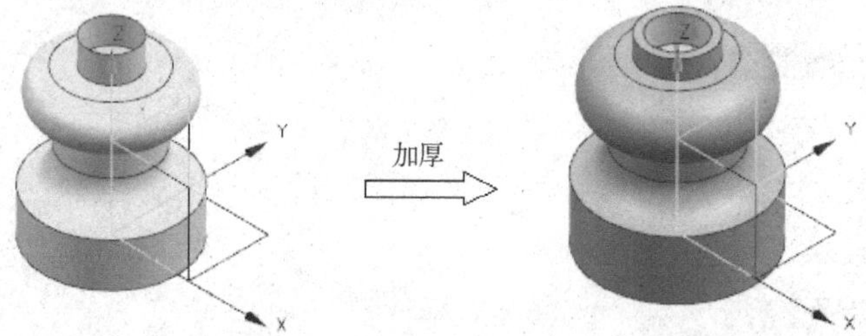

图 6-174 曲面加厚

由曲面加厚创建实体的一般方法及步骤如下。

① 首先创建好所需的曲面。然后在菜单栏中选择“插入”|“偏置/缩放”|“加厚”命令，系统弹出如图 6-175 所示的“加厚”对话框。

② 选择要加厚的面。可以通过在绘图区域指定对角点的方式框选要加厚的多片面。

③ 在“厚度”选项组中设置偏置 1 厚度和偏置 2 厚度。可以根据设计要求单击“反向”按钮来更改加厚方向。

④ 在“布尔”选项组、“显示故障数据”选项组和“设置”选项组等进行相应操作，如图 6-176 所示。

⑤ 在“加厚”对话框中单击“确定”按钮或“应用”按钮，完成曲面加厚操作。

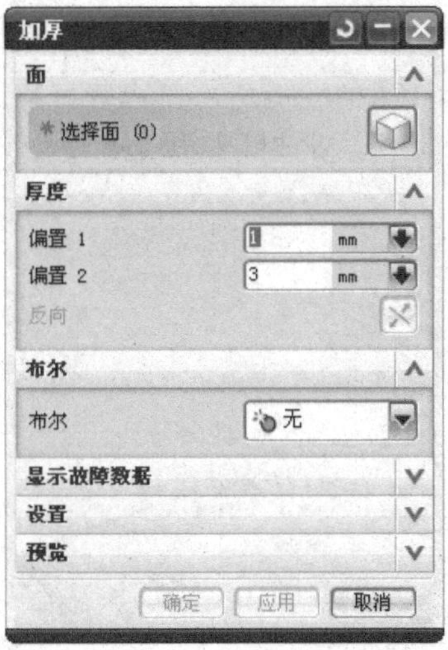

图 6-175 “加厚”对话框

图 6-176 其他设置操作

说明：在创建加厚实体特征的过程中，如果将偏置 1 厚度和偏置 2 厚度设置为相等，则系统会弹出如图 6-177 所示的“加厚”对话框，提示“第一个和第二个偏置值相等，导致零宽度体。更改值以使偏置距离不为零”。偏置值可以为负。

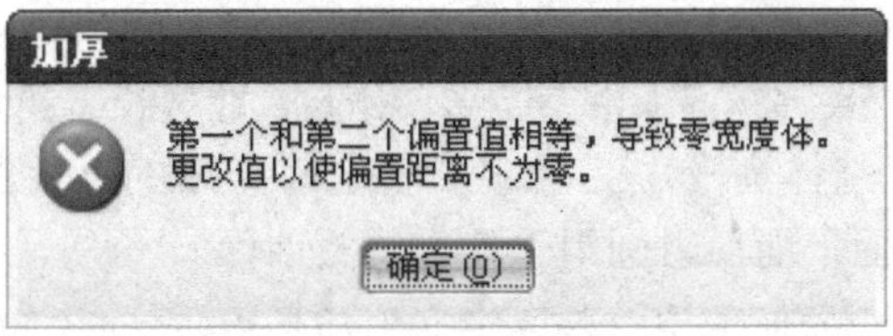

图 6-177 提示加厚操作问题

6.7 其他几个曲面实用功能

本节简要介绍的曲面实用功能包括“四点曲面”、“整体突变”、“缝合”和“取消缝合”。

6.7.1 四点曲面

“四点曲面”是指通过指定 4 个拐角来创建曲面，其创建的曲面通常被称为“四点曲面”。“四点曲面”命令的快捷键为〈Ctrl+4〉，其对应的工具按钮为 （位于“曲面”工具栏中）。

创建四点曲面的操作方法和步骤简述如下。

1. 在“曲面”工具栏中单击“四点曲面”按钮 ，系统弹出如图 6-178 所示的“四点曲面”对话框。
2. 指定点 1。
3. 指定点 2。

❹ 指定点 3。

❺ 指定点 4。

❻ 此时，曲面预览如图 6-179 所示。单击“四点曲面”对话框中的“确定”按钮，从而完成四点曲面的创建。

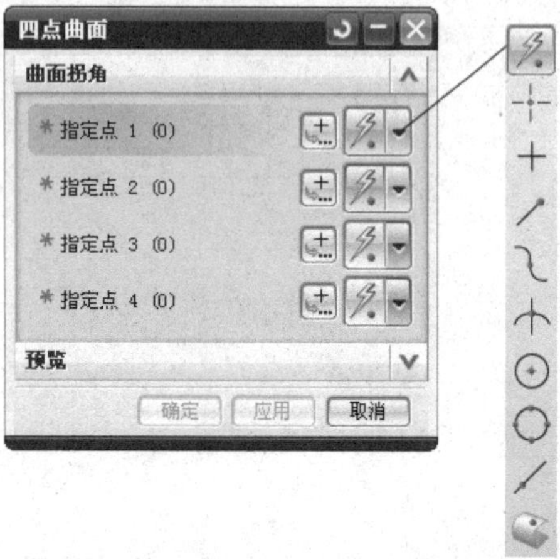

图 6-178 “四点曲面”对话框

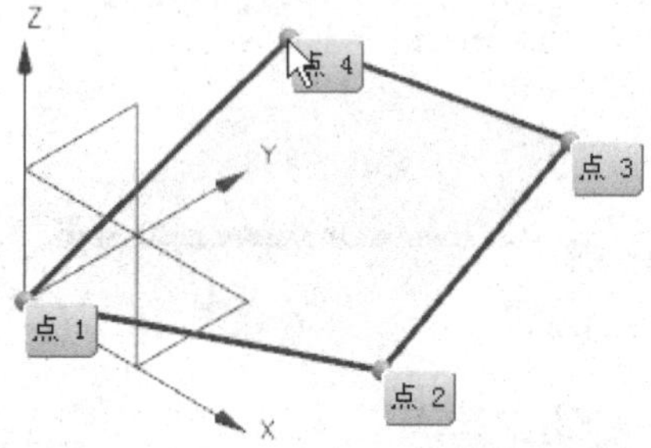

图 6-179 指定 4 个点创建曲面

6.7.2 整体突变

“曲面”工具栏中的“整体突变”按钮，用于通过拉长、折弯、倾斜、扭转和移位操作动态创建曲面。注意“整体突变”工具命令与之前介绍的“使曲面变形”工具命令的区别，前者用于动态创建曲面，而后者则用于动态修改曲面。

下面结合简单示例介绍如何使用“整体突变”按钮来创建一个曲面。

❶ 在“曲面”工具栏中单击“整体突变”按钮，系统弹出如图 6-180 所示的“点”对话框。

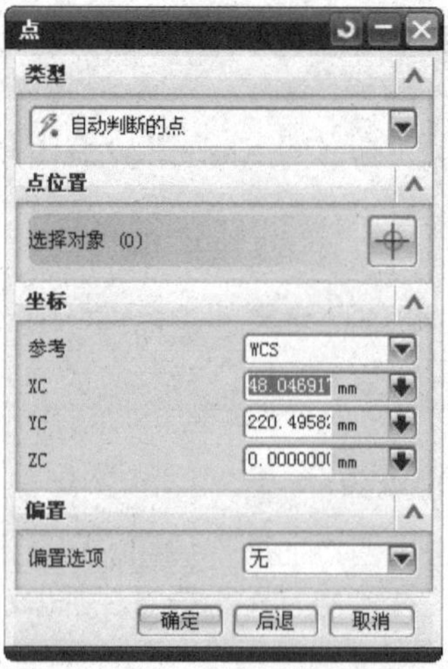

图 6-180 “点”对话框

② 定义矩形顶点 1 和矩形顶点 2。

③ 系统弹出“整体突变形状控制”对话框，如图 6-181 所示。在该对话框中选择控制单选按钮（如“水平”、“竖直”、“V-左”、“V-右”和“V 中间”）以及设置阶次（三次或五次）。

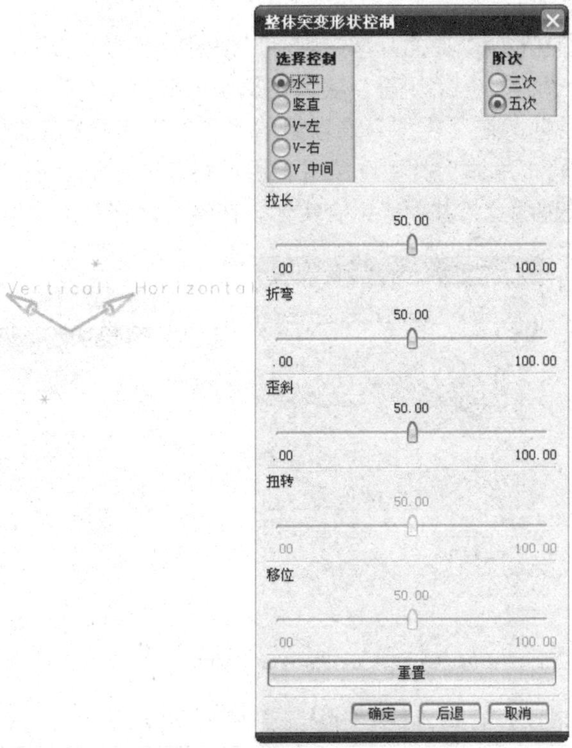

图 6-181 “整体突变形状控制”对话框

④ 在指定控制单选按钮的情况下，为其设置相应的拉长、折弯、倾斜、扭转和移位参数（注意有些参数在某种控制单选按钮下不可用）。如果对整体突变形状控制不满意，那么可以单击“重置”按钮，以重新开始进行整体突变形状控制设置。

⑤ 在“整体突变形状控制”对话框中单击“确定”按钮。最后创建的曲面效果如图 6-182 所示。

图 6-182 整体突变示例效果

6.7.3 缝合与取消缝合

在菜单栏的“插入”|“组合”级联菜单中包含有“缝合”和“取消缝合”这两个实用的命令：前者用于通过将公共边缝合在一起来组合片体，或通过缝合公共面来组合实体；后者则用于从体中取消缝合面。

要缝合具有公共边的两个曲面片体，则可以按照如下的方法步骤来进行。

1. 在菜单栏的“插入”|“组合”级联菜单中选择“缝合”命令，系统弹出如图 6-183 所示的“缝合”对话框。在“类型”选项组的“类型”下拉列表框提供了“片体”和“实体”这两个类型选项。“片体”类型选项用于通过将公共边缝合在一起来组合片体，而“实体”类型选项用于通过缝合公共面来组合实体。在这里，将“类型”选项设置为“片体”。

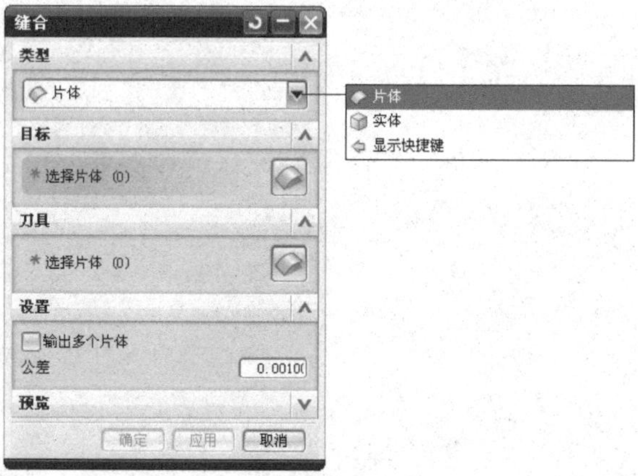

图 6-183 “缝合”对话框

2. 选择目标片体。
3. 选择刀具片体。
4. 在“设置”选项组中设置是否输出多个片体以及设置缝合公差。
5. 在“缝合”对话框中单击“确定”按钮。

取消缝合面的操作很简单，即在菜单栏的“插入”|“组合”级联菜单中选择“取消缝合”命令，接着选择要从体取消缝合的面，并在“设置”选项组中设置是都保持原先的以及设置输出选项（如“对应相连面的一个体”或“每个面对应一个体”），如图 6-184 所示，然后单击“确定”按钮或“应用”按钮即可。

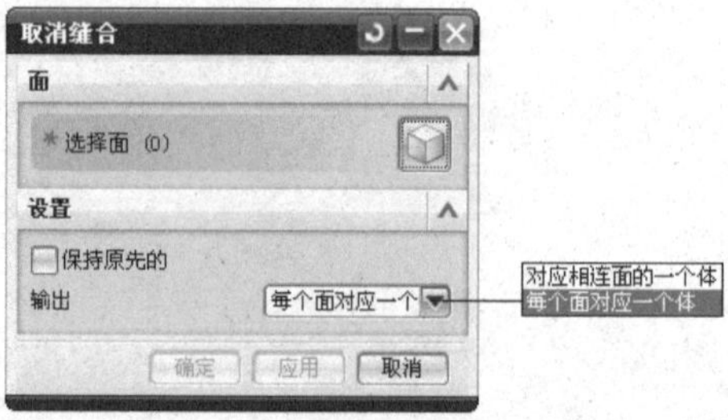

图 6-184 “取消缝合”对话框

6.8 曲面综合实战范例

前面介绍了曲面建模的相关基础知识，使读者对曲面有了基本了解。为了让读者更好地掌握曲面的应用知识和提高曲面设计能力，本节介绍一个典型的曲面综合应用实例。

本曲面综合应用实例要完成的曲面模型为一个饮料瓶子，如图 6-185 所示，它由若干个曲面片体组成。

图 6-185 饮料瓶子

下面介绍该饮料瓶子的曲面模型的建模过程。

1. 新建所需的文件

❶ 在工具栏中单击“新建”按钮，或者在菜单栏中选择“文件”|“新建”命令，系统弹出“新建”对话框。

❷ 在“模型”选项卡的“模板”列表中选择名称为“模型”的模板，在“新文件名”选项组的“名称”文本框中输入“bc_6fl_ylpz”，并指定要保存到的文件夹。

❸ 在“新建”对话框中单击“确定”按钮。

2. 准备好相关的工具栏

在用户界面中确保添加“特征”工具栏、“编辑特征”工具栏、“曲面”、“曲线”和“编辑曲面”工具栏等。

3. 创建拉伸片体

❶ 在“特征”工具栏中单击“拉伸”按钮，或者从菜单栏中选择“插入”|“设计特征”|“拉伸”命令，打开“拉伸”对话框。

❷ 在“拉伸”对话框的“截面”选项组中单击“绘制截面”按钮，弹出“创建草图”对话框。

❸ 草图“类型”选项为“在平面上”，“平面方法”为“现有平面”，选择 *XC-YC* 坐标面，其他采用默认设置，单击“确定”按钮，进入草图模式。

❹ 绘制如图 6-186 所示的草图，单击“完成草图”按钮。

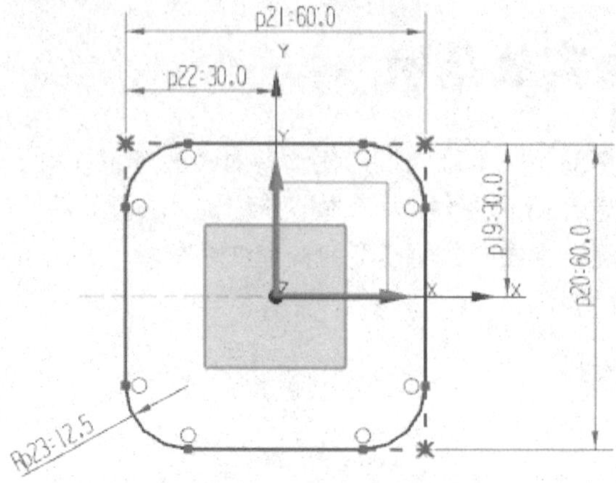

图 6-186　绘制草图

❺ 在“拉伸”对话框中分别设置开始距离值为 0，结束距离值为 50，体类型为“片体”，此时预览如图 6-187 所示。

❻ 在“拉伸”对话框中单击“确定”按钮，创建的拉伸片体如图 6-188 所示。

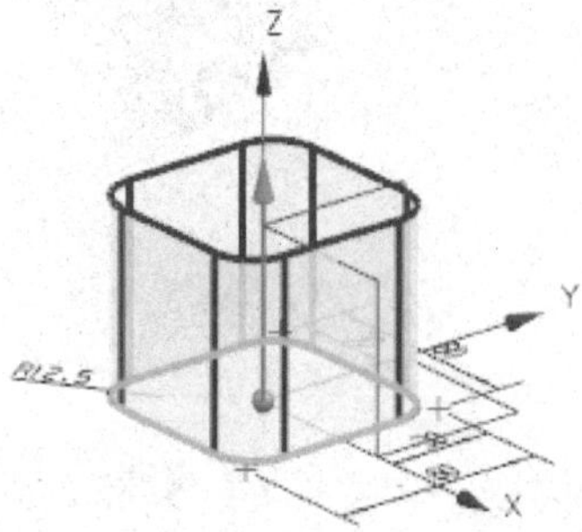

图 6-187　预览效果

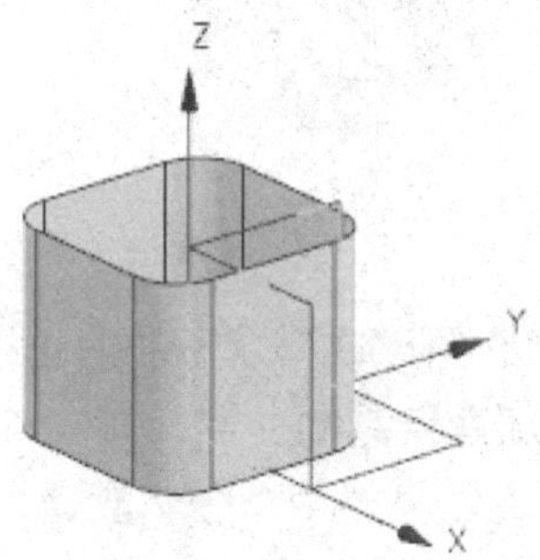

图 6-188　创建拉伸片体

4．创建基准平面

❶ 单击“基准平面”按钮，或者在菜单栏中选择“插入”|“基准/点”|“基准平面”命令，打开“基准平面”对话框。

❷ 从“类型”下拉列表框中选择“按某一距离”选项，选择 *XC-YC* 面作为平面参考，在“偏置”选项组中输入偏置距离为 95mm，设置平面的数量为 1，在“设置”选项组中勾选“关联”复选框，如图 6-189 所示。

❸ 单击“基准平面”对话框中的“确定”按钮。

5．创建草图 1

❶ 在“特征”工具栏中单击“任务环境中的草图”按钮，或者在菜单栏的“插入”菜单中选择“任务环境中的草图”命令，系统弹出“创建草图”对话框。

❷ 草图“类型”选项为“在平面上”，“平面方法”为“现有平面”，指定刚创建的基准平面作为草图平面，其他设置采用默认设置，单击“确定”按钮，进入草图模式。

❸ 绘制如图 6-190 所示的一个圆。

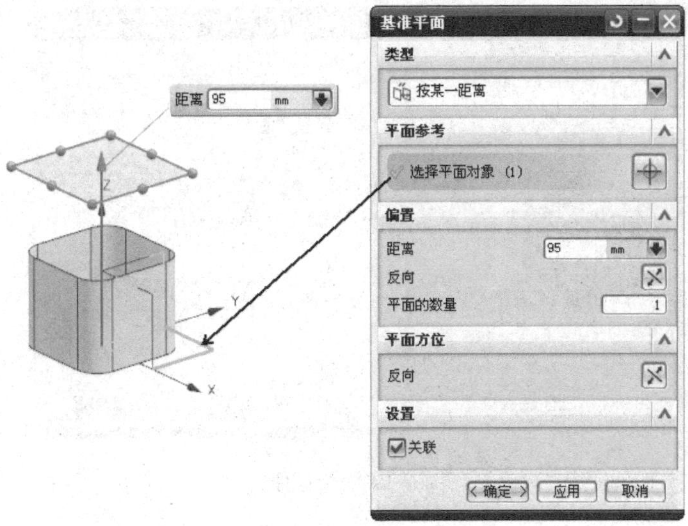

图 6-189 按某一距离创建基准平面

④ 单击“完成草图”按钮。

6. 创建草图 2

① 在“特征”工具栏中单击“任务环境中的草图”按钮，或者在菜单栏的“插入”菜单中选择“任务环境中的草图”命令，系统弹出“创建草图”对话框。

② 草图“类型”选项为“在平面上”，“平面方法”为“现有平面”，接着指定 *XC-ZC* 作为草图平面，单击“确定”按钮，进入草图模式。

③ 绘制如图 6-191 所示的一个圆弧，注意其几何约束和尺寸约束。

④ 单击“完成草图”按钮。

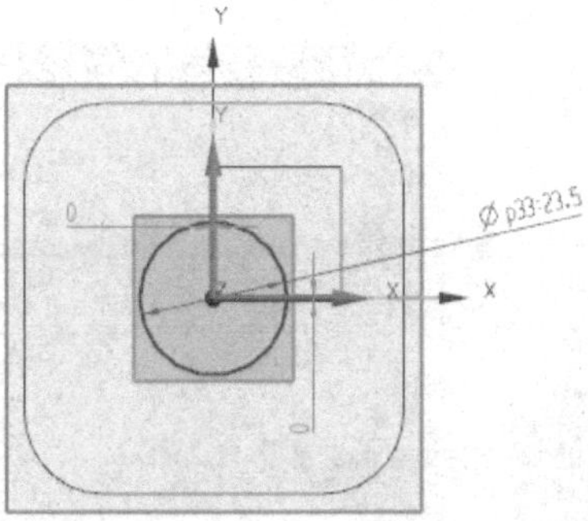

图 6-190 绘制一个圆

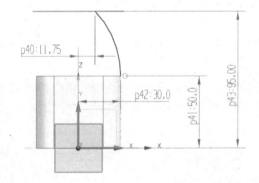

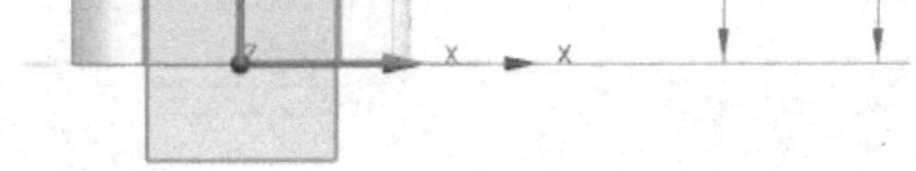

图 6-191 绘制一个圆弧

7. 创建镜像曲线

① 在“曲线”工具栏中单击“镜像曲线”按钮，系统弹出“镜像曲线”对话框。

② 选择步骤 6 在指定草图平面内绘制的圆弧。

③ 从“镜像平面”对话框的“镜像平面”选项组的“平面”下拉列表框中选择“现有平面”选项，单击“平面或面”按钮，选择 *YC-ZC* 面，如图 6-192 所示。

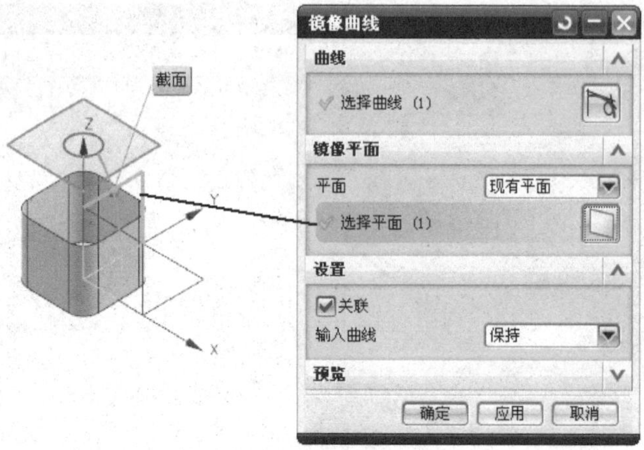

图 6-192　镜像曲线

❹ 在“设置”选项组中，勾选“关联”复选框，并从“输入曲线”下拉列表框中选择“保持”选项。

❺ 单击“镜像曲线”对话框中的“确定”按钮，创建镜像曲线的效果如图 6-193 所示。

8. 创建另外两条镜像曲线

❶ 在菜单栏的“编辑”菜单中选择“移动对象”命令，或者直接按〈Ctrl+T〉快捷键，打开“移动对象”对话框。

❷ 选择要移动的对象，接着在“变换”选项组的“运动”下拉列表框中选择“角度”选项，设置旋转角度为 90deg（°），并在“结果”选项组中选择“复制原先的”单选按钮，设置“距离/角度分割”值为 1，“非关联副本数”为 1，然后激活“变换”选项组中的“指定矢量”选项，选择 Z 轴，或选择“ZC 轴”图标选项，并利用“点对话框”按钮来指定轴点位于原点处，此时如图 6-194 所示。

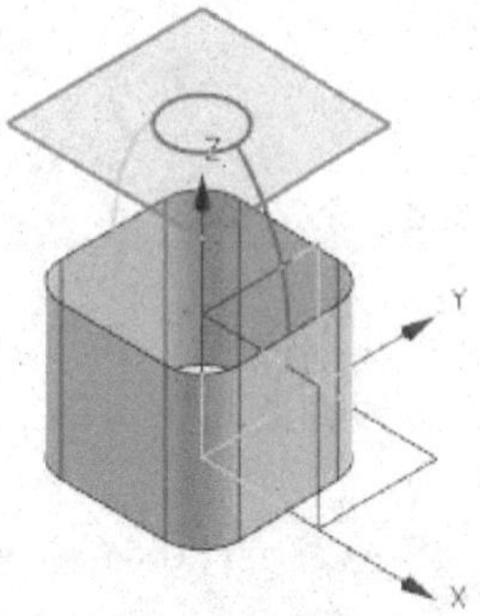

图 6-193　完成镜像曲线

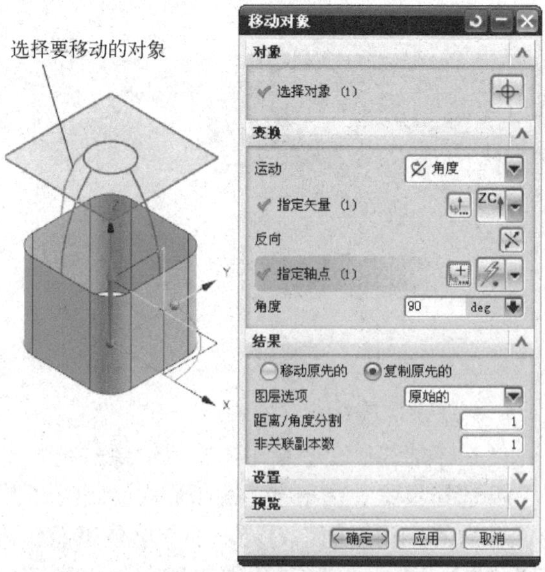

图 6-194　旋转移动对象

③ 在“移动对象”对话框中单击“确定”按钮。此时曲线如图 6-195 所示。

④ 在“曲线”工具栏单击“镜像曲线”按钮，打开“镜像曲线”对话框。选择刚通过旋转变换创建的一段圆弧作为要镜像的曲线，从“平面”下拉列表框中选择“现有平面”选项，单击“平面或面”按钮，选择 *XC-ZC* 坐标平面，“输入曲线”选项默认为“保持”，单击“确定”按钮。完成的镜像曲线如图 6-196 所示。

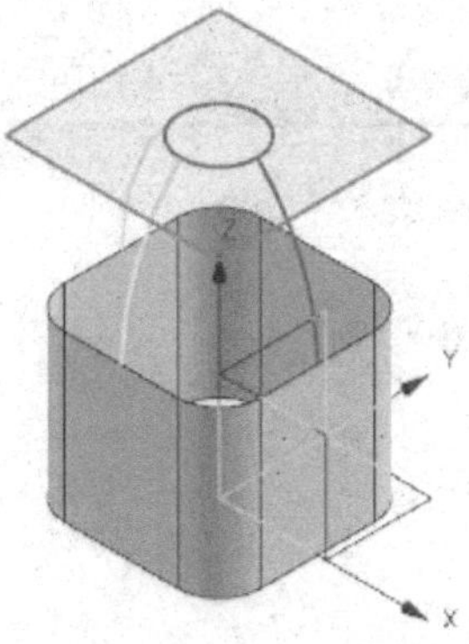

图 6-195 旋转复制

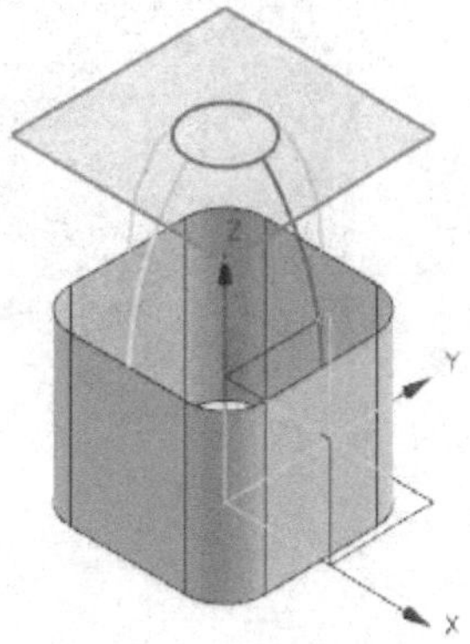

图 6-196 完成镜像曲线

9. 使用“通过曲线网格”命令创建曲面

① 在“曲面”工具栏中单击“通过曲线网格”按钮，或者在菜单栏中选择“插入”|“网格曲面”|“通过曲线网格”命令，系统弹出“通过曲线网格”对话框。

② 选择草图圆作为第一主曲线，在“主曲线”选项组中单击“添加新集”按钮，在拉伸片体上边缘的合适位置处单击以定义第 2 主曲线（可巧用位于绘图区域上方的曲线规则下拉列表框来设置曲线规则，例如选择“相切曲线”等），并注意应用“Specify Origin Curve（定义曲线原点）”按钮和“反向”按钮，以确保指定两条主曲线的原点方向一致，如图 6-197 所示。

③ 在“交叉曲线”选项组中单击“交叉曲线”按钮，按照顺序依次选择 3 条圆弧线作为交叉曲线，注意每选择完一个交叉曲线时，可单击鼠标中键确定。此时，模型预览如图 6-198 所示。

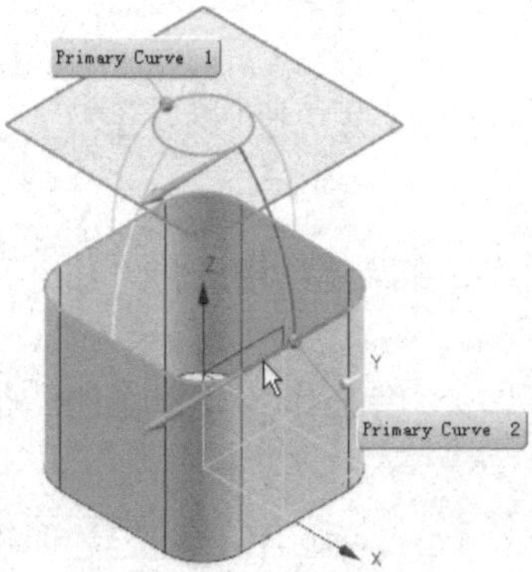

图 6-197 指定两条主曲线

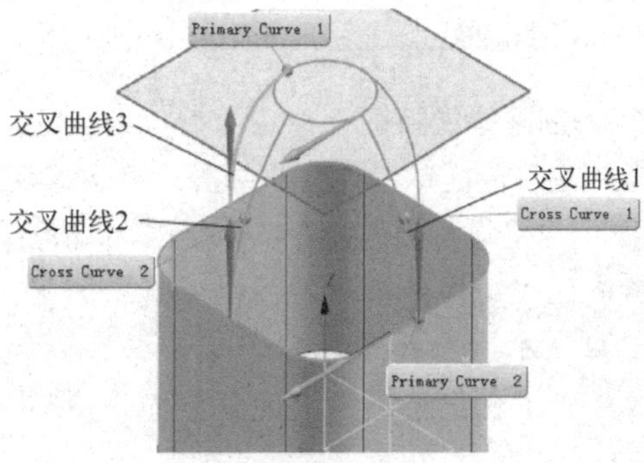

图 6-198 选择 3 条交叉曲线

❹ 在“连续性”选项组中，从“最后主线串”下拉列表框中选择“G1（相切）”选项，然后单击“面”按钮，在曲面模型中单击拉伸曲面片体，如图 6-199 所示。

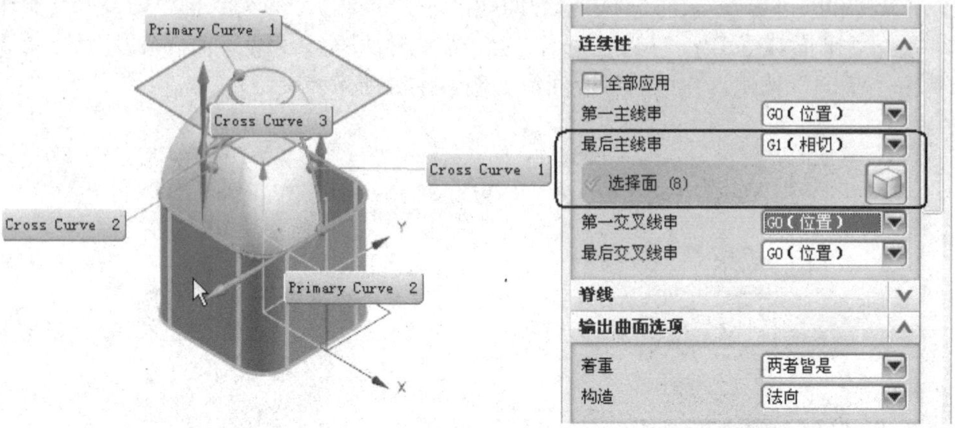

图 6-199　设置连续性选项

❺ 设置输出曲面选项，在“设置”选项组的“体类型”下拉列表框中选择“片体”选项，如图 6-200 所示。

❻ 在“通过曲线网格”对话框中单击“确定”按钮。可以将之前创建的基准平面隐藏起来，此时曲面模型效果如图 6-201 所示。

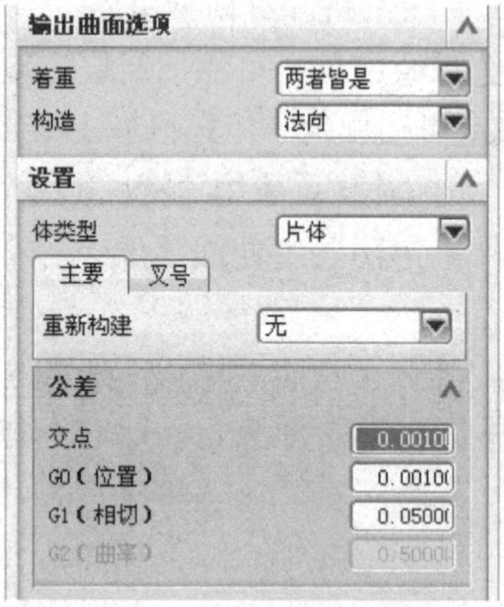

图 6-200　设置输出曲面选项和体类型等

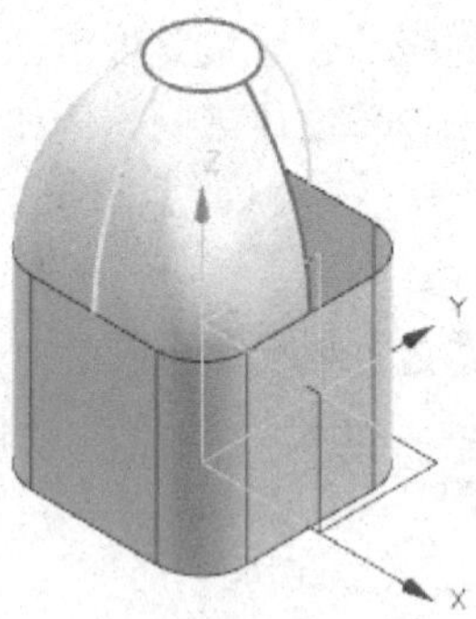

图 6-201　曲面模型效果

10. 创建镜像特征

❶ 在“特征”工具栏中单击“镜像特征”按钮，或者在菜单栏中选择“插入”|“关联复制”|“镜像特征”命令，系统弹出“镜像特征”对话框。

❷ 在“镜像特征”对话框中选择“通过曲线网格（7）”特征作为要镜像的特征，如图 6-202 所示。

❸ “平面”选项为“现有平面”，单击“平面”按钮，选择 *XC-ZC* 坐标面做为镜像平面。

❹ 单击“镜像特征”对话框中的“确定”按钮。镜像特征结果如图 6-203 所示。

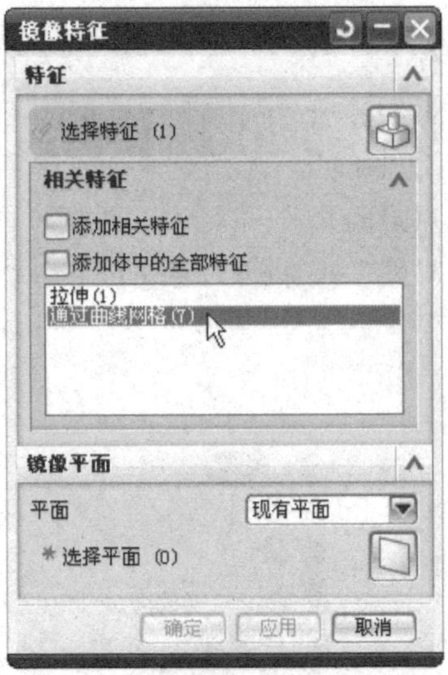

图 6-202 “镜像特征”对话框

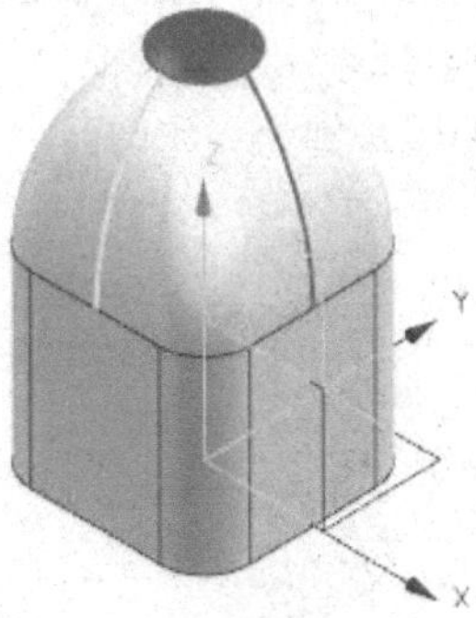

图 6-203 镜像特征

11. 创建将用作扫掠截面的草图

1 在“特征”工具栏中单击“任务环境中的草图”按钮，或者在菜单栏的“插入”菜单中选择“任务环境中的草图”命令，系统弹出“创建草图”对话框。

2 从“类型”选项组的“类型”下拉列表框中选择“在平面上”选项，从“草图平面”选项组的“平面方法”下拉列表框中选择“现有平面”选项，在“设置”选项组中勾选“关联原点”复选框和“创建中间基准 CSYS”复选框。

3 选择 *XC-ZC* 坐标面作为草图平面，单击“确定”按钮，进入草图绘制环境。

4 绘制如图 6-204 所示的草图截面，注意相关的相切约束关系。

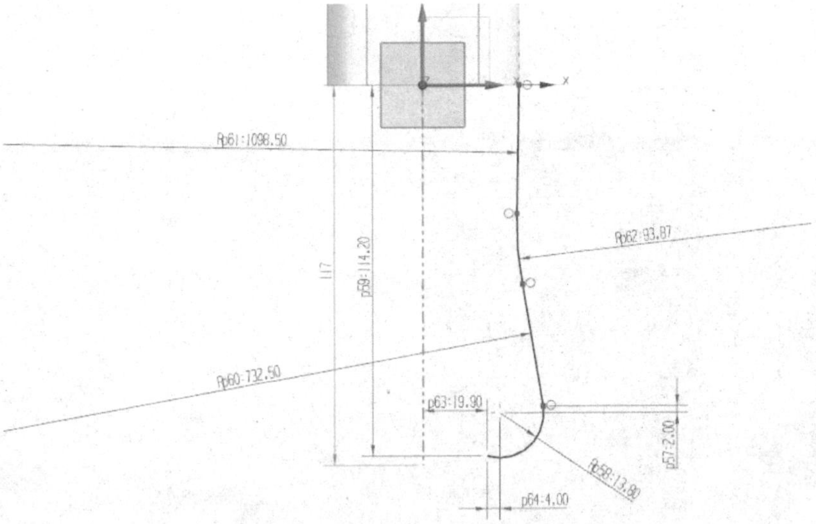

图 6-204 绘制开放式的截面

5 单击“完成草图”按钮。

12. 创建扫掠曲面

1 在“曲面”工具栏中单击“扫掠”按钮，系统弹出“扫掠”对话框。

2 在“选择条”工具栏中设置曲线规则为“相切曲线”，选择上一个步骤所绘制草图截面曲线作为扫掠截面，如图 6-205 所示，注意其原点方向。

3 在“引导线（最多 3 根）”选项组中单击“引导线”按钮，单击如图 6-206 所示的曲面边线（曲线规则为“相切曲线”），注意其方向。

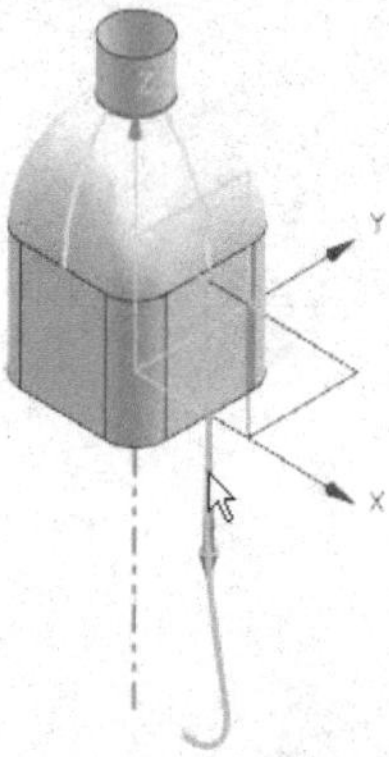

图 6-205　选择要添加倒截面的曲线

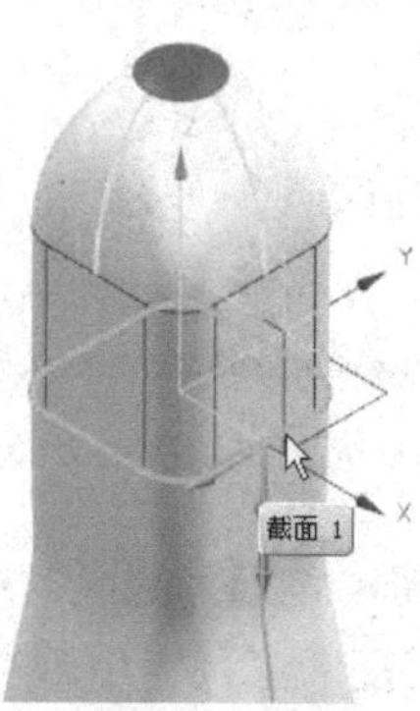

图 6-206　要添加到引导线的曲线、边

4 设置扫掠特征的相关选项与参数，如图 6-207 所示。例如“截面位置”选项为“沿引导线任何位置”，“对齐方法”选项为“参数”，“定位方法”选项为“固定”，“缩放方法”选项为“恒定”，缩放“比例因子”为 1，“体类型”选项为“片体”等。

5 在“扫掠”对话框中单击“确定”按钮，创建的扫掠片体（曲面）如图 6-208 所示。

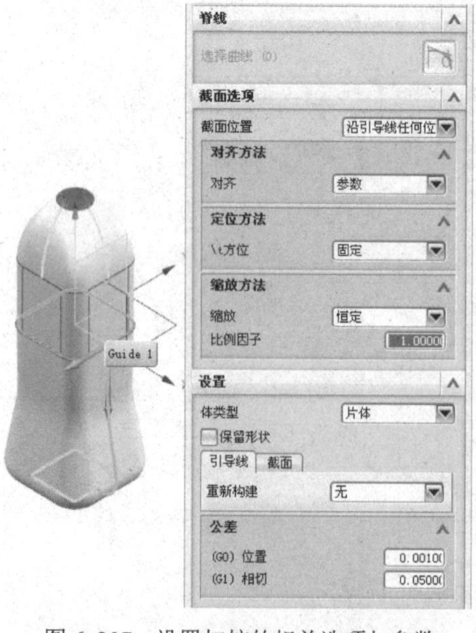

图 6-207　设置扫掠的相关选项与参数

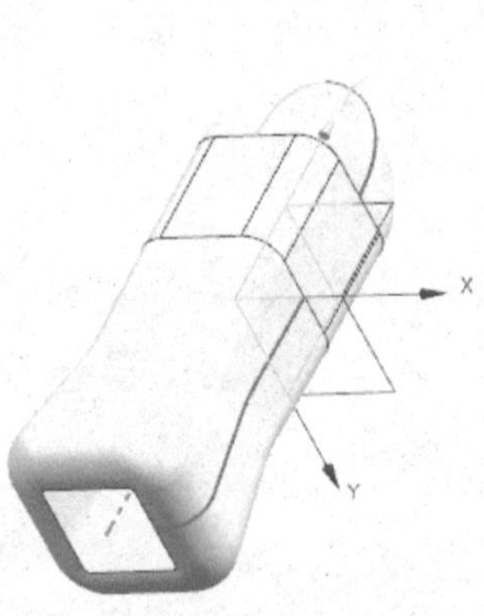

图 6-208　完成创建扫掠曲面

13. 创建N边曲面

❶ 在“曲面”工具栏中单击“N边曲面”按钮，系统弹出“N边曲面”对话框。

❷ 从“类型”选项组的“类型”下拉列表框中选择“已修剪”选项。

❸ 选择外环的曲线链，如图6-209所示。

❹ 在“约束面”选项组中单击“面”按钮，接着单击如图6-210所示的扫掠曲面作为约束面，此时，“形状控制”选项组中的“连续性”选项被设置为“G1（相切）”。

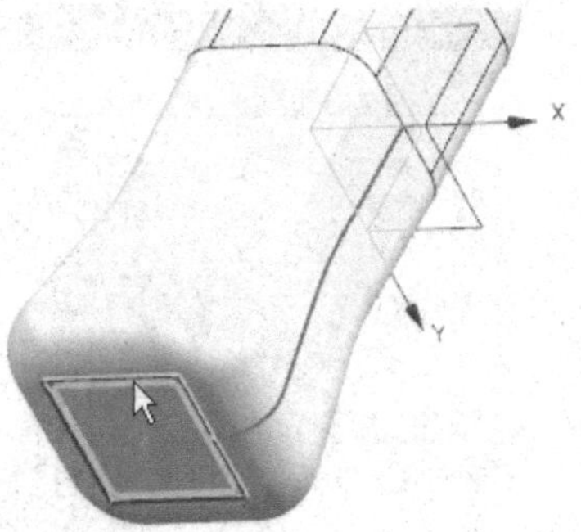

图6-209 定义外环的曲线链

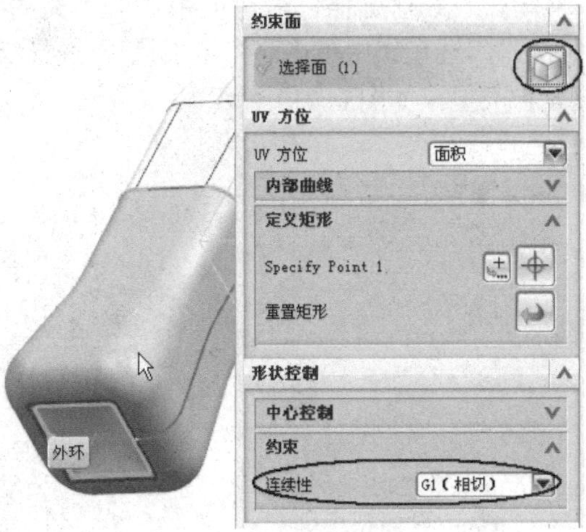

图6-210 指定约束面

❺ 在“设置”选项组中勾选“修剪到边界”复选框，接受默认的相应公差，如图6-211所示。

❻ 在“N边曲面”对话框中单击“确定”按钮，完成该N边曲面后的曲面片体模型效果如图6-212所示。

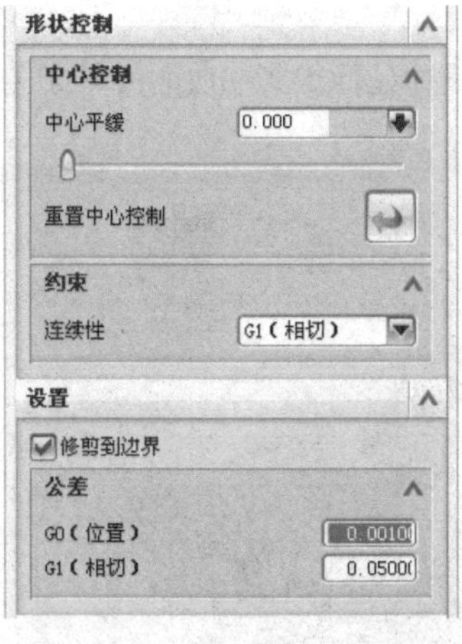

图6-211 勾选“修剪到边界”复选框

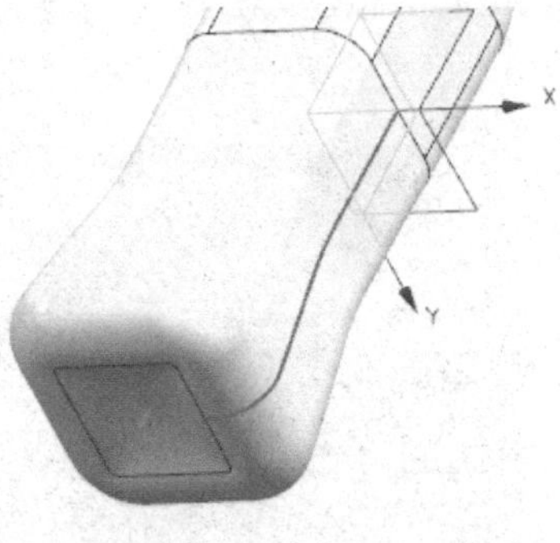

图6-212 完成该N边曲面

14. 将相关的曲线隐藏起来

在部件导航器的历史记录列表中选择相关的曲线，右击鼠标弹出一个快捷菜单，接着从该快捷菜单中选择“隐藏”命令，从而将指定的曲线隐藏。隐藏曲线的目的是为了使模型显示效果更加美观。

15．规律延伸

❶ 在“曲面”工具栏中单击“规律延伸”按钮（规律延伸），系统弹出“规律延伸”对话框。

❷ 选择要延伸的基本曲线轮廓，如图 6-213 所示。

❸ 在“规律延伸”对话框中，从“类型”下拉列表框中选择“矢量”选项，接着在“参考矢量”选项组中单击“指定矢量”，选择 Z 轴。然后分别设置长度规律、角度规律和相反侧延伸类型，如图 6-214 所示。

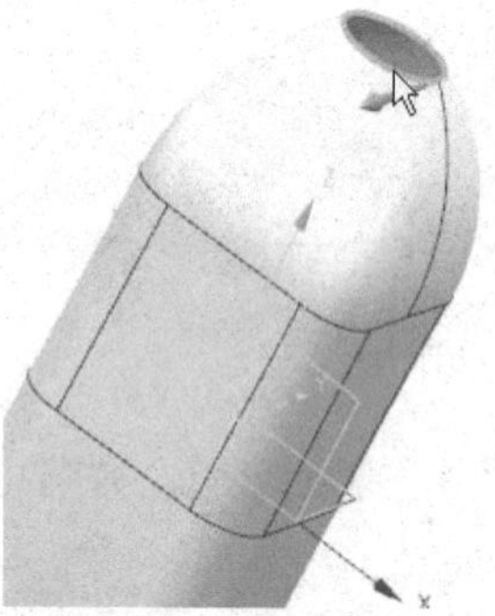

图 6-213　选择基本曲线轮廓

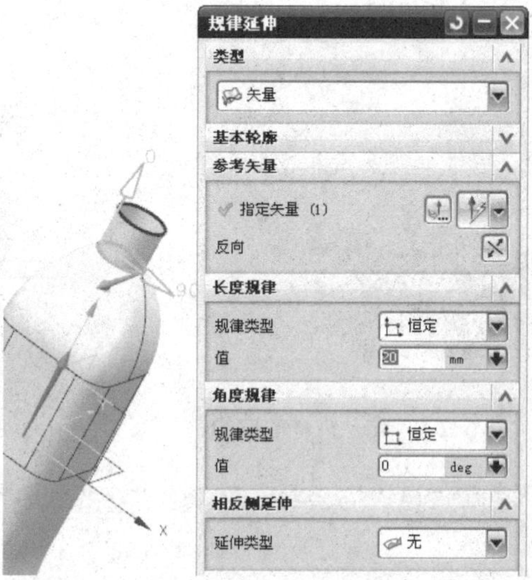

图 6-214　规律和延伸类型设置

❹ 在“设置”选项组中设置如图 6-215 所示的选项。

❺ 在“规律延伸”对话框中单击“确定”按钮，完成规律延伸得到的曲面效果如图 6-216 所示。

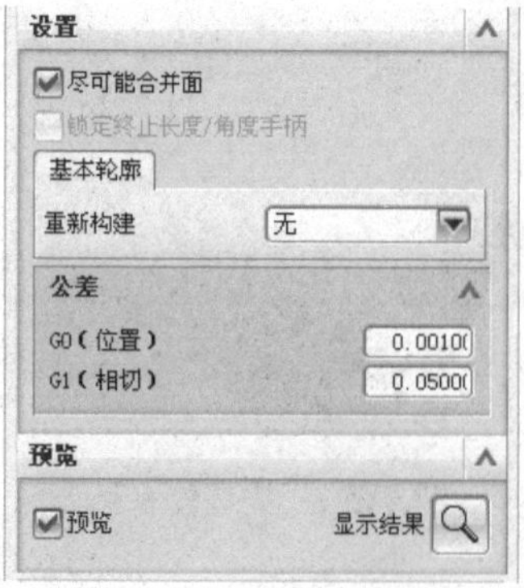

图 6-215　设置其他选项

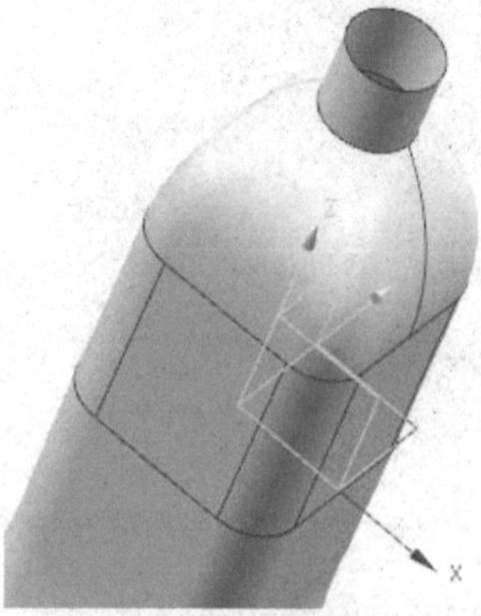

图 6-216　规律延伸的结果

16. 将所有片体曲面缝合成一个单独的片体曲面

① 在菜单栏中选择“插入”|“组合”|“缝合”命令，打开如图 6-217 所示的“缝合”对话框。

② 设置“类型”选项为“片体”，接着选择扫掠曲面片体作为“目标体”，然后选择其他片体作为“刀具体”，如图 6-218 所示。

图 6-217 “缝合”对话框

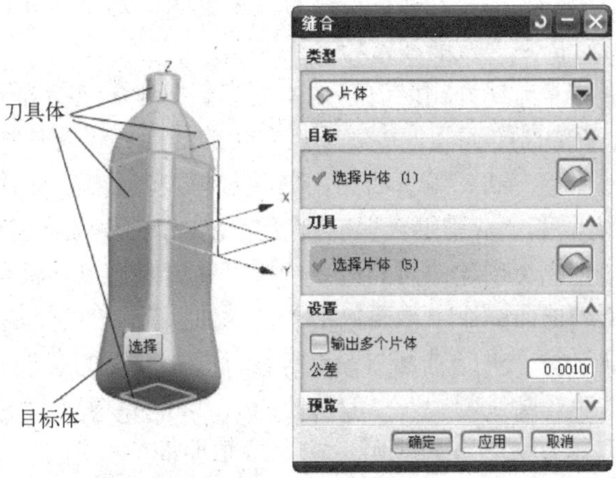

图 6-218 指定目标体和刀具体

③ 单击“确定”按钮，完成将所有片体缝合成一个片体。

17. 加厚片体得到实体模型

① 在菜单栏中选择“插入”|“偏置/缩放”|“加厚”命令，打开“加厚”对话框。

② 选择要加厚的面。

③ 在“厚度”选项组中设置“偏置 1”为 1mm，“偏置 2”为 0mm，如图 6-219 所示。

④ 单击“加厚”对话框中的“确定”按钮。

基本完成的造型水瓶如图 6-220 所示，图中已经将缝合特征隐藏了。

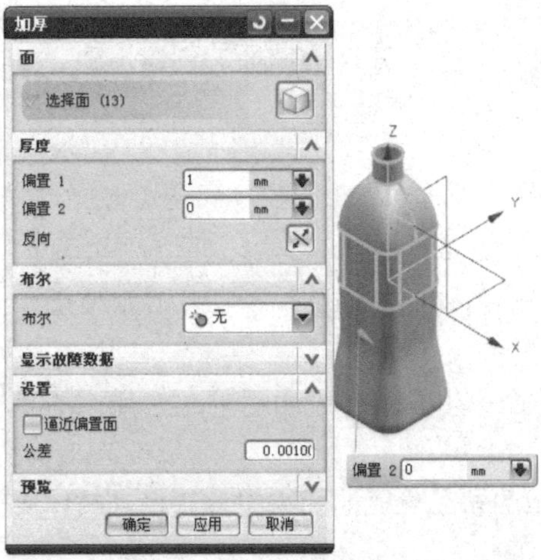

图 6-219 设置加厚厚度

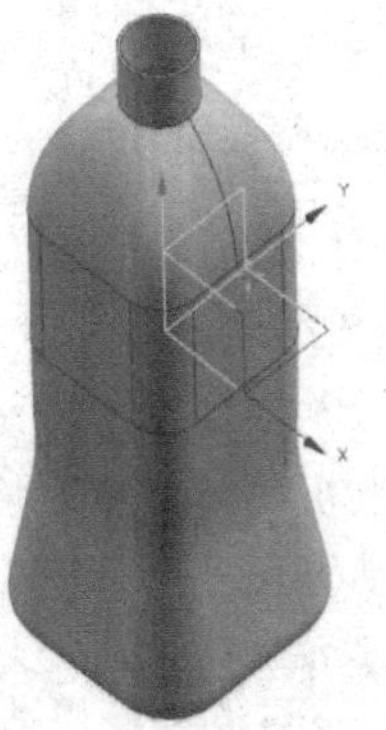
图 6-220 完成的造型水瓶

18. 保存文档

单击“保存”按钮，在指定的文件夹目录中保存当前模型文件。

6.9 本章小结

曲面设计在现代产品的造型设计中具有不可忽视的地位。我们在日常生活中接触到的或者看到的大部分产品都会带有曲面元素。对于专业造型与结构设计师而言，必须要掌握好曲面设计的相关技能和技巧。

本章首先介绍的内容是曲面基础概述，包括曲面的基本概念及分类，初步认识 UG NX 7.5 中的曲面工具。接着重点介绍的曲面知识有依据点创建曲面、由曲线创建曲面、曲面的其他创建方法、编辑曲面、曲面加厚及其他几个曲面实用功能（“四点曲面”、“整体突变”、“缝合”和“取消缝合”），最后介绍一个曲面综合应用范例。

依据点创建曲面的命令包括“通过点”、“从极点”、“从点云”和“快速造面”等；由曲线创建曲面的命令主要包括“艺术曲面”、“通过曲线组”、“通过曲线网格”、“扫掠”、“剖切曲面”和“N 边曲面”命令等；而在“曲面的其他创建方法”一节中则重点介绍了“规律延伸”、“轮廓线弯边”、“偏置曲面”、“可变偏置”、“修剪的片体”、“修剪与延伸”、“分割面”等创建方法命令的应用；在“编辑曲面”一节中介绍的内容包括“移动定义点”、“移动极点”、“匹配边”、“使曲面变形”、“变换曲面”、“扩大”、“等参数修剪/分割”、“边界”、“整修面”、“更改边”、“更改阶次”、“更改刚度”、“法向反向”、“光顺极点”等。

在学习本章知识的同时，要注意认真复习曲线的相关创建与编辑知识，因为曲面的构建通常离不开曲线的搭建。

6.10 思考练习

1）曲面的基本概念有哪些？

2）依据点创建曲面的方法主要有哪几种？它们分别具有怎么样的应用特点？

3）由曲线构造曲面的典型方法主要有哪些？

4）什么是 N 边曲面？如何创建 N 边曲面？举例说明 N 边曲面的创建步骤。

5）如何在指定曲面上进行移动定义点或极点的编辑操作？

6）如何进行等参数修剪/分割操作？

7）举例说明曲面加厚的方法步骤。

8）在什么情况下可以使用“缝合”功能？

9）上机练习：设计一个如图 6-221 所示的料斗曲面模型，然后将其加厚成实体。要求尺寸由练习者根据模型效果自己确定。

10）上机练习：要求应用“通过曲线组”命令工具来完成如图 6-222 所示的手机主体初始曲面，具体尺寸自行确定。

11）课外进阶上机：按照如图 6-223 所示的轿车外壳曲面来自行建模，具体尺寸由练习者根据效果图确定。

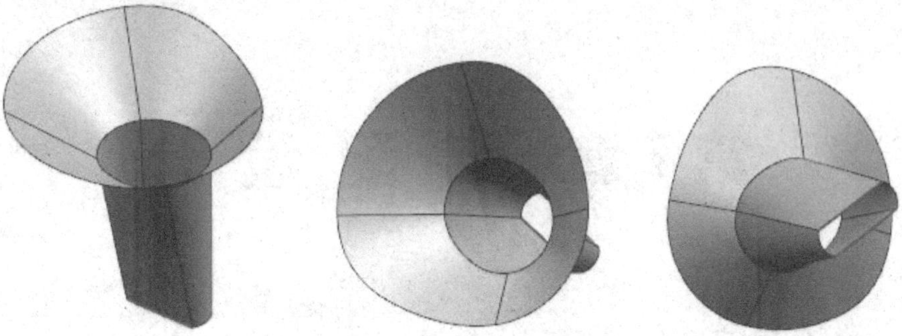

图 6-221　设计料斗曲面模型

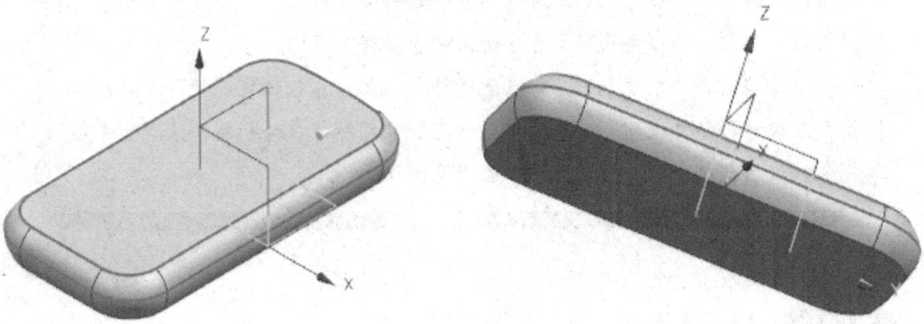

图 6-222　手机初始曲面

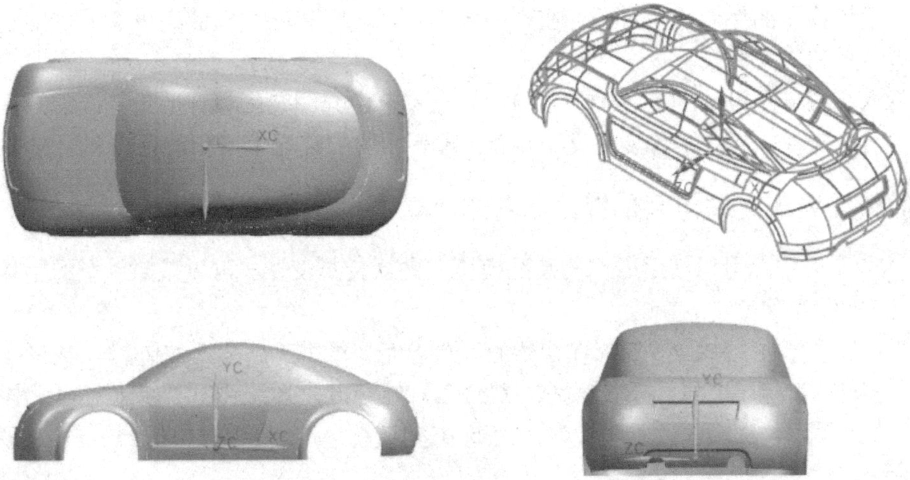

图 6-223　轿车外壳

第7章 装配设计

本章导读：

装配设计同样是一个产品造型与结构设计师需要重点掌握的内容。通过装配设计可以将设计好的零件组装在一起形成零部件或完整的产品模型，还可以对装配好的模型进行间隙分析、重量管理等操作。

本章将结合典型范例来介绍装配设计，主要内容包括装配设计基础、装配配对设计、组件应用、检查简单干涉与装配间隙、爆炸视图、装配顺序应用等，最后还将介绍一个装配综合应用范例。

7.1 装配设计基础

一个产品通常由若干个零部件组成，这便涉及到装配设计，所谓的装配设计从常规意义上来说，就是将零部件通过配对条件在产品各零部件之间建立合理的约束关系，确定相互之间的位置关系和连接关系等。

在深入介绍装配设计的应用知识之前，先在本节中介绍装配设计的最基础的知识，包括如何新建装配文件，初步了解装配设计界面，理解相关的装配术语和常见的装配方法等。

7.1.1 新建装配文件与装配界面简介

在 NX 7.5 中，可以使用专门的装配模块来进行装配设计。可以按照以下的步骤来新建一个装配文件。

1 启动运行 UG NX 7.5 后，在初始的用户界面上单击“新建”按钮，或者在菜单栏中选择“文件”|“新建”命令，或者按〈Ctrl+N〉组合键，系统弹出“新建”对话框。

2 在“模型”选项卡的“模板”选项组中选择“装配”模板，单位为 mm（毫米），如图 7-1 所示。

3 在“新文件名”选项组中，指定新文件名和要保存到的文件夹（即指定保存路径）。

4 在“新建”对话框中单击“确定”按钮，从而新建一个装配文件。

新装配文件的设计工作界面如图 7-2 所示。该工作界面由标题栏、菜单栏、各种工具栏、状态栏、导航器和绘图区域等部分组成。下面列举装配设计模式下的一些重要的工具栏和菜单，让读者初步熟悉装配工具及命令的出处。

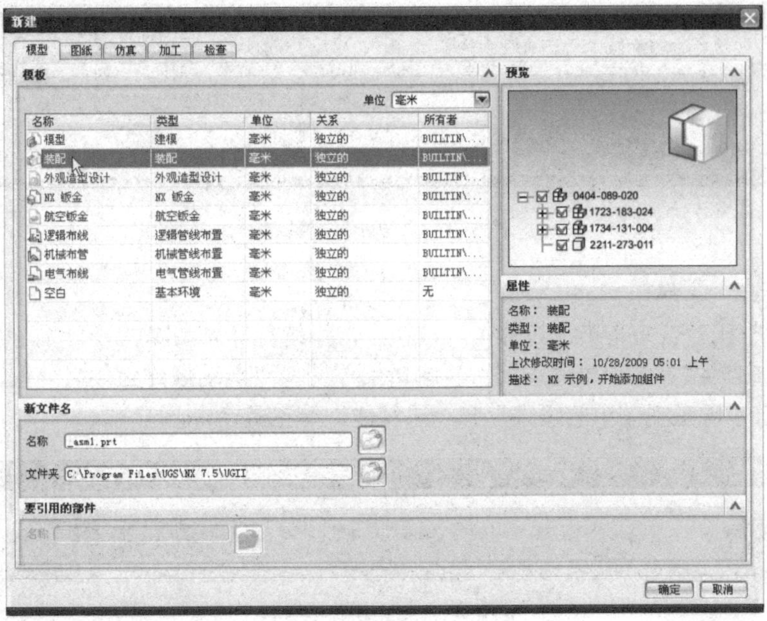

图 7-1 “新建”对话框

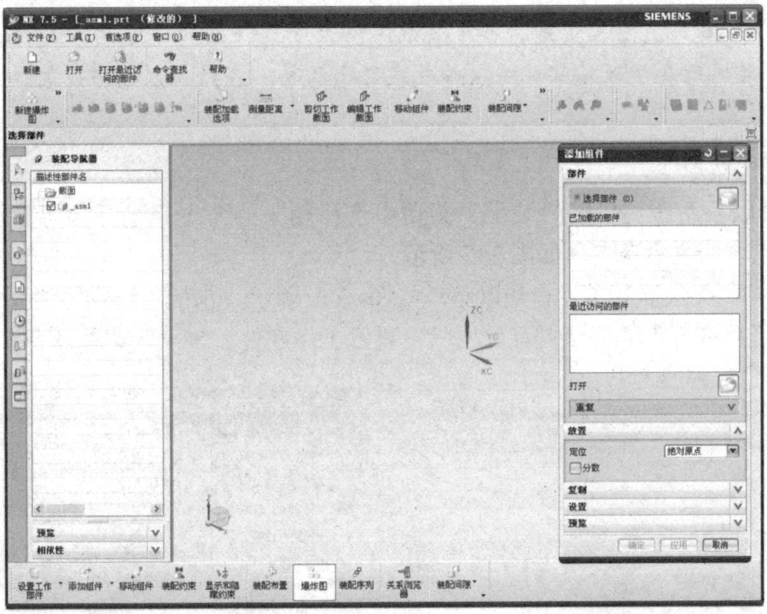

图 7-2 新装配设计模式下的工作界面

1. “装配”工具栏

“装配”工具栏如图 7-3 所示。用户可以根据自身操作习惯和实际设计情况，为该工具栏添加更多的用于装配设计的工具按钮。在进行装配设计的过程中，会比较频繁地使用该工具栏中的相关工具按钮。

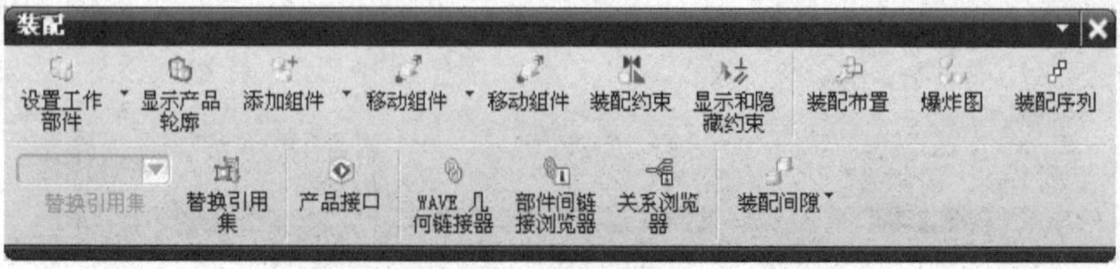

图 7-3 “装配”工具栏

2．“爆炸图”工具栏

在“装配”工具栏中单击“爆炸图”按钮，系统打开如图 7-4 所示的“爆炸图”工具栏。此工具栏中提供了“创建爆炸图”、“编辑爆炸图”、“自动爆炸组件”、“取消爆炸组件”、“删除爆炸图”、“隐藏视图中的组件”和“追踪线”等工具命令。

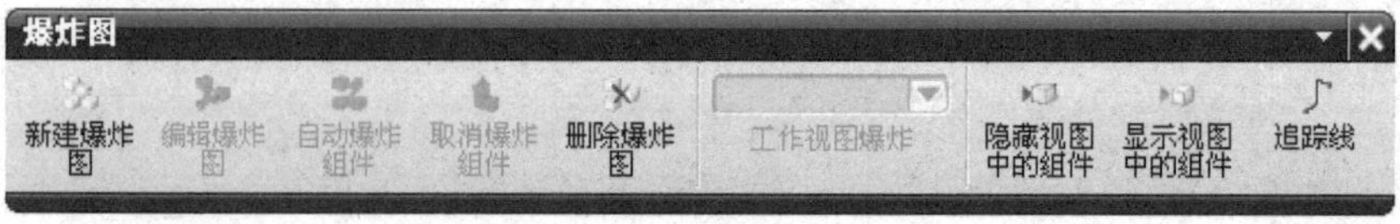

图 7-4 “爆炸图”工具栏

说明：爆炸视图其实是将各个装配零件或子部件按照一定的方式放置以离开它的真实位置，通常用来表示产品零部件组成或装配示意等。在产品说明书或装配工艺图表中应用比较多。

3．“装配”菜单

用户也可以从系统提供的“装配”菜单中选择相关的命令来进行装配操作。菜单栏的“装配”菜单包含的主命令选项如图 7-5 所示。

- “关联控制”级联菜单：该级联菜单如图 7-6 所示，包括“查找组件”、“打开组件”、“按邻近度打开”、“显示产品轮廓”、“设置工作部件”等一些菜单命令。

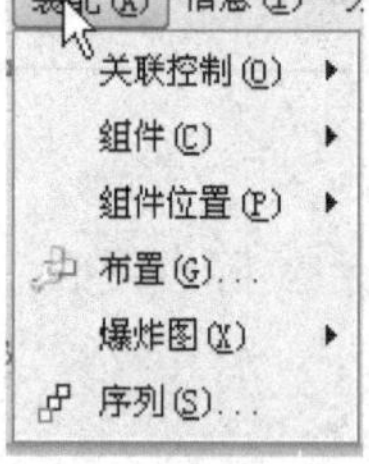

图 7-5 “装配”菜单

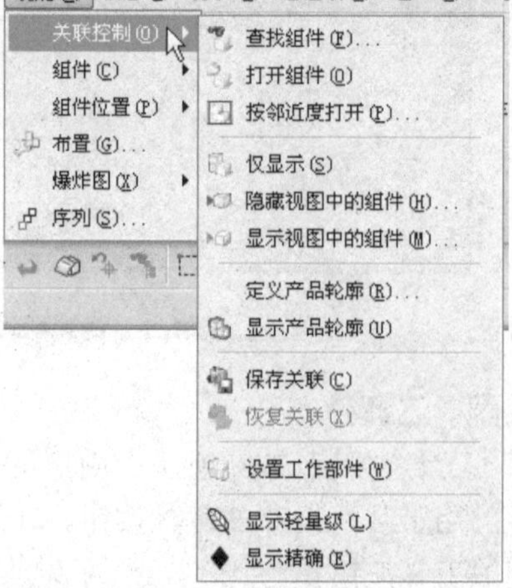

图 7-6 “关联控制”的命令

- “组件”级联菜单：包括在装配体中创建和操作处理组件的命令选项，如图 7-7 所示。
- “组件位置”级联菜单：该级联菜单包括的命令如图 7-9 所示，如“移动组件”、“装配约束”、“显示和隐藏约束”、“记住装配约束”、“显示自由度”和“转换配对条件”，该级联菜单中的命令会应用比较多。
- “布置”命令：创建和编辑装配布置，它定义备选组件位置。
- “爆炸图”级联菜单：包括“新建爆炸图”、“编辑爆炸图”、“取消爆炸组件”、“删除爆炸图”、“隐藏爆炸图”、“显示爆炸图”、“追踪线”和“显示工具条”命令，如图 7-8 所示。

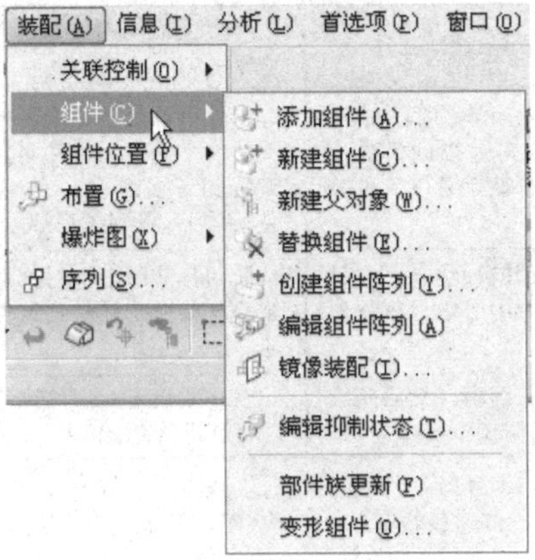

图 7-7 “组件”级联菜单

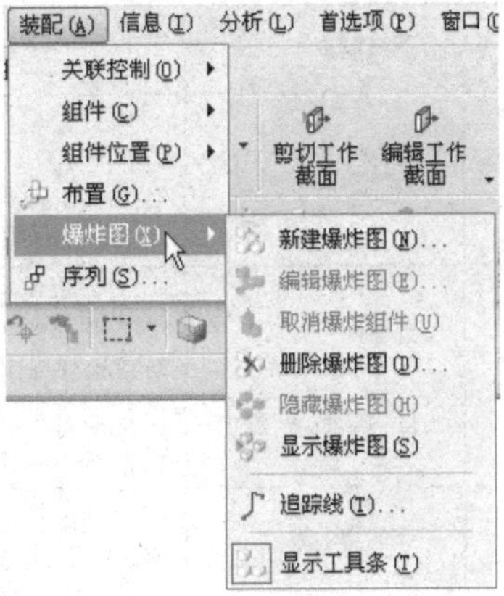

图 7-8 “爆炸图”级联菜单

- “序列”命令：该命令用于打开“装配序列”任务环境以控制组件装配或拆卸的顺序，并仿真组件运动。

4.“分析”菜单

在装配设计中，使用“分析”菜单中的相关命令是很实用的，例如测量距离、测量角度、分析简单干涉和装配间隙等。“分析”菜单提供的命令选项如图 7-10 所示。

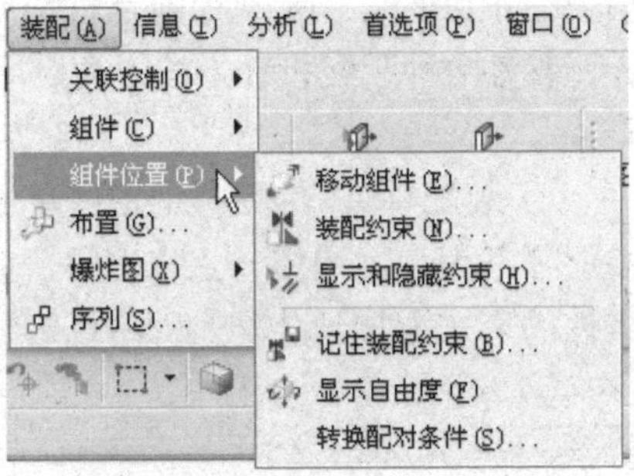

图 7-9 “组件位置”级联菜单

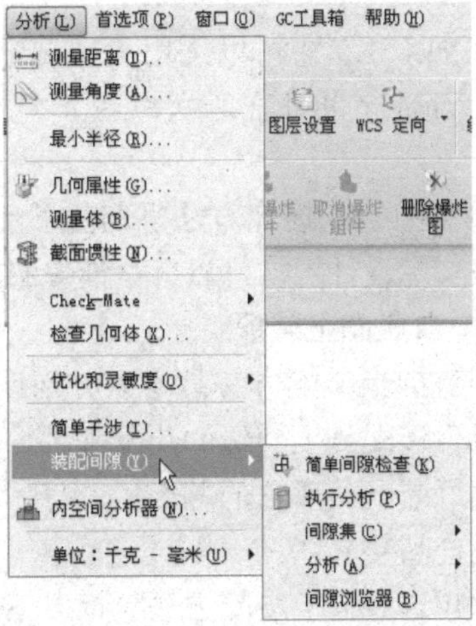

图 7-10 “分析”菜单

7.1.2 装配术语

为了更好地学习装配设计知识，在本小节中简要地介绍一些装配术语，如装配体、子装配体、组件与组件对象、自顶而下建模、自下而上建模、上下文中设计、配对条件和应用集。相关的常见装配术语如表 7-1 所示。

表 7-1 一些常用的装配术语

序 号	术语名称	定 义	备 注
1	装配体	把单独零件或子装配部件按照设定关系组合而成的装配部件	任何一个.prt 文件都可以看作是装配部件或子装配部件
2	子装配体	在上一级装配中被当作组件来使用的装配部件	一个装配体中可以包含若干个子转配体
3	组件与组件对象	组件是指在装配模型中指定配对方式的部件或零件的使用，每一个组件都有一个指针指向部件文件，即组件对象；组件对象是用来链接装配部件或子装配部件到主模型的指针实体	组件可以是子装配部件，也可以是单个零件；组件对象纪录着部件的诸多信息，如名称、图层、颜色和配对关系等
4	自顶而下建模	首先规划装配结构，在装配部件的顶级向下设计子装配部件和零件等，可在装配级中对组件部件进行编辑或创建	任何在装配级上对部件的更改都会自动反映到相关组件中，保持设计一致性
5	自下而上建模（自底向上）	先对部件和组件进行单独创建和编辑，然后将它们按照一定的关系装配成子装配部件或装配部件	在零件级上对部件进行改变会自动更新到装配体中
6	上下文中设计	当装配部件中某组件设置为工作组件时，可以对其在装配过程中对组件几何模型进行创建和编辑	主要用于在装配过程中参考其他零部件的几何外形进行设计
7	配对条件	用来定位一组件在装配中的位置和方位	配对通常由在装配部件中两组件之间特定的约束关系来完成
8	引用集	指要装入到装配体中的部分几何对象；引用集可以包含零部件的名称、原点、方向、几何对象、基准、坐标系等信息	在装配过程中，由于部件文件包括实体、草图、基准特征等许多图形数据，而装配部件中只需要引用部分数据，因而采用引用集的方式把部分数据单独装配到装配部件中

7.1.3 装配方法概述

在 NX 7.5 中可以采用虚拟装配方式，只需通过指针来引用各零部件模型，使装配部件和零部件之间存在着关联性，这样当更新零部件时，相应的装配文件也会跟着一起自动更新。

典型的装配设计方法思路主要有两种，一种是自底向上装配，另一种则是自顶向下装配。在实际设计中，可以根据情况选用哪种装配方法，或者两种装配设计方法混合应用。

1. 自底向上装配

自底向上装配方法是指先分别创建最底层的零件（子装配件），然后再把这些单独创建好的零件装配到上一级的装配部件，直到完成整个装配任务为止。通俗一点来理解，就是首先创建好装配体所需的各个零部件，接着将它们以组件的形式添加到装配文件中以形成一个所需的产品装配体。

采用自底向上装配方法包括以下两大设计环节。

- 设计环节一：装配设计之前的零部件设计。

● 设计环节二：零部件装配操作过程。

2. 自顶向下装配

自顶向下装配设计主要体现在从一开始便注重产品结构规划，从顶级层次向下细化设计。这种设计方法适合协作能力强的团队采用。自顶向下装配设计的典型应用之一是先新建一个装配文件，在该装配中创建空的新组件，并使其成为工作部件，然后按上下文中设计的设计方法在其中创建所需的几何模型。

在装配文件中创建的新组件可以是空的，也可以包含加入的几何模型。在装配文件中创建新组件的一般方法如下。

① 在“装配”工具栏中单击“新建组件”按钮，或者在菜单栏中选择“装配”|“组件”|“新建组件”命令，系统弹出“新组件文件”对话框，如图 7-11 所示。

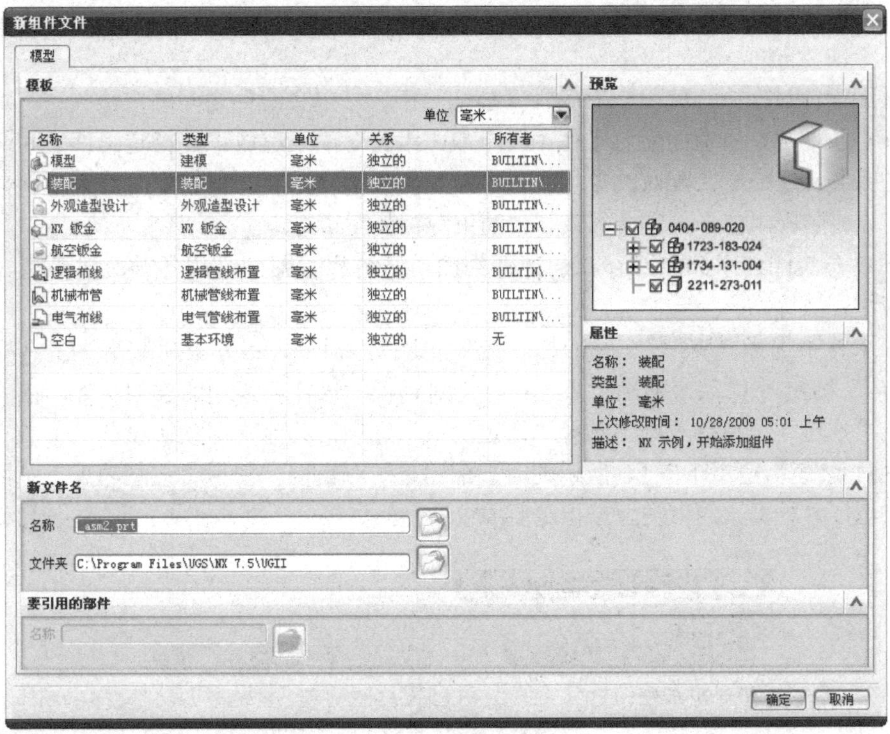

图 7-11 “新组件文件”对话框

② 指定模型模板，设置名称和文件夹后，单击“确定”按钮，系统弹出“新建组件”对话框，如图 7-12 所示。

③ 为新组件选择对象，也可以根据实际情况或设计需要不做选择以创建空组件。另外，可以设置是否添加定义对象。

④ 展开“设置”选项组，如图 7-13 所示：在“组件名”文本框中可指定组件名称；从“引用集”下拉列表框中选择一个引用集选项；从“图层选项”下拉列表框中指定组件安放的图层；在“组件原点”下拉列表框中选择“WCS”选项或“绝对”选项，以定义是采用工作相对坐标还是绝对坐标；“删除原对象”复选框则用于设置是否删除原先的几何模型对象。

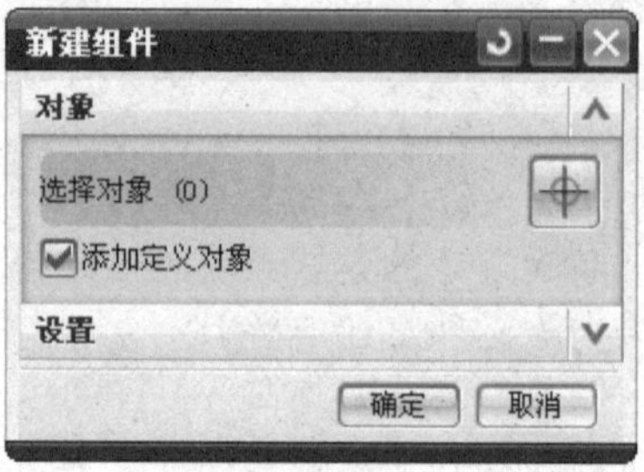

图 7-12 “新建组件”对话框

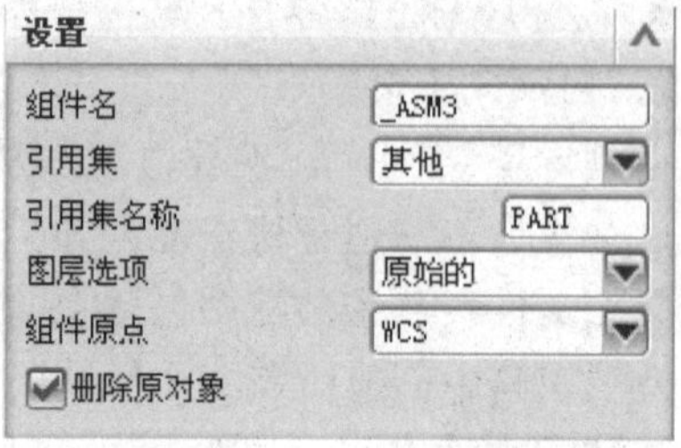

图 7-13 在“设置”选项组中设置

5 在“新建组件”对话框中单击“确定”按钮。

7.2 使用配对条件

在装配设计过程中，使用配对条件（装配约束）来定义组件之间的定位关系。那么如何来理解配对条件呢？所谓的配对条件由一个或一组配对约束组成，使指定组件之间通过一定的约束关系装配在一起。配对约束用来限制装配组件的自由度。根据配对约束限制自由度的多少，可以将装配组件分为完全约束和欠约束两种装配状态。

下面以在装配体中添加已存在的部件为例，结合相关图例介绍各种配对类型（约束类型）的应用方法等。

在菜单栏中选择“装配”|“组件”|“添加组件”命令，或者在“装配”工具栏中单击“添加组件”按钮，系统弹出“添加组件”对话框，选择要添加的部件文件，在“放置”选项组的“定位”下拉列表框中选择“通过约束”选项，其他采用默认设置，单击“应用”按钮，此时系统弹出如图 7-14 所示的“装配约束”对话框。利用“装配约束”对话框，选择约束类型，并根据该约束类型来指定要约束的几何体等。

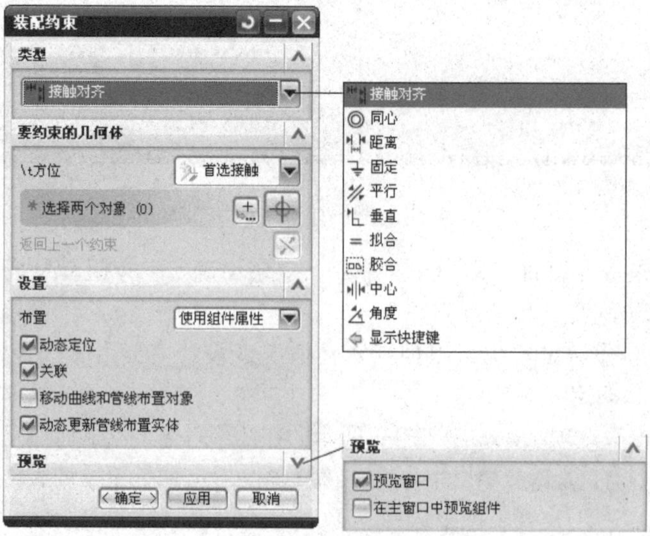

图 7-14 “装配约束”对话框

7.2.1 “接触对齐”约束

展开“装配约束”对话框的“类型”选项组，从其下拉列表框中选择“接触对齐”约束选项，此时在“要约束的几何体”选项组的“\t 方位”下拉列表框中提供了“首选接触”、“接触”、“对齐”和“自动判断中心/轴”这些方位选项，如图 7-15 所示。

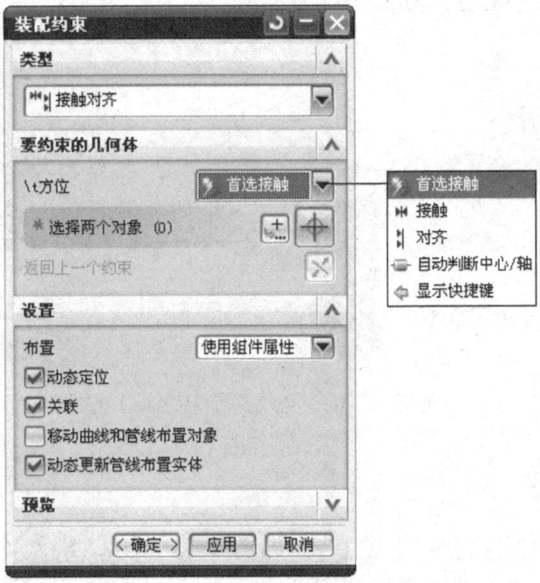

图 7-15 选择“接触对齐”约束选项

- “首选接触”：选择该对象时，系统提供的方位方式首选为接触，此为默认选项。
- “接触”：选择该方位方式时，指定的两个相配合对象接触（贴合）在一起。如果要配合的两对象是平面，则两平面贴合且默认法向相反，此时用户可以单击“返回上一个约束”按钮进行切换设置，约束效果如图 7-16a 所示；如果要配合的两对象是圆柱面，则两圆柱面以相切形式接触，用户可以根据实际情况设置是外相切还是内相切，此情形的接触约束效果如图 7-16b 所示。

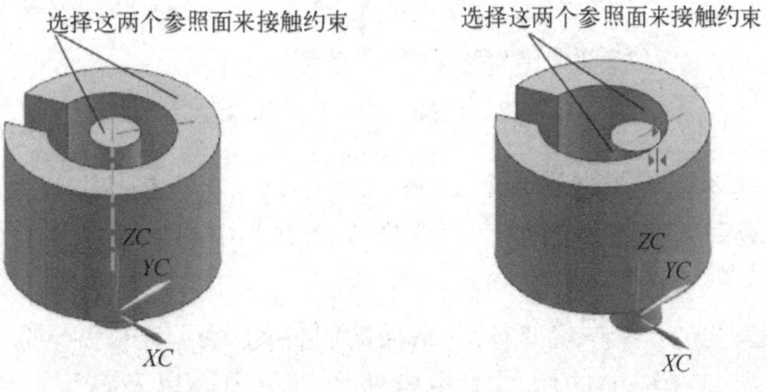

a) b)

图 7-16 “接触对齐”约束的接触示例

a) 接触约束的情形 1 b) 接触约束的情形 2

● “对齐”：选择该方位方式时，将对齐选定的两个要配合的对象。对于平面对象而言，将默认选定的两个平面共面并且法向相同，同样可以进行反向切换设置。对于圆柱面，也可以实现面相切约束，还可以对齐中心线。用户可以总结或对比一下“接触”与“对齐”方位约束的异同之处。
● “自动判断中心/轴”：选择该方位方式时，可根据所选参照曲面来自动判断中心/轴，实现中心/轴的接触对齐，如图 7-17 所示。

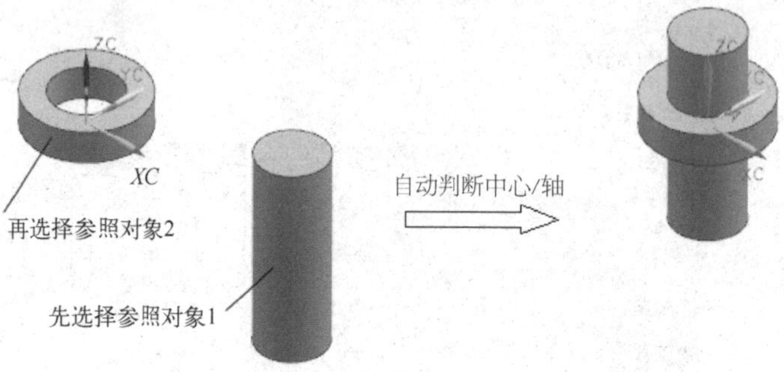

图 7-17 “接触对齐”的“自动判断中心/轴”方位约束示例

7.2.2 “中心”约束

“中心”约束是配对约束组件中心对齐。如图 7-18 所示，从“类型”下拉列表框中选择“中心”选项时，该约束类型的子类型包括“1 对 2”、“2 对 1”和“2 对 2”。

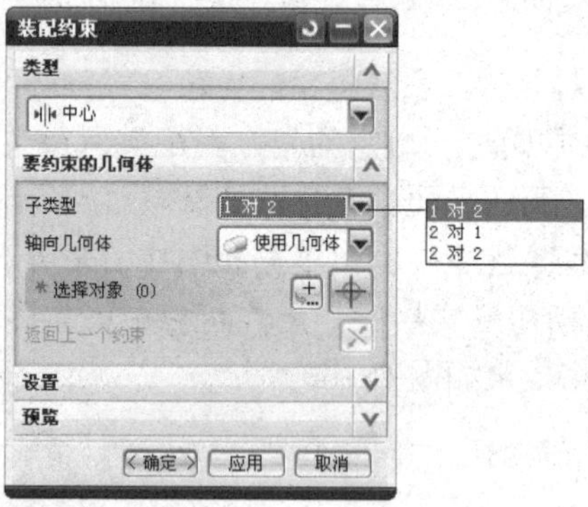

图 7-18 选择“中心”约束类型

● “1 对 2”：选择该子类型选项时，添加的组件一个对象中心与原有组件的两个对象中心对齐，即需要在添加的组件中选择一个对象中心以及在原有组件中选择两个对象中心。
● “2 对 1”：选择此子类型选项时，添加的组件两个对象中心与原有组件的一个对象中心对齐。需要在添加的组件上指定两个对象中心以及在原有组件中指定一个对象中心。
● “2 对 2”：选择此子类型选项时，添加的组件两个对象中心与原有组件的两个对象中心对齐，即需要在添加的组件和原有组件上各选择两个参照定义对象中心。

7.2.3 “胶合”约束

在“装配约束”对话框的“类型”下拉列表框中选择“胶合”约束选项，此时可以为“胶合”约束选择要约束的几何体或拖动几何体。使用“胶合”约束可以将添加进来的组件随意拖放到指定的位置，例如可以往任意方向平移，但不能旋转。

7.2.4 “角度”约束

“角度”约束定义配对约束组件之间的角度尺寸，该约束的子类型有“3D 角”和“方向角度”。

当设置“角度”约束子类型为“3D 角”时，需要选择两个有效对象（在组件和装配体中各选择一个对象，如实体面），并设置这两个对象之间的角度尺寸，如图 7-19 所示。

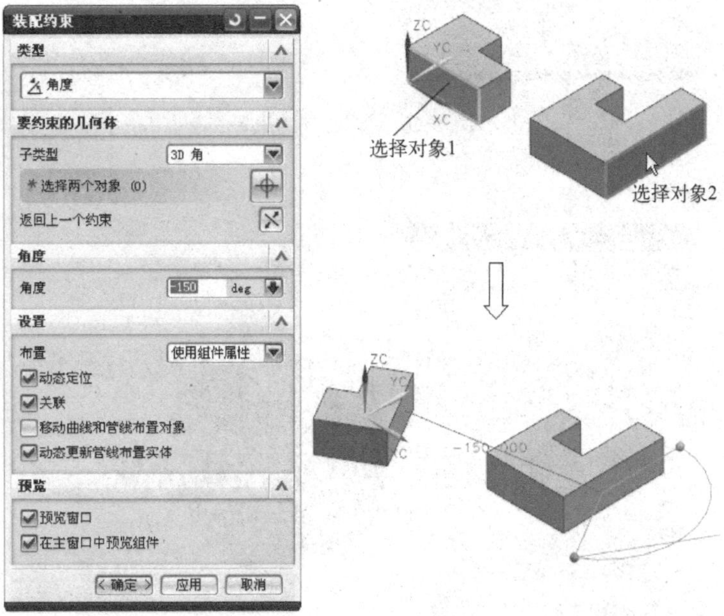

图 7-19 “角度”约束

当设置“角度”约束子类型为“方向角度”时，需要选择 3 个对象，其中一个对象为轴或边。

7.2.5 “同心”约束

“同心”约束是使选定的两个对象同心。如图 7-20 所示为采用“同心”约束的示例，选择“同心”类型选项后，分别在装配体原有组件中选择一个端面圆（圆对象）和在添加的组件中选择一个端面圆（圆对象）。

7.2.6 “距离”约束

“距离”约束是约束组件对象之间的最小距离，选择该约束类型选项时，在选择要约束的两个对象参照后，需要输入这两个对象之间的最小距离，距离可以是正数，也可以是负数。采用“距离”约束的示例如图 7-21 所示。

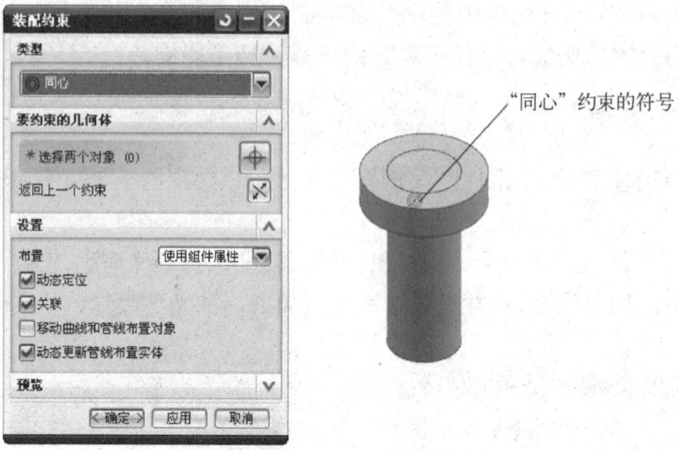

图 7-20 “同心”约束

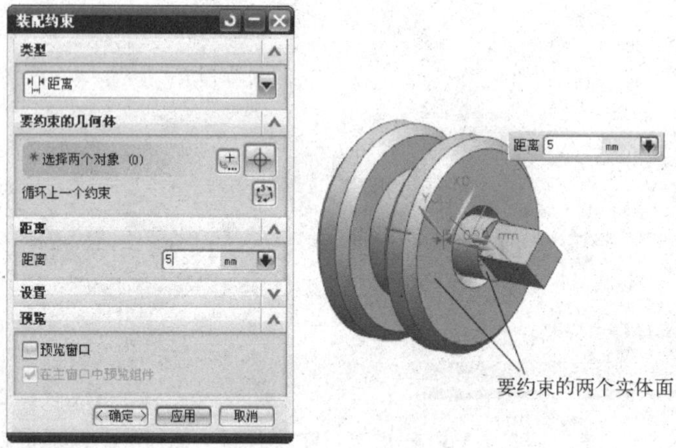

图 7-21 “距离”约束

7.2.7 “平行”约束

“平行”约束是指配对约束组件的方向矢量平行。如图 7-22 所示，该示例中选择两个实体面来定义方式矢量平行。

7.2.8 “垂直”约束

“垂直”约束是指配对约束组件的方向矢量垂直。该约束类型和“平行”约束类型类似，只是方向矢量不同而已。应用“垂直”约束的示例如图 7-23 所示。

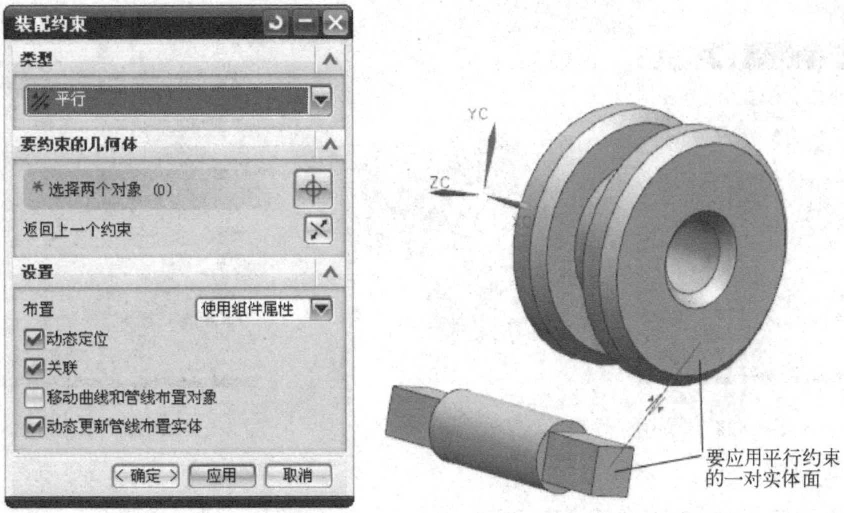

图 7-22　“平行”约束的示例

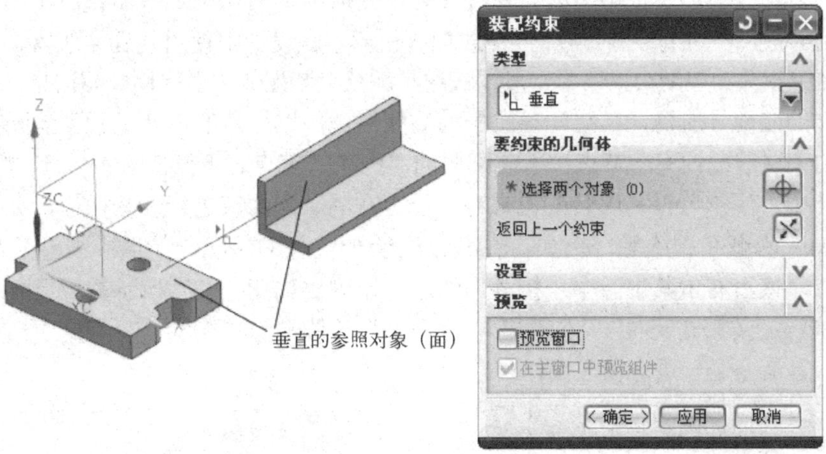

图 7-23　“垂直”约束的示例

7.2.9　“固定”约束

“固定”约束用于将组件在装配体中的当前指定位置处固定。在“装配约束”对话框的“类型”下拉列表框中选择“固定”选项时，此时系统提示为“固定”选择对象或拖动几何体。用户可以使用鼠标将添加的组件按住拖到装配体中合适的位置处，然后分别选择对象来在当前位置处固定它们，固定的几何体会显示固定符号，如图 7-24 所示。

7.2.10　“拟合”约束

在“装配约束”对话框的“类型”下拉列表框中选择“拟合”选项时，“要约束的几何体”选项组中的“选择两个对象”栏处于被激活状态，如图 7-25 所示，由用户选择两个有效对象（要约束的几何体）。

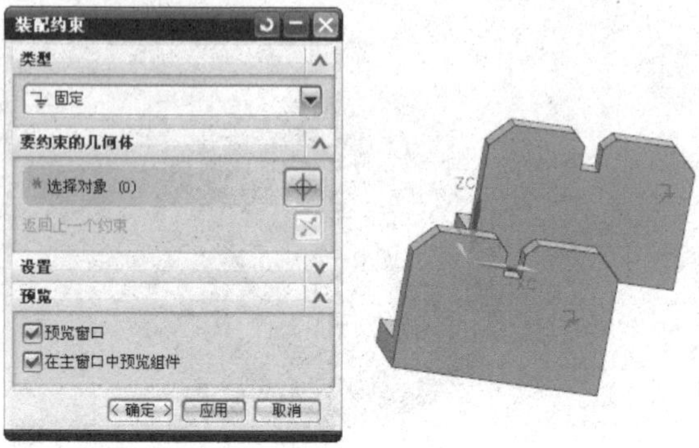

图 7-24 “固定”约束

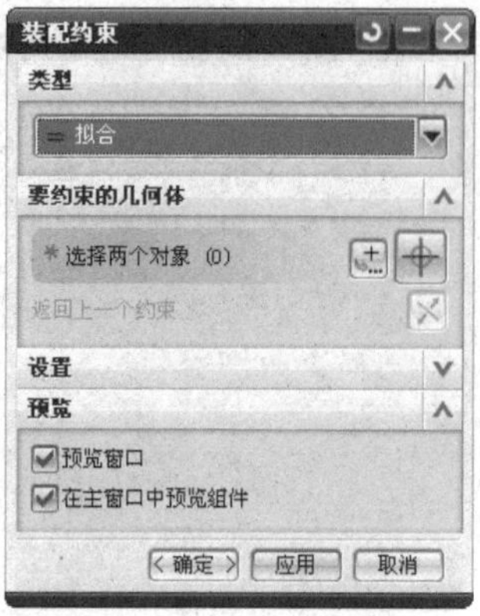

图 7-25 选择“拟合”约束选项

7.3 使用装配导航器

NX 的装配导航器是很实用的。要打开装配导航器，则在位于绘图窗口左侧的资源条中单击“装配导航器”图标，从而打开装配导航器。在设计中使用装配导航器，可以直观地查阅装配体中相关的装配约束信息，可以快速了解整个装配体的组件构成等信息。图 7-26 为某装配文件的装配导航器，在装配导航器的装配树中，以树节点的形式显示了装配部件内部使用的装配约束（装配约束子节点位于装配树的“约束”节点之下）。

在设计中，用户可以利用装配树来对已经存在的装配约束进行一些操作，如重新定义、反向、抑制、隐藏和删除等。例如，在某一个装配文件的装配导航器中展开装配树的“约束”树节点，接着右击其中一个“接触”约束，则弹出如图 7-27 所示的快捷菜单，从中可以选择“重新定义”、“反向”、“抑制”、“重命名”、“隐藏”、“删除”、“特定于布置”、“在布置中编辑”等命令之一进行相应操作。

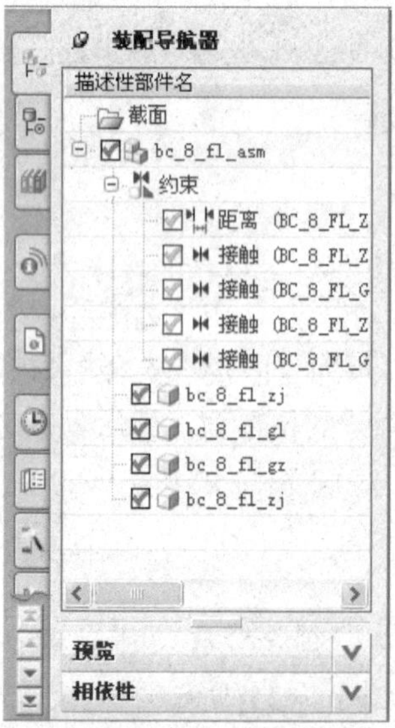

图 7-26 装配导航器

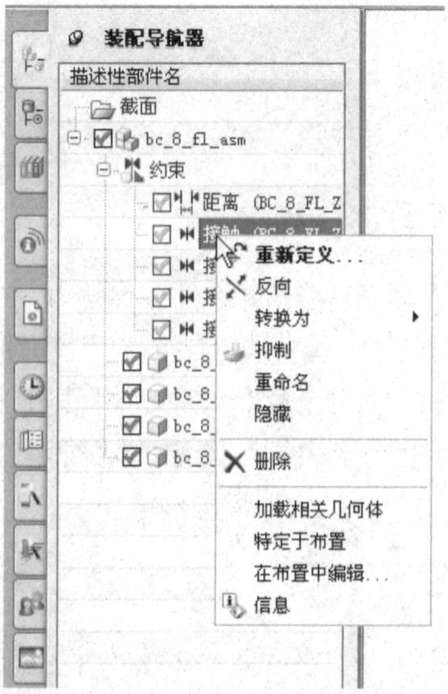

图 7-27 通过装配树对约束进行操作

7.4 组件应用

在装配模式下的组件应用包括这些内容：新建组件、添加组件、镜像装配、创建组件阵列、编辑组件阵列、移动组件、替换组件、装配约束、新建父对象、显示自由度、显示和隐藏约束、设置工作部件与显示部件等。下面介绍这些中常用的组件应用知识。

7.4.1 新建组件

在装配模式下可以新建一个组件，该组件可以是空的，也可以加入复制的几何模型。通常在自顶向下装配设计中进行新建组件的操作。

在一个装配文件中，如果要新建一个组件，那么可按照如下简述的步骤进行。

1 在菜单栏中选择“装配”|“组件”|“新建组件”命令，或者在“装配”工具栏中单击“新建组件”按钮，系统弹出“新组件文件”对话框。

2 在该对话框中指定模型模板，设置名称和文件夹等，然后单击“确定”按钮，弹出“新建组件”对话框。

3 此时，可以为新组件选择对象，也可以根据实际情况或设计需要不做选择以创建空组件。接着在“新建组件”对话框的“设置”选项组中分别指定组件名、引用集、图层选项、组件原点等，如图 7-28 所示。

4 在“新建组件”对话框中单击“确定”按钮。

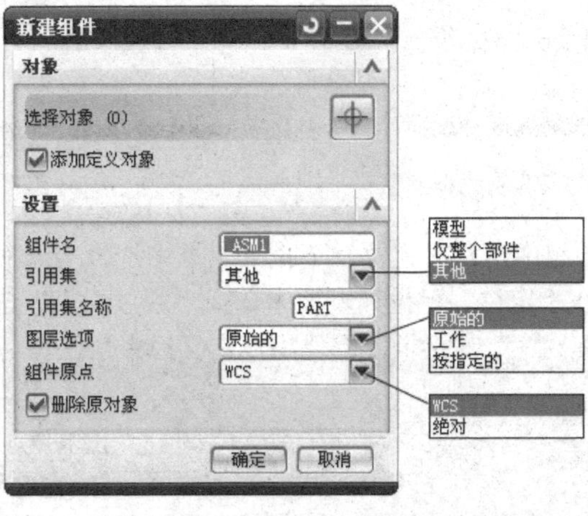

图 7-28 “新建组件”对话框

7.4.2 添加组件

设计好相关的零部件之后，可以在装配环境下通过“添加组件”方式并定义装配约束等来装配零部件。

添加组件的典型操作方法说明如下。

1 在菜单栏中选择“装配”|“组件”|“添加组件”命令，或者在“装配”工具栏中单击“添加组件”按钮，系统弹出如图 7-29 所示的“添加组件”对话框。“添加组件”

对话框具有“部件”选项组、“放置”选项组、“复制”选项组、“设置”选项组和“预览”选项组。

② 使用“部件”选项组来选择部件。可以从“已加载的部件”列表框中选择部件（“已加载的部件”列表框中显示的部件为先前装配操作加载过的部件），也可以从“最近访问的部件”列表框中选择部件，还可以在“部件”选项组中单击“打开”按钮，接着利用弹出的“部件名”对话框选择所需的部件来打开。初始默认情况下，选择的部件将在单独的“组件预览”窗口中显示，如图 7-30 所示。

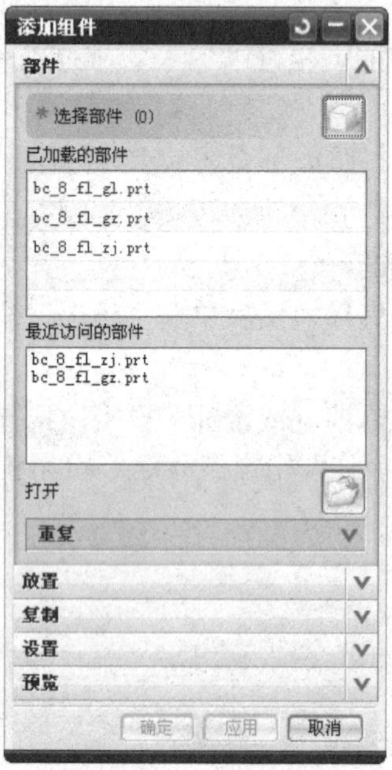

图 7-29 “添加组件”对话框

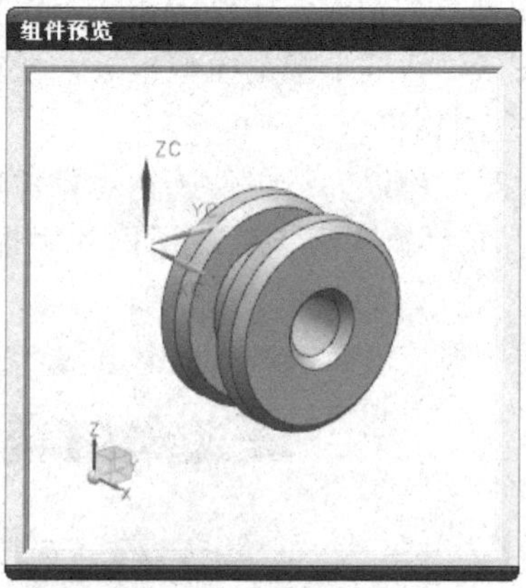

图 7-30 “组件预览”窗口

③ 在“放置”选项组中，从“定位”下拉列表框中选择要添加的组件定位方式选项，如图 7-31 所示。倘若在“定位”下拉列表框中选择“通过约束”选项，并单击“应用”按钮后，系统将弹出“装配约束”对话框，需要用户定义约束条件。

图 7-31 选择定位方式和复制方式

通常在新装配文件中添加进的第一个组件采用“绝对原点”或“通过原点”方式定位。

如果需要，可以在“复制”选项组中的“多重添加”下拉列表框中选择“无”、“添加后重复”或“添加后生成阵列”选项，如图 7-32 所示。

④ 在“设置”选项组中，选择引用集和安放图层选项，如图 7-33 所示。其中，“图层”选项有“原始的”、“工作”和“按指定的”3 个选项。“原始的”图层是指添加组件所在

的图层；“工作”图层是指装配的操作层；“按指定的”图层是指用户指定的图层。

图 7-32 设置多重添加选项

图 7-33 选择引用集和安放的图层

5 单击“应用”按钮或“确定”按钮，继续操作直到完成装配。

7.4.3 镜像装配

在装配设计模式下，可以很方便地创建整个装配或选定组件的镜像版本。如图 7-34 所示的装配示例，在装配体中先装配好一个非标准的内六角头螺栓，然后采用镜像装配的方法在装配体中装配好另一个规格相同的内六角头螺栓。

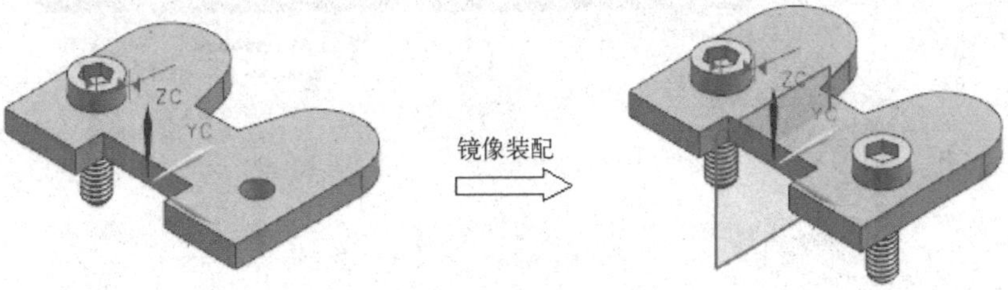

图 7-34 镜像装配示例

下面以该镜像装配示例（装配原文件为“nc_7_jx_asm.prt”）为例辅助介绍镜像装配的典型方法及步骤。

1 单击“打开”按钮，系统弹出“打开”对话框，选择“nc_7_jx_asm.prt”文件，单击“OK”按钮，该文件中已有的装配体如图 7-35 所示。

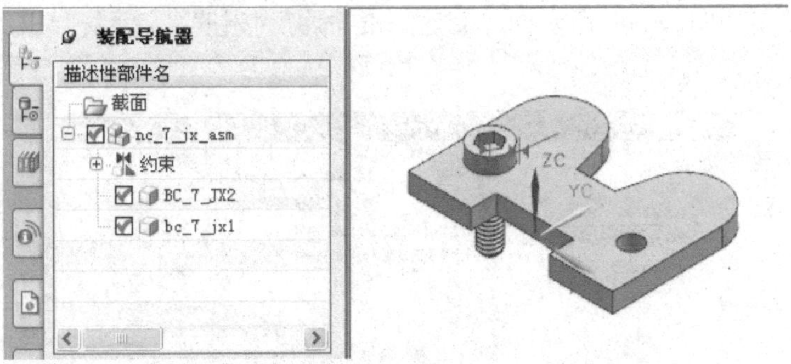

图 7-35 已有装配体

2 在“装配”工具栏中单击“镜像装配”按钮，或者从菜单栏中选择“装配”|“组件”|“镜像装配”命令，系统弹出如图 7-36 所示的“镜像装配向导”对话框。

3 在“镜像装配向导”对话框中单击“下一步”按钮。

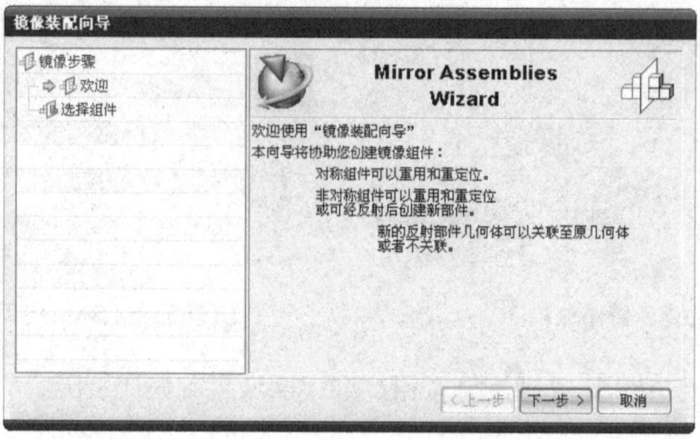

图 7-36 “镜像装配向导”对话框 1

④ 系统提示选择要镜像的组件。在本例中选择已经装配到装配体中的第一个内六角头螺栓，此时“镜像装配向导”对话框如图 7-37 所示。

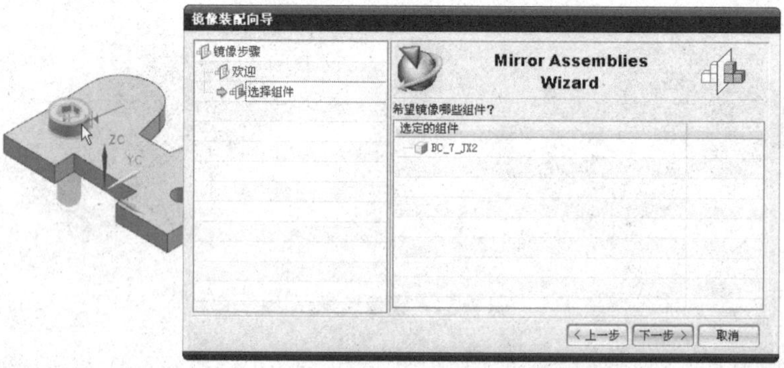

图 7-37 “镜像装配向导”对话框 2

⑤ 在“镜像装配向导”对话框中单击“下一步”按钮。

⑥ 系统提示选择镜像平面。由于没有所需的平面作为镜像平面，则在“镜像装配向导”对话框中单击如图 7-38 所示的“创建基准平面”按钮，系统弹出“基准平面”对话框。

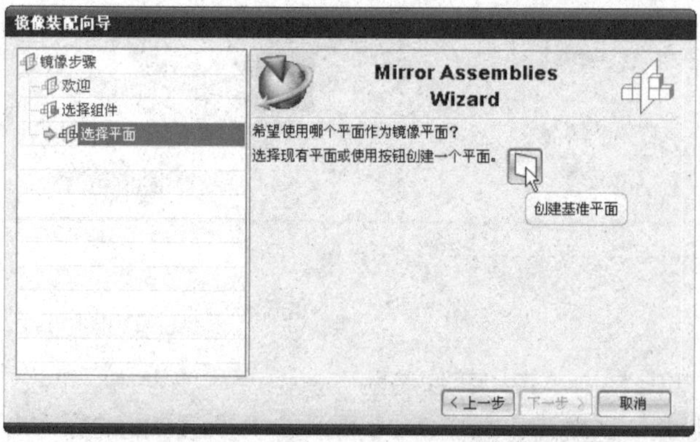

图 7-38 单击“创建基准平面”按钮

在“基准平面”对话框的“类型”下拉列表框中选择“YC-ZC 平面”，接着设置距离为0，如图 7-39 所示，然后单击“确定”按钮，从而创建所需的基准平面。

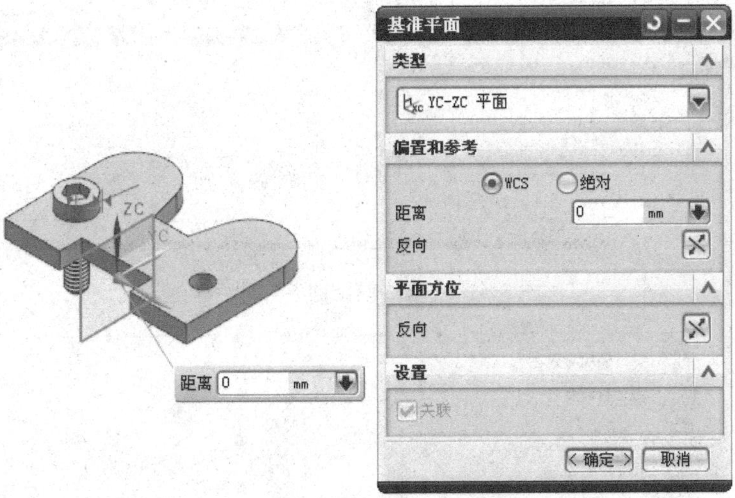

图 7-39 创建基准平面

7 在“镜像装配向导”对话框中单击“下一步”按钮，此时系统提示选择要更改其初始操作的组件，直接在如图 7-40 所示的“镜像装配向导”对话框中单击“下一步”按钮。

图 7-40 “镜像装配向导”对话框

8 “镜像装配向导”对话框变为如图 7-41 所示，同时系统给出一个镜像装配结果。如果需要，用户可以单击“在几种镜像方案之间切换”按钮，在几种镜像方案之间切换以获得满足设计要求的镜像装配效果。注意另外几个按钮的功能应用。在本例中直接单击“完成”按钮，获取满足设计要求的镜像组件，最终的装配结果如图 7-42 所示。

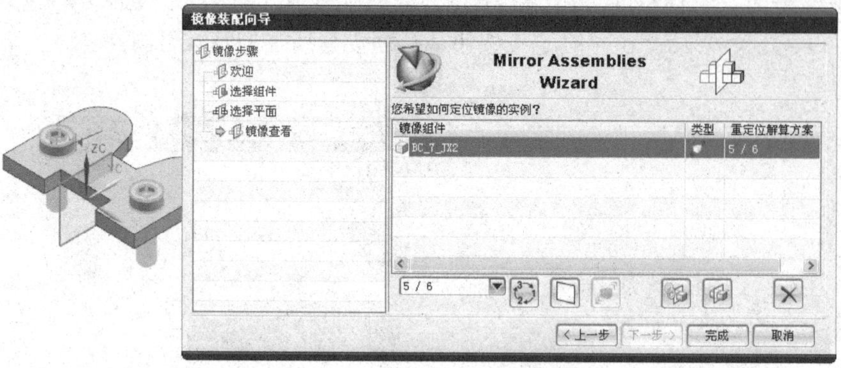

图 7-41 “镜像装配向导”对话框

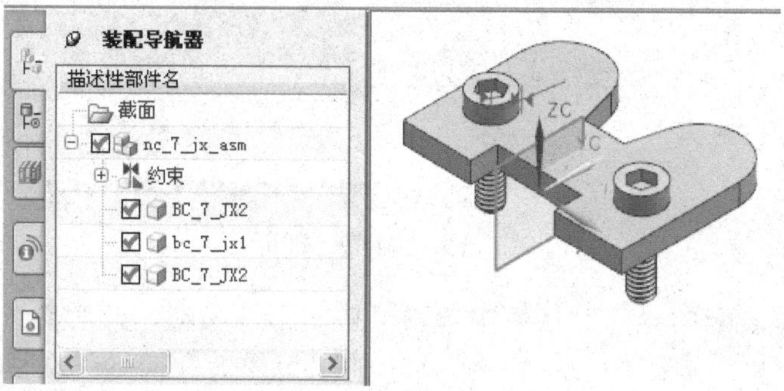

图 7-42 装配镜像结果

7.4.4 创建组件阵列

使用系统提供的“创建组件阵列”功能，可以快速地将组件复制到矩形或圆形图样中。组件阵列是快速装配相同零部件的一种装配方式，它要求这些相同零部件的安装方位要具有某种的阵列参数关系。

创建组件阵列实例的示例如图 7-43 所示，在该装配体中，位于定位孔处的部件是采用组件阵列的方式来完成装配的。在创建组件阵列之前，首先需要在装配体中准备要阵列的组件（源组件或模板组件），注意定义源组件的基本特性，包括组件部件名称、颜色、图层和装配约束等。

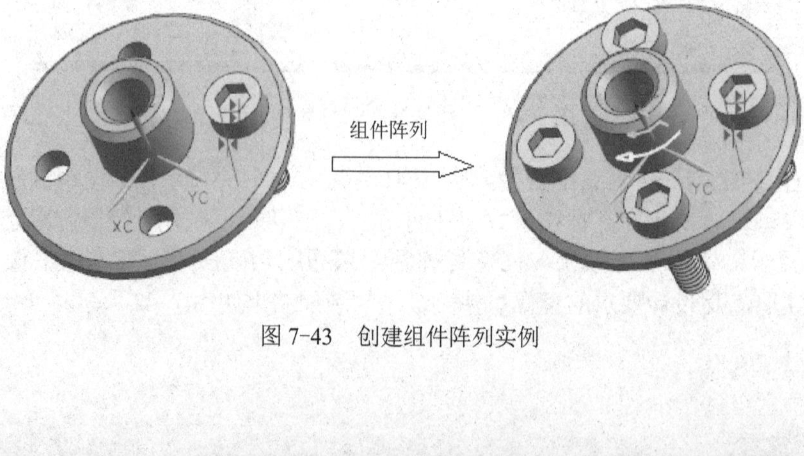

图 7-43 创建组件阵列实例

要创建组件阵列，则在菜单栏中选择“装配”|“组件”|“创建组件阵列”命令，系统弹出如图 7-44 所示的“类选择”对话框，选择要阵列的组件，接着单击“类选择”对话框中的“确定”按钮，此时系统弹出如图 7-45 所示的“创建组件阵列”对话框。

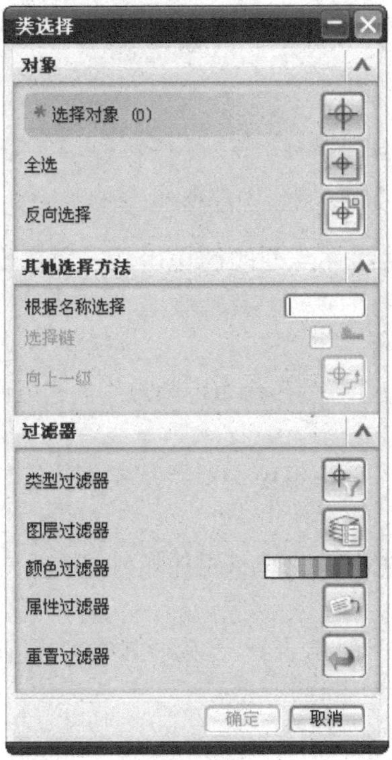

图 7-44 “类选择”对话框

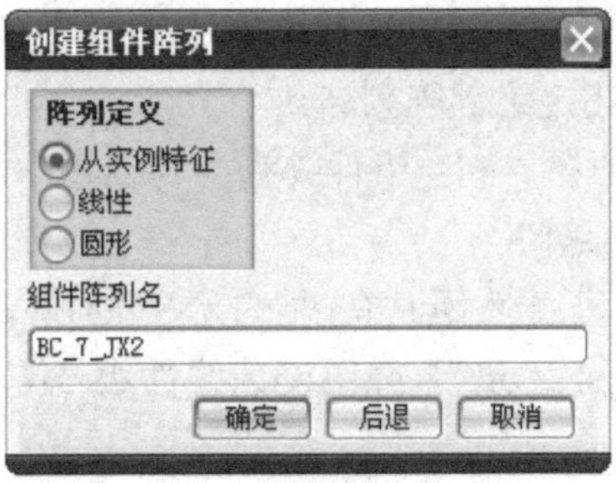

图 7-45 “创建组件阵列”对话框

说明（操作技巧）：用户也可以先选择要阵列的组件，然后在菜单栏中选择“装配”|“组件”|“创建组件阵列”命令，此时可直接打开“创建组件阵列”对话框。

从“创建组件阵列”对话框中可以看出，创建组件阵列时有 3 种阵列方式，即“从实例特征”、“线性”和“圆形”，这些阵列方式的含义和说明如下。

1. 从实例特征

采用“从实例特征”方式创建的组件阵列是基于实例特征的阵列，它根据源组件的装配约束来定义阵列组件的装配约束，并在其参照的某实例特征的阵列基础上来创建组件阵列。这是有一定的操作要求的，即要求源组件在装配体中安装时需要参照装配体中的某一个实例特征，否则会造成阵列模板没有与有效的特征实例配对的问题。

采用“从实例特征”方法创建组件阵列的示例如图 7-46 所示，其中，在装配体装配的第一个组件中，其 4 个孔特征是通过圆形阵列实例特征来创建的。基于特征实例的这种阵列主要用于装配螺栓、螺钉等组件。

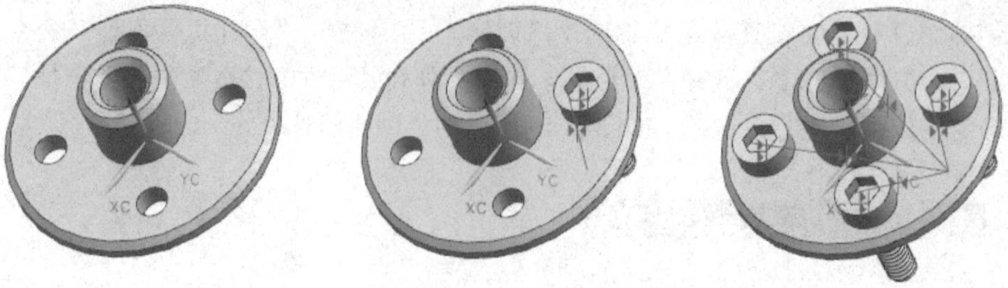

a)　　b)　　c)

图 7-46　从实例特征创建组件阵列

a) 在装配体装配的第一个组件　b) 参照圆形阵列的孔装配螺栓　c) 创建组件阵列

下面简要地介绍采用“从实例特征”方法创建组件阵列的操作步骤。用户可以打开“bc_7_cjzjzl_1.prt”文件来辅助学习。

1 在装配组件中选择按照配对方式装配好的组件。

2 在菜单栏中选择“装配”|“组件”|“创建组件阵列”命令，弹出“创建组件阵列”对话框。

3 在“创建组件阵列”对话框的“阵列定义”选项组中选择“从实例特征”单选按钮，并指定组件阵列名。

4 在“创建组件阵列”对话框中单击“确定”按钮，完成该组件阵列。

2. 线性

创建线性组件阵列的示例如图 7-47 所示。下面结合该示例（其练习模型文件为“bc_cjzjzl_2.prt”）介绍创建线性组件阵列的典型方法和步骤。

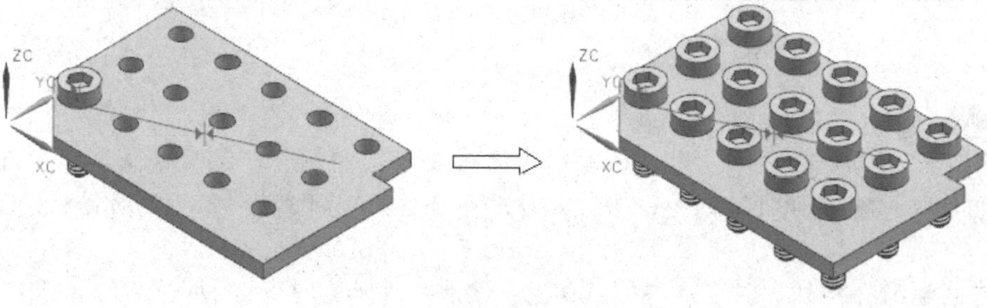

图 7-47　创建线性组件阵列的示例

1 打开练习模型文件“bc_cjzjzl_2.prt”。该装配文件中已经将模板组件添加到装配部件中，并已建立其装配约束。在这里首先选中模板组件（要阵列的组件）。

2 在菜单栏中选择“装配”|“组件”|“创建组件阵列”命令，系统弹出“创建组件阵列”对话框。

3 在“创建组件阵列”对话框的“阵列定义”选项组中选择“线性”单选按钮。

4 单击“创建组件阵列”对话框中的“确定”按钮，系统弹出如图 7-48 所示的“创建线性阵列”对话框。该对话框提供了 4 种用于定义阵列方向的单选按钮，这些单选按钮的功能含义如表 7-2 所示。

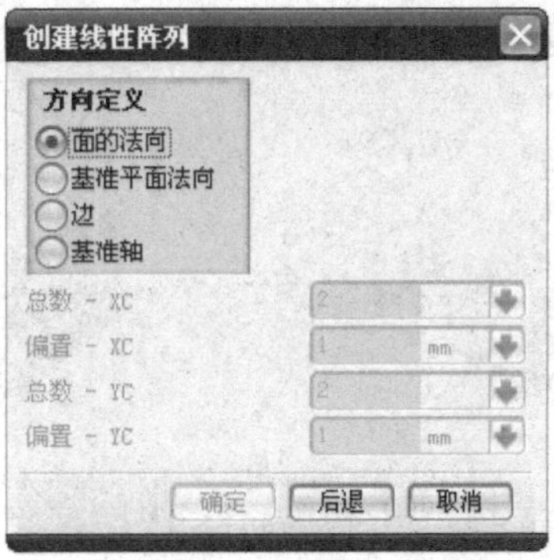

图 7-48 “创建线性阵列”对话框

表 7-2 创建线性阵列的方向定义

序号	方向定义的类型	说明
1	面的法向	选择该单选按钮后选择表面，该表面的法向作为阵列的方向
2	基准平面法向	选择该单选按钮，则通过选择基准平面来将其法向定义阵列的 *XC* 和 *YC* 方向
3	边	选择该单选按钮，则通过选择边线来定义阵列的方向
4	基准轴	选择该单选按钮，则通过选择基准轴来定义阵列的方向

5 完成 *XC* 和 *YC* 方向定义后，分别设置“总数–XC”、“偏置–XC”、“总数–YC”和“偏置–YC”的值。如果只创建单方向阵列组件，则只需定义 *XC* 方向以及设置“总数-XC”、“偏置–XC”的值即可。

例如，选择“边”单选按钮，分别在装配体中选择两条边定义 *XC* 方向和 *YC* 方向，然后在“总数–XC”文本框中输入 *X*C 方向的阵列组件数为 5，在“偏置–XC”文本框中输入 *XC* 方向的阵列距离增量为 18；在“总数–YC”文本框中输入 *YC* 方向的阵列组件数为 3，在“偏置–YC”文本框中输入 *YC* 方向的阵列距离增量为–20（输入负值向相反方向阵列），如图 7-49 所示。

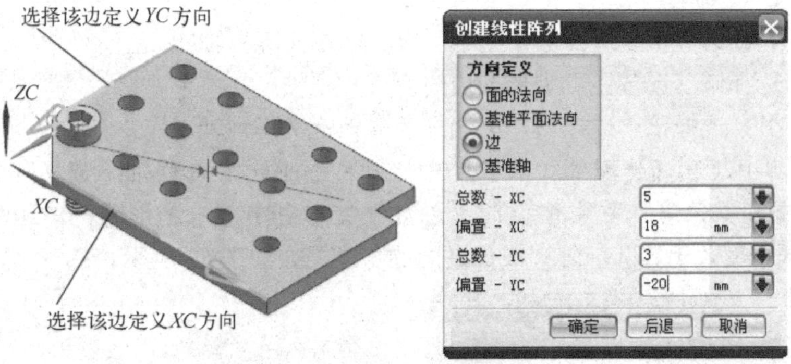

图 7-49 定义线性阵列

6 在“创建线性阵列”对话框中单击“确定”按钮，完成组件阵列。

3. 圆形

创建圆形组件阵列的示例如图 7-50 所示。下面结合该示例（其练习模型文件为

"bc_7_cjzjzl_3.prt"）介绍创建线性组件阵列的典型方法和步骤。

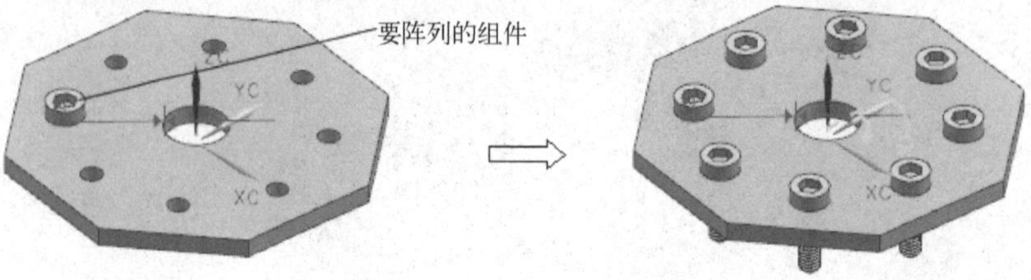

图 7-50　创建圆形组件阵列

❶ 打开练习模型文件"bc_7_cjzjzl_3.prt"，该装配文件中将已经将模板组件添加到装配部件中，并已建立其装配约束。在这里选中模板组件（要阵列的组件）。

❷ 在菜单栏中选择"装配"|"组件"|"创建组件阵列"命令，系统弹出"创建组件阵列"对话框。

❸ 在"创建组件阵列"对话框的"阵列定义"选项组中选择"圆形"单选按钮。

❹ 在"创建组件阵列"对话框中单击"确定"按钮，系统弹出如图 7-51 所示的"创建圆形阵列"对话框。该对话框提供了 3 种用来定义圆形阵列轴的单选按钮，即"圆柱面"、"边"和"基准轴"。

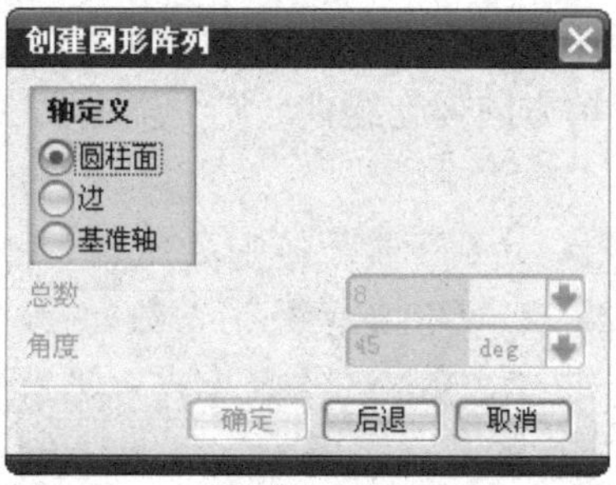

图 7-51 "创建圆形阵列"对话框

- "圆柱面"：选择该单选按钮，则选择圆柱面定义阵列轴。
- "边"：选择该单选按钮，则选择边线定义阵列轴。
- "基准轴"：选择该单选按钮，则选择基准轴定义阵列轴。

❺ 在本例中，选择装配体主零件的中心圆柱面来定义阵列轴。定义阵列轴后，激活"总数"文本框和"角度"文本框。在"总数"文本框中输入圆形阵列的组件成员数，在"角度"文本框中输入相邻圆形阵列成员之间的角度，如图 7-52 所示。

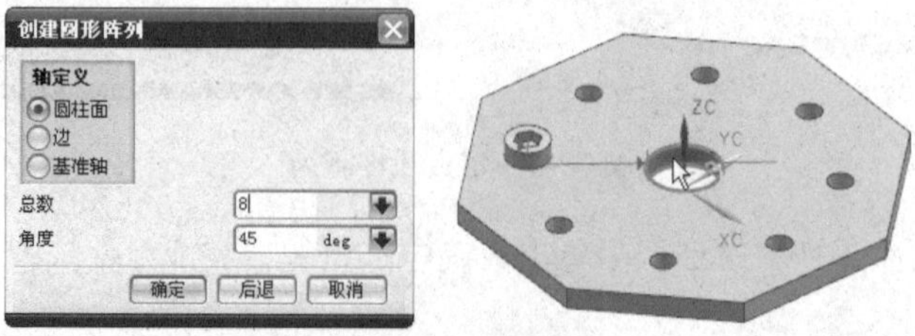

图 7-52 "创建圆形阵列"对话框

⑥ 在“创建圆形阵列”对话框中单击“确定”按钮，完成效果如图 7-53 所示。

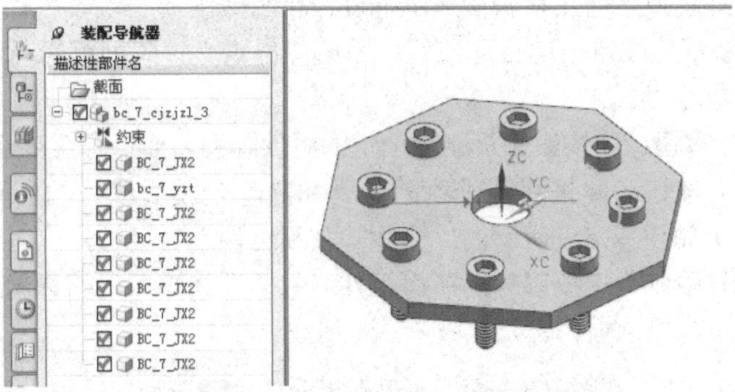

图 7-53　完成创建圆形阵列组件

7.4.5 编辑组件阵列

使用“装配”|“组件”|“编辑组件阵列”命令，可以编辑装配中的现有组件阵列。其操作方法和步骤简述如下。

① 在菜单栏中选择“装配”|“组件”|“编辑组件阵列”命令，系统弹出如图 7-54 所示的“编辑组件阵列”对话框。

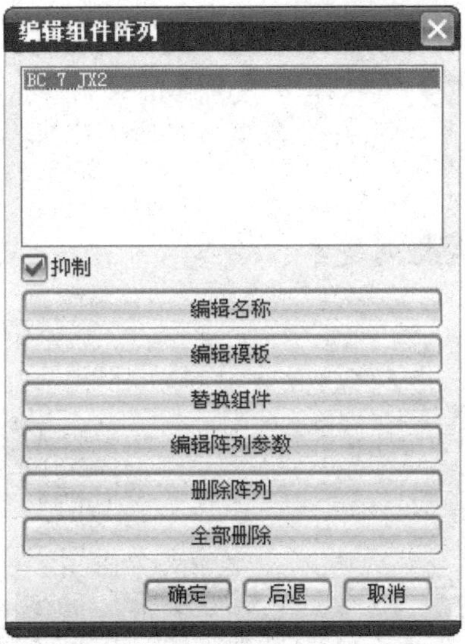

图 7-54 “编辑组件阵列”对话框

② 系统提示从列表选择对象或选择组件。在此操作下选择所需的对象或组件。接着可以设置“抑制”复选框的状态以及单击对话框提供的如下按钮进行组件阵列编辑操作。

- “编辑名称”按钮：单击此按钮，系统弹出“输入名称”对话框，输入新的组件阵列名，然后单击“确定”按钮。
- “编辑模板”按钮：单击此按钮，系统弹出“选择组件”对话框，从其提供的列表中选择阵列的模板组件，单击“确定”按钮即可返回到“编辑组件阵列”对话框。

- “替换组件”按钮：单击此按钮，系统弹出“替换阵列元素”对话框，选择旧组件或从类表中选择替换阵列元素来在提示下进行相应操作。
- “编辑阵列参数”按钮：单击此按钮，系统弹出定义该阵列编辑对话框，从中编辑阵列定义等参数即可。
- “删除阵列”按钮：此按钮用于删除选定的组件阵列，而保留全部组件。
- “全部删除”按钮：此按钮用于删除阵列和除阵列模板以外的所有组件。单击此按钮，系统弹出如图 7-55 所示的“删除阵列和组件”对话框，该对话框给出“这将删除阵列，和移除阵列模板以外的所有组件。您要继续吗？”的提示信息，单击“是”按钮，确定全部删除操作。

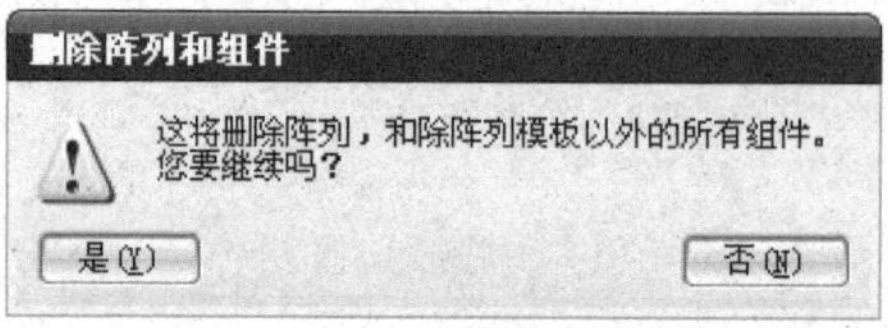

图 7-55 “删除阵列和组件”对话框

7.4.6 移动组件

可以根据设计要求来移动装配中的组件，在进行移动组件操作时要注意组件之间的约束关系。

要移动组件，则在“装配”工具栏中单击“移动组件”按钮，或者在菜单栏中选择“装配”|“组件位置”|“移动组件”命令，系统弹出如图 7-56 所示的“移动组件”对话框。

图 7-56 “移动组件”对话框

选择要移动的组件，接着在“变换”选项组的“运动”下拉列表框中可以选择“动态”、“通过约束”、“距离”、“点到点”、“增量 XYZ”、“角度”、“根据三点旋转”、“CSYS 到 CSYS”或“轴到矢量”定义移动组件的运动类型。选择要移动的组件后，根据所选运动类型选项来定义移动参数，同时用户可以在“复制”选项组中设置复制模式为“不复制”、“复制”或“手动复制”，还可以在“设置”选项组中设置是否仅移动选定的组件，是否动态定位，如何处理碰撞动作等。

例如，在如图 7-57 所示的示例中，将整个装配体（共 9 个组件）绕 *YC* 轴旋转 90°，其操作方法及步骤如下。

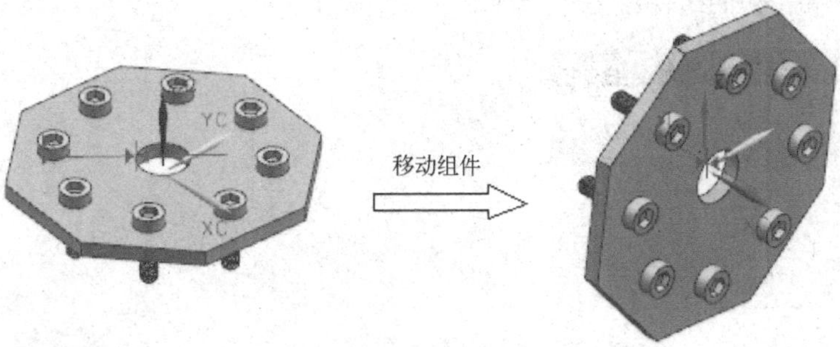

图 7-57 移动组件

❶ 在“装配”工具栏中单击“移动组件”按钮，或者从菜单栏中选择“装配”|“组件位置”|“移动组件”命令，系统弹出“移动组件”对话框。

❷ 在绘图区域选择该装配体（共 9 个组件）。

❸ 在“移动组件”对话框的“变换”选项组的“运动”下拉列表框中选择“角度”选项。

❹ 在“变换”选项组的“指定矢量”最右侧的下拉列表框中选择“YC 轴”的图标选项，接着在“角度”文本框中设置角度为“90”deg（°），如图 7-58 所示。

❺ 在“复制”选项组和“设置”选项组设置的选项如图 7-59 所示。

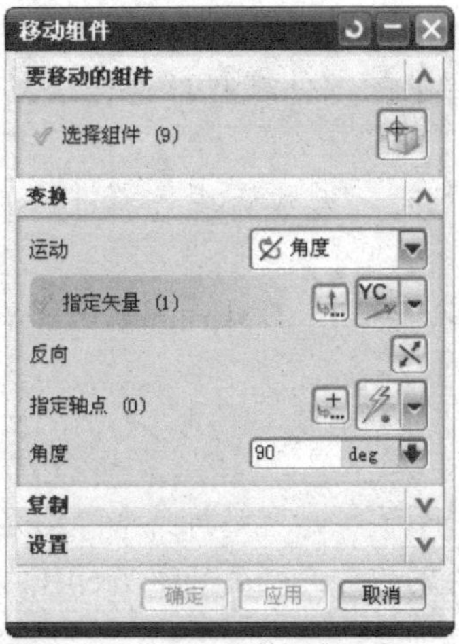

图 7-58 定义旋转轴和绕轴的角度

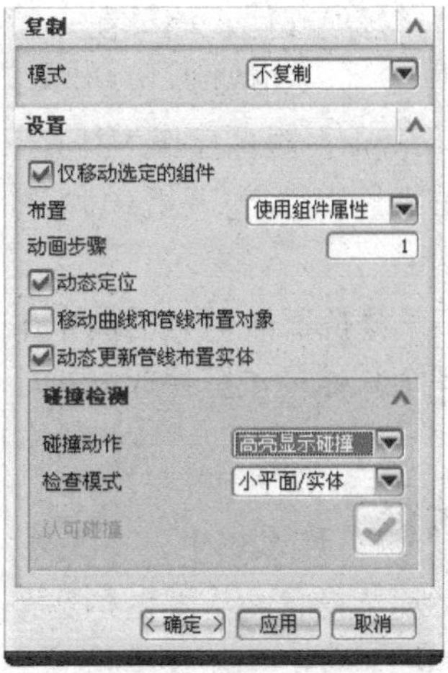

图 7-59 相关设置

❻ 单击“应用”按钮或“确定”按钮，完成移动组件的操作。

7.4.7 替换组件

使用“装配”|“组件”|“替换组件”命令，可以将一个组件替换为另一个组件。下面通过一个典型的操作实例（原文件为“bc_7_thzj.prt”）来介绍替换组件的一般方法及步骤。

❶ 在“装配”工具栏中单击“替换组件”按钮，或者从菜单栏中选择“装配”|“组件”|“替换组件”命令，系统弹出如图 7-60 所示的“替换组件”对话框。

❷ 在绘图区域选择要替换的组件。例如在如图 7-61 所示的装配体中选择其中一个内六角头螺栓作为要替换的组件。

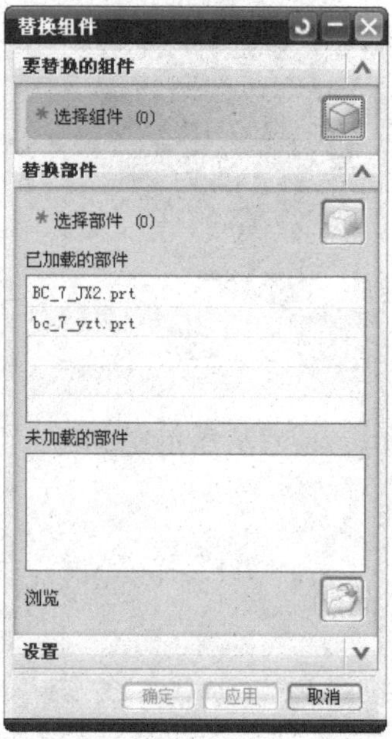

图 7-60 “替换组件”对话框

图 7-61 选择要替换的组件

❸ 选择替换部件。如果在“替换部件”选项组的“已加载的部件”列表中没有所要求的部件，则单击“预览”按钮，找到满足替换要求的部件来打开，在该范例中选择“BC_7_JX_d1.prt”短螺栓作为替换部件。

❹ 在“设置”选项组中勾选“维持关系”复选框，并设置组件属性，如图 7-62 所示。

❺ 在“替换部件”对话框中单击“应用”按钮或“确定”按钮，完成该替换部件的操作，原先那个长螺栓被替换成短螺栓了，如图 7-63 所示。

说明：在本例中，如果在“设置”选项组中除了勾选“维持关系”复选框之外，还勾选“替换装配中的所有事例”复选框，那么最后得到的替换效果如图 7-64（右）所示，即所有长螺栓都被替换成短螺栓了。

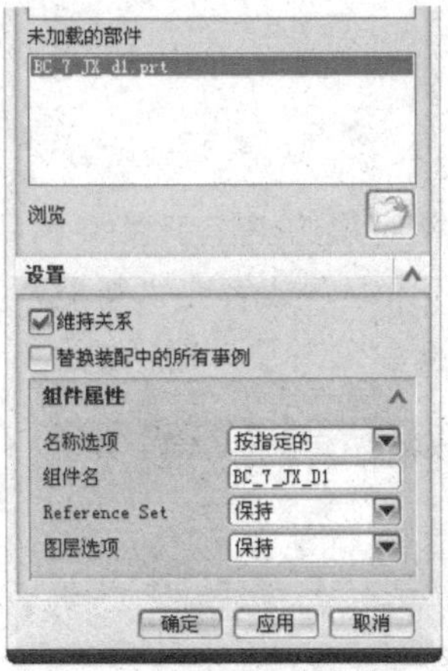

图 7-62 在“设置”选项组中的设置

图 7-63 替换效果

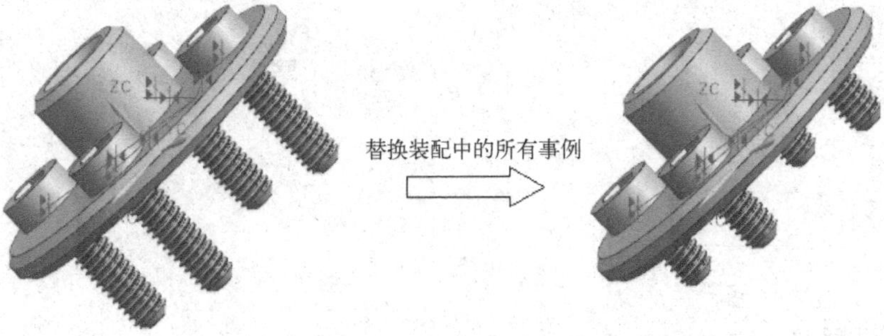

图 7-64 替换效果（替换装配中的所有事例）

7.4.8 装配约束

在“装配”工具栏中单击“装配约束”按钮，或者从菜单栏中选择“装配”|“组件位置”|“装配约束”命令，系统弹出如图 7-65 所示的“装配约束”对话框。利用该对话框，可以通过指定约束关系相对于装配中的其他组件重定位组件。

图 7-65 “装配约束”对话框

7.4.9 新建父对象

使用菜单栏中的“装配”|“组件”|“新建父对象”命令（其对应的工具按钮为“新建父对象”按钮），可以新建当前显示部件的父部件，新建父对象的操作步骤如下。

1 在菜单栏中选择“装配”|“组件”|“新建父对象”命令，或者在“装配”工具栏中单击“新建父对象”按钮，系统弹出如图 7-66 所示的“新建父对象”对话框。

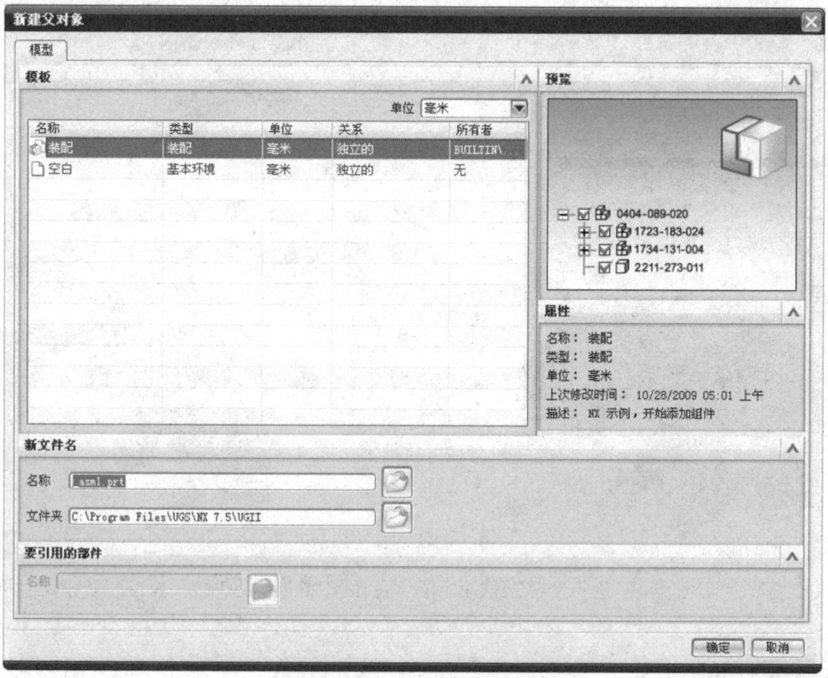

图 7-66 “新建父对象”对话框

2 选择模板及其基准单位，并在必要时选择要应用的部件。还有就是在“新文件名”选项组中设定新文件名称和要保存到的文件夹。

3 在“新建父对象”对话框中单击“确定”按钮，从而在当前显示部件创建了父部件，此时可以在装配导航器的树列表中看到父部件与当前显示部件的层级关系。

7.4.10 显示自由度

可以显示装配组件的自由度，其方法和步骤简述如下。

1 在菜单栏中选择“装配”|“组件位置”|“显示自由度”命令，或者在“装配”工具栏的“组件位置”下拉菜单中单击“显示自由度”按钮，系统弹出“类选择”对话框，如图 7-67 所示。

2 选择要显示自由度的组件。

3 单击“确定”按钮，即可显示该组件的自由度。显示组件自由度的示例如图 7-68 所示。

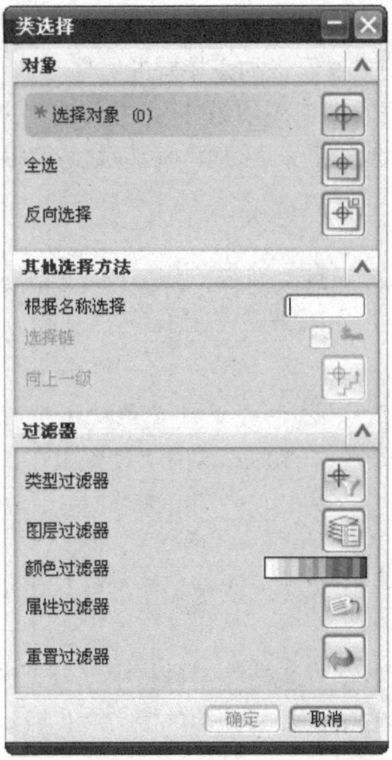

图 7-67 “类选择”对话框

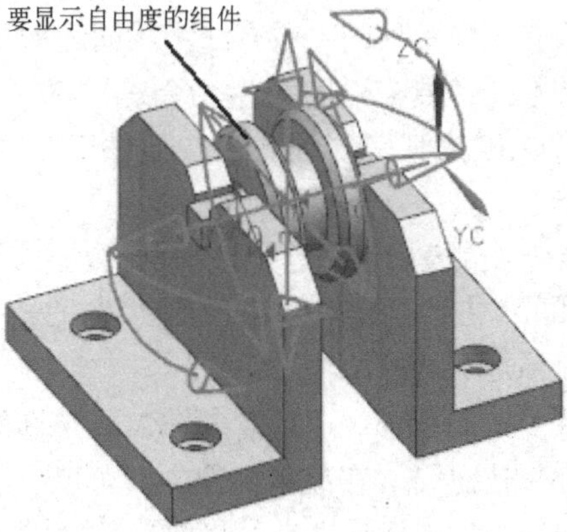

图 7-68 显示组件的自由度

7.4.11 显示和隐藏约束

在“装配”工具栏中单击“显示和隐藏约束”按钮，或者从菜单栏中选择“装配”|“组件位置”|“显示和隐藏约束”命令，系统弹出如图 7-69 所示的“显示和隐藏约束”对话框。利用该对话框选择装配对象（组件或约束），然后在“设置”选项组中选择“约束之间”单选按钮或“连接到组件”单选按钮，并设置是否更改组件可视性等。

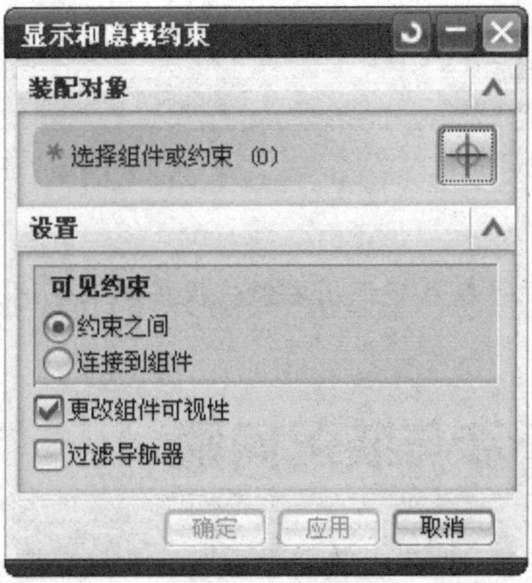

图 7-69 “显示和隐藏约束”对话框

例如，在装配中选择一个约束符号，“可见约束”选项被设置为“约束之间”，并勾选“更改组件可视性”复选框，然后单击“应用”按钮，则只显示该约束控制的组件。

又例如，在装配中选择一个组件，设置其可见约束为“连接到组件”，并勾选“更改组件可视性”复选框，然后单击“应用”按钮，则显示所选组件及其约束（连接到）的组件。

7.4.12 工作部件与显示部件设置

在装配设计中，有时需要根据设计情况更改工作部件和显示部件，譬如要求显示部件为装配体，工作部件为要编辑的组件。

设置工作部件的一般方法步骤简述如下。

1 在“装配”工具栏中单击“设为工作部件”按钮，或者从菜单栏中选择“装配”|“关联控制”|“设置工作部件”命令，系统弹出如图 7-70 所示的“设置工作部件”对话框。

2 从列表中选择已加载的部件。

3 单击“确定”按钮，从而将所选的部件设置为工作部件。注意工作部件与非工作部件的显示是不同的。

要设置显示部件，可以先在装配中选择该部件，接着在“装配”工具栏中单击“设为显示部件”按钮。在显示部件中，可以在装配导航器中右击显示部件，如图 7-71 所示，接着从快捷菜单中选择“显示父项”，然后指定父项组件。

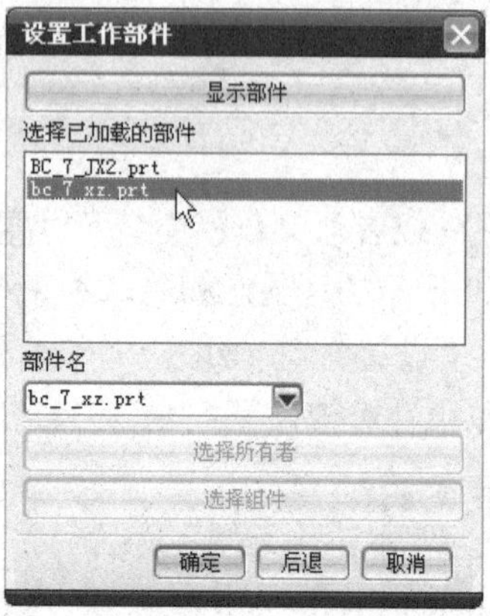

图 7-70 “设置工作部件”对话框

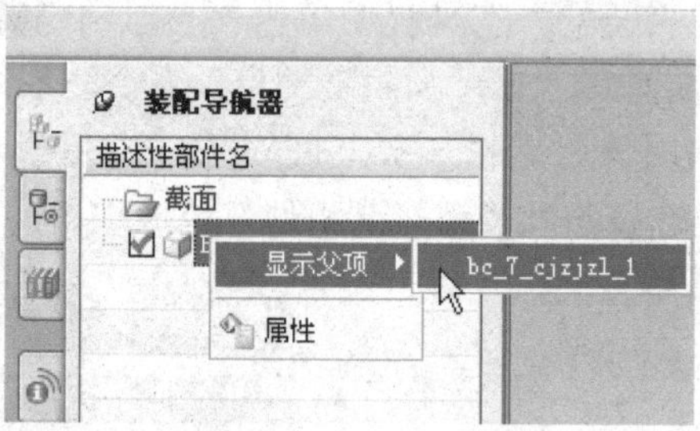

图 7-71 设置显示父项

说明：可以通过在导航器中使用右键快捷菜单来快速执行工作部件和显示部件的设置。

7.5 检查简单干涉与装配间隙

在“分析”菜单中提供了“简单干涉”命令和“装配间隙”级联菜单，如图 7-72a 所示。其中，装配间隙的相应工具按钮也可以在“装配”工具栏的“装配间隙”下拉菜单中找到，如图 7-72b 所示。本节介绍“分析”菜单中的“简单干涉”命令和“装配间隙”相关命令的应用。

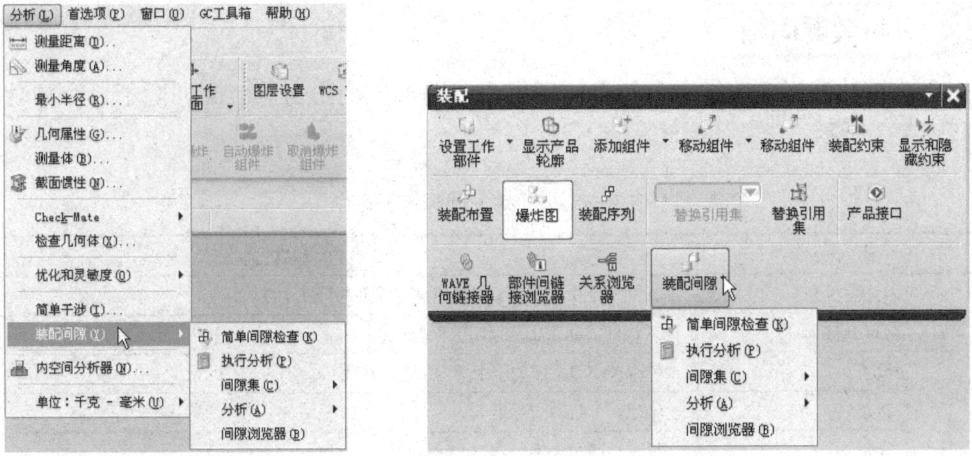

a) b)

图 7-72 “分析”菜单与“装配”工具栏中的“装配间隙”下拉菜单

a)“分析”菜单 b)“装配”工具栏中的“装配间隙”下拉菜单

7.5.1 简单干涉

使用菜单栏中的“分析”|“简单干涉”命令，可以确定两个体是否相交，其操作方法和步骤如下。

1 在菜单栏中选择“分析”|“简单干涉”命令，系统弹出如图 7-73 所示的“简单干涉”对话框。

2 选择第一个体。

3 选择第二个体。

4 在“干涉检查结果”选项组的“结果对象”下拉列表框中选择“干涉体”选项或“高亮显示的面对”选项。如果从“结果对象”下拉列表框中选择“高亮显示的面对”选项，用户还需要在“要高亮显示的面”下拉列表框中选择“仅第一对”或“在所有对之间循环”，如图 7-74 所示，当选择“在所有对之间循环”时，可单击“显示下一对”按钮来循环显示要高亮显示的面对。

图 7-73 “简单干涉”对话框

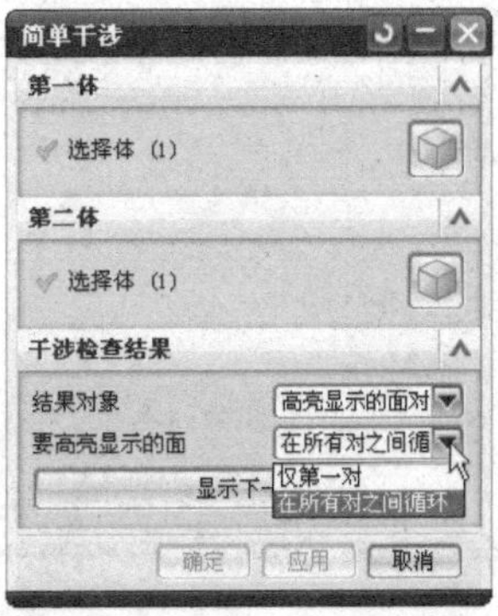

图 7-74 设置干涉检查结果

5 完成简单干涉检查后，关闭“简单干涉”对话框。

7.5.2 分析装配间隙

用于分析装配间隙的子命令较多，下面以表的形式列出这些装配间隙子命令的功能含义，如表 7-3 所示。

表 7-3 分析装配间隙的子命令

子命令		功能含义
简单间隙检查		对照装配中的其他组件检查选定组件的可能干涉
执行分析		对当前的间隙集运行间隙分析
间隙集	设置	使现有间隙集中的一个变为当前间隙集
	新建	创建一个新的间隙集
	复制	复制当前间隙集
	删除	删除当前间隙集
	属性	修改当前间隙集的属性
分析	汇总	生成当前间隙集的汇总
	报告	生成汇总并列出间隙分析找到的干涉
	保存报告	保存间隙分析报告到文件
	保存书签	在书签文件中保存装配关联，包括组件可见性、加载选项和组件组
	存储组件可见性	存储会话中组件的当前可见性
	恢复组件可见性	将组件可见性返回到使用“存储组件可见性”命令保存的设置
	批处理	执行批处理间隙分析
间隙浏览器		以表格形式显示间隙分析的结果

例如，要对选定的组件进行简单干涉检查，则可按照以下简述的方法步骤来执行。

1 选择要进行简单干涉检查的组件。

2 在菜单栏中选择“分析”|“简单间隙检查”命令，或者在“装配”工具栏的“装配间隙”下拉菜单中单击“简单间隙检查”按钮，系统弹出如图 7-75 所示的“干涉检查”对话框。

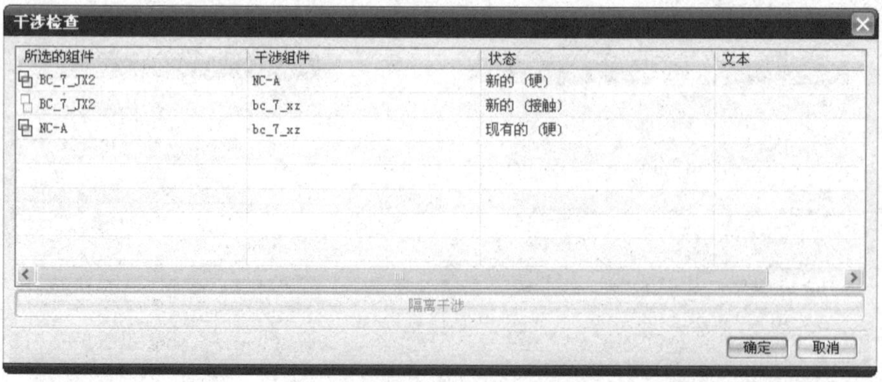

图 7-75 “干涉检查”对话框

③ “干涉检查”对话框列出了可能的干涉情况，此时系统提示选择要检查的间隙分析干涉。在对话框的干涉列表中选择所需的干涉组，接着可单击“隔离干涉”按钮。

④ 单击“干涉检查”对话框中的“确定”按钮。

7.6 爆炸视图

爆炸视图，简称爆炸图，它是指将零部件或子装配部件从完成装配的装配体中拆开并形成特定状态和位置的视图。在如图 7-76 所示的图例中，a 图为装配视图，b 图为爆炸视图。爆炸视图通常用来表达装配部件内部各组件之间的相互关系，指示安装工艺及产品结构等。好的爆炸视图有助于设计人员或操作人员清楚地查阅装配部件内各组件的装配关系。

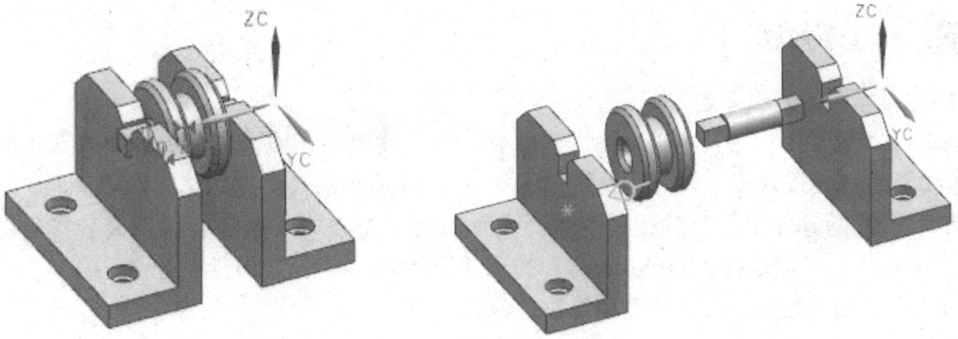

a) b)

图 7-76 装配视图与爆炸视图

a) 装配视图 b) 爆炸视图

爆炸视图的操作命令基本上位于“爆炸图”工具栏中，该工具栏如图 7-77 所示。同时，用户也可以从菜单栏的“装配”|“爆炸图”级联菜单中选择与爆炸图相关的操作命令。

图 7-77 “爆炸图”工具栏

如果在装配界面上没有显示“爆炸图”工具栏，那么可以在“装配”工具栏中选中“爆炸图”按钮来显示，也可以从菜单栏的“装配”|“爆炸图”级联菜单中选择“显示工具条”命令。

在介绍爆炸图具体的常用操作命令之前，先简单地介绍“爆炸图”工具栏中各主要按钮选项的功能含义，如表 7-4 所示。

表 7-4 “爆炸图”工具栏中各主要按钮选项的功能含义

按　钮	按钮名称	功能含义
	新建爆炸图	在工作视图中新建爆炸图，可以在其中重定义组件以生成爆炸图
	编辑爆炸图	重编辑定位当前爆炸图中选定的组件
	自动爆炸组件	基于组件的装配约束重定位当前爆炸图中的组件
	取消爆炸组件	将组件恢复到原先的未爆炸位置
	删除爆炸图	删除未显示在任何视图中的装配爆炸图
	隐藏视图中的组件	隐藏视图中选择的组件
	显示视图中的组件	显示视图中选定隐藏组件
	追踪线	在爆炸图中创建组件的追踪线以指示组件的装配位置

7.6.1 创建爆炸图

创建爆炸图的方法简述如下。

1 在“爆炸图”工具栏中单击“新建爆炸图”按钮，或者在菜单栏中选择“装配”|“爆炸图”|“新建爆炸图”命令，系统弹出如图 7-78 所示的“新建爆炸图”对话框。

2 在“新建爆炸图”对话框中的“名称”文本框中输入新的名称，或者接受默认名称。系统默认的名称是以“Explosion #”的形式表示的，#为从 1 开始的序号。

3 在“新建爆炸图”对话框中单击“确定”按钮。

7.6.2 编辑爆炸图

编辑爆炸图是指重编辑定位当前爆炸图中选定的组件。对爆炸图中的组件位置进行编辑的操作方法如下。

1 在“爆炸图”工具栏中单击“编辑爆炸图”按钮，或者在菜单栏中选择“装配”|“爆炸图”|“编辑爆炸图”命令，系统弹出如图 7-79 所示的“编辑爆炸图”对话框。

图 7-78 “新建爆炸图”对话框

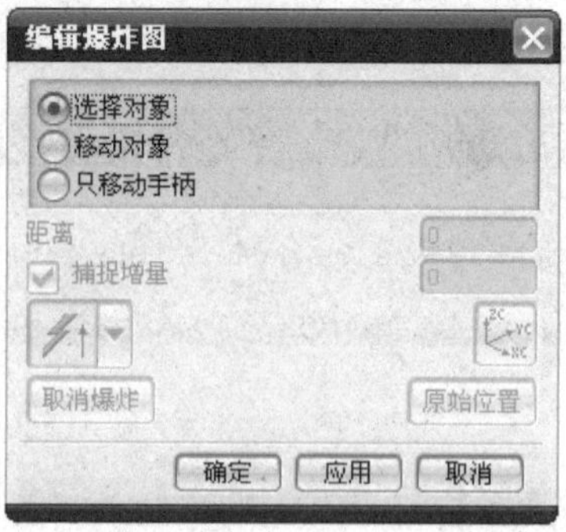

图 7-79 “编辑爆炸图”对话框

2 在“编辑爆炸图”对话框中提供 3 个实用的单选按钮。使用这 3 个实用的单选按钮来编辑爆炸图。

● “选择对象”：选择该单选按钮，在装配部件中选择要编辑的爆炸位置的组件。

- “移动对象”：选择要编辑的组件后，选择该单选按钮，使用鼠标拖动移动手柄，连组件对象一同移动。可以使之向 X 轴、Y 轴或 Z 轴方向移动，并可以设置指定方向下的精确的移动距离。
- “只移动手柄”：选择该单选按钮，使用鼠标拖动移动手柄，组件不移动。

③ 编辑爆炸图满意后，在“编辑爆炸图”对话框中单击“应用”按钮或“确定”按钮。

7.6.3 创建自动爆炸组件

自动爆炸组件是基于组件的装配约束重定位当前爆炸图的组件。创建自动爆炸图的方法步骤如下。

① 在“爆炸图”工具栏中单击“自动爆炸组件”按钮，或者在菜单栏中选择“装配”|“爆炸图”|“自动爆炸组件”命令，系统弹出“类选择”对话框。

② 选择组件并确认后，弹出如图 7-80 所示的“自动爆炸组件”对话框。在该对话框的“距离”文本框中输入组件的爆炸位移值。“添加间隙”复选框用于设置是否添加间隙偏置。

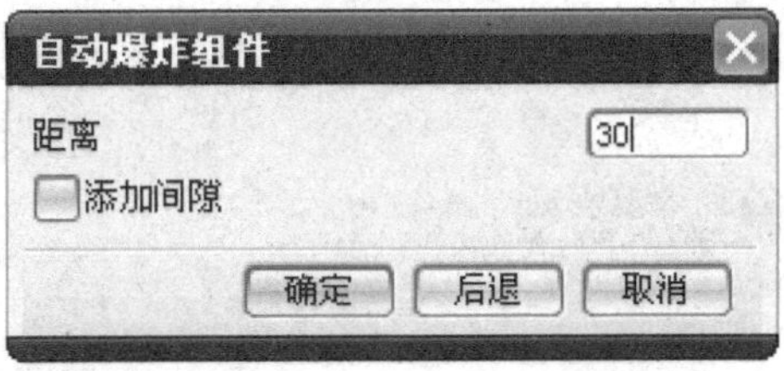

图 7-80 “自动爆炸组件”对话框

③ 在“自动爆炸组件”对话框中单击“确定”按钮，完成创建自动爆炸组件。

用户也可以先选择要自动爆炸的组件，接着在“爆炸图”工具栏中单击“自动爆炸组件”按钮，或者在菜单栏中选择“装配”|“爆炸图”|“自动爆炸组件”命令，系统弹出“自动爆炸组件”对话框，从中设置距离值以及是否添加间隙，单击“确定”按钮，从而完成自动爆炸组件操作。

自动爆炸组件的示例如图 7-81 所示，其中要创建自动爆炸的组件为 4 个螺栓。

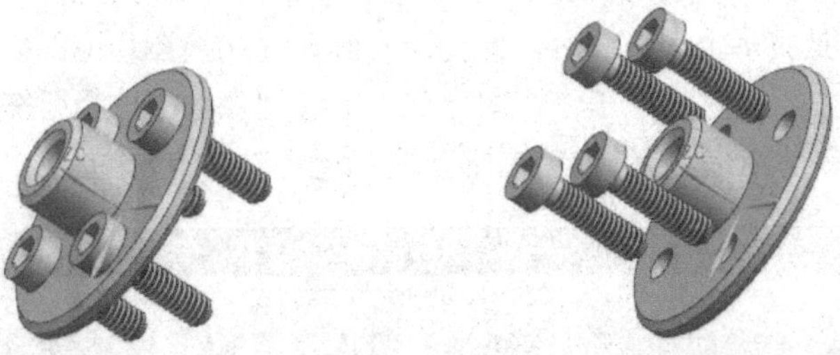

a) b)

图 7-81 自动爆炸组件的示例

a）自动爆炸组件之前 b）自动爆炸组件之后

7.6.4 取消爆炸组件

取消爆炸组件是指将组件恢复到先前的未爆炸位置，其操作方法和步骤如下。

1. 选择要取消爆炸状态的组件。
2. 在“爆炸图”工具栏中单击“取消爆炸组件”按钮，或者在菜单栏中选择“装配”|“爆炸图”|“取消爆炸组件”命令，将所选组件恢复到先前的未爆炸位置（即原来的装配位置）。

7.6.5 删除爆炸图

可以删除未显示在任何视图中的装配爆炸图，其方法和步骤如下。

1. 在“爆炸图”工具栏中单击“删除爆炸图”按钮，或者在菜单栏中选择“装配”|“爆炸图”|“删除爆炸图”命令，系统弹出如图 7-82 所示的“爆炸图”对话框。
2. 在该对话框的爆炸图列表中选择要删除的爆炸图名称，单击“确定”按钮。

说明：如果所选的爆炸图处于显示状态，则不能执行删除操作，系统会弹出如图 7-83 所示的“删除爆炸图”对话框，提示在视图中显示的爆炸不能被删除，请尝试“信息”|“装配”|“爆炸”功能。

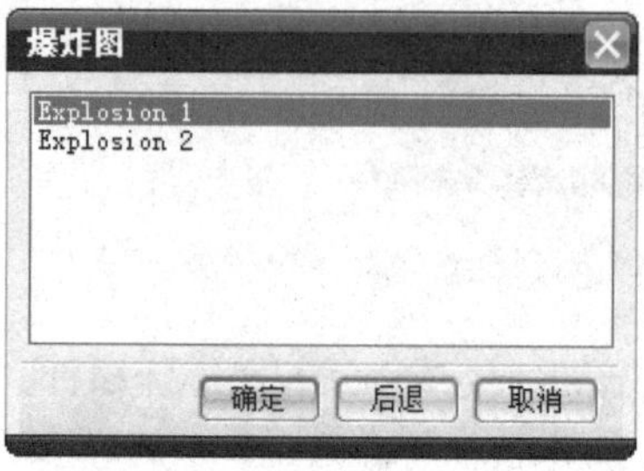

图 7-82 “爆炸图”对话框

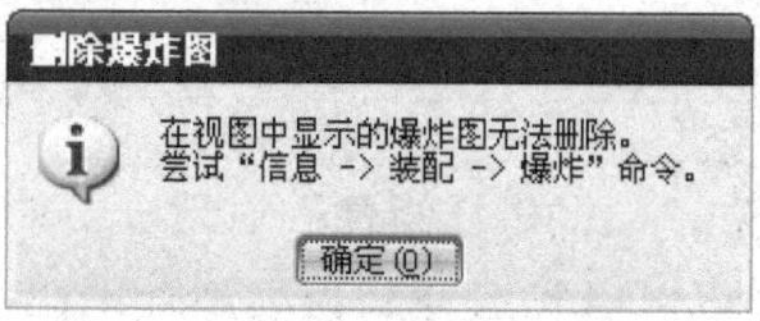

图 7-83 “删除爆炸图”对话框

7.6.6 切换爆炸图

在一个装配部件中可以建立多个爆炸图，每个爆炸图具有各自的名称。

当一个装配部件具有多个爆炸图时，便会涉及到如何切换爆炸图的问题。切换爆炸图的快捷方法是在“爆炸图”工具栏的“工作视图爆炸”下拉列表框中选择所需的爆炸图名称，如图 7-84 所示。如果选择“(无爆炸)”选项，则返回到无爆炸的装配位置。

图 7-84 切换爆炸图

7.6.7 创建追踪线

在爆炸图中创建组件的追踪线，有利于指示组件的装配位置和装配方式。在爆炸图中创建有追踪线的示例如图 7-85 所示。

在爆炸图中创建追踪线的方法步骤如下。

1 在“爆炸图”工具栏中单击“创建追踪线”按钮，或者从菜单栏中选择“装配”|“爆炸图”|“追踪线”命令，系统打开如图 7-86 所示的“追踪线”对话框。

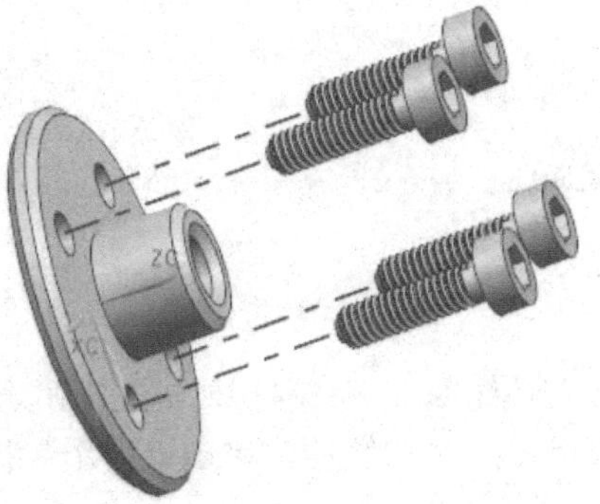

图 7-85 创建有追踪线的爆炸图

图 7-86 “追踪线”对话框

2 选择起点。例如选择如图 7-87 所示的端面圆心。

3 在“结束”选项组的“终止对象”下拉列表框中提供了“点”选项或“组件”选项。当选择“点”选项时，指定另一点来定义追踪线；当选择“组件”选项时，系统提示选择对象（组件），此时用户在装配区域中选择配合组件即可，如图 7-88 所示，选择盖状组件。

图 7-87 指定追踪线的起点

图 7-88 选择组件

4 如果具有多种可能的追踪线，那么可以在“追踪线”对话框的“路径”选项组中通过单击“备选解”按钮来选择满足设计要求的追踪线方案。

5 在“追踪线”对话框中单击“应用”按钮，完成一条追踪线，如图 7-89 所示。可以继续绘制追踪线。

图 7-89 创建一个追踪线

7.6.8 隐藏和显示视图中的组件

在“爆炸图”工具栏中单击“隐藏视图中的组件”按钮，系统打开如图 7-90 所示的“隐藏视图中的组件”对话框，接着在装配部件中选择要隐藏的组件，单击“应用”按钮或“确定”按钮即可将所选部件隐藏。

在“爆炸图”工具栏中单击“显示视图中的组件”按钮，系统弹出如图 7-91 所示的“显示视图中的组件”对话框。在该对话框的“要显示的组件”列表框中选择要显示的组件，单击“应用”按钮或“确定”按钮即可将所选的隐藏组件显示出来。

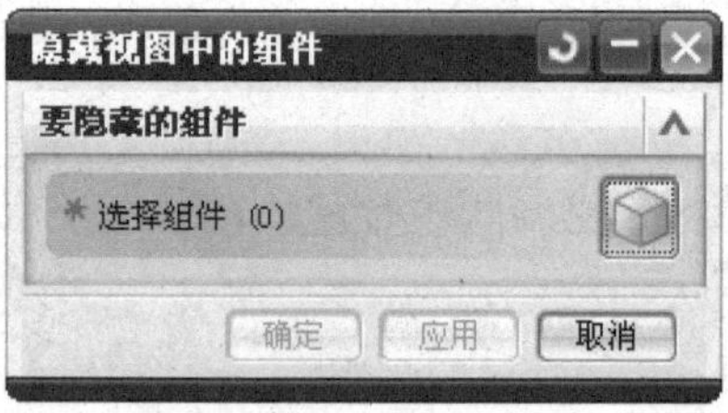

图 7-90 “隐藏视图中的组件”对话框

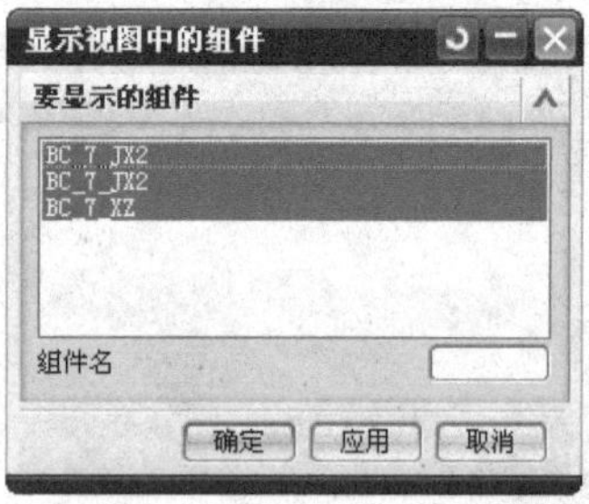

图 7-91 “显示视图中的组件”对话框

7.6.9 装配爆炸图的显示和隐藏

可以根据设计情况隐藏或显示工作视图中的装配爆炸图。

在菜单栏中选择“装配”|“爆炸图”|“隐藏爆炸图”命令，则隐藏工作视图中的装配爆炸图，并返回到装配位置（状态）的模型视图。

在菜单栏中选择“装配”|“爆炸图”|“显示爆炸图”命令，则显示工作视图中的装配爆炸图。

7.7 装配序列基础与应用

UG NX 7.5 提供了一个“装配序列”模块（任务环境），该模块用于控制组件装配或拆卸的顺序，并仿真组件运动。

要进入“装配序列”任务环境，则在菜单栏中选择“装配”|“序列”命令，或者在“装配”工具栏中单击“装配序列”按钮，“装配序列”任务环境的界面如图 7-92 所示。在“装配序列”任务环境中的资源条区出现了一个序列导航器，该序列导航器用于显示各序列的基本信息。

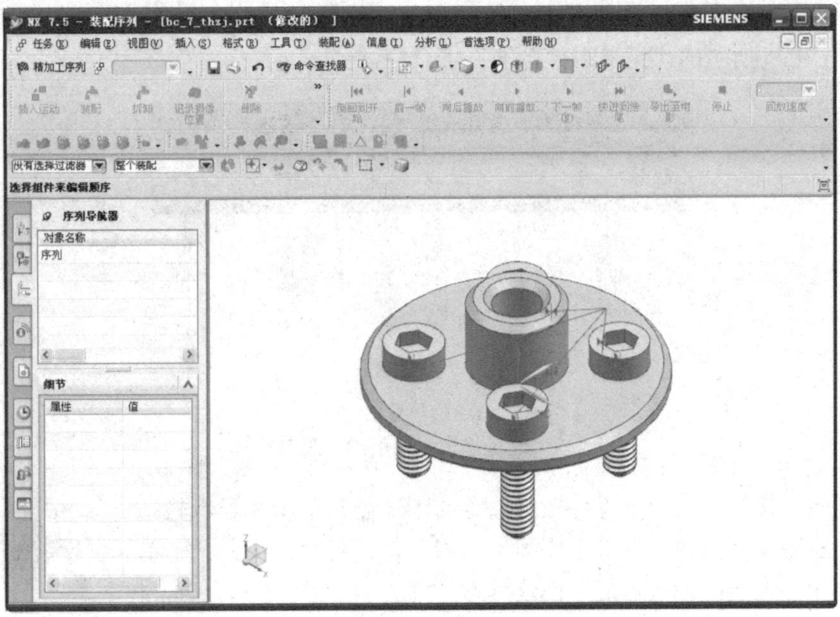

图 7-92 “装配序列”任务环境

在“装配序列”任务环境中，从菜单栏的“任务”菜单中选择“新建序列”命令，开始新建任务，即新建装配序列。用户应该要熟悉“装配序列”工具栏、“序列工具”工具栏、“序列回放”工具栏和“序列分析”工具栏中的实用工具按钮。

1. “装配序列”工具栏

“装配序列”工具栏如图 7-93 所示。

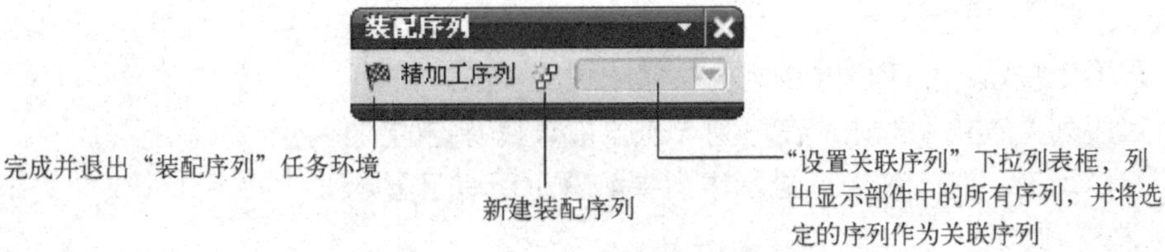

图 7-93 “装配序列”工具栏

2. “序列工具”工具栏

“序列工具”工具栏如图 7-94 所示，该工具栏工具控件的功能含义如下。

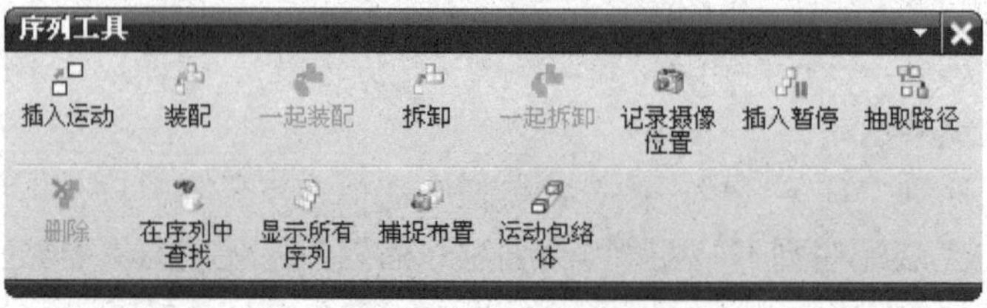

图 7-94　“序列工具”工具栏

- “插入运动”按钮：为组件插入运动步骤，使其可以形成动画。单击此按钮可以打开如图 7-95 所示的“纪录组件运动”工具栏。

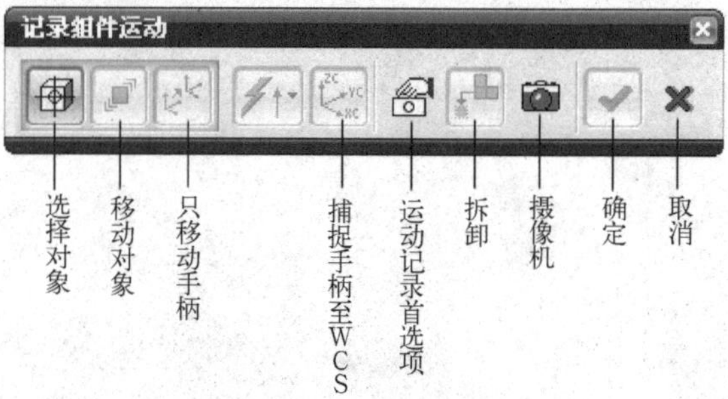

图 7-95 “记录组件运动”工具栏

- “装配”按钮：为选定组件按其选定的顺序创建单个装配步骤。
- “一起装配”按钮：在单个序列步骤中，将一套组件作为一个单元进行装配。
- “拆卸”按钮：为选定组件创建拆卸步骤。
- “一起拆卸”按钮：在单个序列步骤中，将选定的子组件或一套组件作为一个单元进行拆卸。
- “记录摄像位置”按钮：将当前视图方位和比例作为一个序列步骤进行捕捉，以便回放此序列时该视图将过渡到该摄像位置。这有利于清晰地展现比较细小的组件。
- “插入暂停”按钮：在此序列中插入一个暂停步骤，以便回放此序列时该视图暂停在此步骤。
- “抽取路径”按钮：为选定的组件创建一个无碰撞抽取路径序列步骤，以便在起始和终止位置之间移动。间隙值将确保选定组件的运动路径避免与视图中其他可见组件碰撞。
- “删除”按钮：用于删除选定的顺序或顺序步骤。
- “在序列中查找”按钮：在序列导航器中查找特定的组件。
- “显示所有序列”按钮：显示序列导航器中所有已显示部件的序列（仅在关闭时显示关联序列）。
- “捕捉布置”按钮：将装配组件的当前位置作为一个布置进行捕捉。
- “运动包络体”按钮：通过连续序列运动步骤扫掠选定的对象（装配组件、实体、片体或组件中的小平面体），在显示部件（或新部件）中创建一个运动包络体。

3. “序列回放”工具栏

“序列回放”工具栏如图 7-96 所示，该工具栏中集中了用来显示装配序列和回放运动的命令。当命令按钮为灰色显示时，表示该命令按钮当前不可用。下面介绍“序列回放”工具栏中各命令按钮或列表框的功能含义。

图 7-96 “序列回放”工具栏

- “设置当前帧”下拉列表框：显示按序列播放的当前帧，并转至所选定的或输入的帧。
- “倒回到开始”按钮：直接移动至序列中的第一帧。
- “前一帧”按钮：序列单步倒回到前一帧。
- “向后播放”按钮：反向播放序列中的所有帧。
- “向前播放”按钮：按前进顺序播放序列中的所有帧。
- “下一帧”按钮：序列单步向前一帧。
- “快进到结尾”按钮：直接移动至序列中的最后一帧。
- “导出至电影”按钮：导出序列帧到电影。
- “停止”按钮：在当前可见帧停止序列回放。
- “回放速度”下拉列表框：该列表框用于控制回放的速度（数字越高，速度越快）。

4. “序列分析”工具栏

“序列分析”工具栏如图 7-97 所示。下面简单地介绍该工具栏各组成元素的功能含义。

图 7-97 “序列分析”工具栏

- “无检查”：关闭动态碰撞检测并忽略任何碰撞。
- “高亮显示碰撞”：在继续移动组件的同时高亮显示碰撞区域。
- “在碰撞前停止”：在发生碰撞干涉之前停止运动。
- “认可碰撞”按钮：认可碰撞并允许运动继续。
- “检查类型”下拉列表框：指定对象类型以在运动期间用于间隙检测，可供选择的检查类型有“小平面/实体”和“快速小平面”。虽然“快速小平面”较快，但“小平面/实体”更精确。

- “高亮显示测量”按钮：高亮显示测量违例需求，同时继续移动组件。
- “认可测量违例”按钮：认可测量需求违例并允许运动继续。
- “测量更新频率”下拉列表框：定义在运动期间测量尺寸显示的更新频率（以帧计）。

介绍了相关工具按钮的功能含义之后，下面介绍装配序列应用的主要操作。

1）新建序列

在“装配序列”任务环境中，从菜单栏的“任务”菜单中选择“新建序列”命令，或者在“装配序列”工具栏中单击“新建序列”按钮，则创建一个新的序列，该序列以默认名称显示在“设置关联序列”下拉列表框中。

2）插入运动

在“序列工具”工具栏中单击“插入运动”按钮，打开“记录组件运动”工具栏。利用该工具栏，结合设计要求和系统提示，将组件拖动或旋转成特定状态，从而完成插入运动操作。

3）记录摄像位置

记录摄像位置是很实用的一个操作，它可以将当前视图方位和比例作为一个序列步骤进行捕捉。通常把视图调整到较佳的观察位置并进行适当放大，此时在“序列工具”工具栏中单击“记录摄像位置”按钮，从而完成记录摄像位置操作。

4）拆卸与装配

在“序列工具”工具栏中单击“拆卸”按钮，系统弹出“类选择”对话框。从组件中选择要拆卸的组件，单击“确定”按钮，完成一个拆卸步骤。如果需要，可继续使用同样的方法来创建其他的拆卸步骤。

装配步骤与拆卸步骤是相对的，两者的操作方法是类似的。要创建装配步骤，则在“序列工具”工具栏中单击“装配”按钮，然后选择要装配的组件。

在单个序列步骤中，可以进行一起拆卸和一起装配等操作。以一起拆卸为例，首先选择要一起拆卸的多个组件，然后单击“序列工具”工具栏中的“一起拆卸”按钮即可。

5）回放装配序列

利用“序列回放”工具栏来进行回放装配序列的操作。

① 在“装配序列”工具栏中的“设置关联序列”下拉列表框中选定一个要回放的序列作为关联序列。

② 在“序列回放”工具栏的“回放速度”框中，设置回放速度，然后单击“向前播放”按钮，按前进顺序播放序列中的所有帧。可灵活执行“序列回放”工具栏中的其他功能按钮进行回放操作。

6）删除序列

对于不满意的序列，用户可以对其进行删除处理。

7.8 产品装配实战范例

本节通过一个装配综合应用实例来帮助读者更好地掌握本章所学的装配知识。该装配综合应用实例要完成装配的模型效果如图 7-98 所示，该模型为一种简单造型的可伸缩的 USB 3.0 大容量优盘，该产品主要由电路板组件（含优盘 USB 3.0 接头）、前壳、中间壳和后壳 4 个部分构成，图中 1 为电路板组件（含优盘 USB 3.0 接头）、2 为前壳，3 为中间壳，4 为后壳。

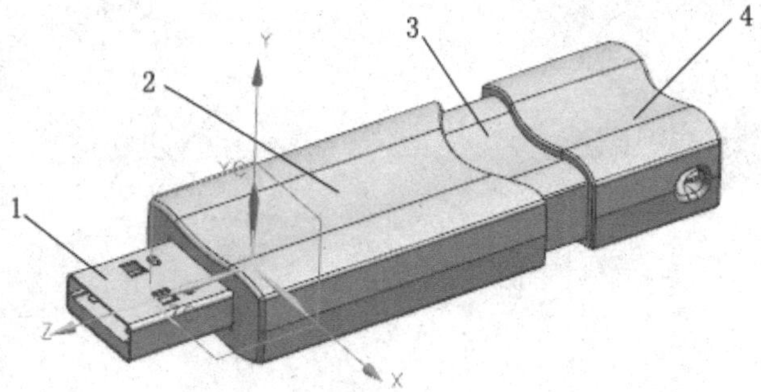

图 7-98　装配好的优盘产品

该优盘产品的装配范例的操作过程如下。

7.8.1 零件设计

假设已经设计好了电路板组件（含优盘 USB 3.0 接头），如图 7-99 所示。

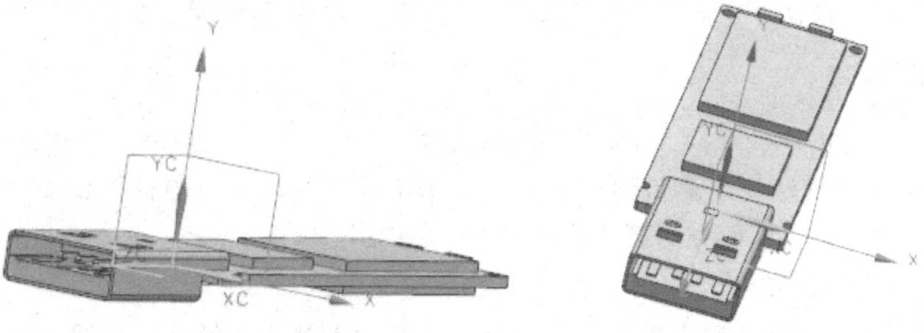

图 7-99　电路板组件（含优盘 USB 3.0 接头）

根据电路板组件的尺寸分别新建模型文件来设计该优盘的 3 个壳体零部件，具体的零件建模过程在这里不作介绍，光盘里提供了建好模的 3 个壳体零件，分别如图 7-100、图 7-101 和图 7-102 所示。

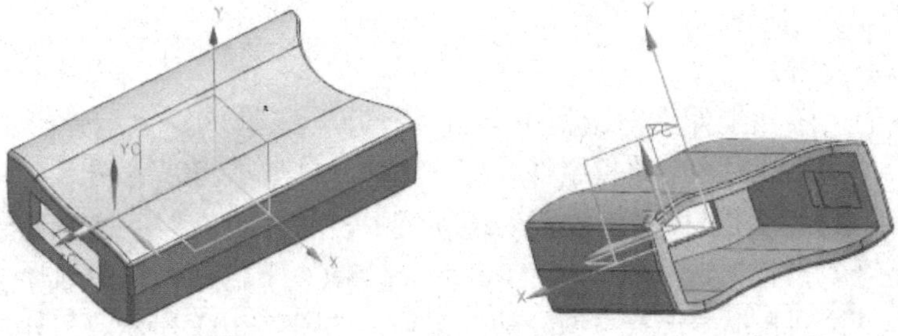

图 7-100　前壳零件

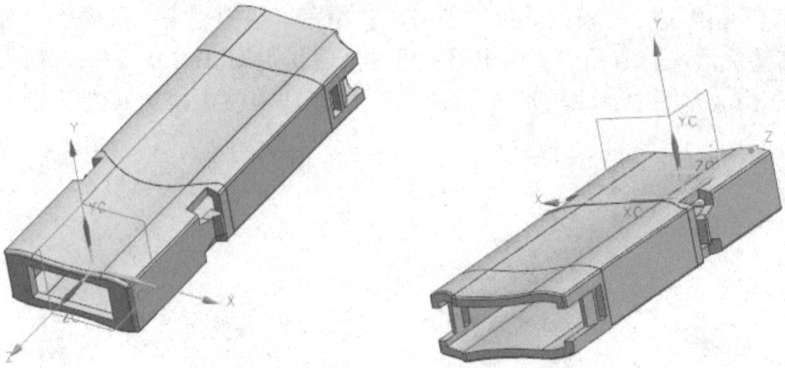

图 7-101　中间壳零件

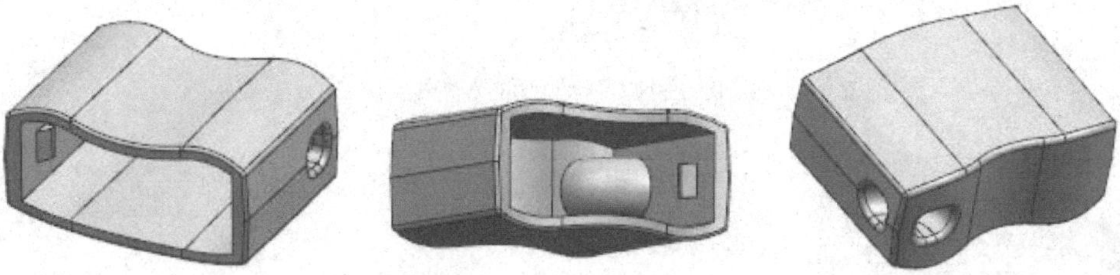

图 7-102　后壳零件

7.8.2 装配设计

准备好装配体所需的零件之后，便可以开始装配设计了。首先新建一个装配文件，接着通过原点约束的方式添加电路板组件（含优盘接头）作为第一个组件，然后分别装配中间壳、前壳和后壳零件。下面介绍具体的装配设计过程。

1. 新建一个装配文件

① 启动运行 UGS NX 7.5 后，在界面上单击“新建”按钮，或者在菜单栏中选择“文件”|“新建”命令，打开“新建”对话框。

② 在“模型”选项卡的“模板”列表框中选择“装配”模板，将单位设置为 mm（毫米）。

③ 指定新文件名为“bc_7_fl_u_asm”，接着指定要保存到的文件夹（即指定保存路径）。

④ 单击“确定”按钮。

2. 装配电路板组件

① 在出现的“添加组件”对话框中单击“打开”按钮，系统弹出“部件名”对话框。选择 PCB_NC_A_ASM（电路板组件）部件文件，单击“OK”按钮。

② 在“添加组件”对话框的“放置”选项组中，从“定位”下拉列表框中选择“绝对原点”选项；展开“设置”选项组，从“Reference Set”下拉列表框中选择“模型”选项，从“图层选项”下拉列表框中选择“原始的”选项，如图 7-103 所示。另外，重复数量默认为 1。

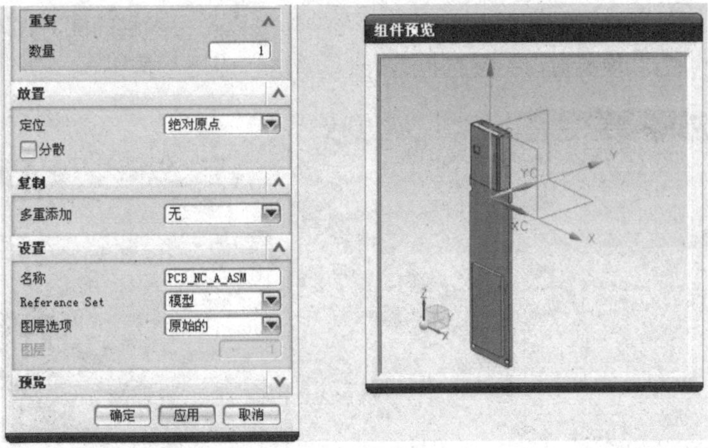

图 7-103　添加组件

③ 在“添加组件”对话框中单击“确定”按钮，完成装配电路板组件（含优盘 USB 3.0 接头）。

3. 装配中间壳

① 在菜单栏中选择“装配”|“组件”|“添加组件”命令，或者在“装配”工具栏中单击“添加组件”按钮，系统弹出“添加组件”对话框。

② 在“部件”选项组中单击“打开”按钮，系统弹出“部件名”对话框。选择 NC_T3（中间壳零件）部件文件，单击“OK”按钮。

③ 中间壳零件显示在“组件预览”窗口中，展开“添加组件”对话框的“放置”选项组，从“定位”下拉列表框中选择“通过约束”选项，如图 7-104 所示。

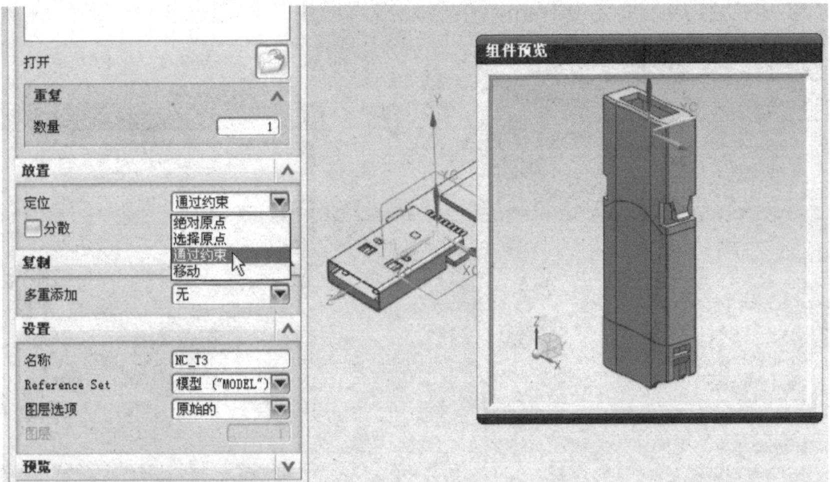

图 7-104　设置添加组件的相关方面

④ 单击“确定”按钮，系统弹出“装配约束”对话框。

⑤ 选择装配约束“类型”选项为“接触对齐”，“方位”选项为“接触”，接着在电路

板组件中选择一个要配对接触的面，并在中间壳零件中选择相接触的配对面，如图 7-105 所示（在这里，只勾选“预览窗口”复选框）。然后单击“应用”按钮。

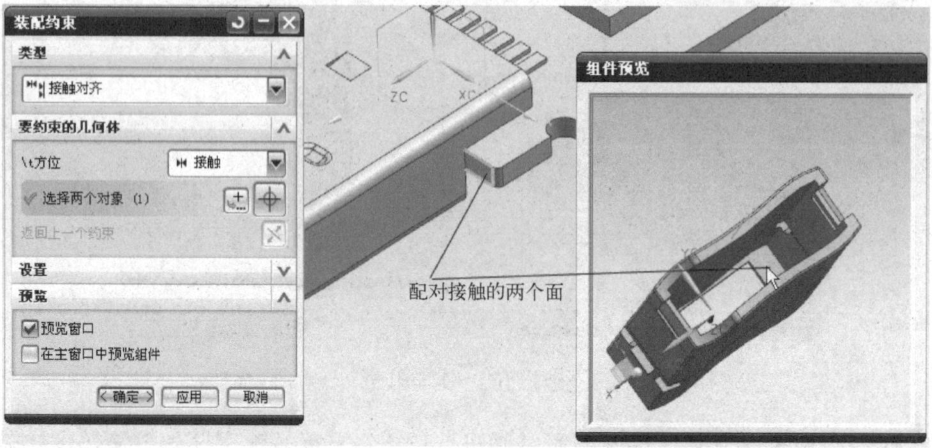

图 7-105　选择配对接触的两个面

说明：用户可以在“装配约束”对话框的“预览”选项组中勾选“在主窗口中预览组件”复选框，则可以在装配过程中动态预览每一步的装配约束过程效果。通常情况下，是否要勾选“在主窗口中预览组件”复选框要看装配体的复杂程度以及操作方便情况等。选择组件的约束对象时，也可以在“组件预览”窗口中进行选择操作。

6 选择装配约束“类型”选项为“距离”，接着分别选择如图 7-106 所示的两个面（面 1 和面 2），并设置其距离为 0.1mm，然后单击“应用”按钮。

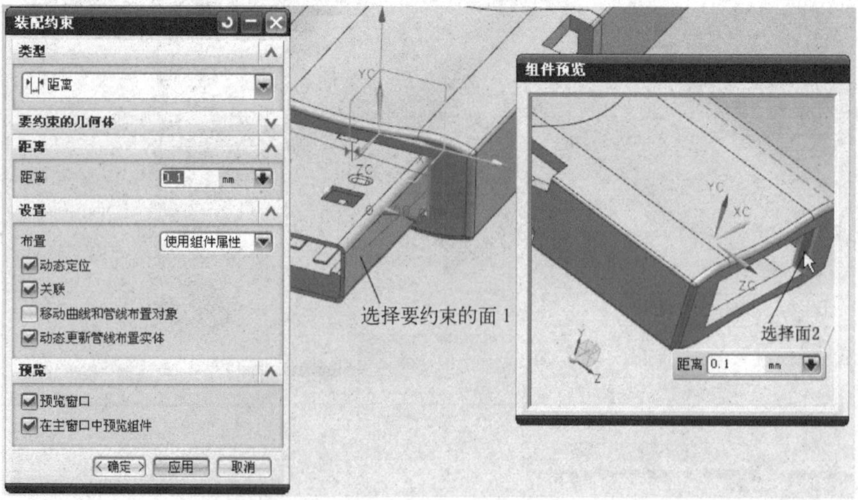

图 7-106　选择要距离约束的两个面

7 定义第 3 组装配约束。选择该装配约束“类型”选项为“距离”，接着分别选择如图 7-107 所示的两个面，并设置其距离为 0.05mm，然后单击“应用”按钮。

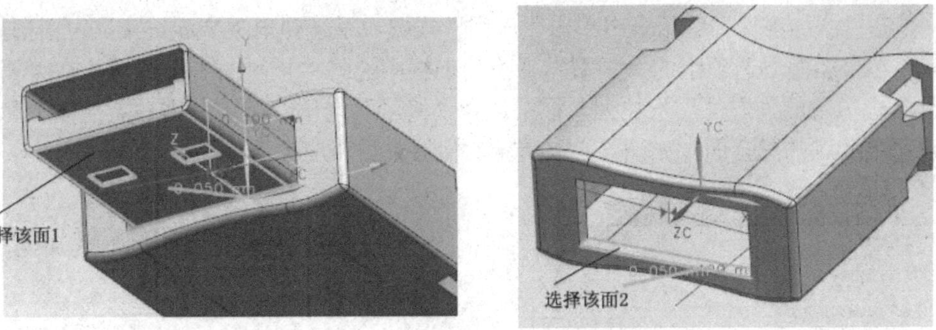

图 7-107　指定第三对装配约束的距离参照

8 在“装配约束”对话框中单击“确定”按钮。完成该组件装配的效果如图 7-108 所示。

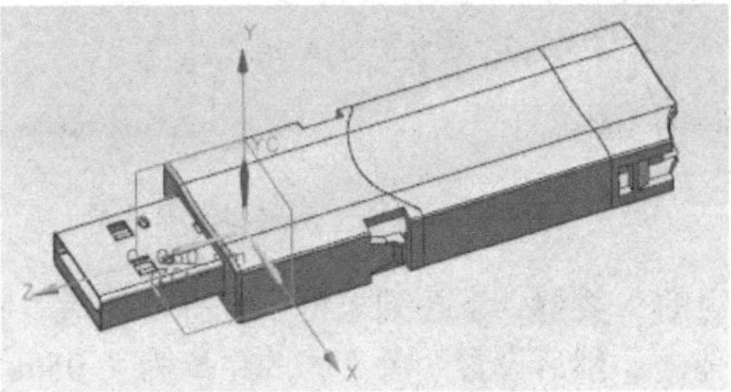

图 7-108　添加中间壳

4．装配前壳

1 在菜单栏中选择“装配”|“组件”|“添加组件”命令，或者在“装配”工具栏中单击“添加组件”按钮，系统弹出“添加组件”对话框。

2 在“部件”选项组中单击“打开”按钮，系统弹出“部件名”对话框。选择 NC_T1（前壳零件）部件文件，单击“OK”按钮。

3 前壳零件显示在“组件预览”窗口中，展开“添加组件”对话框的“放置”选项组，从“定位”下拉列表框中选择“通过约束”选项，其他默认，如图 7-109 所示。

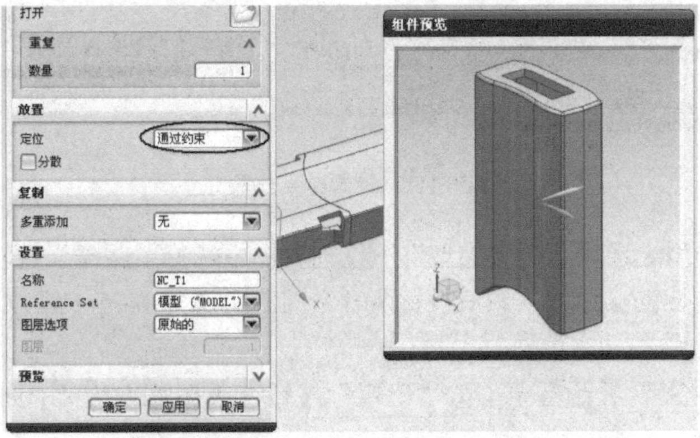

图 7-109　组件预览及设置定位选项

4 在“添加组件”对话框中单击“应用”按钮，系统弹出“装配约束”对话框。

5 在“类型”选项组的“类型”下拉列表框中选择“接触对齐”选项，在“要约束的几何体”选项组的“方位”下拉列表框中选择“接触”选项，接着分别在装配体中和前壳零件中选择要接触的配合面，如图 7-110 所示。然后单击“应用”按钮。

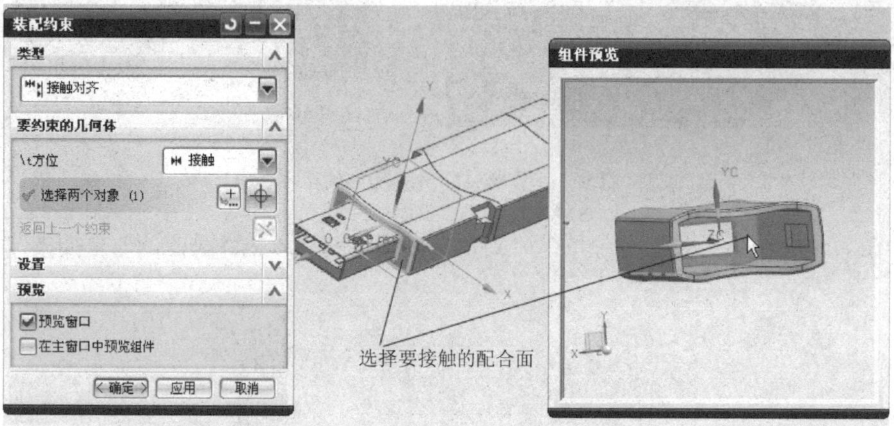

图 7-110　设置要接触约束的参照对象

6 在“类型”选项组的“类型”下拉列表框中选择“距离”选项，接着在装配体中和前壳零件中选择相应的实体面，然后设置两者之间的距离为 0.05mm，如图 7-111 所示，确认正确后单击“应用”按钮。

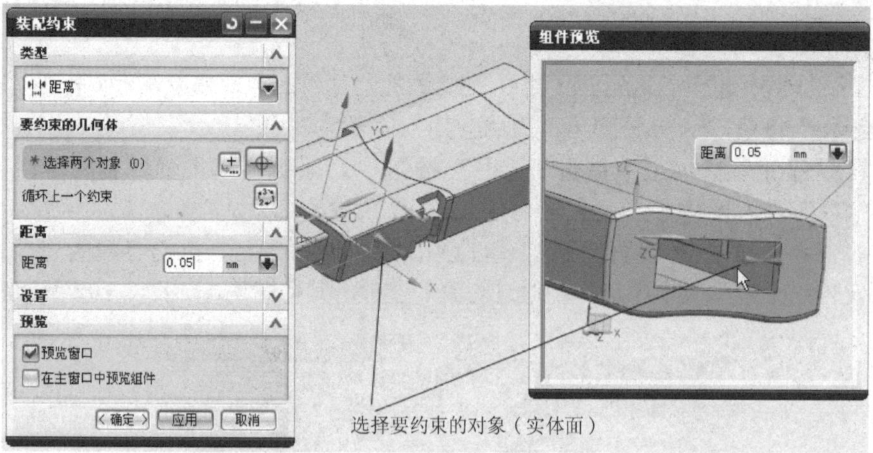

图 7-111　设置距离约束 1

7 确保在“类型”选项组的“类型”下拉列表框中选择“距离”选项，接着在装配体中和前壳零件中选择相应的实体面，然后设置两者之间的距离为 0.05mm，如图 7-112 所示，确认正确后单击“应用”按钮。

8 在“装配约束”对话框中单击“确定”按钮。装配好前壳零件的装配体如图 7-113 所示。

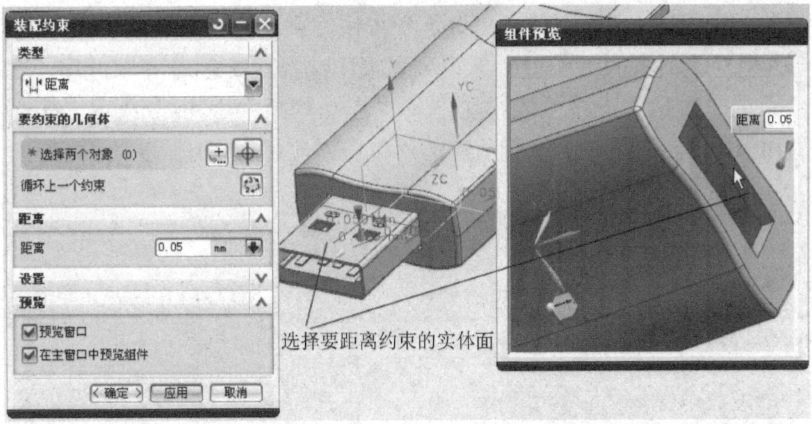

图 7-112　设置距离约束 2

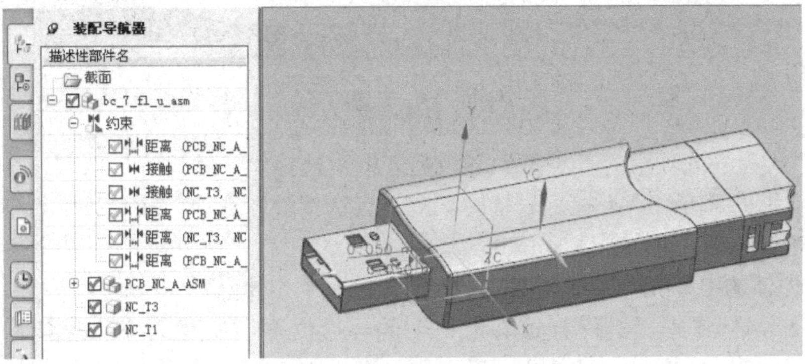

图 7-113　装配好前壳零件

5. 装配后壳

❶ 返回到“添加组件”对话框。在“部件”选项组中单击“打开”按钮，系统弹出“部件名”对话框。选择 NC_T2（后壳零件）部件文件，单击“OK”按钮。

❷ 后壳零件显示在“组件预览”窗口中，展开“添加组件”对话框的“放置”选项组，从“定位”下拉列表框中选择“通过约束”选项，其他默认，如图 7-114 所示。

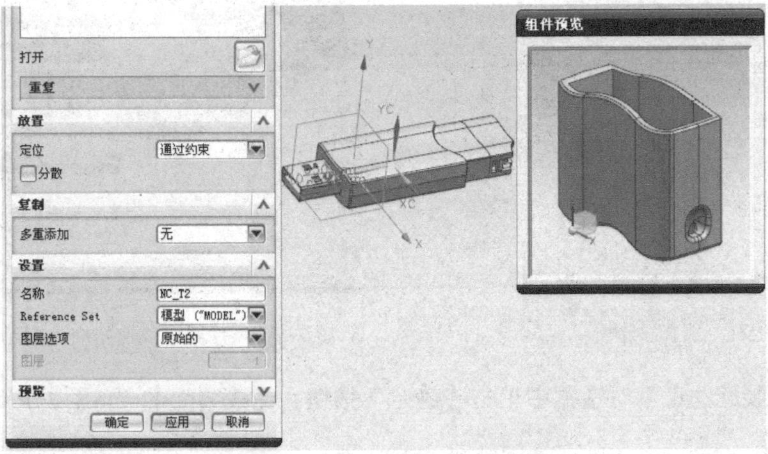

图 7-114　添加组件时的相关设置

③ 在“添加组件”对话框中单击“确定”按钮，系统弹出“装配约束”对话框。

④ 在“类型”选项组的“类型”下拉列表框中选择“接触对齐”选项，在“要约束的几何体”选项组的“方位”下拉列表框中选择“自动判断中心/轴”选项，接着选择要对齐约束的弧面 1 和弧面 2，如图 7-115 所示，然后单击“应用”按钮。

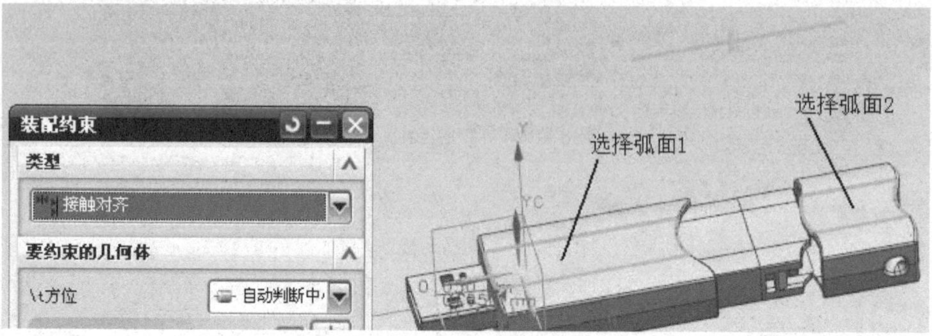

图 7-115 设置约束

⑤ 在“类型”选项组的“类型”下拉列表框中选择“接触对齐”选项，在“要约束的几何体”选项组的“方位”下拉列表框中选择“首选接触”选项，接着按照如下操作选择要约束的几何对象（在这里为实体面）。

- 在装配体的中间壳中选择如图 7-116 所示的一个实体面。
- 将鼠标指针置于“组件预览”窗口中的合适位置（如要选择的配对对象面处）片刻，待出现 3 个小点时单击，系统弹出“快速拾取”对话框，在该对话框的列表中选择要配合的实体面并单击，如图 7-117 所示，然后单击“应用”按钮。

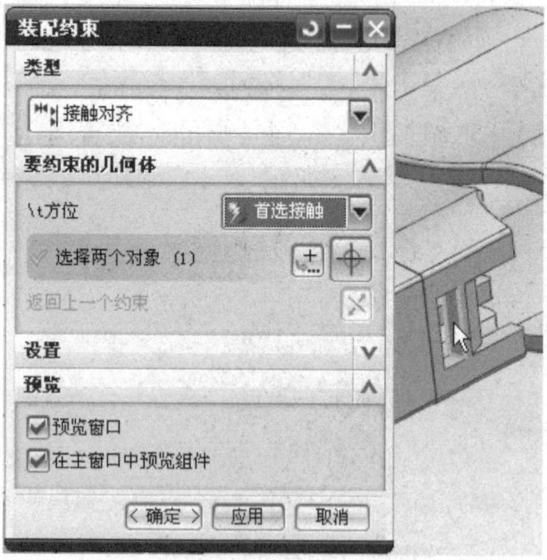

图 7-116 选择一个实体面

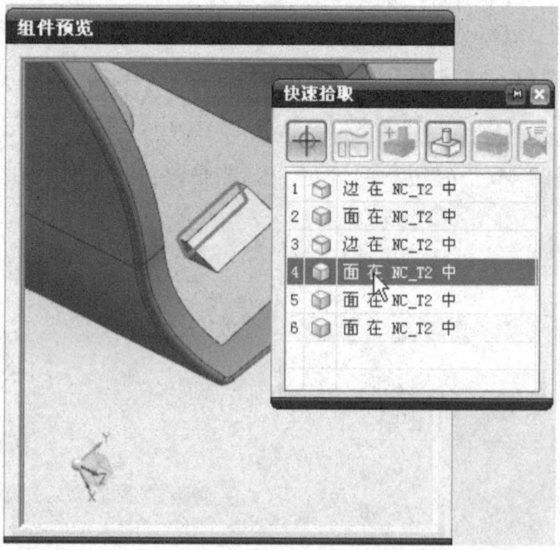

图 7-117 使用“快速拾取”对话框选择对象

⑥ 在“装配约束”对话框中单击“确定”按钮。完成装配的 USB 3.0 优盘模型如图 7-118 所示。

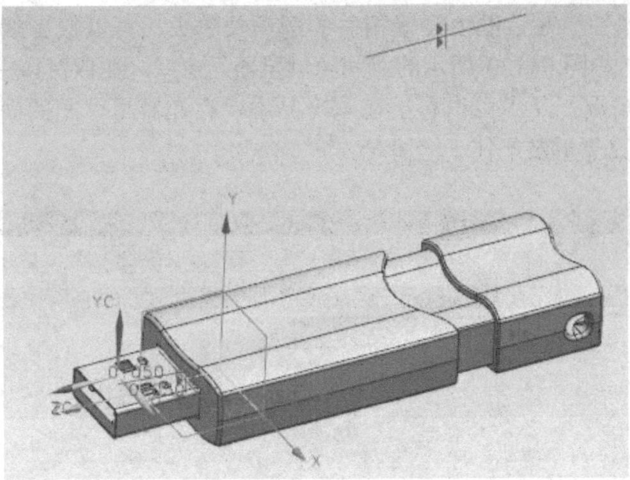

图 7-118　完成装配的 USB 3.0 优盘模型效果

6. 保存文件

单击“保存”按钮，保存文件。

7.8.3 检查装配间隙

在该产品装配范例中，还可以进行装配间隙检查操作。

1 在菜单栏中选择“分析”|“装配间隙”|“执行分析”命令，系统弹出如图 7-119 所示的“间隙属性”对话框和“间隙浏览器”窗口。

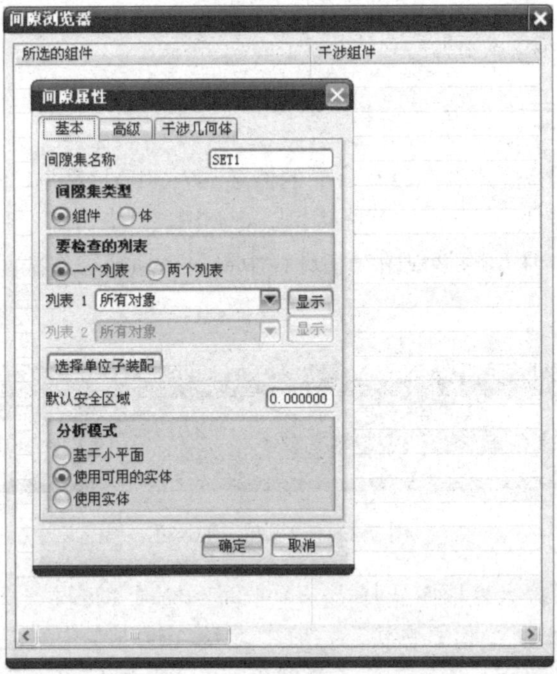

图 7-119 “间隙属性”对话框和“间隙浏览器”窗口

② 在“间隙属性”对话框中设置相关的选项及参数，可以接受默认设置。单击“确定”按钮，系统弹出如图 7-120 所示的“间隙浏览器”窗口。在该窗口中列出了装配体中各组件间存在的干涉情况，从中可以看出在本产品中，存在着组件间的面接触，其间隙均为 0，因此没有存在不必要的装配体干涉情况。

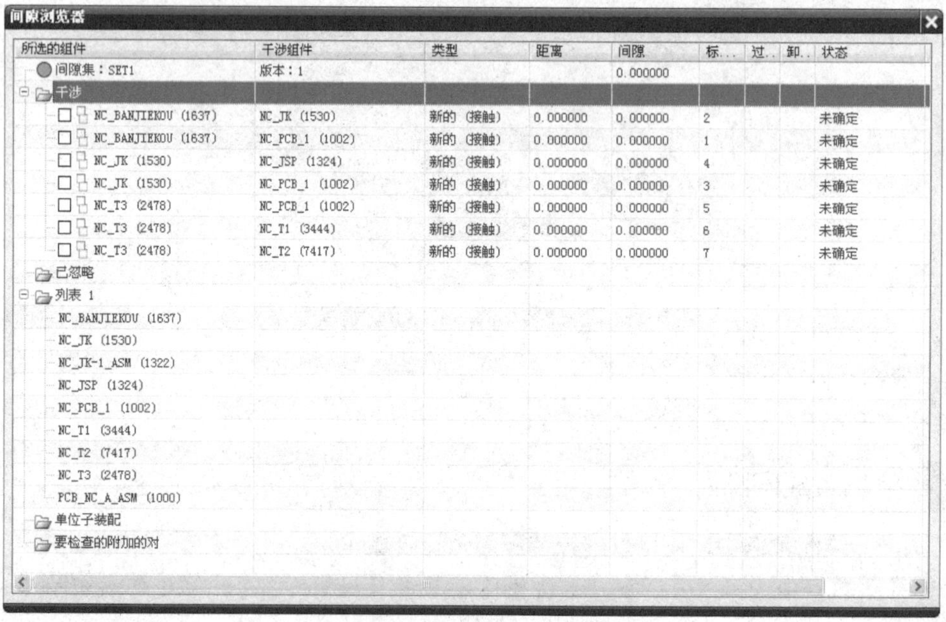
间隙浏览器
所选的组件 | 干涉组件 | 类型 | 距离 | 间隙 | 标... | 过... | 卸... | 状态
间隙集：SET1 | 版本：1 | 0.000000
干涉
NC_BANJIEKOU (1637) | NC_JK (1530) | 新的（接触） | 0.000000 | 0.000000 | 2 | 未确定
NC_BANJIEKOU (1637) | NC_PCB_1 (1002) | 新的（接触） | 0.000000 | 0.000000 | 1 | 未确定
NC_JK (1530) | NC_JSP (1324) | 新的（接触） | 0.000000 | 0.000000 | 4 | 未确定
NC_JK (1530) | NC_PCB_1 (1002) | 新的（接触） | 0.000000 | 0.000000 | 3 | 未确定
NC_T3 (2478) | NC_PCB_1 (1002) | 新的（接触） | 0.000000 | 0.000000 | 5 | 未确定
NC_T3 (2478) | NC_T1 (3444) | 新的（接触） | 0.000000 | 0.000000 | 6 | 未确定
NC_T3 (2478) | NC_T2 (7417) | 新的（接触） | 0.000000 | 0.000000 | 7 | 未确定
已忽略
列表 1
NC_BANJIEKOU (1637)
NC_JK (1530)
NC_JK-1_ASM (1322)
NC_JSP (1324)
NC_PCB_1 (1002)
NC_T1 (3444)
NC_T2 (7417)
NC_T3 (2478)
PCB_NC_A_ASM (1000)
单位子装配
要检查的附加的对

图 7-120　间隙浏览器

③ 关闭间隙浏览器。

7.8.4 利用工作截面检查产品结构

可以编辑工作视图截面或者在没有截面的情况下创建新的截面。装配导航器可以列出所有现有截面。下面以其中一个方向的截面为例进行介绍。

① 在如图 7-121 所示的“视图”工具栏中单击“编辑工作截面”按钮，系统弹出“查看截面”对话框。

图 7-121　“视图”工具栏

② 从“类型”下拉列表框中选择“一个平面”选项（可供选择的类型选项包括“一个平面”、“两个平行平面”和“方块”）；在“名称”选项组中设置截面名；在“剖切平面”选项组中单击剖切平面，例如单击“设置平面至 X”按钮，则得到如图 7-122 所示的截面效果。

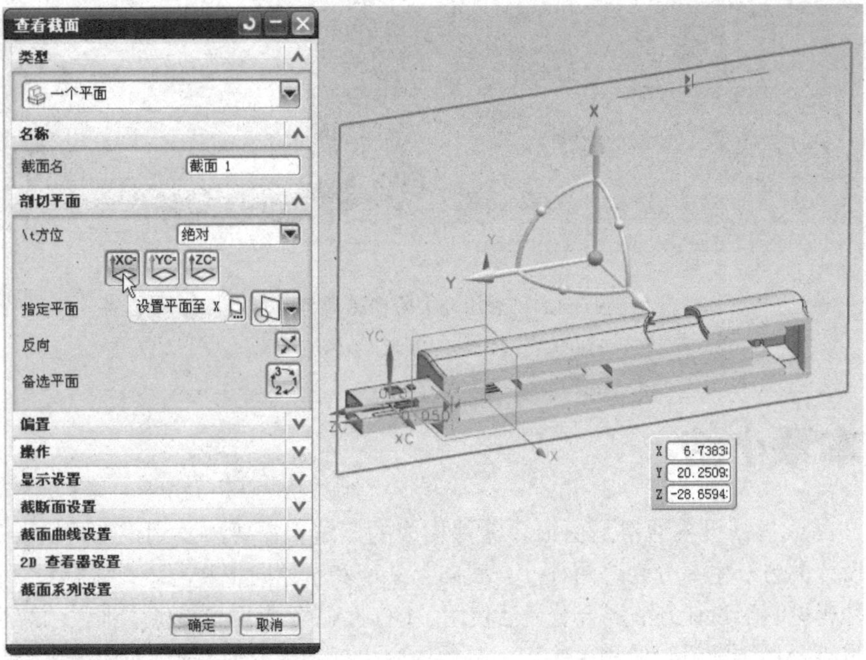

图 7-122 “查看截面”对话框

③ 展开“偏置”选项组，可以通过拖动滑块来获得动态的截面变化效果，如图 7-123 所示，也可以在相应的文本框中设置偏置参数和步进参数等。

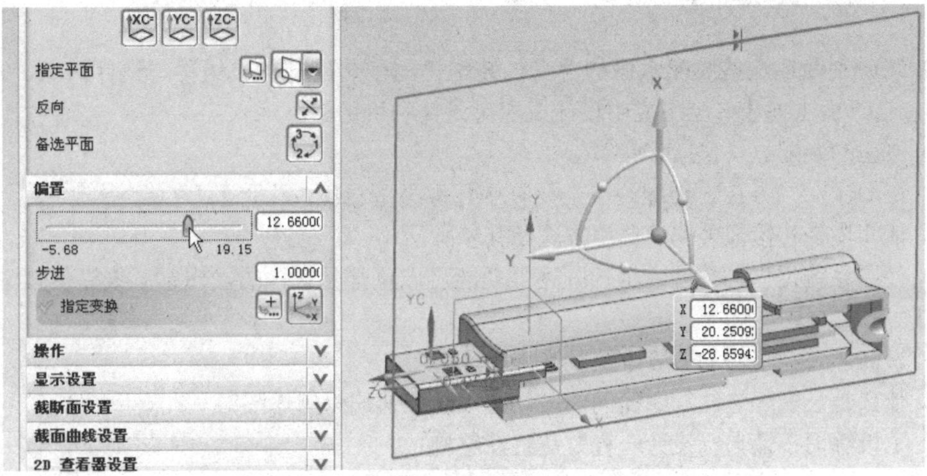

图 7-123 设置截面偏置参数（仅用于示意）

④ 在其他选项组进行相关设置。

⑤ 单击“确定”按钮。查看产品截面有助于分析产品内部结构（包括装配结构）。

⑥ 此时，“视图”工具栏中的“剪切工作截面”按钮 处于被选中的状态（即该按钮被按下），而视图中的模型处于视图剖切状态，如图 7-124a 所示。单击“剪切工作截面”按钮 ，以取消启用视图剖切，即视图恢复到没有被剖切的状态，如图 7-124b 所示。

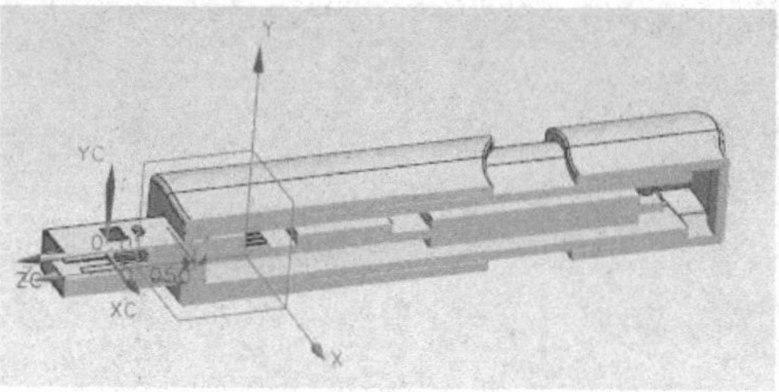

a)

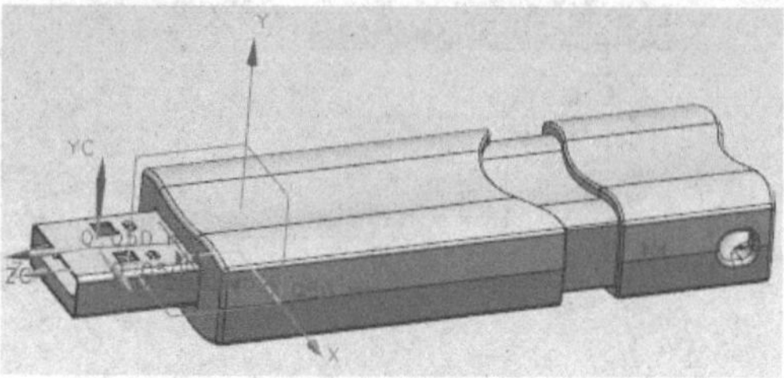

b)

图 7-124　启用与关闭视图剖切状态

a) 启用视图剖切　b) 取消视图剖切

7.9　本章小结

一个产品或机械设备通常是由很多零件构成的，这就需要涉及到零部件的装配设计问题。装配设计的方法主要分为这两种：自底向上装配和自顶向下装配。在实际设计中，会经常将这两种典型装配设计方法混合着灵活使用。UG NX 7.5 为用户提供了强大的装配功能。

本章重点介绍装配设计的相关知识，具体内容包括装配设计基础、使用配对条件、使用装配导航器、组件应用、检查简单干涉与装配间隙、爆炸视图、装配序列基础与应用等。在本章的最后还介绍了一个产品装配范例。

7.10　思考练习

1）请分别简述这些装配术语的含义：装配体与子装配部件、组件与组件对象、自顶而下建模、自下而上建模、上下文中设计、配对条件和引用集。

2）典型的装配方法包括哪些？

3）在 UG NX 7.5 中，装配约束主要有哪几种类型？

4）请简述创建镜像装配的典型方法及其步骤。

5）使用系统提供的“创建组件阵列”功能可以执行什么样的操作？系统提供哪 3 种定义组件阵列的方式？

6）请简述替换组件的一般方法及其步骤。

7）什么是装配爆炸图？如何创建爆炸图以及如何编辑爆炸图？

8）上机练习：请自行设计一种铰链组件结构。

第 8 章　工程图设计

本章导读：

对于从事工程设计的人员来说，必须要掌握工程图设计的相关知识。在 UG NX 7.5 中，可以根据设计好的三维模型来关联地进行其工程图设计。若关联的三维模型发生设计变更了，那么其相应的二维工程图也会自动变更。

本章介绍的主要内容包括切换到工程制图模块、工程制图参数预设置、工程图的基本管理操作、插入视图、编辑视图、修改剖面线、图样标注和零件工程图综合实战案例。

8.1　工程制图模块切换

工程图在实际生产环节中的应用比较多。UG NX 7.5 的工程制图功能是比较强大的，使用该功能模块可以很方便地根据已有的三维模型来创建合格的工程图。

下面介绍如何快速地切换到工程制图模块。

1 完成三维模型设计之后，在 UG NX 7.5 的基本操作界面中单击按钮 开始，打开一个开始下拉菜单。

2 从该下拉菜单中选择“制图”命令，如图 8-1 所示，即可快速地切换到“制图”功能模块。图 8-2 给出了刚进入“制图”功能模块的软件设计界面，注意了解界面中出现的那些与制图相关的工具栏。

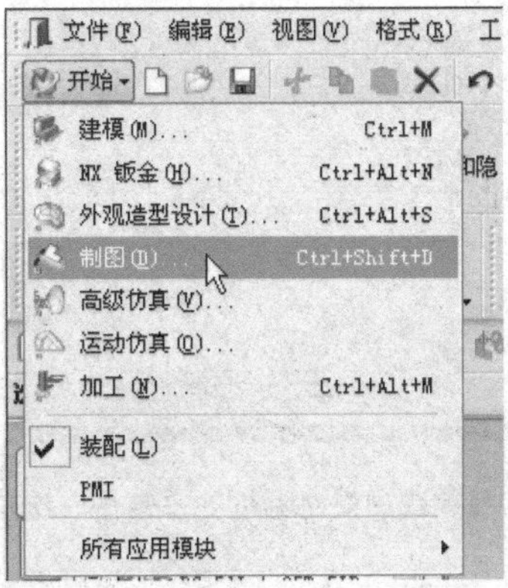

图 8-1　选择“制图”命令

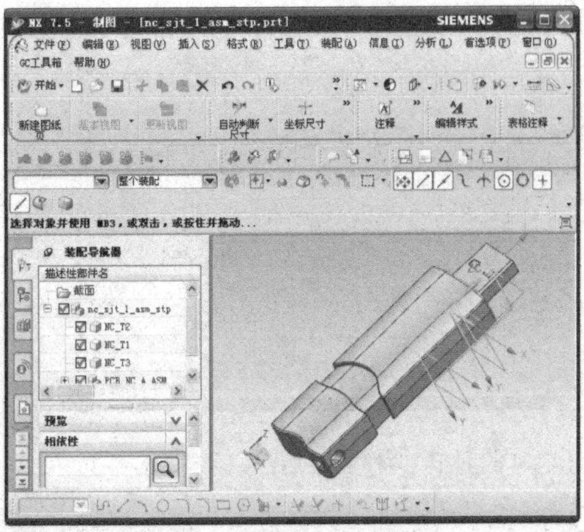

图 8-2　切换到制图功能模块

8.2 工程制图参数预设置

用户可以根据实际需要来更改工程制图的默认设置，以建立新的设计环境。本节主要介绍工程制图参数预设置的相关知识。

8.2.1 制图首选项设置

在制图模式下，可以设置默认的工作流、图样设置和制图应用模块的其他特性，其方法如下。

1. 从菜单栏中选择“首选项”|“制图”命令，系统弹出如图 8-3 所示的“制图首选项”对话框。

2. 利用该对话框的“常规”选项卡、“预览”选项卡、“视图”选项卡和“注释”选项卡进行相关设置即可。

下面介绍“制图首选项”对话框中各选项卡的功能用途。

- “常规”选项卡：用来指定版次控制、图纸工作流、图纸设置和栅格设置，如图 8-4 所示。其中，“图纸工作流”的设置内容包括“自动启动插入图纸页命令”、“自动启动视图创建”和“自动启动投影视图命令”等；“图纸设置”的内容包括“使用图纸模板中的设置”和“根据标准使用设置”；“栅格设置”是指“使用制图栅格”还是“使用草图栅格”。

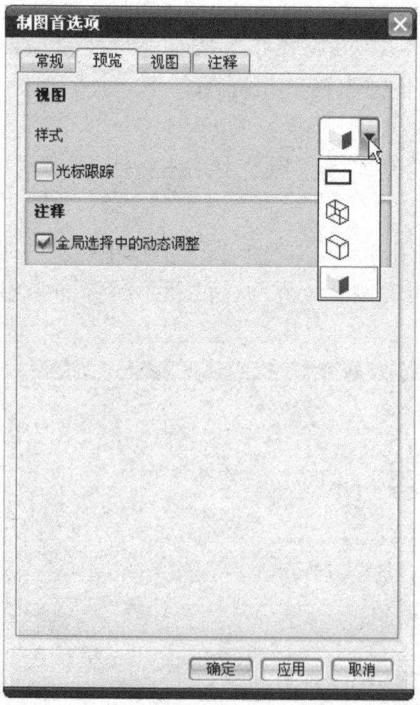

图 8-3 “制图首选项”对话框

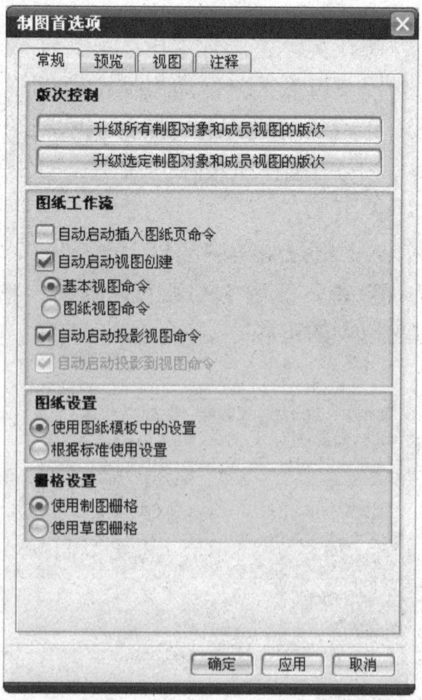

图 8-4 “制图首选项”对话框的“常规”选项卡

- “预览”选项卡：可以设置视图预览样式为“边界”、“线框”、“隐藏线框”

或“着色”，可以设置是否启用光标跟踪等。

- “视图”选项卡：如图 8-5 所示，从中可以设置更新、边界、显示已抽取边的面、加载组件、视觉和定义渲染集这些内容。
- “注释”选项卡：主要用来设置是否保留注释，以及定制保留的注释的颜色、线型等特性，如图 8-6 所示。如果在该选项卡中单击“删除保留的注释”按钮，将打开如图 8-7 所示的“删除留下的对象”对话框，提示此功能将删除当前显示中所有保留的制图对象。

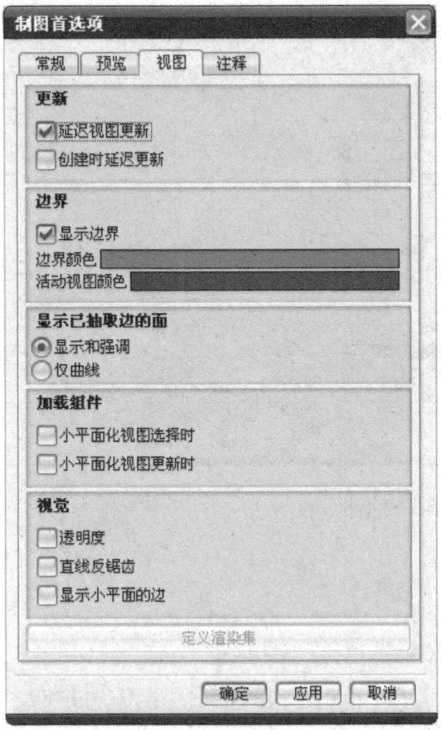

图 8-5 “制图首选项”对话框的“视图”选项卡

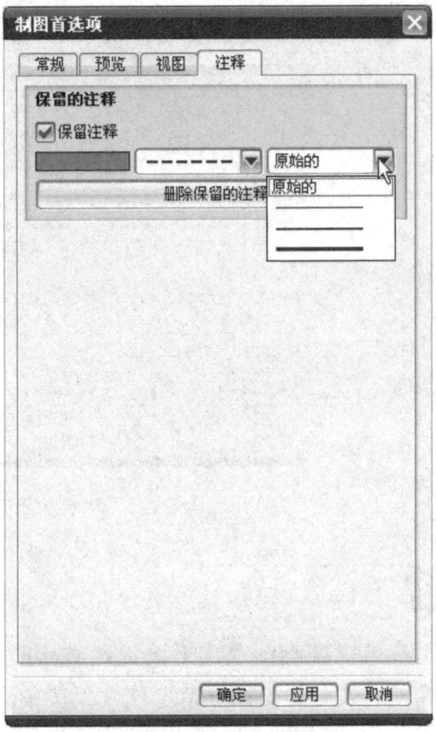

图 8-6 “制图首选项”的“注释”选项卡

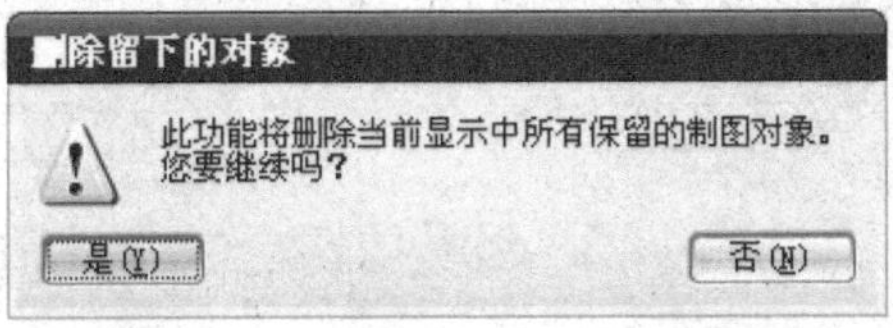

图 8-7 “删除留下的对象”对话框

8.2.2 注释设置

在制图模式下，使用“首选项”菜单中的“注释”命令，可以设置图样注释的首选项。选择“首选项”|“注释”命令，系统弹出如图 8-8 所示的“注释首选项”对话框。利用该对话框可以设置的内容很多，包括径向、坐标、填充/剖面线、零件明细表、截面、单元格、适合方法、层叠、尺寸、直线/箭头、文字、符号和单位。在该对话框中，还可以执行“继

承”、“全部继承”、“重置”、“全部重置”、“加载默认设置”和“加载所有默认设置”操作。

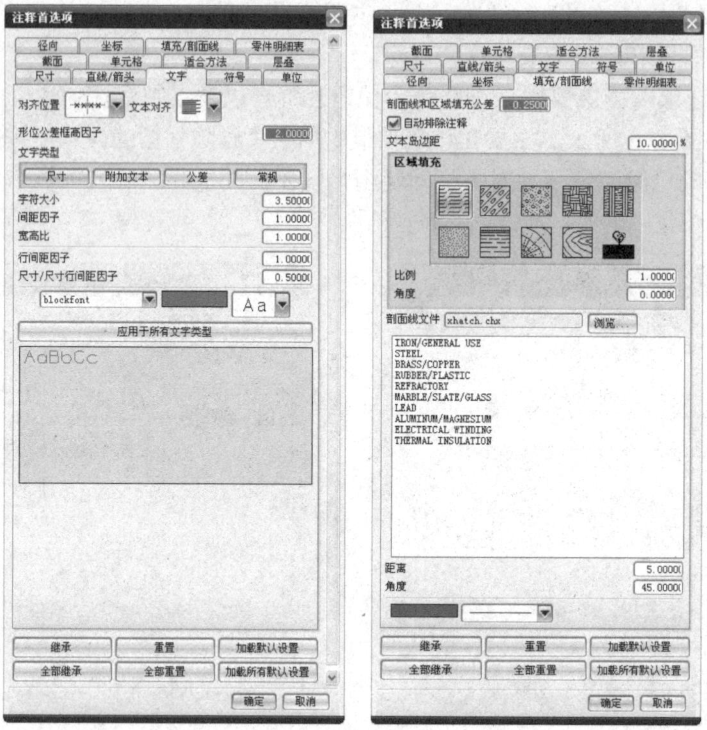

图 8-8 “注释首选项”对话框

8.2.3 截面线设置

用户可以在制图模式下设置定义新截面线（截面线也称“剖面线”或“剖切线”）显示的首选项。其方法是在“首选项”菜单中选择“截面线”命令，打开如图 8-9 所示的“截面线首选项”对话框。利用该对话框可以设置是否显示标签，此外还可以利用“尺寸”选项组、“偏置”选项组和“设置”选项组设置如图 8-10 所示的选项及参数等。

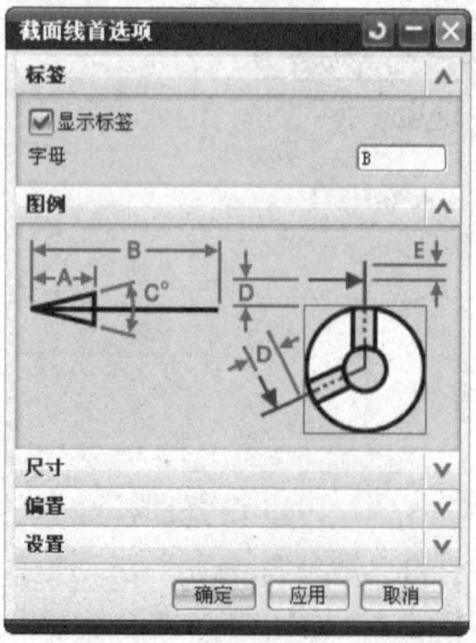

图 8-9 “截面线首选项”对话框

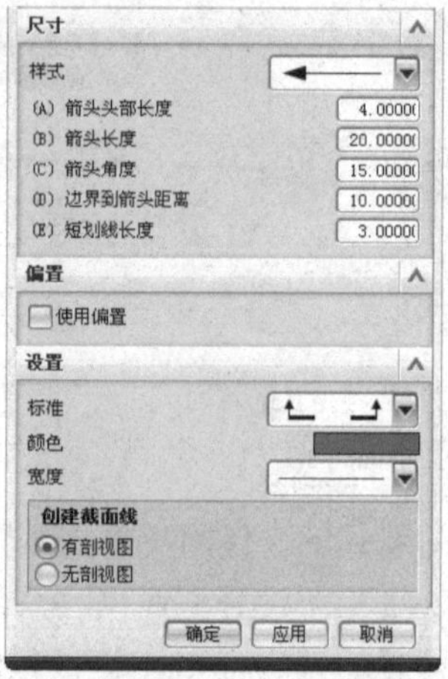

图 8-10 设置截面线尺寸、偏置和其他设置

8.2.4 视图参数设置

在制图模式下，菜单栏中的“首选项”|“视图”命令主要用来设置控制视图在图样页面上显示的首选项，如隐藏线、轮廓线、光顺边和追踪线等。

在菜单栏中选择“首选项”|“视图”命令，打开如图 8-11 所示的“视图首选项”对话框。该对话框提供的选项卡较多，使用这些选项卡可以分别设置平面展开图样、截面线、着色、螺纹、基本、继承 PMI、常规、隐藏线、可见线、光顺边、虚拟交线和追踪线的视图首选项。

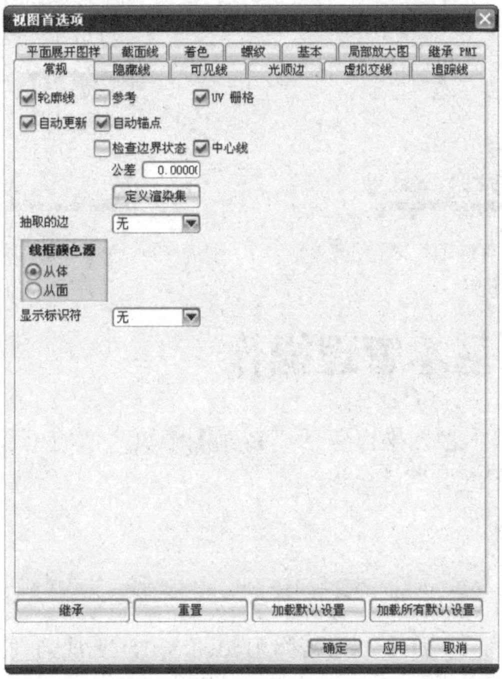

图 8-11 “视图首选项”对话框

在“视图首选项”对话框中，还可以单击“继承”、“重置”、“加载默认设置”或“加载所有默认设置”按钮来执行相应的设置操作。

8.2.5 视图标签参数设置

在制图模式下，从菜单栏中选择“首选项”|“视图标签”命令，系统弹出如图 8-12 所示的“视图标签首选项”对话框。该对话框主要用于设置控制视图标签和视图比例显示的首选项。注意该对话框中“其他”选项卡、“局部放大图”选项卡和“截面”选项卡的应用。其中，利用“局部放大图”选项卡可以设置如图 8-13 所示的内容。

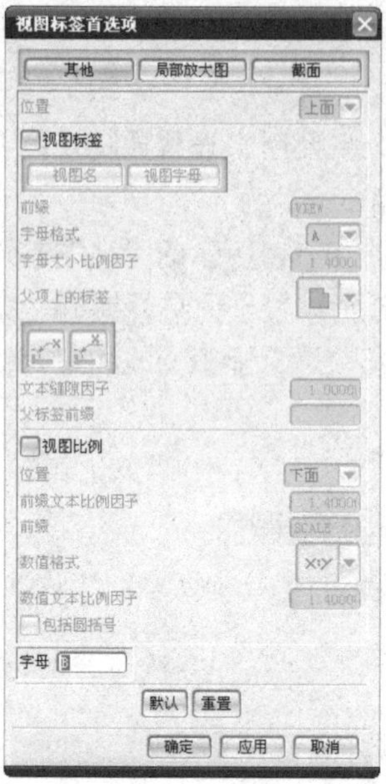

图 8-12 “视图标签首选项”对话框

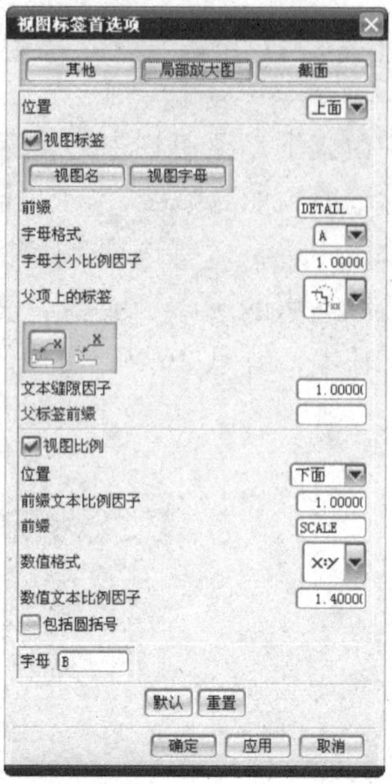

图 8-13 设置“局部放大图”选项卡的视图标签

8.3 工程图的基本管理操作

本节介绍的工程图基本管理操作包括“新建图纸页”、“打开图纸页”、“显示图纸页”、“删除图纸页”和“编辑图纸页”等操作。

8.3.1 新建图样页

在如图 8-14 所示的“图纸”工具栏中单击“新建图纸页”按钮，或者在菜单栏的“插入”菜单中选择“图纸页”命令，系统弹出如图 8-15 所示的“片体”对话框（也称“工作表”对话框）。该对话框提供 3 种方式来创建新图样页，这 3 种创建方式分别为“使用模板”方式、“标准尺寸”方式和“定制尺寸”方式。

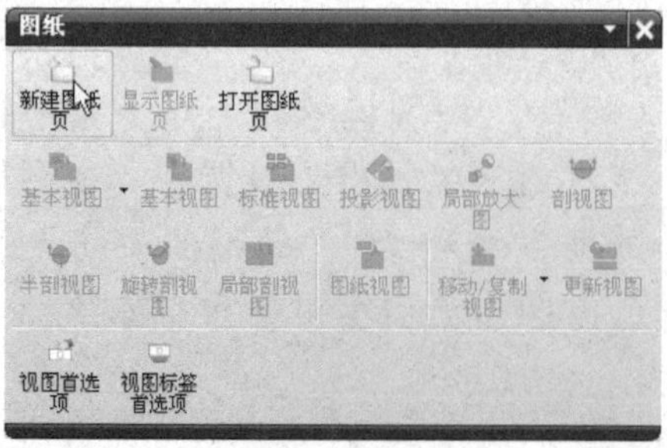

图 8-14 “图纸”工具栏

图 8-15 “片体”对话框

1. “使用模板”

在对话框的“大小”选项组中选择“使用模板”单选按钮时，可从对话框出现的列表框中选择系统提供的一种制图模板，如“A0-无视图”、“A1-无视图”、“A2-无视图”等。选择某制图模板时，可以在对话框中预览该制图模板的形式。

2. “标准尺寸”

在对话框的“大小”选项组中选择“标准尺寸”单选按钮时，如图 8-16 所示，可以从“大小”下拉列表框中选择一种标准尺寸样式，如“A0-841×1189”、“A1-594×841”、“A2-420×594”、“A3-297×420”、“A4-210×297”、“A0+ -841×1635”或“A0++ -841×2387”；可以从“比例”下拉列表框中选择一种绘图比例，或者选择“定制比例”来设置所需的比例；在“图纸页名称”文本框中输入新建图样的名称，或者接受系统自动为新建图样指定的默认名称；在“设置”选项组中可以设置单位为毫米还是英寸，以及设置投影方式。投影方式分（第一象限角投影）和（第三象限角投影）。其中，第一象限角投影符合我国的制图标准。

3. “定制尺寸”

在对话框的“大小”选项组中选择“定制尺寸”单选按钮时，由用户设置图样高度、长度、比例和图样页名称、单位和投影方式等，如图 8-17 所示。

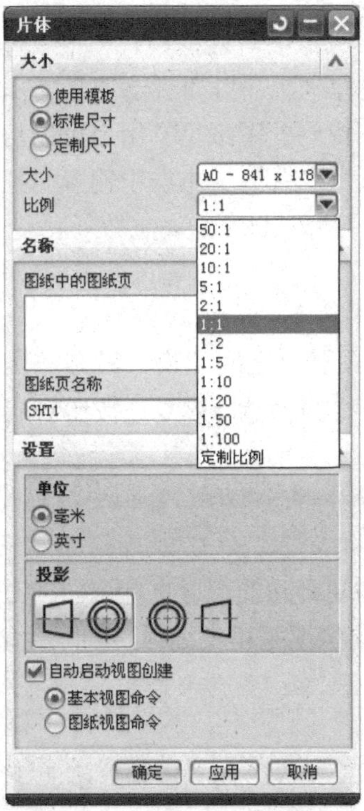

图 8-16 标准尺寸

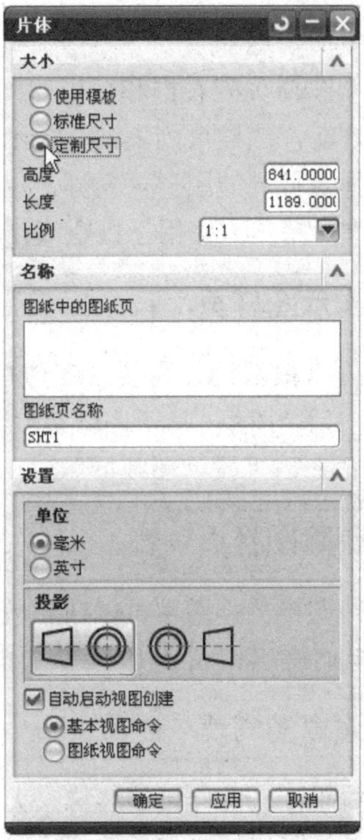

图 8-17 定制尺寸

定义好工作表（图样页）后，单击“确定”按钮，接下去便是在图样上创建和编辑具体的工程视图了。

8.3.2 打开图样页

创建好图样页后，在一些场合下可能需要打开现有的图样页来编辑定义图样。要打开图样页，则在“图纸”工具栏中单击“打开图纸页”按钮，系统弹出如图 8-18 所示的“打开图纸页”对话框。此时，系统提示用户输入要打开的图样页名称。

图 8-18 “打开图纸页”对话框

在这里简单地介绍一下“打开图纸页”对话框的组成。该对话框具有一个“过滤器”文本框、一个图样页列表框和一个“图纸页名称”文本框。默认时，“过滤器”文本框中使用“*”模糊过滤，图样页列表框则显示在该过滤器条件下找到的图纸页。用户可以从图纸页列表框中选择要打开的图样页名称，也可以直接在“图纸页名称”文本框中输入要打开的图样页名称，然后单击“应用”按钮或“确定”按钮，即可打开该图样页。

8.3.3 显示图样页

用户可以根据设计需要，在建模视图显示和图样页显示之间切换，其方法是使用位于“图纸”工具栏中的“显示图纸页”复选按钮（显示图纸页），该复选按钮对应着的菜单命令为“视图”|“显示图纸页”。

8.3.4 删除图样页

要删除图样页，通常可以在相应的导航器中查找到要删除的图样页标识，并右击该图样页标识，此时弹出如图 8-19 所示的快捷菜单，然后从该快捷菜单中选择“删除”命令。

8.3.5 编辑图样页

可以编辑活动图样页的名称、大小、比例、测量单位和投影角等，其方法简述如下。

1. 在菜单栏的“编辑”菜单中选择“图纸页”命令，打开如图 8-20 所示的“片体（工作表）”对话框。
2. 在“片体”对话框中进行相应的修改设置，如大小、名称、单位和投影方式等。
3. 在“片体”对话框中单击“确定”按钮。

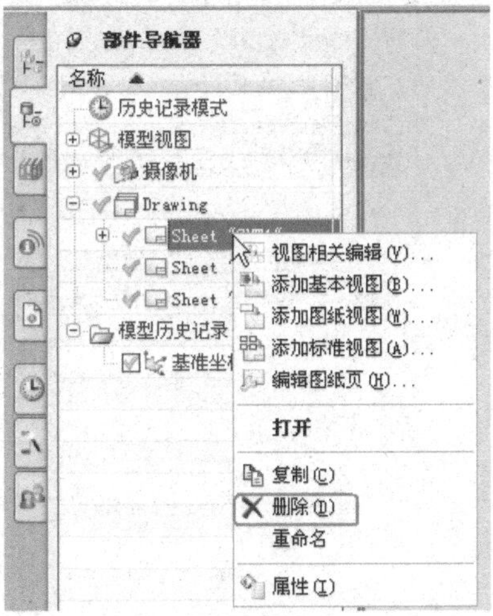

图 8-19 删除选定的图样页

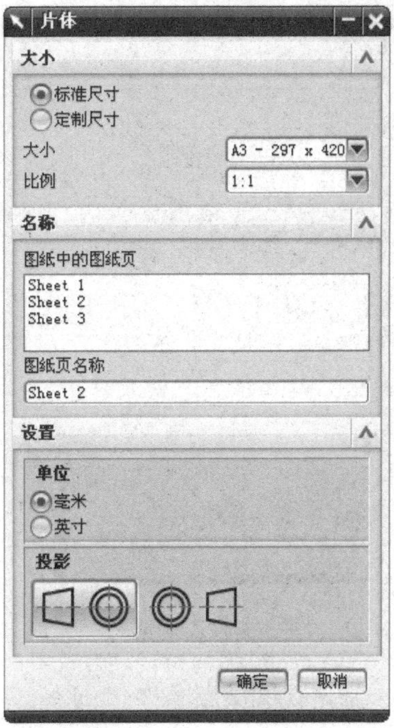

图 8-20 “片体”对话框

8.4 插入视图

新建图样页后，便需要根据模型结构来考虑如何在图样页上插入各种视图。插入的视图可以为基本视图、标准视图、投影视图、局部放大图、剖视图、半剖视图、旋转剖视图、断开视图和局部剖视图等。

为了制图的方便，用户可以在制图环境中将“图纸”工具栏添加到制图界面中，并设置在“图纸”工具栏中添加好所需的工具按钮图标。用户可以从该工具栏中选择插入相关视图的工具按钮，也可以从制图环境中的“插入”|“视图”级联菜单中选择插入相关视图的命令。

8.4.1 基本视图

基本视图可以是仰视图、俯视图、前视图、后视图、左视图、右视图、正等轴测视图和正二测视图等。下面介绍创建基本视图的一般方法和注意事项。

在“视图”工具栏中单击“基本视图”按钮，或者在菜单栏中选择“插入”|“视图”|“基本”命令，系统弹出“基本视图”对话框，如图 8-21 所示。在“基本视图”对话框中可以进行以下设置操作。

1．指定要为其创建基本视图的部件

系统默认加载的当前工作部件作为要为其创建基本视图的零部件。如果想更改要为其创建基本视图的零部件，则用户需要在“基本视图”对话框中展开如图 8-22 所示的“部件”选项区域，从“已加载的部件”列表或“最近访问的部件”列表中选择所需的部件，或者单击该选项组中的“打开”按钮并接着从弹出的“部件名”对话框中选择所需的部件。

图 8-21 “基本视图”对话框

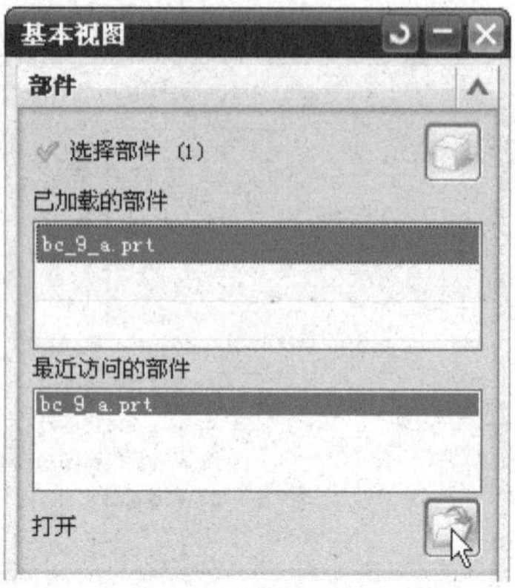

图 8-22 指定所需部件

2. 指定视图原点

可以在“基本视图”对话框的“视图原点”选项区域中设置放置方法选项，以及可以启用“光标跟踪”功能。其中放置方法选项主要有“自动判断”、“水平”、“竖直”、“垂直于直线”和“叠加”等。

3. 定向视图

在“基本视图”对话框中展开“模型视图”选项区域，从“Model View to Use”下拉列表框中选择相应的视图选项（如“TOP”、“FRONT”、“RIGHT”、“BACK”、“BOTTOM”、“LEFT”、“TFR-ISO”或“TFR-TRL”），即可定义要生成何种基本视图。

用户可以在“模型视图”选项区域中单击“定向视图工具”按钮，系统弹出如图 8-23a 所示的“定向视图工具”对话框，利用该对话框可通过定义视图法向、X 向等来定向视图，在定向过程中可以在如图 8-23b 所示的“定向视图”窗口选择参照对象及调整视角等。在“定向视图工具”对话框中执行某个操作后，视图的操作效果立即动态地显示在“定向视图”窗口中，以方便用户观察视图方向，调整并获得满意的视图方位。完成定向视图操作后，单击“定向视图工具”对话框中的“确定”按钮即可。

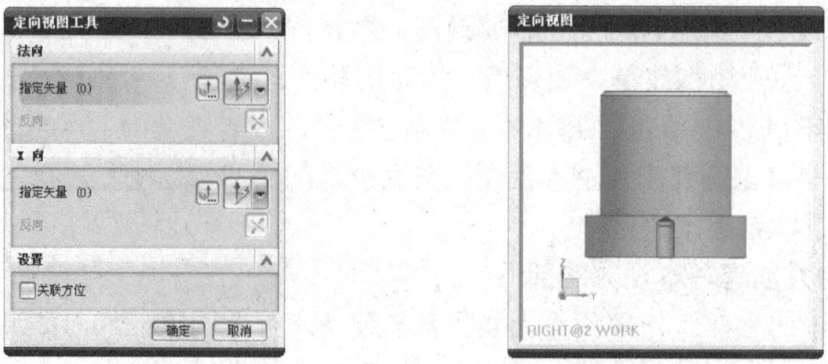

a） b）

图 8-23 定向视图

a）“定向视图工具”对话框 b）“定向视图”窗口

4. 设置比例

在“基本视图”对话框的“比例”选项组中的“比例”下拉列表框中选择所需的一个比例值，如图 8-24 所示，也可以从该下拉列表框中选择“比率”选项或“表达式”选项来定义比例。

5. 设置视图样式

通常使用系统默认的视图样式即可。如果在某些特殊制图情况下，默认的视图样式不能满足用户的设计要求，那么可以采用手动的方式指定视图样式，其方法是在“基本视图”对话框中单击“设置”选项区域中的“视图样式”按钮，系统弹出如图 8-25 所示的“视图样式”对话框。在“视图样式”对话框中，用户单击相应的选项卡标签即可切换到该选项卡中，然后进行相关的参数设置。

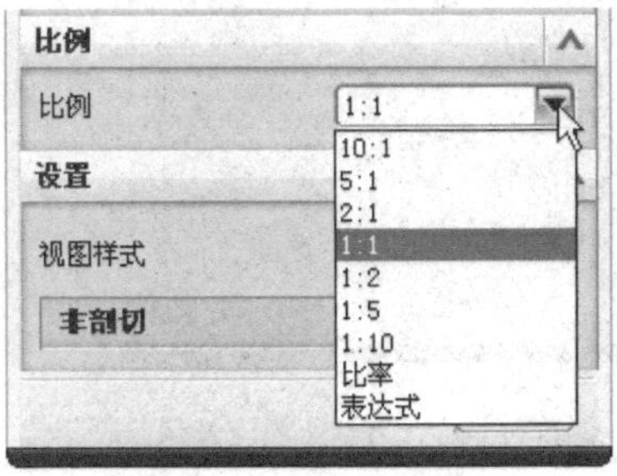

图 8-24 设置比例

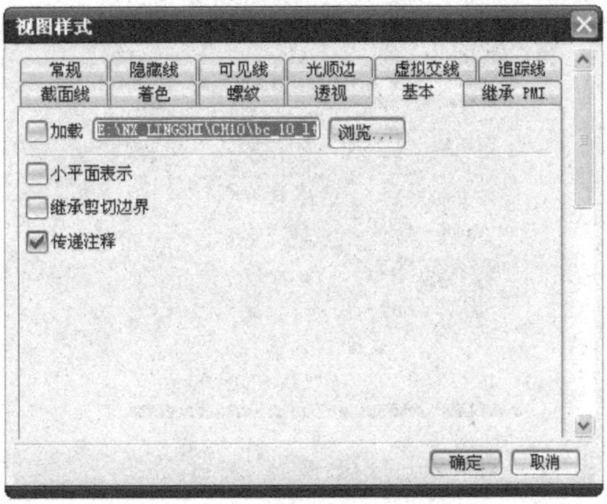

图 8-25 “视图样式”对话框

设置好相关内容后，使用鼠标光标将定义好的基本视图放置在图样页面上即可。

8.4.2 投影视图

可以从任何图样父视图创建投影正交或辅助视图。在创建基本视图后，通常可以以基本视图为基准，按照指定的投影通道来建立相应的投影视图。

创建投影视图的一般方法和步骤简述如下。

1 在“视图”工具栏中单击“投影视图”按钮，或者在菜单栏中选择“插入”|“视图”|“投影视图”命令，系统弹出如图 8-26 所示的“投影视图”对话框。

2 此时可以接受系统自动指定的父视图，也可以单击“父视图”选项区域下的“选择视图”按钮，从图样页面上选择其他一个视图作为父视图。

3 定义铰链线、设置视图样式、指定视图原点以及移动视图的操作。由于在前面一节中已经介绍过设置视图样式和指定视图原点的知识，在这里就不再重复介绍。

下面着重介绍定义铰链线和移动视图的知识点。

1. 铰链线

在“投影视图”对话框“铰链线”选项区域中的“矢量选项”下拉列表框中选择“自动判断”选项或“已定义”选项。当选择“自动判断”选项时，系统基于在图样页中的父视图来自动判断投影矢量方向，此时可以设置是否勾选“关联”复选框，以及设置是否反转投影方向；如果选择“已定义”选项，如图 8-27 所示，由用户手动定义一个矢量作为投影方向，此时也可以根据需要设置反转投影方向。

图 8-26 “投影视图”对话框

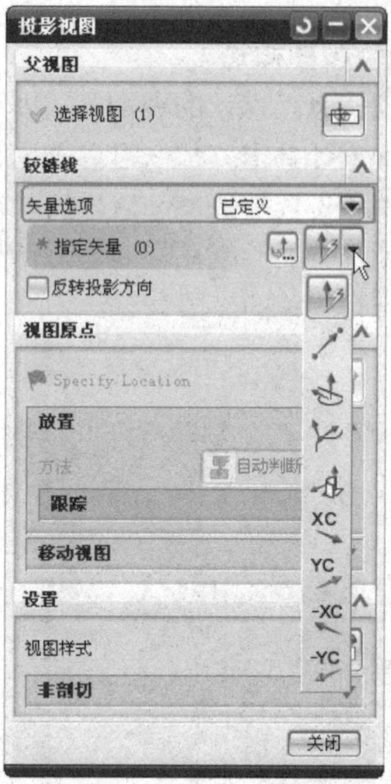

图 8-27 选择“已定义”矢量选项

2. 移动视图

当指定投影视图的视图样式、放置位置等之后，如果对该投影视图在图样页的放置位置不太满意，则可以在“投影视图”对话框的“移动视图”选项组中单击“视图”按钮，然后使用鼠标光标按住投影视图将其拖到图样页的合适位置处释放，即可实现移动投影视图。

创建投影视图的典型示例如图 8-28 所示，其中图 8-28a 为基本视图，图 8-28b 则是由基本视图通过投影关系建立的投影视图。

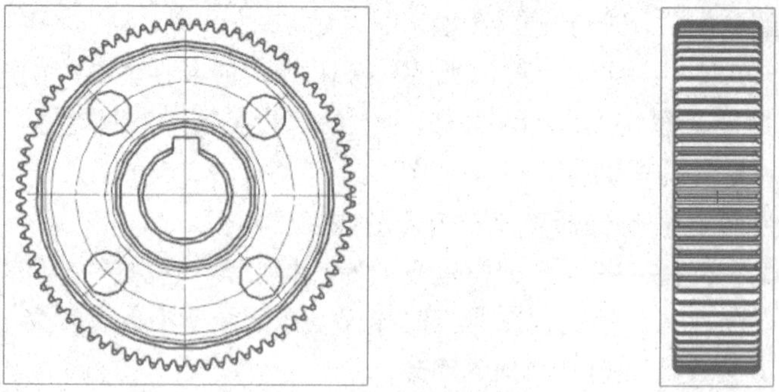

a） b）

图 8-28 创建投影视图

a）基本视图 b）投影视图

8.4.3 局部放大图

可以创建一个包含图样视图放大部分的视图，创建的该类视图常被称为“局部放大图”。在实际工作中，对于一些模型中的细小特征或结构，通常需要创建该特征或该结构的局部放大图。在如图 8-29 所示的制图示例中便应用了局部放大图来表达图样的细节结构。

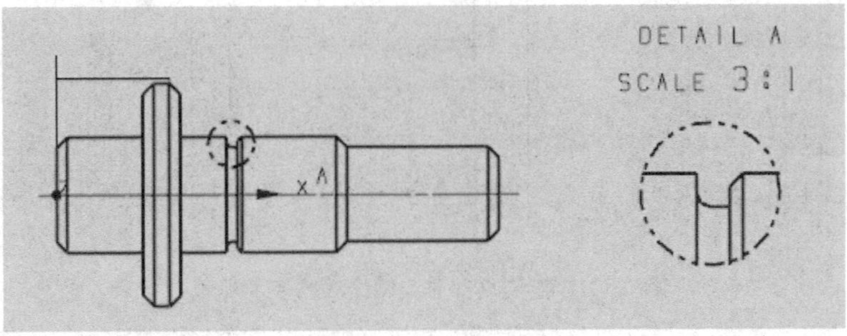

图 8-29　应用局部放大图

在“图纸”工具栏中单击“局部放大图”按钮，或者在菜单栏中选择“插入”|“视图”|“局部放大图”命令，系统弹出如图 8-30 所示的“局部放大图”对话框。

图 8-30　“局部放大图”对话框

利用“局部放大图”对话框可执行以下操作。

1．指定局部放大图边界的类型选项

在“类型”选项组的“类型”下拉列表框中选择一种选项来定义局部放大图的边界形状，可供选择的“类型”选项有“圆形”、“按拐角绘制矩形”和“按中心和拐角绘制矩形”，通常默认的“类型”选项为“圆形”。使用这些“类型”选项定义局部放大图边界形状的示例如图 8-31 所示。

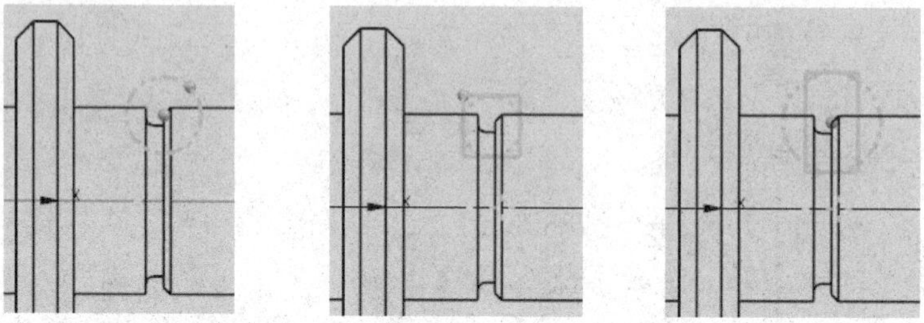

a） b） c）

图 8-31　定义局部放大图边界的 3 种类型

a)“圆形” b)“按拐角绘制矩形” c)“按中心和拐角绘制矩形”

2．设置放大比例值

在“比例”选项组的“比例”下拉列表框中选择所需的一个比例值，或者从中选择“比率”选项或“表达式”选项来定义比例。

3．定义父项上的标签

在“父项上的标签”选项组中的 “标签”下拉列表框中可以选择“无”、“圆”、“注释”、“标签”、“内嵌”或“边界”选项来定义父项上的标签。如图 8-32 所示的示例效果中给出了定义“父项上的标签”的 3 种典型效果。

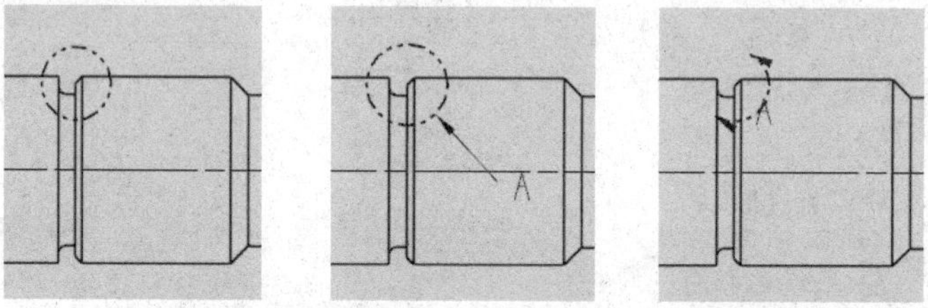

a） b） c）

图 8-32　定义“父项上的标签”的 3 种典型效果

a)“圆” b)“标签” c)“内嵌”

4．定义边界和指定放置视图的位置

按照所选的“类型”选项为“圆形”、“按拐角绘制矩形”或“按中心和拐角绘制矩形”来分别在视图中指定点来定义放大区域的边界，系统会就近判断父视图。例如，选择“类型”选项为“圆形”时，则先在视图中单击一点作为放大区域的中心位置，然后指定另一点作为边界圆周上的一点。此时，系统提示：指定放置视图的位置。在图样页中的合适位置处选择一点作为局部放大图的放置中心位置即可。

8.4.4 剖视图

可以从任何图样父视图创建一个投影剖视图。

在“图纸”工具栏中单击“剖视图”按钮，或者在菜单栏中选择“插入”|“视图”|“截面”命令，系统弹出如图 8-33 所示的“剖视图”工具栏。图示的该工具栏具有“基本视图”按钮、“截面线型”按钮、“样式”按钮和“移动视图”按钮。

如果需要修改默认的截面线型（即剖切线样式），则可以单击“截面线型”按钮，系统弹出如图 8-34 所示的“截面线首选项”对话框。利用该对话框定制满足当前设计要求的截面线样式。

图 8-33 “剖视图”工具栏

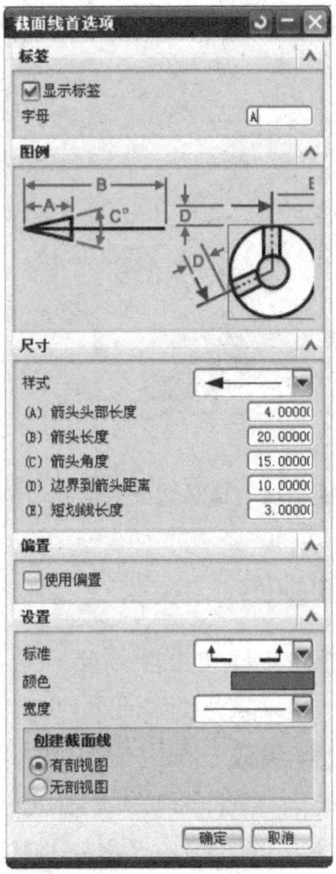

图 8-34 “截面线首选项”对话框

在“选择父视图”的系统提示下，在图样页上选择一个合适的视图作为剖视图的父视图，此时“剖视图”工具栏中出现的工具按钮图标如图 8-35 所示，同时系统提示定义剖切位置。

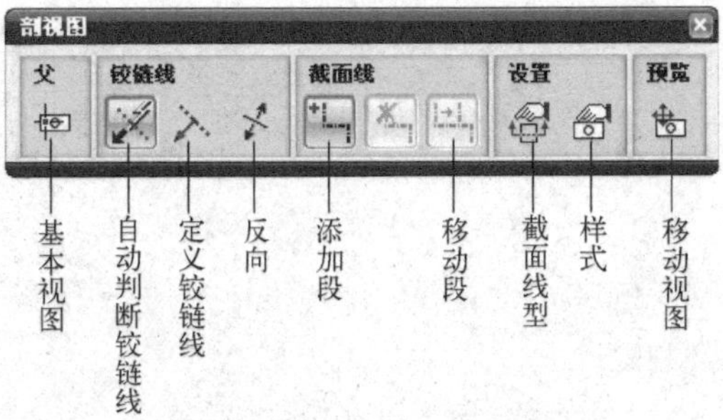

图 8-35 “剖视图”工具栏

在父视图中选择对象以自动判断点，从而指定剖切位置。例如，在如图 8-36 所示的父视图中自动判断圆中心，并可注意剖切方向。

接着在状态栏中出现“指示图纸页上剖视图的中心”的提示信息。在图样页上选择一个合适的位置单击，即可指定该剖视图的中心，如图 8-37 所示。

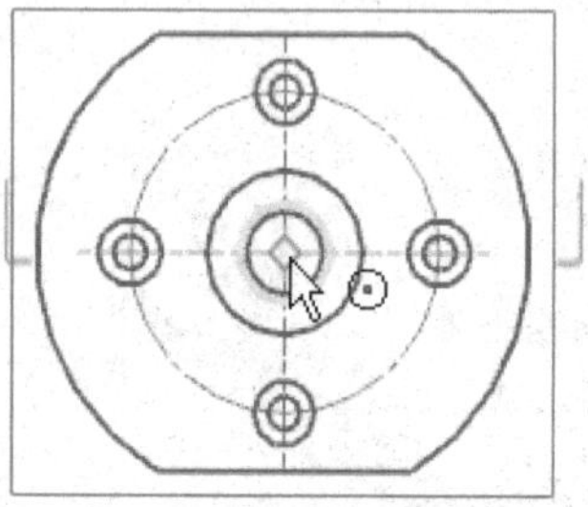

图 8-36　使用自动判断的点指定剖切位置

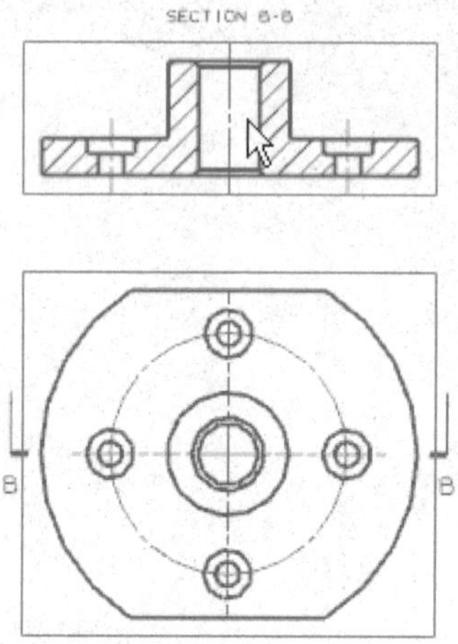

图 8-37　指示图样页上剖视图的中心

8.4.5 半剖视图

可以从任何图样父视图创建一个投影半剖视图。首先介绍半剖视图的概念：当机件具有对称平面时，在垂直于对称平面的投影面上，以对称中心线为界，一半画成剖视图，另一半画成视图，这样组成一个内外兼顾的图形，称为半剖视图。

要创建半剖视图，则在“图纸”工具栏中单击“半剖视图”按钮，系统打开“半剖视图”工具栏，如图 8-38 所示。

图 8-38　“半剖视图”工具栏

下面结合操作实例介绍创建半剖视图的典型操作方法。

1. 在图样页上选择父视图。
2. 定义剖切位置。可以选择对象以自动判断点来定义剖切位置，如图 8-39a 所示。接着指定点定义折弯位置，如图 8-39b 所示。

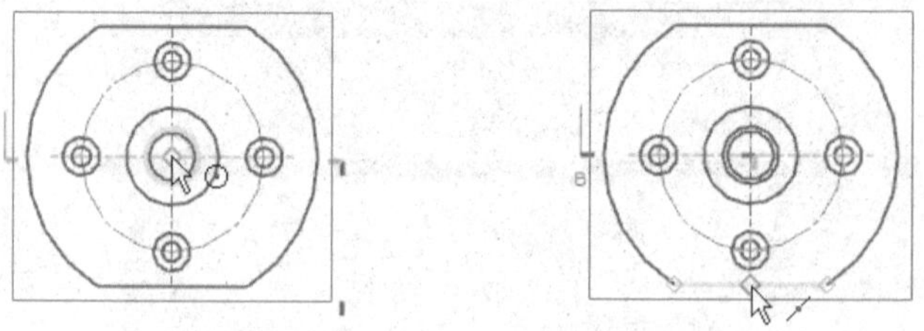

a）　　b）

图 8-39　定义剖切位置和折弯位置

a）定义剖切位置　b）定义折弯位置

3 在图样页上指定半剖视图的中心位置，从而完成创建半剖视图，如图 8-40 所示。

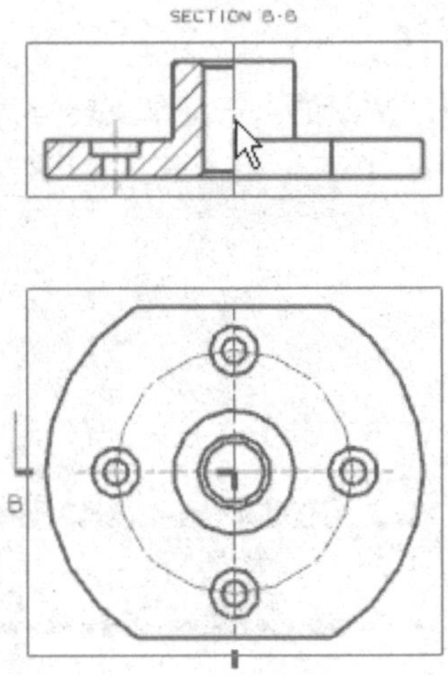

图 8-40 指示半剖视图的中心

8.4.6 旋转剖视图

可以从任何图样父视图创建一个投影旋转视图，所创建的该投影旋转视图简称为旋转剖视图。旋转剖视图使用了两个相交的剖切平面（交线垂直于某一基本投影面）。旋转剖视图的示例如图 8-41 所示。

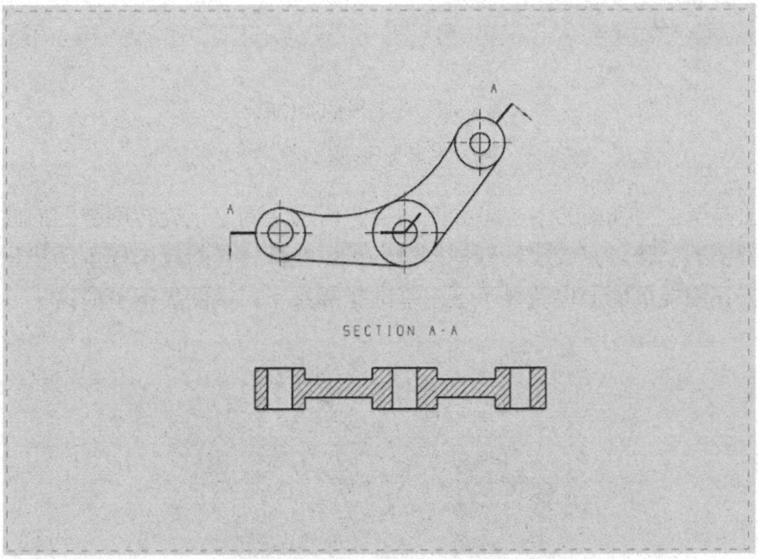

图 8-41 创建有旋转剖视图的工程图

下面结合典型示例来介绍创建旋转剖视图的典型操作方法及步骤。首先打开范例练习文件“BC_8_XZPST.PRT”，接着按照以下步骤来进行操作。

1 在“图纸”工具栏中单击“旋转剖视图”按钮，系统弹出“旋转剖视图”工具栏。

2 在图样页中选择父视图。

3 定义旋转点。可以使用自动判断的点来定义旋转点，如图 8-42 所示。

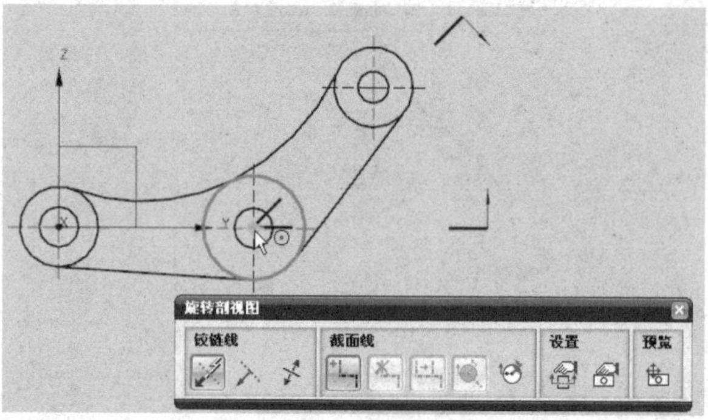

图 8-42　定义旋转点

4 分别定义段的新位置 1（如图 8-43a 所示）和新位置 2（如图 8-43b 所示）。

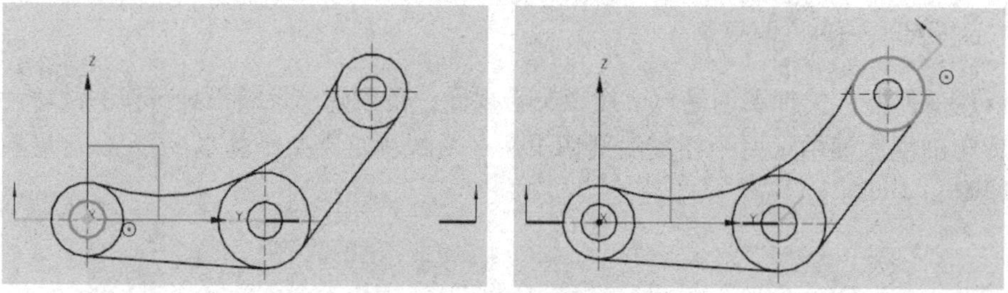

a）　b）

图 8-43　定义段的新位置

a) 定义段的新位置 1　b) 定义段的新位置 2

5 指示图样页上剖视图的中心，如图 8-44 所示。确定该旋转剖视图的放置中点后，便完成该旋转剖视图的创建。完成旋转剖视图后，可以在部件导航器的模型历史记录中将基准坐标系隐藏，这样在图样页面上也就显示不出基准坐标系了，视图显得更简洁了。

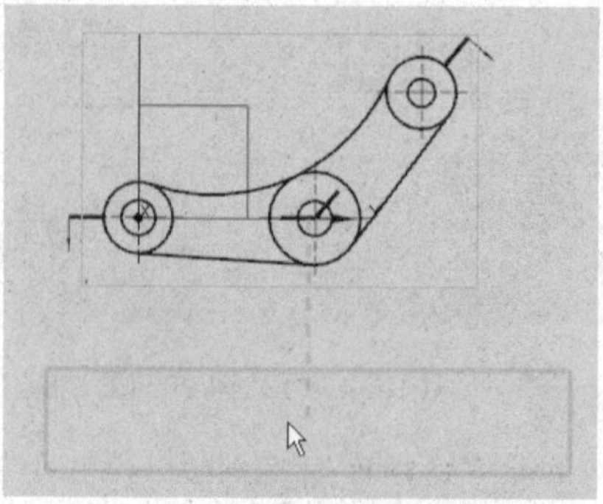

图 8-44　指示图样页上剖视图的中心

8.4.7 局部剖视图

可以通过在任何图样父视图中移除一个部件区域来创建一个局部剖视图，所谓的局部剖视图实际上是使用剖切面局部剖开机件而得到的剖视图，如图 8-45 所示。

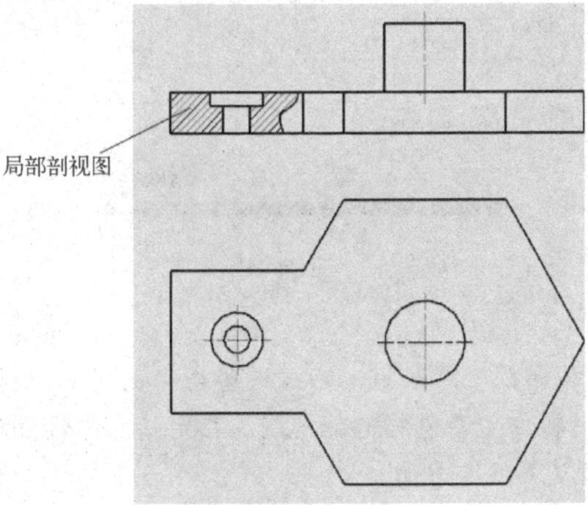

图 8-45 创建局部剖视图

在 UG NX 7.5 中，在创建局部剖视图之前，需要先定义和视图关联的局部剖视边界。定义局部剖视边界的典型方法如下。可以使用范例练习文件“BC_8_JBPST.PRT”来辅助练习其操作。

1. 在工程图中选择要进行局部剖视的视图，右击，从快捷菜单中选择“扩展”命令或“扩展成员视图”命令，从而进入视图成员模型工作状态。

2. 使用相关的曲线功能（如艺术样条曲线功能，可以从调出的“曲线”工具栏中找到），在要建立局部剖切的部位，绘制局部剖切的边界线。例如绘制如图 8-46 所示的定义局部剖切边界线。

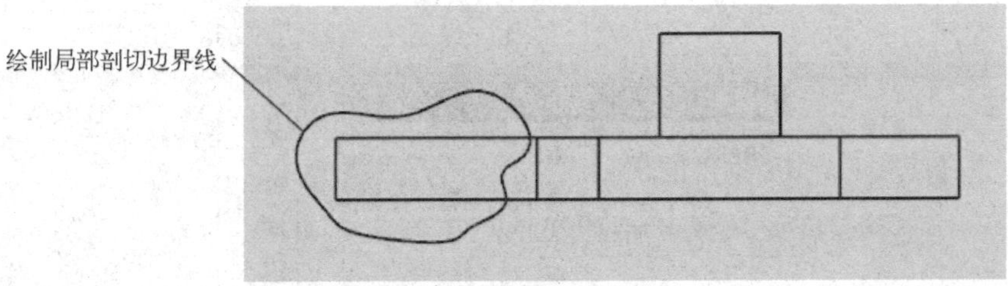

图 8-46 定义局部剖切边界线

3. 完成创建边界线后，单击鼠标右键，然后再次从快捷菜单中选择“扩展”命令，返回到工程图状态。这样便完成建立了与选择视图相关联的边界线。

下面结合练习范例来介绍创建局部剖视图的一般操作方法。

1. 在“图纸”工具栏中单击“局部剖视图”按钮，系统弹出如图 8-47 所示的“局部剖”对话框。

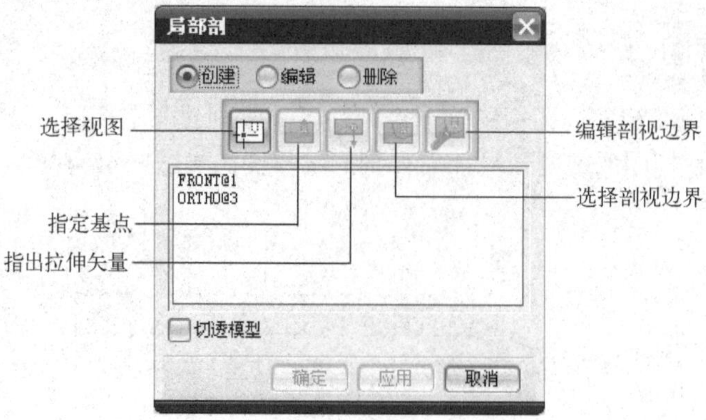

图 8-47 “局部剖”对话框

说明：使用“局部剖”对话框，可以进行局部剖视图的创建、编辑和删除操作。其中，创建局部剖视图的操作主要包括选择视图、指定基点、设置投影方向（拉伸矢量）、选择剖视边界和编辑剖视边界 5 个方面。

2 在“局部剖”对话框中选择“创建”单选按钮，此时系统提示选择一个生成局部剖的视图。在该提示下选择一个要生成局部剖视图的视图。如果要将局部剖视边界以内的图形切除，那么可以勾选“切透模型”复选框。通常不勾选该复选框。

3 定义基点。选择要生成局部剖的视图后，“指出基点”按钮图标被激活。在图样页上的关联视图（如相应的投影视图等）中指定一点作为剖切基点。

4 指出拉伸矢量。

指出基点位置后，“局部剖”对话框中显示的活动按钮和矢量下拉列表框如图 8-48 所示。此时在绘图区域中显示默认的投影方向。用户可以接受默认的方向，也可以使用矢量功能选项定义其他合适的方向作为投影方向。如果单击“矢量反向”按钮，则会使要求的方向与当前显示的方向相反。指出拉伸矢量即投影方向后，单击鼠标中键继续下一个操作步骤。

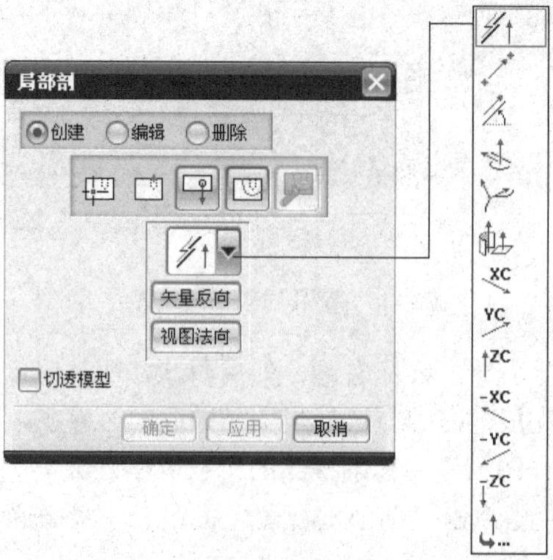

图 8-48 显示投影矢量的工具

❺ 选择剖视边界。

指定基点和投影矢量方向后，“局部剖”对话框中的“选择曲线”按钮将被激活及按下，同时出现“链”按钮和“取消选择上一个”按钮，如图 8-49 所示。

- “链”按钮：单击此按钮，系统弹出如图 8-50 所示的“成链”对话框，系统提示选择边界，在视图中选择剖切边界线，接着单击“成链”对话框中的“确定”按钮，然后选择起点附近的截断线。
- “取消选择上一个”按钮：用于取消上一次选择曲线的操作。

图 8-49 “局部剖”对话框

图 8-50 “成链”对话框

❻ 编辑剖视边界。

选择所需剖视边界曲线后，“局部剖”对话框中的“修改边界曲线”按钮被激活和处于被选中的状态，同时还会出现一个“捕捉构造线”复选框，如图 8-51 所示。如果用户觉得指定的边界线不太理想，则可以通过选择一个边界点来对其进行编辑修改，如图 8-52 所示。

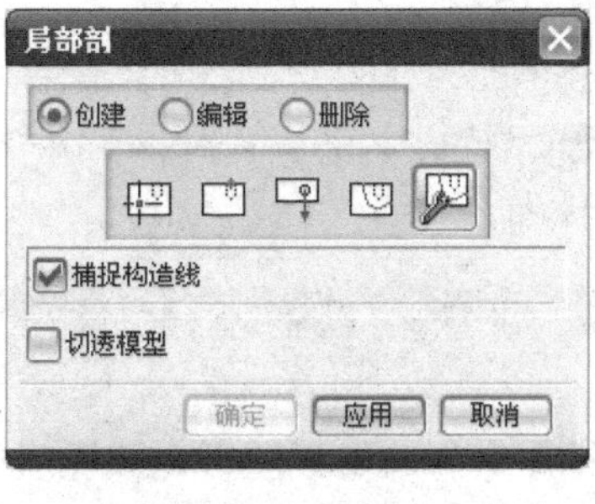

图 8-51 编辑剖视边界

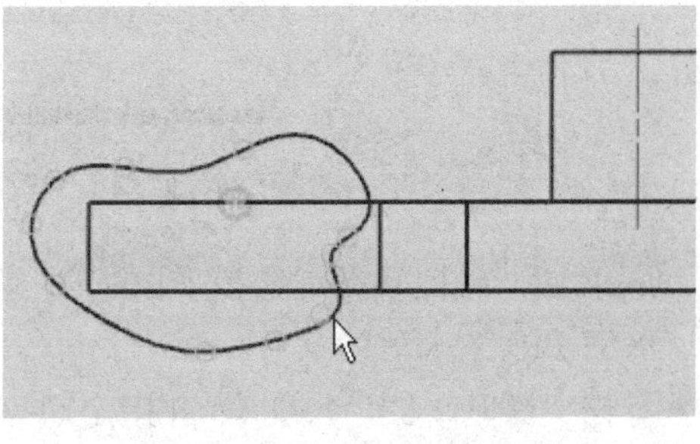

图 8-52 编辑剖视边界

❼ 对剖视边界线满意之后，单击“局部剖”对话框中的“应用”按钮，则系统完成在选择的视图中创建局部剖视图。

利用“局部剖”对话框，还可以对选定的局部剖进行编辑或删除操作。

8.4.8 断开视图

创建断开视图是将图纸视图分解成多个边界并进行压缩，从而隐藏不感兴趣的部分，以此来减少图纸视图的大小。断开视图的应用示例如图 8-53 所示。

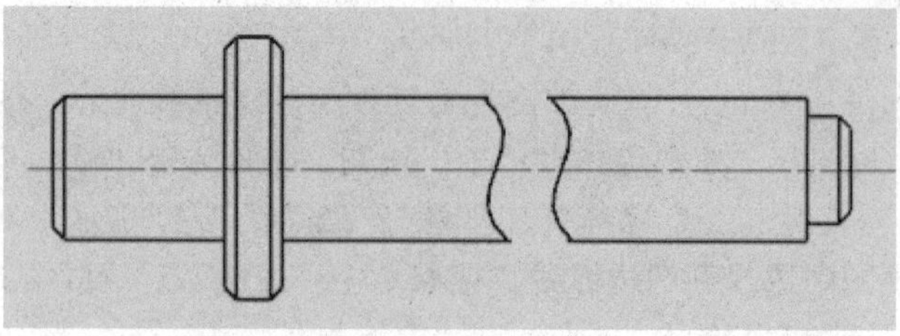

图 8-53　断开视图的应用示例

在“图纸”工具栏中单击“断开视图”按钮，或者从菜单栏中选择“插入”|“视图”|“断开的”命令，系统弹出“断开视图”对话框。如果当前图样页上存在着多个视图，则需要选择成员视图。选择一个成员视图后，“断开视图”对话框如图 8-54 所示。

图 8-54　“断开视图”对话框

下面介绍一个轴断开视图的创建步骤。用户可以打开配套范例文件“BC_8_DKST.PRT”来辅助学习。

1 单击“断开视图”按钮并指定现有的一个视图作为成员视图后，该视图自动充满整个窗口屏幕。同时，“断开视图”对话框中的“添加断开区域”按钮处于被选中的状态。默认的曲线类型为“～”。

2 定义第一个封闭边界。

在定义封闭边界时，注意使用如图 8-55 所示的捕捉工具按钮，以方便定义封闭边界。

图 8-55　快速设置捕捉模式

首先在轴轮廓边上依次捕捉到两个点（点 1 和点 2），接着以默认直线的方式选择若干点来定义一个封闭的边界区域，如图 8-56 所示，图中的点 1 和点 2 必须要位于轴轮廓边上。绘制好该封闭边界后，单出“断开视图”对话框中的“应用”按钮并激活，锚点 1 自动生成。此时，单击“应用”按钮，完成第一个封闭边界。

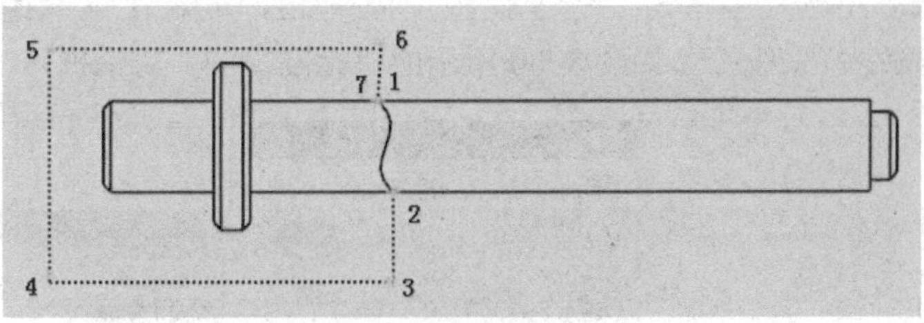

图 8-56　定义第一个封闭边界

③ 定义第二个封闭边界。

使用和定义第一个封闭边界的方法来定义第二个封闭边界，如图 8-57 所示。然后单击“断开视图”对话框中的“应用”按钮。

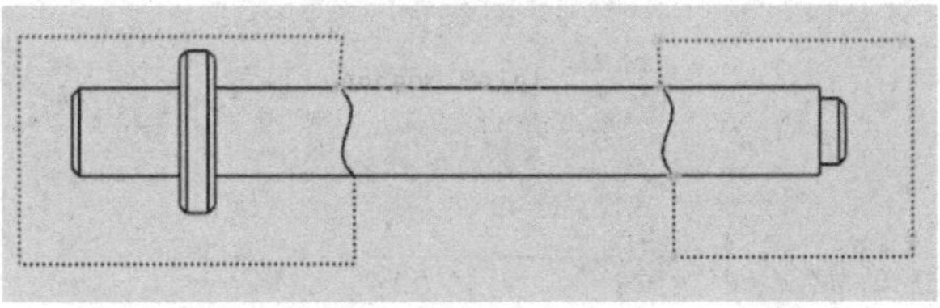

图 8-57　定义第二个封闭边界区域

④ 在“断开视图”对话框中，根据需要执行其他按钮来进行相关操作。例如，单击“定位断开区域”按钮，接着设置定位方法（可供选择的“定位方法”选项有“自动判断”、“距离”、“两个区域”和“无”）以及断开距离，如图 8-58 所示。

⑤ 确定并关闭“断开视图”对话框后，系统自动恢复到图样页状态。创建的断开视图如图 8-59 所示。

图 8-58　定位断开区域

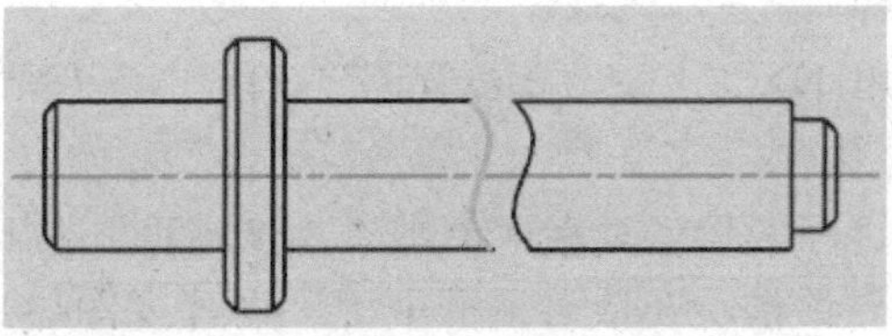

图 8-59　创建断开视图

8.4.9 标准视图

可以将多个标准视图添加到图样页，其操作方法简述如下。

1 在“图纸”工具栏中单击“标准视图”按钮，或者在菜单栏中选择“插入”|“视图”|“标准”命令，系统打开如图 8-60 所示的“标准视图”对话框，

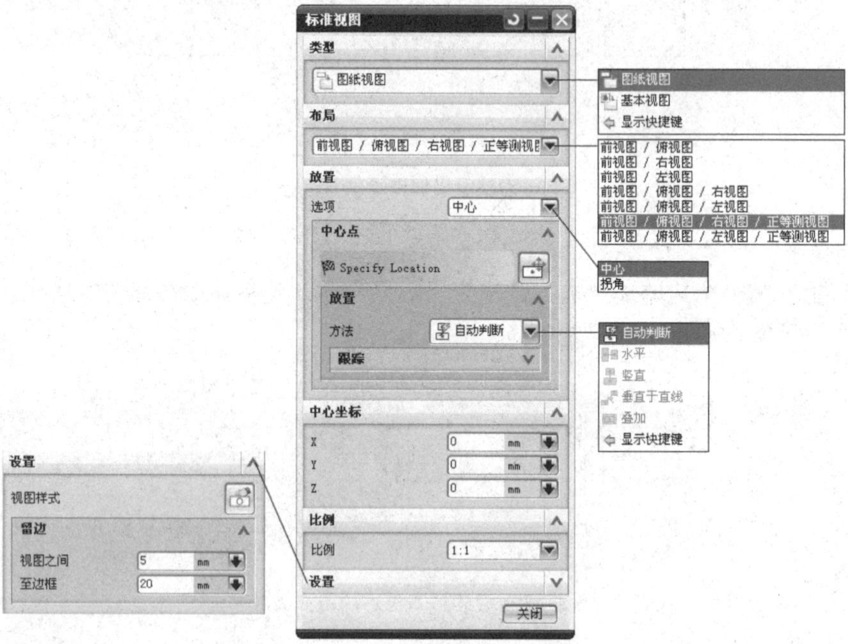

图 8-60 “标准视图”对话框

2 在“标准视图”对话框“类型”选项组的下拉列表框中选择“图纸视图”选项或“基本视图”选项，即所创建的标准视图的类型可以为图样视图（添加空视图到图样页）和基本视图。

当选择“图纸视图”选项时，接着需要分别设置布局、放置、中心坐标、比例和其他设置等；当选择“基本视图”选项时，接着需要指定布局、部件、放置、比例和其他设置，如图 8-61 所示。

例如，通过“标准视图”对话框指定“基本视图”类型和部件后，设置“布局”选项为“前视图/俯视图/左视图/正等测视图”，其他选项默认，在图样中指定一个合适的放置基点，从而一次生成多个标准视图，如图 8-62 所示。

8.4.10 图纸视图

使用 NX 7.5 的“图纸视图”功能，可以添加一个空视图（以创建草图和视图相关的对象）到图样页。

在“图纸”工具栏中单击“图纸视图”按钮，系统弹出如图 8-63 所示的“图纸视图”对话框。在该对话框中可以设置视图边界、视图原点、比例、视图方位和视图样式等。

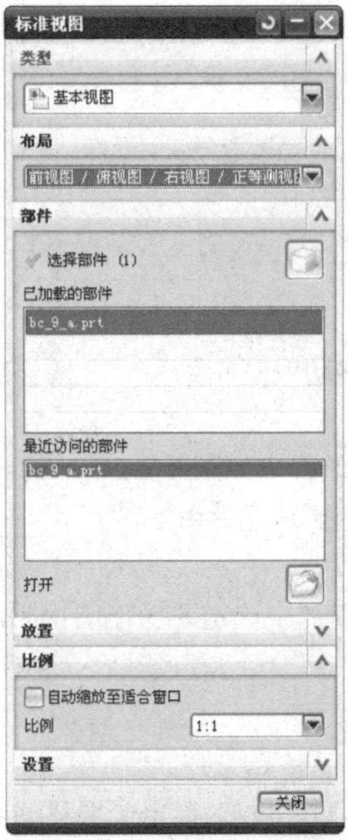

图 8-61　创建基本视图类型的标准视图

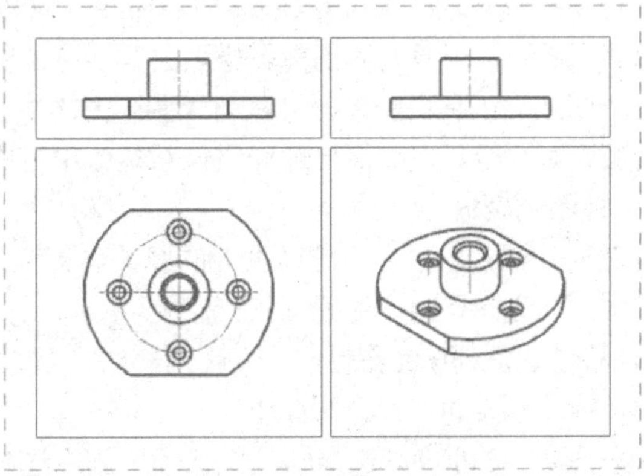

图 8-62　生成多个标准视图

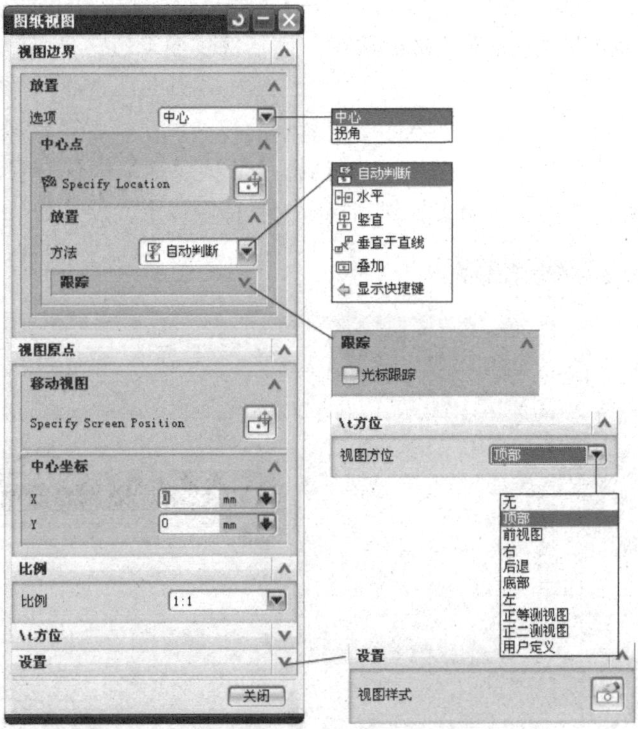

图 8-63　“图纸视图”对话框

8.5 编辑视图基础

本节主要介绍编辑视图的基础命令操作，包括“移动/复制视图”、“对齐视图”、“视图边界”和“更新视图”。

8.5.1 移动/复制视图

使用系统提供的“移动/复制视图”命令，可以将视图移动或复制到另一个图样页上，也可以将视图移动或复制到当前图样页的其他有效位置处。

在“图纸”工具栏中单击“移动/复制视图”按钮，系统弹出如图 8-64 所示的“移动/复制视图”对话框。下面简要地介绍该对话框中组成元素的主要功能及用法。

1．视图列表框

视图列表框列出了当前图样页上的视图名标识，用户可以从中选定要操作的视图，也可以在图样页上选择要操作的视图。

2．移动或复制按钮图标

移动或复制按钮图标介绍如下。

“至一点”按钮：选择该按钮选项，则在图样页（工程图样）上指定了要移动或复制的视图后，通过指定一点的方式将该视图移动或复制到某指定点。

“水平”按钮：选择该按钮选项，则沿水平方向来移动或复制选定的视图。

“竖直”按钮：选择该按钮选项，则沿竖直方向来移动或放置选定的视图。

“垂直于直线”按钮：选择该按钮选项，则需选定参考线，然后沿垂直于该参考线的方向移动或复制所选定的视图。

“至另一图纸”按钮：在指定要移动或复制的视图后，选择该按钮选项，则系统会弹出如图 8-65 所示的“视图至另一图纸”对话框，从该对话框中选择目标图样，单击“确定”按钮，即可将所选的视图移动或复制到指定的目标图样上。

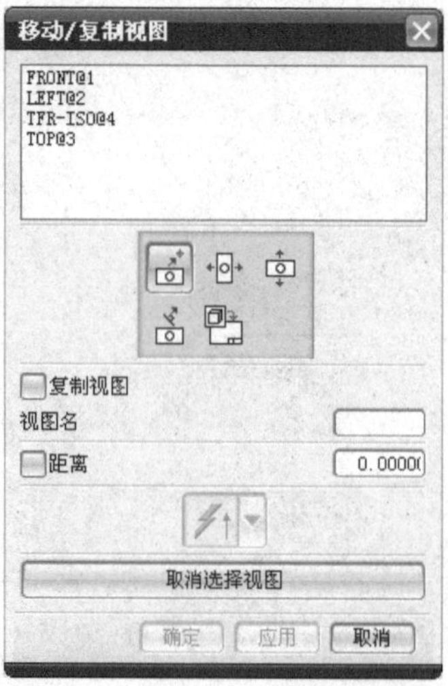

图 8-64 “移动/复制视图”对话框

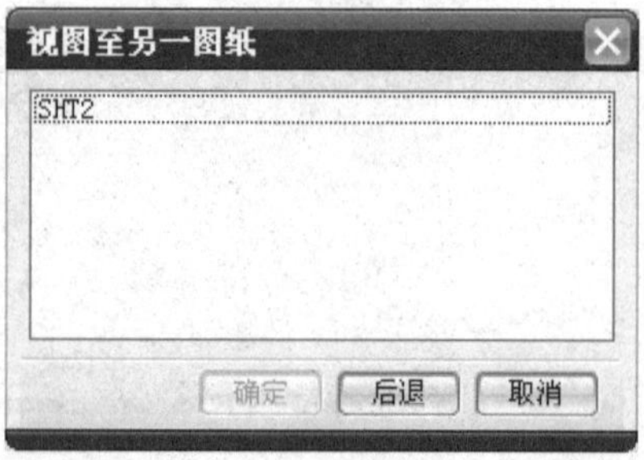

图 8-65 “视图至另一图纸”对话框

3.“复制视图”复选框

该复选框用于设置视图的操作方式是复制还是移动。如果勾选该复选框，则操作结果为复制视图，否则为移动视图。

4.“视图名”文本框

在该文本框中可以输入要进行操作的视图名称，以指定要移动或复制的视图，与在图样页上或视图列表框中选择视图的作用是相同的。

5.“距离”复选框

此复选框用于指定移动或复制的距离。如果勾选该复选框，则系统会按照在“距离”文本框中设定的距离值于规定的方向上移动或复制视图。

6.“取消选择视图”按钮

单击此按钮，则取消用户先前选择的视图，以便重新进行视图选择操作。

在了解了“移动/复制视图”对话框各组成的功能含义后，下面总结利用该对话框进行移动或复制视图操作的一般方法及步骤。

① 在“移动/复制视图”对话框的视图列表框中或图样页（绘图工作区）中选择要操作的视图。

② 勾选“复制视图”复选框或清除“复制视图”复选框，以确定视图的操作方式是复制还是移动。

③ 选择所需要的移动或复制按钮图标以设置视图移动或复制的方式，然后根据提示将所选视图移动或放置到工程图中的指定位置。

8.5.2 对齐视图

可以根据设计要求，将图样页上的相关视图对齐，从而使整个工程图图面整洁，便于用户读图。

在“图纸”工具栏中单击“对齐视图”按钮，系统弹出如图 8-66 所示的“对齐视图”对话框。下面介绍该对话框中主要按钮和选项的功能含义。

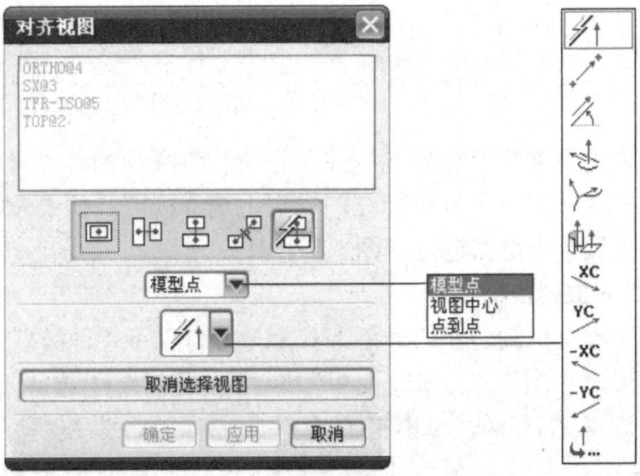

图 8-66 “对齐视图”对话框

1．对齐方式按钮

这些按钮图标用于确定视图的对齐方式。系统一共提供了视图对齐的 5 种方式，即（自动判断）、（叠加重合）、（水平）、（竖直）和（垂直于直线）。

2．视图对齐选项

视图对齐选项用于设置对齐时的基准点，这里所述的“基准点”是视图对齐时的参考点。视图对齐选项下拉列表框中可供选择的选项包括“模型点”、“视图中心”和“点到点”。这 3 个视图对齐选项的功能含义如下。

- “模型点”：该选项用于选择模型中的一个点作为基准点。
- “视图中心”：该选项用于指定所选视图的中心点作为基准点。选择该选项时，需要选择对齐的静止视图和要对齐的视图。
- “点到点”：该选项按点到点的方式对齐各视图中所选择的点。选择该选项时，用户需要在各对齐视图中指定对齐基准点。

3．“取消选择视图”按钮

单击此按钮，取消先前所指定的视图。单击此按钮后可以重新开始指定要对齐的视图。

利用“对齐视图”对话框执行视图对齐操作的步骤主要包含以下几个方面。

1 从视图对齐选项下拉列表框中选择一个选项（“模型点”、“视图中心”或“点到点”），然后根据所选的视图对齐选项在视图中选择一个点作为静止的点或者选择一个视图作为对齐的静止视图（静止视图的中心作为对齐基准点）。

2 选择视图中要对齐的点或要对齐的视图。

3 设置对齐方式。例如单击“水平”按钮设置各视图的基准点水平对齐。当用户指定对齐方式后，视图自动以静止的点或视图作为基准来完成对齐。

8.5.3 视图边界

使用 NX 7.5 系统提供的“视图边界”命令，可以为图样页上的视图定义一个新的视图边界类型。

在制图模式下的菜单栏中选择“编辑”|“视图”|“视图边界”命令，或者在“图纸”工具栏中单击“视图边界”按钮，系统弹出如图 8-67 所示的“视图边界”对话框。下面介绍该对话框中主要组成部分的功能含义。

1．视图列表框

可以在该列表框中选择要定义边界的视图。在进行定义视图边界操作之前，除了可以在视图列表框中选择视图之外，还可以直接在图样页上选择视图。如果选择了不需要的视图，那么可以单击“重置”按钮来重新进行视图选择操作。

2．视图边界方式下拉列表框

此下拉列表框用于设置视图边界的类型方式，一共有以下 4 种类型方式。

- “截断线/局部放大图”：该方式使用截断线或局部视图边界线来设置视图边界。选择要定义边界的视图后，再接着选择此选项时，系统提示选择曲线定义截断线/局部放大图边界。在提示下选择已有曲线来定义视图边界。用户可以使用“链”按钮来进行成链操作。
- “手工生成矩形”：选择该选项时，通过在视图的适当位置处按下鼠标左键并拖动鼠标来生成矩形边界，释放鼠标左键后，形成的矩形边界便作为该视图的边界。如图 8-68 所示，使用鼠标分别指定点 1 和点 2 来定义视图的矩形边界。

- “自动生成矩形”：选择该选项时，单击“应用”按钮即可自动定义矩形作为所选视图的边界。该选项是系统初始默认的视图边界方式。

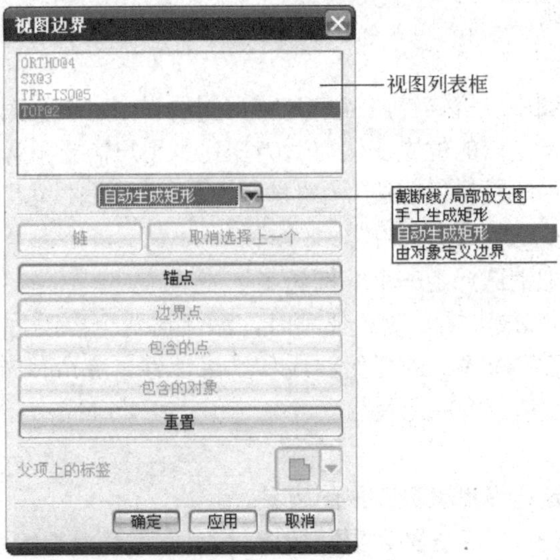

图 8-67 “视图边界”对话框

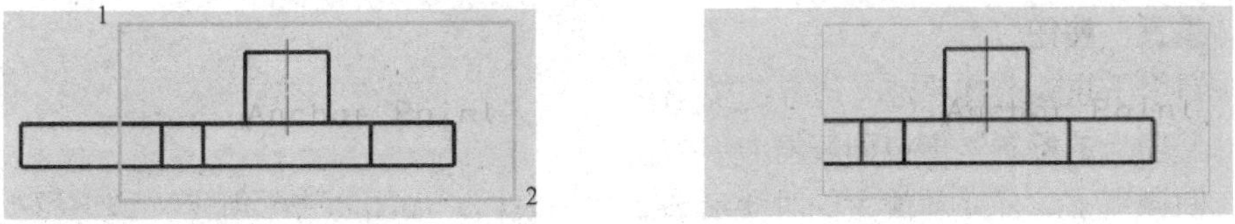

a) b)

图 8-68 手工生成矩形

a) 在点 1 按住鼠标左键并拖动鼠标到点 2 处释放 b) 完成视图的矩形边界

- “由对象定义边界”：该方式的边界通过选择要包围的对象来定义视图的范围。选择此选项时，系统出现“选择/取消选择要定义边界的对象”的提示信息。此时，用户可以使用对话框中的“包含的点”按钮或“包含的对象”按钮，在视图中选择要包含的点或对象。

说明：要使用“截断线/局部放大图”方式定义视图边界，应该在执行“视图边界”命令之前，先创建与视图关联的截断线。创建与视图关联的截断线的典型方法是在工程图中右击要定义边界的视图，接着从弹出的快捷菜单中选择“扩展”命令或“展开”命令，进入视图成员工作状态。利用“曲线”工具栏中的曲线工具（如“艺术样条”工具）在希望产生视图边界的位置创建合适的视图截断线。然后再次从右键快捷菜单中选择“扩展/展开”命令，返回到工程制图状态中。接着便可以执行“视图边界”命令并使用“截断线/局部放大图”方式来定义视图边界了。在图 8-69 所示的示例中，使用了“截断线/局部放大图”方式定义视图边界。

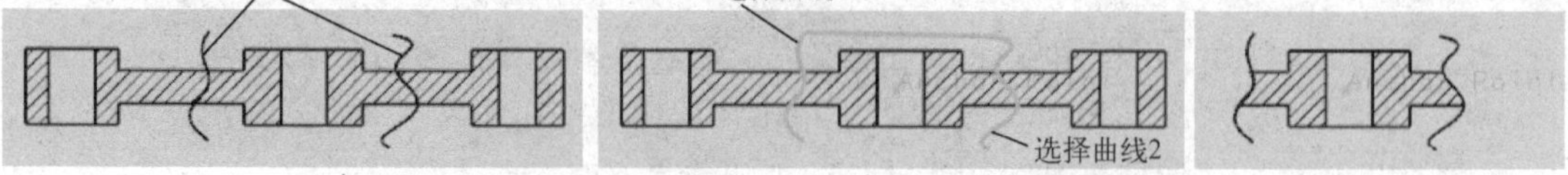

图 8-69 使用“截断线/局部放大图”方式定义视图边界

a）扩展定义所需的曲线 b）注意选择曲线的位置 c）完成的视图边界

3．“锚点”按钮

使用此按钮可在视图中设置锚点，锚点是将视图边界固定在视图中指定对象的相关联点上，使视图边界会跟着指定点的位置变化而适当变化。用户需要了解到的是，如果没有指定锚点，那么当模型发生更改时，视图边界中的对象部分可能发生位置变化，这样视图边界中所显示的内容便有可能不是所希望的内容。

4．“链”按钮和“取消选择上一个”按钮

当选择“截断线/局部放大图”方式选项时，激活这两个按钮。单击“链”按钮，弹出“成链”对话框，在提示下选择链的开始曲线和结束曲线，完成成链操作；“取消选择上一个”按钮用于取消前一次所选择的曲线。

5．“边界点”按钮

此按钮用于通过指定边界点来更改视图边界。

6．“包含的点”按钮和“包含的对象”按钮

当选择“由对象定义边界”方式选项时，激活该两个按钮。“包含的点”按钮用于选择视图边界要包含的点；“包含的对象”按钮用于选择视图边界要包含的对象。

7．“重置”按钮

此按钮用于重新选择要定义边界的视图。

8．“父项上的标签”下拉列表框

当在图样页上选择局部放大图时激活该下拉列表框，如图 8-70 所示。该下拉列表框用于设置局部放大视图的父视图以何种方式显示边界（含标签）。

8.5.4 更新视图

可以更新选定视图中的隐藏线、轮廓线、视图边界等以反映对模型的更改。

更新视图的方法和步骤比较简单，具体如下。

1 处于制图模式下，在菜单栏中选择“编辑”|“视图”|“更新视图”命令，或者在“图纸”工具栏中单击“更新视图”按钮，系统弹出如图 8-71 所示的“更新视图”对话框。

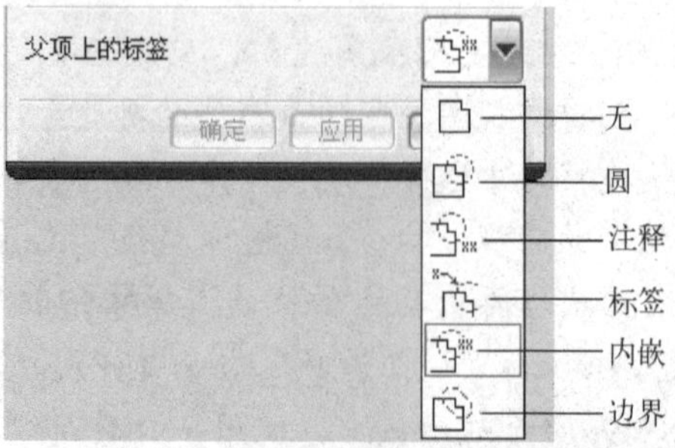

图 8-70 “父项上的标签”下拉列表框

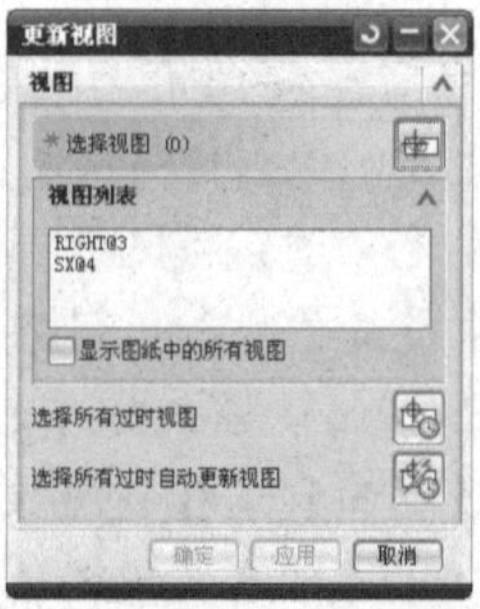

图 8-71 “更新视图”对话框

② 选择要更新的视图。可根据实际情况使用“更新视图”对话框中的视图列表、相应选择按钮来选择要更新的视图。例如，从视图列表中选择所需的视图，或单击按钮选择所有过时的视图，或单击按钮选择所有过时自动更新视图。

③ 选择好要更新的视图，单击“应用”按钮或“确定”按钮，从而完成更新视图的操作。

8.6 修改剖面线

在工程制图中，可以使用不同的剖面线来表示不同的材质。在一个装配体的剖视图中，各零件的剖面线也应该有所区别。

修改剖面线的快捷操作方法如下（结合典型操作示例）。

① 在工程图中选择要修改的剖面线，接着右击，弹出一个快捷菜单，如图 8-72 所示。

② 从该快捷菜单中选择“编辑”命令，系统弹出如图 8-73 所示的“剖面线”对话框。

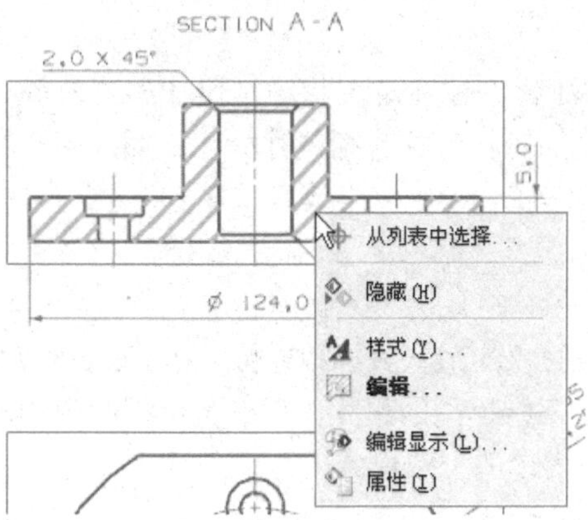

图 8-72 右击要修改的剖面线

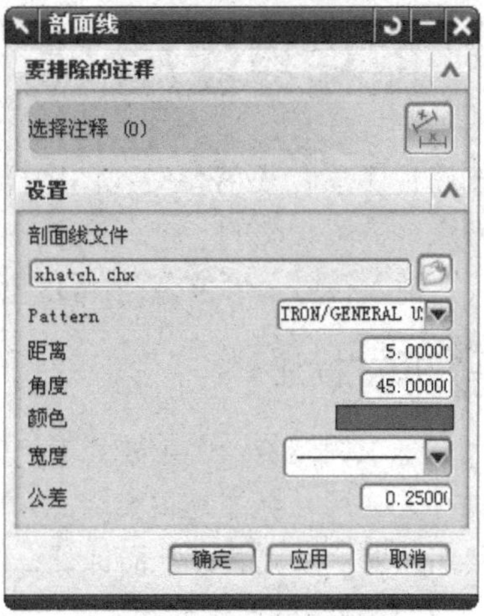

图 8-73 “剖面线”对话框

③利用“剖面线”对话框可以选择要排除的注释，并可以在“设置”选项组中进行以下设置操作。

- 浏览并载入所需的剖面线文件。
- 在“Pattern（类型）”下拉列表框中选择其中一种剖面线类型。
- 在“距离”文本框中输入剖面线的间距。
- 在“角度”文本框中输入剖面线的角度。
- 单击“颜色”按钮，将打开如图 8-74 所示的“颜色”对话框，利用“颜色”对话框设置一种颜色作为剖面线的颜色。

在“宽度”下拉列表框中选择当前剖面线的线宽样式。

在“公差”文本框中输入剖面线的公差或接受其默认值。

④ 在“剖面线”对话框中单击“应用”按钮或“确定”按钮。

例如，选择如图 8-72 所示的剖面线，将其角度从 45° 编辑成 135° ，并将其距离值设置为 3mm，修改该剖面线后的视图效果如图 8-75 所示，注意观察修改剖面线前后的对比效果。

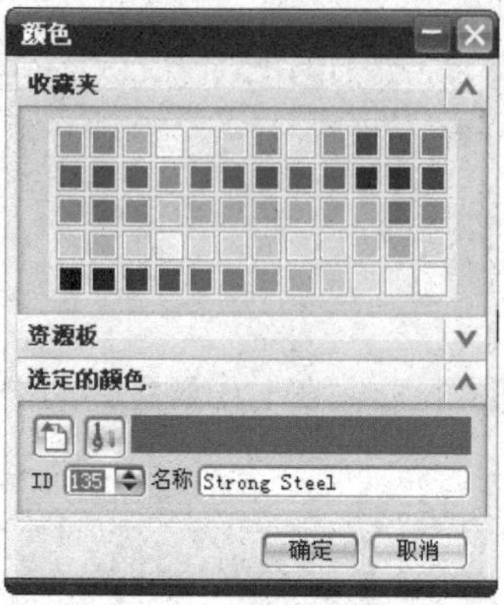

图 8-74 “颜色”对话框

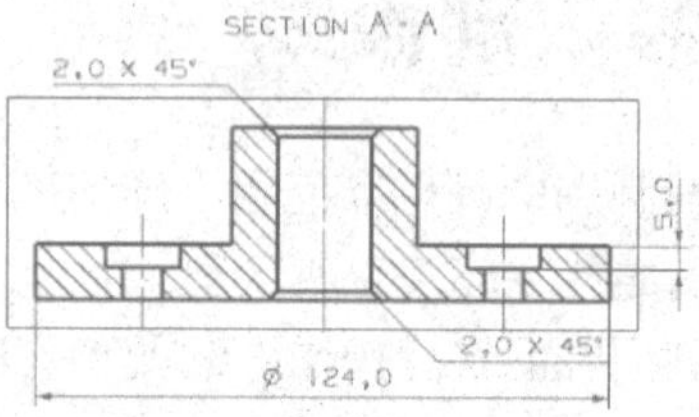

图 8-75 修改剖面线后的效果

8.7 图样标注/注释

创建视图后，还需要对视图图样进行标注/注释。标注是表示图样尺寸和公差等信息的重要方法，是工程图的一个有机组成部分。广义的图样标注包括尺寸标注、插入中心线、文本注释、插入符号、形位公差标注、创建装配明细表和绘制表格等。

8.7.1 尺寸标注

尺寸是工程图的一个重要元素，它用于标识对象的形状大小和方位。在 UG NX 7.5 工程图中进行关联尺寸标注是很实用的，如果修改了三维模型的尺寸，那么其工程图中的对应尺寸也会相应地自动更新，从而保证三维模型与工程图的一致性。

1. 尺寸标注的命令介绍

用于尺寸标注的常用命令位于菜单栏的“插入”|“尺寸”级联菜单中，如图 8-76a 所示。而在“尺寸”工具栏中则可以找到更多的尺寸工具（用户可以为“尺寸”工具栏添加所有尺寸类型的工具按钮），如图 8-76b 所示。

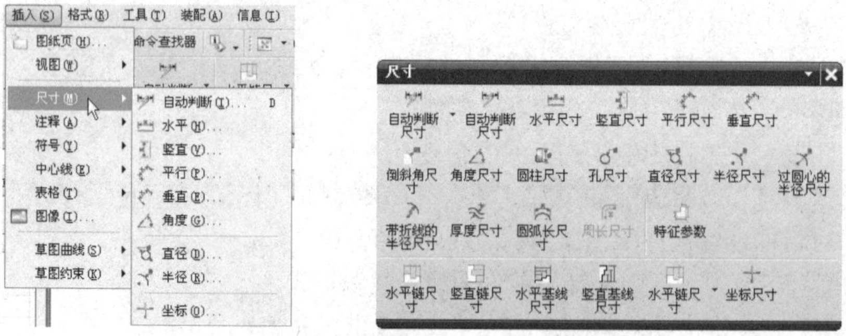

a) b)

图 8-76 “插入”|“尺寸”级联菜单

a)“插入”|“尺寸”级联菜单 b)“尺寸”工具栏

下面介绍各种类型的尺寸标注命令（或尺寸标注工具）的功能含义。

（1）“自动判断尺寸”

根据选定对象和光标的位置自动判断尺寸类型来创建一个尺寸。选择该类型按钮时，系统弹出如图 8-77 所示的“自动判断尺寸”工具栏，利用该工具栏可以设置公差形式（值）、标称值（名义尺寸）、打开文本注释编辑器、设置尺寸样式和重置尺寸属性等。此时如果用户选择一条水平直线，那么系统将根据所选的该条直线和光标位置自动判断生成一个“水平”类型的尺寸。

图 8-77 “自动判断尺寸”工具栏

（2）“水平尺寸”和“竖直尺寸”

“水平尺寸”命令用于在两点间或所选对象间创建一个水平尺寸。“竖直尺寸”命令用于在两点间或所选对象间创建一个竖直尺寸。创建水平尺寸和竖直尺寸的示例如图 8-78 所示。

（3）“平行尺寸”

在选择的对象上创建平行尺寸，该尺寸实际上是两对象（如两点）之间的最短距离。平行尺寸一般用来标注斜线，如图 8-79 所示。

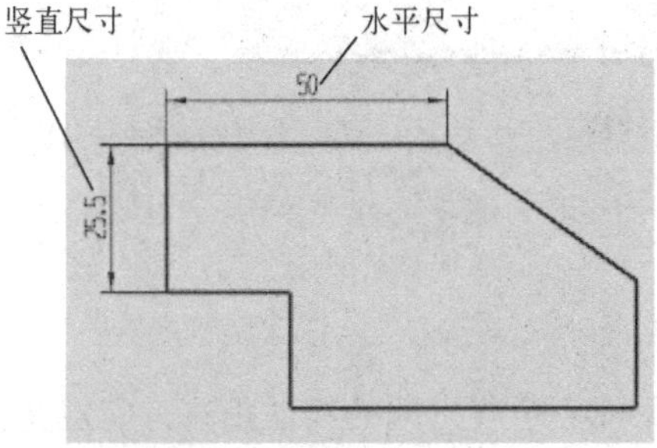

图 8-78 水平尺寸和竖直尺寸

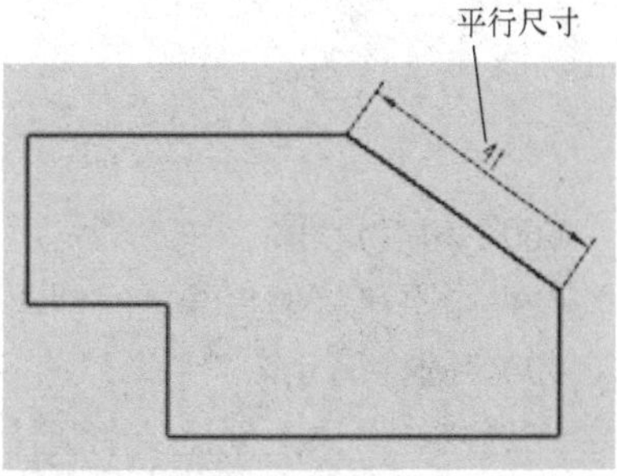

图 8-79 标注平行尺寸

（4）“垂直尺寸”

在一个直线或中心线以及一个点之间创建一个垂直尺寸，即用于标注工程图中所选点到直线（或中心线）的垂直尺寸。

（5）“倾斜角尺寸”

创建一个倒斜角尺寸，其角度为 45°，创建倒斜角尺寸的示例如图 8-80 所示。创建倒斜角尺寸的方法很简单，就是在视图中选择倒斜角对象，然后移动鼠标光标在指示尺寸文本的地方单击即可。

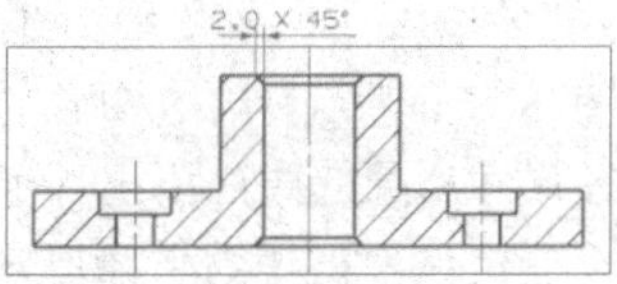

图 8-80 标注倒斜角尺寸

注意：可以在创建倒斜角尺寸的过程中定制倒斜角尺寸的标注样式，其方法可参考如图 8-81 所示的操作图解。

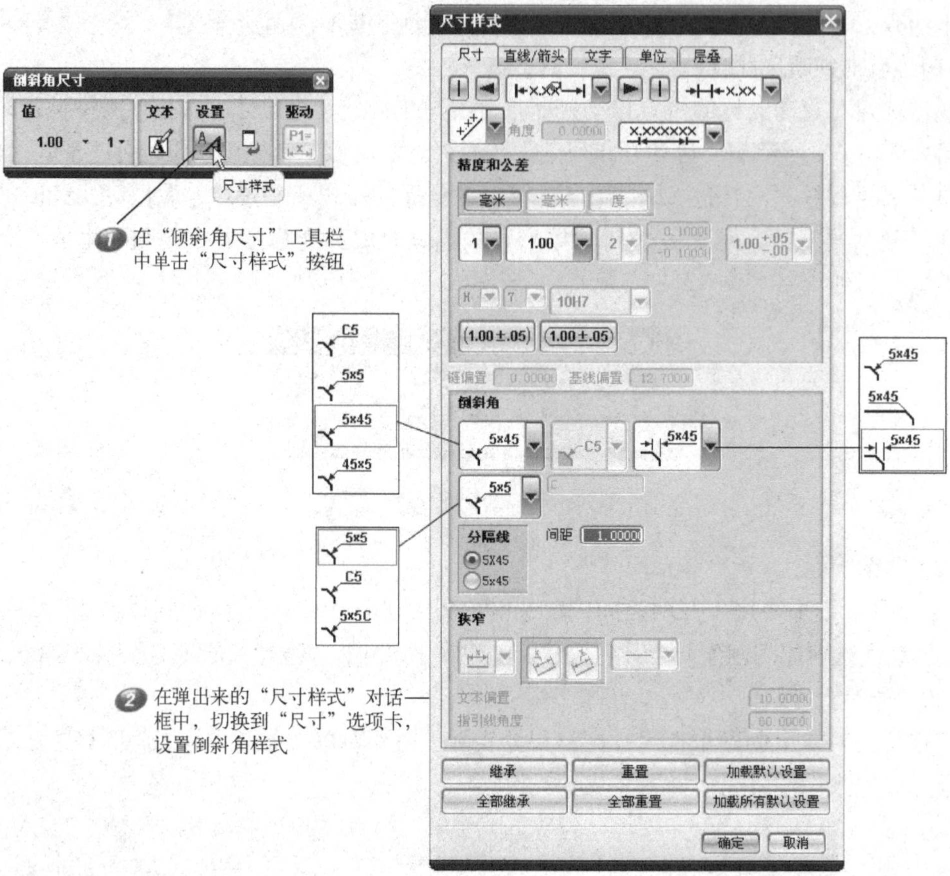
倒斜角尺寸
在"倾斜角尺寸"工具栏中单击"尺寸样式"按钮
尺寸样式
在弹出来的"尺寸样式"对话框中，切换到"尺寸"选项卡，设置倒斜角样式

图 8-81　设置倒斜角尺寸的样式

（6）"角度尺寸"

在两个不平行的直线之间创建一个角度尺寸。

（7）"圆柱尺寸"

在选取的对象上创建一个圆柱尺寸，这是两个对象或点位置之间的线性距离，它测量圆柱体的轮廓视图尺寸，如圆柱的高和底面圆的直径。

（8）"孔尺寸"

创建圆形特征的单一指引线直径尺寸，多用来为孔对象创建孔尺寸。

（9）"直径尺寸"

创建圆形特征的直径尺寸，创建的尺寸包含双向箭头，指向圆弧或圆的相反方向。

（10）"半径尺寸"与"过圆心的半径尺寸"

"半径尺寸"命令用于在所选圆弧对象上创建一个半径尺寸，但标注可不过圆心，示例如图 8-82a 所示。"过圆心的半径尺寸"工具用于在选取的对象上创建一个半径尺寸，该半径尺寸从圆的中心引出并延伸，如图 8-82b 所示。

（11）"带折线的半径尺寸"

此标注工具用于标注工程图中所选大圆弧的半径尺寸，并用折线来缩短尺寸线的长度，其中心可以在绘图区之外。

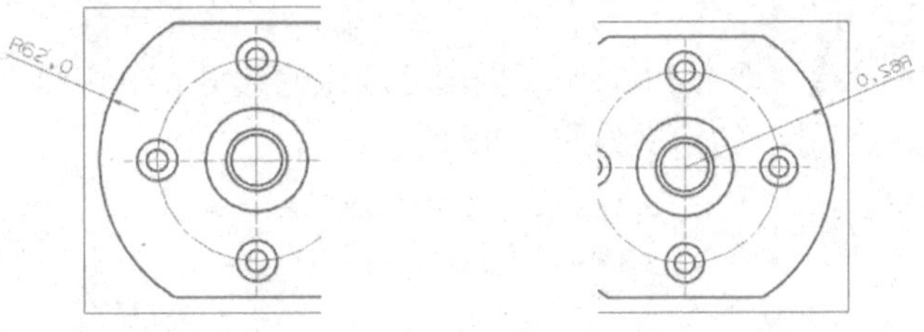

a) b)

图 8-82 “半径尺寸”和“过圆心的半径尺寸”标注

a) 标注“半径尺寸” b) 标注“过圆心的半径尺寸”

（12）“厚度尺寸”

创建一个厚度尺寸，测量两条曲线之间的距离。用于创建厚度尺寸的工具按钮为。

（13）“圆弧长尺寸”

使用“圆弧长尺寸”工具按钮，可创建一个圆弧长尺寸来测量圆弧周长。

（14）“周长尺寸”

使用“周长尺寸”工具按钮，可创建周长约束以控制选定直线和圆弧的集体长度。

（15）“水平链尺寸”

此标注工具用于创建一组水平尺寸，即在工程图中生成水平方向上的一组尺寸链，其中每个尺寸与其相邻尺寸共享端点。创建“水平链尺寸”的示例如图 8-83 所示。

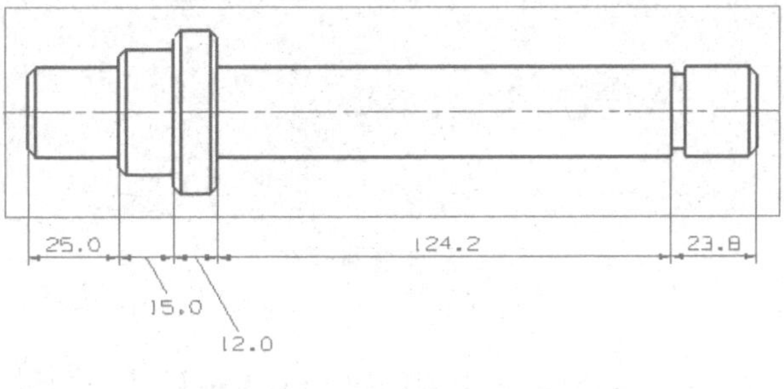

图 8-83 创建“水平链尺寸”

（16）“竖直链尺寸”

使用“竖直链尺寸”工具按钮，可创建一组竖直尺寸，其中每个尺寸与其相邻尺寸共享端点。创建“竖直链尺寸”的示例如图 8-84 所示。

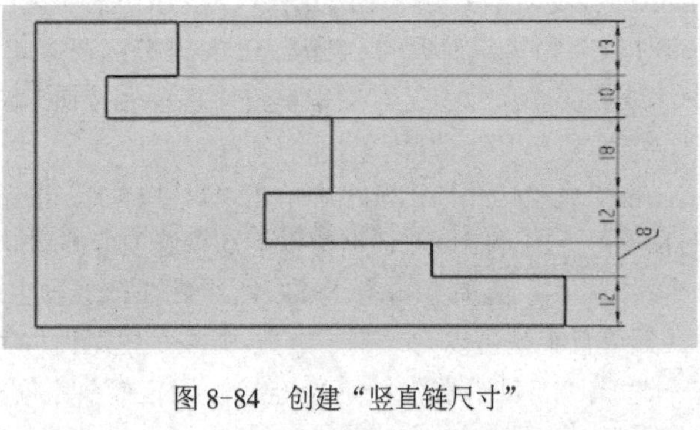

图 8-84 创建“竖直链尺寸”

（17）“水平基线尺寸”

“水平基线尺寸”命令工具按钮用于创建一组水平尺寸，其中每个尺寸共享一条公共基线。创建“水平基线尺寸”的示例如图 8-85 所示。

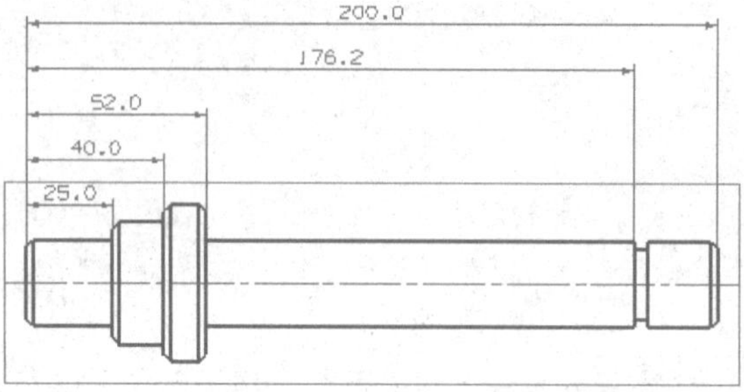

图 8-85　创建“水平基线尺寸”

（18）“竖直基线尺寸”

“竖直基线尺寸”命令工具按钮用于创建一组竖直尺寸，其中每个尺寸共享一条公共基线。创建“竖直基线尺寸”的示例如图 8-86 所示。

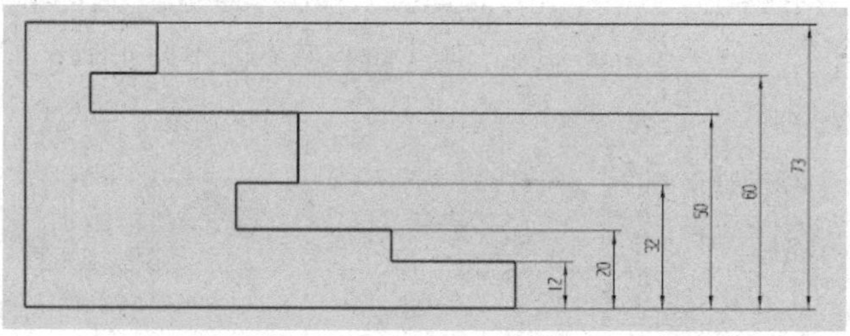

图 8-86　创建“竖直基线尺寸”

（19）“坐标尺寸”

使用“坐标尺寸”命令工具按钮，可创建一个坐标尺寸，测量从公共点沿一条坐标基线到某一个位置的距离。

2．尺寸标注的一般操作方法

创建尺寸标注的一般操作方法包括：选择尺寸类型，设置尺寸样式，指定标称尺寸，设定公差值类型，进行文本注释编辑，以及根据尺寸类型选择对象及放置尺寸等。各标注类型尺寸的操作方法都是相似的，下面以创建一个圆直径尺寸为例进行详细介绍。

1 根据要标注的对象类型来选择尺寸类型。在本例中，在菜单栏中选择“插入”|“尺寸”|“直径”命令，或者在“尺寸”工具栏中单击“直径”按钮，系统弹出如图 8-87 所示的“直径尺寸”工具栏。

2 设置尺寸样式。在“直径尺寸”工具栏中单击“尺寸样式”按钮，打开如图 8-88 所示的“尺寸样式”对话框。下面介绍该对话框中以下 6 个选项卡的功能用途。

- “尺寸”选项卡：“尺寸”选项卡如图 8-89 所示。在该选项卡中，可以设置尺寸标注的放置类型（其放置类型可以为“手工放置-箭头在内”、“手工放置-箭头在外”或“自动放置”），指定箭头之间是否有线，定制尺寸标注的精度和公差、倒斜角的标注方式、狭窄尺寸文本偏置和指引线角度等。

- “直线/箭头”选项卡：切换至“直线/箭头”选项卡，如图 8-90 所示。在该选项卡中可以设置箭头样式、箭头的大小和角度、箭头和直线的颜色、直线的线宽和线型等参数。

图 8-87 “直径尺寸”工具栏

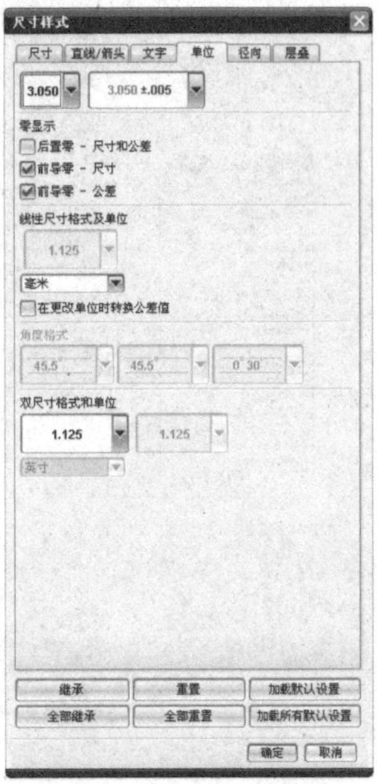

图 8-88 “尺寸样式”对话框

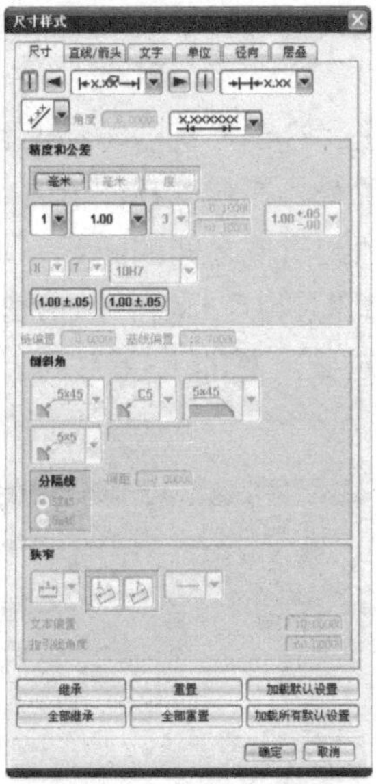

图 8-89 “尺寸”选项卡

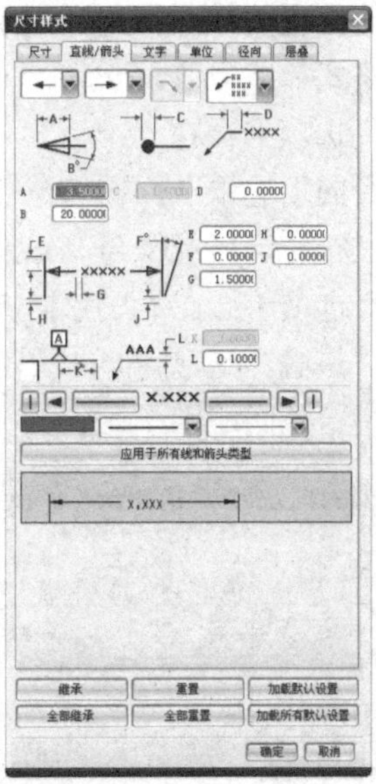

图 8-90 “直线/箭头”选项卡

- “文字”选项卡：“文字”选项卡如图 8-91 所示。在该选项卡中，可以设置文字对齐位置、文本对齐方式、形位公差框高因子、文字类型、字符大小、间距因子、宽高比、行间距因子、文字格式和细粗样式等。

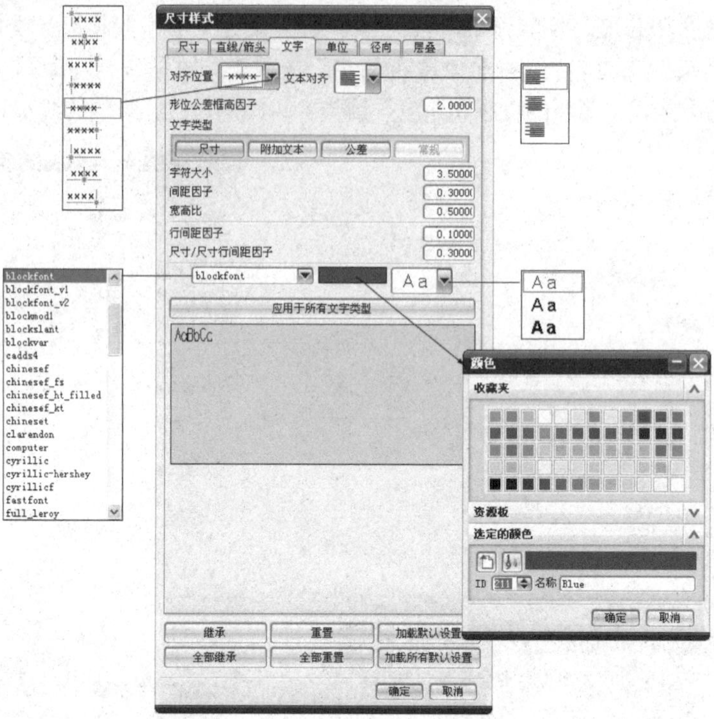

图 8-91　设置尺寸样式中的文字

- “单位”选项卡：用于设置小数点显示符号为句号还是逗号，设置公差与尺寸标称值之间的位置关系，指定零显示选项，以及设置线性尺寸格式及其单位、角度格式、双尺寸格式和单位等。
- “径向”选项卡：在“尺寸样式”对话框中单击“径向”标签，切换到如图 8-92 所示的“径向”选项卡。在该选项卡中，可以设置符号在尺寸标注值的哪个位置，可以设置直径符号、半径符号，以及设置符号和尺寸测量值之间的间距等。
- “层叠”选项卡：在“尺寸样式”对话框中单击“层叠”标签，从而切换到如图 8-93 所示的“层叠”选项卡。利用该选项卡，设置层叠放置的上/下对齐方式、左/右对齐方式，指定各间距因子等。

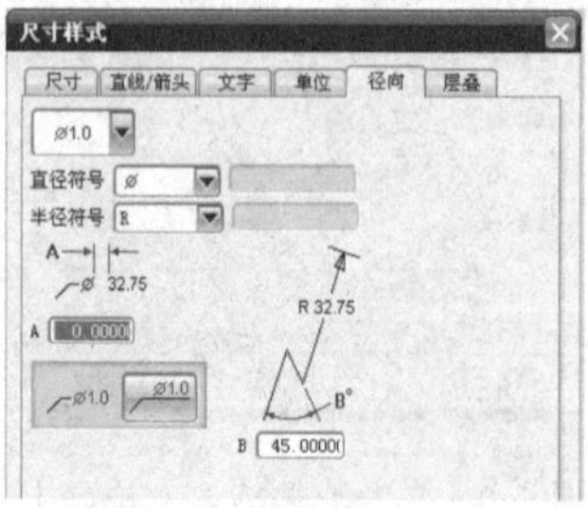

图 8-92　“径向”选项卡

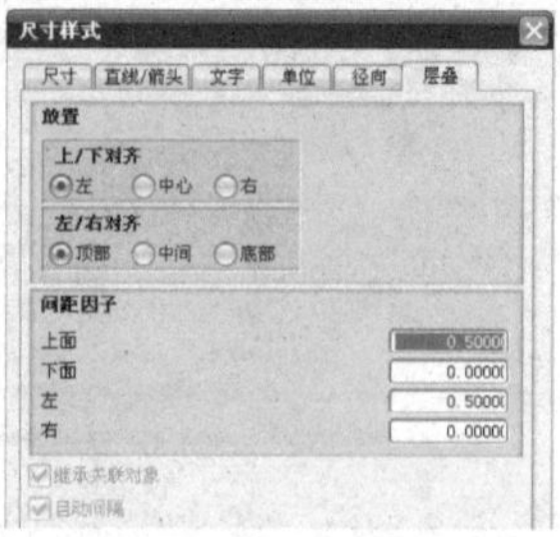

图 8-93　“层叠”选项卡

设置好尺寸样式后，单击“尺寸样式”对话框中的“确定”按钮即可。

3 指定公差类型。公差类型用于设置公差在尺寸标注时的显示方式。

在“直径尺寸”工具栏中选择公差值类型选项时，系统将弹出如图 8-94 所示的公差值类型下拉列表，该列表提供了 10 多种公差类型选项，用户从中选择一种所需的类型选项即可。如果用户从该下拉列表中选择某种公差类型选项后，则工具栏中将添加用于设置公差精度和值的“公差”工具图标，如图 8-95 所示，从中设置公差精度（小数位数）。

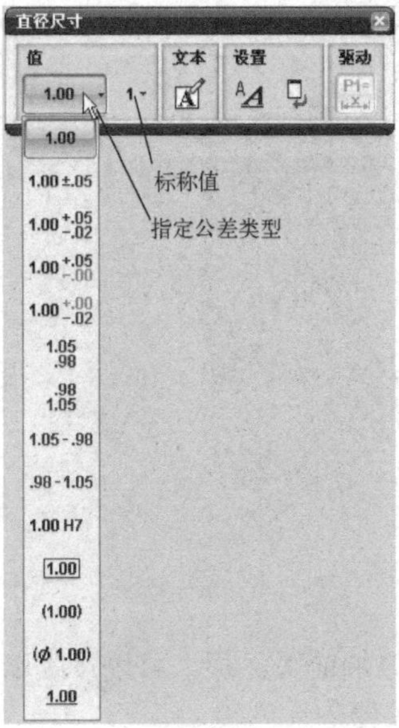

图 8-94　指定公差值类型

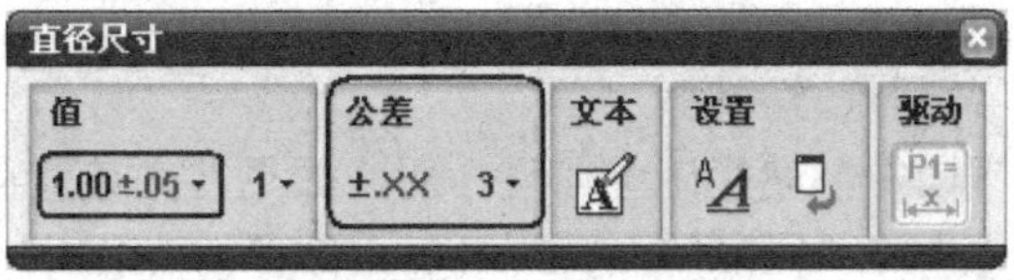

图 8-95　出现“公差”工具图标

4 指定标称值参数。在“直径尺寸”工具栏的“值”框中指定标称值参数，如图 8-96 所示。注意标称值参数和公差精度参数的区别。当一个真实尺寸值的实际小数位数超过标称值参数时，标注出来的尺寸位数可按照标称值参数而定。

5 编辑文本注释。在“直径尺寸”工具栏中单击“文本”下的“文本编辑器”按钮，系统弹出如图 8-97 所示的“文本编辑器”对话框。利用该对话框可以修改尺寸的文本格式，添加附加文本与符号等。

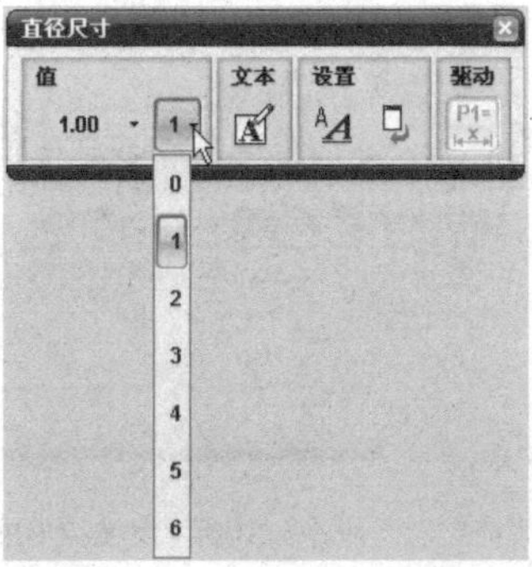

图 8-96　指定标称值精度

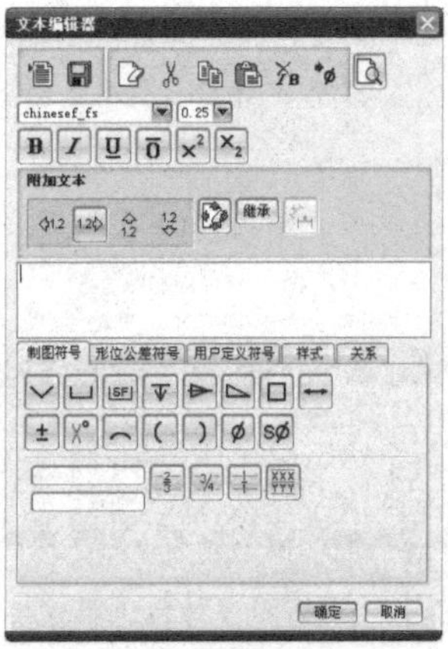

图 8-97　“文本编辑器”对话框

说明：如果不满意相关设置，那么可在"直径尺寸"工具栏中单击"重置"按钮，以将参数恢复为系统默认的参数设置（返回到默认设置）。

6 选择要标注的对象，并指定尺寸放置位置。在本例中选择要标注的一个圆对象，然后移动鼠标来指定尺寸放置位置，创建的该直径尺寸如图 8-98 所示。

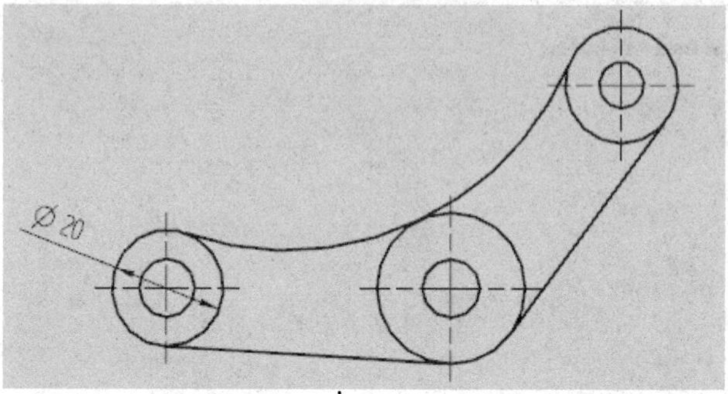

图 8-98　创建一个直径尺寸

3. 编辑尺寸示例

在视图中创建好该直径尺寸后，如果要为该直径尺寸添加前缀，那么可以按照以下方法对该尺寸进行编辑操作。当然在创建该直径尺寸时也可以设置添加前缀。

1 在视图中双击该直径尺寸，打开"编辑尺寸"工具栏，如图 8-99 所示。

2 在"编辑尺寸"工具栏中单击"文本编辑器"按钮，系统打开"文本编辑器"对话框。

3 在"附加文本"选项组中单击"在前面"按钮，然后在文本框中输入"2x"，如图 8-100 所示。

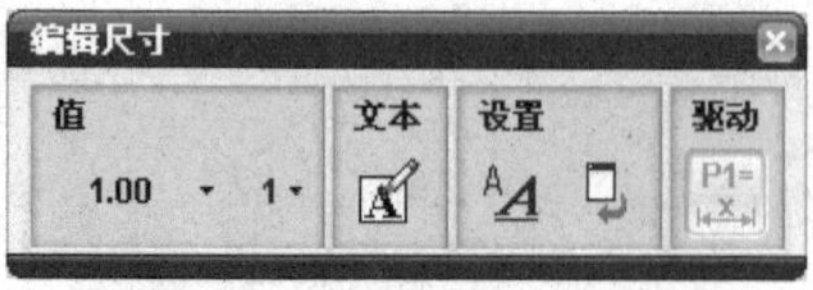

图 8-99　"编辑尺寸"工具栏

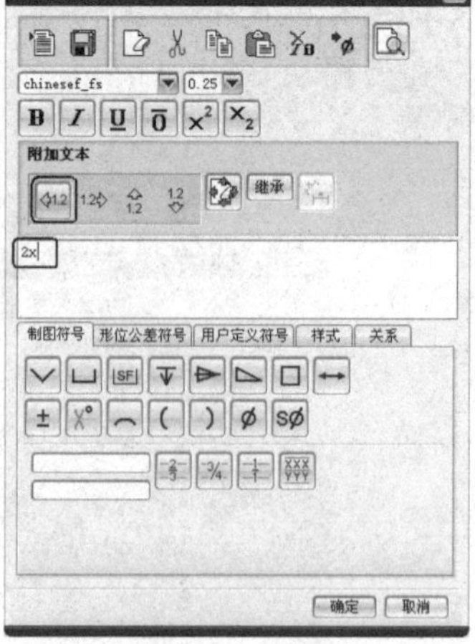

图 8-100　设置添加附加文本

4 在"文本编辑器"对话框中单击"确定"按钮，然后关闭"编辑尺寸"工具栏。完成尺寸编辑操作后的效果如图 8-101 所示。

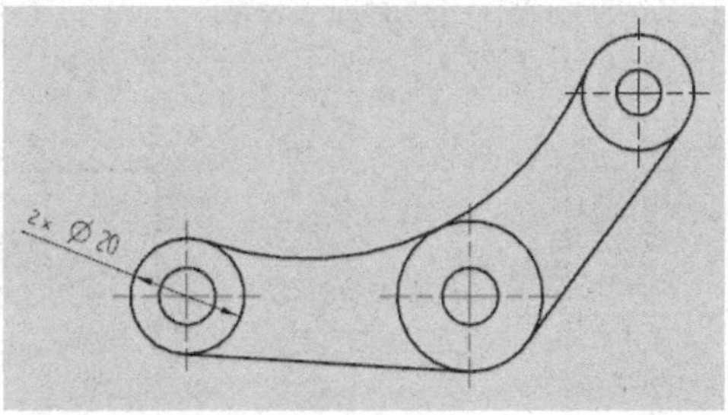

图 8-101　为尺寸添加前缀的效果

8.7.2 插入中心线

在工程图中经常会应用到中心线。在菜单栏的“插入”|“中心线”级联菜单中提供以下用于插入中心线的命令。

- “中心标记”：创建中心标记。
- “螺栓圆”：创建完整或不完整螺栓圆中心线。
- “2D 中心线”：创建 2D 中心线。
- “3D 中心线”：基于面或曲线输入创建中心线，其中产生的中心线是真实的 3D 中心线。

下面以创建 2D 中心线为例。

1 在菜单栏的“插入”|“中心线”级联菜单中选择“2D 中心线”命令，或者在“注释”工具栏中单击“2D 中心线”按钮，系统弹出如图 8-102 所示的“2D 中心线”对话框。

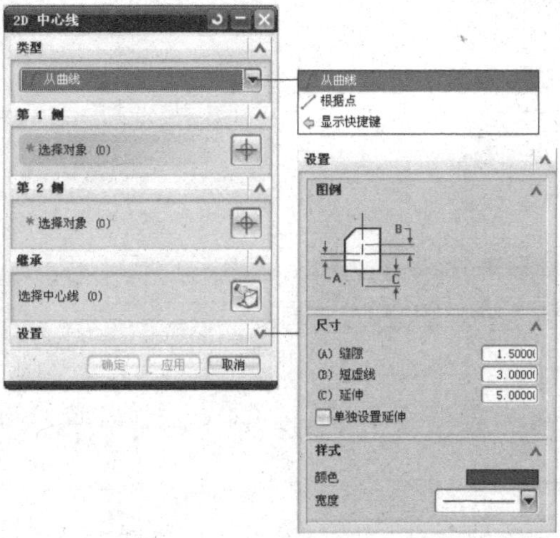

图 8-102　“2D 中心线”对话框

2 在“类型”下拉列表框中选择“从曲线”选项或“根据点”选项，并可以在“设置”选项组中设置相关的尺寸参数和样式。

3 如果选择的“类型”选项为“从曲线”，则需要分别选择曲线对象来定义中心线的第 1 侧和第 2 侧；如果选择的“类型”选项为“根据点”，则需要分别选择点 1 和点 2 来定义中心线，并可以设置偏置选项。

④ 单击“应用”按钮，完成创建一根 2D 中心线。

创建 2D 中心线的示例如图 8-103 所示。

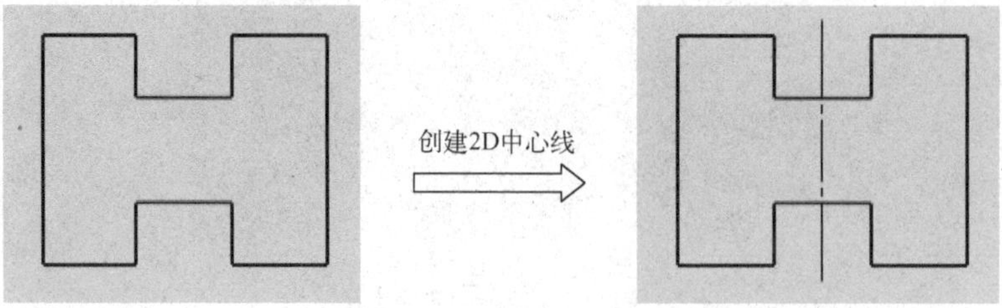

图 8-103　创建 2D 中心线

8.7.3 文本注释

要在图纸中插入文本注释，则在菜单栏的“插入”|“注释”级联菜单中选择“注释”命令，或者在“注释”工具栏中单击“注释”按钮，系统弹出如图 8-104 所示的“注释”对话框。

用户可以先在“设置”选项组中单击“样式”按钮，系统打开如图 8-105 所示的“样式”对话框来设置文本样式；在“设置”选项区域中还可以指定是否竖直文本，设置文本斜体角度、粗体宽度文本对齐方式。

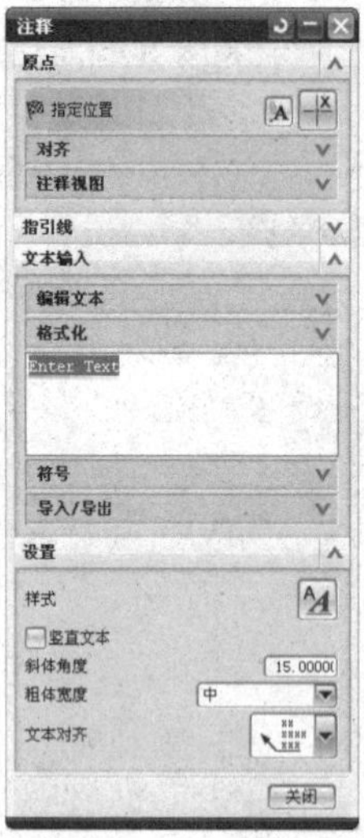

图 8-104　“注释”对话框

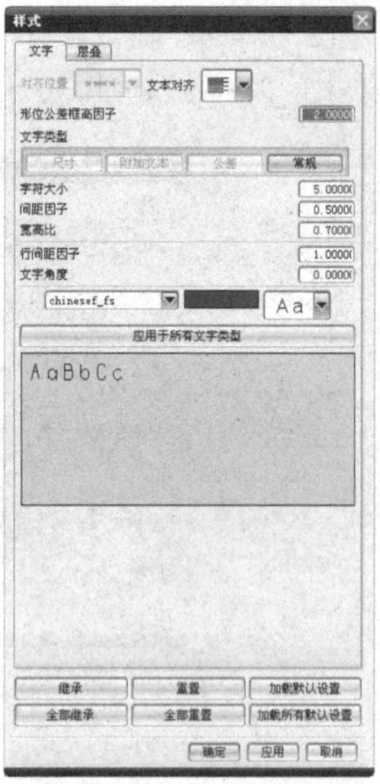

图 8-105　“样式”对话框

在“文本输入”选项组的文本框中输入注释文本，如果需要编辑文本，可以展开“编辑文本”区域来进行相关的编辑操作。确定要输入的注释文本后，在工程图中指定原点位置即可将注释文本插入到该位置。指定原点时，用户可以单击“原点”选项组中的“原点工具”按钮，打开如图 8-106 所示的“原点工具”对话框，使用该对话框来定义原点。此外，用户可以为原点设置对齐选项等。

如果创建的注释文本带有指引线，则需要在“注释”对话框中展开“指引线”选项区域（也称“指引线”选项组），单击“选择终止对象”按钮，接着设置指引线类型（指引线类型可以为“普通”、“全圆符号”、“标志”、“基准”或“以圆点终止”），指定是否通过二次折弯创建等，如图 8-107 所示，然后根据系统提示指定点或指定参照来完成带指引线的注释文本。

图 8-106 “原点工具”对话框

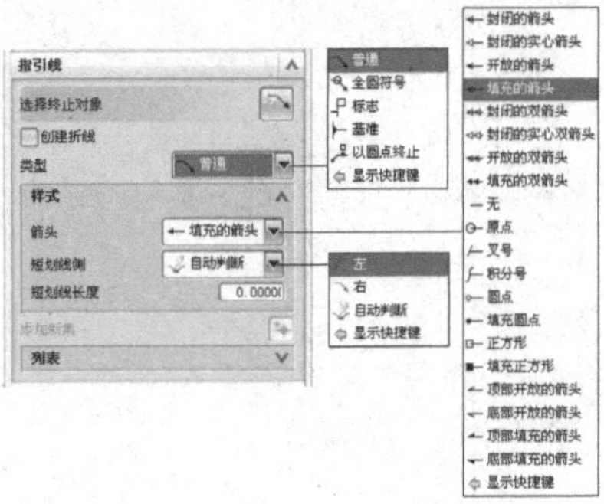

图 8-107 定义指引线

8.7.4 插入表面粗糙度符号

可以创建一个表面粗糙度符号来指定曲面参数，如粗糙度、处理或涂层、模式、加工余量和波纹。

插入表面粗糙度符号的方法步骤如下。

1 在“注释”工具栏中单击“表面粗糙度符号”按钮，系统弹出如图 8-108 所示的“表面粗糙度”对话框。

2 展开“属性”选项组，从“材料移除”下拉列表框中选择如图 8-109 所示的其中一种材料移除选项。选择好材料移除选项后，在“属性”选项组中设置相关的参数，如图 8-110 所示。

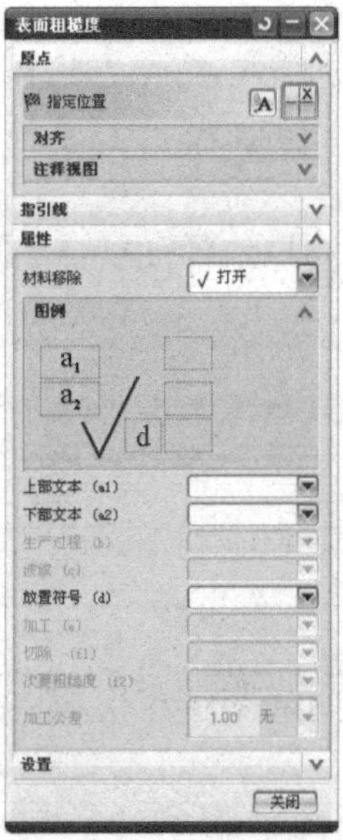

图 8-108 “表面粗糙度”对话框

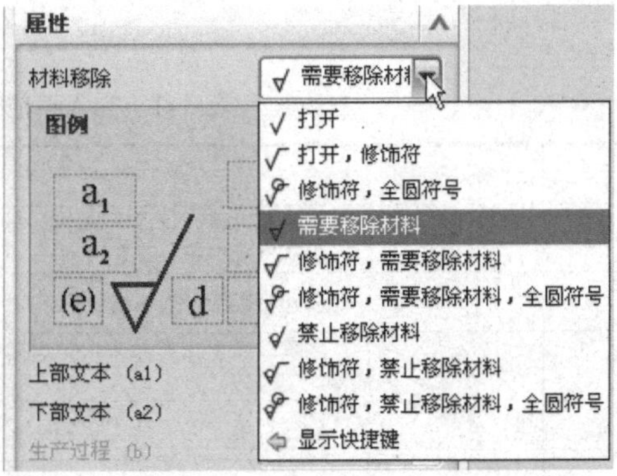

图 8-109 选择材料移除选项

③ 展开“设置”选项组，根据设计要求来定制表面粗糙度样式和角度，如图 8-111 所示。对于某方向上的表面粗糙度，可设置反转文本以满足相应的标注规范。

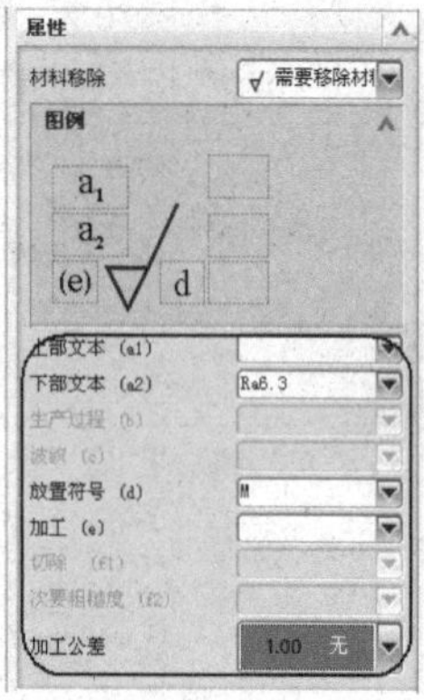

图 8-110　设置粗糙度相关属性参数

图 8-111　设置样式和角度

④ 如果需要指引线，那么需要使用对话框的“指引线”选项组。

⑤ 指定原点放置表面粗糙度符号，可以继续插入表面粗糙度符号。

⑥ 在“表面粗糙度”对话框中单击“关闭”按钮。

插入表面粗糙度符号的示例如图 8-112 所示。

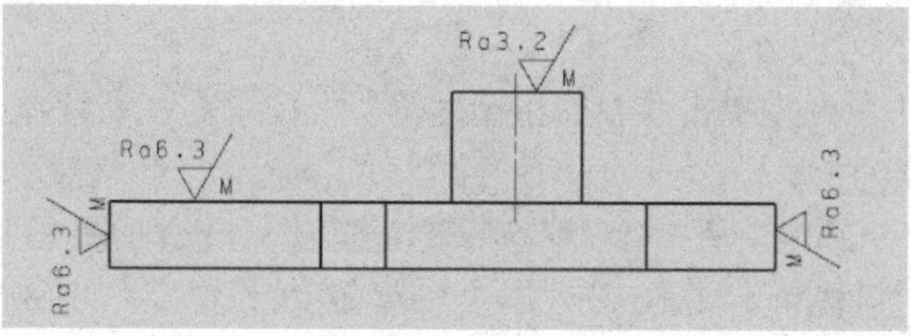

图 8-112　插入表面粗糙度符号

8.7.5 插入其他符号

还可以插入如表 8-1 所示的其他常见注释符号，用于插入这些注释符号的工具按钮均可以在“注释”工具栏中找到。

表 8-1　插入其他符号

符号名称	工具按钮	功能用途
基准特征符号		创建基准特征符号。单击此按钮，将弹出“基准特征符号”对话框，利用该对话框，设置基准标识符、设置选项、指引线和原点即可
标识符号		创建带或不带指引线的标识符号
焊接符号		创建一个焊接符号来指定焊接参数，如类型、轮廓形状、大小、长度和/或间距以及精加工方法
目标点符号		创建可用于进行尺寸标注的目标点符号
相交符号		创建相交符号，该符号代表拐角上的证示线

（续）

符号名称	工具按钮	功能用途
区域填充		在指定的边界内创建图案或实心填充
剖面线		在指定的边界内创建图样
定制符号		创建定制的符号实例，即从符号库创建定制符号的实例
定义定制符号		定义定制符号和符号库

下面以在指定的边界内创建剖面线为例进行介绍。

1 在“注释”工具栏中单击“剖面线”按钮，系统弹出如图 8-113 所示的“剖面线”对话框。

2 在“边界”选项组的“选择模式”下拉列表框中选择“区域中的点”或“边界曲线”选项。当选择“区域中的点”选项时，需要在封闭环内选择点以定义边界；当选择“边界曲线”选项时，需要选择曲线以定义边界。

3 设置要排除的注释。

4 在“设置”选项组中选择剖面线文件，并选择剖面线类型，以及设置其相应的参数。

5 在“剖面线”对话框中单击“确定”按钮，完成在指定的边界内添加剖面线图样。典型示例如图 8-114 所示。

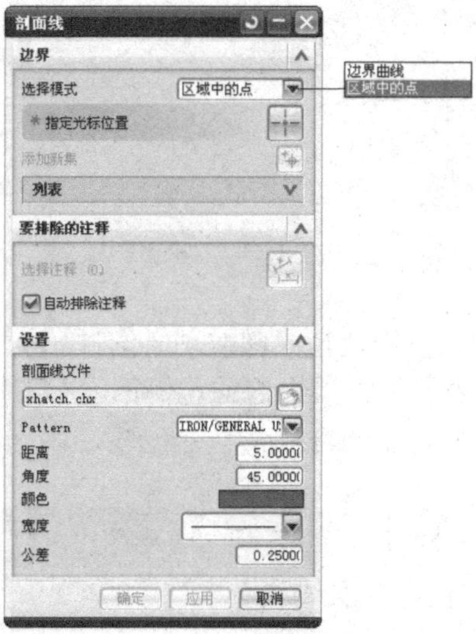

图 8-113 “剖面线”对话框

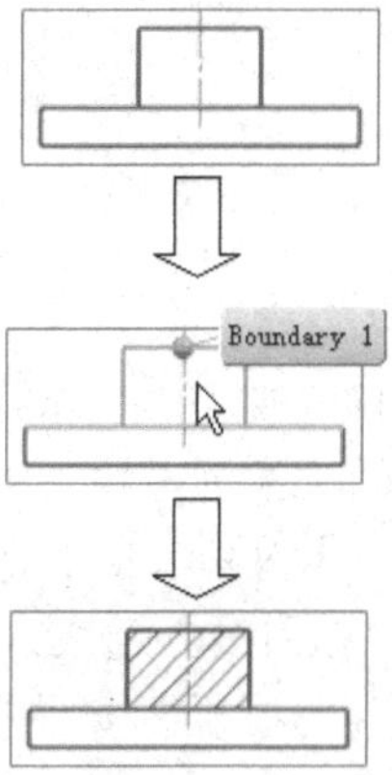

图 8-114 剖面线注释

8.7.6 形位公差标注

在制图模式下，使用“插入”|“注释”级联菜单中的“特征控制框”命令（其对应的工具按钮为“特征控制框”按钮），可以创建一行、多行或复合特征控制框并将其附着到尺寸，例如创建形位公差标注。

下面以创建如图 8-115 所示的形位公差为例（读者可以打开范例配套练习文件“BC_8_TZKZK.prt”进行上机操作），详细介绍创建形位公差标注的一般操作方法，其操作步骤如下。

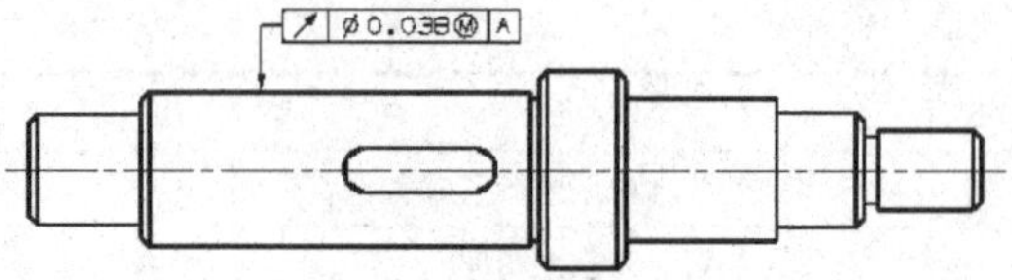

图 8-115 标注形位公差

❶ 在菜单栏中选择“插入”|“注释”|“特征控制框”命令，或者在“注释”工具栏中单击“特征控制框”按钮，系统弹出如图 8-116 所示的“特征控制框”对话框。

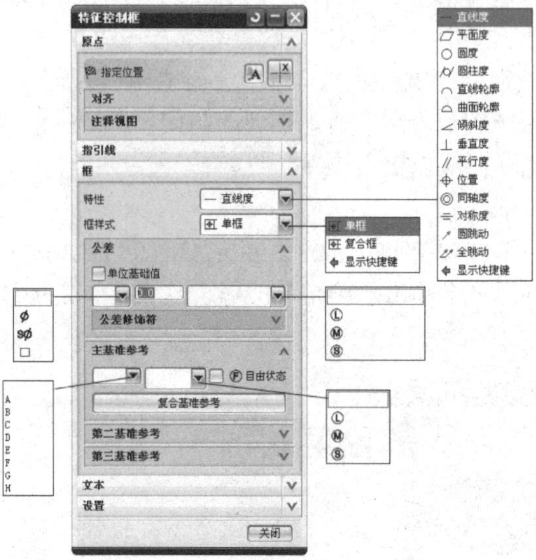

图 8-116 “特征控制框”对话框

❷ 在“框”选项组中的“特性”下拉列表框中选择“圆跳动”选项；从“框样式”下拉列表框中选择“单框”选项；接着在“公差”选项组内的左侧第一个下拉列表框中选择ø，在相应的文本框中输入“0.038”，在右侧的下拉列表框中选择Ⓜ；在“主基准参考”下的左侧第一个下拉列表框中选择 A，如图 8-117 所示。

❸ 打开“指引线”选项组，设置如图 8-118 所示的类型选项及样式，然后单击“选择终止对象”按钮，此时系统提示选择对象以创建指引线。

图 8-117 设置框特性

图 8-118 “指引线”选项组

在要创建指引线的对象上选择一点单击，接着移动鼠标，如图 8-119 所示，在合适位置处单击，从而放置该特征控制框。

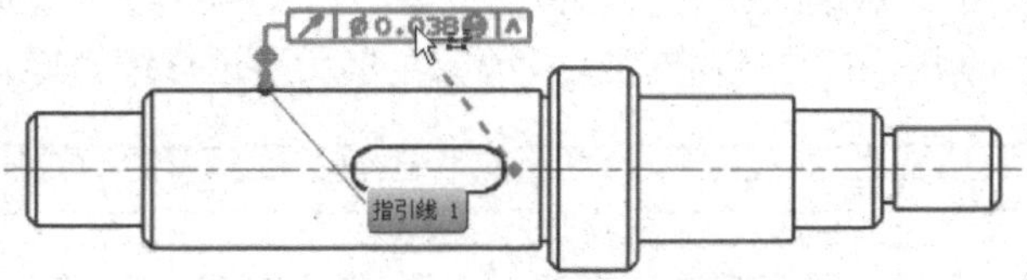

图 8-119　指定指引线及放置特征控制框

④在“特征控制框”对话框中单击“关闭”按钮。

8.7.7 创建装配明细表

装配明细表在 UG NX 中也被称为零件明细表，它用来表示装配的物料清单。创建装配明细表其实是创建用于装配的物料清单。

要创建装配明细表，则在制图模式下的菜单栏中选择“插入”|“表格”|“零件明细表”命令，接着在图样页中指明新零件明细表的位置，即可创建装配明细表。创建的零件明细表如图 8-120 所示，其中第 1 列为部件号，第 2 列为部件名称，第 3 列为部件数量。

3	BC_8_FL_GL	1
2	BC_8_FL_GZ	1
1	BC_8_FL_ZJ	2
PC NO	PART NAME	QTY

图 8-120　零件明细表

用户可以拖动零件明细表的栅格线来调整列大小。

8.7.8 表格注释

在工程图设计时有时也会应用到表格。UG NX 7.5 为用户提供了如图 8-121 所示的“表格”工具栏。用户可以通过使用右键快捷菜单的方式来调出“表格”工具栏。

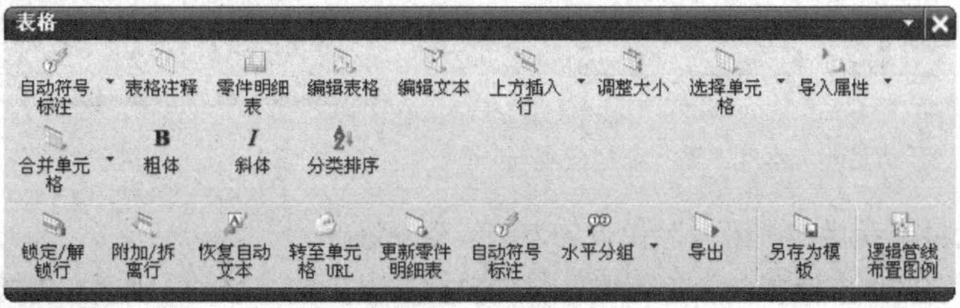

图 8-121　“表格”工具栏

下面主要介绍表格注释的应用及其相关编辑操作。

创建表格注释（创建信息表，如部件族图纸的尺寸值）的方法步骤如下。

①在“表格”工具栏中单击“表格注释”按钮，或者在菜单栏中选择“插入”|

“表格”|“表格注释”命令，系统提示指明新表格注释的位置，同时在图样页上以一个矩形框表示新表格注释。

2 在图样页上单击一点定义新表格注释的位置，则表格注释显示如图 8-122 所示。系统默认的表格为 5 行 5 列，用户可以根据实际情况对单元格进行编辑操作等。

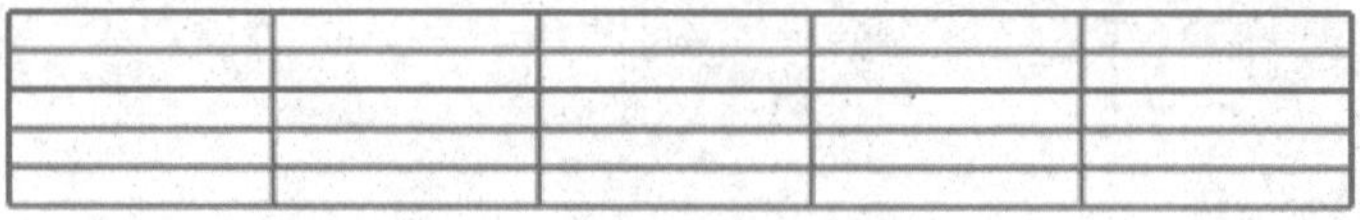

图 8-122　插入的新表格注释

选中表格注释区域时，在新表格注释的左上角有一个移动手柄图标，用户可以按住鼠标左键来拖动该移动手柄，使表格注释随之移动，当移动到合适的位置后，释放鼠标左键即可将表格注释放置到图样页中合适的位置。

用户可以使用鼠标来快速调整表格行和列的大小。

双击选定的单元格，出现一个文本框，在该文本框中输入注释文本，如图 8-123 所示，确认后即可在该单元格中完成注释文本输入。

要编辑表格注释文本，可以先选择要编辑的表格注释文本，接着在“表格”工具栏中单击“编辑文本”按钮，打开如图 8-124 所示的“文本编辑器”对话框，从中进行相关的编辑操作。

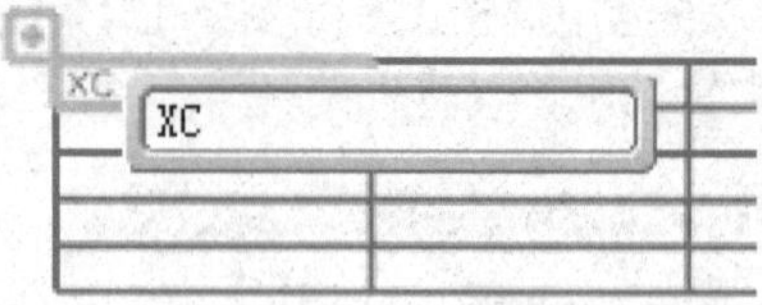

图 8-123　在指定的文本框中输入注释文本

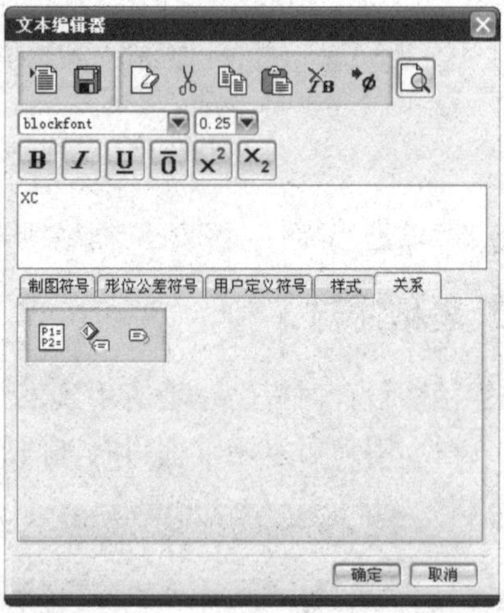

图 8-124　“文本编辑器”对话框

如果要合并单元格，则可按照如下的方法步骤来进行。

1 在表格注释中选择一个单元格，按住鼠标左键不放并移动，移动范围包括用户要合并的单元格。

2 选择要合并的单元格后，在“表格”工具栏中单击“合并单元格”按钮，或者右击选中的单元格并从快捷菜单中选择“合并单元格”命令，从而完成指定单元格的合并。

通过对插入的表格注释进行相关的编辑处理，如调整行和列的尺寸、合并相关单元格、增加或删除行或列、填写单元格等，可以建立一个符合要求的标题栏或其他信息表。

8.8 制图编辑进阶

制图编辑的命令工具集中在如图 8-125 所示的“制图编辑”工具栏中，包括“编辑样式”、“编辑注释”、“编辑尺寸关联”、“编辑文本”、“编辑坐标”、“零件明细表级别”、“编辑图纸页”、“隐藏视图中的组件”、“显示视图中的组件”、“编辑剖切线”、“视图中剖切”、“视图相关编辑”和“抑制制图对象”这些命令工具。下面介绍其中的一些制图编辑知识。

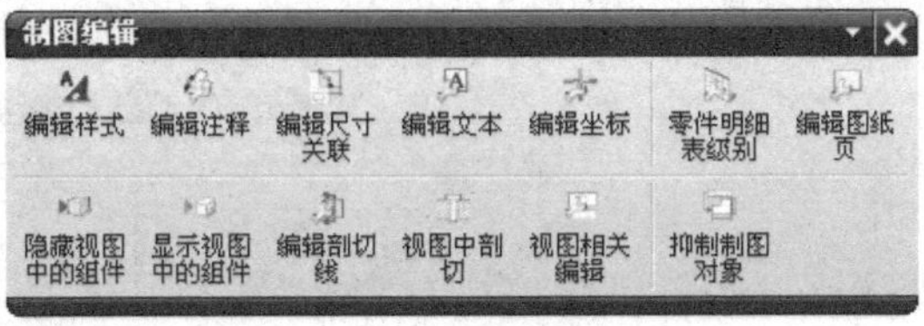

图 8-125 “制图编辑”工具栏

8.8.1 在视图中剖切

使用“制图编辑”工具栏中的“视图中剖切”按钮，可以在图样页上的某一个视图中设置装配组件或实体的剖切属性（剖切或非剖切），其方法很简单，即在“制图编辑”工具栏中单击“视图中剖切”按钮，系统弹出如图 8-126 所示的“视图中剖切”对话框，接着选择视图，在“体或组件”选项组中单击“选择对象”按钮，选择所需要的体或组件，然后在“操作”选项组中选择“变成非剖切”单选按钮、“变成剖切”单选按钮或“移除特定于视图的剖切属性”单选按钮，然后单击“应用”按钮或“确定”按钮，即可在图样页上的某一个视图中设置装配组件或实体的剖切属性（剖切或非剖切）。

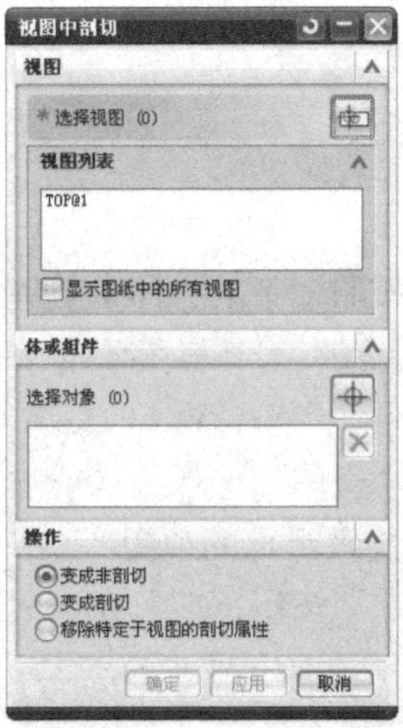

图 8-126 “视图中剖切”对话框

8.8.2 编辑剖切线

编辑剖切线的操作是指添加、删除或移动各段截面线、重定义一条铰链线或移动旋转剖视图的旋转点。编辑剖切线的典型方法步骤如下。

① 在图样页的相关视图中选择要编辑的剖切线，接着右击，系统弹出如图 8-127 所示的快捷菜单。

② 在该右键快捷菜单中选择“编辑”命令，系统弹出如图 8-128 所示的“截面线”对话框。

③ 根据设计要求选择可用选项进行相关的编辑操作，如添加段、删除段、移动段、移动旋转点和重新定义铰链线等，系统会按新的剖切位置来更新剖视图。最后单击“应用”按钮或“确定”按钮，从而完成剖切线的编辑操作。

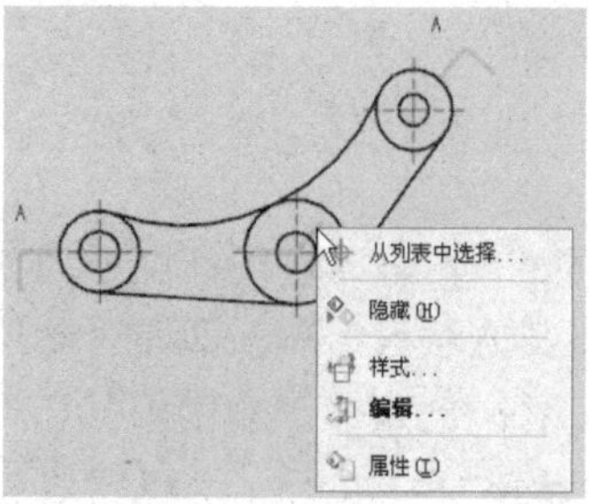

图 8-127　右击选中的剖切线

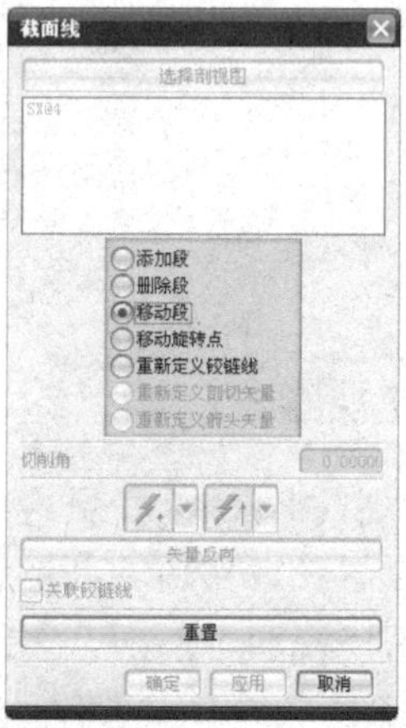

图 8-128　“截面线”对话框

用户也可以直接在“制图编辑”工具栏中单击“编辑剖切线”按钮，系统弹出“截面线”对话框，选择要编辑的截面线（剖切线），接着选择“添加段”、“删除段”、“移动段”等其中一个单选按钮来进行操作。

8.8.3 隐藏或显示视图中的组件

1. 隐藏视图中的组件

要隐藏视图中选定的组件，可按照如下的方法步骤进行。

① 进入制图模式，在“制图编辑”工具栏中单击“隐藏视图中的组件”按钮，打开如图 8-129 所示的“隐藏视图中的组件”对话框。

② 选择要隐藏的组件，并在“视图”选项组（或称“视图”选项区域）中单击“选择视图”按钮，接着选择要在其中隐藏组件的视图。

③ 单击“应用”按钮或“确定”按钮，即可在该视图中隐藏所选组件。此后可能需要进行更新视图的操作。

2. 显示视图中的组件

要显示视图中选定隐藏组件，则可以按照如下的方法步骤来进行。

① 在“制图编辑”工具栏中单击“显示视图中的组件”按钮，系统打开如图 8-130 所示的“显示视图中的组件”对话框。

② 选择要在其中显示“隐藏组件”的视图，则在“要显示的组件”列表框中列出了该

视图中的当前隐藏组件

③ 在“要显示的组件”列表框中选择要显示的隐藏组件。

④ 单击“应用”按钮或“确定”按钮，从而显示视图中选定的隐藏组件。可能需要手动更新视图。

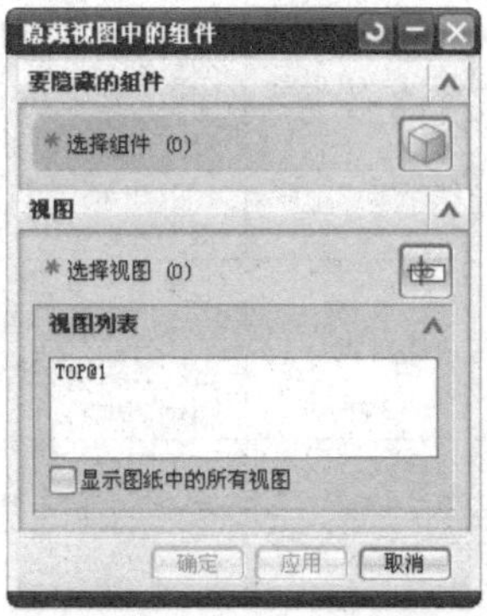

图 8-129 “隐藏视图中的组件”对话框

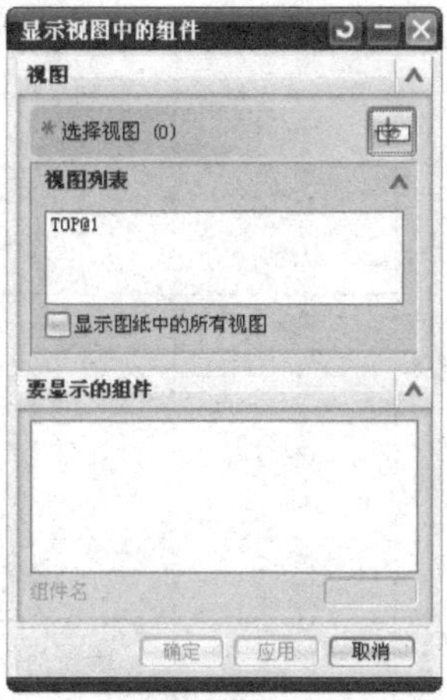

图 8-130 “显示视图中的组件”对话框

8.8.4 视图相关编辑

由于视图的相关性，当用户修改某个视图的显示后，其他相关的视图也会随之发生相应的变化。系统允许用户编辑视图间的相关性，使得用户可以编辑视图中对象的显示，而同时又不影响其他视图中同一对象的显示。这便需要用户掌握“制图编辑”工具栏中的“视图相关编辑”按钮。

在“制图编辑”工具栏中单击“视图相关编辑”按钮，系统弹出如图 8-131 所示的“视图相关编辑”对话框。

图 8-131 “视图相关编辑”对话框

此时，系统提示选择要编辑的视图。选择要编辑的视图后，便激活了对话框中的相关功能按钮，如“添加编辑”、“删除编辑”和“转换相依性”下的相关按钮。下面介绍“添加编辑”、“删除编辑”和“转换相依性”这 3 部分的编辑功能，如表 8-2 所示。

表 8-2　视图相关编辑的编辑功能

功能分类	按钮图标	名　称	功能或使用说明	备　注
添加编辑		擦除对象	单击该按钮，用户可以从选取的视图中擦除几何对象（如曲线、边和样条等），确定后这些对象不显示在视图中	擦除对象并不等于删除对象，擦除操作仅仅是将所选取的对象隐藏起来，不显示在视图中；如果该对象已经标注了尺寸，则不能被擦除
		编辑完全对象	允许用户编辑线条颜色、线型和线宽	单击该按钮后，“线框编辑”选项组中的选项被激活
		编辑着色对象	用于设置要着色的对象	单击该按钮，选择要着色的对象，并在“着色编辑”选项组中设置着色颜色、局部着色和透明度等
		编辑对象段	允许用户编辑对象段的线条颜色、线型和线宽	单击该按钮，设置线框编辑选项然后单击“应用”按钮
		编辑剖视图背景	允许用户保留或删除视图背景	
删除编辑		删除选择的擦除	使选择的擦除对象再次显示在视图中	单击该按钮，需要选择擦除来删除
		删除选择的修改	用于删除所选视图先前进行的某些编辑操作，使先前编辑的对象回到原来的显示状态	
		删除所有修改	用于删除用户所作的所有修改	
转换相依性		模型转换到视图	将模型关联的模型对象转换到一个单一视图中，成为视图关联对象	单击该按钮，弹出“类选择”对话框，提示选择模型对象以将其转换成视图相关项
		视图转换到模型	将视图关联的视图对象转换到模型中，成为模型关联对象	单击该按钮，弹出“类选择”对话框，提示选择视图相关对象以将其转换成模型对象

8.8.5 制图编辑其他知识

在“制图编辑”工具栏中还提供了其他实用的工具按钮，包括“编辑样式”按钮、“编辑注释”按钮、“编辑尺寸关联”按钮、“编辑文本”按钮、“编辑坐标”按钮、“零件明细表级别”按钮、“编辑图纸页”按钮和“抑制制图对象”按钮。下面简要地介绍这些制图编辑工具按钮的功能用途。

- “编辑样式”按钮：编辑选定注释、视图或草图的样式。
- “编辑注释”按钮：基于选定注释对象的类型编辑注释。
- “编辑尺寸关联”按钮：将现有尺寸重新关联到新的制图对象。
- “编辑文本”按钮：编辑注释的文本和样式。
- “编辑坐标”按钮：将坐标集合到选定的“基本”集或将尺寸从一个集移动到另一个。
- “零件明细表级别”按钮：对部件列表添加或移除成员。
- “编辑图纸页”按钮：编辑活动图纸页的名称、大小、比例、度量单位和投影角。
- “抑制制图对象”按钮：使用控制表达式控制制图对象的可见性。

8.9 零件工程图综合实战范例

在本节中介绍一个零件工程图综合实战案例，让读者通过案例学习，掌握工程图设计的基本流程、思路、操作方法及技巧等。

该案例的基本流程、思路简述为以下两个环节。

1）分析该零件的结构特征，建立该零件的三维模型，如图8-132所示。

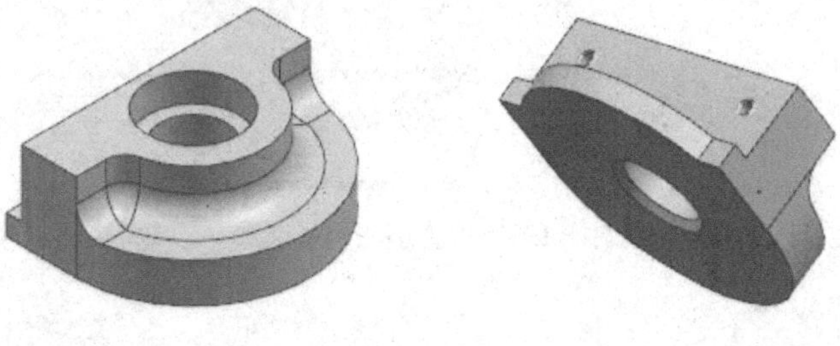

图8-132 建立的零件三维模型

2）根据建立的三维模型，创建其相应的工程视图。需要什么样的工程视图和多少工程视图，则需要综合考虑到模型的结构特点等。

8.9.1 建立零件的三维模型

1. 新建一个模型文件

❶ 在菜单栏中选择“文件”|“新建”命令，或者在工具栏上单击“新建”按钮，系统弹出“新建”对话框。

❷ 在“模型”选项卡的“模板”列表中选择名称为“模型”的模板，在“新文件名”选项组的“名称”文本框中输入“bc_8_szal.prt”，并指定要保存到的文件夹（即指定保存路径）。

❸ 在“新建”对话框中单击“确定”按钮。

2. 创建拉伸实体特征

❶ 在“特征”工具栏中单击“拉伸”按钮，或者在菜单栏中选择“插入”|“设计特征”|“拉伸”按钮，系统弹出“拉伸”对话框。

❷ 在“拉伸”对话框的“截面”选项组中单击“绘制截面”按钮，系统弹出“创建草图”对话框。

❸ 草图“类型”选项为“在平面上”，“平面方法”为“现有平面”，在坐标系统中选择 *XC-YC* 平面，草图方向“参考”为“水平”，其他默认，如图8-133所示，然后单击“确定”按钮，进入草图模式。

❹ 绘制如图8-134所示的草图。绘制好了之后，单击“完成草图”按钮。

❺ 默认方向矢量沿着 *Z* 轴正方向，在“限制”选项组中设置开始值为0，设置终止值为36.8，“拔模”选项为“无”，“体类型”为“实体”。

❻ 在“拉伸”对话框中单击“确定”按钮，创建的拉伸实体特征如图8-135所示。

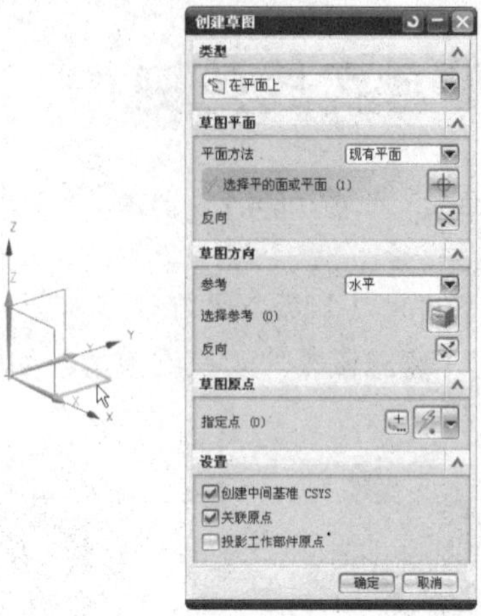

图 8-133　设置草图类型选项

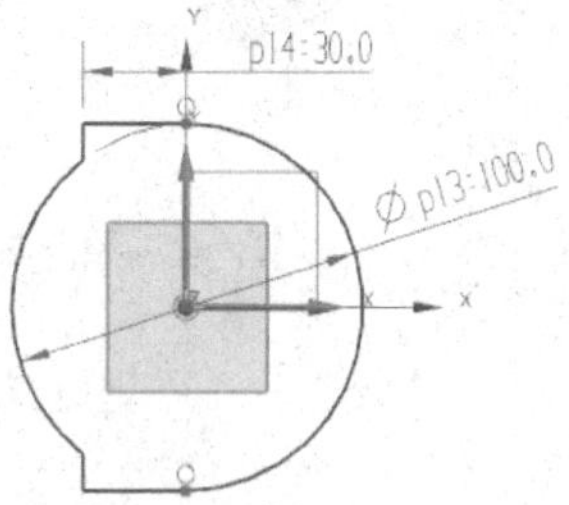

图 8-134　绘制草图

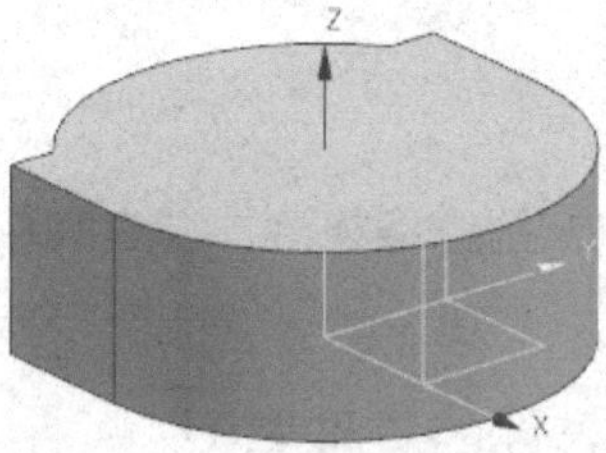

图 8-135　创建的拉伸实体特征

3．以拉伸的方式切除材料

❶ 在“特征”工具栏中单击“拉伸”按钮，或者在菜单栏中选择“插入”|“设计特征”|“拉伸”按钮，系统弹出“拉伸”对话框。

❷ 在“截面”选项组中单击“绘制截面”按钮，系统弹出“创建草图”对话框。

❸ 选择模型的最上表面（顶面）作为草绘平面，如图 8-136 所示，单击“确定”按钮，进入草绘模式。

❹ 绘制如图 8-137 所示的草图，绘制好之后，单击“完成草图”按钮。

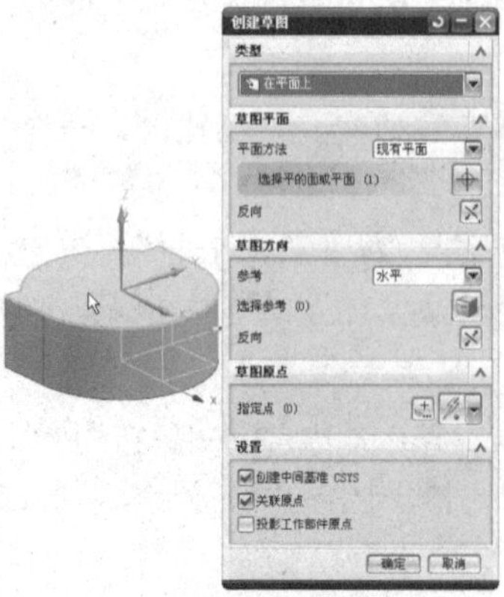

图 8-136　选择草图平面

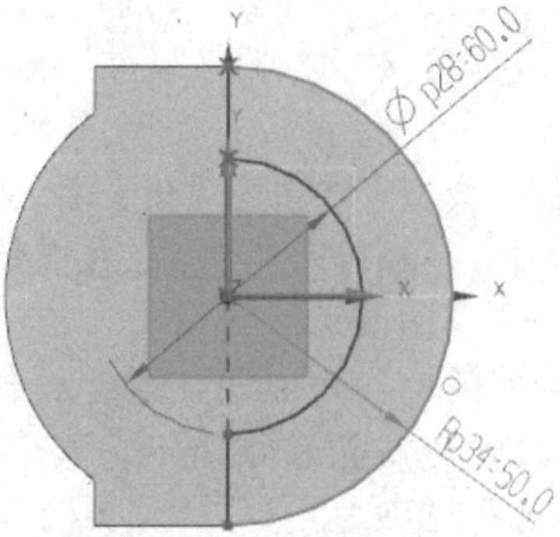

图 8-137　绘制草图

5 在“拉伸”对话框“方向”选项组的方向矢量下拉列表框中选择“-ZC 轴”图标选项；在“限制”选项组中设置开始距离值为 0，结束距离值为 20；在“布尔”选项组的“布尔”下拉列表框中选择“求差”选项；在“拔模”选项组的“拔模”下拉列表框中选择“无”；在“设置”选项组的“体类型”下拉列表框中选择“实体”选项，如图 8-138 所示。

6 在“拉伸”对话框中单击“确定”按钮，完成拉伸切除操作的效果如图 8-139 所示。

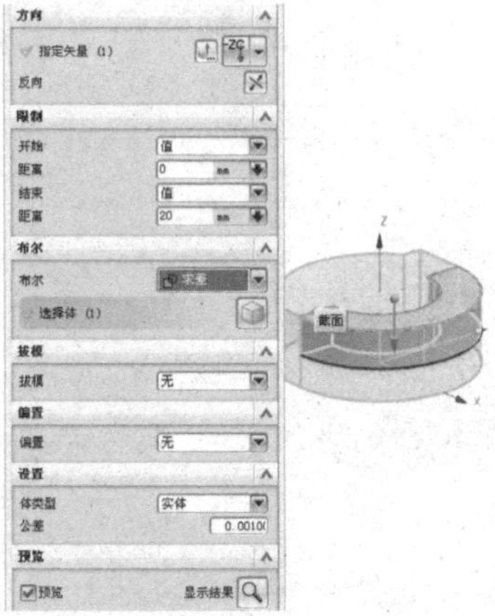

图 8-138 拉伸参数及选项设置

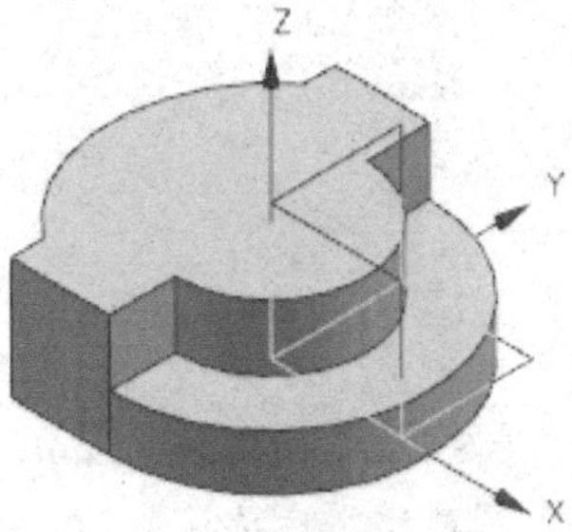

图 8-139 完成拉伸切除操作

4. 创建沉头孔

1 在“特征”工具栏中单击“孔”按钮，或者从菜单栏中选择“插入”|“设计特征”|“孔”命令，系统弹出“孔”对话框。

2 在“孔”对话框中，从“类型”下拉列表框中选择“常规孔”选项，从“孔方向”下拉列表框中选择“垂直于面”选项，接着在“形状和尺寸”选项组的“成形”下拉列表框中选择“沉头”选项。

3 在“位置”选项组中单击“绘制剖面”按钮，打开“创建草图”对话框。“类型”选项为“在平面上”，“平面方法”为“现有平面”，单击实体模型的如图 8-140 所示的实体面并设置草图方向参考，然后单击“确定”按钮。

4 系统出现“草图点”对话框。在原点处单击，接着关闭“草图点”对话框，然后单击“完成草图”按钮。

5 返回到“孔”对话框。在“形状和尺寸”选项组中，将沉头孔直径设置为 39mm、沉头孔深度为 12mm、孔直径为 28mm、深度限制选项为“贯通体”。

6 单击“孔”对话框中的“确定”按钮。创建的沉头孔如图 8-141 所示。

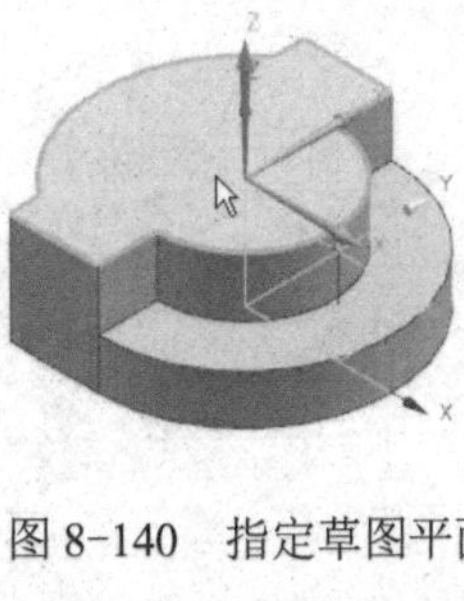

图 8-140 指定草图平面

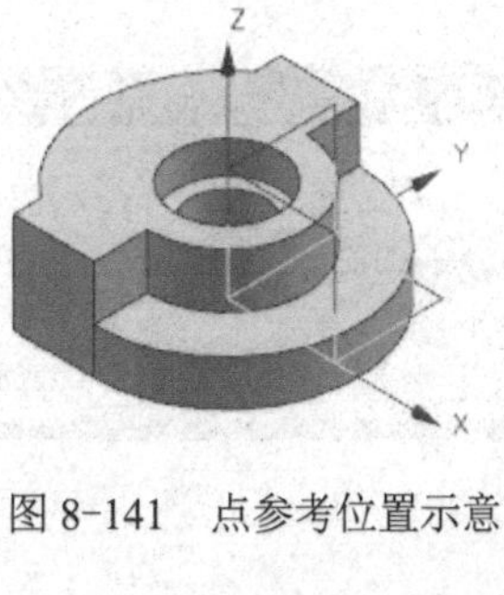

图 8-141 点参考位置示意

5. 创建边倒圆特征

① 在菜单栏中选择“插入”|“细节特征”|“边倒圆”命令，或者在“特征”工具栏中单击“边倒圆”按钮，系统弹出如图 8-142 所示的“边倒圆”对话框。

② 设置圆角半径为 8mm。

③ 选择要倒圆角的两条边，如图 8-143 所示。

图 8-142 “边倒圆”对话框

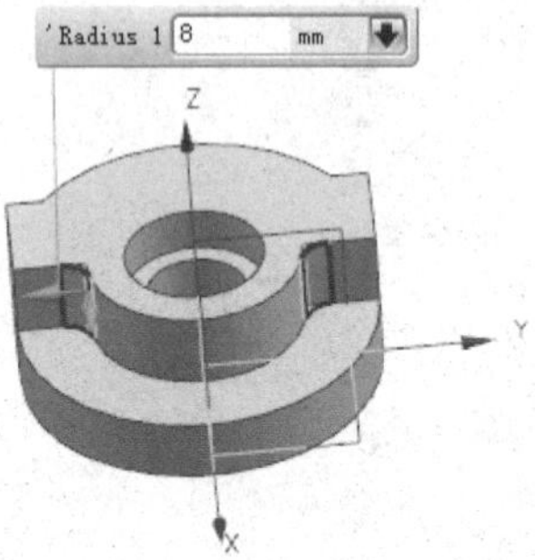

图 8-143 选择要倒圆角的两条边

④ 在“边倒圆”对话框中单击“应用”按钮。

⑤ 设置新圆角半径为 10mm，并选择如图 8-144 所示的一条边作为要倒圆角的边参照。

⑥ 在“边倒圆”对话框中单击“确定”按钮。此时模型效果如图 8-145 所示。

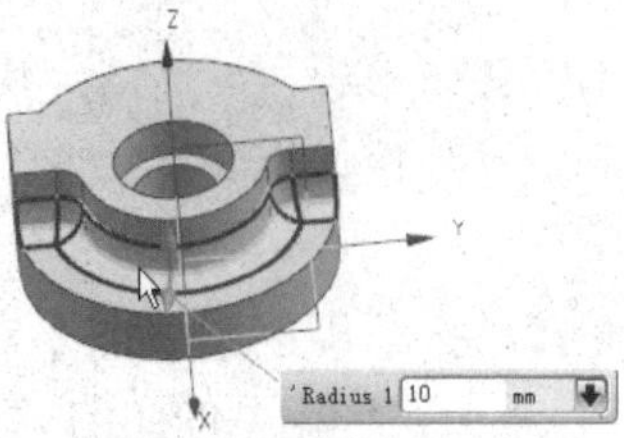

图 8-144 选择要倒圆角的边参照

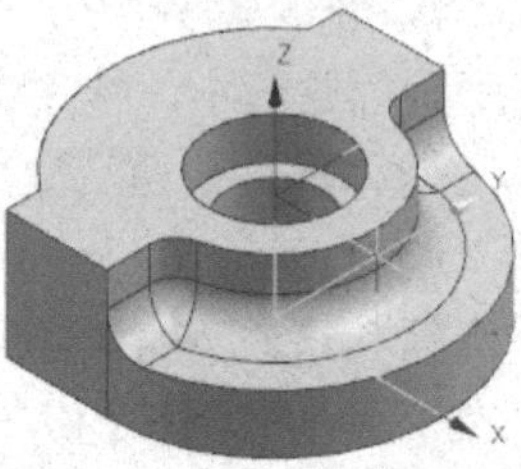

图 8-145 倒圆角后的模型效果

6. 创建腔体

① 在“特征”工具栏中单击“腔体”按钮，系统弹出如图 8-146 所示的“腔体”对话框。

② 在“腔体”对话框中单击“矩形”按钮。

③ 选择平的放置面，如图 8-147 所示。

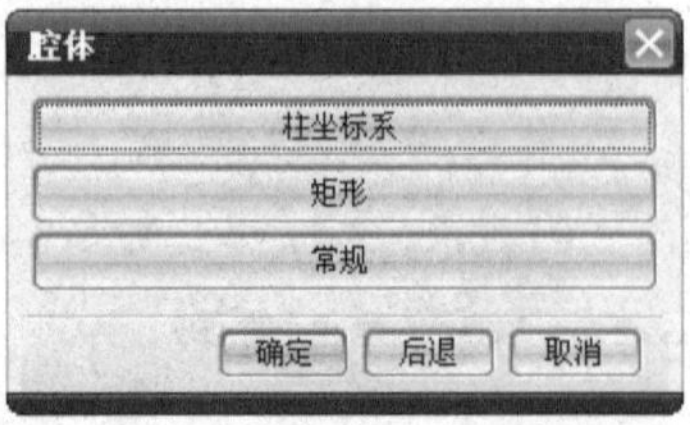

图 8-146 “腔体”对话框

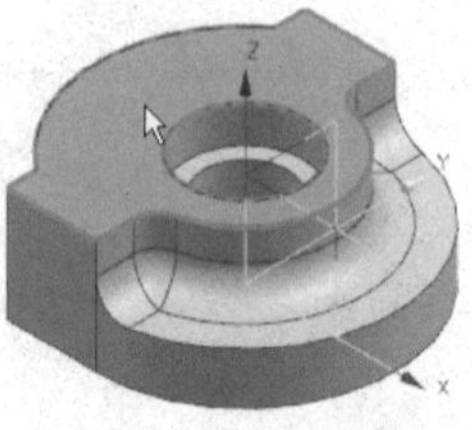

图 8-147 选择平的放置面

4 选择水平参考。在本例中选择如图 8-148 所示的一条边作为水平参考。

5 在“矩形腔体”对话框中设置长度为 100mm，宽度为 45mm，深度为 28mm，拐角半径为 0mm，底面半径为 0mm，锥角为 0deg，如图 8-149 所示。然后在“矩形腔体”对话框中单击“确定”按钮。

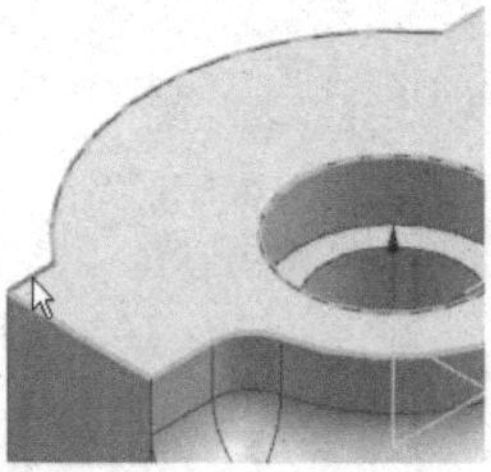

图 8-148 指定水平参考方向

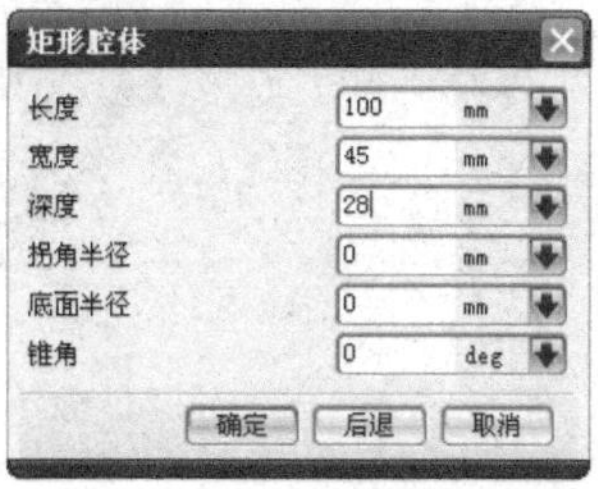

图 8-149 设置矩形腔体参数

6 系统弹出“定位”对话框。在“定位”对话框中单击“垂直”按钮，在实体模型中选择如图 8-150a 所示的一条边作为目标边/基准，接着选择 8-150b 所示的中心轴作为工具边，并在“创建表达式”对话框中将其值修改为 50，然后单击“创建表达式”对话框的“确定”按钮。

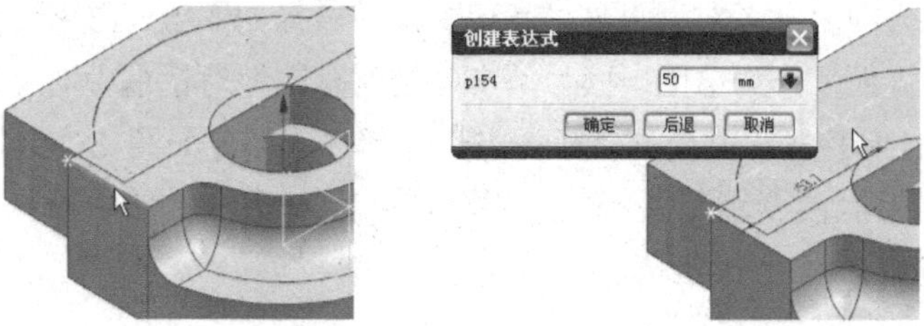

a) b)

图 8-150 创建一个定位尺寸并修改其值

a) 选择目标边/基准 b) 选择刀具边

7 在“定位”对话框中单击“垂直”按钮，在实体模型中选择如图 8-151a 所示的一条短边作为目标边/基准，接着选择 8-151b 所示的中心轴作为工具边，并在“创建表达式”对话框中将其值修改为 46，然后单击“创建表达式”对话框的“确定”按钮。

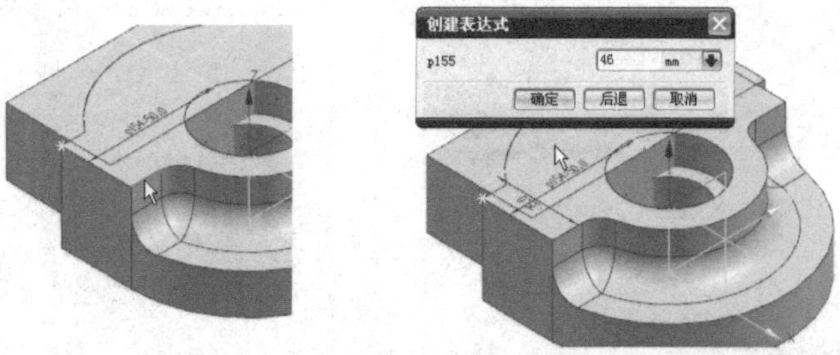

a) b)

图 8-151 创建第二个定位尺寸并修改其值

a) 选择目标边/基准 b) 选择刀具边

8 在“创建表达式”对话框中单击“确定”按钮，接着在“矩形腔体”对话框中单击

“关闭”按钮，得到的实体模型效果如图 8-152 所示。

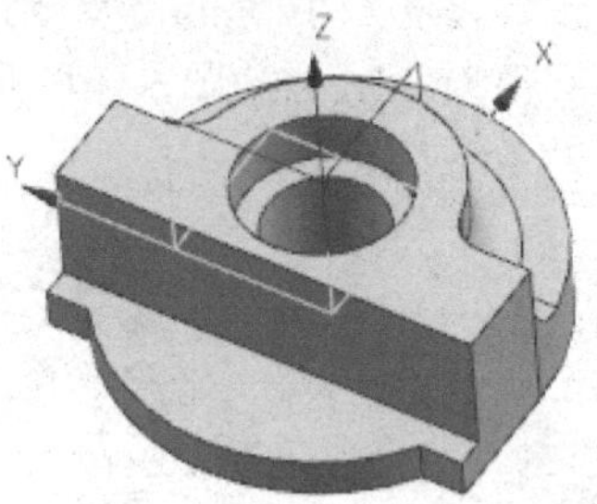

图 8-152　完成矩形腔体的模型效果

7. 创建螺纹孔特征

❶ 在“特征”工具栏中单击“孔”按钮，或者从菜单栏中选择“插入”|“设计特征”|“孔”命令，系统弹出“孔”对话框。

❷ 在“类型”下拉列表框中选择“螺纹孔”选项。

❸ 系统提示选择要草绘的平面或指定点。在“位置”选项组中单击“绘制截面”按钮，系统弹出“创建草图”对话框。“类型”选项为“在平面上”，草图“平面方法”选项为“现有平面”，草图方向“参考”为水平，其他默认，选择如图 8-153 所示的平整实体面（鼠标光标所指示的实体面）作为草图平面，单击“创建草图”对话框中的“确定”按钮。

❹ 进入草绘绘制模式，并弹出“草图点”对话框。创建如图 8-154 所示的两个点（先在草绘平面内大概绘制两个点，接着关闭“草图点”对话框，然后修改两个点的尺寸和约束），最后单击“完成草图”按钮。

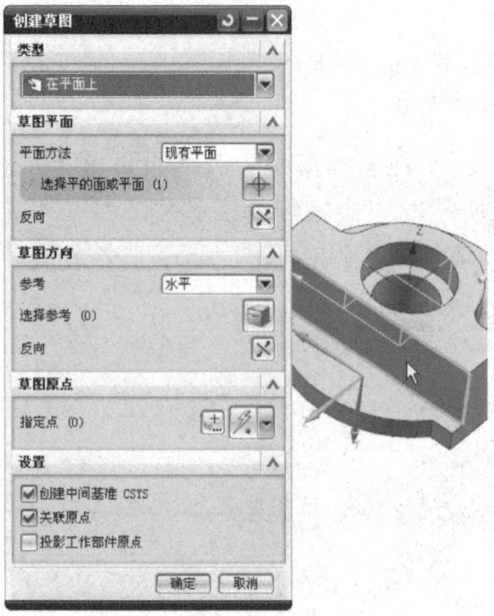

图 8-153　指定草图平面

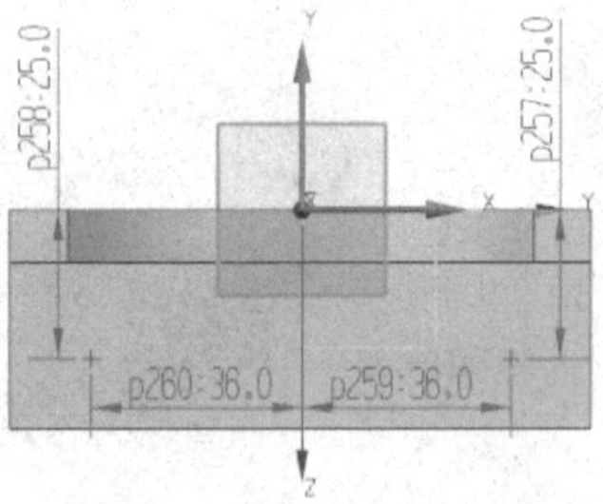

图 8-154　绘制两个点

❺ 在“孔”对话框中设置如图 8-155 所示的参数和选项。

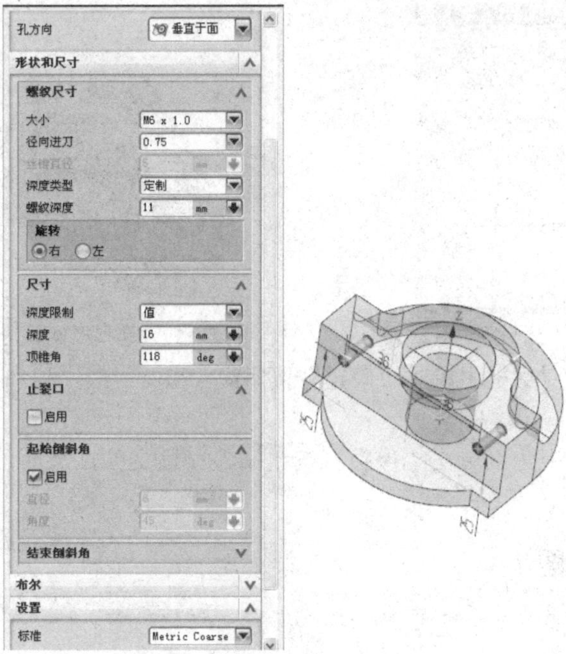

图 8-155　设置螺纹孔参数和选项

⑥ 在“孔”对话框中单击“确定”按钮。创建的两个螺纹孔如图 8-156 所示。

8．隐藏基准坐标系

① 在资源板中单击（部件导航器）标签，从而打开部件导航器。

② 在部件导航器的模型历史记录中选择基准坐标系标识后右击，打开一个快捷菜单，接着从该快捷菜单中选择“隐藏”命令。隐藏基准坐标系后的模型效果如图 8-157 所示。

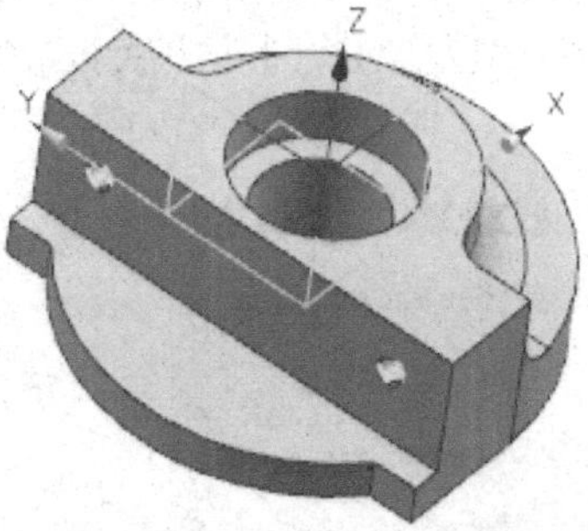

图 8-156　完成两个螺纹孔

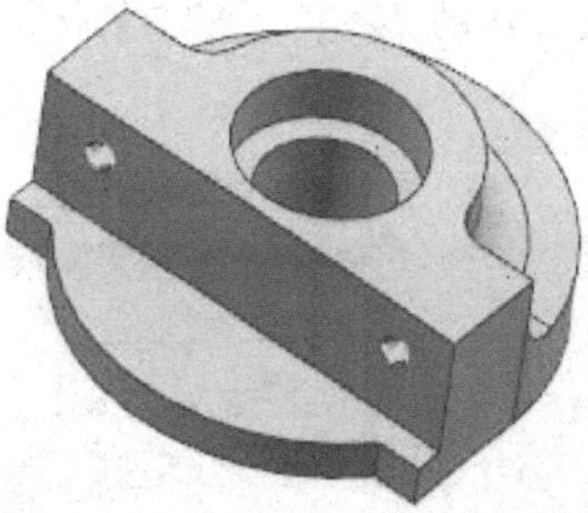

图 8-157　隐藏基准坐标系后的模型效果

9．创建倒斜角

① 在“特征”工具栏中单击“倒斜角”按钮，或者在菜单栏中选择“插入”|“细节特征”|“倒斜角”命令，打开“倒斜角”对话框。

② 在“偏置”选项组的“横截面”下拉列表框中选择“偏置和角度”选项，在“距离”文本框中输入“2.5”，“角度”为 45deg（°），如图 8-158 所示。

③ 选择要倒斜角的边，如图 8-159 所示。

图 8-158　“倒斜角”对话框

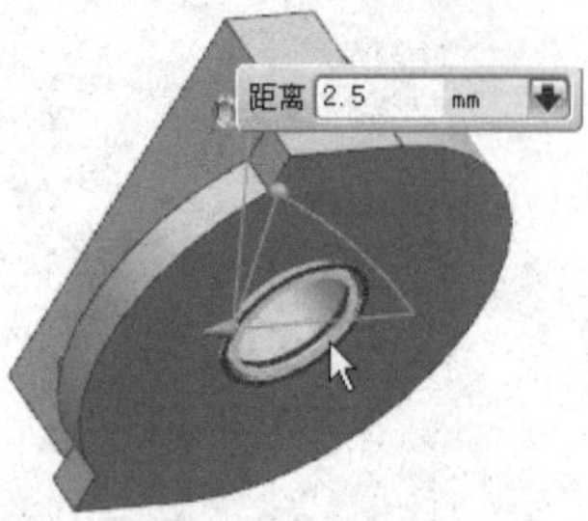

图 8-159　选择要倒斜角的边

4 在“倒斜角”对话框中单击“确定”按钮。

10．保存文件

按〈End〉键调整视角。单击“保存”按钮保存该文件，从而做好数据存储以备意外丢失数据。

8.9.2 建立工程视图

1．新建图样页并插入基本视图

1 完成三维模型设计后，在 UG NX 7.5 的基本操作界面中单击 开始 按钮，然后从打开的下拉菜单中选择“制图”命令，从而快速进入“制图”功能模式。

2 在“图纸”工具栏中单击“新建图纸页”按钮，弹出“片体”对话框。在“大小”选项组中选择“标准尺寸”单选按钮，从“大小”下拉列表框中选择“A4-210×297”，“比例”设置为 1∶1，“图纸页名称”默认为“SHT1”，“单位”为“毫米”，将投影方式设置为第一象限角投影，并勾选“自动启动视图创建”复选框，选择“基本视图命令”单选按钮，如图 8-160 所示。

3 在“片体（工作表）”对话框中单击“确定”按钮，弹出“基本视图”对话框。

4 在出现的“基本视图”对话框中，选择模型视图方位为 TOP，其他相关设置如图 8-161 所示。

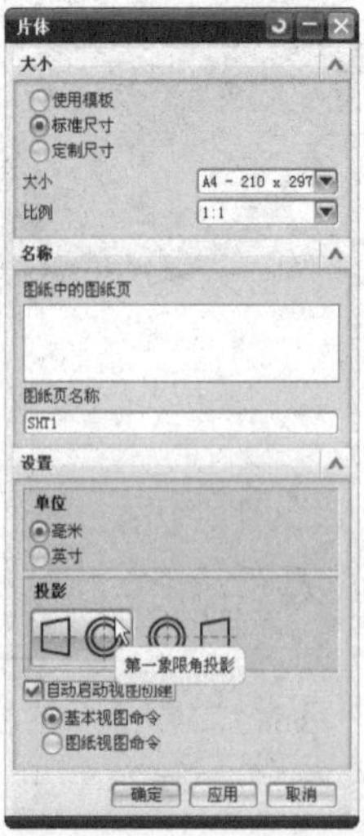

图 8-160　“片体”对话框

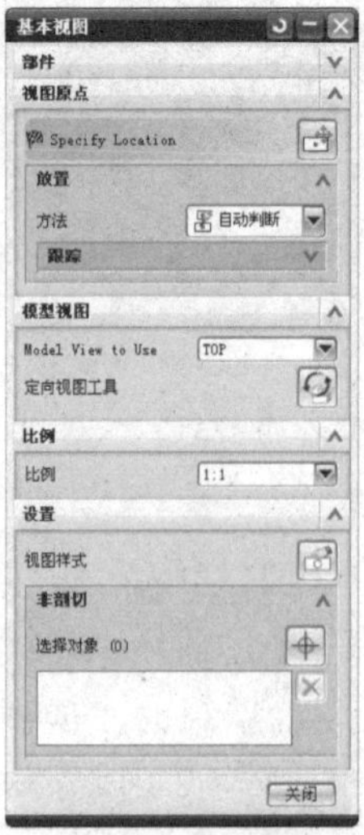

图 8-161　“基本视图”对话框

5 在图样页中指定放置基本视图的位置，如图 8-162 所示。

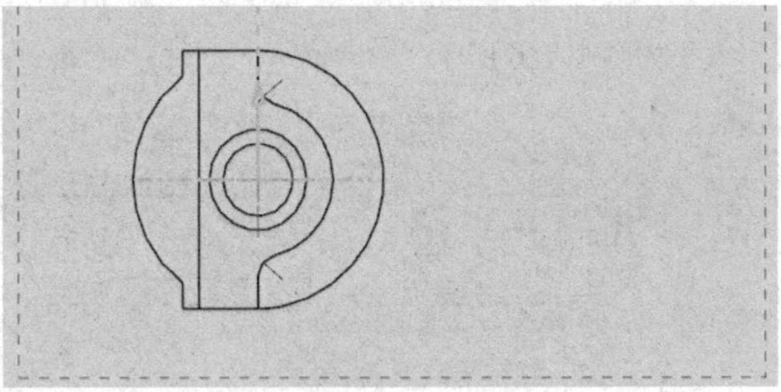

图 8-162　指定放置基本视图的位置

6 系统自动弹出“投影视图”对话框。直接在“投影视图”对话框中单击“关闭”按钮。

2. 创建剖视图

1 在“图纸”工具栏中单击“剖视图”按钮，打开“剖视图”工具栏。

2 选择基本视图作为父视图。

3 定义剖切位置，如图 8-163 所示，即选择圆心位置来定义剖切位置。

4 指定图样页上剖视图的中心，如图 8-164 所示。

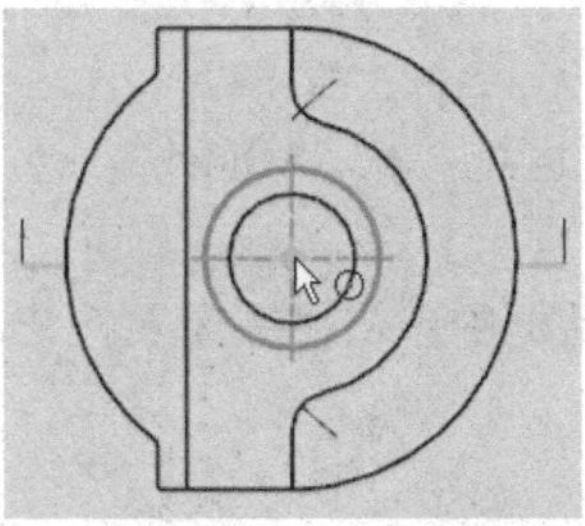

图 8-163　定义剖切位置

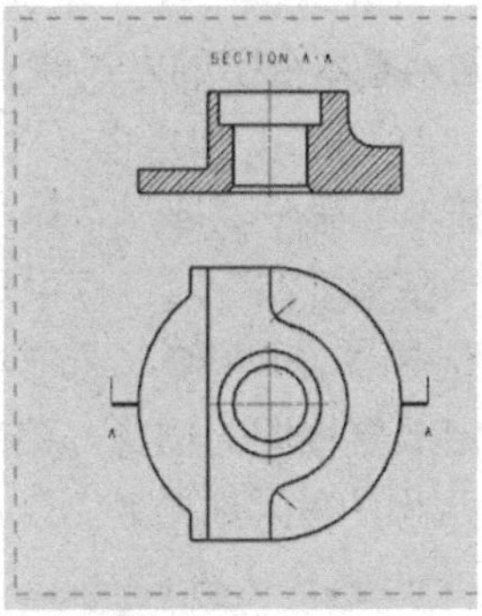

图 8-164　指定图样页上剖视图的中心

3. 创建投影视图

1 在“视图”工具栏中单击“投影视图”按钮，或者从菜单栏中选择“插入”|“视图”|“投影视图”命令，打开“投影”对话框。

2 在“父视图”选项组中单击“视图”按钮，接着选择剖视图作为父视图。

3 指定放置视图的位置，如图 8-165 所示。

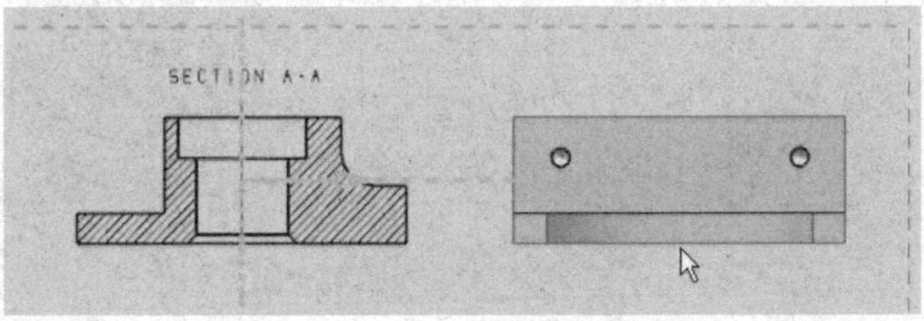

图 8-165　指定放置视图的位置

4 放置好该投影视图，在“投影视图”对话框中单击“关闭”按钮，从而关闭“投影视图”对话框。

此时的工程图显示效果如图 8-166 所示。

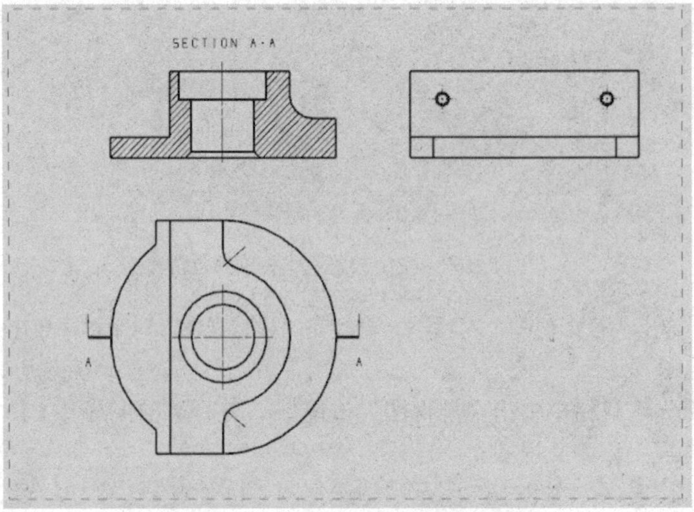

图 8-166 完成放置 3 个视图

4．以插入基本视图的方式建立一个轴测图

1 在“视图”工具栏中单击“基本视图”按钮，或者从菜单栏中选择“插入”|“视图”|“基本”命令，打开“基本视图”对话框。

2 在“基本视图”对话框中展开“模型视图”选项区域，从“Model View to Use”下拉列表框中选择“TFR-ISO”选项，其他选项默认。

3 指定放置视图的位置，然后在“基本视图”对话框中单击“关闭”按钮。添加第 4 个视图后的工程图效果如图 8-167 所示。

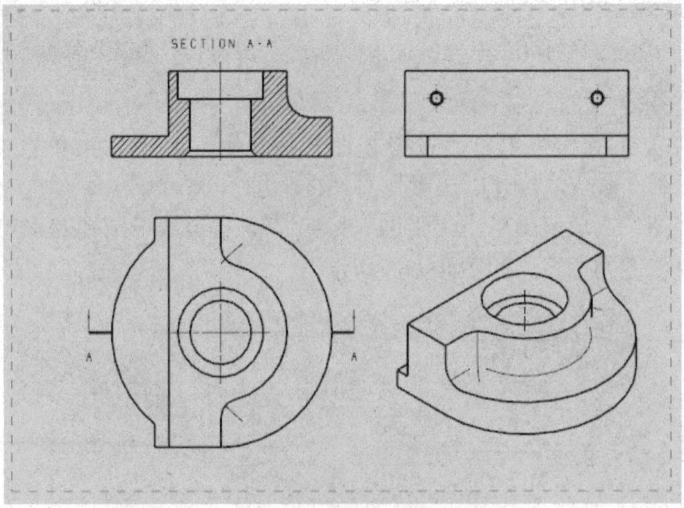

图 8-167 指定放置视图的位置

5. 创建局部剖视图

❶ 右击插入的第一个视图（不妨将该视图称为主视图），接着在其弹出的如图 8-168 所示的快捷菜单中选择“扩展”命令。

❷ 在“曲线”工具栏中单击“艺术曲线”按钮，绘制如图 8-169 所示的样条曲线。在图形窗口的适当位置处右击，接着从弹出来的快捷菜单中选择“扩展”命令，以取消扩展模式。

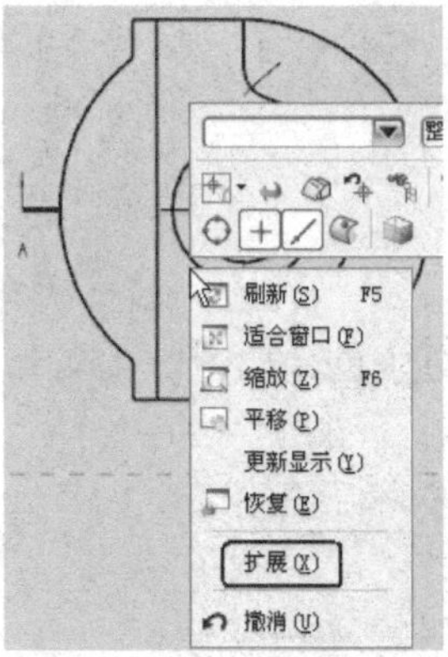

图 8-168　选择“扩展”命令

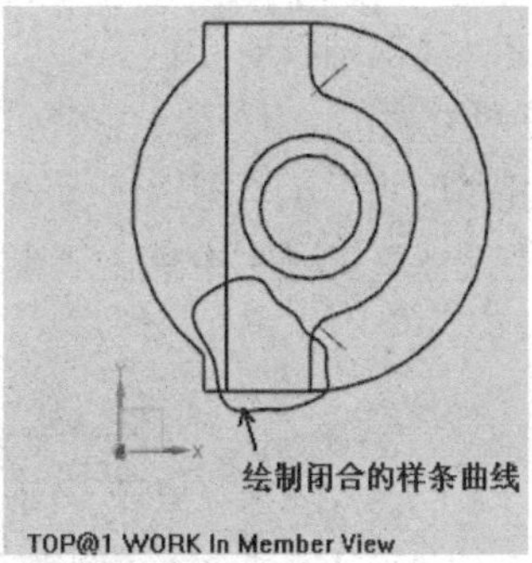

图 8-169　绘制闭合的样条曲线

❸ 在“图纸”工具栏中单击“局部剖视图”按钮，系统弹出如图 8-170 所示的“局部剖”对话框。

❹ 在“局部剖”对话框中默认选中“创建”单选按钮，接着在其视图列表中选择“TOP@1”主视图。此时，“局部剖”对话框激活一些工具按钮，在关联视图（第 3 个视图）中选择如图 8-171 所示的圆心来定义基点。

图 8-170　“局部剖”对话框

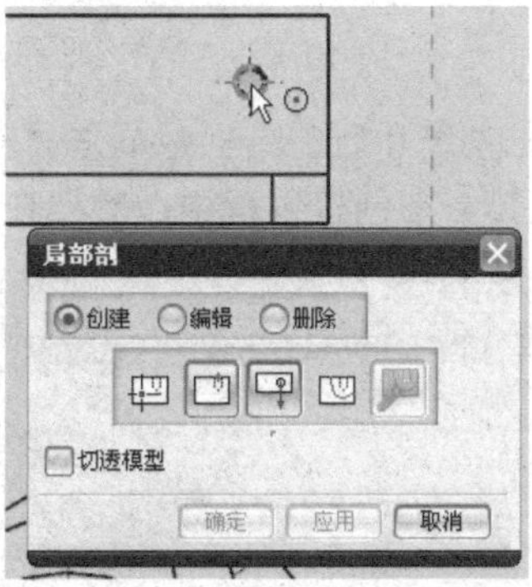

图 8-171　定义基点

❺ 系统提示定义拉伸矢量或接受默认定义并继续。在这里接受默认的拉伸矢量定义。接着在“局部剖”对话框中单击“选择曲线”按钮，系统提示选择起点附近的截断线，在该提示下选择样条曲线，此时“修改边界曲线”按钮被激活和选中，如图 8-172 所示。在这里不用修改边界曲线。

❻ 在“局部剖”对话框中单击“应用”按钮。创建的局部剖如图 8-173 所示。

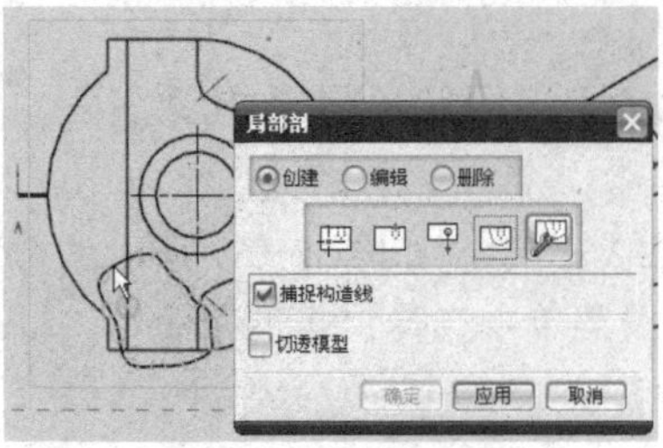

图 8-172　选择起点附近的截断线

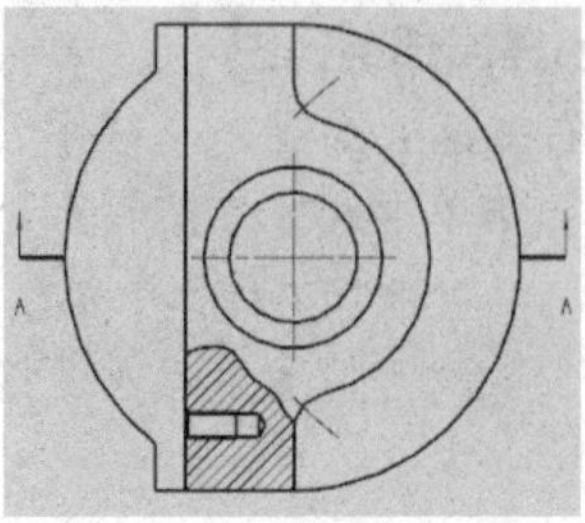

图 8-173　创建好局部剖

⑦ 关闭“局部剖”对话框。

6. 标注尺寸

① 调出“尺寸”工具栏。

② 在“尺寸”工具栏中单击“半径尺寸”按钮，分别创建如图 8-174 所示的几个半径尺寸。

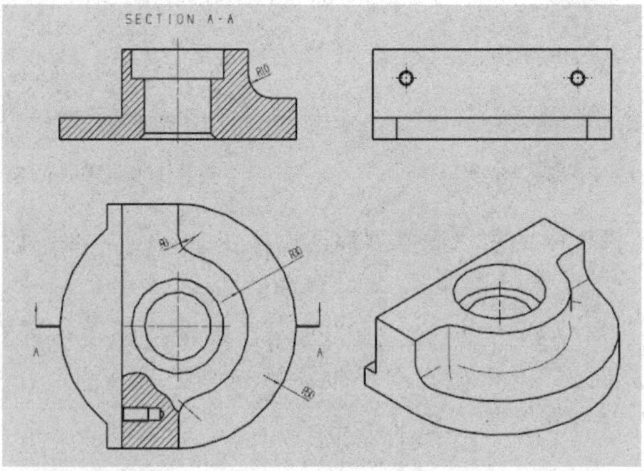

图 8-174　标注相关的半径尺寸

③ 在“尺寸”工具栏中单击“直径尺寸”按钮，分别创建如图 8-175 所示的两个直径尺寸。其中在创建过程中，需要在“直径尺寸”工具栏中执行相应的按钮来为一个直径尺寸设置公差。

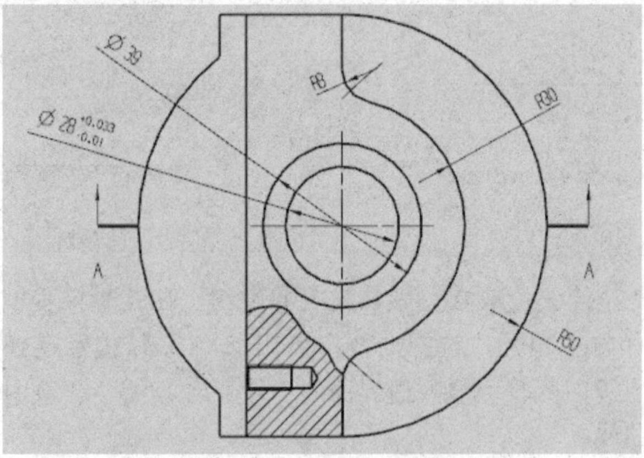

图 8-175　标注两个直径尺寸

说明：为其中一个尺寸设置公差的方法步骤可以参考图 8-176 所示的操作图解。

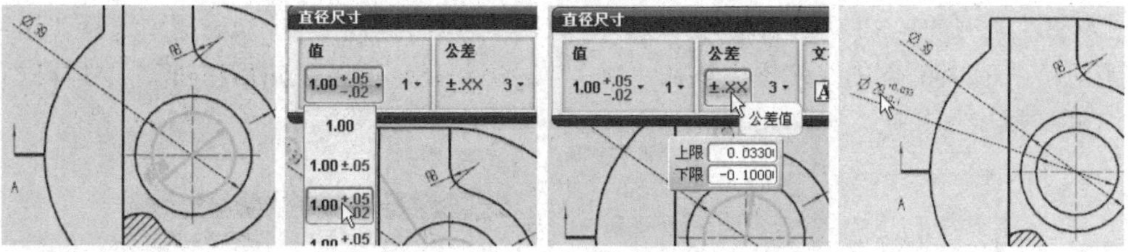

a)　　　　b)　　　　c)　　　　d)

图 8-176　操作图解

a) 选择要标注的对象　b) 设置公差类型　c) 单击“公差值”按钮并设置公差值　d) 放置直径尺寸

❹ 在“尺寸”工具栏中单击“倒斜角尺寸”按钮，系统弹出如图 8-177 所示的“倒斜角尺寸”工具栏。在“倒斜角尺寸”工具栏中单击“尺寸样式”按钮，打开“尺寸样式”对话框。在“尺寸”选项卡的“倒斜角”选项组中设置如图 8-178 所示的倒斜角标注样式，单击“确定”按钮。

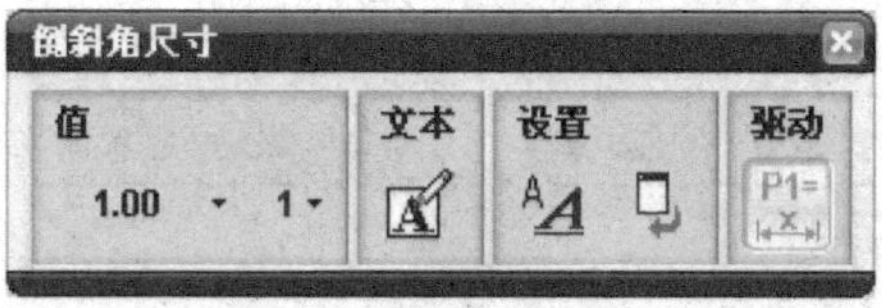

图 8-177　“倒斜角尺寸”工具栏

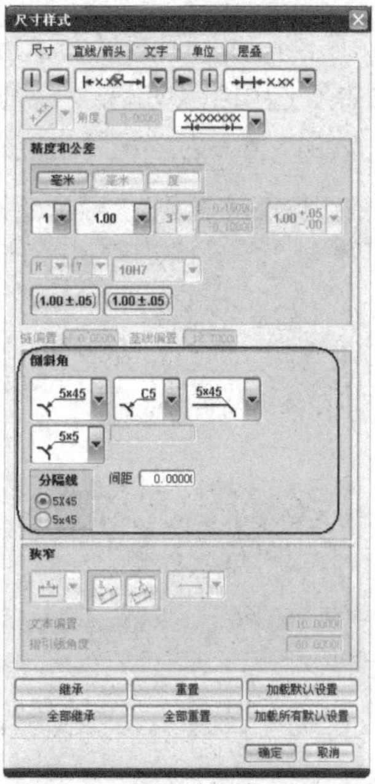

图 8-178　设置倒斜角标注样式

为倒斜角尺寸选择线性对象和放置尺寸。创建的倒斜角尺寸如图 8-179 所示。

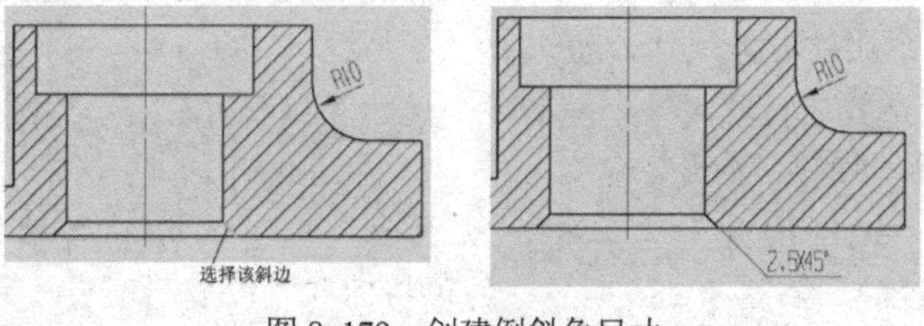

图 8-179　创建倒斜角尺寸

⑤创建表示螺纹规格的尺寸。

在“尺寸”工具栏中单击“直径尺寸”按钮，打开“直径尺寸”工具栏。选择要标注的圆，如图 8-180 所示，接着在“直径尺寸”工具栏中单击“尺寸样式”按钮，打开“尺寸样式”对话框，切换到“径向”选项卡，在“直径符号”下拉列表框中选择“用户定义”选项，并在其右侧的文本框中输入“M”，如图 8-181 所示，然后单击“尺寸样式”对话框中的“确定”按钮。

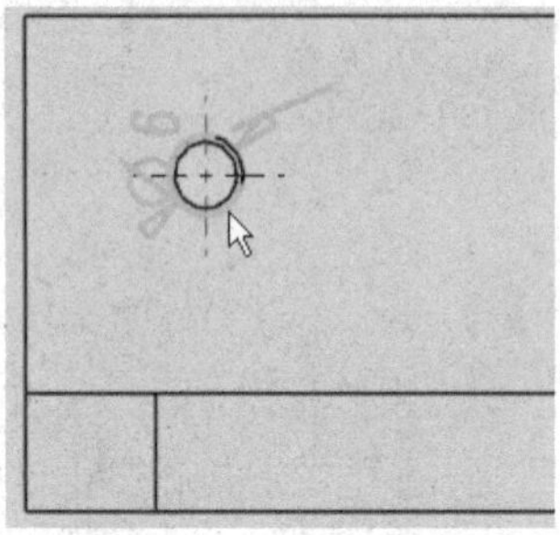

图 8-180　选择要标注的圆

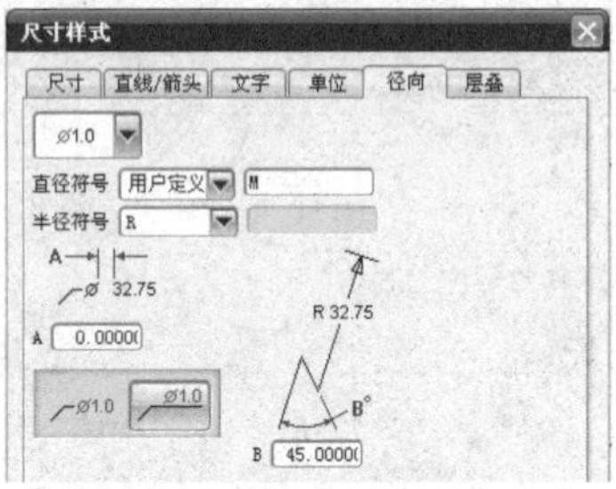

图 8-181　设置直径符号

在“直径尺寸”工具栏中单击“文本编辑器”按钮，打开“文本编辑器”对话框。在“附加文本”选项组中单击“在前面”按钮，接着输入“2-”，如图 8-182 所示，单击“确定”按钮，然后为该尺寸指定放置位置，如图 8-183 所示。

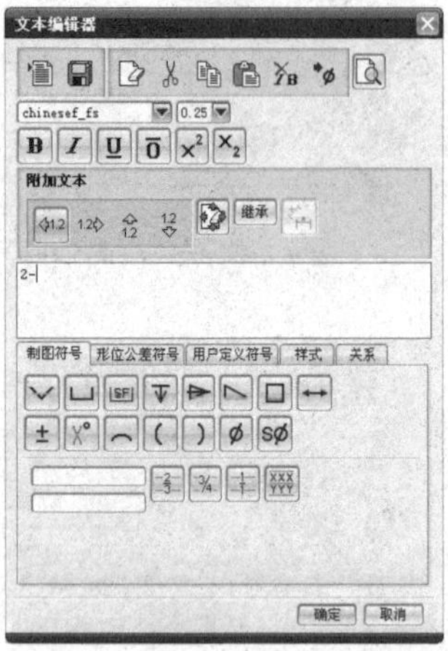

图 8-182　编辑文本

图 8-183　指定尺寸的放置位置

⑥ 使用“尺寸”工具栏的其他相关尺寸标注工具，创建其他满足设计要求的尺寸。并可调整相关尺寸、注释的放置位置。此时基本完成常规尺寸标注的工程图如图 8-184 所示。

7. 为指定的一个尺寸设置尺寸公差

① 在图样页上选择要设置尺寸公差的一个尺寸“28”后右击，如图 8-185 所示，从出现的快捷菜单中选择“编辑”命令。

② 系统弹出“编辑尺寸”工具栏，从“值”框下的公差类型下拉列表框中选择 **1.00±.05**（等双向公差），如图 8-186 所示，并可将标称值位数选项更改为 2。

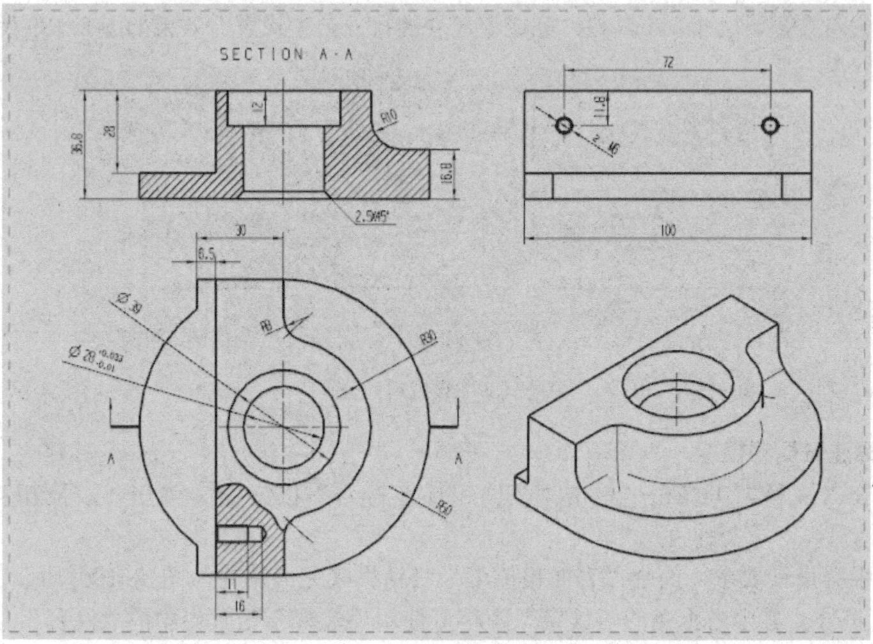

图 8-184　基本完成尺寸标注

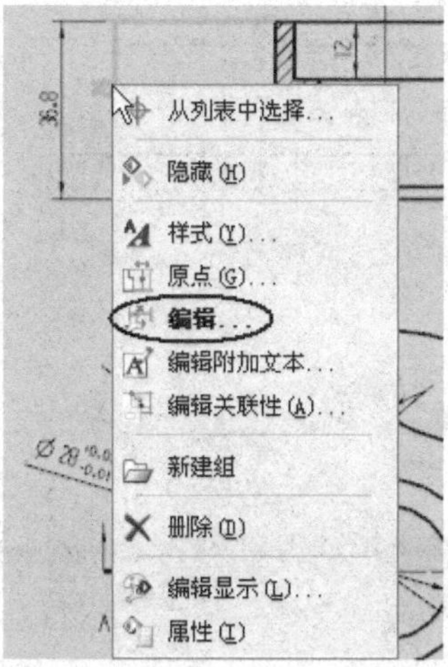

图 8-185　右击要编辑的尺寸

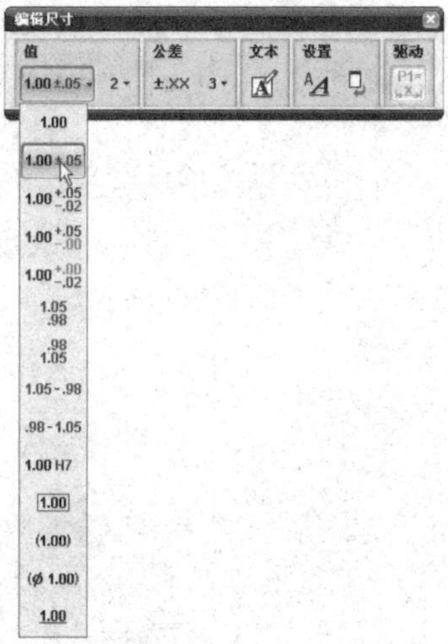

图 8-186　选择等双向公差

③ 如图 8-187 所示，在“编辑尺寸”工具栏中设置公差精度为 3，并单击“公差值”按钮±.XX，在弹出的“公差”文本框中输入“0.05”，如图 8-188 所示。

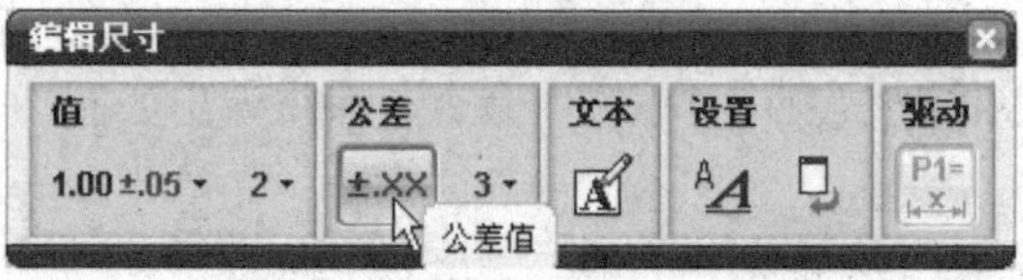

图 8-187　单击“公差值”按钮

图 8-188　设置公差值

④ 关闭“编辑尺寸”工具栏。完成该尺寸的尺寸公差设置，效果如图 8-189 所示。

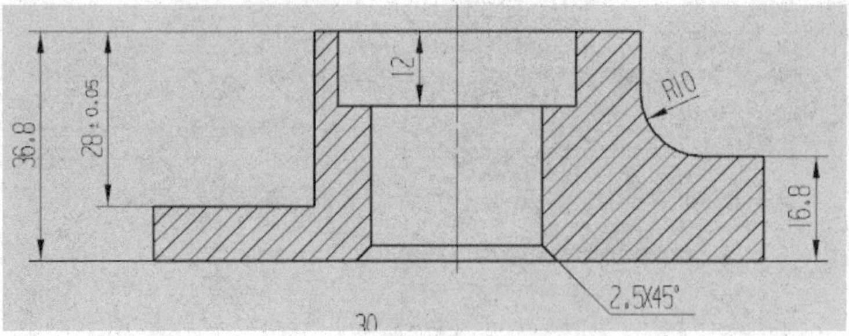

图 8-189　设置尺寸公差

8. 标注表面粗糙度

① 在“注释”工具栏中单击“表面粗糙度符号”按钮，弹出“表面粗糙度”对话框。

② 根据设计要求，结合“表面粗糙度”对话框来完成标注如图 8-190 所示的多个表面粗糙度符号。其中右上角的“其余”两字可使用“注释”工具栏中的“注释”按钮来创建。

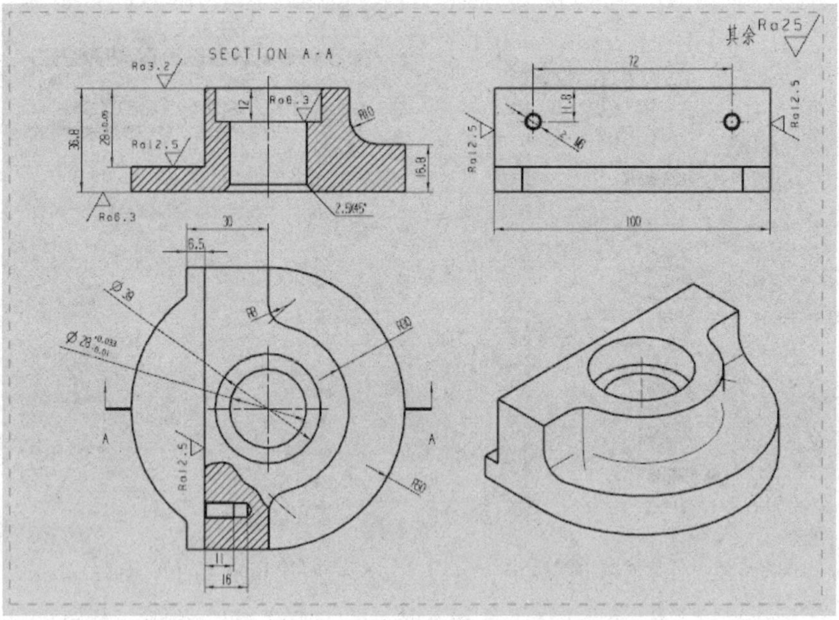

图 8-190　标注表面粗糙度

9. 插入中心线

① 在菜单栏中选择“插入”|“中心线”|“2D 中心线”命令，系统弹出如图 8-191 所示的“2D 中心线”对话框。

② 在“类型”选项下拉列表框中选择“从曲线”选项。

③ 分别选择第 1 侧对象和第 2 侧对象来插入 2D 中心线，如图 8-192 所示，然后在

“2D 中心线”对话框中单击“应用”按钮。

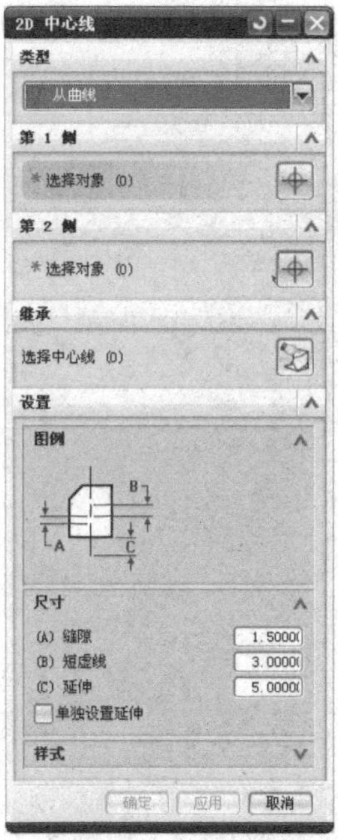

图 8-191 “2D 中心线”对话框

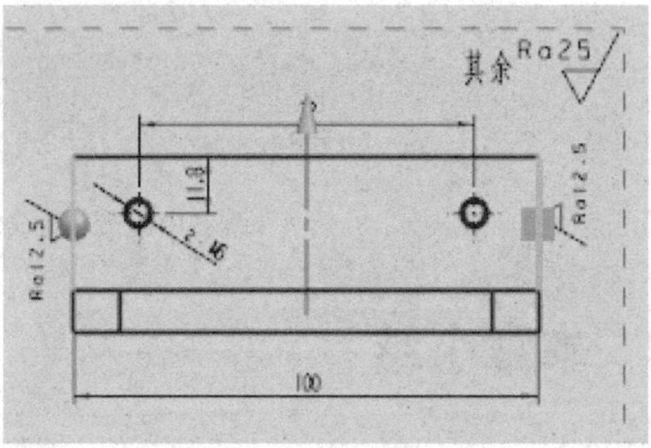

图 8-192 插入 2D 中心线

④ 在主视图的局部剖视图中分别选择第 1 侧对称和第 2 侧对象为螺纹孔创建一条中心线，如图 8-193 所示。

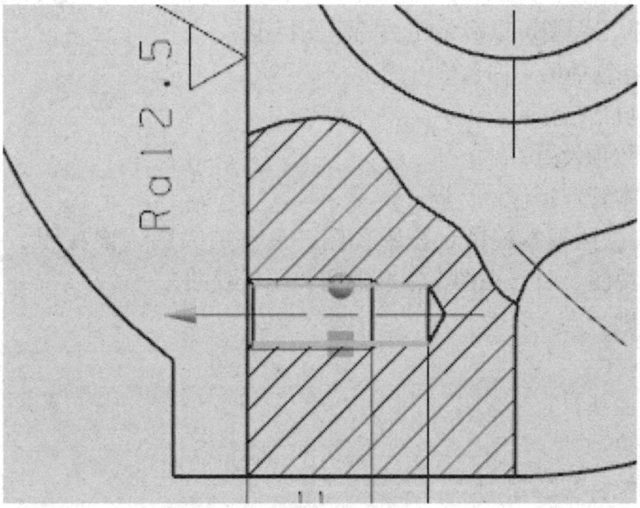

图 8-193 继续插入一条 2D 中心线

⑤ 在“2D 中心线”对话框中单击“确定”按钮。

完成的该零件模型的工程视图如图 8-194 所示。最后单击“保存”按钮，将此设计结果保存起来。

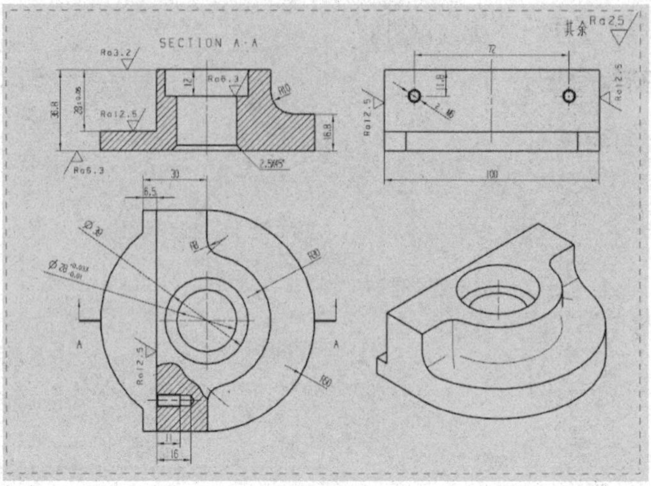

图 8-194　范例完成效果

8.10　本章小结

在 UG NX 7.5 中，可以通过已经创建好的三维模型来生成符合要求的工程视图，这样工程视图的投影关系比较容易把握。

建立好三维模型后，要进行其工程图绘制，那么可以在工具栏中单击"开始"按钮，打开一个开始下拉菜单，接着从该下拉菜单中选择"制图"命令，或者从该下拉菜单选择"所有应用模块"|"制图"命令，从而进入制图模块，在制图模块中使用相应的工具命令来进行工程图设计，所设计的工程图可以满足相关的制图标准。

本章介绍的内容包括如下内容。

- 工程制图模块切换。
- 工程制图参数预设置。
- 工程图的基本管理操作。
- 插入视图（包括基本视图、投影视图、局部放大图、剖视图、半剖视图、旋转视图、局部剖视图、断开视图、标准视图和图样视图）。
- 编辑视图基础。
- 修改剖面线。
- 图样标注、注释。
- 制图编辑进阶。
- 零件工程图综合实战案例。

8.11　思考练习

1）如何在建模模块和工程制图模块之间切换？

2）UG NX 7.5 中的工程制图参数预设置包括哪些内容？

3）什么是图样页？如何新建和打开图样页？

4）如何插入基本视图和投影视图？

5）在创建局部放大图时，需要注意哪些操作细节？

6）可以为模型建立哪些与剖切相关的视图？

7）如何创建局部剖视图？可以举例进行说明或上机练习。

8）如何修改剖面线？

9）请总结尺寸标注的一般操作方法与步骤。

10）如何插入表面粗糙度符号？

11）上机练习：请创建一种较为简单的零件模型，然后为该零件建立合适的工程视图。

12）上机练习：按照如图 8-195 所示的尺寸数据来建立其零件模型，接着根据该模型创建所需的工程视图。

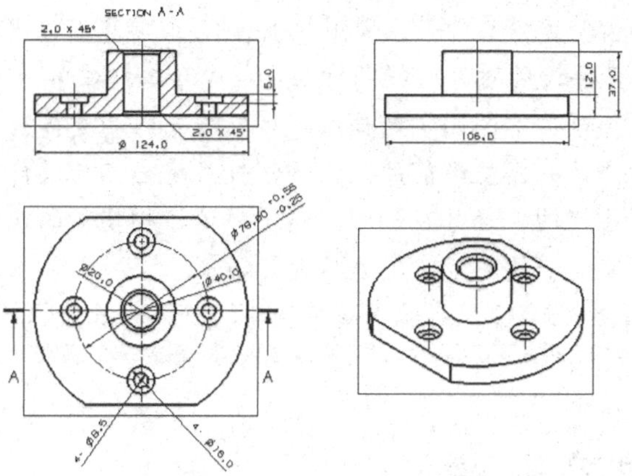

图 8-195　完成的工程图

13）上机练习：读取来自如图 8-196 所示的工程图尺寸，未注表面粗糙度注释为“其余 $\overset{12.5}{\bigtriangledown}$”，使用 NX 7.5 来建立其相应的三维模型（有些尺寸可以由读者另外调整），然后通过三维模型生成相应的 NX 工程图。

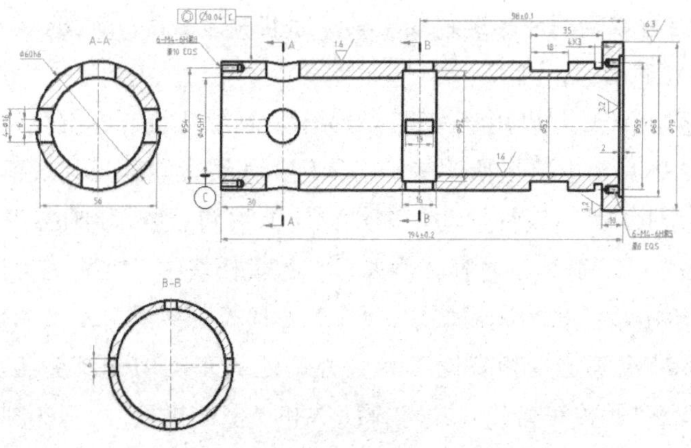

图 8-196　由 AutoCAD 创建的二维工程图数据

第 9 章　GC 工具箱应用与同步建模

本章导读：

在 NX 7.5 中集成了为我国制造业用户量身定制的本地化软件工具包——NX GC 工具箱，其中主要包括质量检查工具、属性工具和齿轮建模工具等。使用 NX GC 工具箱可以帮助设计人员在进行产品设计时大大提高标准化程度和工作效率。

此外，NX 中的同步建模技术可以与先前的建模技术共存，可实时检查产品模型当前的几何条件并且将它们与设计人员添加的参数和几何约束合并在一起，以便评估、构建新的几何模型以及编辑模型，并且无需重复全部历史记录。

本章将介绍 GC 工具箱和同步建模的应用基础知识。

9.1　GC 工具箱概述

在 UG NX 7.5 中，系统为用户提供了“GC 工具箱”这类新的本地化软件工具包，其具有如下的应用特点。

- GC 工具箱旨在满足中国用户对 NX 的特殊需求，包含标准化的 GB 环境。
- GC 工具箱含有数据创建标准辅助工具，标准检查工具，制图、注释、尺寸标注工具和齿轮设计工具等。
- 使用 GC 工具箱可以帮助用户在进行产品设计时大大提高标准化程度和工作效率。

NX 7.5 的 GC 工具箱主要包括这些子工具包，如质量检查工具（模型检查、二维图检查、装配检查）、属性工具（属性填写、属性同步）、齿轮建模和制图工具。系统会在不同的模块中提供相应的 GC 工具箱内容。例如，在建模模块中，“GC 工具箱”菜单中提供的功能内容如图 9-1a 所示；在制图模块中，“GC 工具箱”菜单中提供的功能内容如图 9-1b 所示，其中除了质量检查工具和属性工具之外，还具有实用的制图工具，包括“替换模板”、“技术要求库”、“必检符号”、“尺寸排序”和“图纸拼接”，这些制图工具的应用是比较易学易用的。

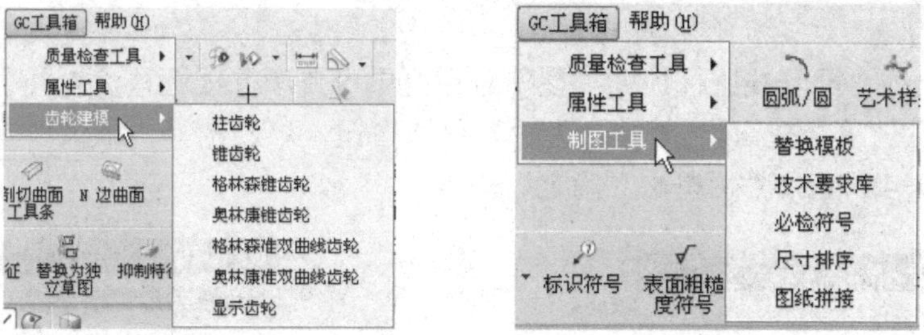

a) b)

图 9-1 GC 工具箱中的内容功能

a) 在建模模块下 b) 在制图模块下

预计在以后推出的新版本中，GC 工具箱将包含更多的内容功能，其功能将会得到进一步的增强和完善。

由于篇幅的限制，本书只介绍 GC 工具箱的齿轮建模功能。

9.2 齿轮建模

在建模模块下，在“GC 工具箱”菜单中选择“齿轮建模”命令，便可打开其级联菜单，其中提供了“柱齿轮建模”、“锥齿轮建模”、“格林森锥齿轮建模”、“奥林康锥齿轮建模”、“格林森准双曲线齿轮建模”、“奥林康准双曲线齿轮建模”和“显示齿轮”命令。这些齿轮建模命令对应的工具按钮集中在如图 9-2 所示的“齿轮建模-GC 工具箱”工具栏。

图 9-2 “齿轮建模-GC 工具箱”工具栏

9.2.1 柱齿轮建模

在建模模块下，要进行柱齿轮建模，则在菜单栏中选择“GC 工具箱”|“齿轮建模”|“柱齿轮”命令，或者在“齿轮建模-GC 工具箱”工具栏中单击“柱齿轮建模”按钮，系统弹出如图 9-3 所示的“渐开线圆柱齿轮建模”对话框，利用该对话框可以执行的齿轮操作方式有：创建齿轮、修改齿轮参数、齿轮啮合、移动齿轮、删除齿轮、齿轮信息。

下面以特例的形式介绍如何使用“柱齿轮建模”功能来创建直齿渐开线圆柱齿轮和斜齿渐开线圆柱齿轮。

1．创建直齿渐开线圆柱齿轮范例

创建直齿渐开线圆柱齿轮的范例步骤如下。

1 新建一个模型文件，在菜单栏中选择“GC 工具箱”|“齿轮建模”|“柱齿轮”命令，或者在“齿轮建模-GC 工具箱”工具栏中单击“柱齿轮建模”按钮，系统弹出“渐开线圆柱齿轮建模”对话框。

2 在“渐开线圆柱齿轮建模”对话框中选择“创建齿轮”单选按钮，接着单击“确定”按钮。

3 在弹出的“渐开线圆柱齿轮类型”对话框中设置渐开线圆柱齿轮类型。在本例中分别选择“直齿轮”单选按钮、“外啮合齿轮”单选按钮，以及选择“滚齿”单选按钮定义加工方法，如图 9-4 所示，然后单击“确定”按钮。

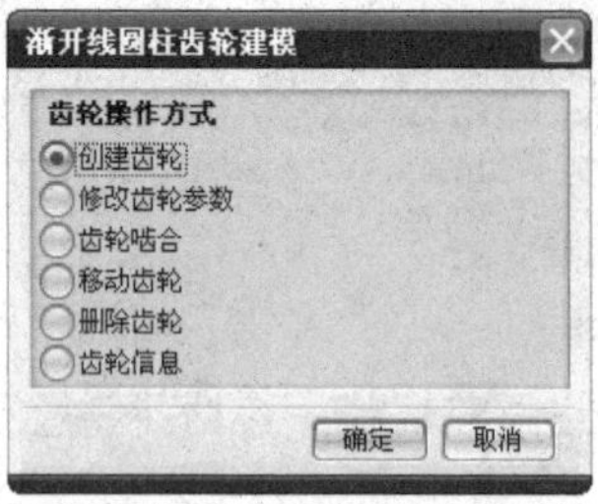

图 9-3 “渐开线圆柱齿轮建模”对话框

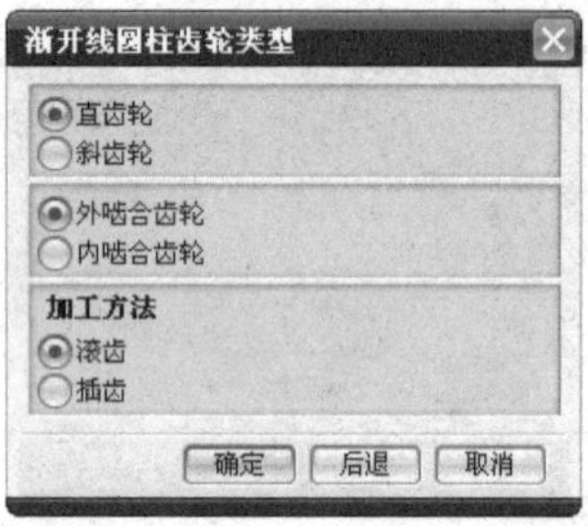

图 9-4 设置渐开线圆柱齿轮类型

4 系统弹出如图 9-5 所示的“渐开线圆柱齿轮参数”对话框，该对话框提供“标准齿轮”选项卡和“变位齿轮”选项卡，分别用于设置标准和变位的渐开线圆柱齿轮参数。在本例中，切换到“标准齿轮”选项卡，设置如图 9-6 所示的标准齿轮参数，包括“齿轮建模精度”单选按钮设置。

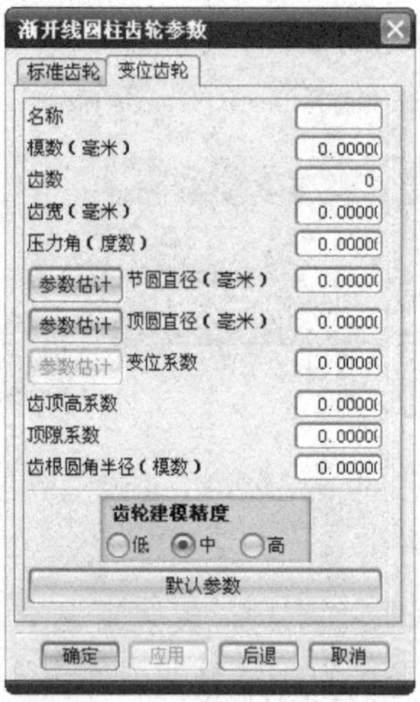

图 9-5 “渐开线圆柱齿轮参数”对话框

图 9-6 设置标准齿轮的参数

说明：齿轮建模精度分为 3 种，即“低”、“中”、“高”。如果单击“默认参数”按钮，则将当前设置的齿轮参数恢复为系统默认的齿轮参数。

5 在“渐开线圆柱齿轮参数”对话框中单击“确定”按钮。

6 系统弹出“矢量”对话框，从“类型”下拉列表框中选择“ZC 轴”，如图 9-7 所示，并接受默认的矢量方位。

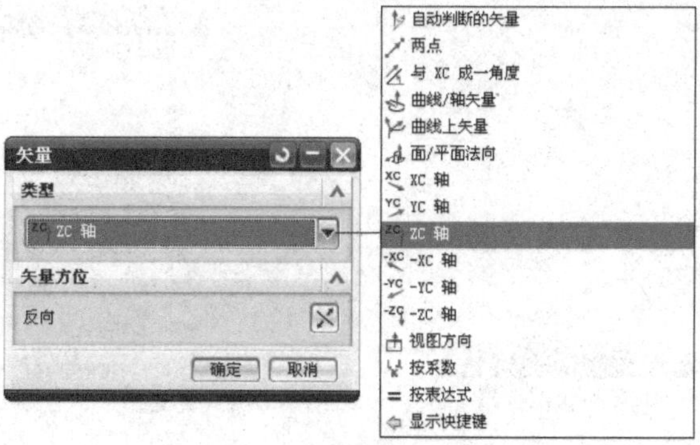

图 9-7 设置矢量类型选项

7 在“矢量”对话框中单击“确定”按钮，打开“点”对话框。

8 在“点”对话框中定义点位置。例如将点位置的绝对坐标值设置为 X=0、Y=0、Z=0，如图 9-8 所示。

9 在“点”对话框中单击“确定”按钮，系统开始运算建模，最终完成创建的标准直齿渐开线圆柱齿轮如图 9-9 所示。

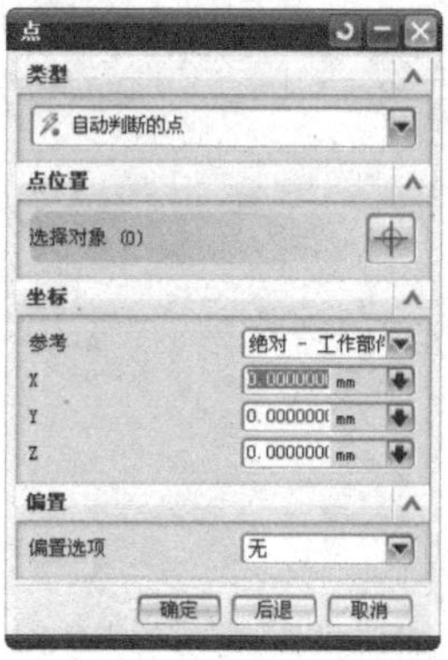

图 9-8 “点”对话框

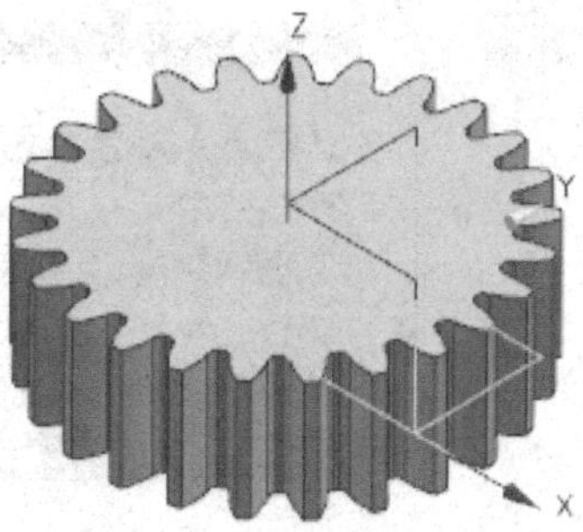

图 9-9 标准直齿渐开线圆柱齿轮

2. 创建斜齿渐开线圆柱齿轮范例

创建斜齿渐开线圆柱齿轮的范例步骤如下。

1 新建一个模型文件，在菜单栏中选择“GC 工具箱”|“齿轮建模”|“柱齿轮”命令，或者在“齿轮建模-GC 工具箱”工具栏中单击“柱齿轮建模”按钮，系统弹出“渐开线圆柱齿轮建模”对话框。

2 在“渐开线圆柱齿轮建模”对话框中选择“创建齿轮”单选按钮，接着单击“确定”按钮。

3 在弹出的“渐开线圆柱齿轮类型”对话框中选择“斜齿轮”单选按钮，接着在第二组中选择“内啮合齿轮”单选按钮，并在“加工方法”选项组中选择“插齿”单选按钮，如图 9-10 所示，然后单击“确定”按钮。

4 在弹出的“渐开线圆柱齿轮参数”对话框中切换到“标准齿轮”选项卡，单击“默认参数”按钮，如图 9-11 所示，然后单击“确定”按钮。

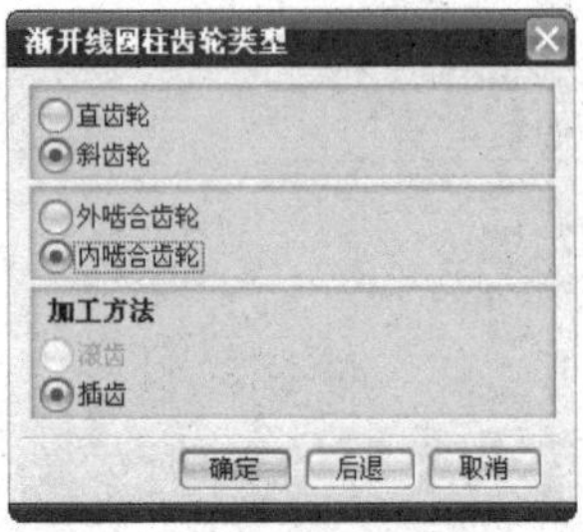

图 9-10　设置渐开线圆柱齿轮类型

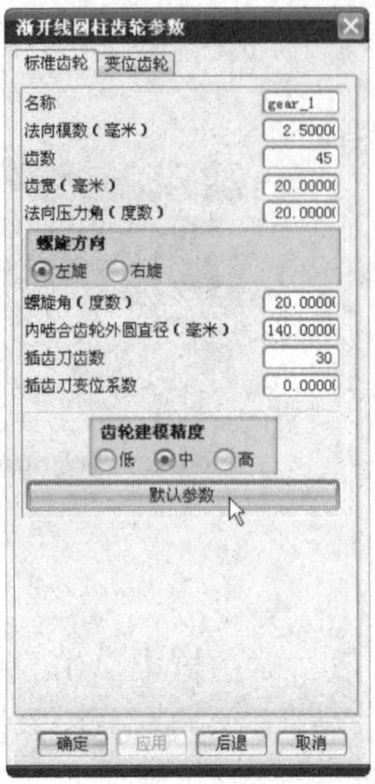

图 9-11　设置渐开线圆柱齿轮参数

❺ 系统弹出“矢量”对话框，从“类型”下拉列表框中选择“自动判断的矢量”选项，在图形窗口中单击基准坐标系的 Z 轴，如图 9-12 所示，然后单击“矢量”对话框中的“确定”按钮。

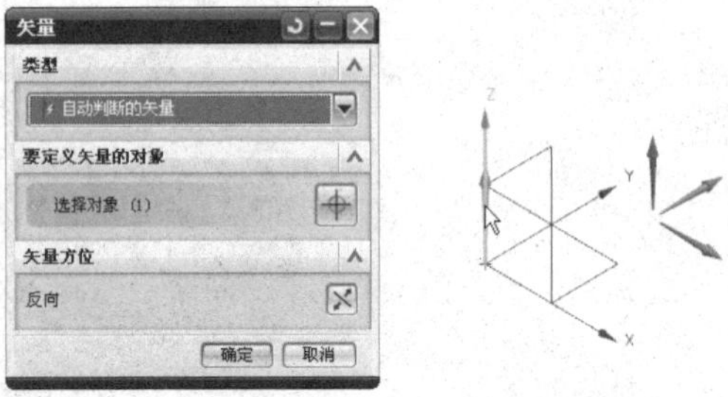

图 9-12　定义矢量

❻ 系统弹出“点”对话框。在“坐标”选项组设置如图 9-13 所示的坐标参数，然后单击“确定”按钮。

❼ 系统经过运算，创建如图 9-14 所示的斜齿渐开线圆柱齿轮。

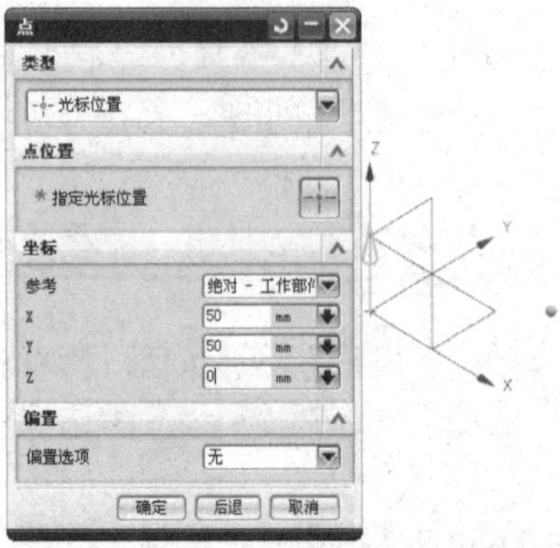

图 9-13　“点”对话框

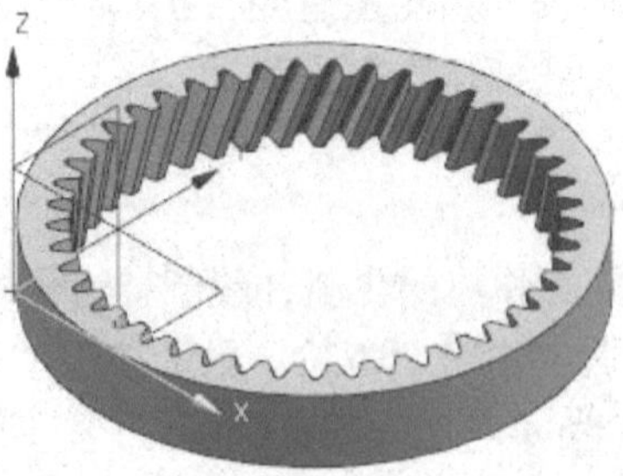

图 9-14　斜齿渐开线圆柱齿轮

9.2.2 锥齿轮建模

在建模模块下，使用菜单栏中的“GC 工具箱”|“齿轮建模”|“锥齿轮”命令，或者执行“齿轮建模-GC 工具箱”工具栏中的“锥齿轮建模”按钮，可以创建如图 9-15 所示的圆锥齿轮。圆锥齿轮的创建步骤和渐开线圆柱齿轮的创建步骤基本一致。

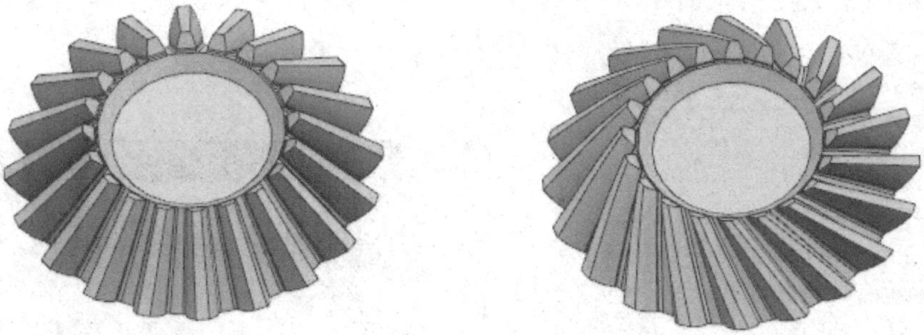

图 9-15　圆锥齿轮建模

请看如下的一个范例。

1 在建模模块下，选择菜单栏中的“GC 工具箱”|“齿轮建模”|“锥齿轮”命令，或者单击“齿轮建模-GC 工具箱”工具栏中的“锥齿轮建模”按钮，系统弹出“圆锥齿轮建模”对话框。

2 在“圆锥齿轮建模”对话框中选择齿轮操作方式，例如选择“创建齿轮”单选按钮，如图 9-16 所示，然后单击“确定”按钮。

3 系统弹出“圆锥齿轮类型”对话框，从中设置如图 9-17 所示的圆锥齿轮类型选项，单击“确定”按钮。

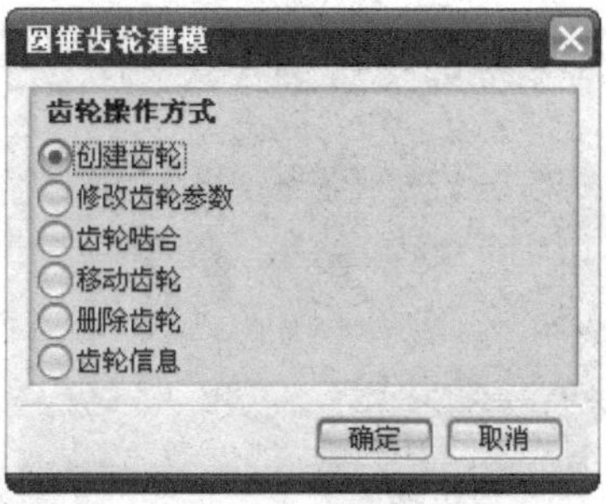

图 9-16　“圆锥齿轮建模”对话框

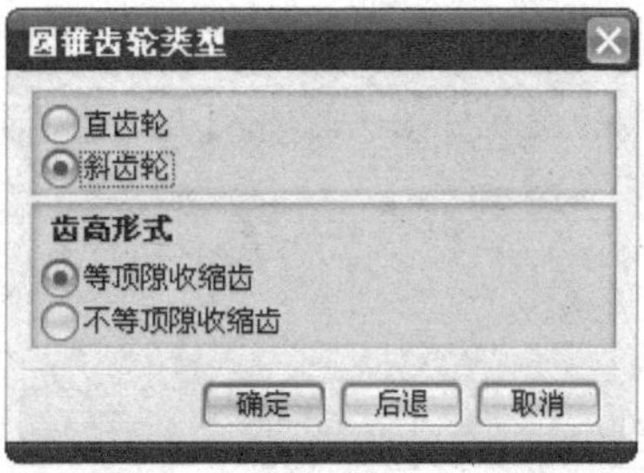

图 9-17　定义圆锥齿轮类型

4 系统弹出“圆锥齿轮参数”对话框，从中设置如图 9-18 所示的圆锥齿轮参数，然后单击“确定”按钮。

5 系统弹出“矢量”对话框，从“类型”下拉列表框中选择“XC 轴”，如图 9-19 所示，然后单击“确定”按钮。

⑥ 系统弹出“点”对话框。设置点位于基准坐标系的原点，如图 9-20 所示，然后单击“确定”按钮。

⑦ 系统经过运算，创建如图 9-21 所示的圆锥齿轮。

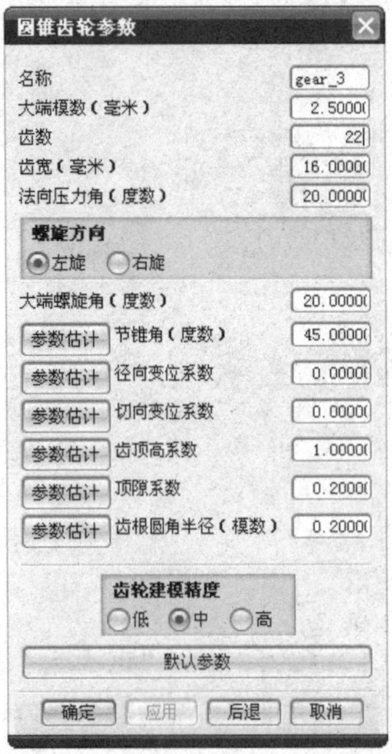

图 9-18 设置圆锥齿轮参数

图 9-19 “矢量”对话框

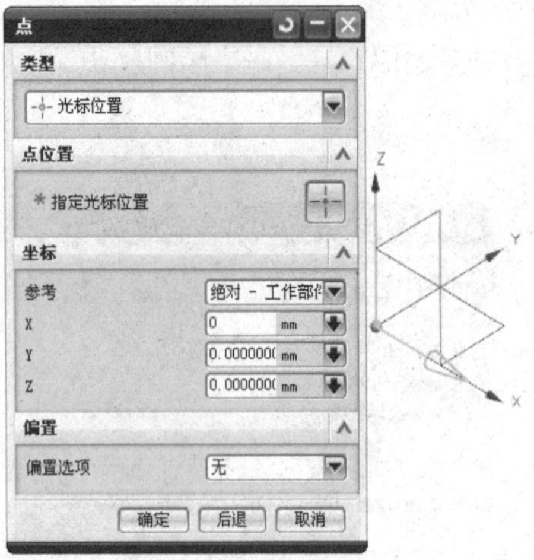

图 9-20 指定点位置

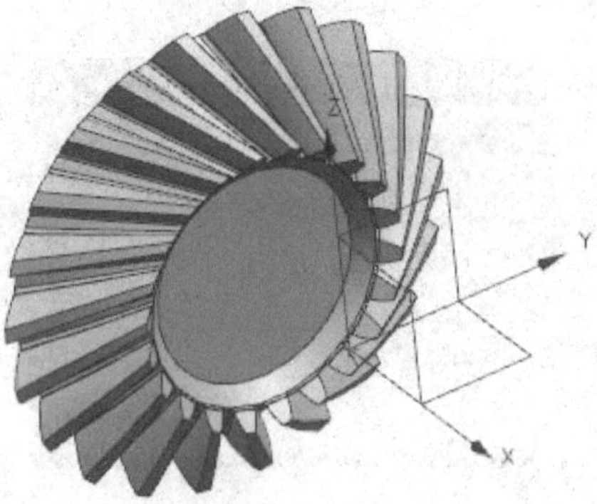

图 9-21 完成创建的圆锥齿轮

9.2.3 格林森锥齿轮建模

在建模模块下，使用菜单栏中的“GC 工具箱”|“齿轮建模”|“格林森锥齿轮”命令，或者执行“齿轮建模-GC 工具箱”工具栏中的“格林森锥齿轮建模”按钮，可以创

建如图 9-22 所示的格林森锥齿轮。格林森锥齿轮的创建步骤和渐开线圆柱齿轮的创建步骤基本上是一致的，并且可以为创建好的格林森锥主动齿轮和格林森锥从动齿轮设置啮合关系，使它们形成一对锥齿轮副。

在创建格林森锥齿轮的过程中，需要定义如图 9-23 所示的一些选项及参数，主要包括格林森弧齿锥齿轮类型（齿轮类型可以为“格林森弧齿锥齿轮”或“零度锥齿轮”，并可以为相应的齿轮类型设置齿高形式）、格林森弧齿锥齿轮参数（分主动齿轮和从动齿轮两种形式）。创建好此类主动齿轮和从动齿轮后，可以使用“格林森弧齿锥齿轮建模”对话框的“齿轮啮合”单选按钮来为它们设置齿轮啮合关系。

图 9-22 格林森锥齿轮副（已设置齿轮啮合）

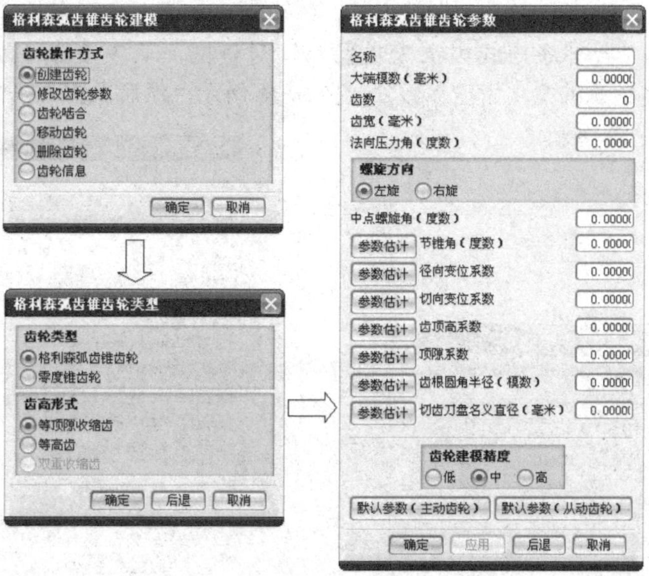

图 9-23 创建格林森锥齿轮的一些设置

9.2.4 奥林康锥齿轮建模

在建模模块下，使用菜单栏中的“GC 工具箱”|“齿轮建模”|“奥林康锥齿轮”命令，或者执行“齿轮建模-GC 工具箱”工具栏中的“奥林康锥齿轮建模”按钮，可以创建如图 9-24 所示的奥林森锥齿轮，也可以为创建好的主动齿轮和从动齿轮设置啮合关系。

图 9-24　奥林康锥齿轮（设置好啮合关系）

下面介绍一对奥林康摆线锥齿轮的应用范例。

1．创建第一个奥林康摆线锥齿轮（主动齿轮）

❶ 单击“新建”按钮，打开“新建”对话框。在“模板”选项组中选择名称为“模型”的模板，在“新文件名”选项组的“名称”文本框中输入“gear4_f.prt”，在“文件夹”框中指定要保存到的文件夹（文件夹路径暂时不能有中文），然后单击“确定”按钮。

❷ 在菜单栏中选择“GC 工具箱”|“齿轮建模”|“奥林康锥齿轮”命令，或者在“齿轮建模-GC 工具箱”工具栏中单击“奥林康锥齿轮建模”按钮，系统弹出“奥林康摆线齿锥齿轮建模”对话框。

❸ 指定齿轮操作方式。在这里选择“创建齿轮”单选按钮，如图 9-25 所示，然后单击“确定”按钮。

❹ 系统弹出“奥林康摆线齿锥齿轮参数”对话框，从中单击“默认参数（主动齿轮）”按钮，以获得默认的主动齿轮参数，如图 9-26 所示，然后单击“确定”按钮。

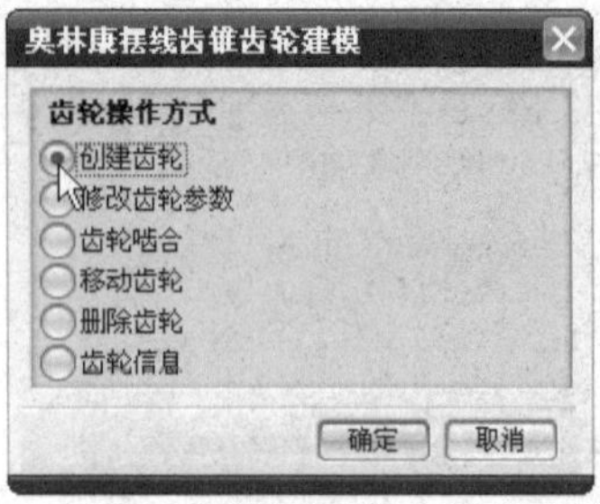

图 9-25　指定齿轮操作方式

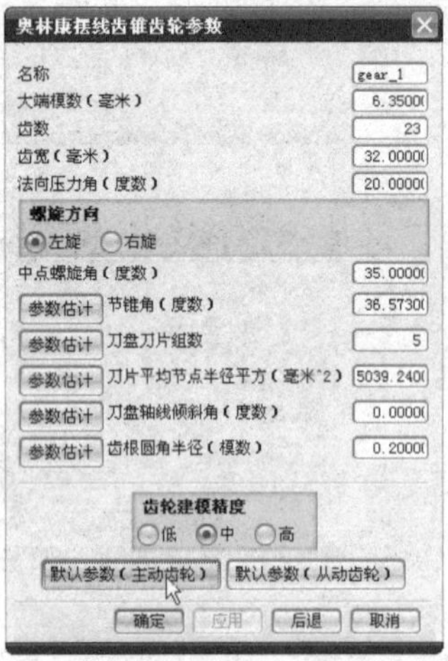

图 9-26　设置主动齿轮参数

❺ 系统弹出“矢量”对话框。从“类型”下拉列表框中选择“ZC 轴”选项来定义矢量，如图 9-27 所示，然后单击“确定”按钮。

❻ 默认原点位置，在出现的“点”对话框中单击“确定”按钮。完成创建如图 9-28 所示的第一个奥林康锥主动齿轮。

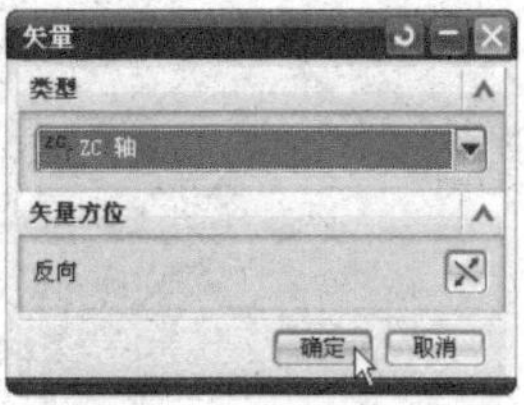

图 9-27 “矢量”对话框

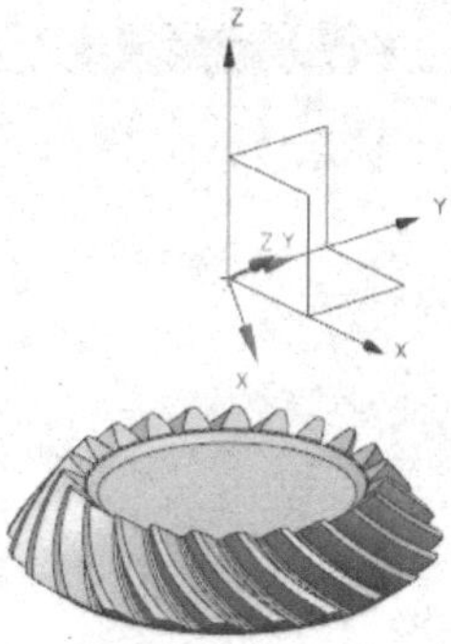

图 9-28 完成创建第一个奥林康锥主动齿轮

2. 创建第二个奥林康锥齿轮（从动齿轮）

1 在菜单栏中选择“GC 工具箱”|“齿轮建模”|“奥林康锥齿轮”命令，或者在“齿轮建模-GC 工具箱”工具栏中单击“奥林康锥齿轮建模”按钮，系统弹出“奥林康摆线齿锥齿轮建模”对话框。

2 在“奥林康摆线齿锥齿轮建模”对话框中选择“创建齿轮”单选按钮，单击“确定”按钮。

3 系统弹出“奥林康摆线齿锥齿轮参数”对话框，从中单击“默认参数（从动齿轮）”按钮，如图 9-29 所示，然后单击“确定”按钮。

4 系统弹出“矢量”对话框。从“类型”下拉列表框中选择“-YC 轴”选项，如图 9-30 所示，接着单击“确定”按钮。

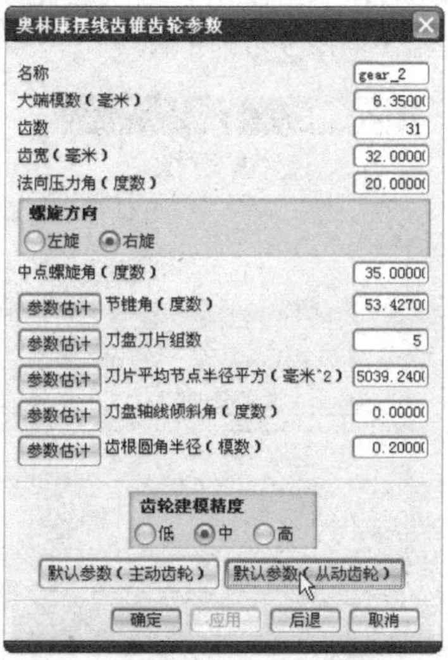

图 9-29 设置奥林康摆线齿锥齿轮参数

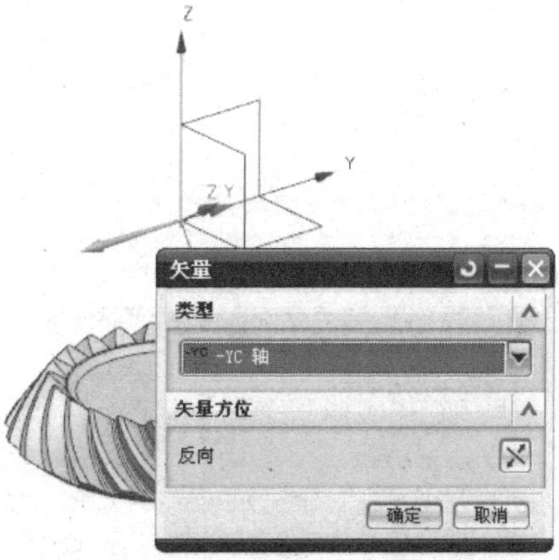

图 9-30 设置矢量

5 系统弹出“点”对话框，接受默认的点坐标如图 9-31 所示，然后单击“确定”按钮。创建好第二个奥林康锥齿轮的效果如图 9-32 所示，可以看到两个齿轮有碰撞干涉的情况。

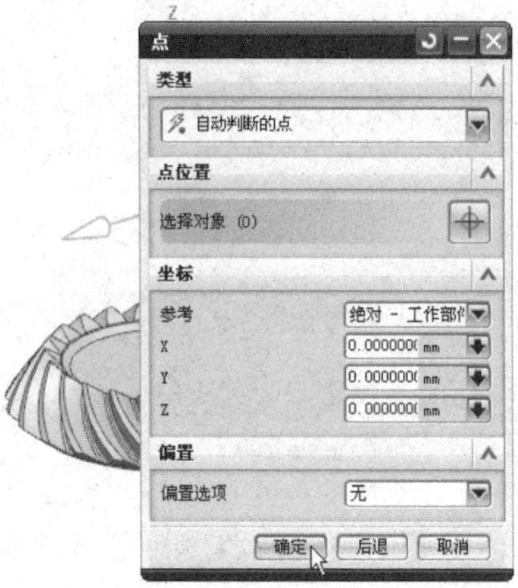

图 9-31　指定点位置

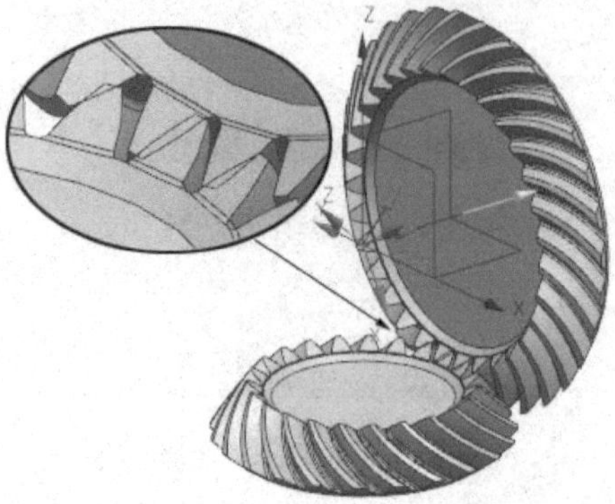

图 9-32　创建好第二个奥林康锥齿轮

3. 设置齿轮啮合

❶ 在菜单栏中选择“GC 工具箱”|“齿轮建模”|“奥林康锥齿轮”命令，或者在“齿轮建模-GC 工具箱”工具栏中单击“奥林康锥齿轮建模”按钮，系统弹出“奥林康摆线齿锥齿轮建模”对话框。

❷ 在“奥林康摆线齿锥齿轮建模”中选择“齿轮啮合”单选按钮，如图 9-33 所示，然后单击“确定”按钮。

❸ 系统弹出如图 9-34 所示的“选择齿轮啮合”对话框。在“所有存在齿轮”列表框中选择“gear_1”齿轮，单击“设置主动齿轮”按钮；接着在“所有存在齿轮”列表框中选择“gear_2”齿轮，单击“设置从动齿轮”按钮，从而完成主动齿轮和从动齿轮的设置操作，此时对话框会列出哪个是主动齿轮和哪个是从动齿轮，如图 9-35 所示。

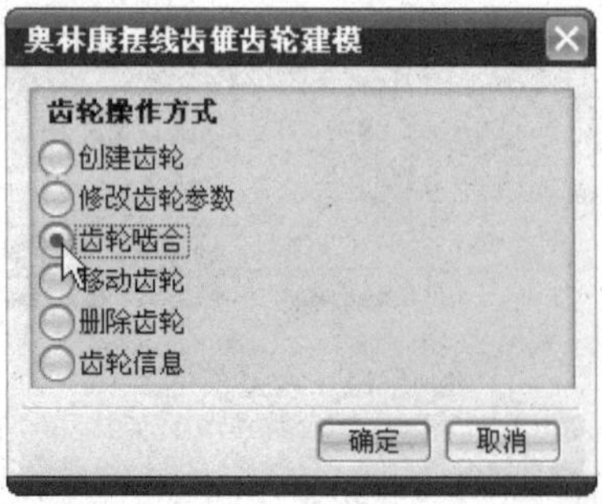

图 9-33　选择“齿轮啮合”单选按钮

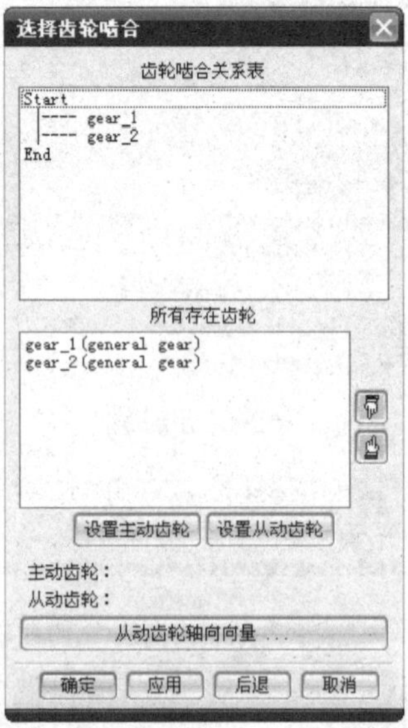

图 9-34　“选择齿轮啮合”对话框

④ 在“选择齿轮啮合”对话框中单击“从动齿轮轴向向量”按钮，系统弹出“矢量”对话框。从“类型”下拉列表框中选择“-YC 轴”选项，单击“确定”按钮，从而返回到“选择齿轮啮合”对话框。

⑤ 在“选择齿轮啮合”对话框中单击“确定”按钮。按照齿轮啮合设置进行更新后，得到的齿轮啮合效果如图 9-36 所示。

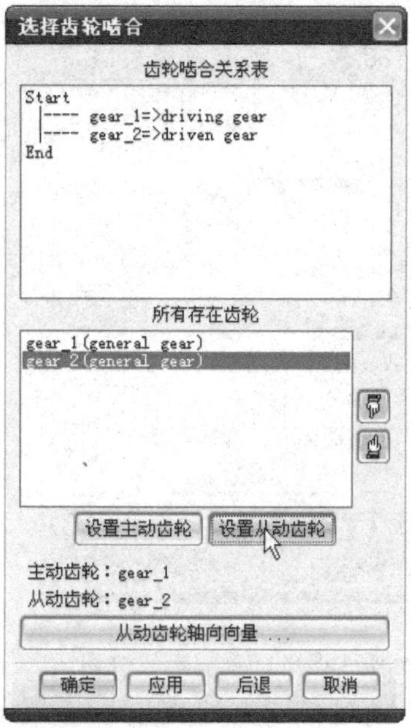

图 9-35 设置主动齿轮和从动齿轮

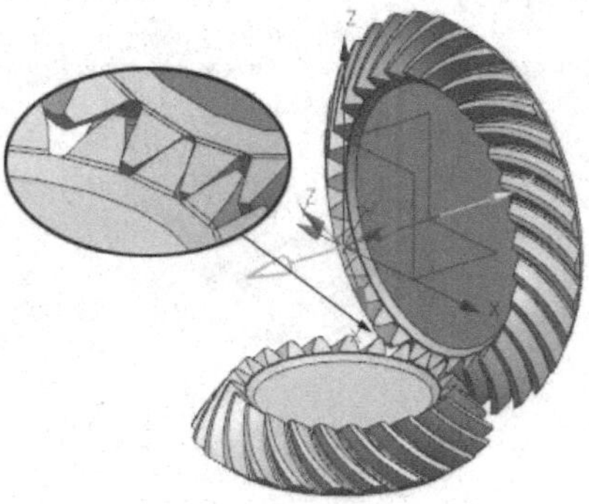

图 9-36 设置齿轮啮合后的效果

9.2.5 格林森准双曲线齿轮建模

在建模模块下，使用菜单栏中的“GC 工具箱”|“齿轮建模”|“格林森准双曲线齿轮”命令，或者执行“齿轮建模-GC 工具箱”工具栏中的“格林森准双曲线齿轮建模”按钮，可以创建如图 9-37 所示的格林森准双曲线齿轮，并可以为一对配合齿轮设置啮合关系。

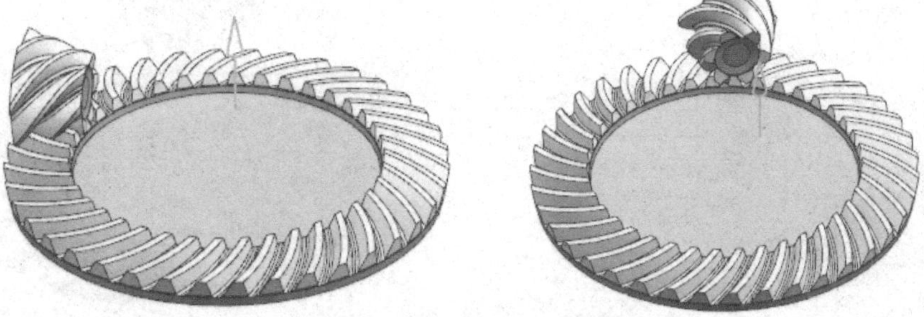

图 9-37 格林森准双曲线齿轮传动

在创建一个格林森准双曲线齿轮的过程中需要分别定义齿轮操作方式、用途和齿轮参数

（齿轮参数分主动齿轮和从动齿轮两大类）等，如图 9-38 所示。

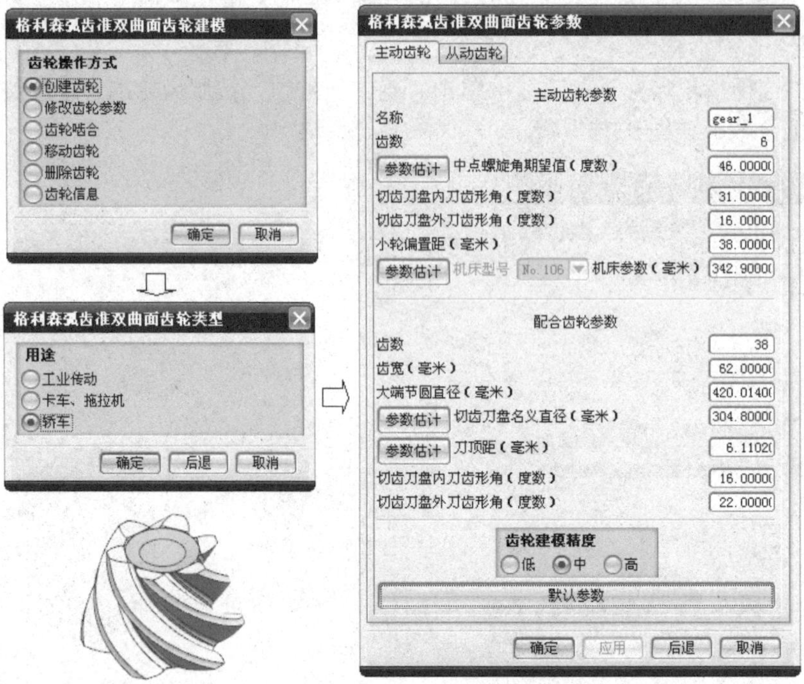

图 9-38　创建一个格林森准双曲线齿轮

9.2.6 奥林康准双曲线齿轮建模

在建模模块下，使用菜单栏中的“GC 工具箱”|“齿轮建模”|“奥林康准双曲线齿轮”命令，或者执行“齿轮建模-GC 工具箱”工具栏中的“奥林康准双曲线齿轮建模”按钮，可以创建如图 9-39 所示的奥林康准双曲线齿轮，并可以为此类主动齿轮和从动齿轮配合齿轮设置啮合关系。

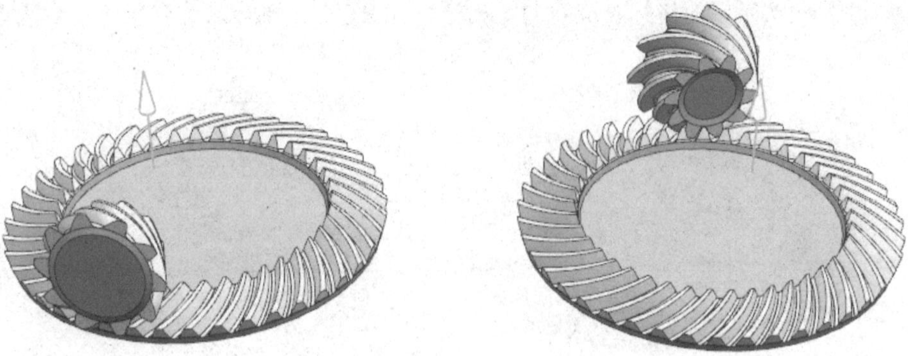

图 9-39　啮合的奥林康准双曲线齿轮

如图 9-40 所示为创建奥林康准双曲线齿轮的一个图解示例。

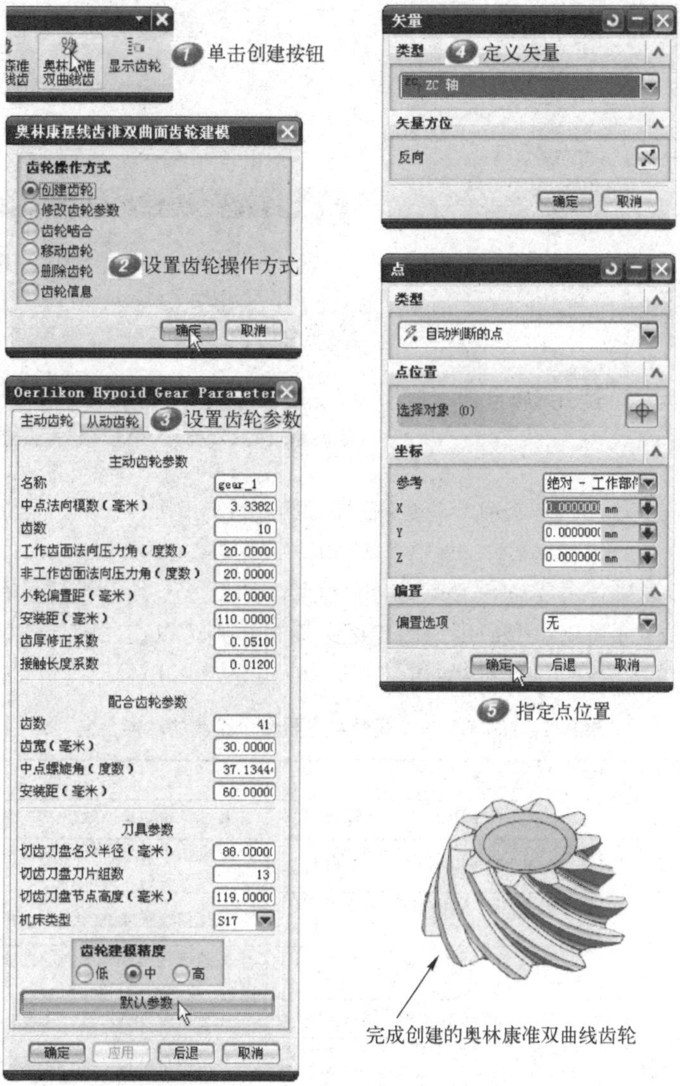

图 9-40　创建一个奥林康准双曲线齿轮图解

9.3　同步建模概述

同步建模技术是三维 CAD 设计历史中的一个里程碑，该技术在参数化、基于历史记录建模的基础上前进了一大步，该技术可以与先前技术共存。同步建模技术可实时检查产品模型当前的几何条件，并将它们与设计人员添加的参数和几何条件约束合并在一起，以便评估、构建新的几何模型、编辑模型，而这一切都无需重复全部历史记录。同步建模技术促进了其他关键领域的创新力度，例如，快速捕捉设计意图，快速进行设计变更，提供多 CAD 环境下的数据重用率，提供新的用户互操作体验等。

在模型建模模块下，在“插入”菜单中提供了“同步建模”级联菜单，如图 9-41a 所示，同时系统也提供了如图 9-41b 所示的“同步建模”工具栏。

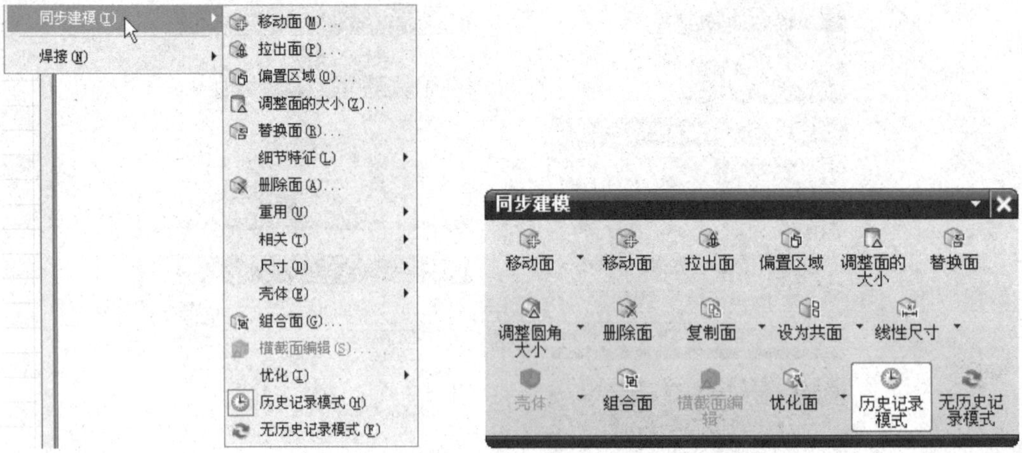

a) b)

图 9-41 “同步建模”菜单命令和工具栏

a) “同步建模”级联菜单 b) “同步建模”工具栏

下面介绍同步建模各主要命令工具的功能含义，如表 9-1 所示。注意有些命令工具只有在无历史记录模式下才可用。要启用无历史记录模式，则可以在“同步建模”工具栏中单击“无历史记录模式”按钮以选中该按钮。

表 9-1 NX 7.5 同步建模各主要命令工具的功能含义

命令名称	按钮	菜单命令	功能含义
移动面		“插入”|“同步建模”|“移动面”	移动一组面并调整要适应的相邻面
拉出面		“插入”|“同步建模”|“拉出面”	从模型中抽取面以添加材料，或将面抽取到模型中以减去材料
偏置区域		“插入”|“同步建模”|“偏置区域”	从当前位置偏置一组面，调节相邻圆角面以适应
调整面的大小		“插入”|“同步建模”|“调整面的大小”	更改圆柱形或球形面的直径，调整相邻圆角面以适应
替换面		“插入”|“同步建模”|“替换面”	将一组面替换为另一组面
调整圆角大小		“插入”|“同步建模”|“细节特征”|“调整倒圆大小”	更改圆角面的半径，而不考虑它的特征历史记录
调整倒斜角大小		“插入”|“同步建模”|“细节特征”|“调整倒斜角大小”	更改倒斜角面的大小，而不考虑它的特征历史记录
标记为倒斜角		“插入”|“同步建模”|“细节特征”|“标记为倒斜角”	将面识别为倒斜角，以便在使用同步建模命令时对它进行更新
删除面		“插入”|“同步建模”|“删除面”	从实体中删除一个/一组面，并调整要适应的其他面
复制面		“插入”|“同步建模”|“重用”|“复制面”	复制一组面
剪切面		“插入”|“同步建模”|“重用”|“剪切面”	复制一组面并从模型中删除它们
粘贴面		“插入”|“同步建模”|“重用”|“粘贴面”	通过增加或减少片体的面来修改体
镜像面		“插入”|“同步建模”|“重用”|“镜像面”	复制一组面并跨平面进行镜像
阵列面		“插入”|“同步建模”|“重用”|“阵列面”	在矩形或圆形阵列中复制一组面，或者将其镜像并添加到体中
设为共面		“插入”|“同步建模”|“相关”|“设为共面”	修改一个平的面，以与另一个面共面
设为共轴		“插入”|“同步建模”|“相关”|“设为共轴”	修改一个圆柱或锥，以与另一个圆柱或锥共轴

（续）

命令名称	按钮	菜单命令	功能含义
设为相切		“插入”|“同步建模”|“相关”|“设为相切”	修改一个面，以与另一个面相切
设为对称		“插入”|“同步建模”|“相关”|“设为对称”	修改一个面，以与另一个面对称
设为平行		“插入”|“同步建模”|“相关”|“设为平行”	修改一个平的面，以与另一个面平行
设为垂直		“插入”|“同步建模”|“相关”|“设为垂直”	修改一个平的面，以与另一个面垂直
设为固定		“插入”|“同步建模”|“相关”|“设为固定”	固定某个面，以便在使用同步建模命令时不对它进行更改
设为偏置		“插入”|“同步建模”|“相关”|“设为偏置”	修改某个面，使之从另一个面偏置
显示相关面		“插入”|“同步建模”|“相关”|“显示相关面”	显示具有关系的面，并允许浏览以审核单个面上的关系
线性尺寸		“插入”|“同步建模”|“尺寸”|“线性尺寸”	修改一组面，方法是添加线性尺寸并更改其值
角度尺寸		“插入”|“同步建模”|“尺寸”|“角度尺寸”	修改一组面，方法是添加角度尺寸并更改其值
径向尺寸		“插入”|“同步建模”|“尺寸”|“径向尺寸”	修改一组面，方法是添加径向尺寸并更改其值
壳体		“插入”|“同步建模”|“壳体”|“壳体”	通过应用壁厚并打开选定面来修改实体，修改模型时保持壁厚
壳单元面		“插入”|“同步建模”|“壳体”|“壳单元面”	将面添加到具有现有壳体的模型的壳体中
更改壳单元厚度		“插入”|“同步建模”|“壳体”|“更改壳单元厚度”	更改现有壳体的壁厚
组合面		“插入”|“同步建模”|“组合面”	将多个面收集为一个组
横截面编辑		“插入”|“同步建模”|“横截面编辑”	通过修改横截面来修改模型
优化面		“插入”|“同步建模”|“优化”|“优化面”	通过简化曲面类型、合并、提高边精度及识别圆角来优化面
替换圆角		“插入”|“同步建模”|“优化”|“替换圆角”	将类似于圆角的面替换成滚球倒圆
历史记录模式		“插入”|“同步建模”|“历史记录模式”	设置建模模式以在线性历史中存储特征，向特征编辑功能提供回滚和重播
无历史记录模式		“插入”|“同步建模”|“无历史记录模式”	设置建模模式以向无历史记录编辑功能提供同步建模命令，不存储历史记录

9.4 综合实战进阶范例

本节介绍一个花键-圆锥齿轮的综合实战进阶案例，要完成的案例模型如图 9-42 所示。

图 9-42 综合实战进阶案例完成的零件效果

本综合实战进阶案例的具体操作步骤如下。

1．新建一个模型文件

① 在菜单栏中选择“文件”|“新建”命令，或者在工具栏上单击“新建”按钮，系统弹出“新建”对话框。

② 在“模型”选项卡的“模板”列表中选择名称为“模型”的模板，在“新文件名”选项组的“名称”文本框中输入“bc_9_szal.prt”，并指定要保存到的文件夹（即指定保存路径）。

③ 在“新建”对话框中单击“确定”按钮。

2．使用 GC 工具箱来创建圆锥齿轮

① 选择菜单栏中的“GC 工具箱”|“齿轮建模”|“锥齿轮”命令，或者单击“齿轮建模-GC 工具箱”工具栏中的“锥齿轮建模”按钮，系统弹出“圆锥齿轮建模”对话框。

② 在“圆锥齿轮建模”对话框中选择“创建齿轮”单选按钮，单击“确定”按钮。

③ 系统弹出“圆锥齿轮类型”对话框，选择“直齿轮”单选按钮，并在“齿高形式”选项组中选择“不等顶隙收缩齿”单选按钮，如图 9-43 所示，然后单击“确定”按钮。

④ 在弹出的“圆锥齿轮参数”对话框中设置如图 9-44 所示的圆锥齿轮参数，其中大端模数为 3.0000，齿数为 35，压力角为 20.0000°，齿轮建模精度为“中”，然后单击“确定”按钮。

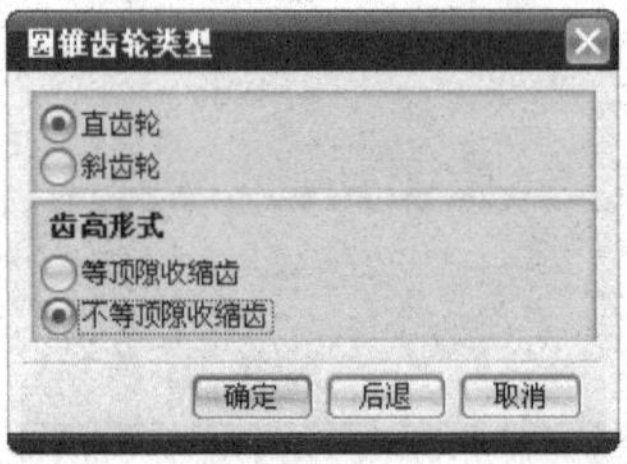

图 9-43　设置圆锥齿轮类型

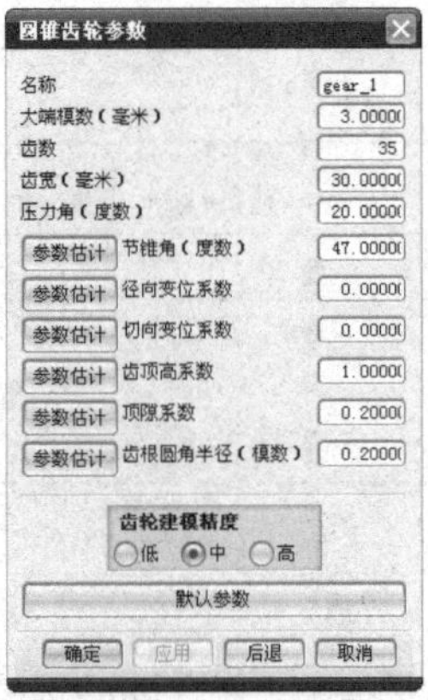

图 9-44　设置圆锥齿轮参数

⑤ 系统弹出“矢量”对话框，从“类型”下拉列表框中选择“-YC 轴”选项，如图 9-45 所示，然后单击“确定”按钮。

⑥ 在出现的“点”对话框中设置坐标如图 9-46 所示，然后单击“确定”按钮。

图 9-45　定义矢量方向

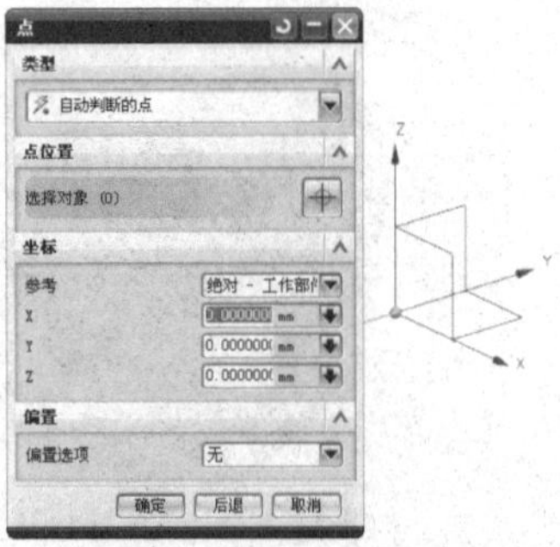

图 9-46　设置点位置坐标

系统开始计算，生成如图 9-47 所示的圆锥齿轮。

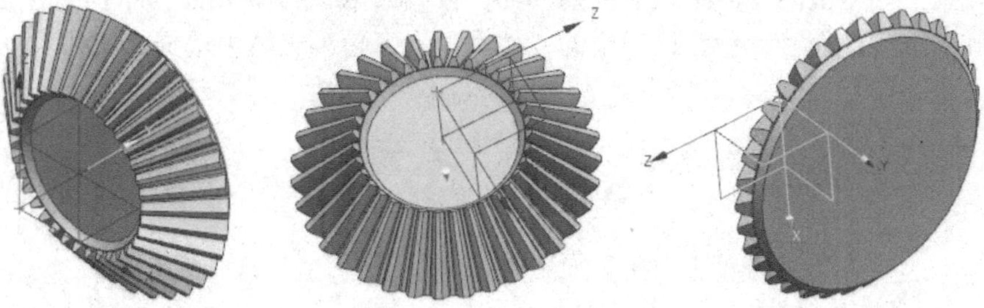

图 9-47 创建的圆锥齿轮

3. 创建回转实体特征

❶ 在“特征”工具栏中单击“回转”按钮，或者在菜单栏中选择“插入”|“设计特征”|“回转”命令，打开“回转”对话框。

❷ 在“截面”选项组中单击“绘制截面”按钮，打开“创建草图”对话框。

❸ 草图“类型”选项为“在平面上”，草图平面的“平面方法”为“现有平面”，选择所需的坐标面来定义草图平面，如图 9-48 所示，单击“确定”按钮。

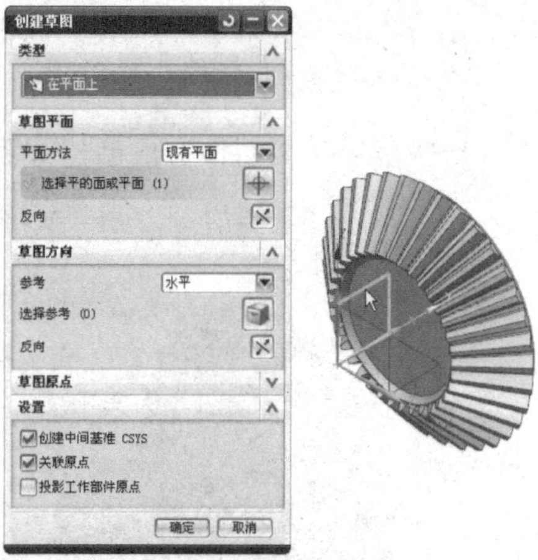

图 9-48 指定草图平面

❹ 绘制如图 9-49 所示的回转截面，单击“完成草图”按钮。

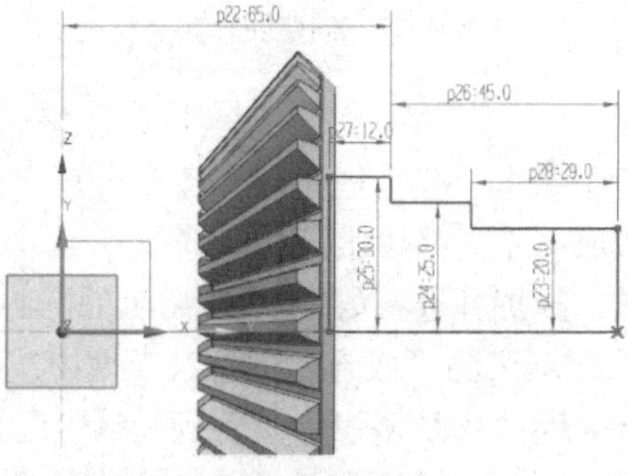

图 9-49 绘制回转截面

⑤ 选择 *YC* 轴定义回转中心矢量，选择原点，这样便定义了回转轴。接着在“限制”选项组中设置开始角度为 0，结束角度为 360；在“布尔”选项组的“布尔”下拉列表框中选择“求和”选项；在“设置”选项组的“体类型”下拉列表框中选择“实体”，如图 9-50 所示。

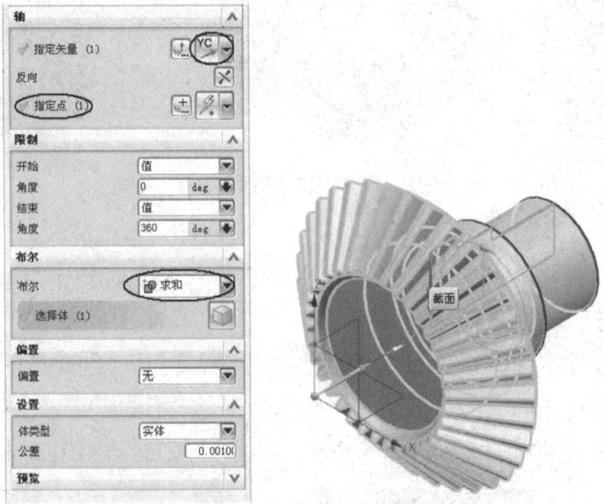

图 9-50　定义轴、限制条件、布尔类型

⑥ 在“回转”对话框中单击“确定”按钮，完成创建该回转实体特征的模型效果如图 9-51 所示。

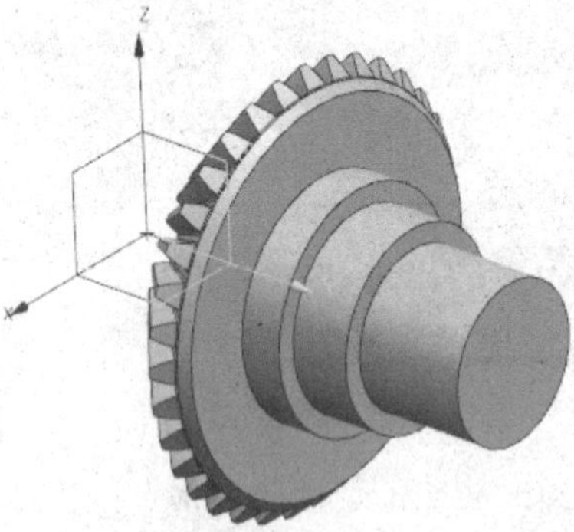

图 9-51　创建回转实体特征

4．创建简单直孔特征

① 在“特征”工具栏中单击“孔”按钮，系统弹出“孔”对话框。

② 在“类型”下拉列表框中选择“常规孔”选项。

③ 指定孔的放置位置，捕捉并选择如图 9-52 所示的圆心。

④ 在“形状和尺寸”选项组的“成形”下拉列表框中选择“简单”选项，在“直径”文本框中输入直径为 21mm，从“深度限制”下拉列表框中选择“贯通体”选项，如图 9-53 所示。

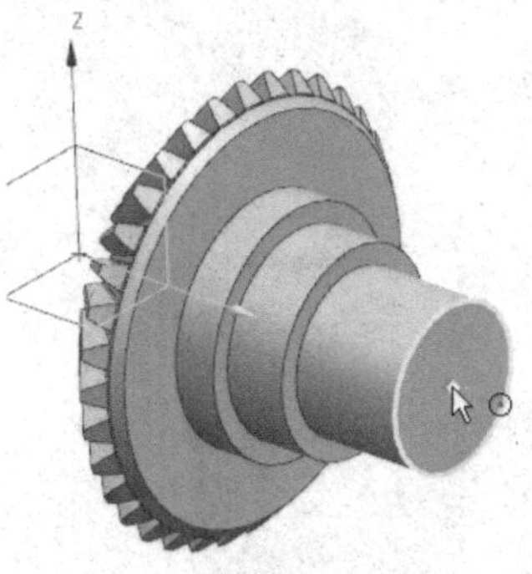

图 9-52 指定孔的放置点

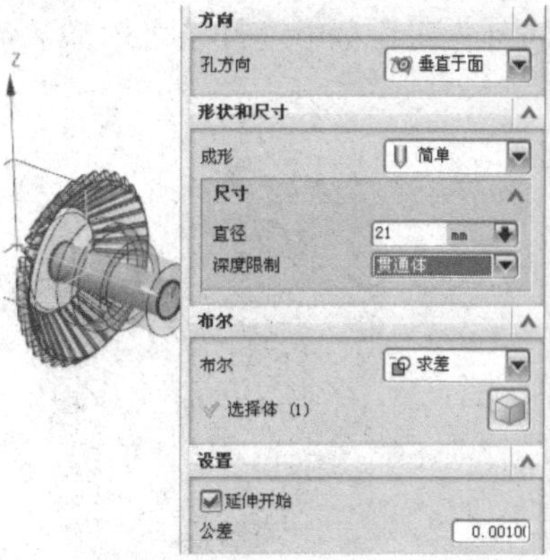

图 9-53 设置形状和尺寸参数

⑤ 在“孔”对话框中单击“确定”按钮，创建孔的效果如图 9-54 所示。

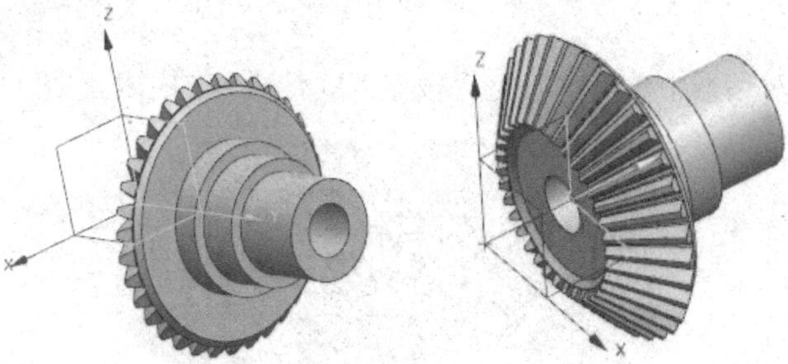

图 9-54 创建简单圆孔

5．以拉伸的方式切除出内花键的一个键槽结构

① 在“特征”工具栏中单击“拉伸”按钮，或者在菜单栏中选择“插入”|“设计特征”|“拉伸”命令，系统弹出“拉伸”对话框。

② 在“截面”选项组中单击“绘制截面”按钮，打开“创建草图”对话框。

③ 草图“类型”选项为“在平面上”，草图平面的“平面方法”为“现有平面”，选择如图 9-55 所示的实体面定义草图平面，单击“确定”按钮。

④ 绘制如图 9-56 所示的拉伸截面，单击“完成草图”按钮。

图 9-55 定义草图平面

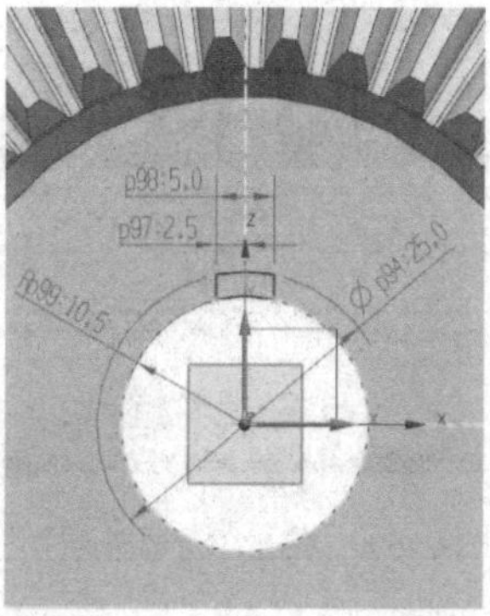

图 9-56 绘制拉伸截面

⑤ 在“拉伸”对话框中设置如图 9-57 所示的选项及参数。

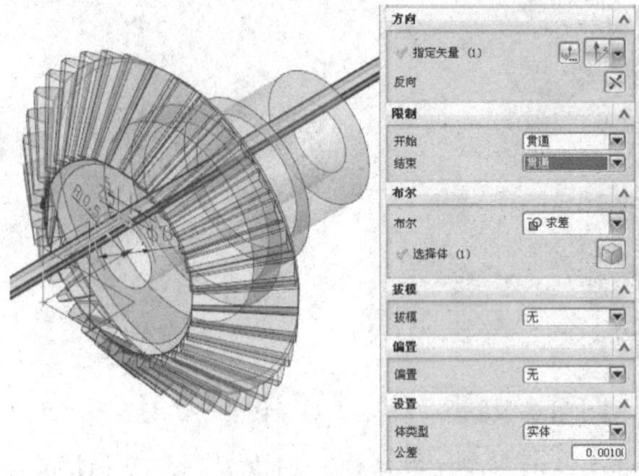

图 9-57　在“拉伸”对话框中设置相关的选项及参数

⑥ 在“拉伸”对话框中单击“确定”按钮，拉伸求差的结果如图 9-58 所示。

图 9-58　拉伸求差的结果

6. 阵列出内花键的全部键槽结构

① 在“特征”工具栏中单击“实例特征”按钮，系统弹出“实例”对话框。

② 在“实例”对话框中单击“圆形阵列”按钮，如图 9-59 所示。

③ 在弹出的如图 9-60 所示的“实例”对话框的特征列表中选择之前刚创建好的“拉伸”特征，然后单击“确定”按钮。

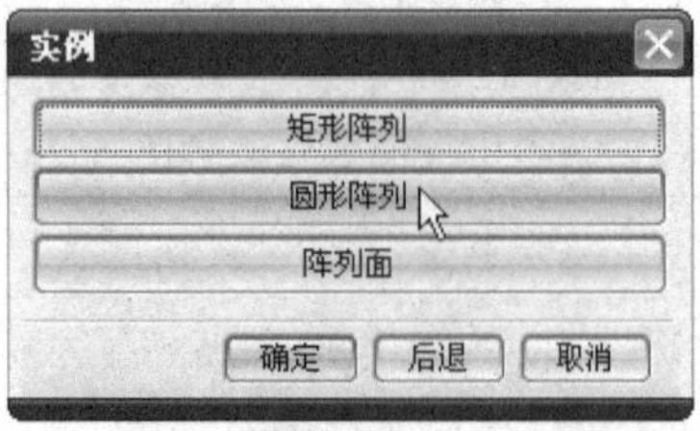

图 9-59　单击“圆形阵列”按钮

图 9-60　选择要引用（阵列）的特征

④ 输入圆形阵列参数，如图 9-61 所示，然后单击“确定”按钮。

5 在出现的如图 9-62 所示的“实例”对话框中的单击“基准轴”按钮，接着在模型窗口中选择基准坐标系中的 *YC* 轴。

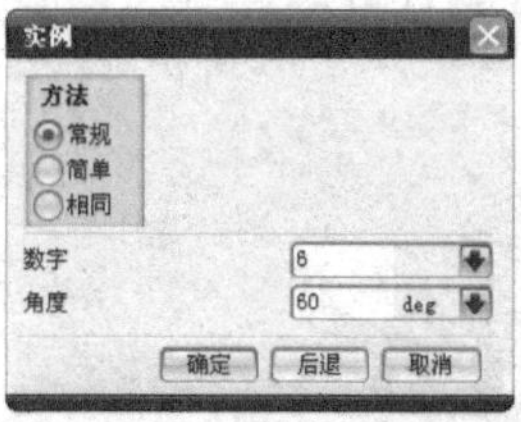

图 9-61 设置圆形阵列的参数

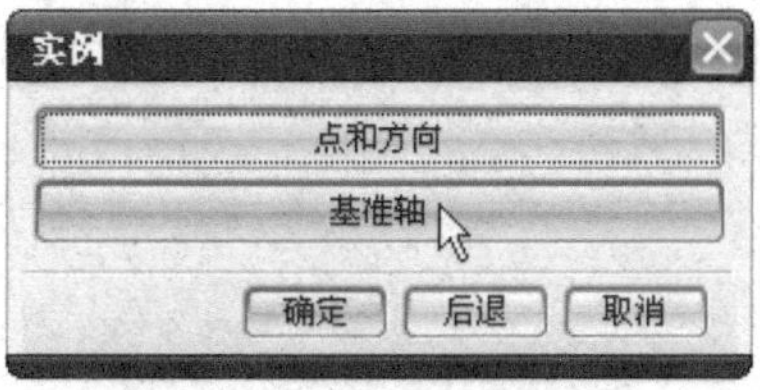

图 9-62 单击“基准轴”按钮

6 在出现的如图 9-63 所示的“创建实例”对话框中单击“是”按钮，然后关闭“创建实例”对话框，完成该操作后得到的模型效果如图 9-64 所示。

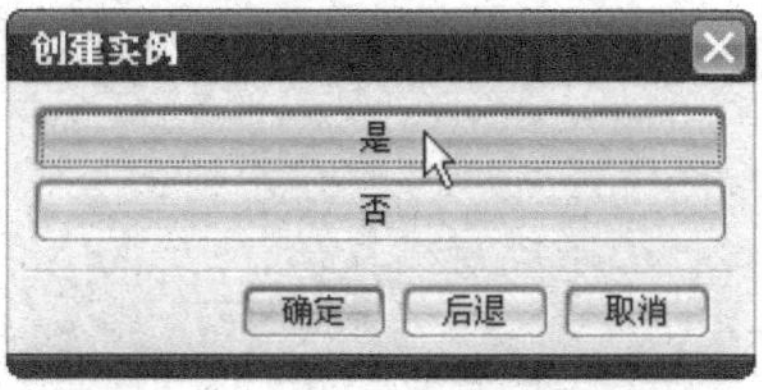

图 9-63 “创建实例”对话框

图 9-64 完成圆形阵列

说明：此花键槽的结构也可以一次采用拉伸求差的方式来完成，但这样拉伸截面就相对复杂些，且拉伸截面不容易修改。在实际设计中，对于一些结构可以多分几个简单的步骤来完成，目的是保证以后更改设计方便。

7. 创建倒斜角

1 在“特征”工具栏中单击“倒斜角”按钮，系统弹出“倒斜角”对话框。

2 在“偏置”选项组中设置如图 9-65 所示的选项和参数。

3 选择如图 9-66 所示的两条边。

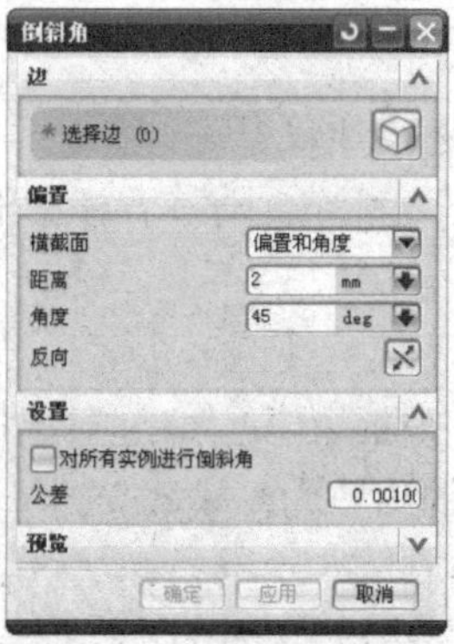

图 9-65 设置倒斜角参数

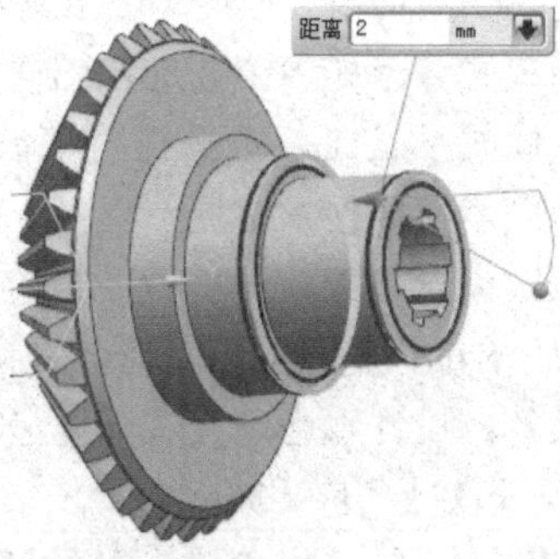

图 9-66 选择要倒斜角的两条边

④ 在“倒斜角”对话框中单击“确定”按钮。

8. 隐藏基准坐标系与保存文件

至此，完成了该花键-圆锥齿轮一体零件的设计。可以将基准坐标系隐藏起来。完成的模型效果如图 9-67 所示。

图 9-67　最后完成花键-圆锥齿轮一体零件

单击“保存”按钮，将此设计结果保存起来。

9.5　本章小结

在实际工作中，使用 GC 工具箱和同步建模功能是很有用处的，也具有很高的设计效率。

本章介绍了 GC 工具箱和同步建模这两方面的实用知识。其中，GC 工具箱设计包是 NX 7.5 才增加的功能，预计在今后的新版本中 GC 工具箱设计包功能将变得更为强大、全面。在 GC 工具箱方面，主要介绍了齿轮建模，其他方面希望读者在学习、工作中慢慢领会，它们的使用方法都是比较类似的。对于同步建模方面，则主要介绍了相关的命令用途，这些同步建模的命令应用都是比较易学易用的。

本章最后还介绍了一个综合实战进阶案例，在该案例中使用了 GC 工具箱中的齿轮建模功能。

9.6　思考练习

1）什么是 GC 工具箱？使用 GC 工具箱有什么好处？

2）在制图模式下，如何快速地在图样页上插入技术要求注释？

3）在制图模式下，“GC 工具箱”|“制图工具”|“尺寸排序”命令有什么用途？

4）什么是同步建模技术？

5）如何修改齿轮参数？

6）如何为配合的齿轮设置齿轮啮合关系？以奥林康准双曲线齿轮为例进行上机操作说明。

7）上机操作：设计直齿渐开线圆柱齿轮，已知齿轮的参数为：模数 m=4，齿数 z=24，压力角为 20°，齿轮厚度 B=35mm。

8）上机操作：设计一个斜齿渐开线圆柱齿轮，已知齿轮的参数为：法面模数 m=3，齿数 z=76，法面（标准）压力角为 20°，螺旋角为 9.21417°，齿轮厚度 B=62mm。